AI 新稽核時代

ACL 資料分析與電腦稽核

黃士銘　著

ACL – Data Analysis and Computer Audit

全華

推薦序

加拿大ACL發明人Hart Will

It is always a great pleasure to write a preface for a new book on ACL. It allows me to be a bit philosophical and explanatory of its intellectual origins, my motivation behind it, and my life-long dedication to it as a means of controlling modern information systems. Dr. Shi-Ming (Jack) Huang's impressive third Chinese Introduction to ACL provides an enriched natural language interface between ACL and its users. Besides in Mandarin, ACL is currently available in more than 10 natural languages and applied in over 100 different countries. The reasons for this success are essentially philosophical and not merely technological: Both aspects must fit together and reinforce each other for intellectual assurances, satisfaction, and practical usefulness in gaining knowledge in the fast-changing electronic world (e-world). You might as well contemplate WHY you are learning ACL as an alert and responsible intellectual.

One of the consequences of familiarity with ACL in your own language will be your realization that critical thinking is not only essential for success and survival everywhere in the e-world, but also the precondition for applying ACL creatively and productively for assurance purposes. CAATS now means "Computer Aided Audit Thought Support" (in critical discovery mode) in each user's knowledge and action contexts and CAARS now stands for “Computer Aided Audit Reasoning Support” (in logical justification mode). Thus, ACL leads you naturally beyond the repetitive and often uncritical application of a predefined set of powerful but relatively inflexible traditional “Computer Assisted Audit Techniques” (inherited from the “manual audit era”). ACL is therefore both “analytic” with respect to the object languages used for data and derived information, and “synthetic,” with respect to desired knowledge, understood as assured belief.

In short, ACL is a powerful meta-language with which you can directly access and critically assess practically all electronic signs in your (or their respective) contexts without necessarily having to copy them into smaller files.

As such, ACL is both an independent interrogation language and a design tool for individual and team users. You can create comprehensive ad hoc and systematic tests of compliance, governance, internal controls, options, and risks. The results will either increase your assurance or warn you of critical, fraudulent and unusual conditions, errors or risks, and profound uncertainties with respect to your "big data files" – ideally in time for corrective, mitigating and regulatory action and intelligent reaction.

ACL has been designed, developed and continually reinforced over many years as a support system for critical thinkers confronted with all kinds of problems hidden in electronic files. The necessity for it and its usefulness increases daily in the e-world as more and more of the real and even the virtual world is represented in digitized form and less and less of it is assured or assuring to its users. ACL becomes more powerful with use and makes its users smarter in their respective applications contexts. In fact, it supports an enlightening and interactive question and answer spiral towards increasingly new and relevant insights because it is not restricted to routine executions of predefined audit, control or test programs. ACL gives its users simultaneously access to the original data and to the well-documented findings and test results, allowing them to interpret these by thinking critically and reasoning logically about them – often from a new perspective.

The ACL definitions of the files of interest to the users are not limited to the actual contents but can contain valuable contextual information (meta-data) such as compliance, correctness, and syntactic, semantic and pragmatic truth conditions; (re)interpretations of field, file, record and table contents; and refined filters that help to concentrate only on relevant data and information for specific knowledge and action purposes. Your respective ACL-supported knowledge is both traceable forward from original actions, conditions and goals via documented observations; protected and refined encoding; intelligent filtering; and critical appraisal to new actions (or deliberate omissions); and backwards along the audit trails. It can also be systematically administered (organizationally) and managed (technologically) with ACL in innovative ways as integrated working papers. In short, ACL "powers" your own, your team's, your organization's, and eventually even your society's meta-information system(s) that are so essential for assurances in the e-world.

ACL has been and continues to be under constant development on various computers with various operating systems and database management and innovative applications systems to match the technological evolution. As a new member of the fast growing global and polyglot ACL user community you are herewith invited to participate in its co-evolution by using it creatively and critically. You are actually becoming part of a world-wide movement to enlighten the users of electronic data and information, including and beyond traditional accountability. Gaining assurances yourself (or recognizing profound risks or uncertainties) and providing them as evidence-based insights and enlightenment for others will increase both your value to yourself and to others in organizations and society.

I can assure you that you will have lots of fun and intellectual satisfaction as well as professional benefits and success with ACL! - It may change your life since it makes the seemingly impossible transparency of digital data and information possible for you both in house and in the cloud, and from all kinds of devices, for assuring and believable insights (knowledge) and intelligent (re) action.

Hartmut (Hart) J. Will, Dipl.-Kfm., Ph.D., CPA, CMA
Inventor of ACL and Founder of ACL Services Ltd.
Professor Emeritus, University of Victoria.
Honorary Professor, School of Information Management,
Beijing Information Science and Technology University.
Scholar, National Science Council, Executive Yuan, Republic of China.
Visiting Professor, National Cheng Chung University, Chia-Yi, Taiwan,
Department of Accounting and Information Technology &
Centre for e-Manufacturing and e-Commerce.
www.acl.com

FOREWORD

日本德勤 弓場啓司會計師

I have more than 20 year audit experiences by using CAATs (Computer Assisted Audit Techniques). I find that a lot of auditors are interested using CAATs, but do not know how to do it. There is a lot of talk about the computer auditing skills gap for auditors. The major theme of Deloitte’s 2016 Global Chief Audit Executive (CAE) Survey is “Internal Audit at a crossroads”. A half of survey key findings relate to the needs of computer auditing, such as:

- ◆ Almost all heads of Internal Audit expect their organizations and their functions to change substantially in the next few years.
- ◆ Key gaps in certain skills, including analytics, IT, and communications must be addressed in order to increase impact and influence.
- ◆ Stakeholders' expect more forward-looking reports as well as insights regarding risks, strategic planning, IT, and business performance.

The survey highlights “Internal audit leadership has recognized the value of data analysis in audit. They are expecting to move to high usage of data analytics for their audits.” But, we have been hearing about these expectations for many years now. What is the problem? The Deloitte survey does point out a significant barrier is “availability of skilled talent.”

Dr. Huang is a well-known expert and scholar in Computer Auditing. He addresses many issues regarding the importance of Computer Auditing education in the modern business environment. He has brought a tremendous data analytic knowledge and skill to Taiwan and China for many years. I am very happy to know that he will publish a new Chinese book- ACL Data Analytic and Computer Auditing. I believe that the book will provide a valuable window for the next step auditing knowledge and technology. Reading the book will be a good step for your future auditing direction.

Keiji Yumiba (弓場啓司), CPA
Chairman, ICAEA Japan
Expert committee members of JICPA as:
IT Committee (2004~ 2007)
Audit and Assurance Committee (2005~ 2007)
Continuing Professional Education Committee (2007~)

作者序

本書為作者一系列電腦稽核叢書中的一本，強調電腦稽核實務技術，建議可以搭配作者另一本書籍《電腦稽核—理論與實務應用》，方可更完整地學習電腦稽核專業知識。

本書得以順利完成付梓，首先要感謝加拿大 ACL 的創辦人 Dr. Hart Will 與日本 Deloitte Tohmatsu 弓場啓司會計師撰寫推薦序與在專業知識與編排上的建議。另外國立中正大學會計與資訊科技系黃劭彥老師、致理科技大學會資系賴虹霖老師、逢甲大學會計系吳東憲老師等所提供寶貴的修改建議，讓本書內容更為完整。

隨著 2015 年經濟學人智庫（EIU）預言，2033 年，會計稽核行業會消失。主要是數位經濟下，早期的人工查帳、翻帳冊、核對單據，已經不切實際。所有的交易都可以在電腦、手機，甚至信用卡、悠遊卡完成。發票、支票、現金等等都會變成電子化，這下讓全球的會計學系、會計事務所與會計師考試監理單位緊張了，不約而同擴編電腦稽核的教學訓練的能量與評鑑的深度。而本書在撰寫期間蒐集了許多時下有關電腦稽核之最新資料，國際電腦稽核教育協會（ICAEA）的相關職能規範及作者累積數年的教學經驗及講稿，並參考學生修課之反應彙編而成，期能達到全書內容充實、說理精湛、架構完整之目的。課程的安排，主要分成三個單元，單元一的重點是訓練學生了解當前電腦稽核的發展趨勢與 ACL 軟體的基本操作技術；單元二的重點是訓練學生 ACL 的進階應用技術，課程內容將涵蓋報表的編撰、資料的分析技術與資料的管理技術；單元三的重點是訓練學生 ACL 實戰演練的能力，除此之外，亦提供實際案例與上機實驗，供學生另能對於 ACL 之實務應用深入了解與發揮。

電腦稽核課程已成為當前歐美先進國家各大學所積極開設的重點課程。而國內的許多的大學教師也發現此一趨勢，紛紛開設有此類課程於系所的必修或選修課程中，無形中已使我國成為在亞洲地區重要的電腦稽核技術人才的培訓基地，未來將可以為我國的會計與資訊科技服務業，創造出新的創新服務的商業模式，強化學生國際化的視野與未來高階就業的機會。

最後並感謝，國立中正大學製商整合研究中心王珮蓉等研究助理在相關資料的蒐集、翻譯、編稿與打字上之諸多協助。國立中正大學會計與資訊科技學系、中華民國電腦稽核協會、傑克商業自動化股份有限公司以及全華圖書公司之相關同仁的鼓勵，特此致謝。

本書因完稿倉促，桀誤在所難免，尚祈碩學先進不吝指正，是所至盼。

黃士銘　謹誌

于國立中正大學會計與資訊科技學系

2022 年 04 月

讀者指南

對於教師

新經濟在現實環境中不斷改變的事實，使學生及授課者都面臨一連串的新挑戰。資訊科技的進步、企業營運環境之改變、法令規範與要求，促使政府機構及企業單位重視資訊安全與內部控制制度的建立，其結合與應用越趨廣泛，也是必然結果，相關電腦稽核人才的需求也跟著大幅增加。然而許多稽核人員，不知道如何進行電腦稽核作業，因此必須從學校進行徹底的調整與教育。

本書設計 ACL 電腦稽核軟體標準課程章節，讓學習者能夠應用課程中所學，以循序漸進之方式，培養其電腦稽核相關知識、應用能力與資料分析技術並且加以整合。

- 本書提供強而有力的知識基礎來詳細計畫您的稽核課程。
- 本書的課程之設計與段落，使您可以輕鬆規劃教學進度，涵蓋使用概念、基礎應用、課堂練習與習題。
- 本書中加入獨立個案，使您可以將課程內容立即應用於商業世界，找出問題、解決問題。
- 本書提供教師教材與講義，使您授課更多元。
- 本書的應用網站（稽核自動化知識網http://www.acl.com.tw）提供您最新資訊、各式各樣輔助資源，線上課程、演練資料庫與模擬試題練習。

對於學生

沒有人能否認一個組織或企業的經營績效表現，取決於良好的內部控管。學習、了解電腦稽核軟體在電腦系統查核工作上的運用，並且可以有效的使用工具，是各位進入電腦稽核領域最初的階段，電腦稽核可以讓您在科技的發展與建立資料分析能力做最佳的結合。

- 本書提供強而有力的知識基礎與應用--豐富圖檔使您可清楚比對操作，更為容易上手。稽核自動化知識網站、光碟與書本將資源整合為一，使您可以輕鬆學習。
- 基本觀念的介紹、實務應用與習題練習，循序漸進，讓您確實掌控學習進度。
- 利用本書最後的案例，您可以將學術與實務結合，立即練習檢視實力。

- 使用本書所提供的高考會計師考師申論題的模擬練習資料，讓您更了解這些題目的問題內涵。
- 稽核自動化知識網（http://www.acl.com.tw）上的JCCP電腦稽核軟體應用師社群，提供您知識分享、模擬考題、就業機會等訊息，讓您可以快速的和產業接軌，了解實務上的需求。

關於JACKSOFT稽核自動化知識網

稽核自動化知識網是由 96 年度經濟部協助服務業研發發展輔導計畫業者創新研發計畫補助成果，本著稽核人員需要有豐富的電腦稽核知識與技術工具，協助完成稽核任務，而透過知識網的分享機制可以協助稽核人員學習進行自動化稽核作業，以符合稽核人員的未來發展。

JACKSOFT稽核自動化知識網首頁圖

習題資料檔

讀者可以掃描下圖 QR Code，直接查看本書資訊，並提供習題資料檔下載。

稽核自動化知識網習題資料下載

讀者指南

ACL專業證照

ACL 已被全世界各地稽核人員所公認，最能夠有效應用於稽核作業上的輔助工具，其也是目前為市場佔用率最高的電腦輔助查核工具。ACL 的客戶包含超過 70% 富比士雜誌前五百大公司、三分之二全球前五百大公司、四大會計師事務所等，全球擁有超過 26 萬個使用者，分布於 130 個國家；使用 ACL 可以簡化稽核作業時間，提高您偵查舞弊與犯罪的能力，降低營運確保所帶來的成本。學習 ACL 已成為全球想要成為稽核人員的必修課程，目前的專業認證制度包含有：

- CEAP ERP電腦稽核師：企業資源規劃系統電腦稽核師（Certified ERP Auditing Professional，CEAP）是由國際電腦稽核教育協會（International Computer Auditing Education Association，ICAEA）所舉辦的一個證照考試，其目標即是提供評估稽核人員查核ERP系統的技術能力與專業知識的標準。
- ACDA ACL稽核分析師：ACL稽核分析師（ACL Certified Data Analyst，ACDA）認證制度主要目的是為了提供評估ACL使用技術能力與專業知識的產業界標準。通過ACL的認證，將可評估使用ACL進行財會資料分析和業務流程分析的能力，進而證明擁有的高階管理技術能力，使企業的ACL投資發揮最大效用。
- JCCP電腦稽核軟體應用師：電腦稽核軟體應用師（Jacksoft Certified CATTs Practitioner，JCCP）認證制度主要目的是為了提供評估應用CAATs的知識與技術能力的產業界標準。通過此項認證，將可評估使用CAATs進行電腦稽核、財會資料分析和業務流程分析的能力，進而證明所擁有的高階管理技術能力，使企業對工具設備的投資發揮最大的效益。

本書為 JCCP 電腦稽核軟體應用師認證考試的指定用書，此證照為目前國內唯一通過經濟部「企業電子化應用類人才能力鑑定證書」與教育部「民間職業能力鑑定證書」雙重認可的民間專業證照，並且獲得總部於加拿大的國際電腦稽核教育協會（ICAEA）的認可，成為其國際化的證照的一部份，表現出其專業性與重要性已獲得肯定。

考試方式

考試全程不准翻書（Closebook），共需進行 120 分鐘的測驗時間，最低及格標準為 70 分，考試內容含：

1. 選擇題，佔總分60分－

   測驗對CAATs與ACL電腦稽核工具的運用知識及觀念。

2. 實例操作，佔總分40分－

   在電腦教室進行機上測驗，一人一機，考前每部電腦會預先安裝ACL軟體與測驗用資料檔和書面試題，評分的方式是依據你填寫的答案及規劃流程來評分。

目次

CHAPTER 01 ACL電腦稽核軟體的第一印象

CHAPTER 02 專案規劃與簡易案例

Contents

CHAPTER 03 資料取得與格式定義

CHAPTER 04 資料驗證技術

Contents

CHAPTER 05 分析資料

CHAPTER 06 協助規劃與整理資料的指令應用

CHAPTER 07 多表格間資料查核分析

Contents

CHAPTER 08 資料瀏覽與報表製作

CHAPTER 09 Script基本觀念與撰寫方法

CHAPTER 10 ACL進階技術探討

Contents

01 ACL電腦稽核軟體的第一印象

學習目標

自動化與智慧化的稽核方法將可以帶給稽核人員一個新定位－從傳統人工的例行性稽核勞力工作者，轉化為具創造價值的知識工作者，而要達到此目標，惟有稽核人員自我先提升其利用電腦稽核軟體的職能。本章主要教導如何運用ACL（Audit Command Language）來進行在電腦稽核工作的概念，先從電腦稽核相關技術做介紹，接著說明ACL電腦稽核軟體及如何使用ACL電腦稽核軟體進行查核工作，最後再說明ACL軟體最新發展。希望透過您接觸ACL的第一印象來改變您的稽核視野與未來的機會。

本章摘要

- 電腦輔助稽核技術工具（CAATs）
- ACL電腦稽核軟體
- 電腦稽核專業相關證照
- ACL系統的基本操作畫面
- 組織您的電腦稽核專案項目
- 觀看和修飾您的資料表格
- 重新檢視過去活動的指令記錄檔
- 尋找使用ACL說明文件
- ACL雲端服務與人工智慧

隨著資訊科技的進步，稽核人員已開始善用E化稽核工具，由傳統的人工抽樣稽核，轉向電子化的自動化稽核作業。隨著組織規模越大，資料量與稽核控制點也越多，不僅國外的公司如德國西門子公司（SIEMENS）或加拿大TELUS電信（TELUS communication）每年查核的交易量都超過千萬筆紀錄，而國內也有多家廠商查核資料量也都是上千筆甚至上億筆，許多稽核部門已經不再害怕巨量資料（Big data）而認爲是一個機會。他們從企業資源規劃（ERP）系統中獲取大量資料來進行大數據分析，創造稽核部門更高的價值，而一些勇於挑戰的稽核人員更開始使用先進的雲端資訊科技與人工智慧技術來處理日常的稽核作業，提高工作自動化程度，並在雲端上建立一群稽核機器人來協助進行繁雜的重複性工作，省下時間與資源，發揮稽核部門更高的專業價值，這樣的方法稱爲「稽核自動化」，或是當前較紅的名稱－機器人流程自動化RPA（Robotic Process Automation，RPA）。

過去稽核工作多仰賴人工作業與經驗傳承，而今日稽核工作不單靠經驗，更需要使用方法以及資訊科技之輔助，建立現代化新的稽核工作環境，即常言道：「新時代用新技術」（Modern Tools for Modern Time）。由於組織內部稽核人數通常不多，加上目前組織規模愈益龐大，作業愈趨複雜。因此，如何有效利用資訊科技（IT）來對有限的稽核資源妥善配置以達最高的附加價值，無疑是稽核人員的一大挑戰。

第1節 電腦輔助稽核技術工具

目前最常被應用的電腦輔助稽核技術工具稱爲CAATs（Computer Assisted Audit Techniques / Tools），亦稱之爲通用稽核軟體，常見的有ACL、IDEA、Picalo、JCAATs等專業的軟體。這些專業的電腦稽核軟體通常是針對應用系統稽核設計，適用於不同的檔案種類、資料格式，其特色是強調抽樣、勾稽、比對、審計、資料分析及資料轉換的能力。最大的特色是可以在個人電腦上操作，稽核人員可以至受查單位系統下載檔案至個人電腦，再使用電腦稽核軟體進行測試，其主要是讓稽核人員能更獨立地分析應用系統的資料檔，依據資訊系統的處理邏輯，利用通用稽核軟體進行平行模擬試算或分析，再從資訊系統本身產出相關報表，將之與稽核人員試算分析的結果進行比對，針對其中的差異再進行了解、分析與試算。

依據國際內部稽核協會（IIA）2021年度研討會「內部稽核未來」的調查報告如下圖1-1（參考資料來源：2021.06 Internal Audit Department of Tomorrow, Phil Leiermann and Shagen Ganason），調查超過120個國家，包含1,200個以上的組織，調查結果顯示除了少數僅使用excel外，大多數的稽核部門至少使用兩種以上的工具，其中有使用ACL軟體者約佔33%，目前除了傳統的大數據資料分析工具外，值得注意的是AI人工智慧資料分析軟體如R與Python的應用也快速發展。

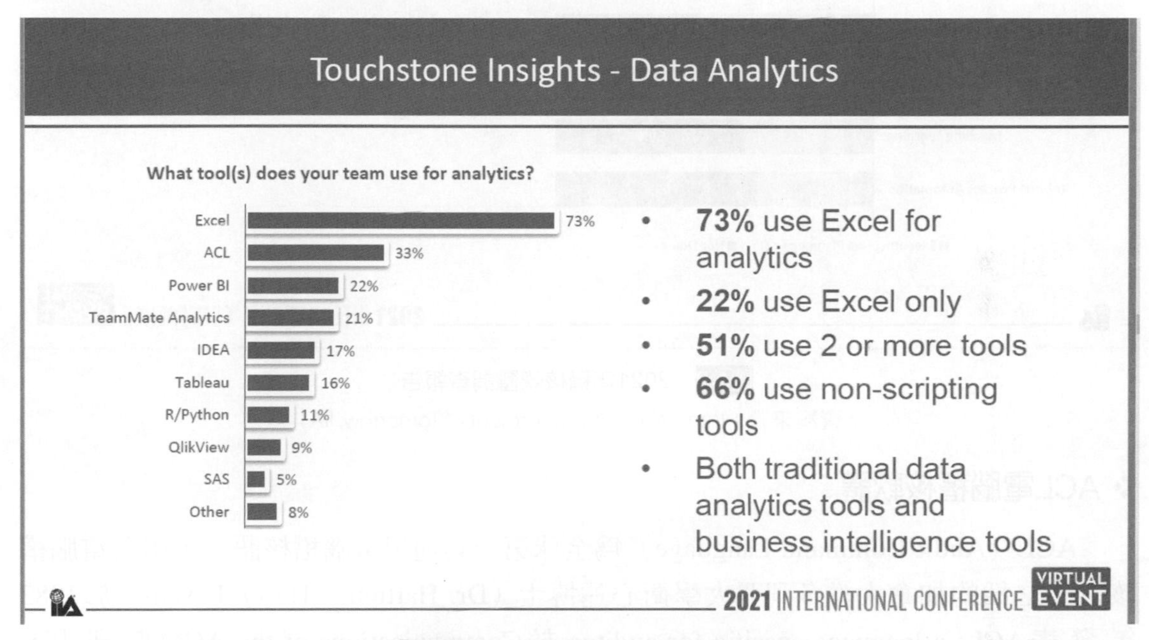

圖1-1 2021年稽核軟體調查報告

（資料來源：Internal Audit Department of Tomorrow, IIA）

近幾年在全球COVID 19影響下，稽核人員工作環境也發生巨大變化，「遠端稽核」（Remote Auditing）與持續性稽核（Continuous Auditing）已成爲重要課題。依據IIA 2021年度調查報告（如圖1-2）顯示，從傳統稽核轉型到數位稽核者達88%（包含進行中與計畫執行者），導入持續性稽核/監控（Continuous Testing）者達76%，並有越來越多組織開始運用AI人工智慧如機器學習（Machine Learning）於稽核領域，協助稽核人員從事後稽核，進步到事前的預測性稽核，成爲稽核部門未來發展的重要契機。

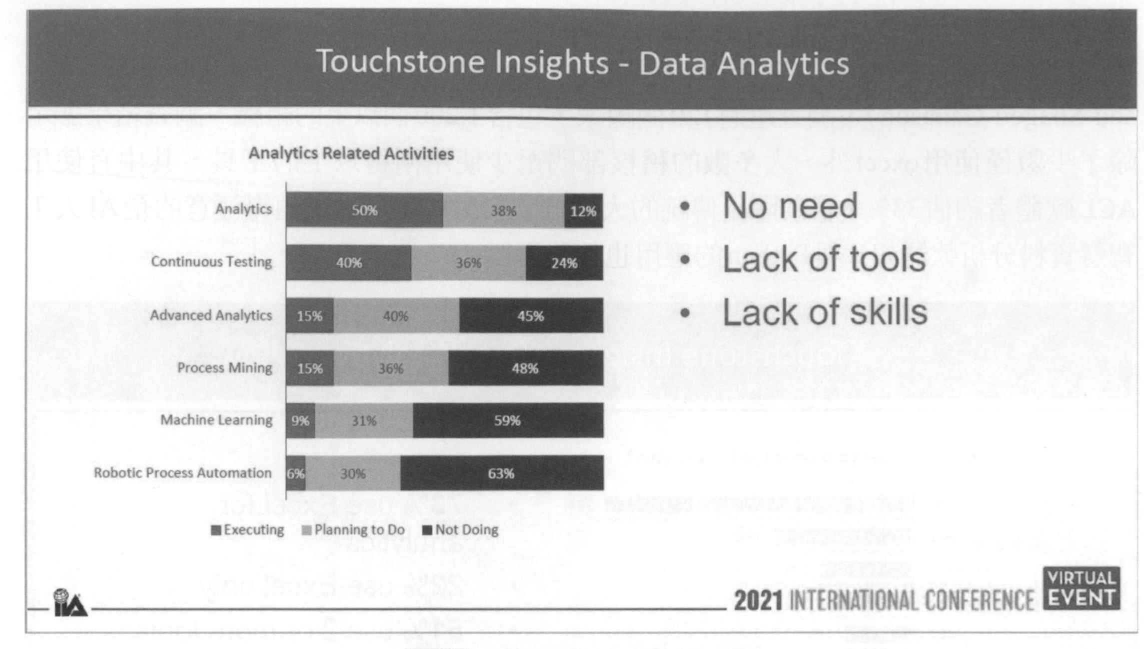

圖1-2 2021年稽核軟體調查報告

（資料來源：Internal Audit Department of Tomorrow, IIA）

❖ ACL電腦稽核軟體

ACL（Audit Command Language）為全球第一套通用電腦稽核語言，由有電腦稽核之父之稱的加拿大維多利亞大學衛心遠博士（Dr. Hartmut（Hart）J. Will）於1983年發表ACL: a language specific for auditors於Communications of the ACM期刊上，1987年第一套可以執行ACL語言的通用稽核軟體上市，讓稽核人員可以方便的將原本審計的複雜作業用簡單的指令完成，是一個破壞式創新的發明，改變了全球電腦稽核的方法。

ACL持續創新與技術領先，首先帶領稽核界進入人工智慧與機器人的應用，對資料匯入、搜尋、大數據分析、機器學習及視覺化報告，擁有最先進的技術，可以使你更容易將日常資料轉換成決策分析數據，有助於企業對未來發展方向的規劃。ACL稽核機器人是新時代下的產品，也最佳稽核軟體選擇。

❖ IDEA電腦稽核軟體

IDEA是一款知名程度僅次於ACL的通用審計軟體，於1989年加拿大會計師公會（CICA）和CaseWare International公司共同合作研發的通用稽核軟體，為審計師、會計師、財務和數據專業人士提供創新的數據分析工具。其以微軟的Visual Basic為開發語言，內建許多專供審計及內部稽核使用的功能，在資料轉換與操作上比Excel來得安全與便利。

ACL和IDEA發明的年代較早，當時強調大數據分析的能力；近年隨著人工智慧技術在稽核領域的快速發展，我們也看到一些結合人工智慧技術的新型通用稽核軟體，以下介紹Picalo和JCAATs二個此類的軟體。

❖ Picalo電腦稽核軟體

Picalo是以Python爲基礎的開源軟體，是美國楊百翰大學（Brigham Young University）的Dr. Conan C. Albrecht發明。Picalo擁有主流CAATs需要具備的重要功能，包含連結資料庫、匯入文字或Excel檔、資料處理、敘述性統計、異常分析、班佛等，其特別提供有Detectlets（檢測器）的開放性功能，讓使用者可以透過此功能撰寫python與語言程式，增加更多人工智慧分析功能。

❖ JCAATs電腦稽核軟體

JCAATs是以Python語言開發的智能稽核輔助工具，其除了提供一般CAATs的數據分析功能，由於與Python緊密的結合，因此也提供很多Python所特有的人工智慧功能，例如OCR文字辨識PDF檔案匯入、網路爬蟲資料匯入、文字探勘、文字雲分析與機器學習功能等。其提供類似ACL語言的使用介面，讓不熟習Python的稽核人員也可以透過此介面的操作，來產生Python程式在Python中執行，來更容易利用已開發好可以被免費使用的開放式語言Python的人工智慧程式。

第2節 ACL電腦稽核軟體

ACL電腦稽核軟體提供實際讀取不同的電子資料來源的功能，一般狀況下，ACL不需事先準備或轉換資料來源，就可以很輕易地完成對資料表的查詢及操作，而其他分析軟體可能還需要經過額外的事前準備與資料轉換程序，它可以整合不同系統的資料檔，成爲一個通用的查核資料檔來進行分析。ACL提供強大的資料整理和操作功能，以下列示其所具備的主要功能：

1 協助取得大量的資訊來協助進行資料分析

ACL提供海量資料分析的能力，使用者可以在PC環境下透過ACL輕鬆地對超過百萬筆或千萬筆記錄的資料表檔案進行分析，快速達成查核目的。

2 在個人電腦上讀取未轉換格式的大型主機資料與 SAP 資料

ACL 能夠讀取未轉換格式的 IBM 大型主機資料，包含 AS 4000 主機 FDF 格式、PL/1 資料格式與 COBOL 定義的檔案格式，並且可以透過 Direct Link 軟體或 ODBC 軟體直接讀取 SAP 資料，在主從式（Client/Server）架構下，可以連結它們並進行操作。

3 ACL 提供多種資料來源檔案格式讀取的功能

ACL 提供廣面的資料匯入功能，包含可以讀入報表檔格式、PDF 格式、XML 格式與 XBRL 國際會計準則報表格式等。

4 確保來源資料的完整性與安全性

ACL 採唯讀方式來讀取來源資料檔案，資料格式與資料檔案分開處理，所以 ACL 不會變更來源資料，稽核人員可以放心使用它去直接讀取線上資料檔案並進行分析。

5 處理多種資料型態能力

ACL 能夠輕易地讀取所有的常用資料格式，包含有 ASCII、EBCDIC、Unicode、Encoded 等資料格式，另外亦可以有效的處理 COBOL-Supported 內容的資料格式如 PACKED 與 ZONED 等老舊格式的資料與 Julian 日期格式資料。

6 ACL 提供多種匯入雲端開放式資料（Open Data）的功能

開放式資料已成為目前雲端環境的重要資料來源，新版ACL提供多種方式讓您取得如Google、Amazon、Saleforce、Exchange、Email、LDAP、JSON、Twitter等超過30類新型態資料庫和大數據雲端資料庫，進行分析。

7 AI 人工智慧稽核的功能

ACL 是全球第一家將人工智慧功能引入到稽核軟體的公司，其 ACL14 版以後的軟體包含許多人工智慧的功能，讓稽核軟體可以快速地進行監督式和非監督式的學習，引領稽核人員快速地進入 AI 稽核的新環境，2021.06 月發布 ACL15.1 新版。其增加的人工智慧功能包含有：非監督式機器學習（Unsupervised Machine Learning）功能 Cluster（集群分析）、監督式機器學習（Supervised Learning）功能 Train（訓練）與 Predict（預測）、人工智慧分析功能 Fuzzy Join（模糊比對）、人工智慧分析功能 Outlier（異常值分析）及 RPA（Robotic Process Automation）流程機器人功能等。

第3節 電腦稽核相關專業證照

專業認證可帶來兩大好處：(1)由於必須加以研讀以通過考試，因此將擁有更多知識；(2)專業認證可證明自己的能力達到某程度以上。專業認證依其難易度可分爲基礎程度、中級程度與高級程度等三個等級。依據國際電腦稽核教育協會（ICAEA）依循KAS（Knowledge知識、Attitude態度、Skill技能）模型所建立的專業電腦稽核人員應具備知識框架（如圖1-3），透過檢定稽核人員這三個核心知識領域能力，來協助指引有志從事電腦稽核相關工作之從業人員成爲該領域的專家。每位取得認證證書者只是一個開始，他們並且需要持續關注各種標準、持續提升特定稽核職能和關鍵技術能力，讓其可以從一般稽核知識持續進步到專家等級的能力水平。

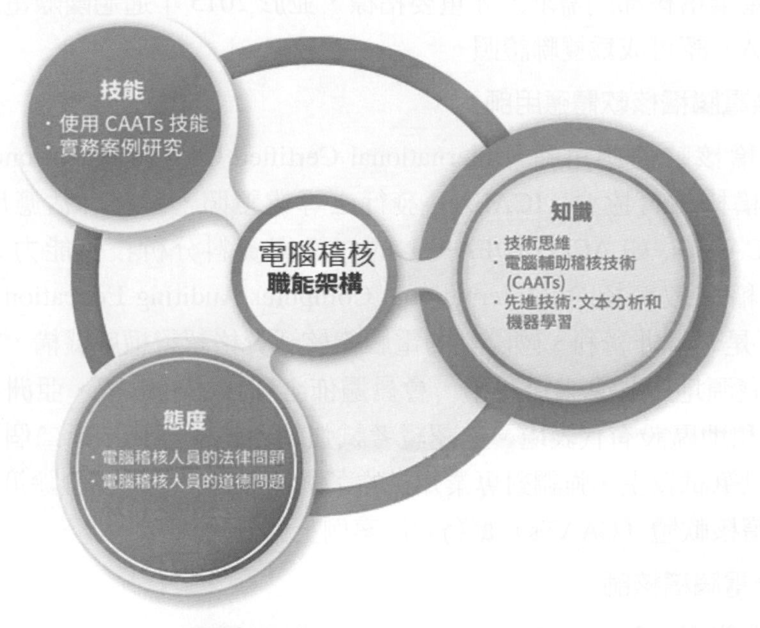

圖1-3 電腦稽核軟體應用職能架構圖

（資料來源：ICCP Exam Review, ICAEA 2022）

目前電腦稽核證照考試依照其專業領域一般還可以區分爲理論與實務兩個方面的認證。理論方面的認證以書面考試爲主，強調對專業知識的了解；而實務上的認證除筆試外，通常亦包含上機實作的測驗。目前有越來越多的各類專業電腦稽核組織提供專業證照認證考試，在國際上比較被認可的有ISACA協會與ICAEA協會，以下簡單列出一些供讀者參考：

1 JCCP 電腦稽核軟體應用師

電腦稽核軟體應用師（Jacksoft Certified CAATs Practitioner，JCCP）認證制度主要目的是爲了提供評估應用 CAATs 的知識與技術能力產業界標準。通過此項認證，可評估使用 CAATs 進行電腦稽核、資料分析和營運控制分析的能力，取得證照者代表擁有進階管理技術能力，可協助企業各項投資發揮最大效益。JCCP 電腦稽核軟體應用師爲中文考試，爲經濟部技術服務能量登錄 IN3 企業電子化人才能力鑑定服務項目之專業證照，自 2007 年舉辦至今，取得認證者包含會計師、內部稽核、財會、資安、法遵等專業人士，爲各會計師事務所、大型上市櫃公司、銀行與金融相關產業稽核部門需求人才重要指標，並於 2015 年通過國際電腦稽核教育協會（ICAEA）認可成爲雙聯證照。

2 ICCP 國際電腦稽核軟體應用師

國際電腦稽核軟體應用師（International Certified CAATs Practitioner，ICCP）爲國際電腦稽核教育協會（ICAEA）發行之專業證照，旨在評估應用電腦輔助查核工具（CAATs, 如 ACL、IDEA…）的知識與資料分析技術能力之專業證照。國際電腦稽核教育協會（International Computer Auditing Education Association，ICAEA），是一個非營利、國際性的電腦稽核師資格認證權威機構，總部設於電腦稽核軟體發源地－加拿大溫哥華，會員遍佈全球，並在歐盟、亞洲、美洲等超過 20 個國家和地區設有代表處。其認證考試強調理論與實務技術二個面向，理論部分的認證以筆試爲主，強調對專業知識的了解；而實務上的認證除筆試外，另包含電腦輔助稽核軟體（CAATs）實務應用案例上機測驗。

3 CISA 國際電腦稽核師

國際電腦稽核師（Certified Information Systems Auditor，CISA）是由總部於美國的國際資訊系統稽核與控制協會（Information Systems Audit and Control Association，ISACA）所舉辦的專業證照考試。ISACA 爲資訊管理、控制、安全和稽核專業設定規範的全球性組織。它的資訊系統稽核和資訊系統控制標準爲全球執業者所遵循，CISA 認證已經成爲電腦稽核、控管、評估組職 IT 和 IS 安全等專業領域中全球公認的資格標準。其認證考試強調理論知識面向，以筆試考試爲主，強調對專業知識的了解。

4 CEAP ERP 電腦稽核師

企業資源規劃系統電腦稽核師（Certified ERP Auditing Professional，CEAP）是由國際電腦稽核教育協會（ICAEA）所舉辦的證照考試，認證目標爲提供稽核人員查核 ERP 系統的技術能力與專業知識的評估標準，爲專家等級之高階證照，其認證考試強調理論與實務技術二個面向，理論部分的認證以筆試爲主，強調對電腦稽核與 ERP 系統相關專業知識的了解；而實務上的認證除筆試外，另包含運用電腦輔助稽核軟體（CAATs）查核資訊系統（如 SAP ERP、Oracle ERP 等）實務應用案例上機測驗。

第4節 ACL系統的基本操作畫面

本書以ACL 10.5 UNICODE版爲基礎，並加入最新版的ACL Analytic 15（簡稱ACL 15）UNICODE版的創新功能，來介紹ACL的使用方式，讓使用ACL 10~15版的使用者，都可以透過此書來進行學習與使用工具，快速進入稽核大數據分析的時代。

一 ACL系統作業架構

ACL系統操作是以專案爲基礎，開始使用ACL要先設定存入檔案，此檔案稱爲一個專案（Project），ACL Project（ACL專案）像是一個儲存櫃，涵蓋所有在專案過程中相關的資料分析後所產生的項目，同時亦包含有表格間相關資料的連結關係資訊。ACL的特點是資料來源檔（Source Data File）不是ACL專案中的一部分，因此具備有資料安全性。

ACL專案檔的副檔名是「.acl」，一個ACL專案是由資料表（Table）、指令集（Scripts）、工作區（Workspaces）與資料夾（Folder）等項目組成，說明如下。

1 資料表（Tables）

ACL 使用資料表（Tables）來描述資料的格式、來源資料之檔案名稱及儲存位置。ACL 將實際資料存於副檔名爲「.fil」的檔案中，這些資料檔可以和專案檔分開儲存。使用者可以在任何時候利用資料表編輯資料表格式，以修改或增加資料欄位、定義不同的輸出或輸入格式、調整記錄格式等。使用者可以產生許多不同的資料視界來顯示資料表中的資料，並可在各資料表的不同的欄位中設定索引。

(1) 資料表格式（Table Layout）：一個ACL專案中可以有許多資料表，每個資料表都是透過其專屬的資料表格式來連結至實際資料來源檔。資料表格式描述來源資料的結構和內容，並設定資料可以在何處被取得。

資料表格式還描述每個欄位中的格式資料，透過資料表編輯器（Table Layout Edit）可以使您輕鬆地對每一個資料表格式進行編輯作業。

(2) 資料視界（Views）：可顯示資料表內所有或部分欄位資料，同時同一個資料來源檔可以產生多種不同資料視界供使用者進行不同角度的資料瀏覽。

(3) 索引檔（Index Files）：使用者可以在各資料表的不同的欄位中設定索引，並利用索引的規則來進行資料排序的顯示。索引檔之副檔名為「.inx」。

2 巨集指令批次作業（Scripts）

ACL 有許多的指令，讓我們可以去分析資料，或產生新的運算欄位，這些指令可以被單獨執行，或是集合在一個批次檔中一起被執行，就如同是一個單獨的應用程式。

3 工作區（Workspaces）

工作區（Workspaces）係指一組欄位定義的公式儲存後可以供不同資料表來重複使用。工作區使您可以在建立一個複雜的計算公式的資料欄位後，將此欄位和其它不同的資料表來分享。

從 Menu Bar 選擇「File」，然後選取「New」，接著選取「Workspaces」，ACL 將出現下列對話框「Add Fields to Workspace」（如圖 1-4）。

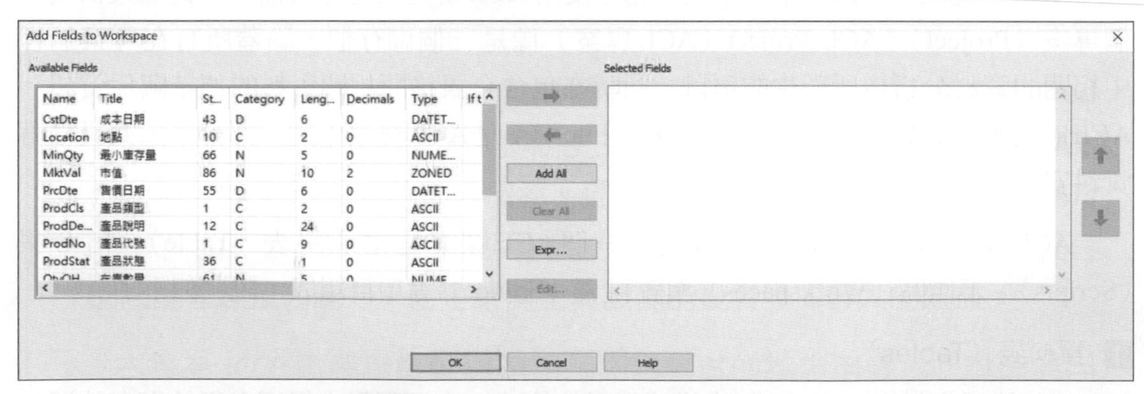

圖1-4 「Add Fields to Workspace」視窗

4 資料夾（Folder）

每一個專案檔儲存許多資料表格式、資料視界、工作區及指令集等，利用資料夾（Folder）的設定，可以使您在專案瀏覽器中管理及組織專案內的不同項目檔。

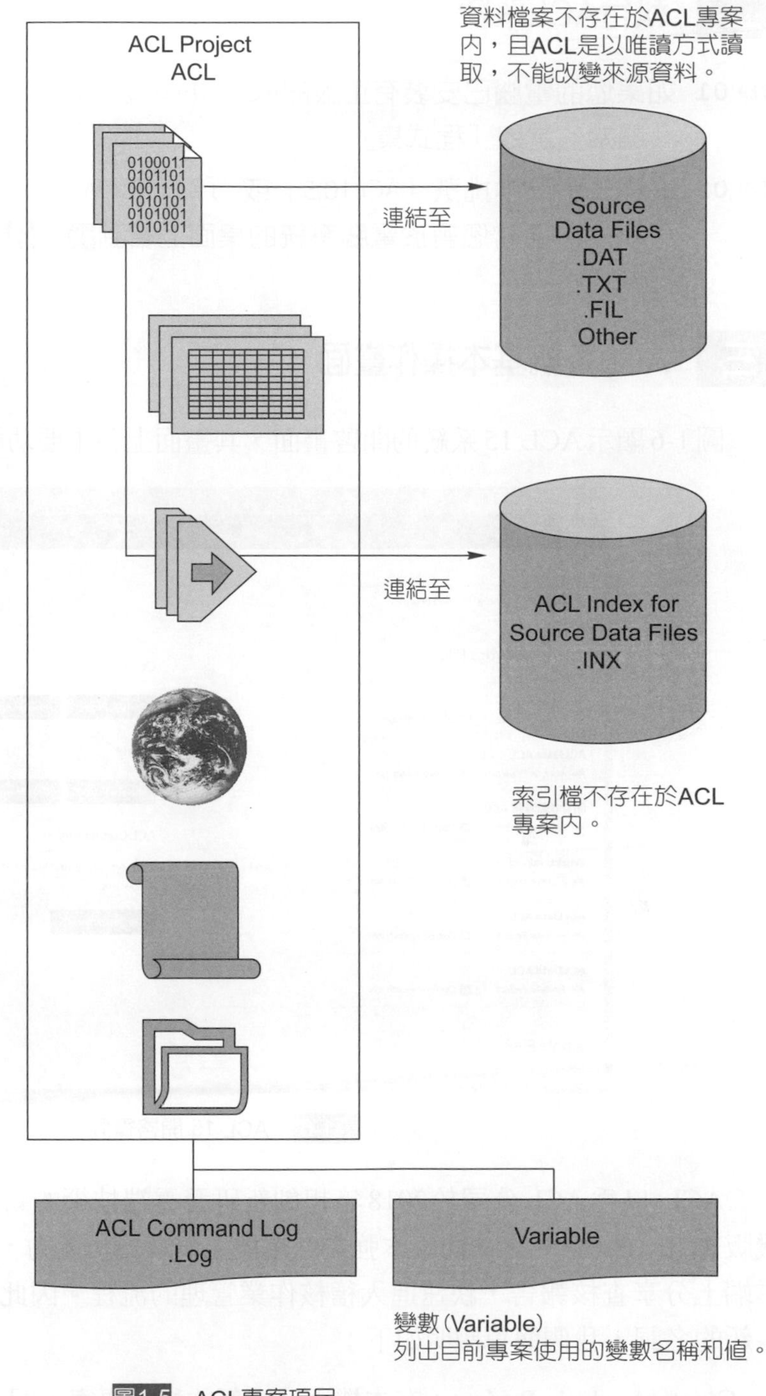

資料檔案不存在於ACL專案內，且ACL是以唯讀方式讀取，不能改變來源資料。
ACL Project
ACL
資料表格式(Table Layout)
描述資料的格式配置方式，使用者可以自行定義新的計算欄位。
0100011
0101101
0001110
1010101
0101001
1010101
連結至
Source
Data Files
.DAT
.TXT
.FIL
Other
資料視界(View)
可顯示資料並可作為列印輸出報表的樣板。
索引檔(Index)
可在未被排序的資料中依所設定的排序方式序顯示資料，如同資料已被排序過。
連結至
ACL Index for
Source Data Files
.INX
工作區(Workspace)
可在不同的資料檔中分享欄位定義及使用設計的複雜計算公式。
索引檔不存在於ACL專案內。
指令集(Scripts)
為ACL的稽核程式檔案。
資料夾(Folder)
可在專案瀏覽器中管理及組織各不同檔案存放的位置。
指令記錄檔(Log)
就像飛行記錄器，可完整記錄所有的ACL操作過程成為ACL語法指令。
ACL Command Log
.Log
Variable
變數(Variable)
列出目前專案使用的變數名稱和值。

圖1-5　ACL專案項目

二 執行ACL系統

STEP01 如果您的電腦已安裝有正版的ACL 10~14版軟體，您可以從微軟Windows上的「開始」選取「程式集」。

STEP02 從程式選單中挑選「ACL10.5」或 「ACL for Windows」資料夾，再選取ACL即可執行。通常您會於電腦系統的桌面上看到AN或a，點選此Logo即可開始執行ACL。

三 ACL系統基本操作畫面

圖1-6顯示ACL 15系統的開啓畫面，其畫面上各主要功能簡述如下：

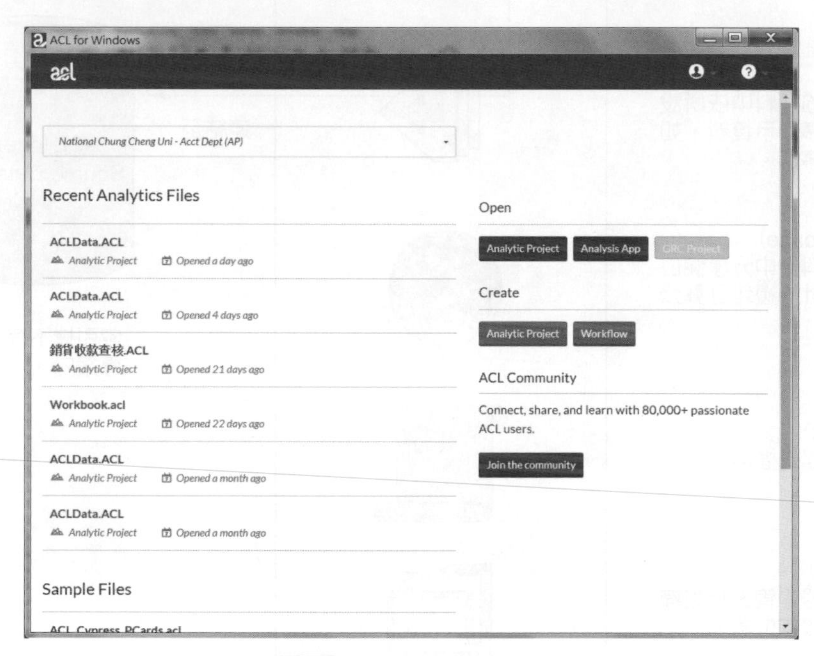

圖1-6 ACL 15 開啓畫面

ACL 14爲ACL公司於2018年起創新研發雲端技術的新軟體，其有別於原始的單機版ACL 10（含）之前的版本強調在單機上資料分析能力，ACL 11~15更加入可以在雲端上分享查核報告，快速進入稽核作業管理的流程。因此在開啓畫面上你會看到一些新的名詞，我們簡單說明如下：

- Create Analytic Project：在本機上建立新的稽核專案，同 ACL 10 上面專案。
- Create Workflow：在雲端 GRC（治理、風險管理與法令遵循）管理系統上建立新的稽核管理專案。
- Open Analytic Project：開啓在本機端的稽核專案。

- Open Analytic App：開啓可以同時在本機與雲端上執行的稽核專案。
- Open GRC Project：開啓在雲端的 GRC 專案。

本書僅介紹本機上建立新的稽核專案「Create Analytic Project」的功能，其他雲端上的功能請自行參考 ACL 的使用手冊。

圖 1-7 顯示 ACL 系統的基本操作畫面，其畫面上各主要功能簡述如下：

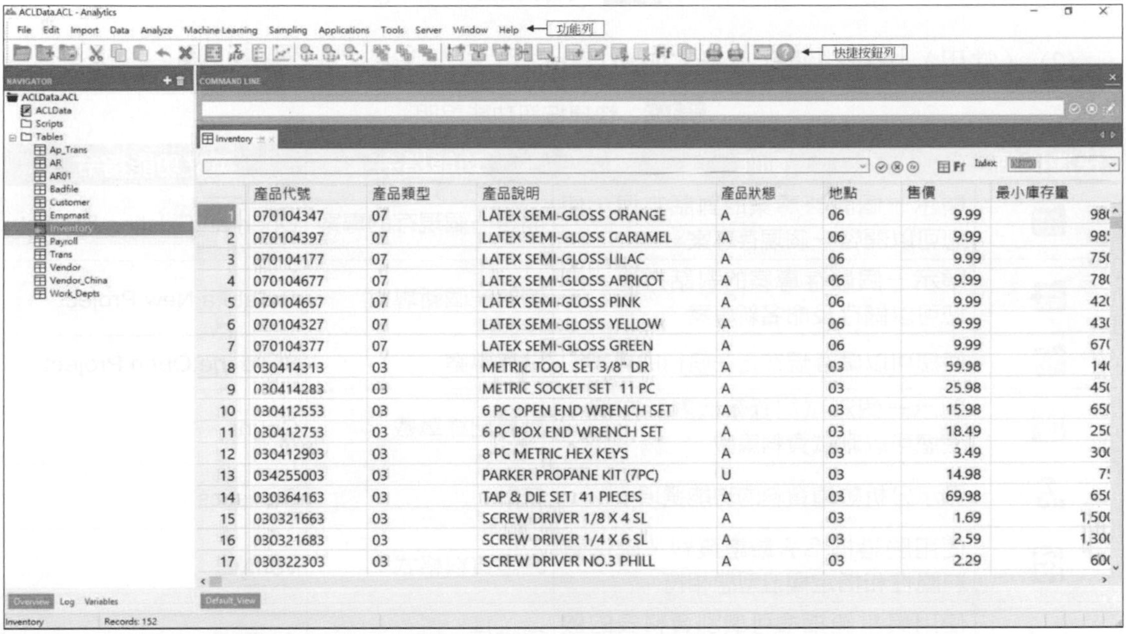

ACLData.ACL - Analytics

File　Edit　Import　Data　Analyze　Machine Learning　Sampling　Applications　Tools　Server　Window　Help ← 功能列

← 快捷按鈕列

NAVIGATOR　　COMMAND LINE

ACLData.ACL
ACLData
Scripts
Tables
Ap_Trans
AR
AR01
Badfile
Customer
Empmast
Inventory
Payroll
Trans
Vendor
Vendor_China
Work_Depts

Inventory　　Index

	產品代號	產品類型	產品說明	產品狀態	地點	售價	最小庫存量
1	070104347	07	LATEX SEMI-GLOSS ORANGE	A	06	9.99	98
2	070104397	07	LATEX SEMI-GLOSS CARAMEL	A	06	9.99	98
3	070104177	07	LATEX SEMI-GLOSS LILAC	A	06	9.99	75
4	070104677	07	LATEX SEMI-GLOSS APRICOT	A	06	9.99	78
5	070104657	07	LATEX SEMI-GLOSS PINK	A	06	9.99	42
6	070104327	07	LATEX SEMI-GLOSS YELLOW	A	06	9.99	43
7	070104377	07	LATEX SEMI-GLOSS GREEN	A	06	9.99	67
8	030414313	03	METRIC TOOL SET 3/8" DR	A	03	59.98	14
9	030414283	03	METRIC SOCKET SET 11 PC	A	03	25.98	45
10	030412553	03	6 PC OPEN END WRENCH SET	A	03	15.98	65
11	030412753	03	6 PC BOX END WRENCH SET	A	03	18.49	25
12	030412903	03	8 PC METRIC HEX KEYS	A	03	3.49	30
13	034255003	03	PARKER PROPANE KIT (7PC)	U	03	14.98	7
14	030364163	03	TAP & DIE SET 41 PIECES	A	03	69.98	65
15	030321663	03	SCREW DRIVER 1/8 X 4 SL	A	03	1.69	1,50
16	030321683	03	SCREW DRIVER 1/4 X 6 SL	A	03	2.59	1,30
17	030322303	03	SCREW DRIVER NO.3 PHILL	A	03	2.29	60

Overview　Log　Variables　　Default_View

Inventory　　Records: 152

圖1-7　ACL 15基本操作畫面

1 標題列

ACL 標題列顯示出目前所開啓的 ACL 專案名稱。

2 功能列（Menu Bar）

您可以透過功能列選單中的各項功能執行 ACL 所提供的各項指令及動作（如表 1-1），您可以點選各功能列下的各項功能來執行。ACL 15 在功能列上增加有 Machine Learning 功能。

表1-1　功能選單

File	Edit	Import	Data	Analyze	Machine Learning	Sampling	Applications	Tools	Server	Windows	Help
檔案	編輯	匯入	資料	分析	機器學習	抽樣	應用	工具	主機	視窗	輔助

3 快捷按鈕列（Tool Bar）

在本列中的按鈕是您執行常用指令的自定預設快捷按鈕，您可以由 Menu 下的 Windows 功能選擇是否顯示快捷按鈕列（Tool Bar），其使用的方法如下：

(1) 預設快捷按鈕列（Default Tool Bar），如圖1-8。

圖1-8 快捷按鈕列

(2) （常用）按鈕快速參考表，如表1-2。

表1-2 快捷按鈕功能說明

快捷按鈕	動作	功能指令	英文功能指令
	顯示一個開啓專案的對話方塊，使您可以開啓一個現存專案	開啓一個現存的專案	Open an Existing Project
	顯示一個儲存專案的對話方塊，使您可以儲存及命名新專案	開啓一個新專案	Create a New Project
	使您可以儲存現在正在執行的專案	儲存專案	Save the Open Project
	顯示一個測試記錄筆數對話方塊，使您可以測試資料筆數	計算記錄筆數	Count
	顯示分析數值資料的功能選項	統計	Statistics
	使用驗證指令去驗證資料，確保資料屬性和指定欄位型態相符	驗證資料格式	Verify
	使用異常值指令可識別資料表的數值域中的統計異常值	異常值	Outliers
	使用序列指令可確定資料表中的一個或多個欄位是否按序列順序排列	序列	Sequence
	使用重複指令可檢測資料表中的一個或多個欄位是否包含重複的值，或者是否存在重複的記錄	重複	Duplicates
	在資料表中依序排列的字符或日期時間域中，使用缺漏值指令可以測試其缺漏值（缺失項目）	缺漏值	Gaps
	使用分類指令去計算每一文字欄位內為一值的資料，產生記錄個數及其他數值小計值	分類彙總	Classify
	計算數值欄位或運算值的特定區間或層級的記錄，並分層對欄位來進行加總小計	分層	Stratify
	依時間距離分層彙總	帳齡分析	Age
	使用排序指令可根據一或多個關鍵字域按升序或降序對記錄排序，並將結果輸出到新的表中	排序	Sort

快捷按鈕	動作	功能指令	英文功能指令
	將二個資料表的關鍵欄位進行比對，將結果產生到新資料表	比對	Join
	使用提取指令可從資料表中提取選定記錄或域，並將其複製到新表，或附加到現有表	提取	Extract
	可以將目前的資料附加至舊的資料上	附加	Append
	從原有資料表中產出新報表	產出報表	Export
	建立一個新的資料表	新資料表	New Table
	顯示資料表格式以供編輯	編輯資料表格式	Edit Table Layout
	顯示新增欄位對話方塊，使您可以加入新增的欄位	新增欄位	Add Columns
	使您移除正在作用視窗內的欄位	移除欄位	Remove Columns
Ff	顯示一個編輯字型格式對話方塊，使您可以編輯篩選器或命名	改變字型格式	Change Font
	顯示報表對話方塊，使您可以設計表格樣式	報表	Report
	使您可以預覽列印的作用視窗	預覽列印視窗	Print Preview
	使您可以列印正在作用的視窗	列印視窗	Print
	系統設定的選項功能	選項	Options
	顯示尋找ACL疑難說明資訊的選項	ACL疑難雜症說明	Help

4 專案瀏覽器（Project Navigator）

包括專案總覽（Overview）、指令記錄檔（Log）及變數清單（Variables），其說明如下：

(1) 專案總覽：此畫面顯示和目前專案相關的所有項目（包括了資料表、Script巨集、工作區及資料夾），使用者可以在此單擊滑鼠右鍵並選擇和此項目有關的各項操作以執行指令，或是透過拖曳的方式來管理及組織您的專案（如圖1-9）。

(2) 指令記錄檔：此畫面顯示目前專案過去已執行的各項指令記錄，在指令記錄檔中，所有的執行動作都會被記錄並依時間先後組織起來，您可以點擊該時間列來開啓記錄進行瀏覽（如圖1-10）。

圖1-9 專案總覽畫面

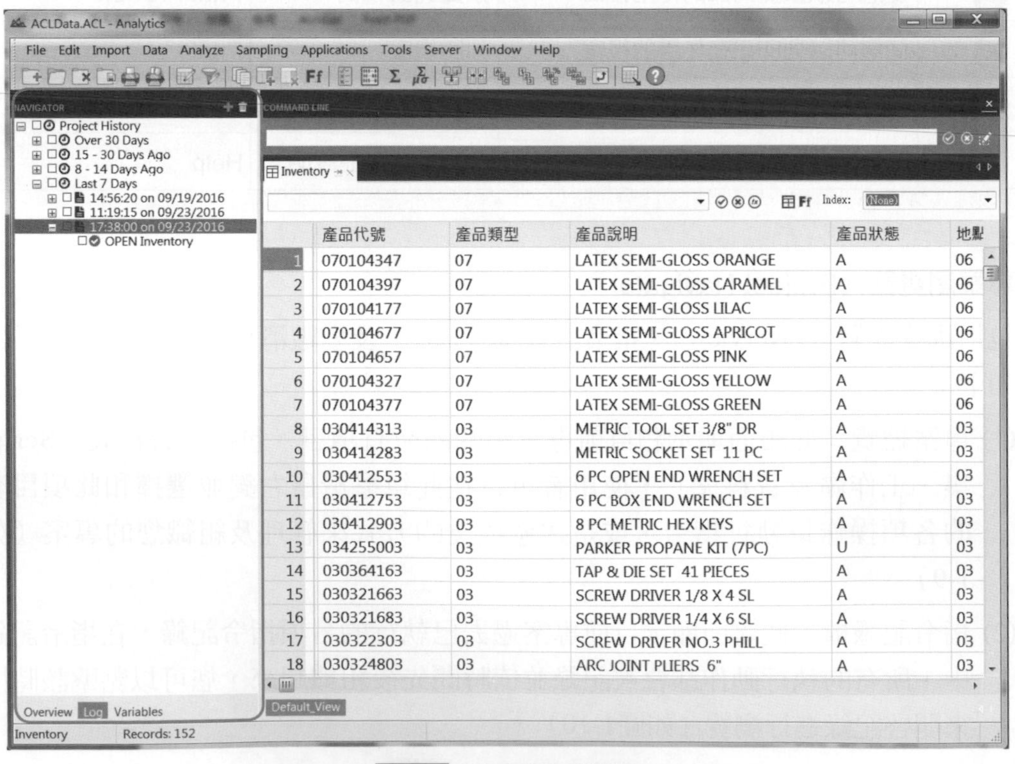

圖1-10 指令記錄檔畫面

(3) 變數清單：顯示目前所執行的專案變數與其值（如圖1-11）。

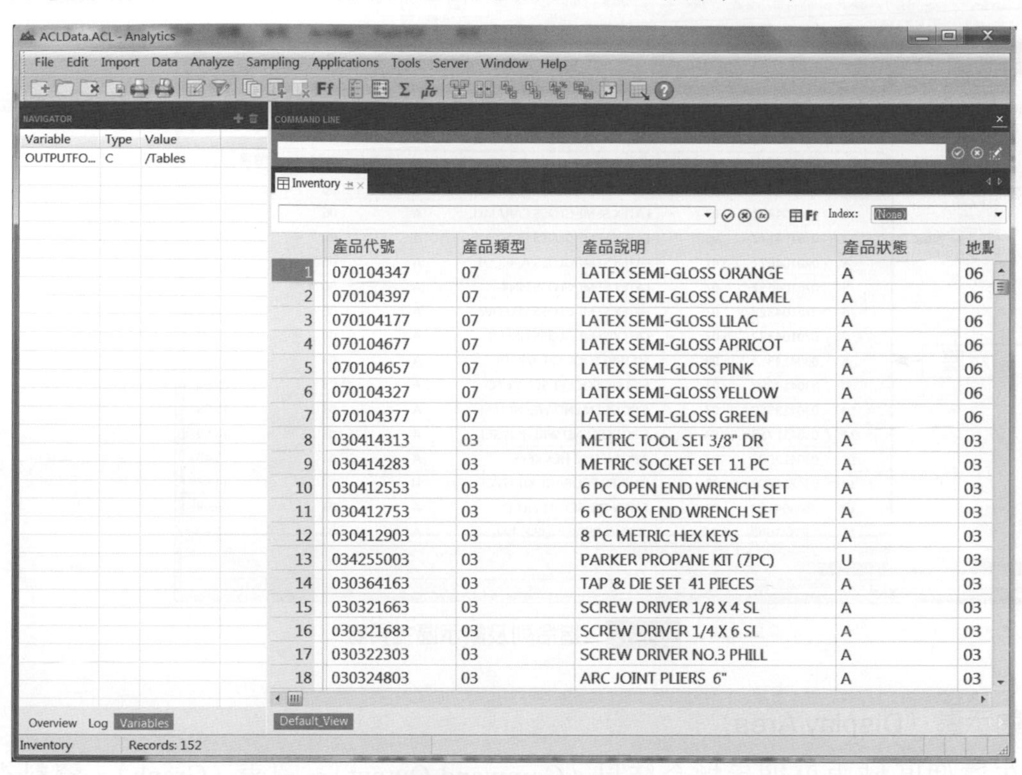

圖1-11 變數清單畫面

5 指令列（Command Line）

使用者可以使用指令列來輸入 ACL 指令（Commands），進行手動方式的指令執行。要注意因爲 ACL 系統預設並無顯示此指令列，所以如要顯示此指令列，使用者可點選功能列（Menu Bar）中的「Window」，再選取「Show Command Line」（如圖 1-12）。

6 顯示區主頁籤（Display Area Tabs）

在顯示區上方的主頁籤列可讓使用者選擇瀏覽已開啓的資料表或是已執行過的指令結果。使用者需要注意的是，已執行過的指令結果通常只會留存最近的一次，即前一次的指令結果會自動被後一次的指令結果所覆蓋過去，除非使用者透過點選頁籤上的圖釘標示以保留指令結果（如圖 1-12）。

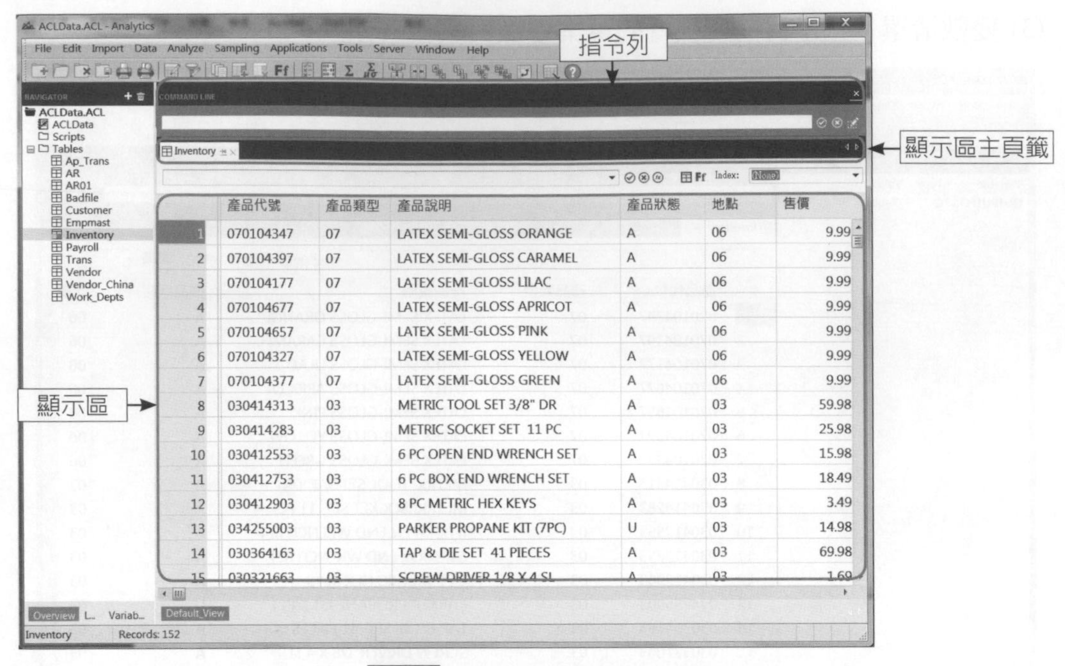

	產品代號	產品類型	產品說明	產品狀態	地點	售價
1	070104347	07	LATEX SEMI-GLOSS ORANGE	A	06	9.99
2	070104397	07	LATEX SEMI-GLOSS CARAMEL	A	06	9.99
3	070104177	07	LATEX SEMI-GLOSS LILAC	A	06	9.99
4	070104677	07	LATEX SEMI-GLOSS APRICOT	A	06	9.99
5	070104657	07	LATEX SEMI-GLOSS PINK	A	06	9.99
6	070104327	07	LATEX SEMI-GLOSS YELLOW	A	06	9.99
7	070104377	07	LATEX SEMI-GLOSS GREEN	A	06	9.99
8	030414313	03	METRIC TOOL SET 3/8" DR	A	03	59.98
9	030414283	03	METRIC SOCKET SET 11 PC	A	03	25.98
10	030412553	03	6 PC OPEN END WRENCH SET	A	03	15.98
11	030412753	03	6 PC BOX END WRENCH SET	A	03	18.49
12	030412903	03	8 PC METRIC HEX KEYS	A	03	3.49
13	034255003	03	PARKER PROPANE KIT (7PC)	U	03	14.98
14	030364163	03	TAP & DIE SET 41 PIECES	A	03	69.98
15	030321663	03	SCREW DRIVER 1/8 X 4 SL	A	03	1.69

圖1-12 指令列及顯示區主頁籤

7 顯示區（Display Area）

在這個區域中可顯示指令結果（Command Output）、圖表（Graph）、資料視界（Views）。ACL 會在您初步執行時顯示一個歡迎畫面，此畫面提供相關學習資源的連結。使用者開始執行 ACL 後，此顯示區就會開始顯示目前查核的表格的資料視界頁籤（Views Tags）及指令執行結果頁籤（Result Tags）。

(1) 資料視界頁籤（為「資料表」的顯示頁籤）：當您開啓一個資料表（Table）時，ACL最初是顯示該資料表的預設資料視界格式資料，一個資料表可能會有許多不同的資料視界，而每一個資料視界可以設定不同的欄位顯示，而不同的次頁籤則各顯示不同的資料視界。

(2) 指令執行結果頁籤（為目前「指令執行後的結果」顯示的次頁籤）：有些ACL指令執行結果會產生一些文字內容及圖表輸出，當上方主頁籤為「指令結果」時，您則可再點選「文字結果」（Text）或是「圖表結果」（Graph）的次頁籤。另外有些結果會顯示可以再往下展開的點選資料，使用者只要利用滑鼠點選就可以向下瀏覽明細資料（如圖1-13）。

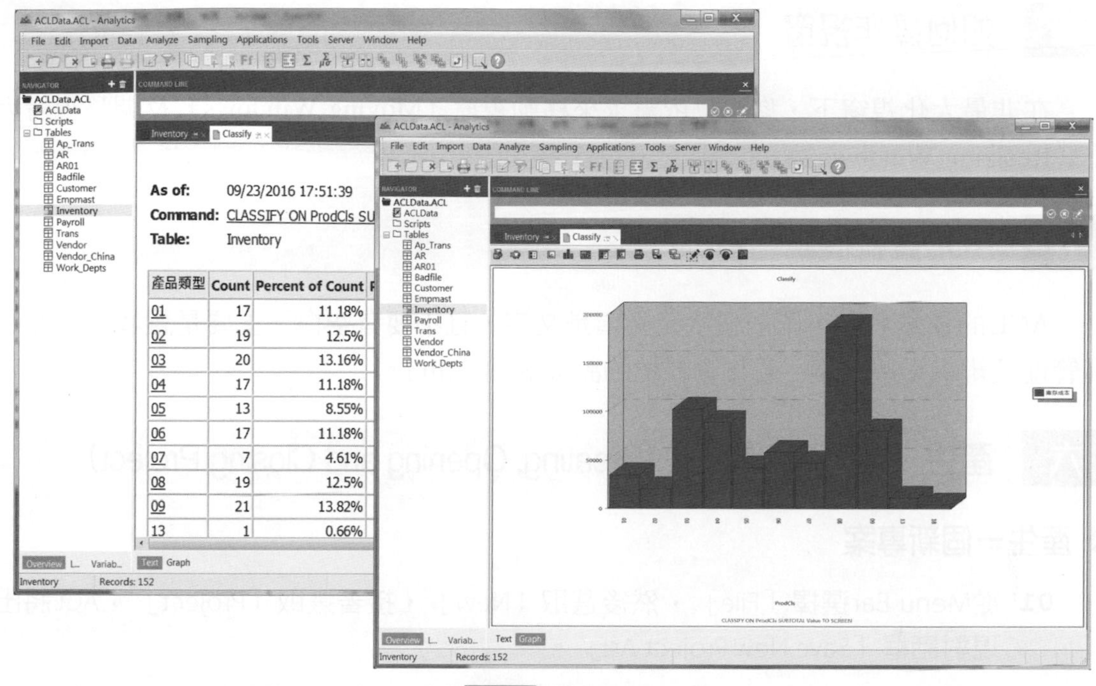

圖1-13　顯示區

8 狀態列（Status Bar）

顯示 ACL 專案所使用的表格的相關資訊，例如某一資料視界所使用的資料過濾狀態，資料的記錄筆數（Record Count），及目前作業所對應到的資料表（Table）名稱等資訊（如圖 1-14）。

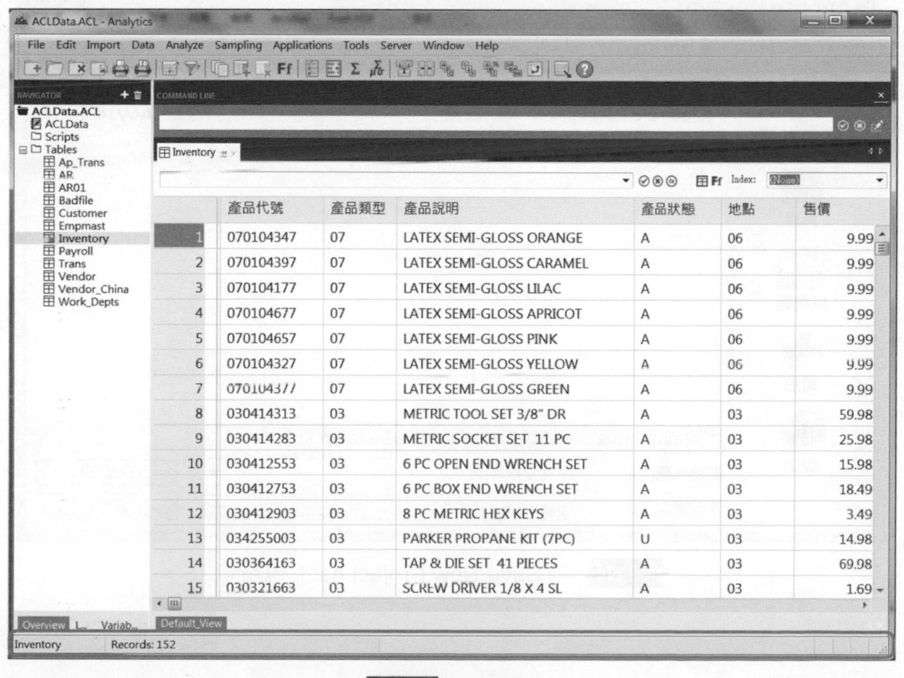

圖1-14　狀態列

四 如何操作視窗

在非最大化視窗下，您可以依需求來移動視窗（Moving Windows）及調整視窗大小（Resizing Windows）。

五 ACL資料檔案名稱

ACL的檔案名稱，第一個字元必須是文字，且不要有空白。主要是讓我們比較容易管理及辨識這些檔案。輸出資料檔的副檔名爲「.fil」。

六 產生、開啓及關閉專案（Creating, Opening and Closing Project）

❖ 產生一個新專案

STEP01 從Menu Bar選擇「File」，然後選取「New」，接著選取「Project」，ACL將出現對話框「Save New Project As:」。

STEP02 用滑鼠在「ACL Data」資料夾上點兩下，預備將專案檔和其他資料檔放進同一個資料夾。

STEP03 在File Name文字輸入欄位中輸入「存貨查核專案」（如圖1-15）。

STEP04 按Save按鈕產生新的專案（New Project），ACL會自動在檔名後面加上「.acl」作為副檔名，並顯示 Select Table Layout的對話框。

圖1-15 「Save New Project As:」視窗

❖ 開啓已存在的專案檔

從Menu Bar選擇「File」，接著選取「Open Project」來開啓舊檔。

❖ 關閉使用中的專案檔

從Menu Bar選擇「File」，接著選取「Close Project」來關閉使用中的專案檔。

七 ACL如何讀取資料

ACL使用資料表格式（Table Layout）來描述來源資料的位址、設計樣式和內容。您可以新增資料視界（Views）來顯示表格中的資料，另外在表格中您可以新增任何欄位之資料視界。

當您想要使用新的資料來源進行查核工作時，ACL提供下列方法來建立新資料表（如圖1-16）：

1 使用資料定義精靈（Data Definition Wizard）。

2 手動定義資料（Table Layout）。

建立資料表格後，您可利用資料表編輯器（Table Layout Edit）來新增、刪除或是修 飾您想要分析的欄位。您也可以在不同的專案之間複製及分享資料表格。

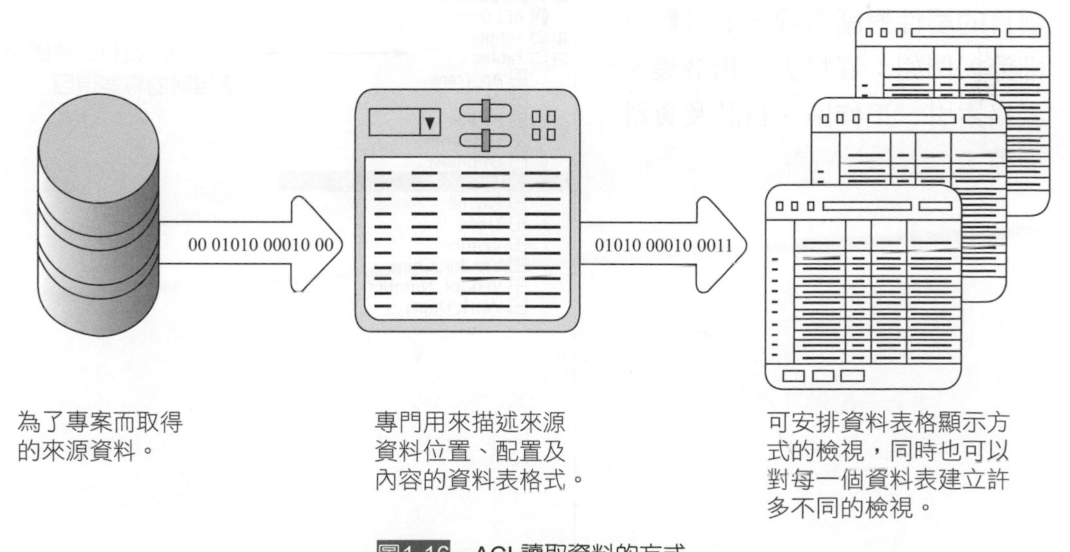

00 01010 00010 00
01010 00010 0011
為了專案而取得的來源資料。
專門用來描述來源資料位置、配置及內容的資料表格式。
可安排資料表格顯示方式的檢視，同時也可以對每一個資料表建立許多不同的檢視。

圖1-16 ACL讀取資料的方式

第5節 組織您的電腦稽核專案項目

專案檔是一種有效組織您資料分析專案的方法，在ACL專案中是由許多項目所組成的：資料表、資料視界、指令集、索引、工作區、指令記錄檔、資料夾和變數清單（Variables）。

在專案瀏覽器（Project Navigator）中，使用者可以使用專案總覽（Overview）標籤來組織專案項目（如圖1-17），另外您還可以：

1 增加資料夾到專案總覽中

您可以任意增加您所需要的資料夾。

2 新增其他專案項目到專案總覽中

您可以在專案總覽中建立新的表格、指令集和工作區。

3 觀看任何專案項目的細節

在專案總覽中，您可以開啓任何項目的屬性對話方塊，並且觀看細節，例如：資料表、指令集、表格索引、工作區、日誌及資料夾等。

圖1-17 專案瀏覽器

第6節 觀看和修飾您的資料表格

資料視界（Views）是一種能夠讓ACL顯示資料排列的方式。您可以替資料表格建立很多的資料視界。資料視界能夠容納資料表格中任何或全部的欄位，可依任何順序排列甚至能夠依各自的格式而不用改變其他的資料視界或資料本身，另外您還可以：

1 在資料視界中新增資料行

在資料視界中按右鍵，選擇「Add Columns」，然後從增加資料行（Add Columns）的對話方塊中選擇欄位（如圖 1-18）。

2 在資料視界中修改資料行

直接雙擊資料視界中的資料行，就可直接修改。

3 管理表格中的資料視界

在專案總覽中的表格圖示按右鍵，選擇「屬性」（Properties），然後從資料表屬性（Table Properties）的對話方塊中可新增（Add）、複製（Copy）、更名（Rename）或刪除（Delete）資料視界（如圖 1-18）。

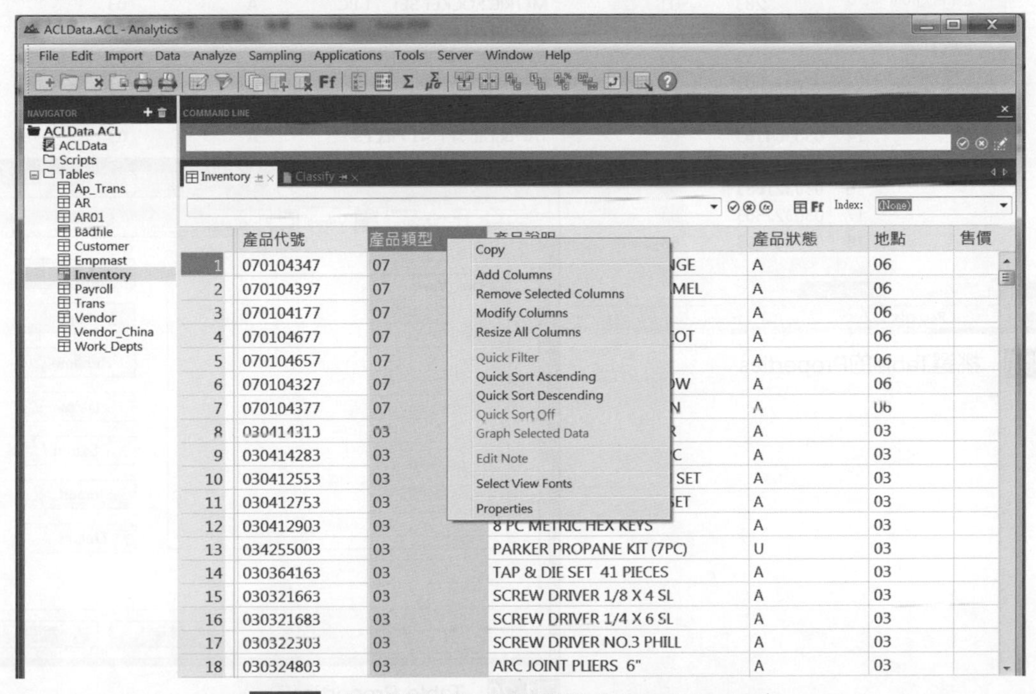

圖1-18　資料視界與右鍵功能列（Views Window）

一 檢視視窗

檢視視窗（View Window）是ACL最好用的功能之一，它可以按照使用者所設定的欄位顯示資料檔中的資料。

❖ ACL新增／刪除View Window視窗的操作

STEP01 在「Project Navigator」中，利用滑鼠右鍵選「Inventory」，在下拉式選單內，挑選Properties（屬性）（如圖1-19）。

STEP02 接著在資料表屬性Table Properties上點選Views（檢視）頁籤（如圖1-20）。

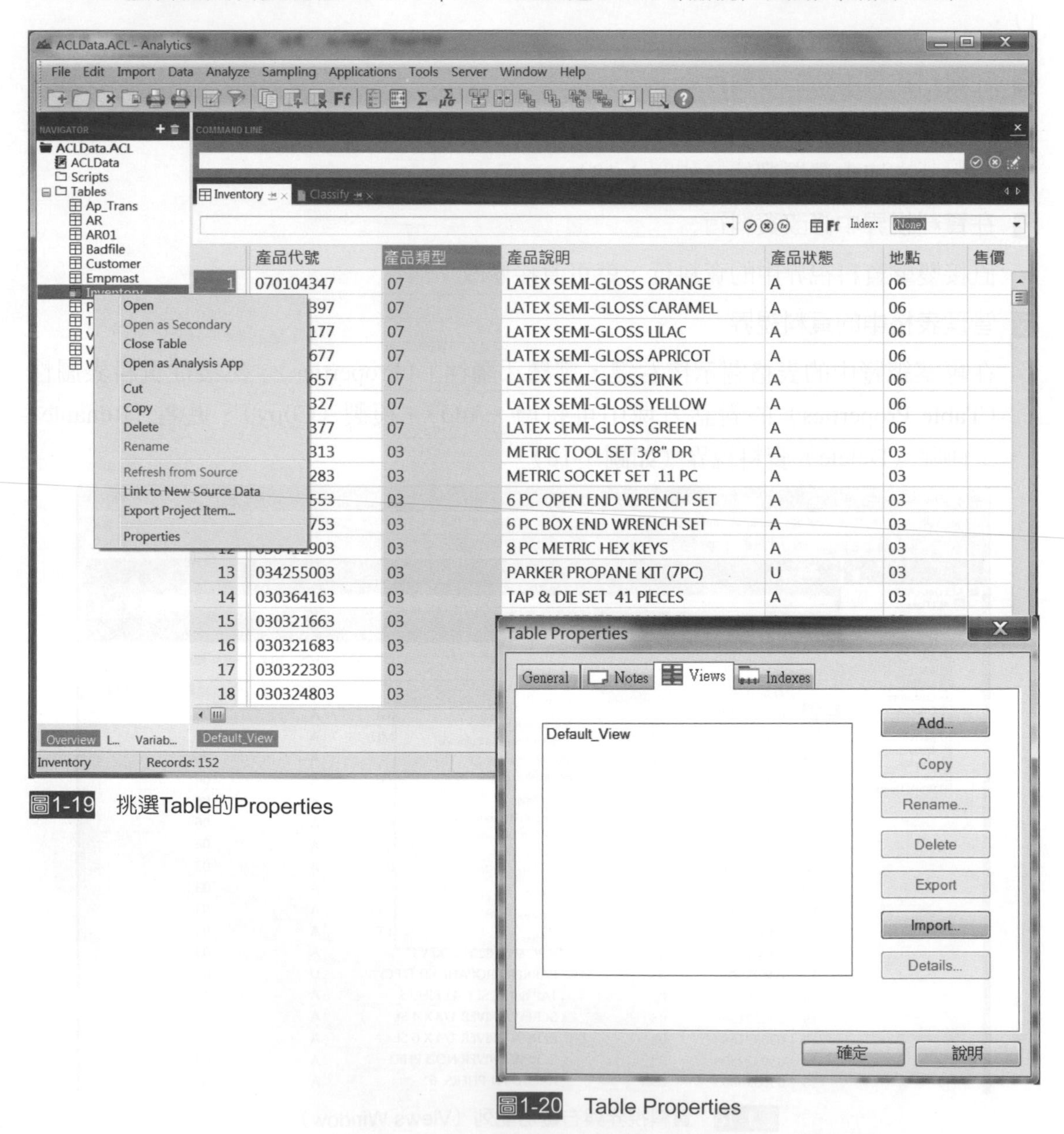

圖1-19 挑選Table的Properties

圖1-20 Table Properties

STEP**03**　點選Add鍵則會顯示Add View對話視窗，此時可輸入新的View名稱「存貨報價」至Add View對話視窗內（如圖1-21）。

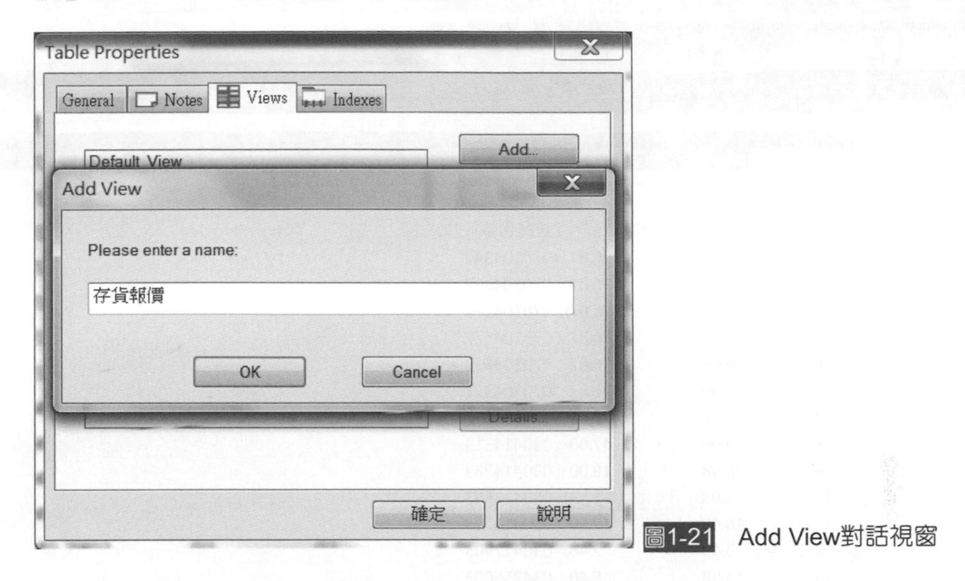

圖1-21　Add View對話視窗

STEP**04**　當按下「OK」按鈕後，會自動產生增加欄行Add Columns的對話窗，此時從中挑選顯示欄行（如圖1-22）。

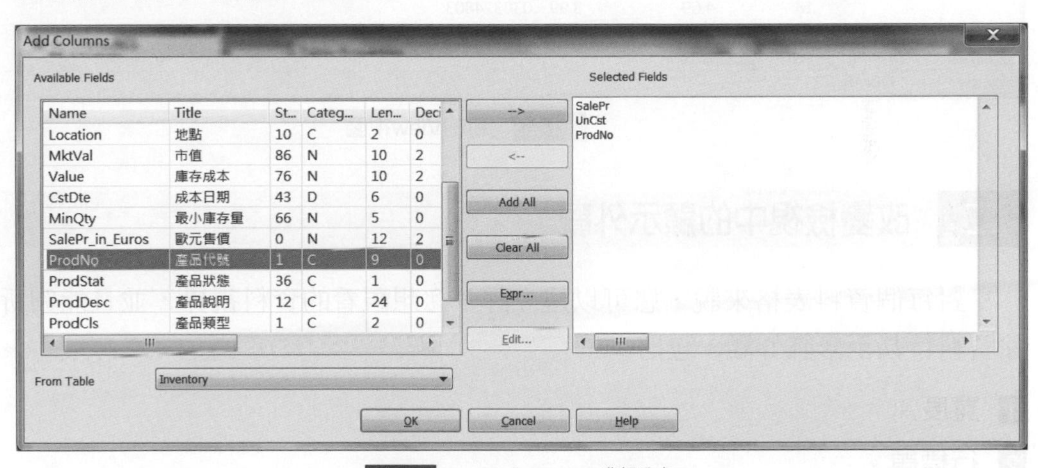

圖1-22　Add Columns對話窗

STEP 05 按下「OK」鍵，將會顯示新的View視窗（如圖1-23）。

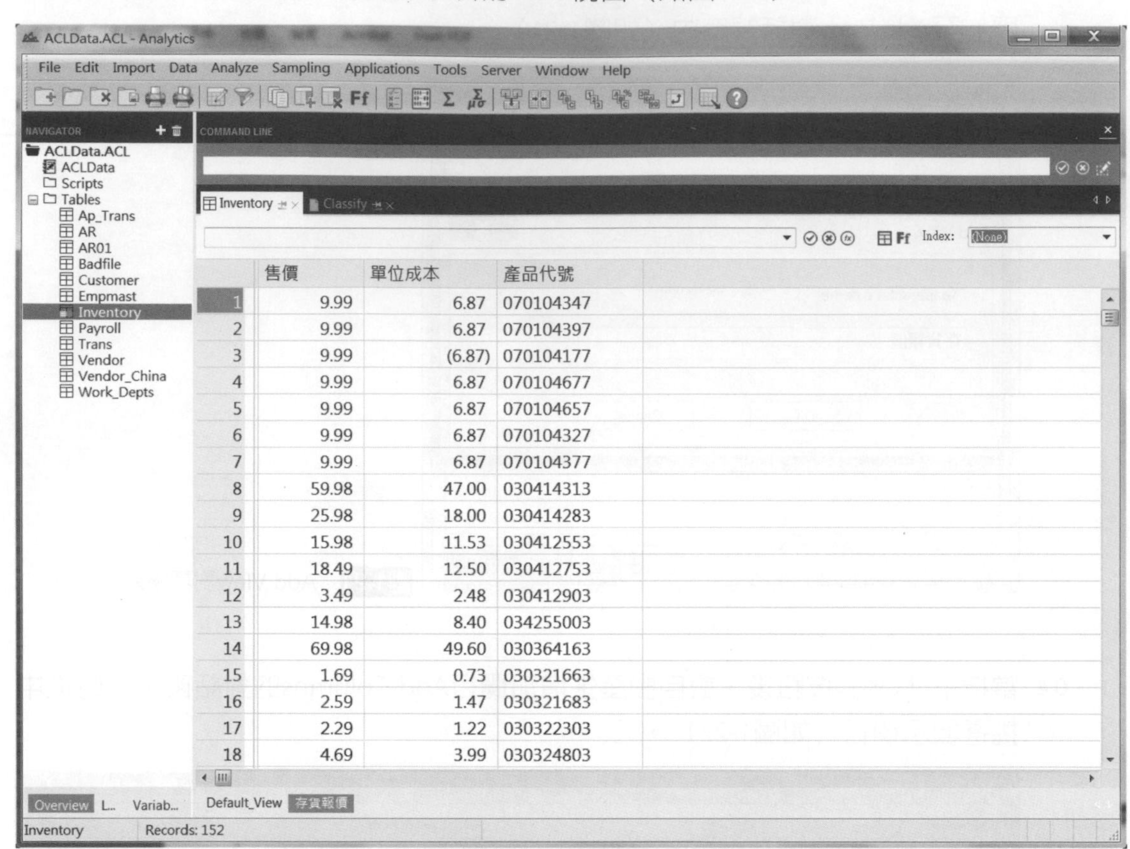

圖1-23 新的View視窗

二 改變檢視中的顯示外觀

對每個資料表格來說，您可以建立許多您想觀看的資料視界，並且能夠新增或移除資料行甚至修飾外觀，包括：

1. 寬度。
2. 行標題。
3. 顯示格式。
4. 列印選擇。
5. 加註備註欄位。

當您要關閉已經改變的資料視界時，ACL會提示您儲存這個資料視界。另外您也能夠在這個資料視界格式之下建立另一個新的資料視界。另外ACL 10版後皆提供有欄位大小顯示最佳化（Resize All Columns）的功能，讓使用者可以快速的修飾資料視界的外觀。

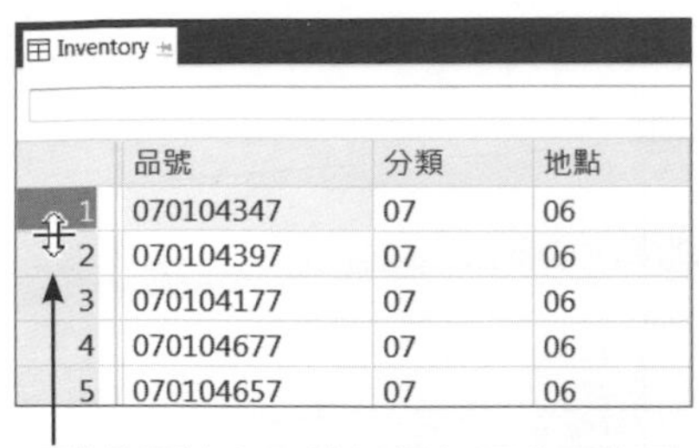

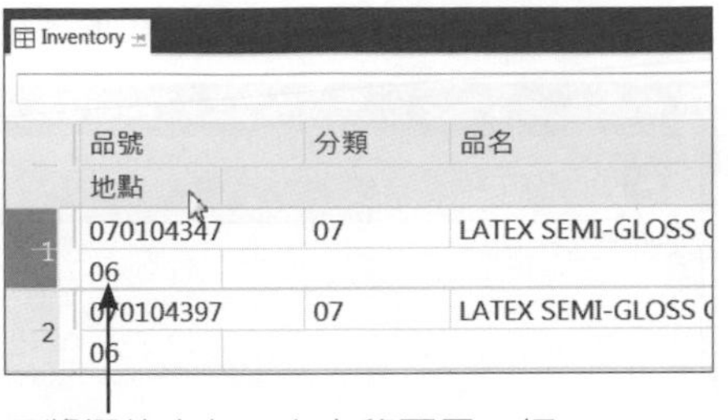

可將分隔線向下拉以增加反白區範圍　　可將欄位向左、向右移至另一行

圖1-24 改變檢視的顯示外觀

三　加註備註欄位（Edit Note）

ACL有好幾種加註備註欄位的方式，有助於例行性的稽核工作，紀錄稽核過程中的細節。我們可以在ACL專案檔、資料表中的欄位、View中的紀錄、Script、Workspace中加註備註欄位，方法是非常類似的，在這裡我們教您如何在View中加註備註一筆資料。

❖ 在View中加註備註的方式

STEP01 選定View中的其中一筆記錄，點選滑鼠右鍵，點選Edit Note按鈕（如圖1-25）。

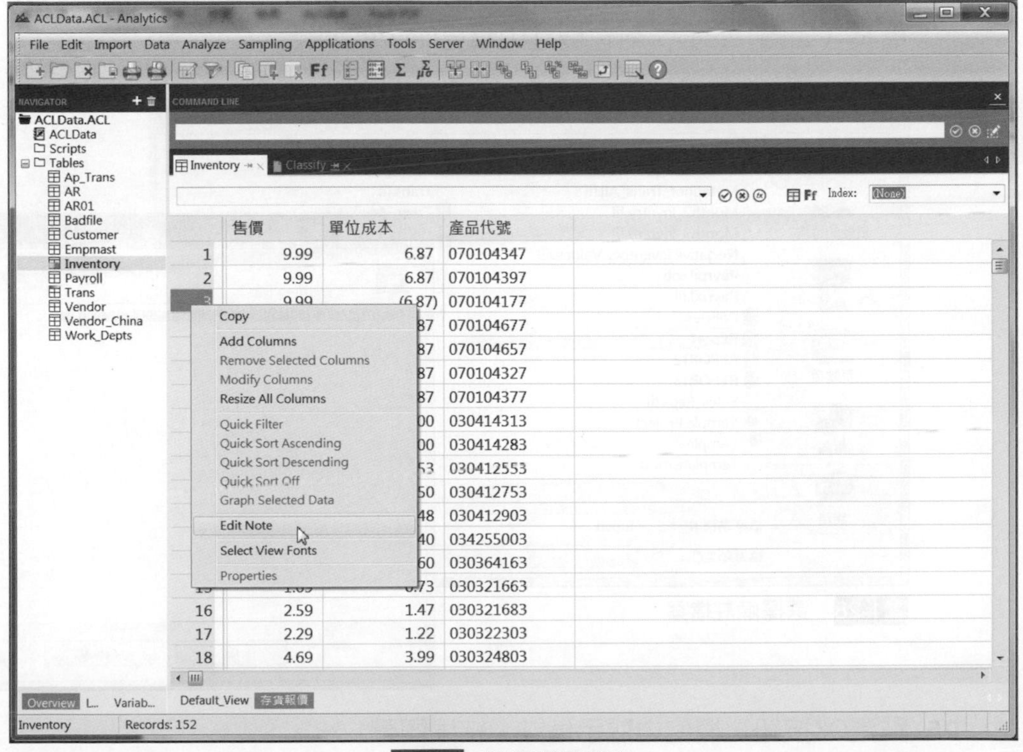

圖1-25 點選備註按鈕

STEP**02** 輸入備註「10%off」，點選OK（如圖1-26）。

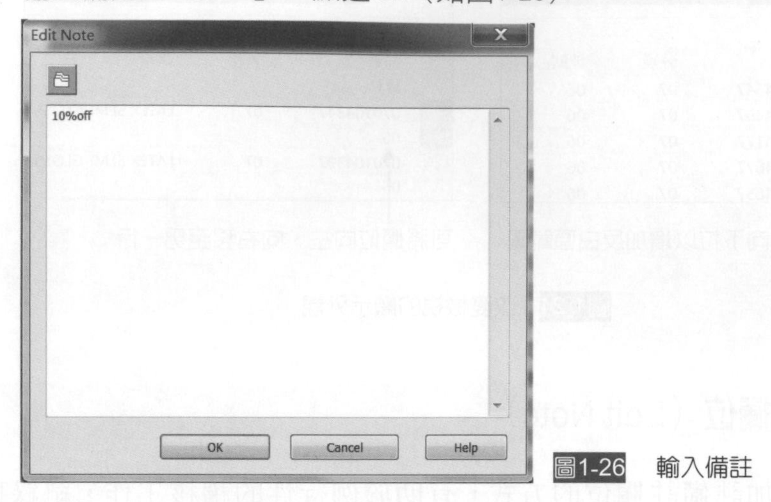

圖1-26 輸入備註

STEP**03** 在View中顯示備註圖示（如圖1-27）。

	售價	單價
1	9.99	6.87
2	9.99	6.87
3	9.99	(6.87)
4	9.99	6.87

圖1-27 備註圖示

STEP**04** 您也可以在備註中插入欲連結的檔案。在Edit Note中點選 ，選擇欲連結的檔案（如圖1-28），可在備註中看見file://的連結。

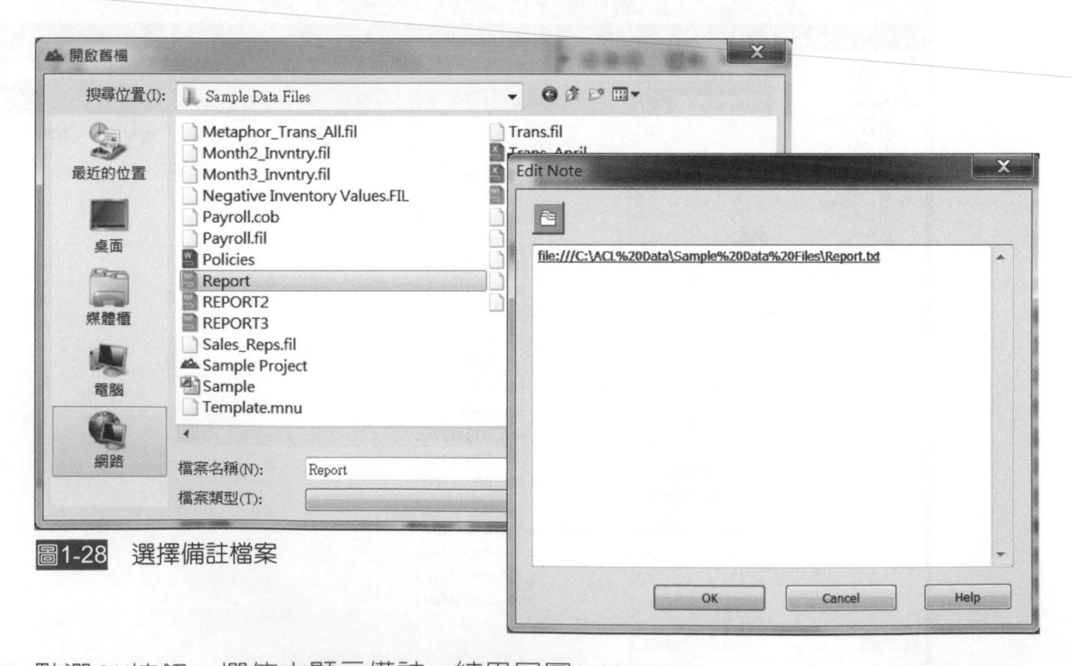

圖1-28 選擇備註檔案

STEP**05** 點選OK按鈕，欄位中顯示備註，結果同圖1-28。

四 新增運算後的值為資料行

新增到檢視中的資料行可以是表格中的實體資料欄位，也就是說您可以新增經過運算或其他操作方法後的欄位值爲資料行，這與MS Excel中的公式相當類似。舉例來說，您能新增美元轉換爲歐元的資料行（如圖1-29）。您可以將轉換後的歐元資料行陳列在美元資料行旁邊，以作爲快速的對照。而用來運算轉換的公式稱爲「運算式」(Expression)。

❖ ACL實際操作

STEP01 首先在檢視中按右鍵，選「Add Columns」（增加資料行），然後點選「Expr...」按鈕（如圖1-29）。

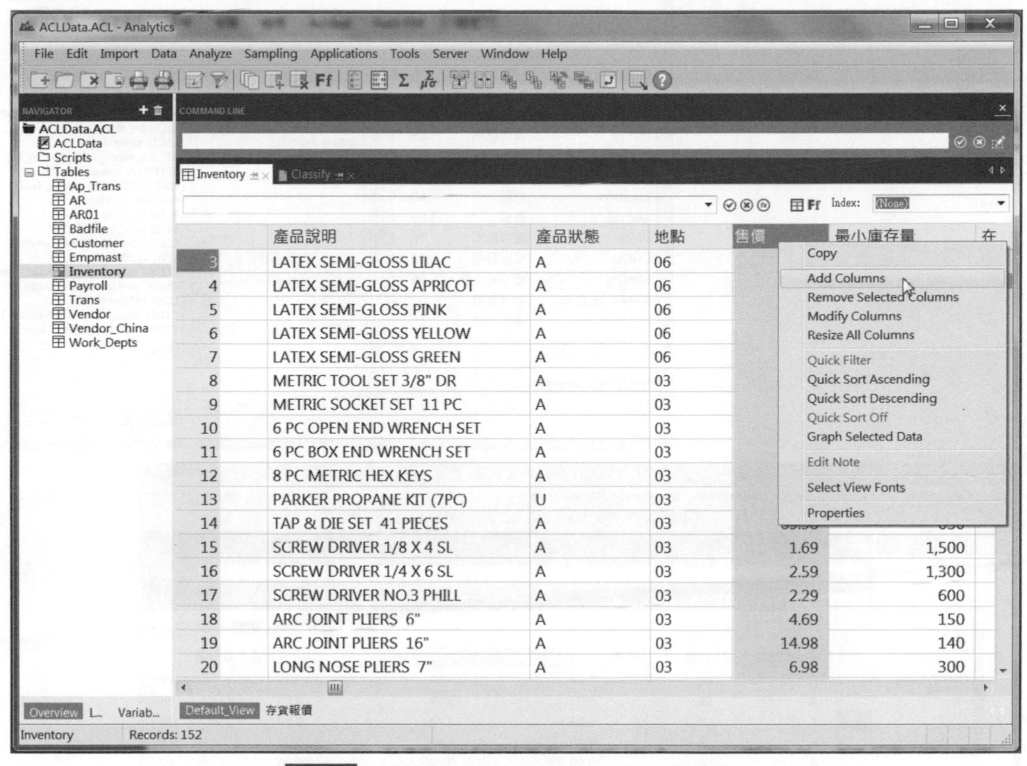

圖1-29 點選「Add Columns」增加資料行

STEP02 在運算式的對話方塊中，您可以在Expression欄位中輸入運算公式。如上例將美元售價資料行（Sale Price）轉換成歐元的運算公式為：SalePr * 0.95，這個運算式會將SalePr中的欄位值乘上估計的兌換率（0.95），並在Save as欄位中輸入「歐元價格」（如圖1-30）。

STEP03 按下OK，回到資料表畫面，則可以看到新增的「歐元價格」資料行（如圖1-31）。

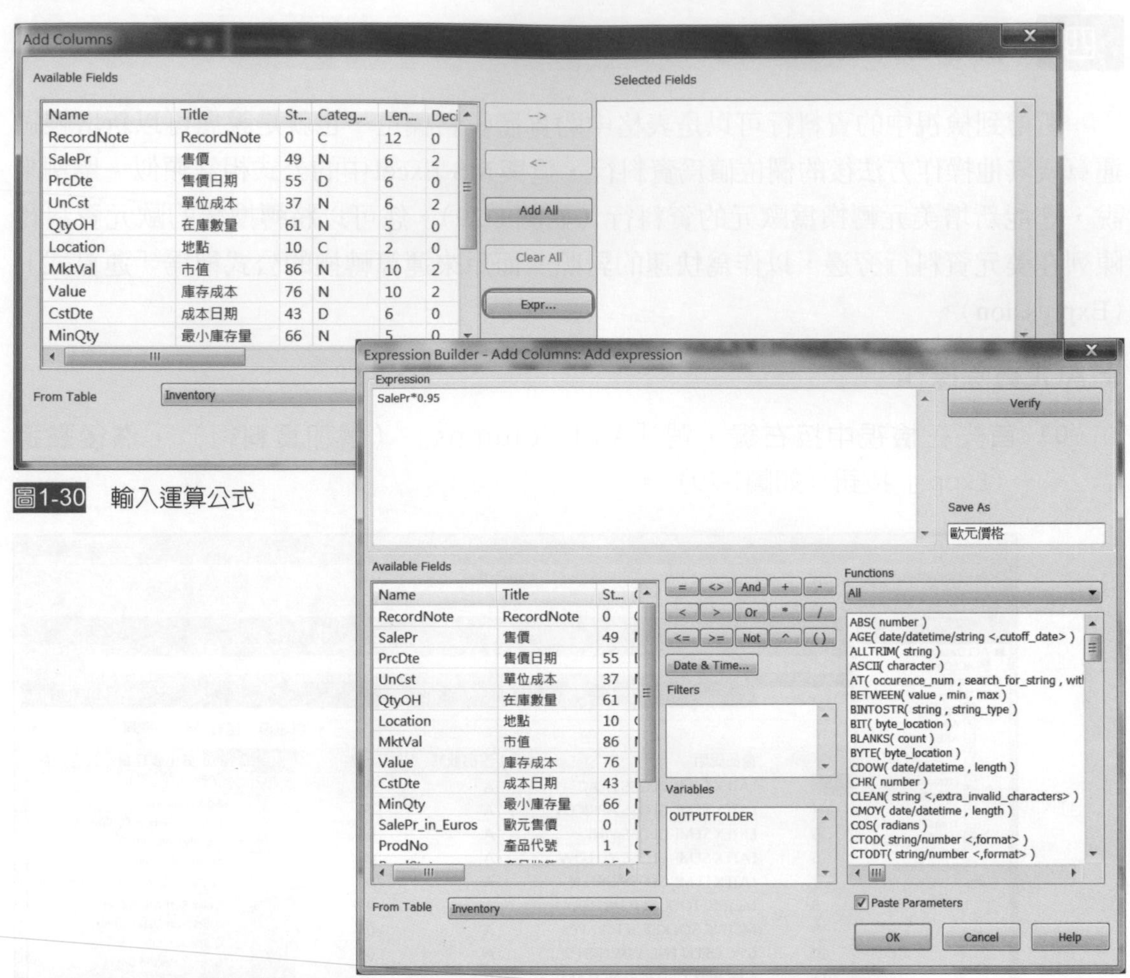

圖1-30 輸入運算公式

圖1-31 美元轉換為歐元的資料行

第7節 重新檢視過去活動的指令記錄檔

當您使用ACL進行查核作業時，指令記錄檔（Command Log）會保留您的所有活動記錄。指令記錄檔標籤依照時間順序排列顯示，每一次進入ACL專案，就會建立一個時期的指令記錄資料夾。您能夠延伸和縮減指令記錄資料夾來探索分析期間得到的結果。

進入選定的指令記錄夾，您也能夠點選這些記錄匯出到HTML檔案、WordPad、TextFile、ACL指令集或視窗環境的剪貼簿（Windows Clipboard）來重新應用這些執行過的指令（如圖1-32）。您也能夠將選定的指令記錄儲存為ACL指令集（Script Command），用於後續的自動化稽核作業。

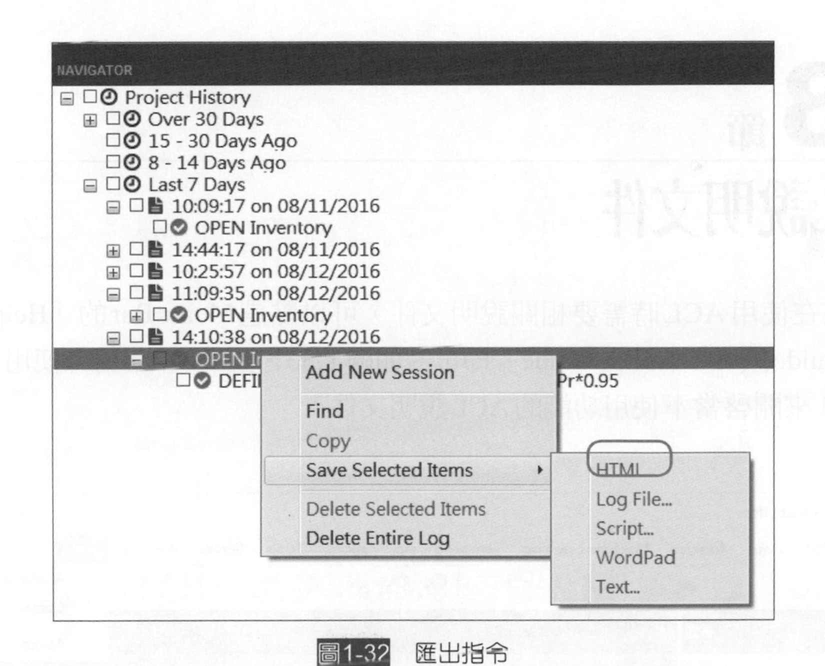

圖1-32 匯出指令

❖ ACL實際操作

STEP01 檢視指令記錄檔：點選指令記錄夾標籤即可檢視專案瀏覽器中的記錄。若要放大檢視指令記錄，只須在專案總覽的視窗中雙擊指令記錄夾標籤即可。

STEP02 標示一組工作記錄：當開始一項新工作的時候，您可給它一個描述性的名字而不是直接使用時間標籤。此功能使稽核人員於稍後重新檢視指令記錄時，可以輕易地看見在此工作中的指令，並且能夠提醒您為什麼會執行這些指令。新增一個工作記錄的方法為：在Menu Bar上選擇「Tools」，再選取「Add New Session」（新增新工作名稱）即可。

STEP03 匯出部分指令檔：在選單方塊中選擇想要匯出的工作（Session）和指令後，按滑鼠右鍵，選擇「Export」（匯出），選擇您想儲存的檔案格式，若選script則這些檔案就會自動變成一支可以執行的ACL電腦稽核程式。

第8節 ACL說明文件

如果您在使用ACL時需要相關說明文件，可以點選Menu Bar的「Help」，接著點選「User Guide或ACLScript Guide」即可（如圖1-33、圖1-34）。另外使用者亦可以使用快捷鍵F1來開啓當下使用功能的ACL說明文件。

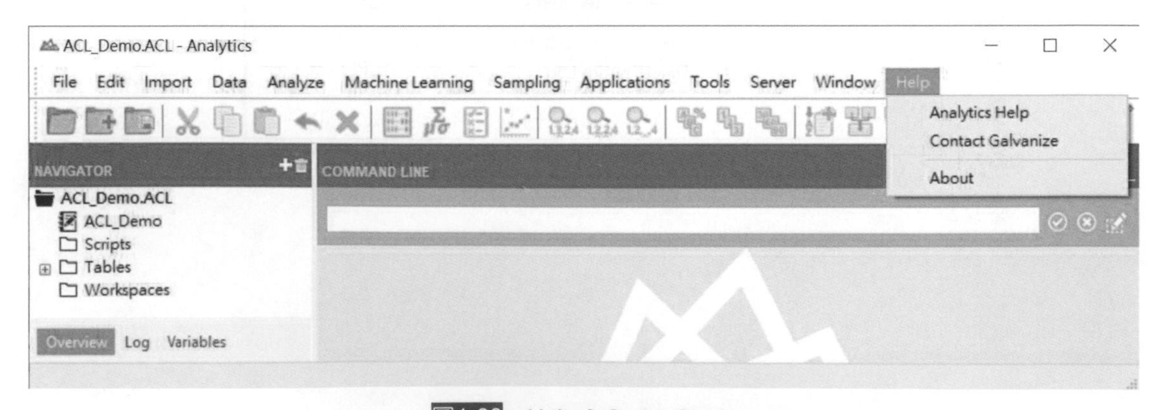

圖1-33 Help & Script Guide

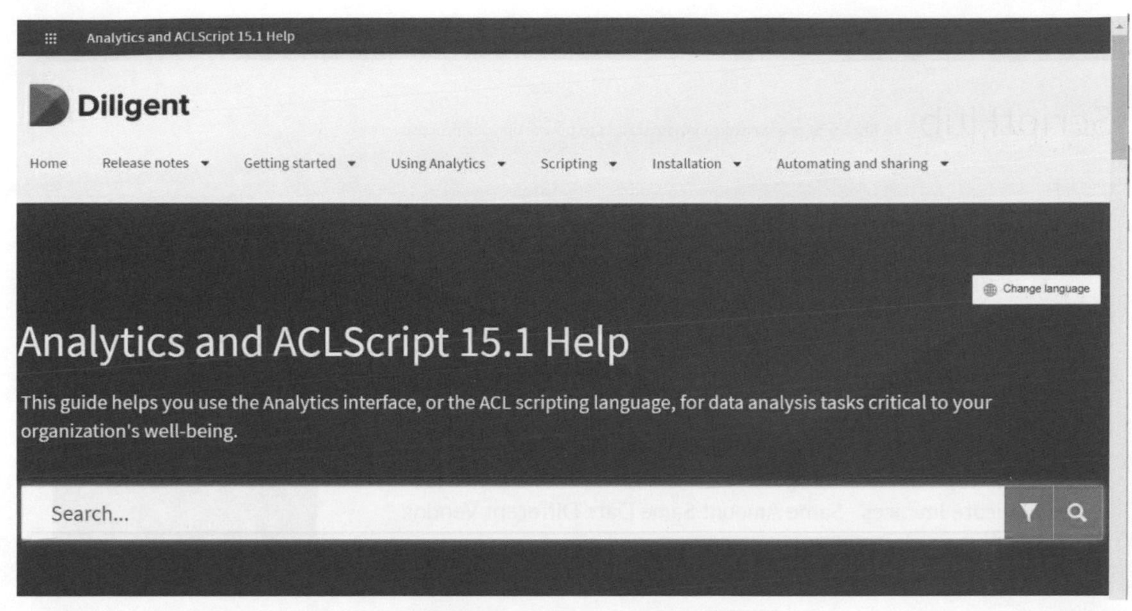

圖1-34 Help & Script Guide

第9節 ACL 雲端服務

ACL 11版後系統提出許多創新的雲端審計技術與觀念，讓稽核人員可以快速地透過雲端服務的方式來使用通用稽核軟體，其主要的差異：

1. 雲端服務單一入口（Launchpad）

   合併各項服務資源成爲單一入口，協助更深度與完整的客戶服務，讓使用發揮更大效益。登入的方式可以由 ACL 官網 http://www.acl.com/ 點選目錄上的 Login 功能即可連至入口網。

2. 提供範例程式庫雲端服務（Script Hub）

   雲端服務網站上面提供超過 200 支以上的常用稽核程式，這些程式被分成資料匯入（Import）、資料準備（Prepare）、資料分析（Analysis）與稽核小技巧（Snippet）等四大類，供使用者可以輕鬆下載使用（如圖 1-35）。

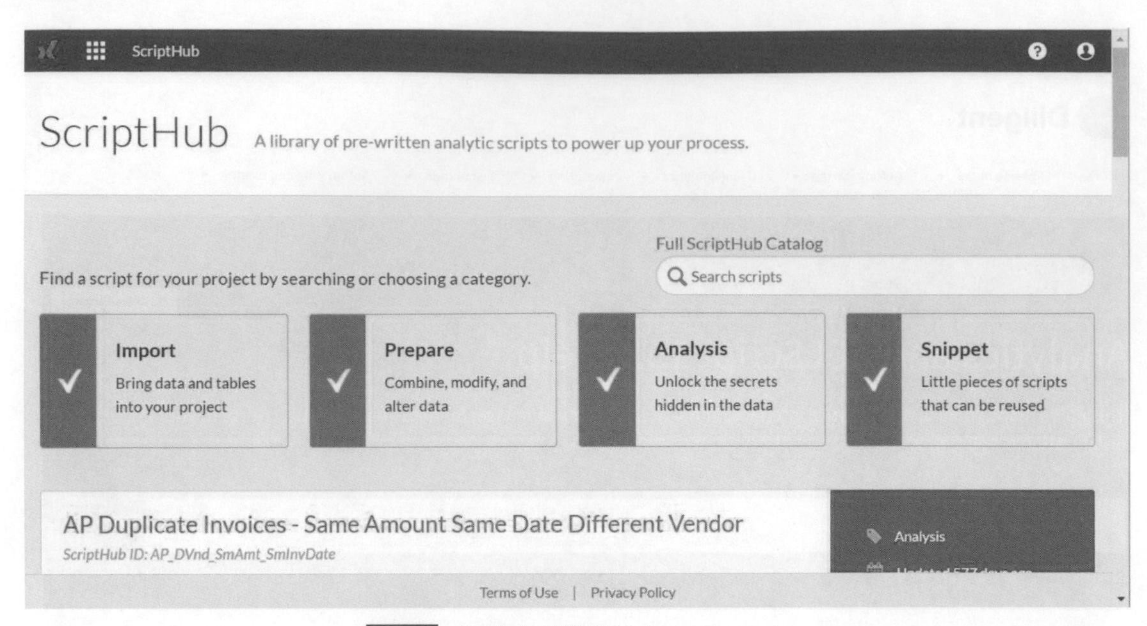

圖1-35 程式庫雲端服務（Script Hub）

3 提供查核錦囊雲端服務（Inspirations）

爲解決一般使用者不知查核甚麼的困境，ACL 特別收集各產業常見的查核項目與範例，讓使用者可以快速地了解查核項目與分享查核經驗，快速地進入電腦稽核領域，此服務的介面如圖 1-36。

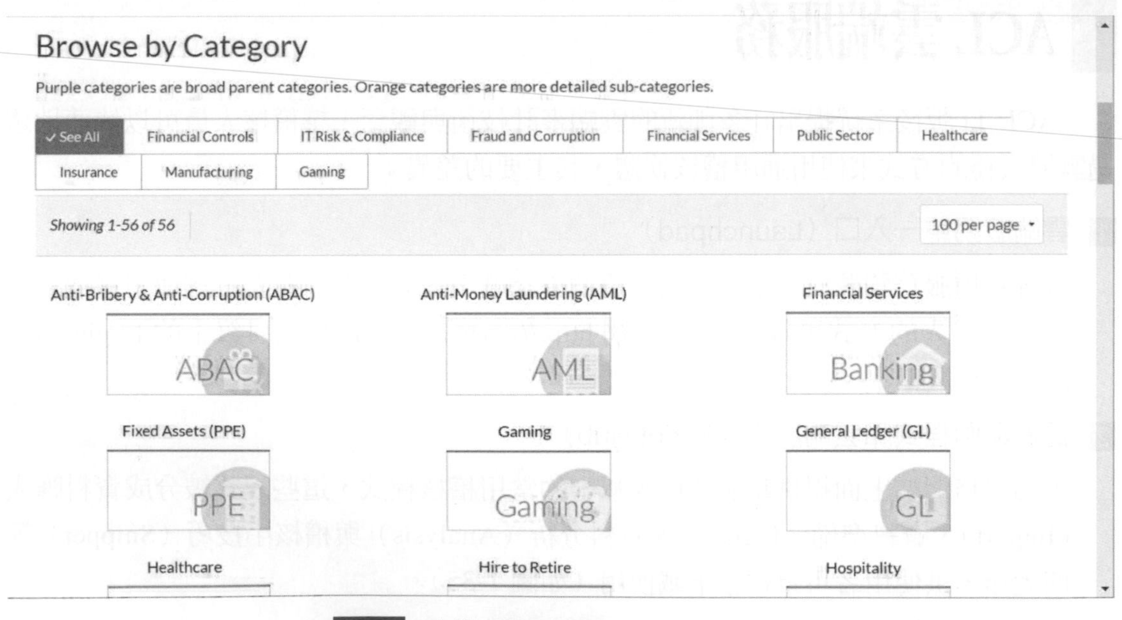

圖1-36 查核項目雲端服務（Inspirations）

4 提供雲端線上學習課程

完整的線上教學與案例，讓使用者可以隨時隨地不中斷的學習。

5 雲端報表

提供雲端服務讓使用者可以上傳查核結果報表，試用部分 ACL GRC 圖表分析功能，使報表更加美觀。

另外 ACL 12 版以後擴大雲端審計的運用範疇包含：

1 增加可以匯入雲端開放式資料（OPEN DATA）匯入的功能

可以匯入目前常見的網際網路大數據資料庫如 Amazon Redshift、Google BigQuery、Salesforce 等數十項的新資料庫來源。

2 增加和其他統計分析軟體的介接功能

如提供函數可以執行 Python 與 R+ 等開放式統計分析軟體上的功能，讓資料分析功能可以更多元與智慧化。

3 結果可以匯出至 Tableau 或 Crystal Report 等商業智慧（BI）軟體進行整合

報表可更精緻美觀。

第10節 總結

本章節主要教導讀者如何在稽核工作上運用ACL，先從電腦稽核相關技術作介紹，使讀者了解目前稽核分析技術及軟體工具的使用狀況，接著說明ACL具備的主要功能，讓讀者知道ACL具備以下特色：ACL不需要事先準備或轉換資料，不限定資料來源檔案的格式與大小，可以快速地處理大量的資料，輕鬆完成資料表的查詢與分析，操作過程能確保資料來源的完整性與安全性。本章節透過ACL系統架構簡介與基本操作畫面，使讀者對ACL軟體操作介面有初步的認識，透過ACL提供的各項指令與動作，讓讀者知道如何在ACL中連結資料來源檔，進行資料開啓、檢視、讀取及分析資料來源檔內容。所謂「工欲善其事，必先利其器」，基本環境的認識實爲重要且必需，這是各位對ACL的第一個印象，在第二章開始，我們將從專案規劃開始進行詳細操作說明。

本章習題

一、選擇題

(　　) 1. ACL為一項電腦輔助查核技術（Computer-Assisted Audit Techniques），其通常可用於執行下列哪種查核程序？

(A) 測試交易明細及餘額

(B) 分析性程序

(C) 測試一般控制

(D) 使用抽樣程式選取查核資料

(E) 以上皆是

(　　) 2. 以下何者非為ACL AI人工智慧新功能？

(A) 監督式機器學習－培訓（Train）、預測（Predict）

(B) 非監督式機器學習－分群（Cluster）

(C) 分類（Classify）與彙總（Summarize）

(D) 異常偏離（Outliers）快速識別數字段中的統計異常值

(E) 模糊比對（Fuzzy join）

(　　) 3. 下列選項有關ACL的敘述，哪一項不是真的？

(A) 是電腦輔助審計工具

(B) 可連結SQL資料庫修改資料

(C) 可一次分析來自不同資訊系統平台資料的差異

(D) 可將資料分析過程留下記錄（Log）

(E) 不受檔案大小的限制，進行資料分析工作

(　　) 4. ACL提供強大的資料整理和操作功能，其所具備的主要功能以下何者為真？

(A) 在個人電腦上讀取未轉換格式的大型主機資料與SAP資料

(B) 確保來源資料的完整性與安全性

(C) 處理多種資料型態

(D) 迅速的處理任何大小的檔案

(E) 以上皆是

(　　) 5. ACL Project 檔案的副檔名是「.acl」，一個ACL Project由以下何者組成？

(A) 資料表（Table）　(B) 批次作業（Scripts）

(C) 工作區（Workspaces）　(D) 資料夾（Folder）

(E) 以上皆是

(　　) 6. 查核人員面對資訊電腦化之受查客戶，為確保在資訊處理時使用正確的主檔、資料庫與程式，則應執行下列哪一項測試？【100年高等會計師考題】

(A) 有效性測試（Validation Test）

(B) 順序性測試（Sequence Test）

(C) 資料合理性測試（Data Reasonableness Test）

(D) 完整性測試（Completeness Test）

(　　) 7. 不論企業是否採用電腦資訊系統，從審計的觀點，哪些基本原則是不會改變？

①證實測試與控制測試的設計與執行　②內部控制目標

③財務報表聲明　④固有風險及控制風險的考量

⑤審計技術【100年高等會計師考題】

(A) ①②③④　(B) ①③④⑤

(C) 僅②③　(D) 僅②③④

(　　) 8. 電腦資訊系統環境下的內部控制乃建置於電腦程式中，因此欲查核內部控制，即須測試程式是否可有效執行控制之功能，此時下列何者為適當之檢測方法？

【102年高等會計師考試】

(A) 測試資料法　(B) 交易標示法

(C) 嵌入稽核軟體法　(D) 系統管理程式

(　　) 9. 有關電腦審計的敘述，下列何者錯誤？【102年高等會計師考題】

(A) 電腦資訊系統的一般控制，通常包括組織及管理控制

(B) 在電腦資訊系統環境下，查核工作之目的與範圍是不會改變的

(C) 確保輸出結果即時提供給授權人員屬於電腦資訊系統的一般控制目的

(D) 電腦資訊系統環境之內部控制可分為一般控制及應用控制，其相關控制均可包括人工及程式化之控制程序

(　　) 10. 電腦資訊系統之應用控制包括建立處理電腦資訊檔控制，以合理確保下列何一事項？【105年高等會計師考題】

(A) 交易已適當轉換為機器可讀取之型態

(B) 交易（包括系統自動產生之交易）業經電腦適當處理

(C) 錯誤交易業經拒絕或更正

(D) 處理結果之正確性

(　　) 11. 以下哪個非持續性稽核可行的原因？

(A) 科技進步　(B) 人工智慧系統的進步

(C) 即時資料的需求　(D) 資料連續性的需求

(　　) 12. 哪一選項不是E化內控自評的好處？

(A) 提升保密性　(B) 提升內控自評彈性

(C) 提升客觀性　(D) 提升長期追蹤與分析能力

(　　) 13. 下列何者非電腦輔助稽核軟體工具出現後，所產生的全新觀念？

(A) 持續性稽核　(B) 定期查核

(C) 全面性稽核　(D) 風險管理

(　　) 14. 假設建立一個能夠辨識汽車的模型系統，在照片資料集共有100萬張照片，其中有1000張已標註汽車貼標的照片，接下來可用哪種學習方法找出剩下的照片當中是否有汽車？

(A) 監督式學習（Supervised learning）

(B) 非監督式學習（Unsupervised learning）

(C) 半監督式學習（Semi-supervised learning）

(D) 增強式學習（Reinforcement learning）

(　　) 15. 下列何者為「非監督式學習」演算法？

(A) 決策樹（Decision tree）

(B) 集成方法（Ensemble Methods）

(C) K平均法（K-Means）

(D) 支援向量機器（Support Vector Machine）

二、問答題

1. 請指出三種電腦稽核工作常用的軟體，並說明它們之間的分別。
2. 根據電腦稽核的稽核對象分類方式，試問電腦輔助稽核技術可區分為哪四大類？
3. 通用稽核軟體的特色為何？請試說明之。
4. 請分別說明ACL與Excel、Python、R之差異為何？
5. 何謂機器學習？機器學習分為哪三種？請分別說明之。
6. 請說明ACL的功能有哪些？
7. ACL系統作業架構及其組成項目為何？請分別說明之。
8. ACL建立新的表格的方式有哪兩種？
9. 使用ACL讀取資料時，採用何種方式？請簡略說明之。
10. ACL指令記錄檔（Command Log）的作用有哪些？試說明之。
11. ACL軟體中有哪些地方可以查詢對於ACL系統指令不明瞭的地方？
12. 使用ACL產生一個新專案和另外開啓一個舊專案，這兩種步驟之差異為何？

三、實作題

1. 根據證期局規定：內部稽核人員必須定期執行財務查核與出具稽核報告。因此為了比對國內A上市公司之流程於資訊系統中控管是否有效，A公司的內部稽核員-雪莉，打算核對應收帳款作業之開帳、銷帳與過帳到總帳系統的交易是否一致。請您簡述繞過電腦審計、利用電腦審計及穿透電腦審計之間的差異之處。
2. 黃小姐為O華航空公司的機上服務人員，過去常利用出勤之便，將飛機上的剩餘食物與消耗品帶回家給親朋好友，這樣的情況大約持續五年之久。某天航空公司內部稽核人員利用電腦稽核進行查帳，發現餐飲所支出的成本與實際載客數比較時，有不尋常上升現象，試問如果您是內部稽核人員，是如何推測這比值屬於不尋常現象呢？您應該採取何種查核方法，才能取得舞弊事證？若以此個案為例，未來應如何做才能防止此類事件發生？
3. 隨著資訊的進步，會計作業是最早進行電腦化的項目之一。在ERP系統盛行的環境裡，會計總帳系統已經逐漸成為各子系統的資料彙整中心。試問在高度資訊的環境中適用哪些電腦稽核策略？如果利用電腦輔助查核技術，可以進行查核的範圍為何？

四、實驗題：實驗一

實驗名稱	實驗時數
了解ACL的工作環境與相關學習參考資料	1小時
實驗目的	
本實驗主要目的為練習如何運用電腦輔助查核工具協助電腦稽核工作的進行。在讀完本書第一章後，配合此實驗的進行，讓您可以更輕鬆的踏出使用電腦稽核軟體的第一步。	
實驗內容	
1.申請稽核自動化知識網帳號。 2.在稽核自動化知識網的論壇上瀏覽工作機會與相關職能要求。 3.在此論壇網站上進行發問一個相關電腦稽核的問題與回答隔壁同學發問的問題。 4.瀏覽JCCP電腦稽核軟體應用師的社群資料，了解相關學習資源。	
實驗設備	
▪ Web瀏覽器及PC個人電腦。	
實驗步驟	
Step01 開啟網頁瀏覽器，在瀏覽器網址欄中輸入網址（http://www.acl.com.tw），選按ENTER鍵以顯示首頁。 Step02 若您沒有帳戶，按照網頁上的指示註冊一個新帳戶。若您已有帳戶，以使用者名稱與密碼登入即可。 Step03 加入會員後，您便可在網站上進行各種線上學習。	

NOTE

02 專案規劃與簡易案例

學習目標

本章節介紹如何進行電腦稽核專案，並以一個簡單的案例讓讀者可以快速上手了解如何使用ACL。對一般稽核人員而言，在開始使用ACL 之前，最重要的步驟就是規劃一個電腦稽核專案。如果能有完善的專案規劃，才能夠清楚地闡明查核目標，避開可能發生的潛在錯誤，大量節省您實際查核的寶貴時間。

在電腦稽核專案之前的準備工作中，您必須確立專案查核目標、確認技術需求，以決定查核分析的程序，等一切準備工作都完成之後，就可以開始進行專案。依照想要做的分析，會需要使用到不同的資料，資料來源可能是大型主機、迷你電腦或個人電腦，它可能是不同的記錄結構，多種樣式的資料型態，而且可以存在於硬碟、隨身碟或其他可被個人電腦讀取的儲存媒體裝置。您需要告訴ACL如何去讀取和解釋這些資料來源，此工作可以藉著新增資料表到ACL的專案中來完成這件工作。ACL的資料定義精靈（Data Definition Wizard）使您可以輕鬆地為每個通用資料型態建立資料表格式。

本章摘要

- 確立專案目標
- 確認技術需求
- 決定查核分析程序
- 建立新專案
- 如何使用資料定義精靈讀取資料
- 查核專案資料匯入練習範例
- 如何對查核資料進行分析
- 使用篩選器隔離異常資料

第1節 確立專案目標

ACL可以從頭到尾管理您的電腦稽核專案，總體來說，電腦稽核專案規劃方法通常採用六個階段：規劃、獲得、讀取、驗證、分析和報告。表2-1即說明ACL在各階段中可以協助稽核人員的事項。

表2-1 專案規劃六個階段

步驟	ACL協助事項
1.專案規劃	ACL的查核結果，可以提供稽核人員當成企業經營風險分析的基礎，稽核人員更容易的明訂查核的目標，決定必要步驟以達成接續各階段的查核目標。
2.獲得資料	ACL提供Table Layout定義功能，可以標示所要求來源資料的位置與格式定義，讓專案可以透過建立好的邏輯定義程序，獲得資料進行查核。
3.讀取資料	ACL提供多種資料讀取的方式，讓稽核人員可以輕鬆的讀取各種不同來源的資料。
4.驗證資料	ACL提供多種資料驗證的指令，可以確保受查資料表未包含有損壞的資料、資料格式適當、資料完整和可靠。
5.分析資料	透過ACL的分析指令與函式，可以協助稽核人員簡易快速的處理分析資料並發掘異常狀況，完成查核目的。
6.報告結果	ACL的報表功能可以提供稽核人員快速呈現報告所要的格式。

當稽核專案開始進行前，稽核人員要能清楚明白地描述出此次專案的查核目標，這是專案工作必要的第一步，唯有能夠明確地設定查核目標後，稽核人員才能對專案後續應進行程序有清楚的了解。

稽核人員可能會寫下許多的目標，只要對於目標的描述夠明確就可以。在目標的描述中，稽核人員需要確認稽核的程序和期望分析結果所要顯示的資訊，舉例來說，專案目標可以是「銷售品項是否依照公司定價政策進行銷售」，也可以是「銷售發票上的價格與銷售品項的標準價格是否一致」，專案查核目標描述的越清楚，越可以幫助後續查核程序之規劃與進行，以達到預期的查核結果。

專案目標之設定會影響專案的技術需求，如果您想在輸出的報表上包含某些資訊，則必須要確定可取得之相關資料來源檔案有哪些資料欄位？整個專案的表格資料欄位是否足以滿足所設定之專案查核目標？

第2節 確認技術需求

根據專案目標之描述，來擬訂技術需求，如此才能有效的達成專案目標。技術需求通常是指資料檔案或欄位的可取得性與利用性，而且彼此相互影響。一般的技術需求評估報告書包含下列的項目：

1 分析資料檔案取得的可行性

分析所可取得的資料檔案格式，以決定要如何將資料匯入 ACL，並且要判斷是否可能會有不充分的資料，使您無法達成專案查核目標。

2 分析必須的資料欄位可行性

分析哪些資料欄位是查核目標所必需，而所可取得的檔案是否包含這些欄位。舉例來說，若要進行「銷售發票上的價格與銷售品項的標準價格是否一致？」的稽核目標查核，則需要每個銷售品項的標準價格和銷售發票價格的詳細資訊。這些資料可能同時需要來自許多不同的資料檔案，如此才能滿足專案的需求。

3 確保電腦具備足夠的硬碟空間

需要事先估計此專案所需的硬碟空間大小，一般的估計方式爲資料分析所需要硬碟空間大小爲資料檔案大小的三倍。舉例來說，若查核專案需要的資料案大小約 1GB，則您需要的硬碟空間大小爲 4GB（即資料 1GB+3GB 的資料分析空間）。

第3節 決定查核分析程序

通常要完成一個專案目標需要許多的步驟，例如需要設定來源資料、應用 ACL 指令、利用 ACL 函數建立相關的運算式及將會使用相關變數等。因此事先妥善規劃並決定要進行之查核分析程序，確認所有需求的資料與設備均到位後，再按部就班的利用 ACL 進行電腦稽核工作，並隨時檢視已完成的步驟，來確保在程序中已有考慮到所有可能發生的狀況，降低預期外的事件發生的機率，降低審計風險，如此才能逐步完成每一個專案目標。

舉例來說，某一零售商的稽核人員要進行「銷售單價的稽核」，則其查核分析程序可以如下：

1 匯入銷售發票明細檔。

2 匯入產品標準定價檔。

3 利用產品編號進行勾稽（Relate Table）。

4 判斷是否有「銷售發票明細檔的金額 > 產品標準定價檔的金額」的資料。

5 將符合條件的資料隔離成一新資料檔，成為此查核的發現結果。

通常太多的文字，會讓查核分析程序不容易被了解，因此亦可以利用稽核流程圖來顯示，下圖爲上述程序的範例。

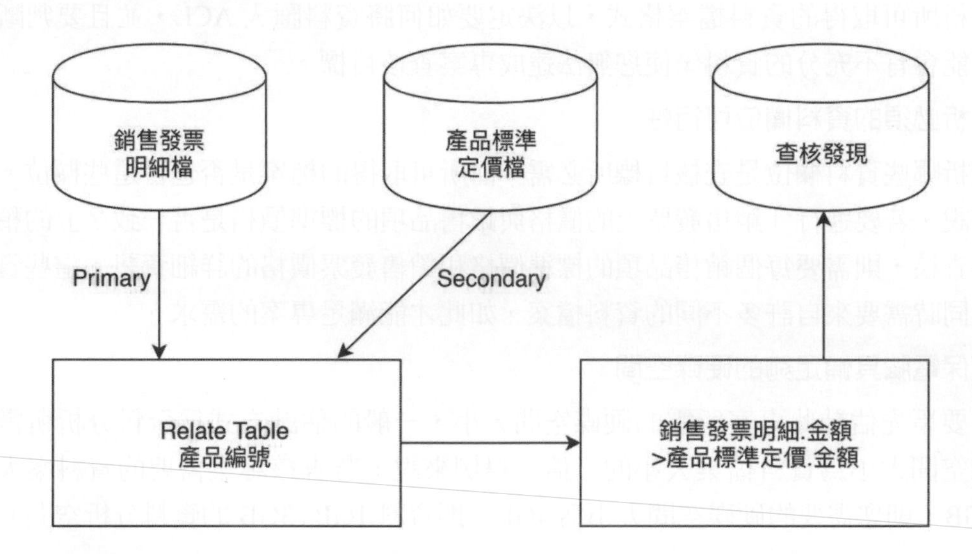

第4節 建立新專案

專案分析規劃並決定必要之查核分析程序後，就可以開始透過ACL進行查核工作。首先，稽核人員必須要先確認所要儲存的稽核專案的檔案路徑，然後至該檔案路徑下開啓一個新的或已存在的專案（Project），此專案檔會以此專案名稱.FIL的方式存於電腦系統中。開啓此專案以後，若專案裡沒有您需要的分析資料，就可以利用ACL資料定義精靈讀取所需要新資料表到此專案中。

稽核人員需要針對每個想要分析的資料，新增一個新的資料表（Table）到此ACL專案中，此時ACL專案中就會儲存這些表格的資料表格式（Table Layout），而另外產生這些資料表格式所需要連結的資料檔（通常是以.FIL檔案格式存於電腦系統中）。

ACL 提供下列兩種方式來新增資料表，在資料表建立後，使用者仍可以編輯、修改表格的格式，或是新增、刪除或修飾您想要分析的欄位。

1. 使用資料定義精靈（Data Definition Wizard）

   從 Menu Bar 中選取「File」下拉式選單，選取「New」，再選取「Table」，ACL 就會開啓資料定義精靈來偵測和定義來源資料。另外使用者可於 Project Navigator 下的資料夾點選滑鼠右鍵，亦可以達到相同的效果。使用精靈時，按下 F1 可以參閱關於如何建立資料表的說明。

2. 手動定義資料（Table Layout）

   雖然資料定義精靈能夠定義大部分資料表的格式，但對於少數較不通用的資料格式，ACL 提供使用者透過手動方式來編輯資料表格式，以建立資料表。

第5節 如何使用資料定義精靈讀取資料

資料定義精靈（Data Definition Wizard）能夠導引使用者透過一定的步驟，定義原始的資料格式和建立資料表。資料定義精靈爲能夠處理多種不同資料格式，且遵循相關審計分析性覆核作業時，所規範的取得電子資料程序，因此設定下列標準的步驟來逐步引導使用者建立資料表格式。

❖ 依照資料定義精靈的步驟進行

資料定義精靈能夠適應多種資料型態，透過以下步驟逐步引導使用者建立資料表格式，在精靈的監督下，確保您在點擊「下一步」按鈕之前已取得正確的資訊。

STEP01　選擇資料檔案來源平台（Select Platform）。

STEP02　確認資料的編碼格式與檔案格式（Select Data）。

STEP03　辨認資料檔案內容的屬性（Identify Properties）。

STEP04　定義欄位／紀錄的資料屬性（Define Fields/Records）。

STEP05　編輯欄位顯示的名稱與大小（Edit Field Properties）。

STEP06　完成（Finish）。

在資料定義精靈的監督下，可以確保您在點擊「下一步」按鈕之前，都已取得正確的程序來進行資料匯入作業。

第6節 查核專案資料匯入練習範例（以Credit_cards_Metaphor.xls爲例）

本節使用ACL內附的樣本檔案來做「專案資料匯入練習」。範例Metaphor Corporation（麥塔佛公司）是一家生活用品製造公司，公司主管想要使用ACL來分析員工使用公司提供的信用卡之交易紀錄。前一章提過，ACL是以專案的方式運作，所以在執行任何動作前，首先必須建立一個新的專案。下面列出主管如何使用ACL建立專案並且讀取信用卡資料。此專案所需的資料檔有Credit-Cards-Metaphor.xls資料檔，ACL專案的進行步驟如下：

一 建立新專案

STEP01 建立Metaphor專用資料夾。從Menu Bar選取「File」下拉式選單，選取「New」，再選取「Project」，就會出現「Save New Project As:」對話方塊。

STEP02 在「檔名」的文字欄位填入「M公司查核專案」（存檔類型為「.acl」），然後按「儲存」按鈕（如圖2-1）。

圖2-1 建立新專案

STEP**03** 這時由於查核專案內未有任何資料表格，因此資料定義精靈會自動出現歡迎畫面，按「下一步」，系統會出現選擇資料來源之畫面（Select Local Data Source）。接下來我們要使用這個精靈來匯入資料（10.5版以前，如圖2-2；14版如圖2-3）。

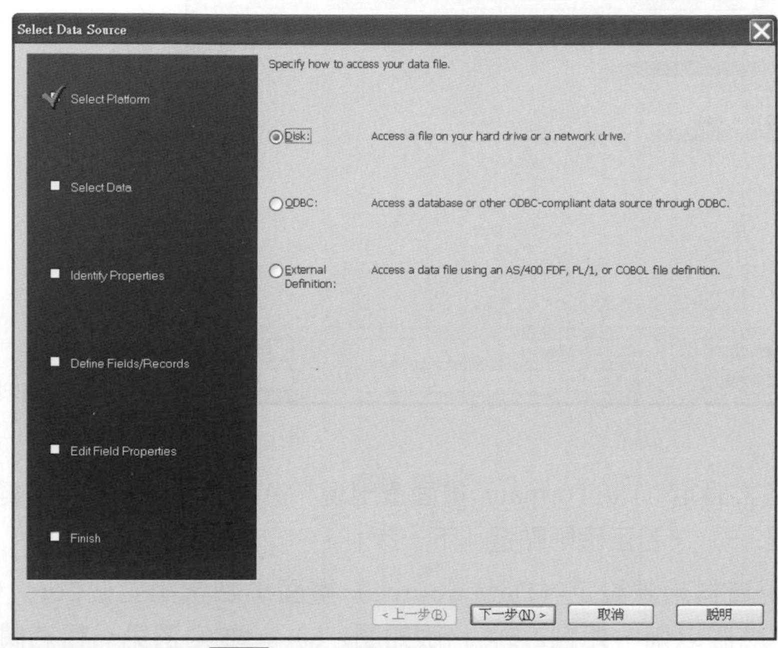

圖2-2 資料定義精靈（10.5版前）

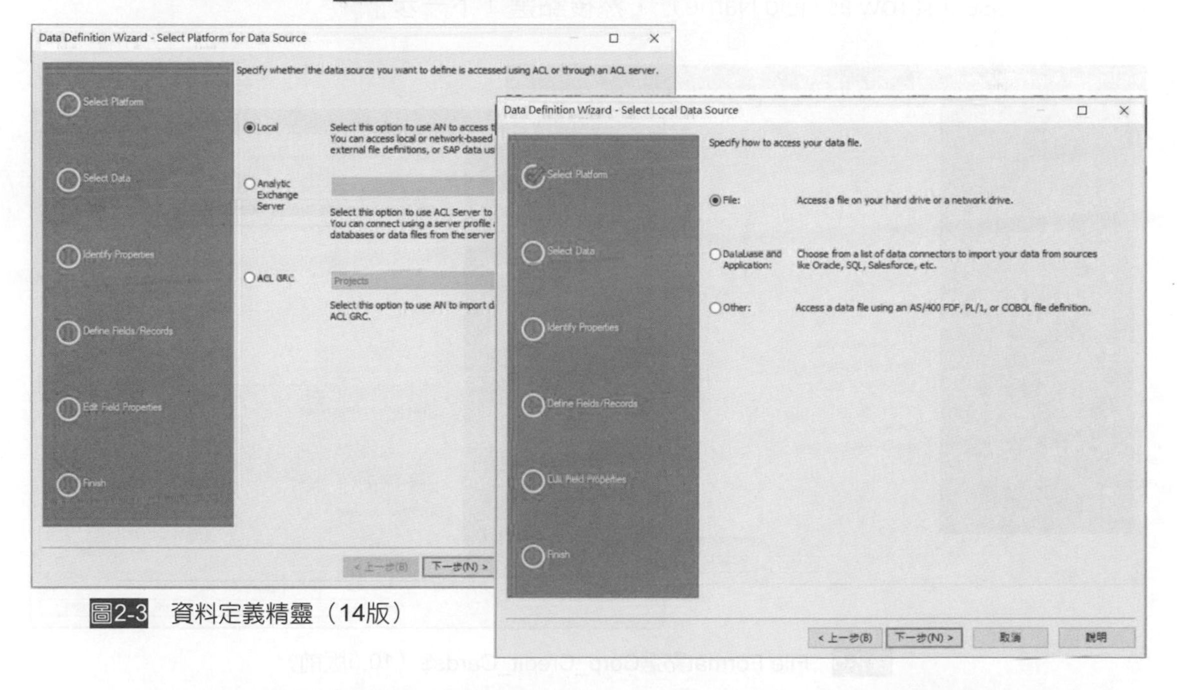

圖2-3 資料定義精靈（14版）

由於所要匯入的資料來源檔Credit_cards_Metaphor.xls存於個人電腦上面，因此直接選擇Disk，然後按下一步。

STEP**04** 此時會出現「Select File to Define」對話框，相關資料檔在隨書的光碟上的CH3Data路徑下。選擇雙擊「Credit_Cards_Metaphor.xls」。（如圖2-4）

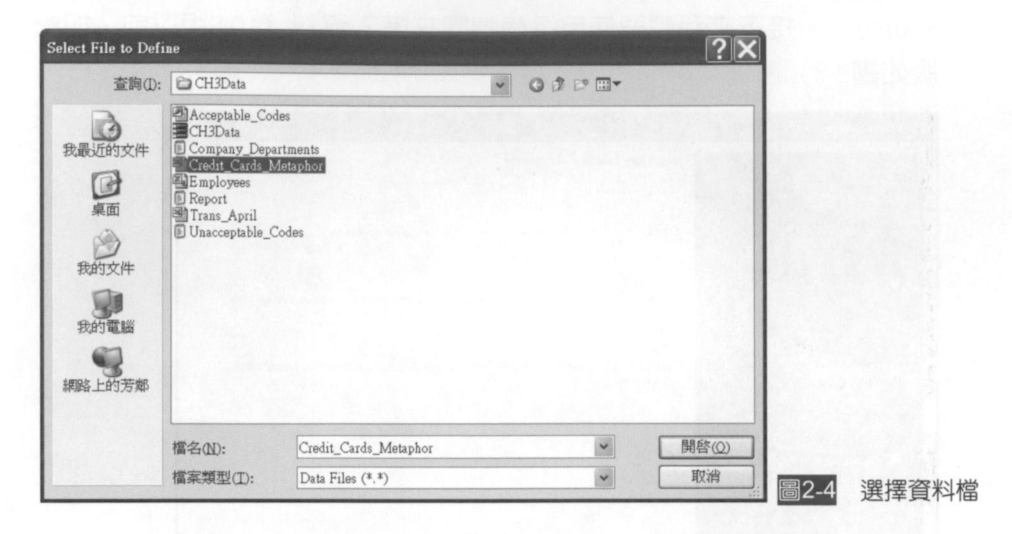

圖2-4 選擇資料檔

STEP**05** 此時檔案格式設定（File Format）畫面會出現，ACL會自動幫您判斷資料檔案格式（如圖2-5），若正確則點選「下一步」。

STEP**06** 此時會出現資料來源設定（Data Source）畫面，點選第二個Corp_Credit_Cards$（10.5版以前，如圖2-5；14版如圖2-6），並勾選第一行為欄位名稱（Use first row as Field Name），然後點選「下一步」。

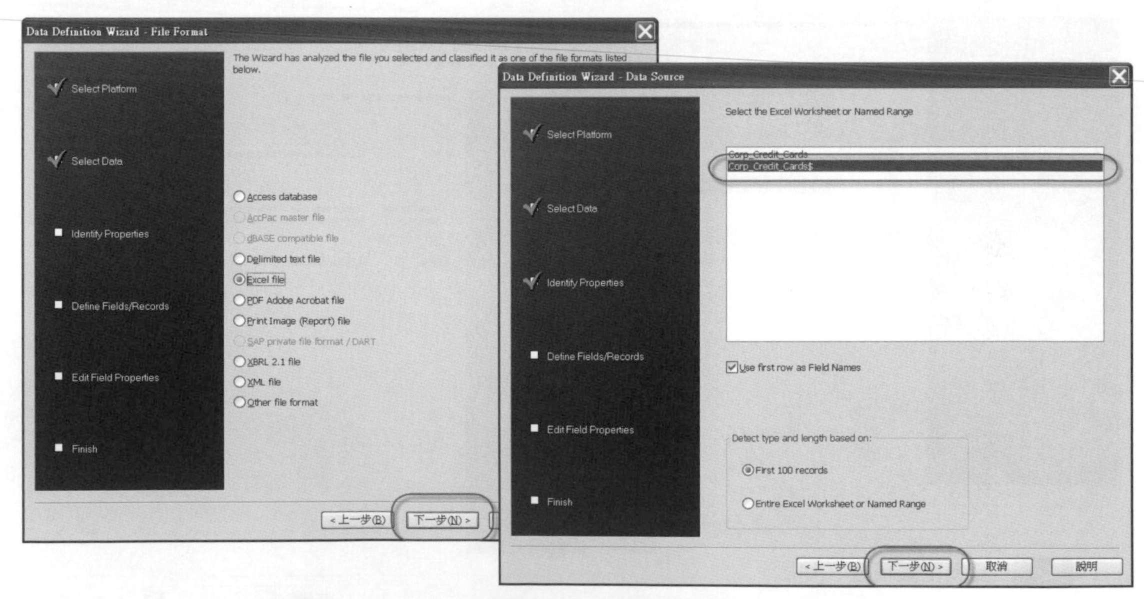

圖2-5 File Format點選Corp_Credit_Cards$（10.5版前）

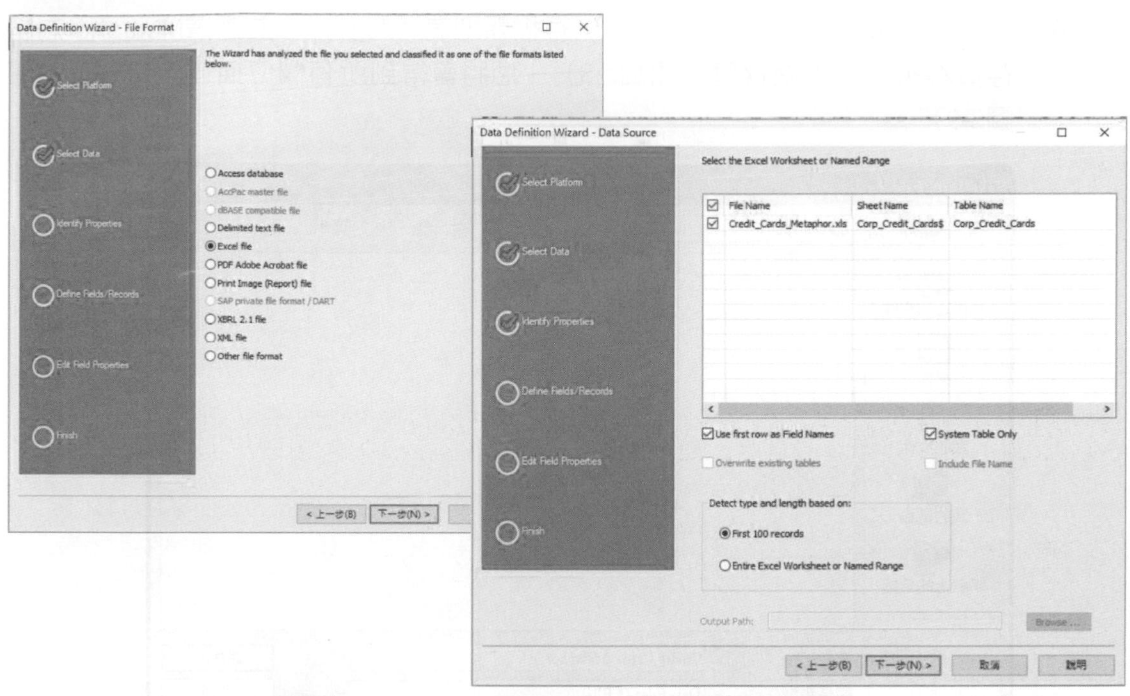

圖2-6　File Format點選Corp_Credit_Cards$（14版）

STEP**07**　此時Excel匯入（Excel Import）畫面會出現，ACL會自動判斷可能的資料格式，且允許使用者自行修改，此時欄位名稱即會顯示於Name上，若想顯示中文，則可以於Column Title（欄位說明）上輸欄位的中文。如：Name：CARDNUM；Column Title：卡號；Type：Text。若不修改則點選「下一步」（如圖2-7），直到「Save Data File As」對話框出現。

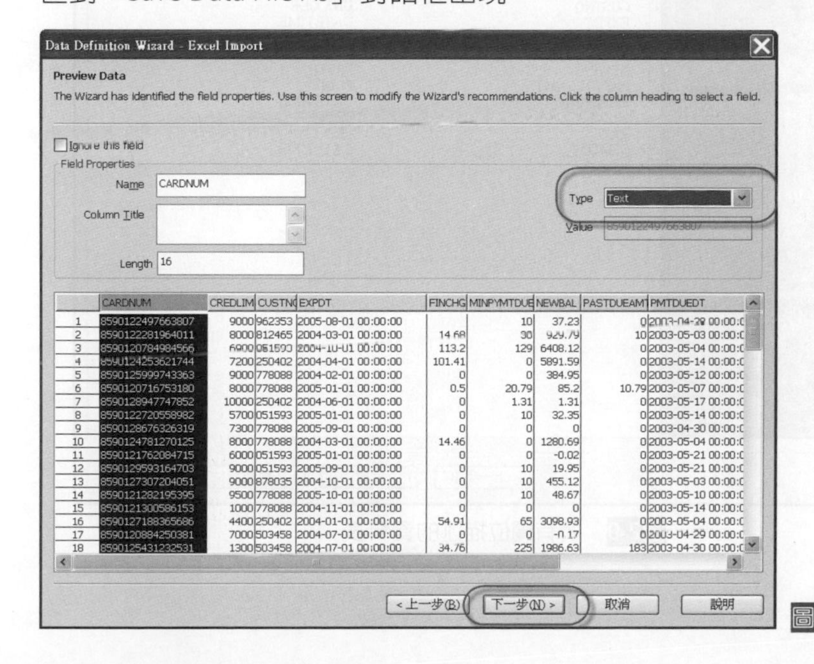

圖2-7　Excel Import畫面

STEP08 輸入「Credit_Cards_Metaphor」（存檔類型為「.fil」），並選擇Metaphor為儲存資料夾。按下儲存鍵（如圖2-8），您將會得到所有欄位描述的資料表（如圖2-9）。

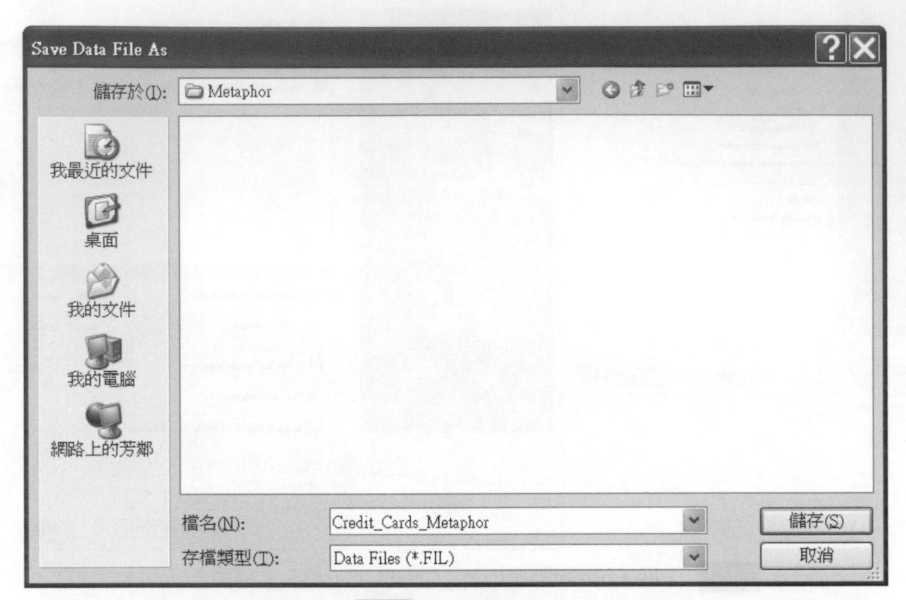

圖2-8 存檔對話框

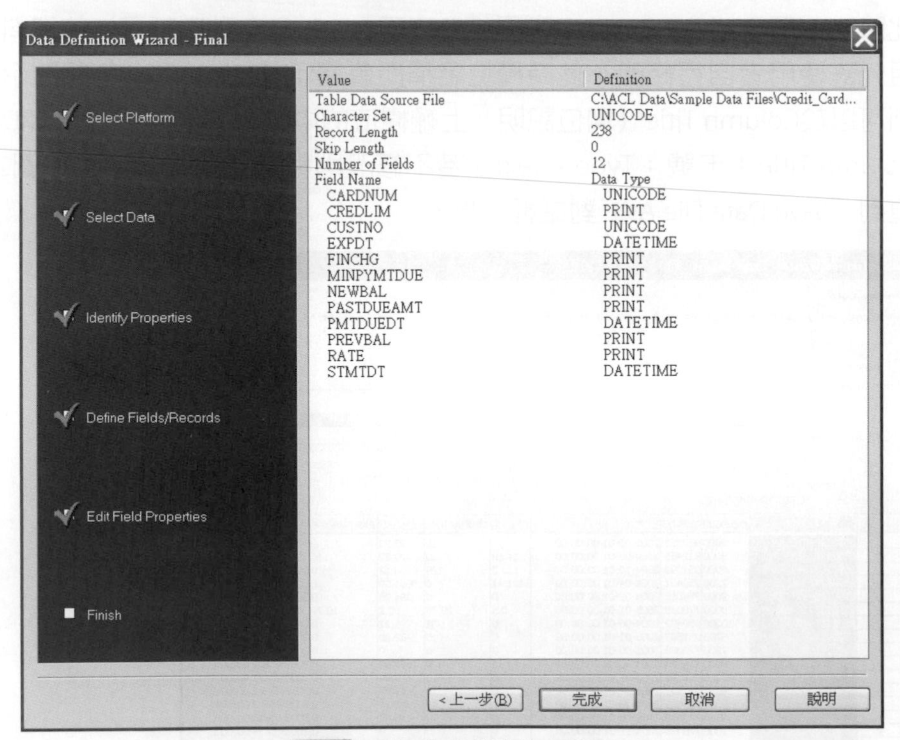

圖2-9 所有欄位描述的資料表

STEP09 按下「完成」，當訊息出現要求您儲存這張資料表時，按下OK（如圖2-10）。Credit_Cards_Metaphor表格會自動在ACL上開啓（如圖2-11）。

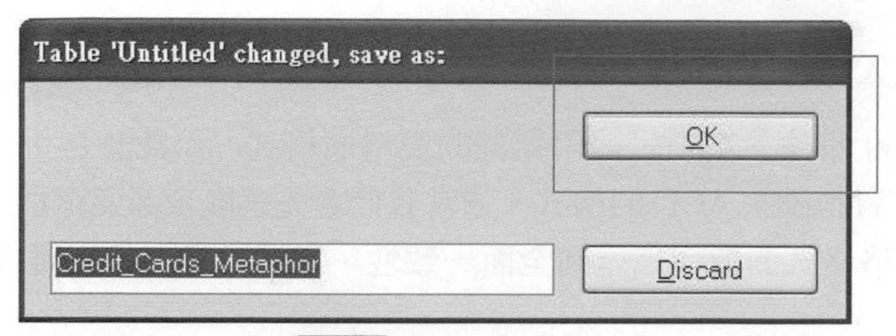

圖2-10 儲存資料表

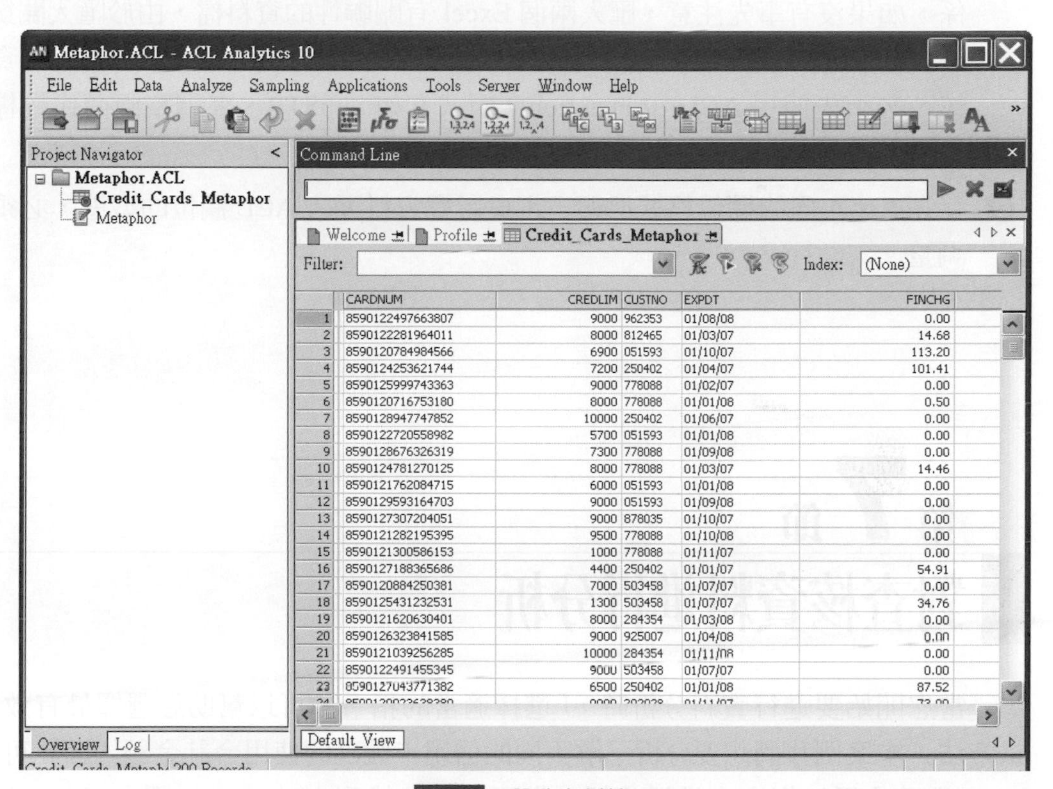

	CARDNUM	CREDLIM	CUSTNO	EXPDT	FINCHG
1	8590122497663807	9000	962353	01/08/08	0.00
2	8590122281964011	8000	812465	01/03/07	14.68
3	8590120784984566	6900	051593	01/10/07	113.20
4	8590124253621744	7200	250402	01/04/07	101.41
5	8590125999743363	9000	778088	01/02/07	0.00
6	8590120716753180	8000	778088	01/01/08	0.50
7	8590128947747852	10000	250402	01/06/07	0.00
8	8590122720558982	5700	051593	01/01/08	0.00
9	8590128676326319	7300	778088	01/09/08	0.00
10	8590124781270125	8000	778088	01/03/07	14.46
11	8590121762084715	6000	051593	01/01/08	0.00
12	8590129593164703	9000	051593	01/09/08	0.00
13	8590127307204051	9000	878035	01/10/07	0.00
14	8590121282195395	9500	778088	01/10/08	0.00
15	8590121300586153	1000	778088	01/11/07	0.00
16	8590127188365686	4400	250402	01/01/07	54.91
17	8590120884250381	7000	503458	01/07/07	0.00
18	8590125431232531	1300	503458	01/07/07	34.76
19	8590121620630401	8000	284354	01/03/08	0.00
20	8590126323841585	9000	925007	01/04/08	0.00
21	8590121039256285	10000	284354	01/11/08	0.00
22	8590122491455345	9000	503458	01/07/07	0.00
23	8590127043771382	6500	250402	01/01/08	87.52

圖2-11 開啓資料檔

在這個例子裡，Credit_Cards_Metaphor.xls只有包含一個工作表，如果一個試算表檔案內含二個以上的工作表，您必須在資料定義精靈的資料來源選擇（Data Source）畫面，選擇哪一個工作表需要匯入。

技術百科

使用Excel作爲匯入資料的來源檔，必須注意以下幾件事情：

1. 要匯入資料的 Excel 檔案，必須是非常單純的資料庫格式，不能有合併儲存格或彙總欄位等影響資料匯入 ACL 的格式。通常我們會先選取全部儲存格，使用 Excel 中清除儲存格格式的指令來達到全面一致性，以掃除資料格式匯入 ACL 時不一致的障礙。
2. Excel 各欄位的寬度會與匯入後資料欄位長度（Field Length），有非常緊密的關係，如果沒有事先注意，匯入兩個 Excel 有關聯性的資料檔，由於匯入關鍵欄位（Key Field）的長度不一致，會導致兩個檔案無法進行聯結（Join）時的資料比較，必須先使用 ACL 中 Function（函式）如 SubSTR，來調整兩個比較檔的關鍵欄位長度，之後才可以進行聯結（Join）作業。
3. 存在 Excel 內的欄位格式型態，也會影響資料匯入 ACL 欄位的型態，必須預先調整。

第7節 對查核資料進行分析

當您開始要進行資料分析時，「選擇適當的指令」可以幫助您選擇最有效率的測試方法，本案例我們想要分析了解不同的信用卡號碼的使用合計金額，因此可以使用Classify（分類）指令來進行分析，您可以在功能列上（Menu）選Analysis（分析）就可看到Classify指令（如圖2-12）。開啓資料表Credit_Cards_Metaphor並且選擇該指令，指令對話方塊有明確且一致的式樣來幫助您，正確地操作指令（如圖2-13）。

STEP01 開啓Credit_Cards_Metaphor表格。

STEP02 執行指令：您可以從Menu Bar上選擇「Analyze」（分析指令），再點選「Classify」（分類指令）。

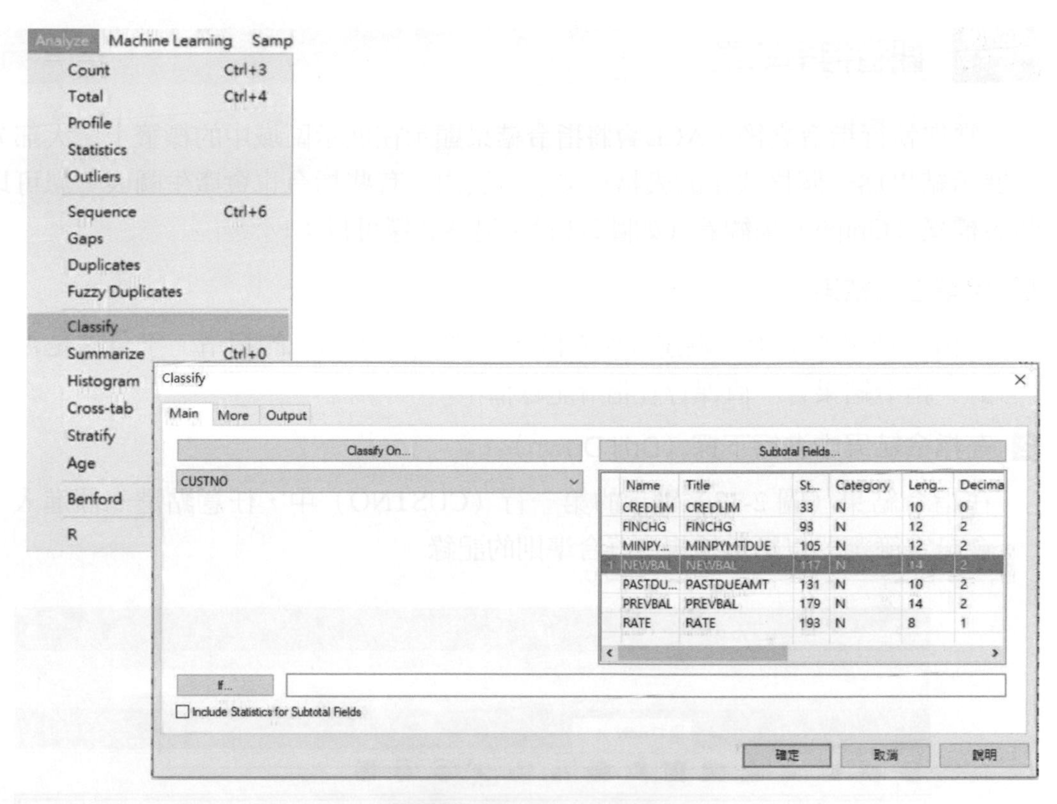

圖2-12　點選Classify指令

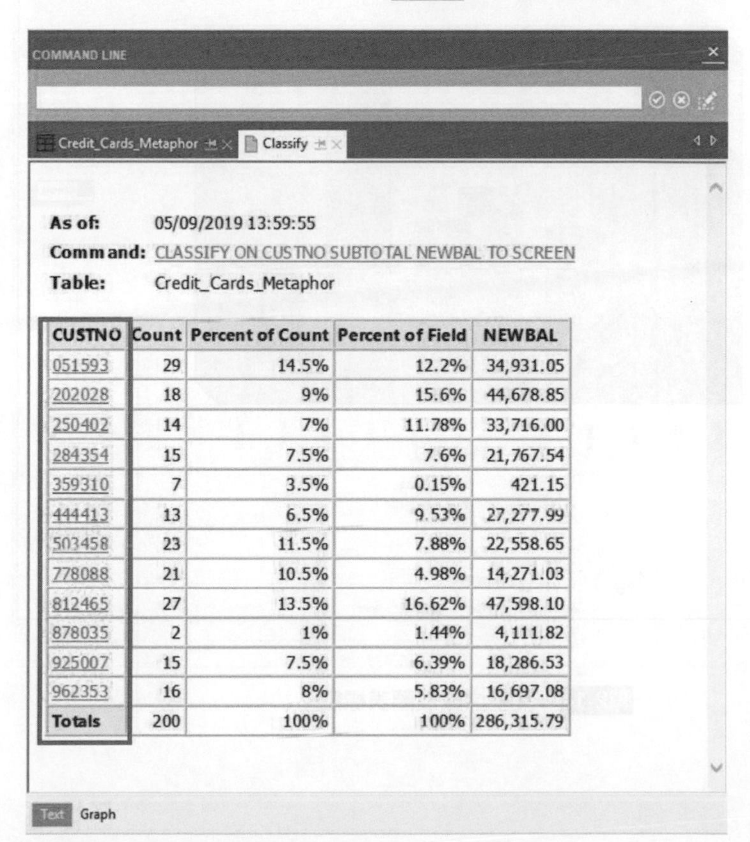

As of: 05/09/2019 13:59:55

Command: CLASSIFY ON CUSTNO SUBTOTAL NEWBAL TO SCREEN

Table: Credit_Cards_Metaphor

CUSTNO	Count	Percent of Count	Percent of Field	NEWBAL
051593	29	14.5%	12.2%	34,931.05
202028	18	9%	15.6%	44,678.85
250402	14	7%	11.78%	33,716.00
284354	15	7.5%	7.6%	21,767.54
359310	7	3.5%	0.15%	421.15
444413	13	6.5%	9.53%	27,277.99
503458	23	11.5%	7.88%	22,558.65
778088	21	10.5%	4.98%	14,271.03
812465	27	13.5%	16.62%	47,598.10
878035	2	1%	1.44%	4,111.82
925007	15	7.5%	6.39%	18,286.53
962353	16	8%	5.83%	16,697.08
Totals	200	100%	100%	286,315.79

圖2-13　執行結果資料表

一 觀看指令結果

當您執行指令之後，ACL會將指令結果顯示在展示區域中的標籤上。大部分的指令展示結果為一個格式化的表格在文字標籤內，有些指令也會產生圖表，您可以點選圖表標籤（Graph）來觀看（如圖2-14）。另外您還可以：

1 保留指令結果

在指令結果標籤中，點選大頭針圖示來顯示後續加入的指令。不論您是否使用圖釘，指令結果會一直保存在指令記錄檔中。

2 在指令結果中進行下探（Drill Down）

在指令結果（圖 2-13）顯示的第一行（CUSTNO）中，任意點選一個進入，ACL會設定篩選器以顯示檢視中符合準則的記錄。

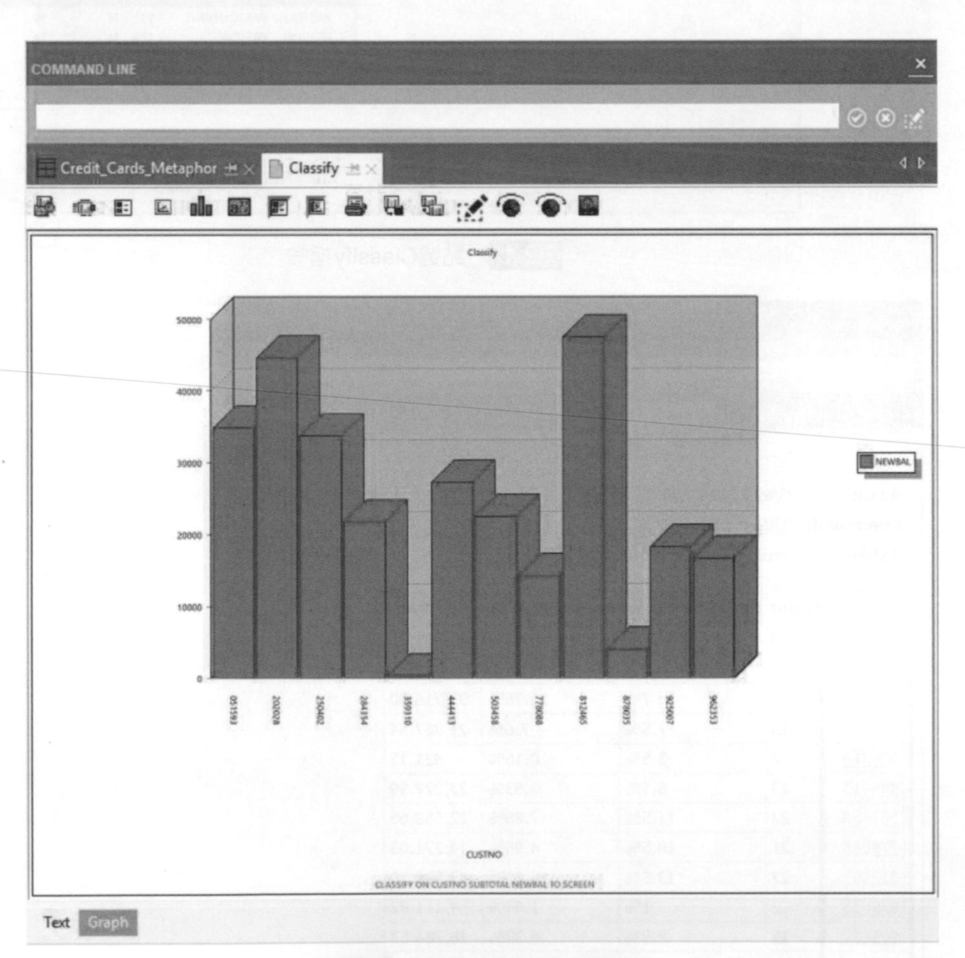

圖2-14 文字標籤及圖表標籤

第8節 使用篩選器隔離異常性資料

面對資料數量龐大的資料表格，經常需要降低記錄的數量，以顯示您想要的適當資料。例如：在Excel中，您可藉由篩選器來篩選各行列中的內容，同樣地在ACL中，您可以在檢視中過濾記錄。以Credit_Cards_Metaphor資料表爲例，點選「Edit View Filter」輸入「NEWBAL < 0」（如圖2-15）。

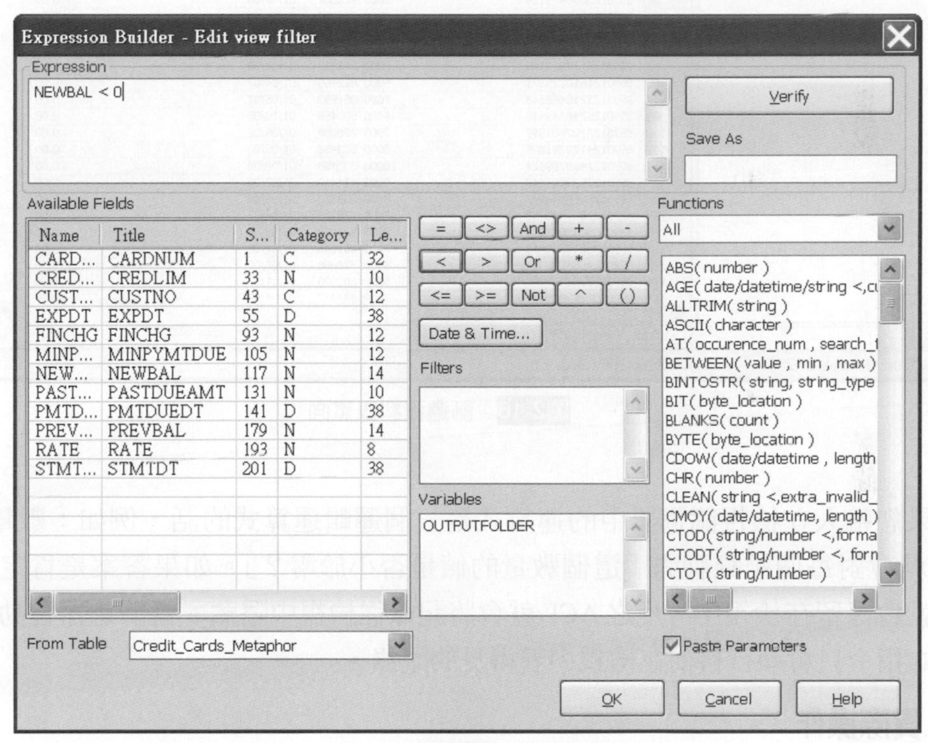

圖2-15 篩選記錄

點選OK，ACL便會篩選出NEWBAL小於零的所有資料欄位（如圖2-16）。

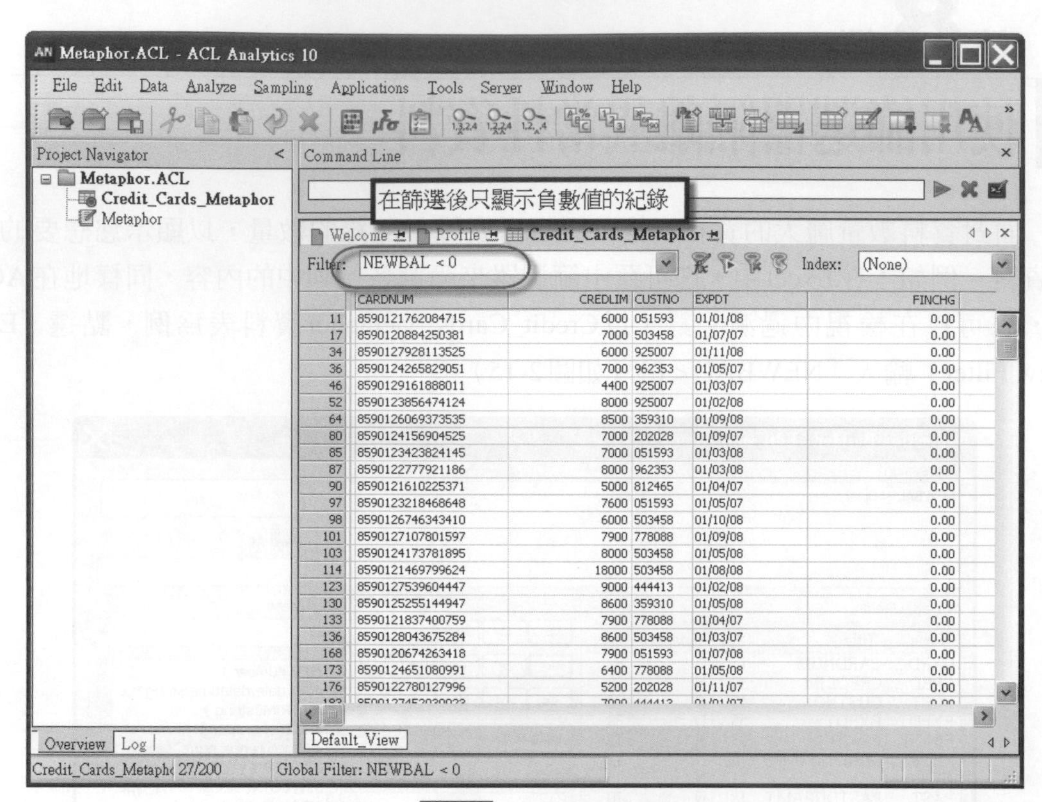

圖2-16 篩選資料表畫面

如果您輸入在檢視篩選器中的運算式是一個邏輯運算式的話，例如：數量＜0，則ACL就會對每個記錄詢問「這個數量的值是否小於零？」。如果答案是肯定的，這個記錄就會保留在檢視中，反之ACL就會將記錄從檢視中隱藏。當篩選器啟動時，所有後續的指令只會執行目前在檢視中看得見的記錄。

❖ ACL實際操作

方法 1 新增篩選器到檢視中

在篩選器對話方塊（Filter Box）中，輸入邏輯運算式後，按下輸入即可。

方法 2 利用運算式建立元件（Expression Builder）來新增篩選器

按下編輯檢視篩選器（Edit View Filter）按鈕後，便可啓動運算式建立元件。它可使您透過選擇欄位的操作來建立運算式。

❖ 隔離發現的結果

在ACL上可以很方便的透過Extract來將查核發現匯出成另一個表格，它的使用指令爲萃取（Extract）指令。

STEP**01** Data下拉選單選擇Extract（如圖2-17）。

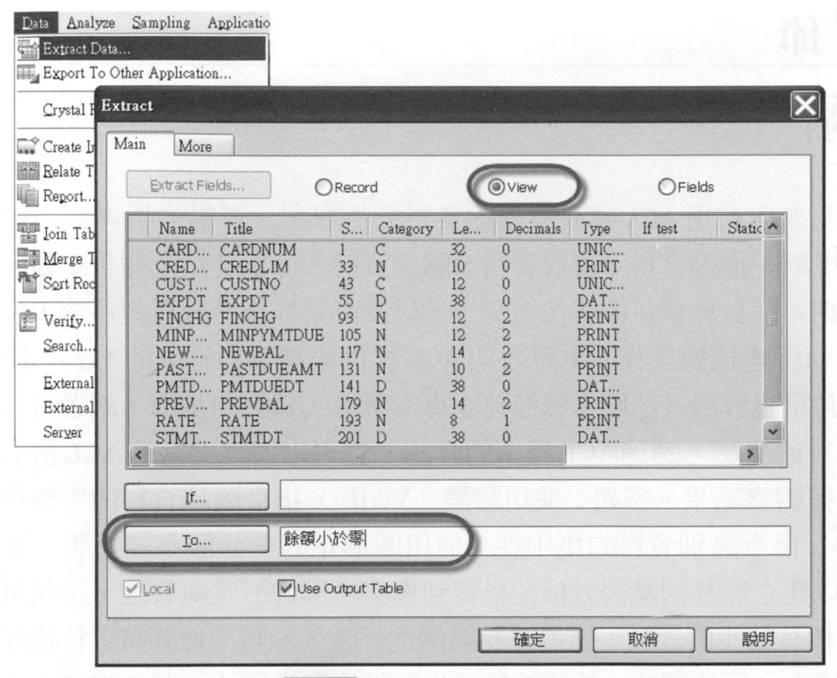

圖2-17 Extract 對話視窗

STEP**02** 選按View，並於To的欄位輸入新資料表格名稱「餘額小於零」，選按「確定」，ACL即會將原本的查核發現存在此一新資料表上（如圖2-18）。

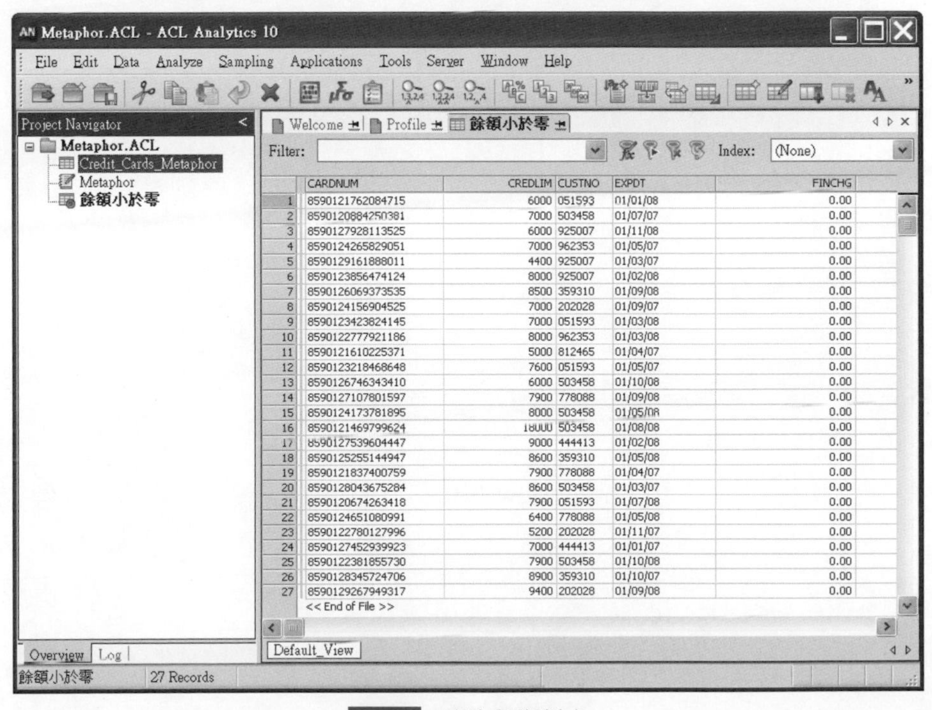

圖2-18 產生新資料表

第9節
總　結

本章節說明如何利用ACL建立完善的資料分析專案。資料分析專案必須包括六個步驟：專案規劃、獲得資料、讀取資料、驗證資料、分析資料及報告結果，您必須先做好專案規劃，確立專案目標與技術需求，以及訂定好查核分析程序後，您就可以開始使用ACL執行查核的工作。本章說明ACL提供兩種資料匯入的方式：使用資料定義精靈和手動定義資料。依照本章節建立專案與匯入資料的步驟，讀者可以初步認識ACL專案進行的步驟。透過ACL指令的介紹，您可以選擇適當的ACL指令進行分析、操作ACL與觀察結果。例如：使用驗證（Verify）指令驗證資料的完整性；使用分類（Classify）指令識別資料的集中性；使用圖形化的介面觀察結果等。透過本章的介紹，您可以建立簡易的案例分析，學習到專案目標的訂定與管理，這些可以使您對ACL專案分析有初步的認識，透過簡易範例進行匯入練習，增強讀者往後學習資料分析與查核的信心。好的開始，是成功的一半，從第三章開始，將爲您深入介紹每個ACL功能指令的操作與使用時機。

本章習題

一、選擇題

(　　) 1. 請選擇哪一項是ACL可以讀取的檔案格式（Format）？

(A) Microsoft Excel　(B) XML

(C) Report file　(D) Flat File

(E) 以上皆是

(　　) 2. 下列何者非通用稽核軟體（如ACL）之特性？

(A) 處理大量資料能力　(B) 差異性資料分析

(C) 要求具備電腦程式撰寫能力　(D) 唯讀

(　　) 3. 電腦稽核專案規劃方法通常採用六個階段，以下順序何者為真？

(A) 獲得、讀取、規劃、驗證、分析和報告

(B) 規劃、獲得、讀取、驗證、分析和報告

(C) 規劃、讀取、獲得、驗證、分析和報告

(D) 獲得、規劃、讀取、驗證、分析和報告

(E) 以上皆非

(　　) 4. 使用Excel作為匯入資料的來源檔，以下何者是正確的？

(A) 可以有合併儲存格

(B) 允許彙總欄位等影響資料匯入ACL的格式

(C) 存在Excel內的欄位格式型態，也會影響資料匯入ACL欄位的型態，必須預先調整

(D) 無須調整兩個比較檔的關鍵欄位長度

(E) 以上皆是

(　　) 5. 下列哪套軟體為稽核系統軟體？

(A) ACL　(B) IDEA

(C) 兩者皆是　(D) 兩者皆非

(　　) 6. 當受查公司使用電腦化系統進行會計處理時，會計師若採用通用審計軟體（Generalized Audit Software）來查核其財務報表，大概會如何進行？

【100年高等會計師考題】

(A) 考慮增加交易的證實測試（Substantive Tests），以取代分析性複核程序

(B) 藉由自動檢核碼（Self-checking Digits）和雜項總計（Hash Totals）來驗證資料是否正確

(C) 降低所需控制測試（Tests of Controls）的程度

(D) 在對查核客戶的軟體特性了解有限的情況下，到客戶電腦系統中存取（Access）所儲存的交易資訊

(　　) 7. 電腦輔助查核技術可用於執行查核程序，使用稽核軟體重新計算利息或自電腦記錄篩選一定金額以上之銷貨交易，係屬何種查核程序？【105年高等會計師考題】

(A) 分析性程序　　(B) 測試一般控制

(C) 測試應用控制　　(D) 測試交易明細及餘額

(　　) 8. 查核人員使用電腦輔助查核技術之首要步驟為何？【105年高等會計師考題】

(A) 瞭解擬查核資料庫之資料表關連性

(B) 辨認擬查核之特定檔案或資料庫

(C) 確認受查者檔案之內容及可存取性

(D) 設定使用電腦輔助查核技術之目的

(　　) 9. 下列有關顯著風險（Significant Risk）之敘述，何者錯誤？【104年高等會計師考題】

(A) 查核人員於判斷所辨認之風險是否為顯著風險時，應考慮與該項風險有關之控制所能降低風險之效果

(B) 經由系統自動處理之例行且非複雜交易較不會產生顯著風險

(C) 管理階層踰越控制之風險，存於所有受查者中，且為導因於舞弊之重大不實表達之顯著風險

(D) 當對某一顯著風險之因應方式僅為證實程序時，該等程序至少應包含證實分析性程序

(E) 查核人員所辨認顯著風險之相關控制於本年度並未發生改變，如擬予已信賴，可直接採用上年度控制測試之查核證據，無須於本年度再進行控制測試

(　　) 10. 查核人員使用電腦輔助查核技術之首要步驟為何？

(A) 了解擬查核資料庫之資料表關聯性

(B) 辨認擬查核之特定檔案或資料庫

(C) 確認受查者檔案之內容及可存取性

(D) 設定使用電腦輔助查核技術之目的

(E) 以上皆是

(　　) 11. 多數人的生活經驗中，都有接過行銷電話、簡訊、詐騙電話，重視人權的歐盟，在2018年5月25日正式執行「一般資料保護規則」（GDPR）。這項法規的基礎建立在「被遺忘權（right to be forgotten）」，是一種在歐盟付諸實踐的人權概念，可以要求控制資料的一方，刪除所有個人資料的任何連結（link）、副本（copies）或複製品（replication）；還有「資料可攜權（Right to data portability）」，以下請問何者不包含在GDPR之保護項目之內？

(A) IP位置　　(B) 行動裝置ID

(C) 問卷表單　　(D) 視網膜掃描

(E) 以上皆屬GDPR之保護項目

(　　) 12. 會計師擬使用電腦審計工具來查核一家以電子商務為主的公司。下列敘述，何者正確？

(A) 因通用審計軟體（generalized audit software）係為餘額測試而設計，故會計師不可能使用通用審計軟體來查核以電子商務為主的客戶

(B) 會計師可以使用標註與追蹤法（tagging and tracing），但只能用來查核與受查客戶之處理程序的相關資訊

(C) 整體測試設施（integrated test facility）非常適合於電子商務的查核工作上

(D) 以電子商務為主的客戶，不宜用測試資料（test data）法來查核

(E) 以上皆是

(　　) 13. 王稽核依查核需求已獲得保險進件明細表，他依據資料內容做檢核及過濾，請問此為專案規劃方法六個階段的哪個階段？

(A) 專案規劃　(B) 獲得資料　(C) 讀取資料　(D) 驗證資料　(E) 報表輸出

(　　) 14. 查核人員瞭解受查者電腦系統一般控制時，最不可能採用下列那一項程序？

【110年高等會計師考題改編】

(A) 檢查電腦系統相關的文件

(B) 訪談受查者員工

(C) 對一筆採購交易執行穿透測試（walk through test）

(D) 複核受查者資訊系統員工填寫的問卷

(E) 以上程序均可執行

(　　) 15. 當會計師判斷企業某項控制作業無效時，最可能採取下列何種因應方式？

【110年高等會計師考題改編】

(A) 提高偵查風險的評估水準

(B) 提高固有風險的評估水準

(C) 擴大控制測試的範圍與程度

(D) 擴大證實程序的範圍與程度

(E) 以上皆非

二、問答題

1. 請根據以下作業，每一個選項各列舉一個可以執行的查核目標。

(a) 總帳系統傳票輸入之作業　(b) 銷貨收入與應收帳款立帳之作業

(c) 採購與應付帳款立帳之作業　(d) 依員工名冊發放薪資之作業

(e) 固定資產折舊計算入帳之作業　(f) 銷貨收入與出貨單對帳之作業

2. 請根據ACL軟體執行步驟說明資料定義精靈如何建立資料表格式？

3. 請說明將Excel資料表匯入ACL軟體中所需之注意事項有哪些？

4. 利用ACL進行專案規劃可以分成哪六個階段？試分別說明在此六個階段中ACL可以執行哪些事情？

三、實作題

1. 實作目標：匯入資料檔案於ACL專案中。首先，請新增一個名為「庫存查核」之ACL專案，並將本書光碟中CH2Data內不同檔案類型的庫存資料檔匯入此專案中：（請參見本書光碟片之內容）

   庫存_1. XLS

   庫存_2. DBF

   庫存_3. DEL

   庫存_4. MDB

   庫存_5. TXT

   (1) 檢查結果顯示欄位是否顯示為中文名稱？

   (2) 至Table Layout查看此匯入的表格，其結果Name是否為英文，Column Title是否為中文？

檔案格式

欄位名稱	欄位型態	起始位置	欄位長度	小數位	欄位說明
ProdNo	UNICODE	1	9		產品代號
ProdCls	UNICODE	10	2		產品分類
Location	UNICODE	12	2		地點
ProdDesc	UNICODE	14	47		產品說明
Prodstat	UNICODE	61	1		產品狀態
UnCst	NUMERIC	62	9	2	單位成本 格式”(9,999,999.99)”
CstDte	DATE	71	10		成本日期 格式”YYMMDD”
SalePr	NUMERIC	81	9	2	售價 格式”(9,999,999.99)”
PrcDte	DATE	90	10		售價日期 格式”YYMMDD”
QtyOH	NUMERIC	100	10	0	庫存數量 格式”(9,999,999.99)”
MinQty	NUMERIC	110	10	0	最低庫存量 格式”(9,999,999.99)”
QtyOO	NUMERIC	120	12	0	再訂購數 格式”(9,999,999.99)”
Value	ZONED	132	20	2	庫存成本 格式”(9,999,999.99)”
MkVal	ZONED	152	11	2	市場價值 格式”(9,999,999.99)”

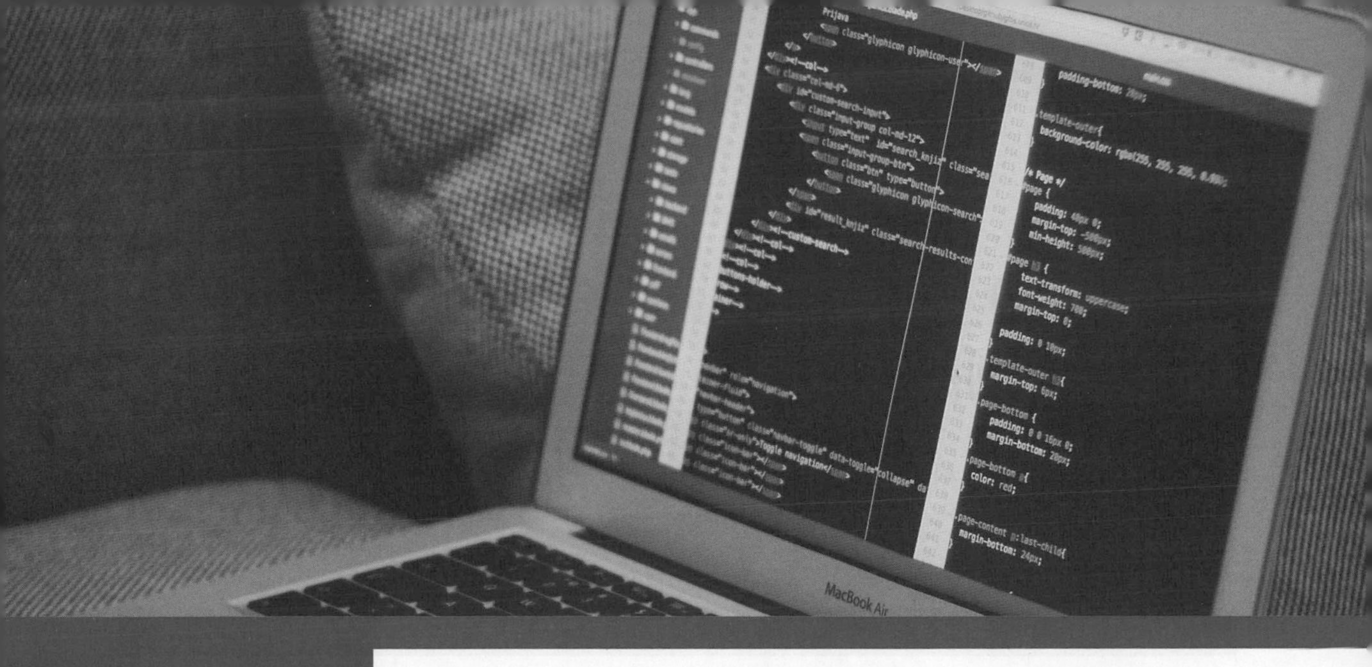

03 資料取得與格式定義

學習目標

ACL可以簡易地在各式儲存媒體上擷取多種不同型式的資料，善用ACL可幫助稽核人員輕鬆有效地快速取得資料進行分析工作。在要匯入新資料檔工作前，需要先告訴ACL如何去讀取和解釋它所包含的資料。您可以藉著新增資料表到ACL的專案中來完成這件工作，在建立資料表格式前，您必須開啓已存在ACL中的專案或是建立新專案。接著介紹進階的資料取得方式，如連接資料庫。在本章節，您將會更深入了解如何操作ACL聯結資料庫來做資料取得與格式定義，並透過建立資料表格式來讀取稽核專案所需資訊。

本章摘要

- 電腦如何顯示資料？四種字元碼的差異為何
- 欄位、記錄、資料檔、平面檔案及資料庫的定義
- 如何利用ACL專案來存取資料
- ACL可讀取的資料格式
- 定點運算為何
- 資料表如何在ACL操作
- 日期如何詮釋
- 如何匯出資料到另一個應用程式
- ACL如何讀取關聯式資料庫主機上的資料

第1節 電腦如何顯示資料

在電腦中儲存資料最基本的單位是Bit，每一個Bit的值即是一個字元的代表。位元組（Byte）是一組二進位（Binary）的位元（Bit）集合，通常稱8個位元爲一個位元組，目前常用的位元組（Byte）計量單位有：

單位名稱	簡稱	計算公式	大小
Kilobyte	KB	1KB=2 的10 次方 Bytes	1024 Bytes
Megabyte	MB	1MB=2 的20 次方Bytes	1024 KB
Gigabyte	GB	1GB=2 的30 次方Bytes	1024 MB
Terabyte	TB	1TB=2 的40 次方Bytes	1024 GB

資料是以0、1的方式存於硬碟或其它的儲存媒體中，當我們要將資料載入到電腦上並顯示爲有意義的自然語言，就必須經過一套編碼的技術來轉換，才能有效的顯示出它所代表的文字，否則會出現亂碼的現象。不同的資料檔它儲存時所用的編碼技術可能不同，因此使用ACL讀取資料來源的檔案時，必須選取適當的編碼方式，使得開啓的資料不會出現亂碼的現象，以正確地讀取資料。

一　常見的編碼技術分類

1. EBCDIC碼

EBCDIC（Extended Binary Coded Decimal Interchange Code）通常應用於IBM大型主機或中型電腦上，使用八位元來表示字母、數字、特殊字元等文字與數字之編碼方法，前四碼爲區域碼，後四碼爲數值碼。BCD（Binary Coded Decimal）是一種電腦系統內以二進制數字代表十進制數字的方法。它將每個十進制數目字（如0 1 2 3 4 5 6 7 8 9）以一個二進制數字來代表，通常用4個位元（bits）來代表一個十進制數字。例如：6是0110，7是0111，所以1024就以0001 0000 0010 0100 來表示。

2. ASCII碼

- ASCII（American Standard Code for Information Interchange）念起來像是「阿斯key」，普遍使用於一般個人電腦及其他中大型主機電腦中，爲美國資訊標準交換碼。

- 定義從 0 到 127 的 128 個 BCD 數字在電腦上所代表的英文字母或數字或符號，讓所有使用 ASCII 編碼標準的電腦之間可以互相讀取同一份文件而不會有不一樣的結果與意義。由於只使用到 7 個位元就可以表示從 0 到 127 的 BCD 數字，因大部分的電腦都是使用 8 個位元來存取字元集（Character Set），所以從 128 到 255 之間的數字就可以用另一組 128 個特殊符號表示，稱爲 Extended ASCII Code。

3. Encoding編碼

- 因爲 EBCDIC 碼、ASCII 碼僅適用於英文環境的文字，且往往編碼方式所能容納的字數是有限的，一種編碼無法包含全球那麼多不同語言整個字集，因而各國紛紛建立自己的語言在個人電腦上的編碼方式，統稱 Encoding 編碼。
- Encoding 編碼提供了多種編碼的方式，例如中文編碼方式就有 Big-5、UTF-7、UTF-8 等編碼方式。ACL 提供使用者可以選擇適當的編碼法，將符號或文字組合形成的字集（Character Set）編入位元組中，以便電腦能夠表示與儲存。

4. Unicode編碼

- Unicode（Universal Multiple-Octet Coded Character Set）是由數家知名軟硬體廠商所合作發展的萬國碼，亦是資料表示的新標準，是包含所有字集的編碼法。
- 在創造 Unicode 之前，有數百種指定這些數位的編碼系統，但是沒有一個編碼可以包含足夠的字元；而 UNICODE 使用 2 或 4 個位元組來表示每一個符號，共可表示 65536 個或 1677 萬個字元符號，可以包含英文、中文、日文以及全世界的文字符號，讓資訊交流無國界。此外 Unicode 更解決了不同編碼系統互相衝突的問題，因爲其給每個字元提供了一個唯一的數字，適用於不同的平台、程式及語言，而不需要重建編碼。全世界已有許多採用 Unicode 編碼標準的公司，如：Apple、HP、IBM、JustSystem、Microsoft、Oracle、SAP、Sun、Sybase、Unisys 等。

ACL除了可以讀取傳統英文環境所使用的EBCDIC和ASCII之外，還可以讀取各種不同編碼的資料，減少轉換資料所帶來發生錯誤的風險。圖3-1爲ACL系統所提供的Encoding編碼的介面圖。

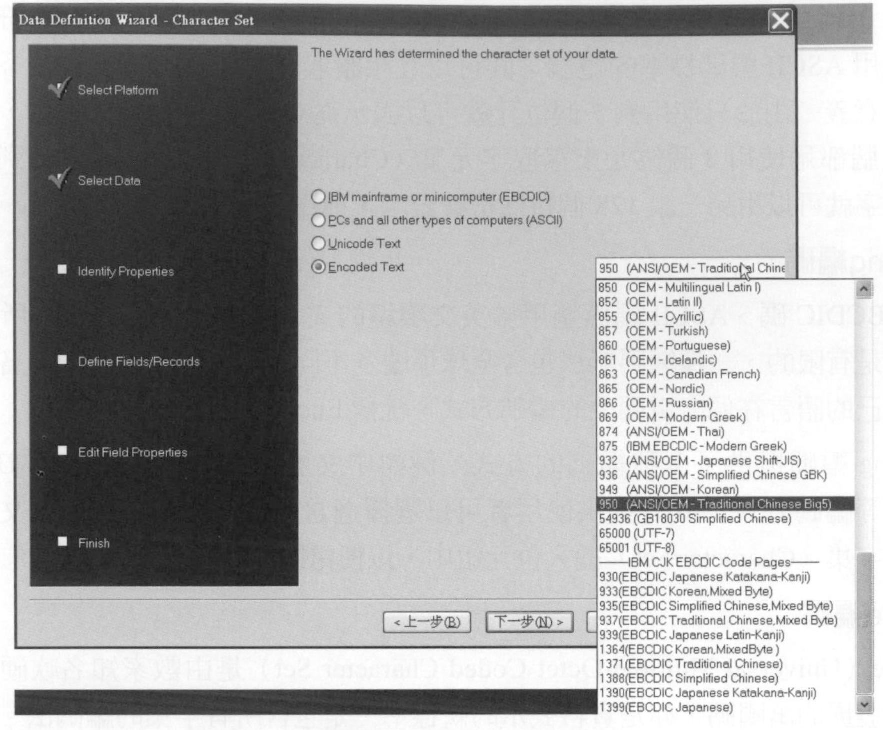

圖3-1 Encoding 編碼介面圖

二 常見的資料檔案結構

爲了要能更有效的管理所儲存的資料，電腦科學家會將資料檔案會透過一定的資料檔案結構來儲存，所以當我們要將資料載入到ACL上進行查核前，還需要先了解儲存這些資料的檔案結構。目前一般的檔案結構主要有下列的基本單元：

1 欄位名稱

每筆記錄包含之個別資訊單元稱爲欄位（Field），在電話簿的例子當中，每筆記錄包含一個人的明細資料，例如：姓名、地址、電話號碼，而每一個資料項目都被儲存在一個欄位中。

3 資料型態

通常包含有文字、數值及日期等資料型態，每一個欄位會儲存相同資料類型的資料。

3 資料大小

一個欄位內資料最大的儲存範圍。

三 常見的資料來源平台

由於資料檔案所存放的資料來源平台（Data Source Platform）不同，因此當我們要匯入資料前還需要去了解資料來源。一般平台（Platform）的區分方式如下：

1 Local → Disk（10.5 版以前為 Disk）

可以由個人電腦系統直接存取的資料檔。通常這些資料檔案是由某一些軟體編輯後所儲存，如 Excel 檔、文字檔案（Text File）等。通常這些檔案的結構較單純不像資料庫檔案有複雜的檔案結構。

2 Local → Database and Applicaion（10.5 版以前為 ODBC）

若資料是存於關聯式資料庫（Relational Database）中，如 Oracle、MS SQL、DB2 等，則可以透過網路的方式，利用微軟所提供的 ODBC 架構來存取資料。假如您的資料是在資料庫中但無法直接存取，則您就必須先將資料下載轉出成文字檔案格式，然後儲存至磁碟，透過 Disk 的方式來存取資料。

3 Local → Other（10.5 版以前為 External Definition）

我們所要分析的資料可能來自大型主機、迷你電腦或個人電腦，它可以產生各種不同的記錄結構（Record Structure）及資料型態（Data Type），同時也可以被儲存在磁碟或其他媒體上，這種被儲存成許多單位的資料稱爲資料檔（Data File）。

四 ACL各種讀取資料的方式（如圖3-2、圖3-3）

1 Local → Disk（10.5 版以前為 Disk）：可直接讀取儲存於個人電腦上的資料，該電腦已安裝 ACL 軟體，所謂儲存在個人電腦上的資料，包括磁片、硬碟、光碟等可從其他媒體設備轉入資料者。

2 Local → Database and Applicaion（10.5 版以前為 ODBC）：開放式資料庫連結（Open Database Connectivity，ODBC）是微軟公司所開發的工具。ODBC 是微軟公司爲存取資料庫所制定的標準通訊規約。其發展主要在解決異質性資料庫之間或是開發工具與資料庫之間規格的問題。我們只要在前端電腦上設定 ODBC 管理員或是在程式中加入 ODBC 程式控制碼，就可以和後端的資料庫連結了。因而我們只要在安裝有 ACL 程式的電腦上，設定好此電腦 ODBC 的資料庫連結通道，然後 ACL 程式就可利用此通道和資料庫溝通，以達到和資料庫連結的目的。要學習更多相關的細節，可以從 Menu Bar 選取「Help」下拉式選單，選取「User Guide/ACLScript Guide」，然後查閱「ODBC」或「Database and Applicaion」。

3 Local → Other（10.5 版以前為 External Definition）：大型主機型態資料檔格式，它包括 AS/400 FDF、COBOL、PL/1 等格式。

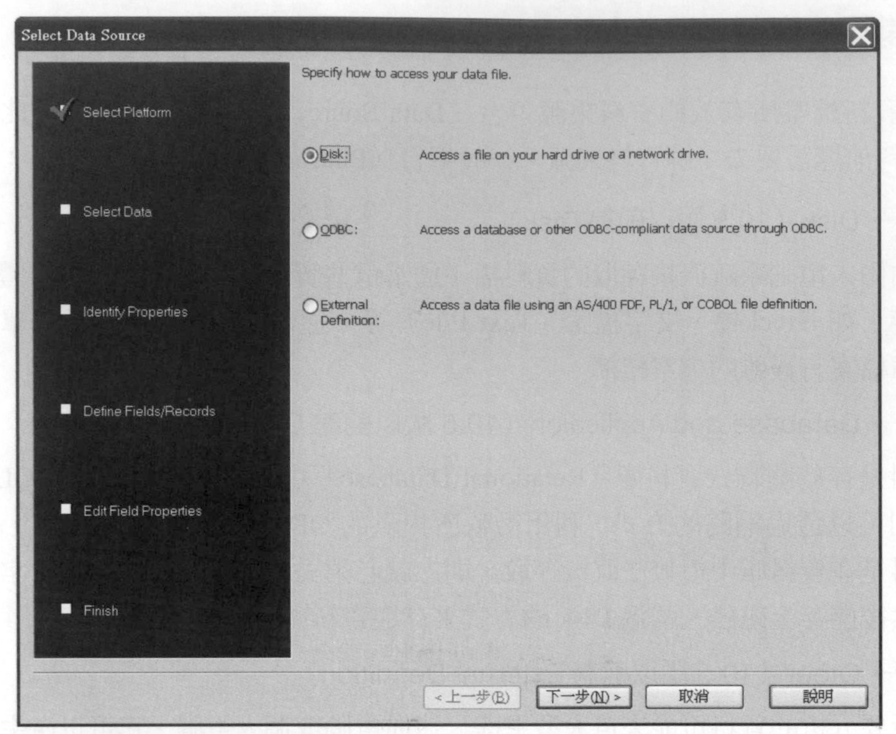

圖3-2 為ACL系統所提供的資料檔案來源平台選擇介面（10.5版前）

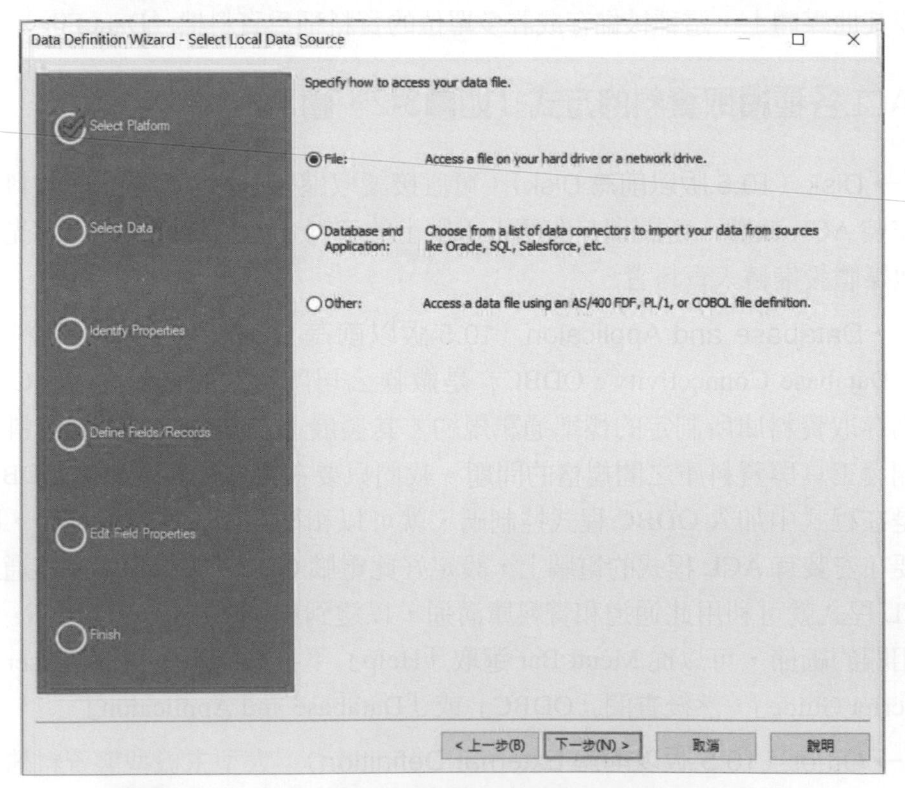

圖3-3 為ACL系統所提供的資料檔案來源平台選擇介面（14版）

有關資料定義精靈（Data Definition Wizard）更詳細的相關使用方法與步驟，請參閱本章第四節。

第2節 ACL系統作業架構

專案（Project）給予您一個組織資料、分析專案的方法。一個ACL專案就像一個檔案儲存櫃（如圖3-4），使用它來儲存所有相關的專案項目。ACL的專案主要由下列項目組成（如圖3-5）：

1. 資料表（Tables）：可編輯資料表格式（Table Layout）、產生不同的資料視界（Views）、可在資料表上不同的欄位中設定索引（Index）來進行資料排序。
2. 指令集（Scripts）。
3. 工作區（Workspaces）。
4. 資料夾（Folder）。

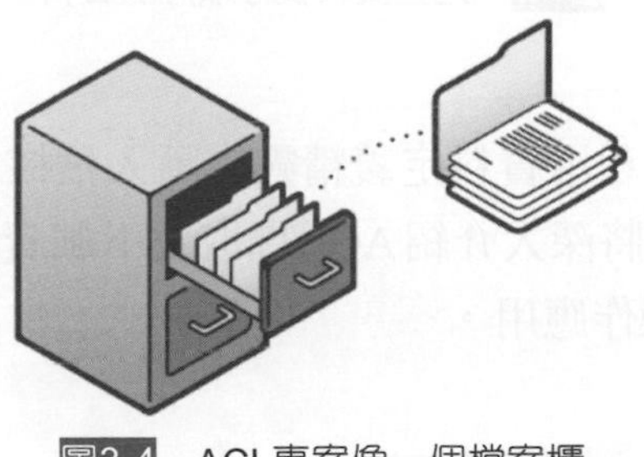

圖3-4 ACL專案像一個檔案櫃

另外指令記錄檔（Log）就像是一個飛行記錄器，可以完整的記錄您所有在ACL上的操作過程。（如圖3-5）。

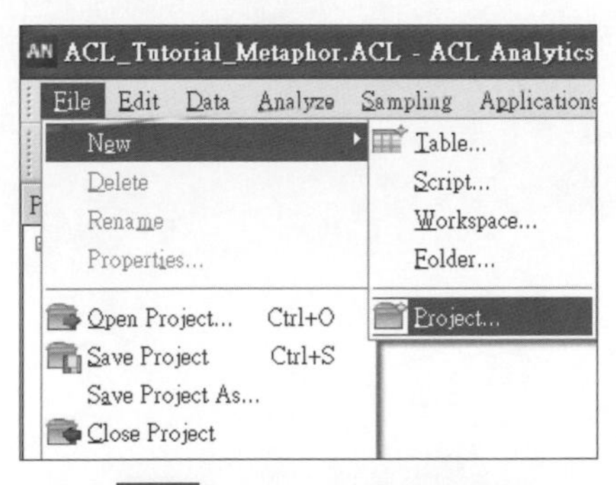

圖3-5 在ACL新增新專案

如欲在ACL中開啓新專案（New Project），請在Menu Bar上選擇File/New/Project，對每個您想分析的資料來源，您必須新增一個新的資料表（Table）到您的ACL專案（如圖3-6）。

首先稽核人員必須要先確認所要儲存的稽核專案的檔案路徑，然後至該檔案路徑下建立一個新的或開啓已存在的專案（Project），此專案檔會以此專案名稱.FIL的方式存於電腦系統中。開啓此專案以後，若專案裡沒有您需要的分析資料，就可以利用ACL資料定義精靈（Data Definition Wizard）讀取所需要新資料表到此專案中。

稽核人員需要針對每個想要分析的資料，新增一個新的資料表（Table）到ACL專案中，此時ACL專案中就會儲存這些表格的資料表格式（Table Layout），而另外產生這些資料表格式所需要連結的資料檔通常是以.FIL檔案格式存於電腦系統中。

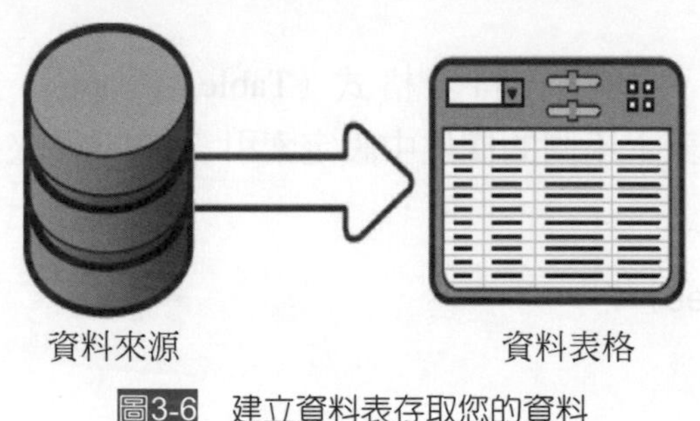

圖3-6　建立資料表存取您的資料

第二章已初步介紹如何利用資料定義精靈來匯入稽核專案所需之資料，並以實際案例加以簡單練習，下一節將深入介紹ACL擷取及下載資料時更進階的技術，使讀者能更清楚了解ACL之實際操作應用。

第3節 ACL可讀取的資料表格式

一 ACL擷取及下載資料應注意事項

ACL 在擷取及下載資料的過程中，通常有以下步驟及相關應注意事項：

1 需要判別資料的來源

資料可能存於個人電腦的磁碟上、網路資料庫主機上或是在外部大型主機上。所有儲存在外部大型主機（如 IBM 電腦）上的資料檔案都需要先下載至個人電腦才能被 ACL 讀取。一般從大型主機取得資料檔的方法包括：採用個人電腦或區域網路連線至大型主機，或者是先將大電腦的資料儲存於磁碟中再轉放到個人電腦上；而網路資料庫主機上的檔案，則可以透過 ODBC 連接方式下載資料到個人電腦上，因此在下載資料檔時，必須注意所使用的個人電腦的磁碟空間是否足夠。

2 與資訊部門合作

在從大型電腦主機或是網路資料庫主機下載資料前，必須先作規劃，判別哪些資料檔案可以提供以及這些資料檔案的格式。首先，稽核人員必須和資訊部門溝通並要求提供檔案格式（File Layout），檔案格式是指某一個特定系統的資料檔案中所有的欄位名稱及資料格式。不同的資訊人員有時會對檔案格式有不同的稱呼，例如：Record Definition（檔案定義）、Data Dictionary（資料字典）、Schema（資料庫語法）等，稽核人員要去適應與了解，才能有效的和資訊人員溝通取得所需的資料檔。

3 準備下載資料檔案的程式

下載資料前，必須先作規劃，如果該檔案資料格式是 ACL 可以直接讀取的格式，您可以直接轉檔至 PC 中。但在大型主機的資料檔中，有時檔案欄位很多，而查核並非需要所有的資料欄位，此時便須請資訊部門撰寫轉檔程式，只擷取所需要的欄位資料。

4 確認資料檔案存放位置

可將檔案下載至 PC 或是網路磁碟機上，只要 ACL 可以讀取即可。

二　ACL可讀取的資料檔案來源

如第一節所述，ACL可從Local→Disk（包括磁片、硬碟、光碟等）、Local→Database and Application（開放式資料庫連結）及Local→Other（大型主機型態資料檔格式如AS/400 FDF、COBOL、PL/1 等格式）讀取資料。本節詳細說明資料來源爲Disk時，如何使用ACL資料定義精靈來快速的將資料檔案匯入ACL進行分析。其他的資料來源的匯入方式，本章亦有說明。

ACL在Disk資料來源可以讀取之資料檔案型態（如圖3-7），各種檔案的簡單說明如下：

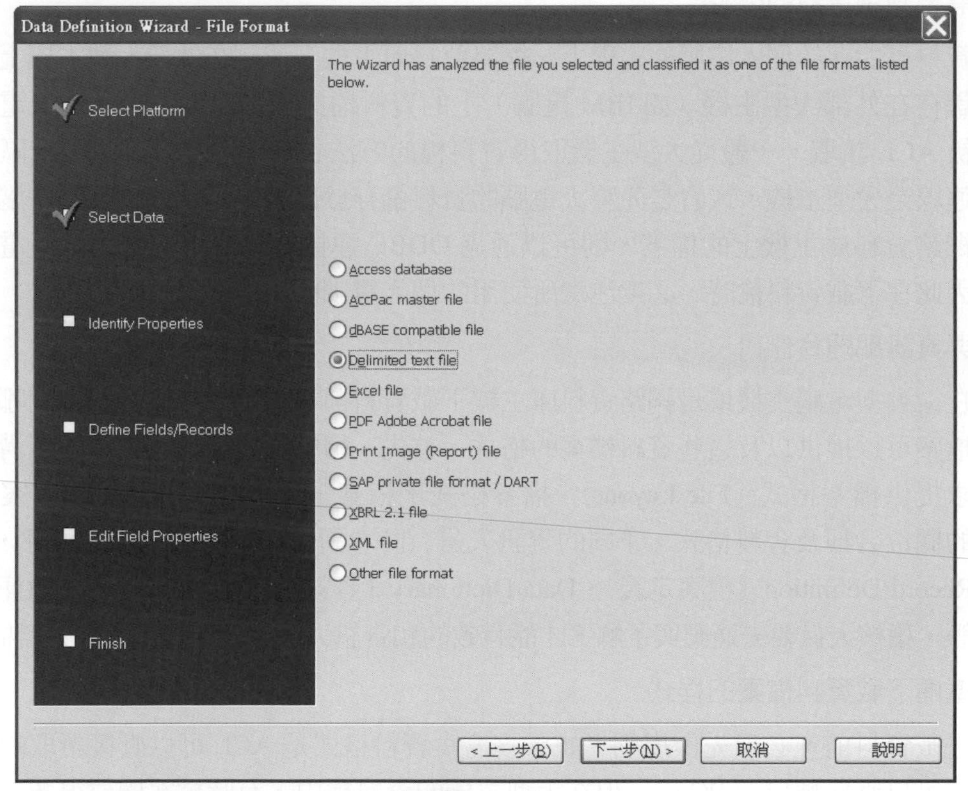

圖3-7　資料檔案型態

1 Access database（Microsoft Access 資料庫檔）

ACL 可快速方便的匯入 Microsoft Access 軟體所產生的資料庫檔。這種類型的資料檔其副檔名必須是 .mdb 或 .accdb。

2 AccPac master file（AccPac 會計軟體檔）

AccPac 是在北美洲使用很廣泛的會計軟體，ACL 可以很簡易的將其資料，依據 AccPac 的資料字典來匯入進行分析。

3 dBase compatible file（DBF 資料庫檔）

dBase 是早期被使用非常廣泛的 PC 級資料庫軟體，其資料庫格式漸漸成為一個產業的標準，例如：FoxPro TM、Visual FoxPro™ 和 Clipper™ 等資料庫軟體，都使用此檔案格式。ACL 可以自動對 dBase 檔案產生資料表格式（Table Layout）進行分析。

4 Delimited Text File（分界文字檔）

分界文字檔由於其架構簡單，因此被廣泛使用在系統間進行資料交換用。很多的應用系統都有提供將報表匯出成分界文字檔的功能。分界文字檔包含只可以被列印出的字元，如同字母（a~z）、數字（0~9），還有各種符號。許多資料檔案涵蓋的欄位在記錄中沒有固定的位置，通常它們是利用分界符號來區分前後欄位，如使用 TAB、「;」、「，」等符號。圖 3-8 顯示為使用「，」來進行分界的文字資料檔。ACL 可以使用資料定義精靈自動判讀分界符號，快速的將資料匯入。

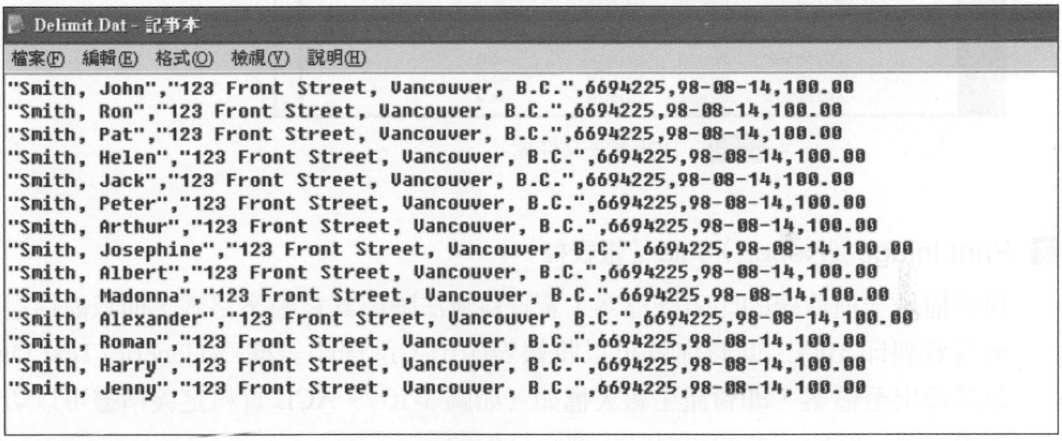

Delimit.Dat - 記事本

檔案(F) 編輯(E) 格式(O) 檢視(V) 說明(H)

```
"Smith, John","123 Front Street, Vancouver, B.C.",6694225,98-08-14,100.00
"Smith, Ron","123 Front Street, Vancouver, B.C.",6694225,98-08-14,100.00
"Smith, Pat","123 Front Street, Vancouver, B.C.",6694225,98-08-14,100.00
"Smith, Helen","123 Front Street, Vancouver, B.C.",6694225,98-08-14,100.00
"Smith, Jack","123 Front Street, Vancouver, B.C.",6694225,98-08-14,100.00
"Smith, Peter","123 Front Street, Vancouver, B.C.",6694225,98-08-14,100.00
"Smith, Arthur","123 Front Street, Vancouver, B.C.",6694225,98-08-14,100.00
"Smith, Josephine","123 Front Street, Vancouver, B.C.",6694225,98-08-14,100.00
"Smith, Albert","123 Front Street, Vancouver, B.C.",6694225,98-08-14,100.00
"Smith, Madonna","123 Front Street, Vancouver, B.C.",6694225,98-08-14,100.00
"Smith, Alexander","123 Front Street, Vancouver, B.C.",6694225,98-08-14,100.00
"Smith, Roman","123 Front Street, Vancouver, B.C.",6694225,98-08-14,100.00
"Smith, Harry","123 Front Street, Vancouver, B.C.",6694225,98-08-14,100.00
"Smith, Jenny","123 Front Street, Vancouver, B.C.",6694225,98-08-14,100.00
```

圖3-8 分界文字檔

5 Excel file（Microsoft Excel 檔）

ACL 可快速方便的匯入 Microsoft Excel 軟體所產生的電子表格文件檔。這種類型的資料檔其副檔名必須是 .xls 或 .xlsx。

6 PDFAdobe Acrobatfile（PDF 檔）

PDF 文件是目前被廣為使用的電子文件檔，其內容若包含有表格的資料，則 ACL 資料定義精靈可以以切割報表的方式，將所需要的資料匯入進行分析（如圖 3-9）。

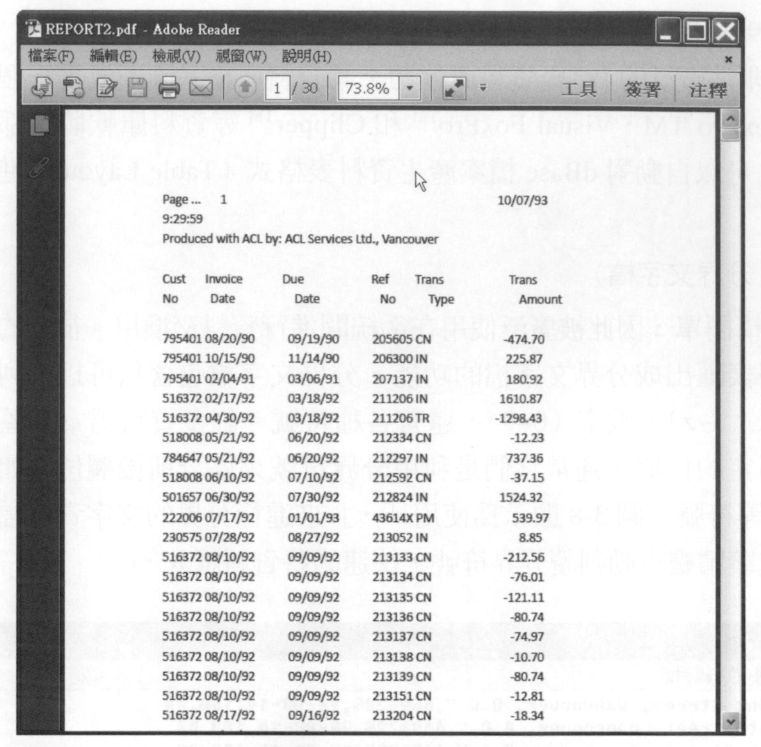

Page ... 1 10/07/93
9:29:59
Produced with ACL by: ACL Services Ltd., Vancouver

Cust No	Invoice Date	Due Date	Ref No	Trans Type	Trans Amount
795401	08/20/90	09/19/90	205605	CN	-474.70
795401	10/15/90	11/14/90	206300	IN	225.87
795401	02/04/91	03/06/91	207137	IN	180.92
516372	02/17/92	03/18/92	211206	IN	1610.87
516372	04/30/92	03/18/92	211206	TR	-1298.43
518008	05/21/92	06/20/92	212334	CN	-12.23
784647	05/21/92	06/20/92	212297	IN	737.36
518008	06/10/92	07/10/92	212592	CN	-37.15
501657	06/30/92	07/30/92	212824	IN	1524.32
222006	07/17/92	01/01/93	43614X	PM	539.97
230575	07/28/92	08/27/92	213052	IN	8.85
516372	08/10/92	09/09/92	213133	CN	-212.56
516372	08/10/92	09/09/92	213134	CN	-76.01
516372	08/10/92	09/09/92	213135	CN	-121.11
516372	08/10/92	09/09/92	213136	CN	-80.74
516372	08/10/92	09/09/92	213137	CN	-74.97
516372	08/10/92	09/09/92	213138	CN	-10.70
516372	08/10/92	09/09/92	213139	CN	-80.74
516372	08/10/92	09/09/92	213151	CN	-12.81
516372	08/17/92	09/16/92	213204	CN	-18.34

圖3-9 PDF電子文件檔

7 Print Image（Report）File（報表檔）

報表檔是一種傳統的印表機檔案，若資料無法匯出其它檔案格式，而只能透過印表機將資料印出時，此時你就可以將報表印出，選擇印表機為 Generic/Text Only，選擇輸出至檔案，即會產生報表檔如（如圖 3-10）。ACL 資料定義精靈可以切割報表的方式，將所需要的資料匯入進行分析。

```
01/08/01                Inventory Valuation Report                  Page 1
09:44:42                 As At December 31, 2000

                                            Quantity     Unit     Total Cost
                                                         Cost

 Product Class: 01 -   Housewares

   010102710 ALUMINUM TEAPOT 8 CUP             144        5.99       862.56
   010102840 PRESSURE COOKER 8QT               400       39.40     15760.00
   010119040 BLANCHER                          190        8.00      1520.00
   010134420 VEGETABLE STEAMER                  50        3.12       156.00
   010135060 192 OZ DUTCH OVEN                 230       27.60      6348.00
   010155150 STEP-ON CAN                       132        8.40      1108.80
   010155160 1 SHELF BREADBOX                   56        9.93       556.08
   010155170 4 PC CANISTER SET                  96        7.05       676.80
   010207220 NAPKIN & RELISH HOLDER            212        3.22       682.64
   010226620 CAKE DECORATING SET                48       10.80       518.40
   010310890 MINCER                             86       14.14      1216.04
   010311800 PASTA NOODLE MAKER                 64       24.88      1592.32
   010311990 DIET SCALE                        290        2.98       864.20
```

圖3-10 報表檔

8 SAP private file format / DART

此爲 SAP System 所可以產生的一種資料檔案，ACL 資料定義精靈可以依照此格式定義，將 SAP 所產生的資料匯入進行分析。

9 XBRL 2.1 file

XBRL 爲國際會計準則 IFRS 報表的標準語言，其已被廣泛運用於交換業務或財務訊息，是 XML 文件的一種且使用 XML 的語法和相關技術。通常副檔名爲 XBRL（如圖 3-11）。ACL 可以很輕鬆的將 XBRL 檔案匯入進行分析。

```
This XML file does not appear to have any style information associated with it. The document tree is shown below.

<!-- Generated by Fujitsu XWand B0184C -->
▼<link:linkbase xmlns:xsi="http://www.w3.org/2001/XMLSchema-instance" xmlns:link="http://www.xbrl.org/2003/linkbase"
 xmlns:xbrli="http://www.xbrl.org/2003/instance" xmlns:xlink="http://www.w3.org/1999/xlink"
 xsi:schemaLocation="http://www.xbrl.org/2003/linkbase http://www.xbrl.org/2003/xbrl-linkbase-2003-12-31.xsd">
  <link:roleRef roleURI="http://www.xbrl.org/tifrs/fr/role/BalanceSheet" xlink:type="simple"
  xlink:href="../../../BSCI/tifrs-bsci-bd-2013-03-31.xsd#RT_1"/>
  <link:roleRef roleURI="http://www.xbrl.org/tifrs/fr/role/StatementOfComprehensiveIncome" xlink:type="simple"
  xlink:href="../../../BSCI/tifrs-bsci-bd-2013-03-31.xsd#RT_2"/>
  <link:roleRef roleURI="http://www.xbrl.org/tifrs/fr/role/StatementOfCashFlows" xlink:type="simple"
  xlink:href="../../../SCF/tifrs-scf-2013-03-31.xsd#RT_1"/>
  <link:roleRef roleURI="http://www.xbrl.org/tifrs/notes/role/RestrictionsOnFinancialRatio" xlink:type="simple"
  xlink:href="tifrs-bd-cr-2013-03-31.xsd#RT_1"/>
 ▼<link:presentationLink xlink:type="extended"
  xlink:role="http://www.xbrl.org/tifrs/notes/role/RestrictionsOnFinancialRatio">
   <link:loc xlink:type="locator" xlink:href="../../../NOTES/tifrs-notes-2013-03-31.xsd#tifrs-
   notes_RestrictionsOnFinancialRatioAbstract" xlink:label="RestrictionsOnFinancialRatioAbstract"
   xlink:title="RestrictionsOnFinancialRatioAbstract"/>
   <link:loc xlink:type="locator" xlink:href="../../../NOTES/tifrs-notes-2013-03-31.xsd#tifrs-
   notes_RestrictionsOnFinancialRatio" xlink:label="RestrictionsOnFinancialRatio"
   xlink:title="RestrictionsOnFinancialRatio"/>
   <link:presentationArc xlink:type="arc" xlink:arcrole="http://www.xbrl.org/2003/arcrole/parent-child"
   xlink:from="RestrictionsOnFinancialRatioAbstract" xlink:to="RestrictionsOnFinancialRatio" xlink:title="presentation:
   RestrictionsOnFinancialRatioAbstract to RestrictionsOnFinancialRatio" order="1.0"/>
   <link:loc xlink:type="locator" xlink:href="../../../NOTES/tifrs-notes-2013-03-31.xsd#tifrs-notes_NameOfTheCompany"
   xlink:label="NameOfTheCompany" xlink:title="NameOfTheCompany"/>
   <link:presentationArc xlink:type="arc" xlink:arcrole="http://www.xbrl.org/2003/arcrole/parent-child"
   xlink:from="RestrictionsOnFinancialRatio" xlink:to="NameOfTheCompany" xlink:title="presentation:
   RestrictionsOnFinancialRatio to NameOfTheCompany" order="1.0"/>
   <link:loc xlink:type="locator" xlink:href="../../../NOTES/tifrs-notes-2013-03-31.xsd#tifrs-
   notes_ArticleAndCalculationFormula" xlink:label="ArticleAndCalculationFormula"
   xlink:title="ArticleAndCalculationFormula"/>
   <link:presentationArc xlink:type="arc" xlink:arcrole="http://www.xbrl.org/2003/arcrole/parent-child"
   xlink:from="RestrictionsOnFinancialRatio" xlink:to="ArticleAndCalculationFormula" xlink:title="presentation:
```

圖3-11 XBRL 2.1 file

10 XML 資料檔

XML（Extensible Markup Language）是一套資料儲存工具，可以用來建立包含結構化格式資料的文件。除了資料之外，還可以包含一組定義資料架構的詳細規則。目前許多資料交換的檔案都是以此爲標準來擴充，通常副檔名爲 XML（如圖 3-12）。ACL 可以很輕鬆的將 XML 檔案匯入進行分析。

```
This XML file does not appear to have any style information associated with it. The document tree is shown below.

▼<xbrl xmlns="http://www.xbrl.org/2003/instance" xmlns:ifrs="http://xbrl.iasb.org/taxonomy/2010-04-30/ifrs"
  xmlns:iso4217="http://www.xbrl.org/2003/iso4217" xmlns:link="http://www.xbrl.org/2003/linkbase" xmlns:tifrs-
  SCF="http://www.xbrl.org/tifrs/scf/2013-03-31" xmlns:tifrs-SCF-ci="http://www.xbrl.org/tifrs/scf/ci/2013-03-31"
  xmlns:tifrs-ar="http://www.xbrl.org/tifrs/ar/2013-03-31" xmlns:tifrs-bsci-ci="http://www.xbrl.org/tifrs/bsci/ci/2013-03-
  31" xmlns:tifrs-ci-cr="http://www.xbrl.org/tifrs/ci/cr/2013-03-31" xmlns:tifrs-es="http://www.xbrl.org/tifrs/es/2013-03-
  31" xmlns:tifrs-es-cr="http://www.xbrl.org/tifrs/es/cr/2013-03-31" xmlns:tifrs-
  notes="http://www.xbrl.org/tifrs/notes/2013-03-31" xmlns:tifrs-notes-ci="http://www.xbrl.org/tifrs/notes/ci/2013-03-31"
  xmlns:xbrldi="http://xbrl.org/2006/xbrldi" xmlns:xbrldt="http://xbrl.org/2005/xbrldt"
  xmlns:xbrli="http://www.xbrl.org/2003/instance" xmlns:xlink="http://www.w3.org/1999/xlink">
   <link:schemaRef xlink:arcrole="http://www.w3.org/1999/xlink/properties/linkbase" xlink:href="tifrs-ci-cr-2013-03-31.xsd"
   xlink:type="simple"/>
 ▼<context id="AsOf20130513">
   ▼<entity>
      <identifier scheme="http://www.twse.com.tw">2612</identifier>
    </entity>
   ▼<period>
      <instant>2013-05-13</instant>
    </period>
  </context>
 ▼<context id="AsOf20120331_TotalEquityMember">
   ▼<entity>
      <identifier scheme="http://www.twse.com.tw">2612</identifier>
    </entity>
   ▼<period>
      <instant>2012-03-31</instant>
    </period>
   ▼<scenario>
      <xbrldi:explicitMember dimension="ifrs:ComponentsOfEquityAxis">tifrs-es:TotalEquityMember</xbrldi:explicitMember>
    </scenario>
  </context>
 ▼<context id="AsOf20120331_NonControllingInterestsMember">
   ▼<entity>
      <identifier scheme="http://www.twse.com.tw">2612</identifier>
    </entity>
   ▼<period>
      <instant>2012-03-31</instant>
```


圖3-12 XML資料檔

11 Other file format（其它）

資料檔無法判別，或不屬於上述任一種屬性時，您也可以選擇此類別來手動定義文件。

第4節 使用ACL資料定義精靈匯入資料－以文字分界檔爲例

第一章第六節已初步練習過將Excel檔案匯入的方法，以下逐一步驟更深入解說如何利用資料定義精靈將文字分界檔匯入。我們還是以第一章範例Metaphor Corporation（麥塔佛公司）之資料檔「Employees.csv」作爲來源檔案。在使用精靈的時候，若本身沒有提供說明，可以直接選取線上Help查詢功能上的解釋。

❖ CSV格式文字檔匯入練習：匯入「Employees.csv」

以下練習匯入不同的文字檔格式－CSV（Comma Separated Value）文字檔。

STEP01 從Menu Bar選取「File」下拉式選單，選取「New」，再選取「Table」（如圖3-13），資料定義精靈出現後按「下一步」，出現「Select File to Define」對話框，選擇資料檔「Employees.csv」（如圖3-14）並且開啓。

圖3-13 匯入新資料表

圖3-14 「Select File to Define」對話框

STEP02 依精靈的畫面預設選項（如ASCII），點選「下一步」，在檔案格式設定（File Format）畫面，選擇分界文字檔（Delimited TextFile），然後按「下一步」。

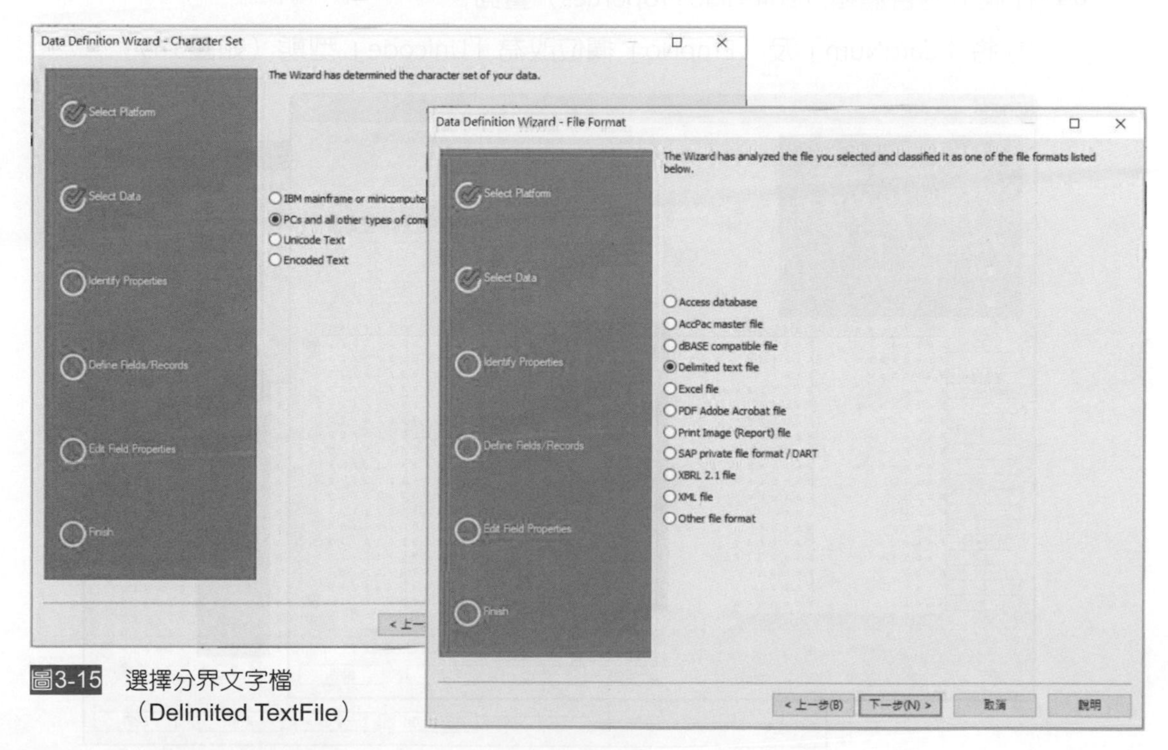

圖3-15 選擇分界文字檔（Delimited TextFile）

STEP**03** 在文字檔格式內容設定（Delimited File Properties）畫面，勾選Use First Row as Field Names以選擇檔案的第一行為欄位名稱，並選擇Comma為分隔字元（如圖3-16），將檔案儲存為「Employee」。

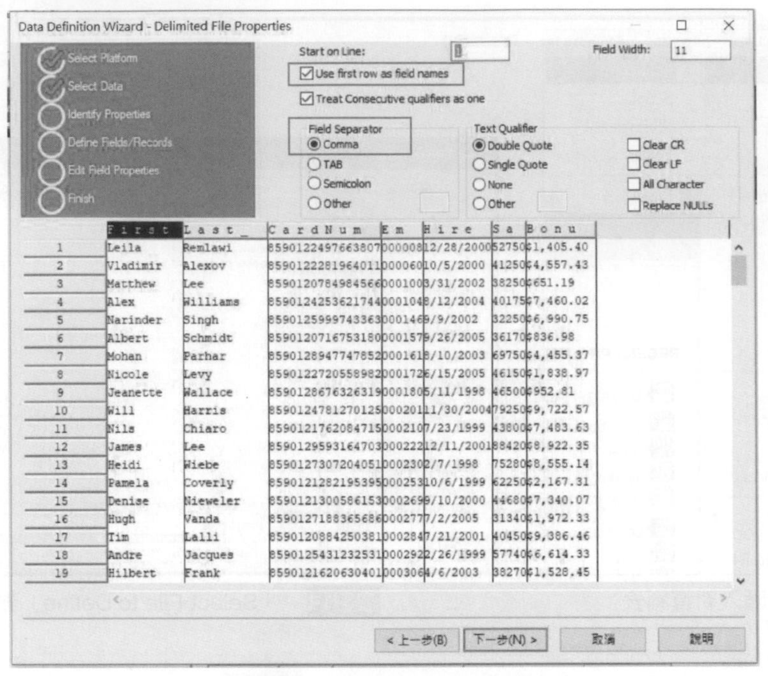

圖3-16 文字檔格式內容設定

STEP**04** 在欄位內容編輯（Edit Field Properties）畫面：

(1) 將「CardNum」及「EmpNo」欄位改為「Unicode」型態（如圖3-17）。

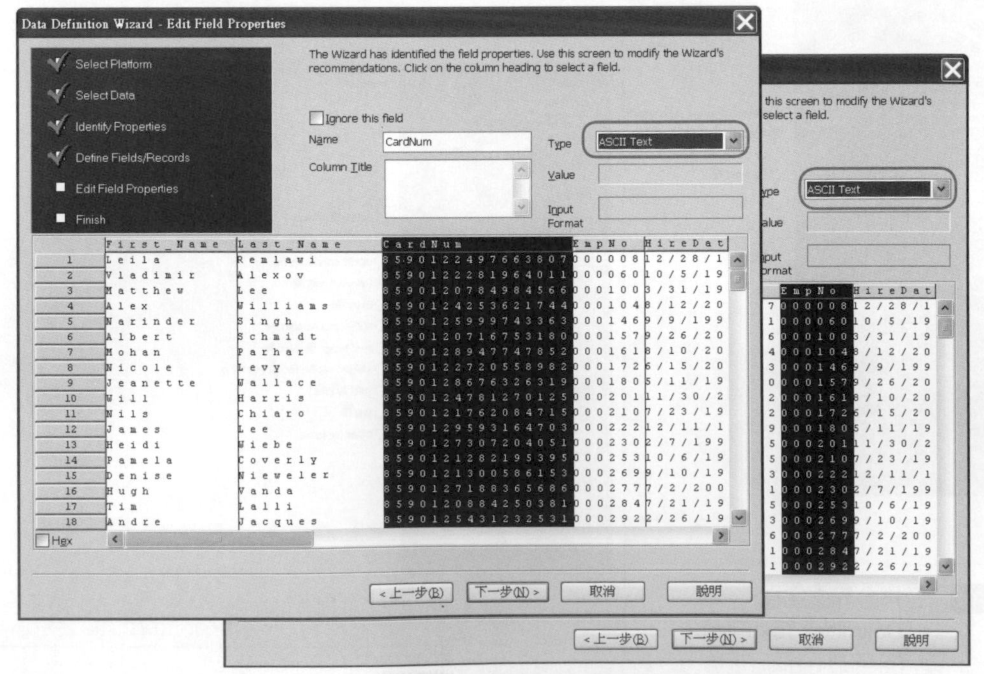

圖3-17 修改欄位型態

(2) 將「HireDate」欄位改為「Datetime」型態。

(3) 確定「Salary」及「Bonus_2002」為「Numeric（Formatted）」型態（如圖3-18）。

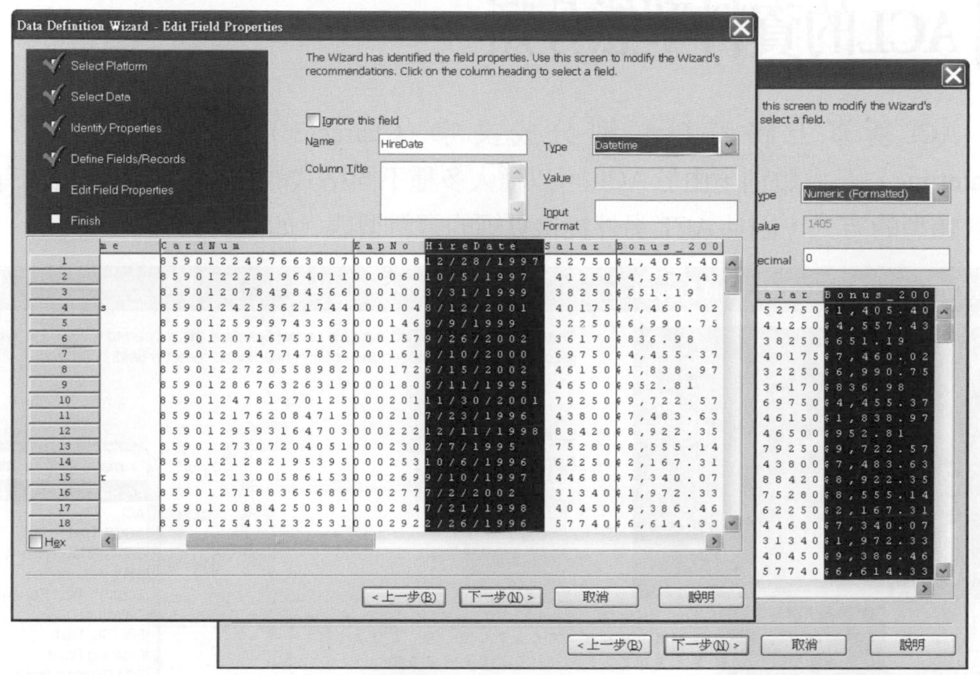

圖3-18　修改欄位型態

(4) 如果您認為標題不夠親切，可以自行更改。

STEP05 按「下一步」，精靈會提供一份檔案的摘要，按下「完成」，當系統提醒您儲存表格時按下OK，「Employees」表格將顯示在ACL視窗上（如圖3-19）。

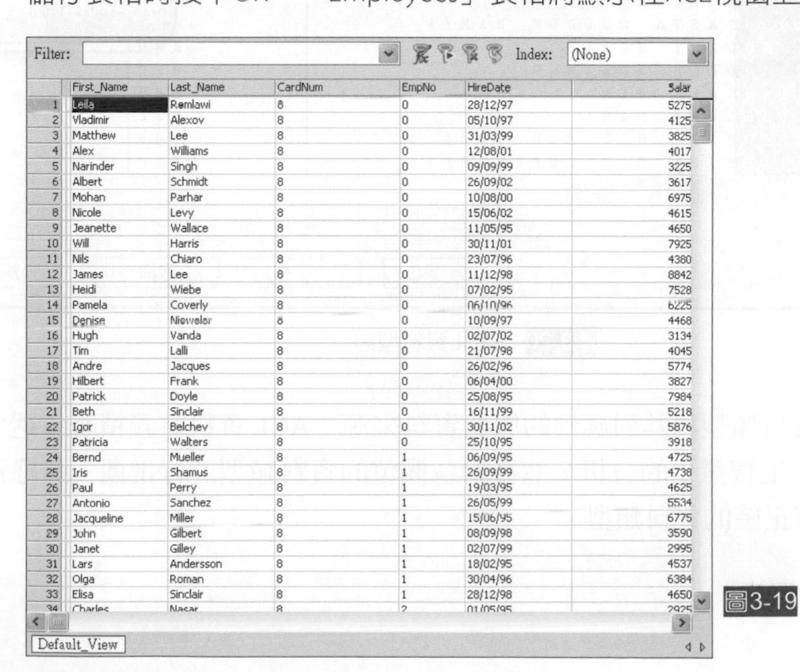

圖3-19　「Employees」表格

第5節 ACL的資料型態分類

ACL基本上將資料類型分成文字(Character)、數值(Numeric)、日期(Datetime)三大類別，由於ACL可以匯入多種不同格式的資料，而這些格式有其控制資料類型的方式，因此ACL另外提供更細的資料型態(如圖3-20)。

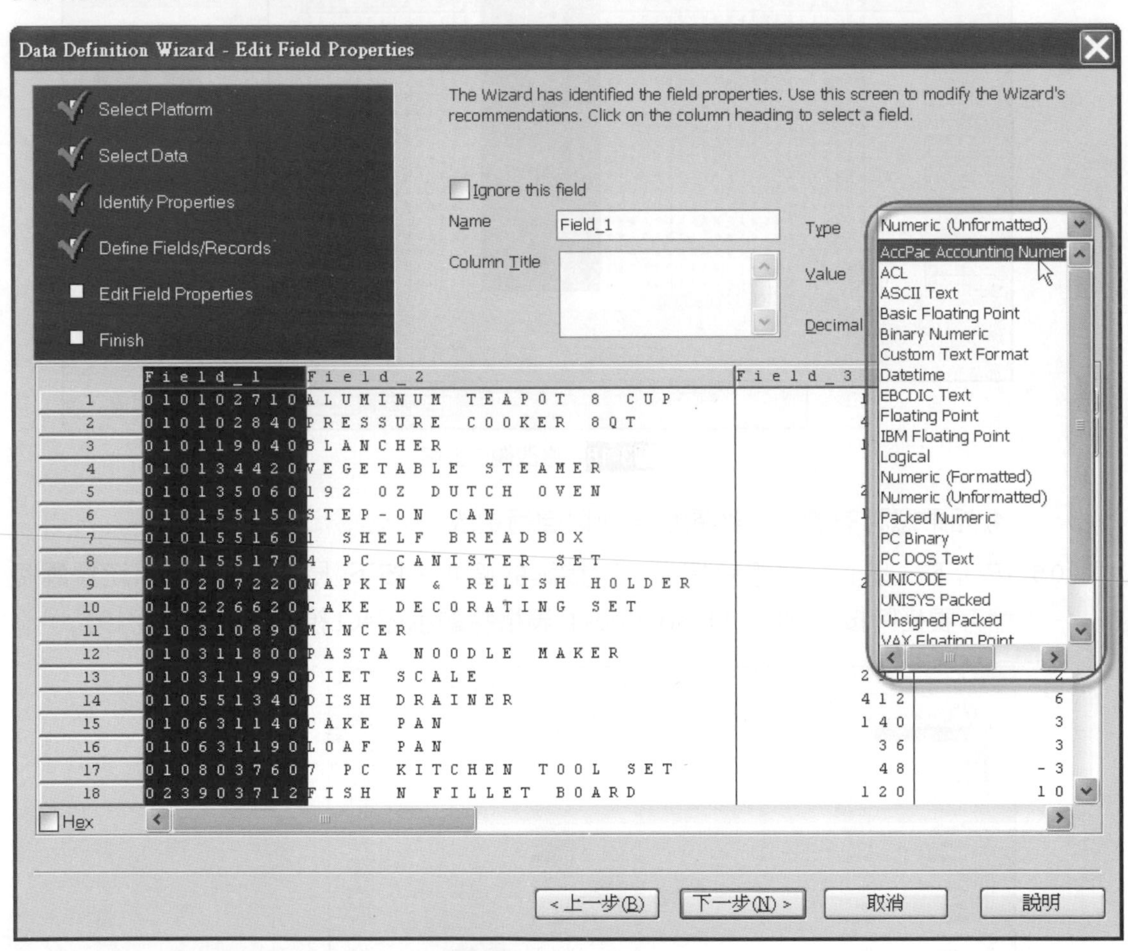

圖3-20 ACL資料型態

下表為各項資料類型與其對應到的原始資料來源。ACL資料定義精靈會透過所要匯入的資料進行人工智慧化的分析，然後對各欄位的資料類型進行推薦，最終還是需要使用者自己確認正確的資料類型。

ACL資料類型	選擇清單上顯示資訊	ACL資料類別	說明
ACCPAC	AccPac accounting number	Numeric	ACCPAC資料檔的ACCPAC會計號碼
ACL	ACL	Numeric	此為ACL系統數值資料類型
ASCII	ASCII Text	Character	傳統文字格式（ASCII text）
BASIC	Basic Floating Point	Numeric	基本浮點資料格式
BINARY	Binary Numeric	Numeric	二進位制數字類型，通常資料是由下列的系統產生： ▪ L/1 ▪ COBOL COMPUTATIONAL-1 ▪ Fixed binary data type
CUSTOM	Custom Text Format	Character	此為ACL系統文字資料類型
DATETIME	Datetime	Datetime	日期與時間的資料類型
EBCDIC	EBCDIC text	Character	EBCDIC編碼的文字類型，通常資料是由下列的系統產生： ▪ IBM z/OS 及 OS/400 應用程序
FLOAT	Floating Point	Numeric	浮點運算的數值欄位類型
HALFBYTE		Numeric	半碼結構的數值類型，通常資料是由下列的系統產生： ▪ Unisys/Burroughs系統的應用程式
IBMFLOAT	IBM Floating Point	Numeric	IBM浮點運算數值類型，通常資料是由下列的系統產生： ▪ IBM z/OS 及 OS/400 應用程序
LOGICAL	Logical	Logical	ACL儲存邏輯值的資料類型
MICRO	PC Binary	Numeric	PC二進位制數值類型
NOTE		Character	此為ACL系統資料類型
NUMERIC	Numeric （Unformatted）	Numeric	未格式化數值類型，通常資料是由下列的系統產生： ▪ Windows的ASCII或Unicode可列印的數值資料，或z/OS、OS/400 EBCDIC資料使用COBOL顯示資料類型
PACKED	Packed Numeric	Numeric	組合數值類型，通常資料是由下列的系統產生： ▪ PL/1固定的十進制資料類型或COBOLcomputational-3資料類型
PCASCII	PC DOS Text	Character	PC DOS文字類型，通常資料是由下列的系統產生： ▪ Windows

ACL資料類型	選擇清單上顯示資訊	ACL資料類別	說明
PRINT	Numeric（Formatted）	Numeric	格式化數值類型，通常資料是由下列的系統產生： ▪ Windows的ASCII或Unicode可列印的數值資料，或z/OS、OS/400 EBCDIC資料使用COBOL顯示資料類型
UNICODE	Unicode	Character	Unicode資料
UNISYS	UNISYS Packed	Numeric	UNISYS組合數值類型，通常資料是由下列的系統產生： ▪ Unisys/Burroughs應用程序
UNSIGNED	Unsigned Packed	Numeric	無符號組合數值類型，通常資料是由下列的系統產生： ▪ IBM z/OS及OS/400應用程序
VAXFLOAT	VAX Floating Point	Numeric	VAX浮點運算數值類型，通常資料是由下列的系統產生： ▪ DEC VAX應用程序
ZONED	Zoned Numeric	Numeric	前面自動補零的數值類型，通常資料是由下列的系統產生： ▪ IBM、DEC或Honeywell大型主機應用程序

第6節 ACL數值資料的處理方式

ACL資料定義精靈通常會自動判斷匯入的系統為何，但若是利用文字檔或是報表檔匯入的資料，此時就需要由使用者自行來判斷其數值欄位的型態，一般常使用的型態有：Numeric（Unformatted）與Numeric（Formatted），此二者主要的不同為：

- Numeric（Unformatted）未格式化數值類型：在ACL的資料型態為Numeric
  使用上應較為謹慎，因此數值類型會直接將設定之小數點位置套用於每一個數值。例如，如果你指定小數點後2位，讀取的值500.50美元和399美元，第一個值將被正確地解釋為500.50，但第二個值將被解釋為3.99，而不是399.00。
- Numeric（Formatted）格式化數值類型：在ACL的資料型態為PRINT
  小數值不會自動套用於每一個數值時，應使用此種數據類型。例如，若指定小數點後2位，讀取的值為500.50美元和399美元，這種數值類型會正確解釋這兩個值

（500.50 和 399.00）。

ACL 對數值運算採用定點計算方法（Fixed Point Arithmetic），而不是用一般應用系統的浮點計算方法（如Excel）。如此設計，可以改善數值資料的處理速度，並且可以有效的控制小數位數及四捨五入的情況。

1 定點數值

定點數值（Fixed Point Numbers）簡單說就是系統顯示及計算與所儲存的值是一致的，例如：我們顯示定點數值 1.11，則所儲存值就只是 1.11，若是所儲存的值是 1.1111，則 ACL 將顯示數值 1.1111。

2 浮點數值

浮點數值（Floating Point Numbers）所儲存的數值可以擁有許多小數位數（通常總共有 16 位數），例如：顯示一個浮點數值 1.11 或 1.111111，通常所儲存的值會是 1.111111111111111。這種方式雖可以強化數值儲存的精確度，但常會產生數值資料顯示與計算時四捨五入的問題，不利於查核時的運作。

3 定點運算如何影響計算結果

使用 ACL 的時候，稽核人員必須明白定點運算如何影響數值的計算：

(1) ACL會在每一個階段的演算時就進行四捨五入動作，尤其在做乘除計算的時候。

(2) ACL數值計算的位數限制不能超過22個位數（包括小數位），一旦計算的過程中數值位數超過限制，ACL會有警示所計算的數值結果有重要的位數被截斷。

(3) 在一個ACL算術運算式中若使用兩個以上的數值，ACL會採用較多小數位數的值爲基礎，直到完全計算完畢爲止。

4 預防不必要的四捨五入

電腦系統數值的乘除運算容易造成一些四捨五入差異問題，例如：用 2.00 除以 3.00，在 Excel 上的浮點運算結果爲 0.6666666666666667，但在 ACL 進行同樣的運算，因採定點運算故結果會是 0.67。如果接著均乘以 1,000,000，則 Excel 上浮點運算答案爲 666,666.6666666667，而 ACL 因採定點運算答案爲 670,000，此時差異就會出現。

爲避免這種情況的發生，確保不會截斷重要小數位數，在使用 ACL 時必須調整好運算式的數值位數控制，其方法很簡單，只要置放一個最大小數位的數值於運算式的第一個位置中，就可以求得所有運算皆符合此格式的數值。範例如下：

若是所需要的位數是小數二位，則下列的運算式答案爲：

2.00 / 3.00 × 1000000 ＝ 670,000

若以下的運算式，則會產生較正確的運算結果：

(1) 1000000 × 2.00 / 3.00 = 666,666.66

(2) 1000000 × 2.00 / 3 = 666,666.66

(3) （1000000 × 1.00）×2.00 / 3 = 666,666.66

(4) 1000000 × （2×1.00）/ 3 = 666,666.66

第7節 日期資料的處理方式

ACL在擷取、顯示、計算日期上提供許多彈性的做法，日期可以被以各種型式儲存於資料檔中，ACL將欄位所需的日期格式存於Table Layout中，使用者可以採用預先定義好的格式或自行產生符合需求的日期格式。

一 定義日期欄位

當選擇日期資料型態，必須定義這些日期欄位的值是如何儲存在資料檔中，日期資料型態可以是純數值的Julian類型（e.g. 31122010）或文字格式（e.g. Oct 31, 2010），如表3-1。

表3-1 標準日期格式例示

型式	格式	以 2010 年 12 月 31 日為例
美式純數值	MM DD YY	123110
歐式純數值	DD MM YYYY	31122010
Julian純數值	YYDDD	10365
文字格式	MMM DD	DEC 31

所以在資料匯入時，若匯入的資料是日期型態時，除了要選擇好資料類型外，還要知道它的格式。

表3-2 日期顯示格式

日期型式	ACL解讀日期格式
年（Year）1－99	YY
年（Year）1900－9999	YYYY
月（Month）1－12	MM
月（Month）Jan－Dec	MMM
日（Day）1－31	DD
日（Day）1－366	DDD

我們在資料匯入設定日期格式時，必須與來源檔中的日期資料完全符合，以免產生錯誤。例如若資料包含有「/」或「-」，如31/12/2010或是31-12-2010，則格式設定應放入，若未被正確的放入定義資料日期欄位之格式定義中時，將會使ACL無法正確解讀資料檔中的日期資料，這將容易導致該欄位產生空值的狀況，此時ACL會自動設為系統的初始日期，即01/01/1900。

第8節 ACL讀取各種不同資料表格式練習

本節使用ACL內附的樣本檔案來做「專案資料匯入練習」，承接第一章範例Metaphor Corporation（麥塔佛公司），一家生活用品製造公司。公司主管想要使用ACL來分析員工使用公司提供的信用卡之交易紀錄。此專案所需的資料檔有Credit_Cards_Metaphor.xls（信用卡資料檔）、Trans_April.xls（交易資料檔）、Unacceptable_codes.txt（不接受的碼檔）、Company_Department.txt（公司組織資料檔）、Employees.csv（員工資料檔）、Acceptable_codes.mdb（可接受碼檔）、Report.txt（報表檔）、Zipcode.xml（郵遞區號檔）、Ifrs.xml（財報檔）共九個資料檔，相關資料檔在隨書的光碟上的CH3Data路徑下。

STEP01 在您的磁碟上建立一個路徑Metaphor來存此專案的相關資料。

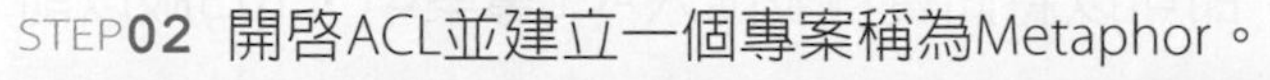

STEP02 開啓ACL並建立一個專案稱為Metaphor。

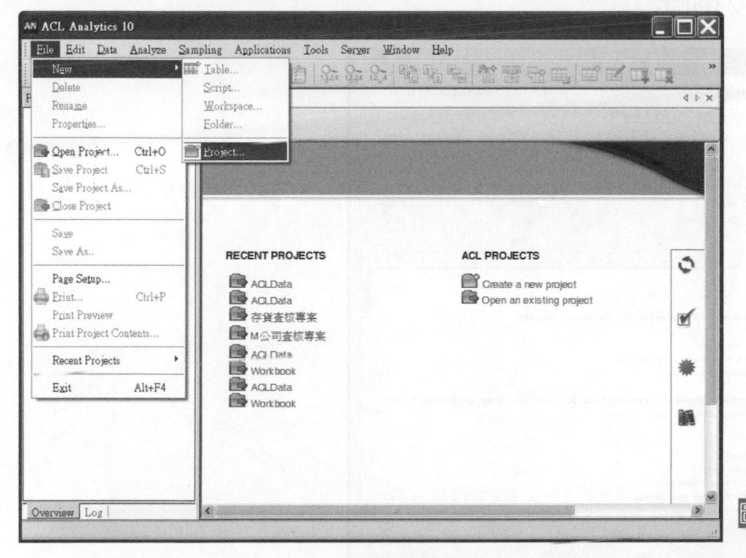

圖3-21 建立新專案

STEP03 匯入所有此專案所需的資料表。由於Credit_Cards_Metaphor.xls資料檔在第二章已示範過，此章節進行其他表格的匯入操作如下：

一 Excel資料檔案格式之匯入練習範例：匯入「Trans_April.xls」

使用者可以從Menu Bar選取「File」下拉式選單，然後選取「New」，再選取「Table」，此時資料定義精靈就會出現，協助使用者匯入資料。使用者只要再依前面範例一所述之各步驟匯入Excel檔案，即可以輕鬆的匯入「Trans_April.xls」，並將此資料表取名爲「Trans_April」，此時電腦系統亦會產生一「Trans_April.fil」檔案。

二 有欄位名稱之分界文字檔匯入練習：匯入「Unacceptable_Codes.txt」

「Unacceptable_Codes.txt」屬分界文字檔，標頭列有兩個欄位（名稱爲Codes 和 Description），欄位使用Tab字元作分隔。

STEP01 在Menu Bar中選取「File」下拉式選單，選取「New」，再選取「Table」，資料定義精靈會出現，點選「下一步」，直到出現「Select File to Define」對話框。

STEP02 找出並雙擊「Unacceptable_Codes.txt」檔案。

STEP03 依精靈各畫面預設選項（如ASCII），持續點選「下一步」，在檔案格式設定（File format）畫面，選擇分界文字檔（Delimited text file），並點選「下一步」，文字檔格式內容設定（Delimited File Properties）畫面將會出現。

STEP04 選擇檔案的第一行為欄位，勾選Use First Row as Field Names，並在欄位分隔（Field Separator）方式中點選Tab，資料會分為兩欄（Codes及Description）。接下來只要依預設步驟執行，即可以將此資料表匯入ACL專案中，10.5版以前如圖3-22；14版如圖3-23所示。

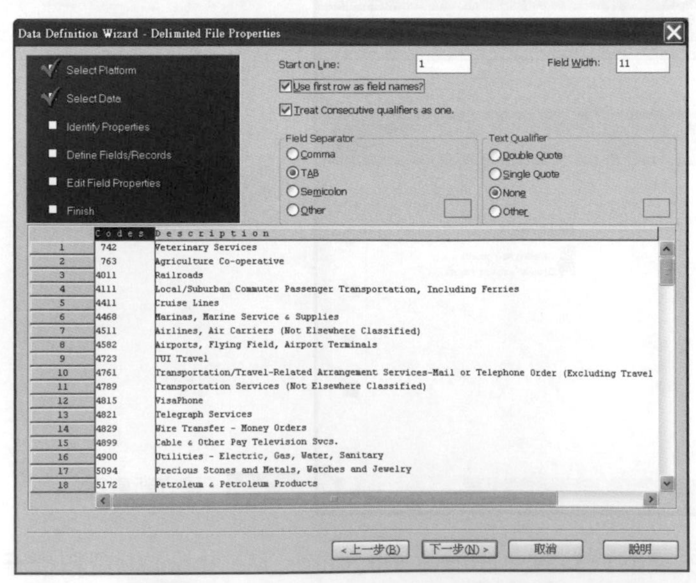

圖3-22 文字檔格式內容設定（10.5版前）

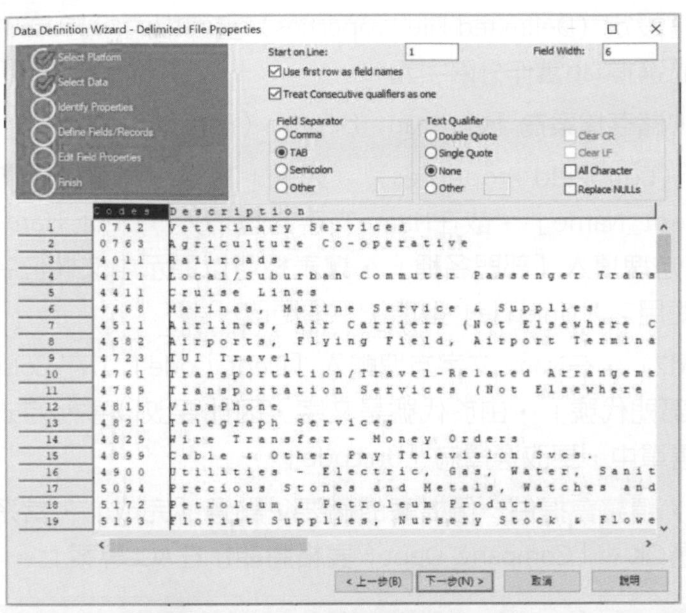

圖3-23　文字檔格式內容設定（14版）

STEP05　設定完成後，按「下一步」並將表格儲存為「Unacceptable_Codes」（存檔類型為「.fil」）。

STEP06　接下來會出現欄位內容編輯（Edit Field Properties）畫面，您可以在此改變每個欄位的資料型態。先選擇Codes欄位，雖然那些號碼是以數字組成，但您想以字元的方式處理，故從Type下拉式選單選擇「ASCII或Unicode」。再點選Description欄，由於其已先預設使用「Unicode」型態，所以您不用做任何更改。

STEP07　設定完欄位內容後，按「下一步」，精靈會提供一份檔案的摘要。

STEP08　按下「完成」，當系統提醒您儲存表格時按下OK，「Unacceptable_Codes」表格將顯示在ACL視窗上。

三　無欄位名稱文字分界檔匯入練習：匯入「Company_Department.txt」

這個資料檔案和「Unacceptable_Codes.txt」類似，欄位使用Tab字元作分隔，但沒有欄位名稱的標頭列，因此您必須在資料定義精靈中手動增加欄位名稱。

STEP01　在Menu Bar中選取「File」下拉式選單，選取「New」，再選取「Table」，資料定義精靈會出現，使用同範例三的步驟，但這次資料來源檔案選擇「Company_Department.txt」，在檔案格式設定（File format）畫面，選擇分界文字檔（Delimited text file），並點選「下一步」。

STEP**02** 在文字檔格式內容設定（Delimited File Properties）畫面取消勾選Use First Row as Field Names，並選擇Tab當作分隔字元。

STEP**03** 點選「下一步」，儲存檔案為「Company_Dept」（存檔類型為「.fil」）。

STEP**04** 在欄位內容編輯（Edit Field Properties）（如圖3-24），點選第一欄（Field 1）並命名為「Dept_Name」，故在Name文字方塊填入「Dept_Name」，在Column Title文字方塊填入「部門名稱」，讓表格可以顯示中文欄位名稱，並依照其已先預設使用之「Unicode」型態，不須更改。

STEP**05** 點選第二欄（Field2），在Name文字方塊輸入「Dept_Code」，在 Column Title文字方塊填入「部門代號」，由於代號是文字，因此要改以字元方式處理，從Type的下拉式選單中，更改選擇為「Unicode」。

STEP**06** 點選「下一步」，精靈會提供一份檔案的摘要，點選「完成」，當系統提醒您儲存表格時點選OK，「Company_Dept」表格將顯示在ACL專案上。

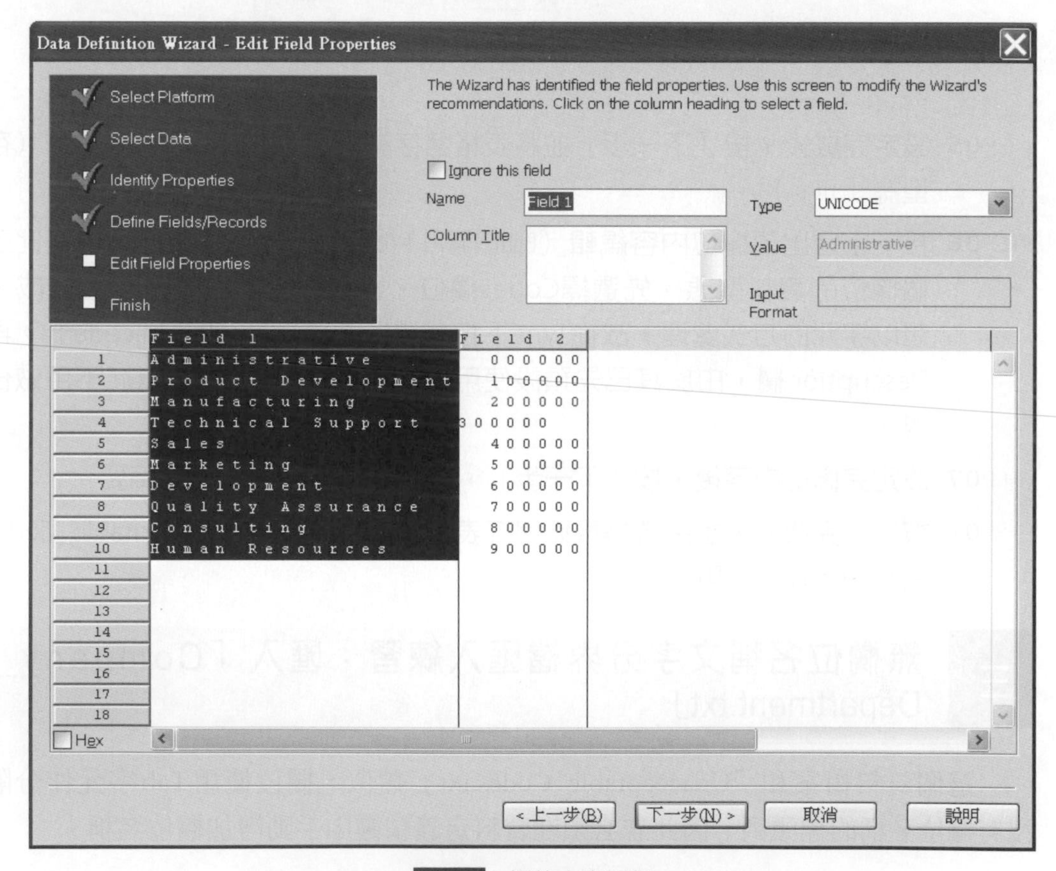

圖3-24 欄位內容編輯

四 Access資料庫檔案匯入練習：匯入「Acceptable_Codes」

STEP**01** 在Menu Bar中選取「File」下拉式選單，點選「New」，再選取「Table」，資料定義精靈會出現，依前述各步驟選擇「Acceptable_codes.mdb」為資料來源。

STEP**02** 依精靈各畫面預設選項，持續點選「下一步」，直到資料來源（Data Source）選擇畫面出現（如圖3-25）。因為資料庫裡只有一個資料表，在「Select the Access Table/View」對話框會自動選擇Acceptable_Codes。

STEP**03** 點選「下一步」，儲存表格為「Acceptable_Codes.fil」，精靈會提供一份檔案的摘要，點選「完成」，當系統提醒您儲存表格時點選OK，「Acceptable_Codes」表格將顯示在ACL專案上。

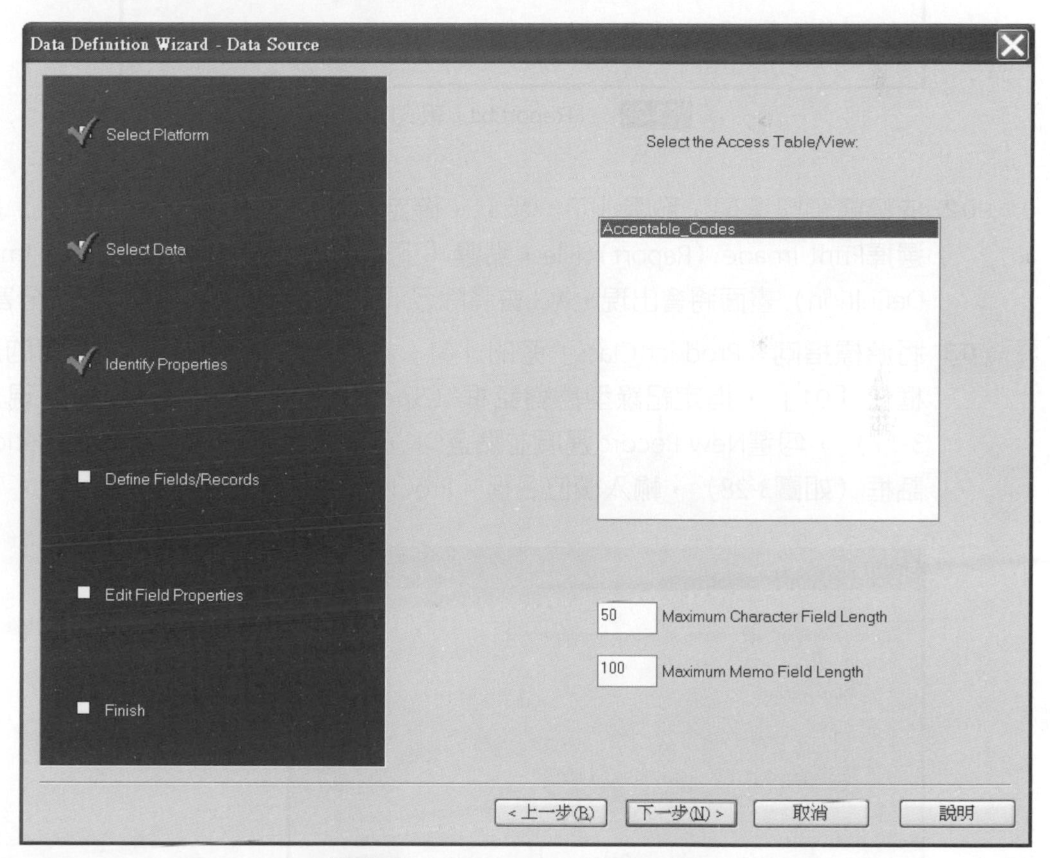

圖3-25 Access資料表來源選擇畫面

五 報表檔檔案格式匯入練習：匯入「Report.txt」

STEP**01** 在Menu Bar中選取「File」下拉式選單，點選「New」，再選取「Table」，資料定義精靈會出現，依前述步驟選擇「Report.txt」（如圖3-26）為資料來源。

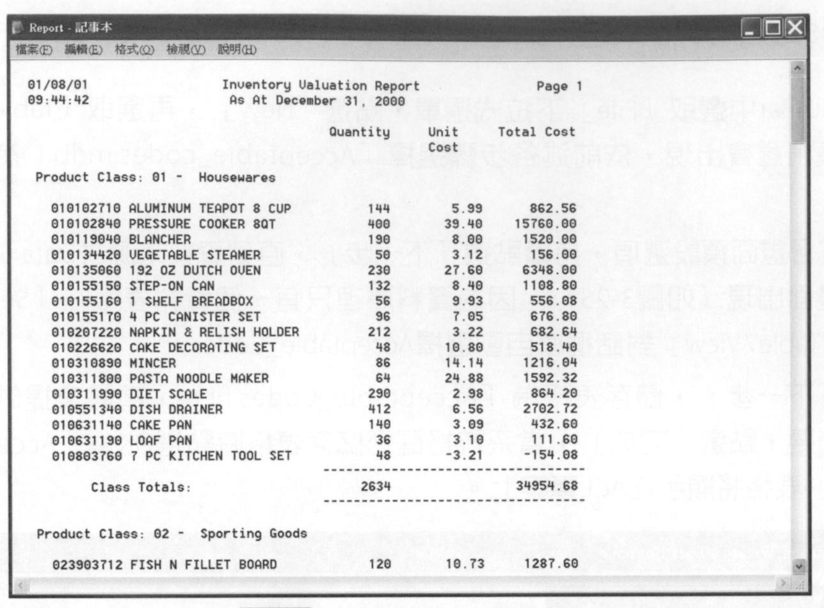

Report - 記事本

檔案(F) 編輯(E) 格式(O) 檢視(V) 說明(H)

01/08/01 Inventory Valuation Report Page 1
09:44:42 As At December 31, 2000

	Quantity	Unit Cost	Total Cost
Product Class: 01 - Housewares			
010102710 ALUMINUM TEAPOT 8 CUP	144	5.99	862.56
010102840 PRESSURE COOKER 8QT	400	39.40	15760.00
010119040 BLANCHER	190	8.00	1520.00
010134420 VEGETABLE STEAMER	50	3.12	156.00
010135060 192 OZ DUTCH OVEN	230	27.60	6348.00
010155150 STEP-ON CAN	132	8.40	1108.80
010155160 1 SHELF BREADBOX	56	9.93	556.08
010155170 4 PC CANISTER SET	96	7.05	676.80
010207220 NAPKIN & RELISH HOLDER	212	3.22	682.64
010226620 CAKE DECORATING SET	48	10.80	518.40
010310890 MINCER	86	14.14	1216.04
010311800 PASTA NOODLE MAKER	64	24.88	1592.32
010311990 DIET SCALE	290	2.98	864.20
010551340 DISH DRAINER	412	6.56	2702.72
010631140 CAKE PAN	140	3.09	432.60
010631190 LOAF PAN	36	3.10	111.60
010803760 7 PC KITCHEN TOOL SET	48	-3.21	-154.08
Class Totals:	2634		34954.68
Product Class: 02 - Sporting Goods			
023903712 FISH N FILLET BOARD	120	10.73	1287.60

圖3-26 「Report.txt」報表內容

STEP**02** 依精靈預設選項，點選「下一步」，確定檔案格式設定（File format）畫面，選擇Print Image（Report）File，點選「下一步」，報表檔定義（Print ImageFile Definition）畫面將會出現，ACL會將除了「Product Class」以外的欄位分割好。

STEP**03** 將游標指向「Product Class」旁的「01」，游標會轉變為類似切割刀的形狀，框住「01」，指定紀錄型態對話框（Specify Record Type）即會出現（如圖3-27），勾選New Record選項並點選OK，產生欄位定義（Field Definition）對話框（如圖3-28），輸入欄位名稱「ProCls」後點選OK。

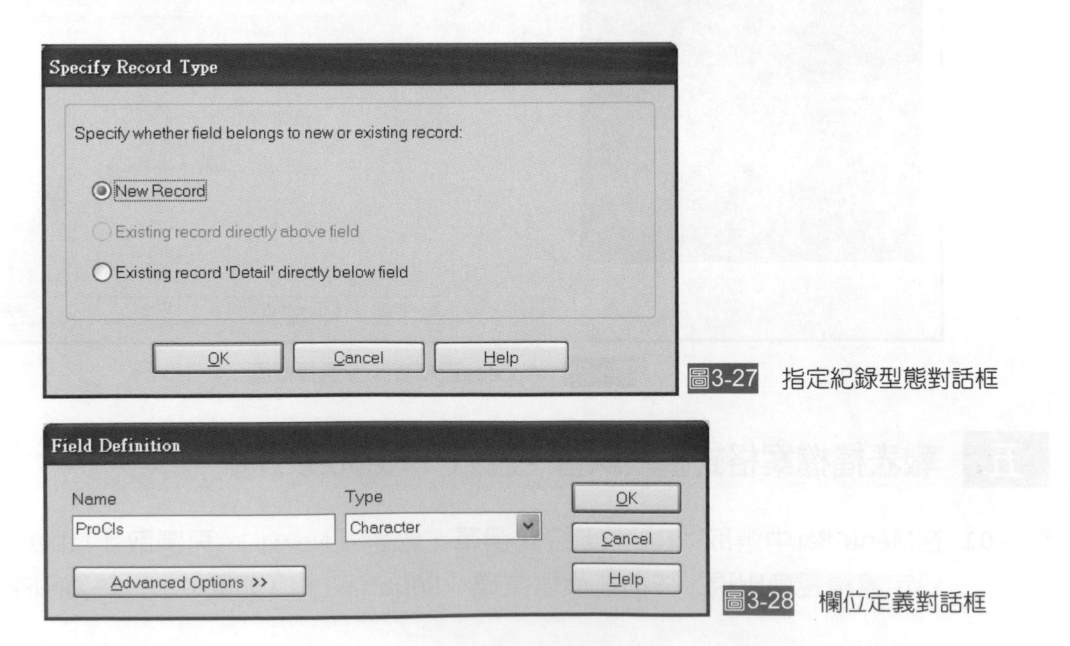

圖3-27 指定紀錄型態對話框

圖3-28 欄位定義對話框

STEP**04** 在「Product Class」處拖曳產生記錄定義對話框（Record Definition），右上方勾選Header，並在記錄名稱（Record Name）下方空白格內輸入「Product Class」（如圖3-29），點選OK，則系統會自動將原來於報表上已列示之各類Product Class（01、02、03、…、09）取出，另成一欄顯示。

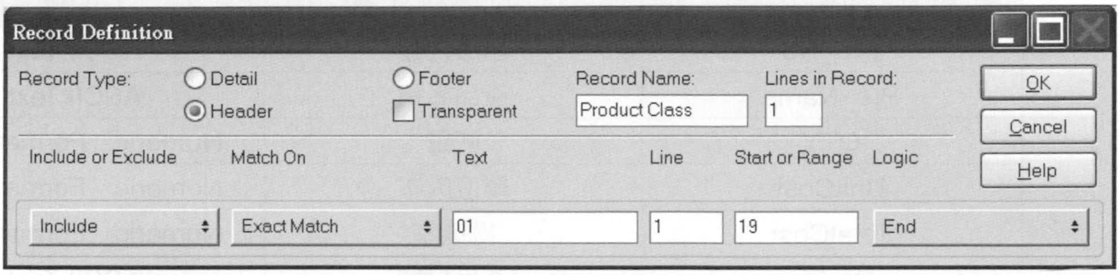

Record Definition

Record Type: ○Detail ◉Header ○Footer □Transparent
Record Name: Product Class
Lines in Record: 1
OK / Cancel / Help

Include or Exclude	Match On	Text	Line	Start or Range	Logic
Include	Exact Match	01	1	19	End

圖3-29 記錄定義對話框

STEP**05** 用游標框住「01」之後的產品類別名稱「Houseware」，與上述相同動作，將該欄位命名為「ProClsName」，欄位長度約20位元，於Field Definition對話框下方按下Advanced Options後可做更進一步之欄位內容設定（如圖3-30）。

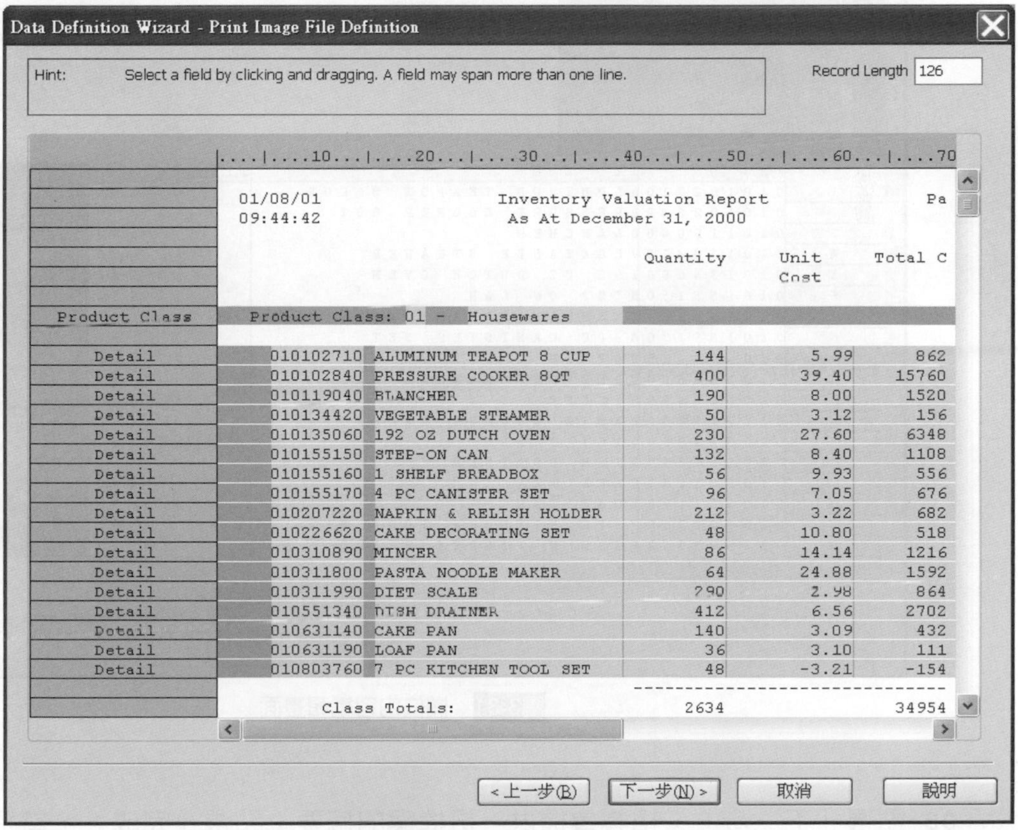

Data Definition Wizard - Print Image File Definition

Hint: Select a field by clicking and dragging. A field may span more than one line.

Record Length 126

```
....|....10...|....20...|....30...|....40...|....50...|....60...|....70
  01/08/01                     Inventory Valuation Report              Pa
  09:44:42                      As At December 31, 2000

                                           Quantity      Unit      Total C
                                                         Cost
Product Class    Product Class: 01 - Housewares

Detail     010102710 ALUMINUM TEAPOT 8 CUP           144      5.99      862
Detail     010102840 PRESSURE COOKER 8QT             400     39.40    15760
Detail     010119040 BLANCHER                        190      8.00     1520
Detail     010134420 VEGETABLE STEAMER                50      3.12      156
Detail     010135060 192 OZ DUTCH OVEN               230     27.60     6348
Detail     010155150 STEP-ON CAN                     132      8.40     1108
Detail     010155160 1 SHELF BREADBOX                 56      9.93      556
Detail     010155170 4 PC CANISTER SET                96      7.05      676
Detail     010207220 NAPKIN & RELISH HOLDER          212      3.22      682
Detail     010226620 CAKE DECORATING SET              48     10.80      518
Detail     010310890 MINCER                           86     14.14     1216
Detail     010311800 PASTA NOODLE MAKER               64     24.88     1592
Detail     010311990 DIET SCALE                      290      2.98      864
Detail     010551340 DISH DRAINER                    412      6.56     2702
Detail     010631140 CAKE PAN                        140      3.09      432
Detail     010631190 LOAF PAN                         36      3.10      111
Detail     010803760 7 PC KITCHEN TOOL SET            48     -3.21     -154
                                            ------------------------------
                  Class Totals:             2634                  34954
```

< 上一步(B)　下一步(N) >　取消　說明

圖3-30 報表檔定義畫面

STEP**06** 設定完成後按「下一步」，並儲存為「Report.fil」。「Report」表格將顯示在ACL視窗上。

STEP**07** 按「下一步」進入欄位內容編輯（Edit Field Properties）畫面，分別定義各欄位名稱，如下：

Name	Column Title	Type
Pro_No	產品代號	ASCII Text
Pro_Name	產品名稱	ASCII Text
QTY	數量	Numeric（Formatted）
UnitCost	單位成本	Numeric（Formatted）
TotalCost	總成本	Numeric（Formatted）
ProCls	產品分類	ASCII Text
ProClsName	產品編號	ASCII Text

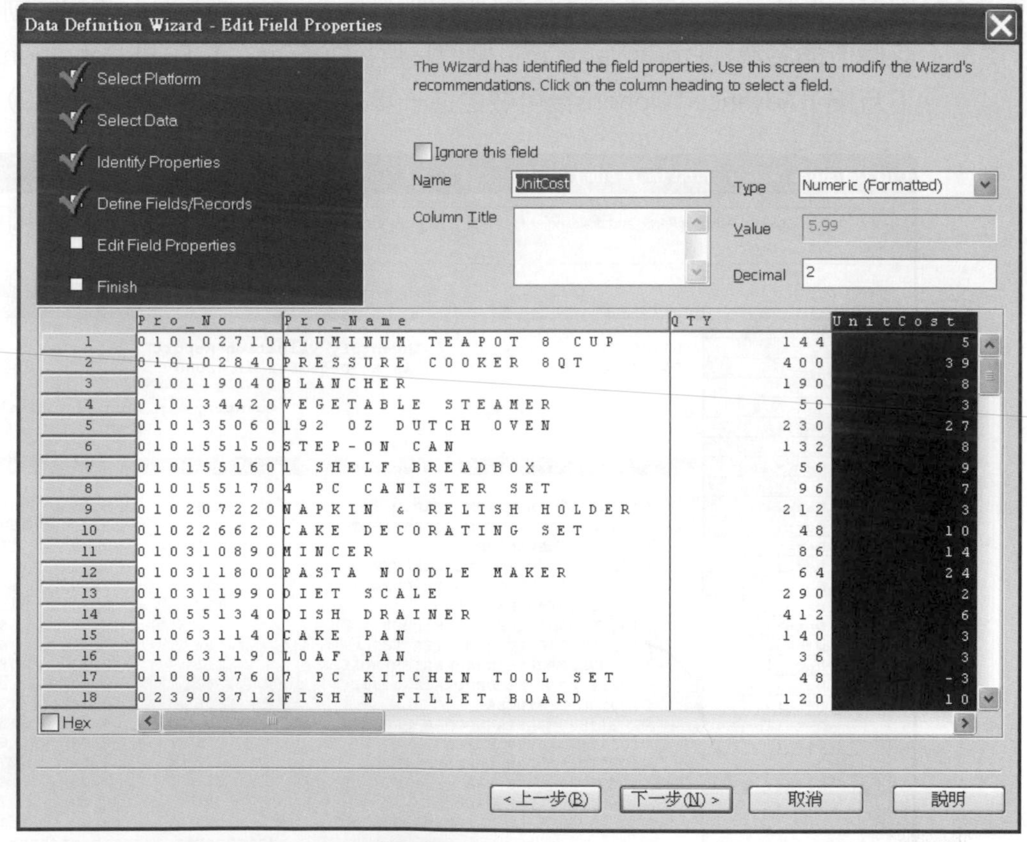

圖3-31 欄位內容編輯畫面

STEP**08** 點選「下一步」，精靈會提供一份檔案的摘要，點選「完成」，當系統提醒您儲存表格時點選OK，「Report」表格將顯示在ACL專案上。

六　XML檔檔案格式匯入練習：匯入「Zipcode.xml」

STEP01 在Menu Bar中選取「File」下拉式選單，點選「New」，再選取「Table」，資料定義精靈會出現，依前述步驟選擇「zipcode.xml」（如圖3-32）為資料來源。

```
<?xml version="1.0" encoding="UTF-8"?>
- <dataroot generated="2016-08-12T16:13:22"
  xsi:noNamespaceSchemaLocation="Xml_10508.xsd"
  xmlns:xsi="http://www.w3.org/2001/XMLSchema-instance"
  xmlns:od="urn:schemas-microsoft-com:officedata">
  - <Xml_10508>
      <欄位1>10058</欄位1>
      <欄位4>臺北市中正區</欄位4>
      <欄位2>八德路１段</欄位2>
      <欄位3>全</欄位3>
    </Xml_10508>
  - <Xml_10508>
      <欄位1>10079</欄位1>
      <欄位4>臺北市中正區</欄位4>
      <欄位2>三元街</欄位2>
      <欄位3>單全</欄位3>
    </Xml_10508>
  - <Xml_10508>
      <欄位1>10070</欄位1>
      <欄位4>臺北市中正區</欄位4>
      <欄位2>三元街</欄位2>
      <欄位3>雙 48號以下</欄位3>
    </Xml_10508>
  - <Xml_10508>
      <欄位1>10079</欄位1>
      <欄位4>臺北市中正區</欄位4>
      <欄位2>三元街</欄位2>
      <欄位3>雙 50號以上</欄位3>
```

圖3-32　「zipcode.xml」郵遞區號檔案內容

STEP02 依精靈預設選項，點選「下一步」，確定檔案格式設定（File format）畫面，選擇XML File，點選「下一步」，XML檔定義（XML Import）畫面將會出現，ACL會將相關資料格式顯示於左邊（XML Data Structures）供使用者選擇所需要的格式（如圖3-33）。

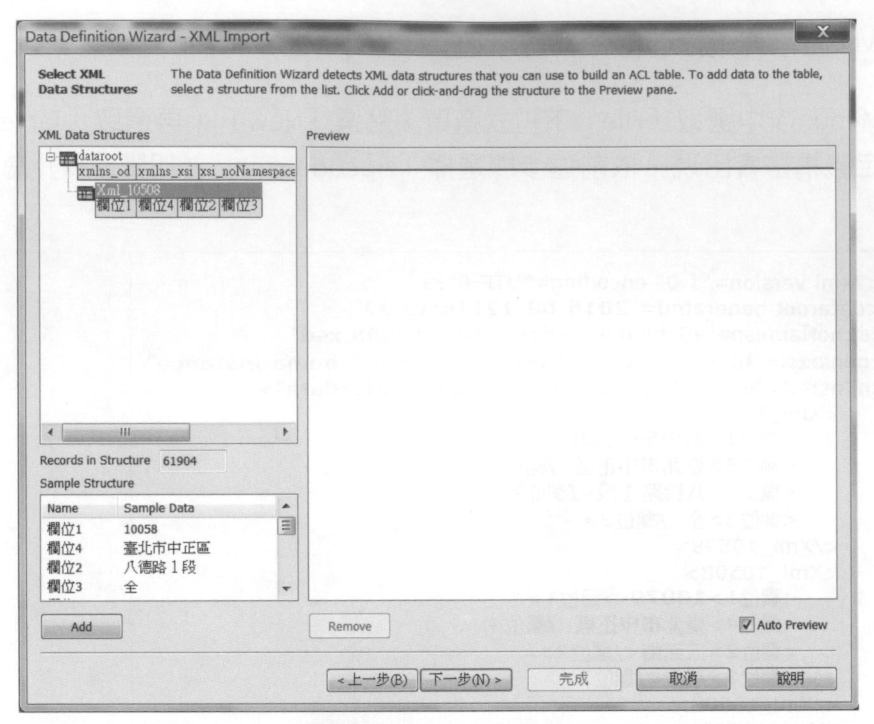

圖3-33 XML Import畫面

STEP**03** 將游標指向「Xml_10580」然後按下「Add」，此時右邊的框內即會出現相對應的格式與資料，此時點選「下一步」，產生XML欄位定義（Field Definition）對話框（如圖3-34）。

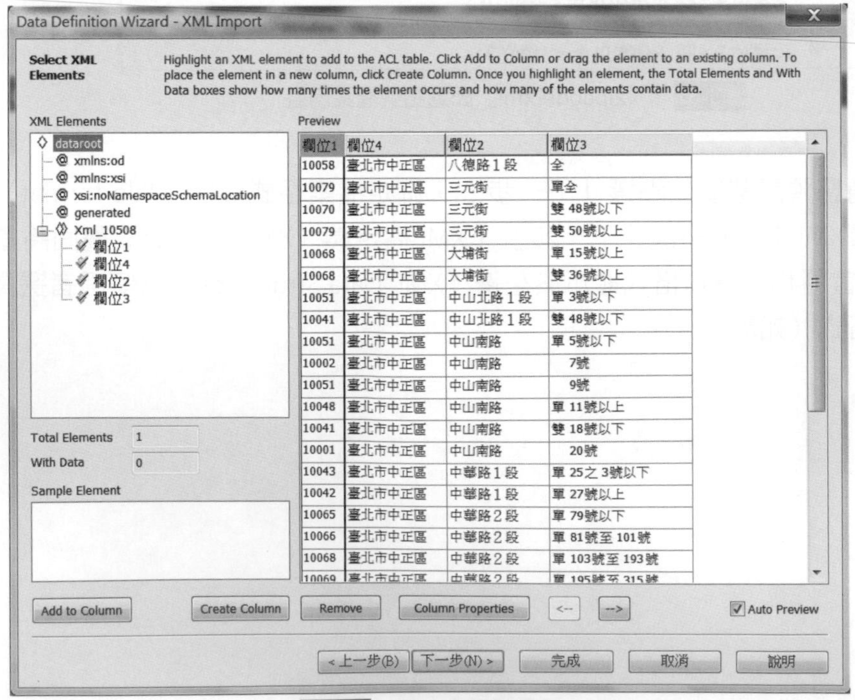

圖3-34 欄位定義對話框

STEP**04** 點選右邊框Preview下的「欄位1」，欄位1即會變成有陰影，再點選「Column Properties」然後輸入欄位名稱「郵遞區號」後點選OK（如圖3-35）。重複此動作將「欄位2」名稱改為 「縣市鄉鎮」，「欄位3」名稱改為「街道」與「欄位4」名稱改為「門號區間」，然後按「完成」並儲存為「Zipcode.fil」，即可以將資料匯入計有61,904筆資料。

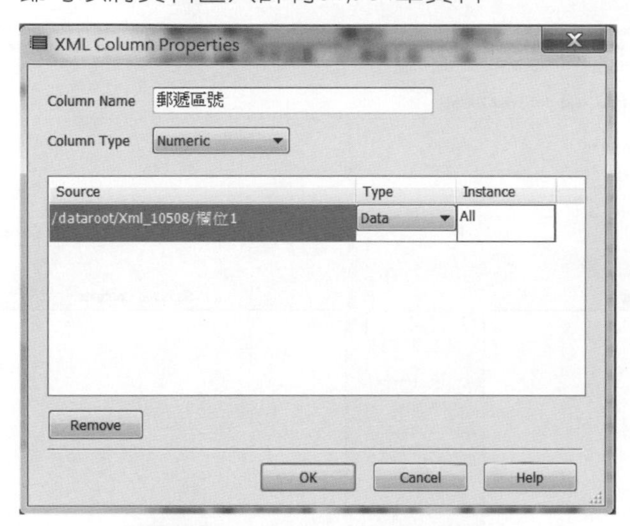

圖3-35　XML欄位名稱修改對話框

七　XBRL檔案格式匯入練習：匯入「Ifrs.xml」

STEP**01** 在Menu Bar中選取「File」下拉式選單，點選「New」，再選取「Table」，資料定義精靈會出現，依前述步驟選擇「Ifrs.xml」（如圖3-36）為資料來源。

```
        </period>
      - <scenario>
            <xbrldi:explicitMember dimension="tifrs-
                notes:MovementOnAllowanceForDoubtfulAccountsAbstractMemberDimensior
                notes:CollectiveAssessmentOfImpairmentLoss</xbrldi:explicitMember>
        </scenario>
    </context>
  - <context id="From20140101To20141231_CollectiveAssessmentOfImpairmentLoss">
      - <entity>
            <identifier scheme="http://www.twse.com.tw">1201</identifier>
        </entity>
      - <period>
            <startDate>2014-01-01</startDate>
            <endDate>2014-12-31</endDate>
        </period>
      - <scenario>
            <xbrldi:explicitMember dimension="tifrs-
                notes:MovementOnAllowanceForDoubtfulAccountsAbstractMemberDimensior
                notes:CollectiveAssessmentOfImpairmentLoss</xbrldi:explicitMember>
        </scenario>
    </context>
  - <context id="From20130101To20131231_IndividualAssessmentOfImpairmentLoss">
      - <entity>
            <identifier scheme="http://www.twse.com.tw">1201</identifier>
        </entity>
      - <period>
            <startDate>2013-01-01</startDate>
            <endDate>2013-12-31</endDate>
```

圖3-36　「Ifrs.xml」國際會計準則財務報表內容

STEP02 依精靈預設選項，點選「下一步」，確定檔案格式設定（File format）畫面，選擇XBRL 2.1 File，點選「下一步」，XBRL檔定義（XBRL Import）畫面將會出現（如圖3-37）。

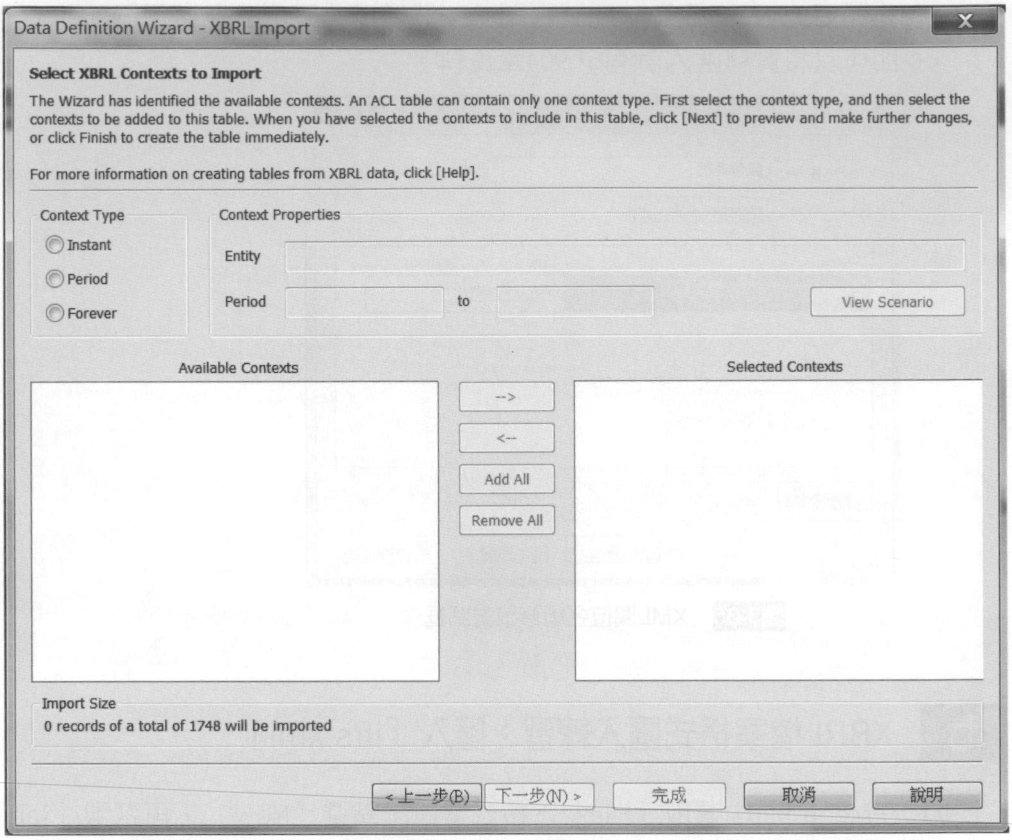

圖3-37 XBRL 檔案匯入對話框

STEP03 XBRL檔案內容分成Instant（如資產負債類項目），Period（如損益類項目）與Forever（永久性項目）等三類，請將游標指向「Context Type」下方選「Instant」，即會出現相關在XBRL報表上的相關項目（如圖3-38），這些科目以國際會計準則規定為英文，若需要中文則可到證交所XBRL網站取得台灣區分類標準檔，其內即有中文對應資料。

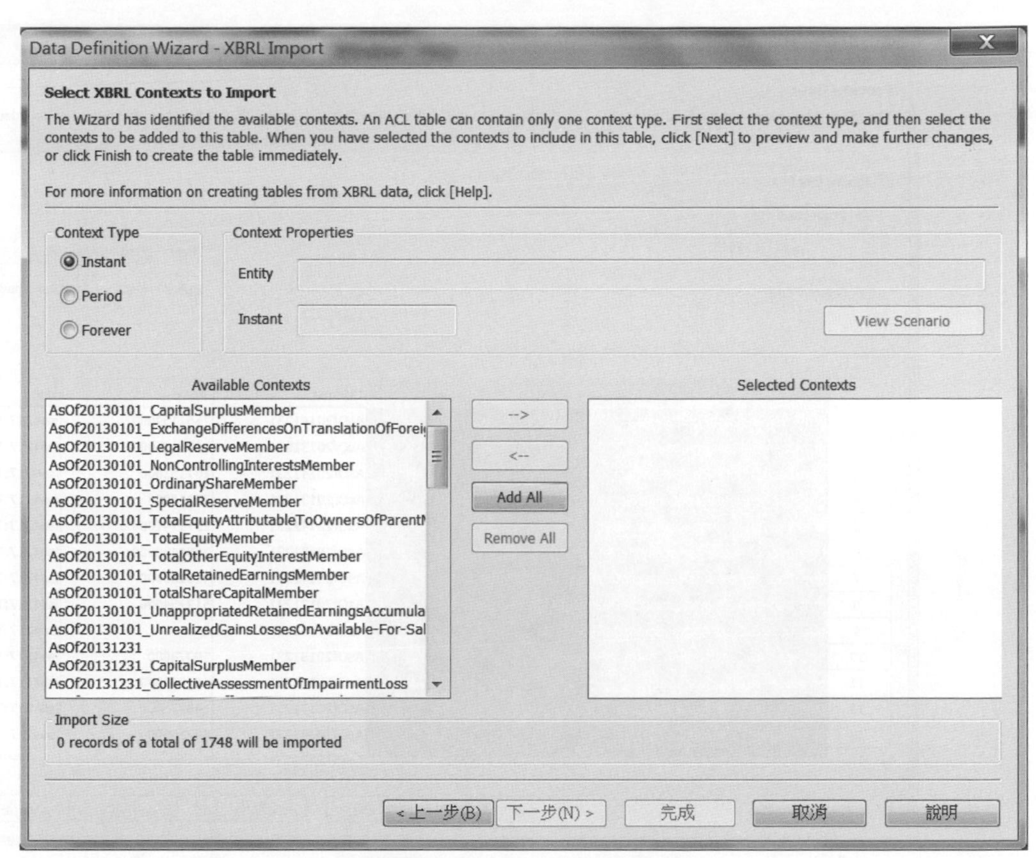

圖3-38 選擇XBRL項目對話框

STEP**04** 接下來點選「Add All」，選取所有的項目，然後按「下一步」即會出現選擇匯入項目（Select Elements to Import），再點選「下一步」即會出現欄位定義（Preview Data）對話框（如圖3-39），依序修改欄位名稱「Item」改為「科目」，「Context」改為「報表日期」，「Value」改為「內容」，「Unit」改為「單位」。最後，按「完成」並儲存為「IFRS.fil」，即可以將資料匯入，共計有454筆資料。

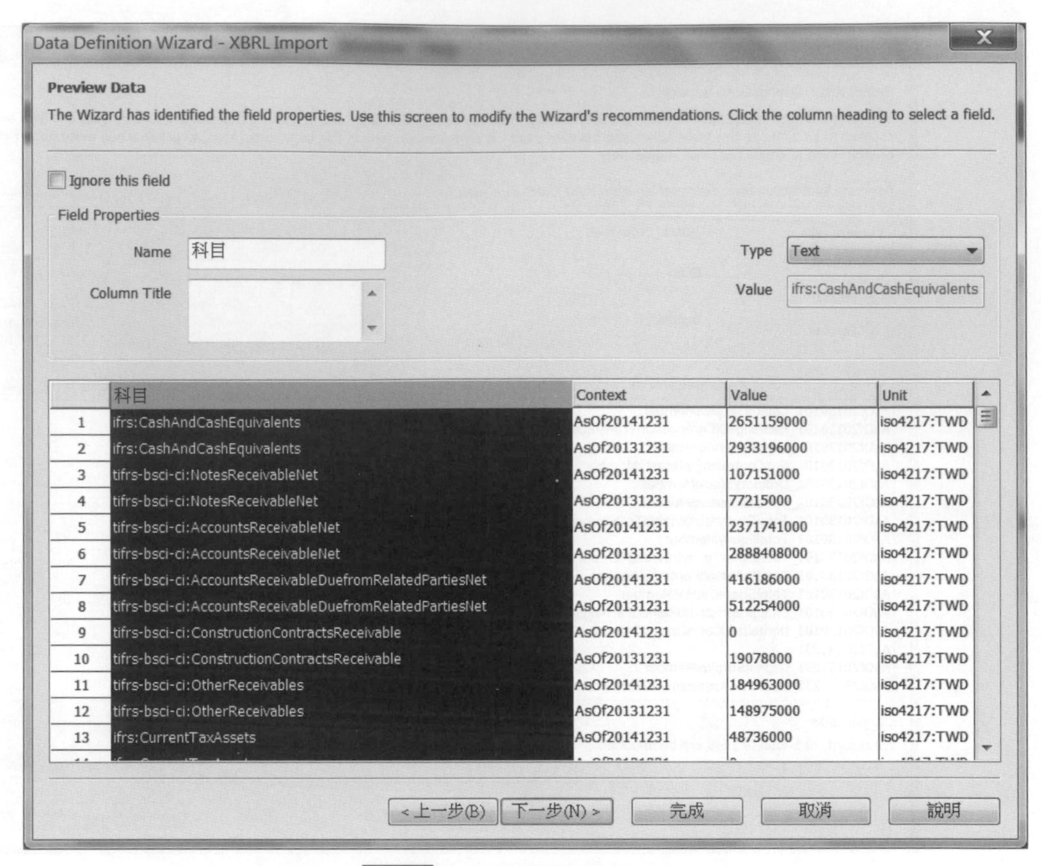

圖3-39 XBRL記錄定義對話框

八 儲存專案

就像您在檔案總覽「Overview」標籤下所看到的，每個檔案的資料都已經分別顯示在每個資料表，這時此專案裡應該包含有下列九個資料表：

1. Acceptable_Codes（456 筆）
2. Company_Dept（10 筆）
3. Credit_Cards_Metaphor（200 筆）
4. Employees（200 筆）
5. Trans_April（281 筆）
6. Unacceptable_Codes（140 筆）
7. Report（152 筆）
8. Zipcode（61,904 筆）
9. IFRS（454 筆）

從Menu Bar中選取「File」下拉式選單，選取「Save Project」，您也可以在工具列上點選Save the Open Project將此專案資訊儲存起來。

在這個練習範例中，本書示範了幾種資料匯入的方式，資料都匯入後，必須先經過驗證，確定資料品質後，才可以開始進行資料分析查核的工作，這些部分將在後面幾章有詳細的說明。您若可完成前面的範例，就表示您已踏出使用ACL的第一步，繼續加油。

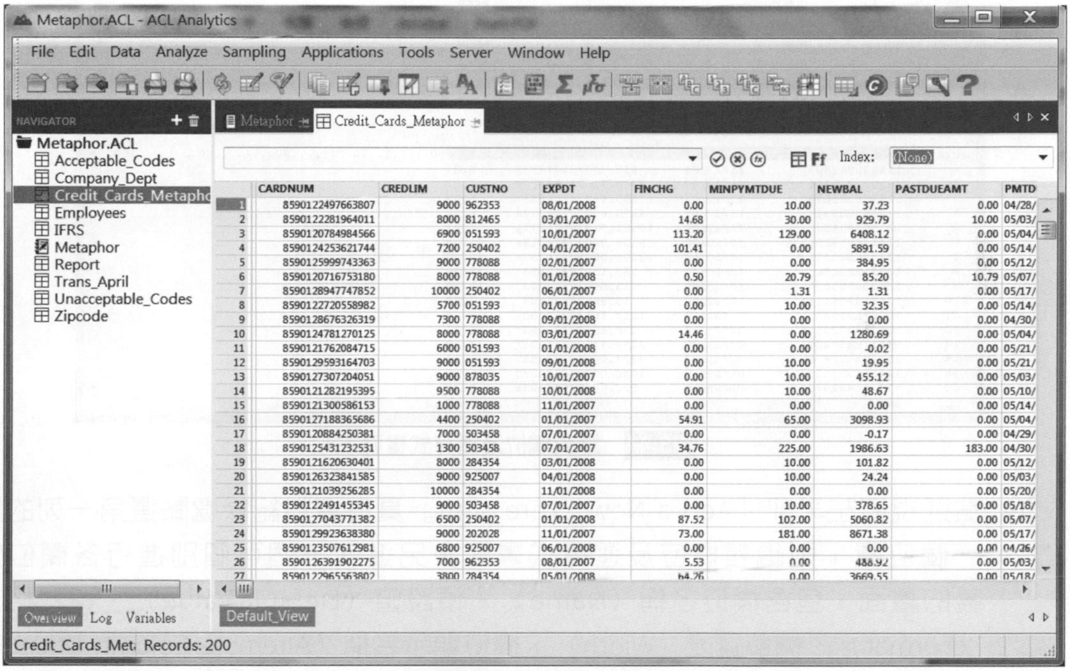

圖3-40　Metaphor專案

第9節 Table Layout的使用及計算欄位的定義

定義資料欄位（Field）時，必須注意要給予欄位名稱、欄位長度、起始位置以及欄位型態等，若屬數值欄位（Numeric Fields），則另外必須設定小數位數；同樣地，若屬日期欄位（Date Fields）則必須另外設定日期存放格式，這些都只需要對我們所要用到的欄位進行定義即可。

ACL提供使用Tayble Layout去定義資料欄位，詳細說明如下：

1 定義資料欄位

STEP01　開啓ACLData中的AP_Trans。

STEP02 從Menu Bar選取「Edit」下拉式選單，選取「Table Layout」。

STEP03 在資料表格式（Table Layout）中，請點出編輯欄位及運算式「Edit Fields/Expressions」畫面（如圖3-41）。

圖3-41 編輯欄位及運算式畫面

STEP04 點選視窗左半部「Add a New Expression」真實資料紀錄處點選第一列的第一個位置，則編輯欄位及運算式畫面會另進入一個可個別進行各欄位定義的畫面，包含欄位名稱（Name）、預設值（Default Value）、資料格式（Format）、欄位寬度（Width）、欄位顯示名稱（Alternate Column Title）等欄位設定文字方塊（10.5版以前如圖3-42；14版如圖3-43）。

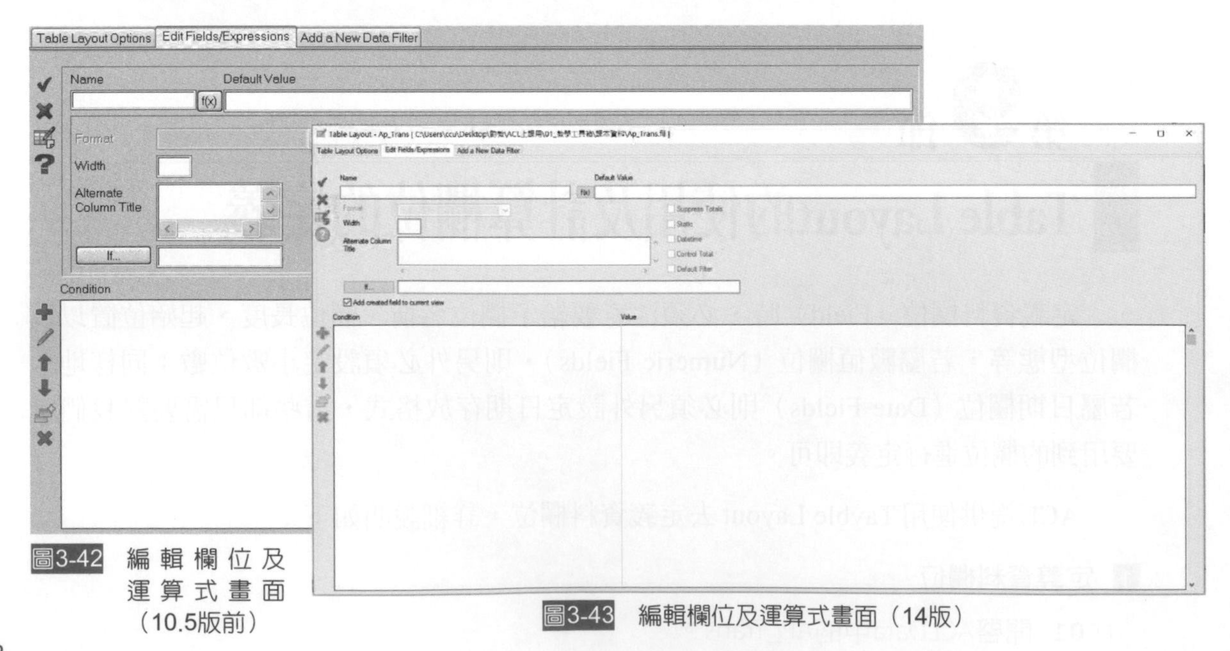

圖3-42 編輯欄位及運算式畫面（10.5版前）

圖3-43 編輯欄位及運算式畫面（14版）

STEP05 新增一個運算欄位，欄位名稱（Name）輸入「Total_Cost」，於Alternate Column Title輸入「總成本」。

STEP06 點選 f(x)，於運算式對話視窗（Expression）輸入「Quantity * Unit_Cost」，按「確定/OK」（如圖3-44）。

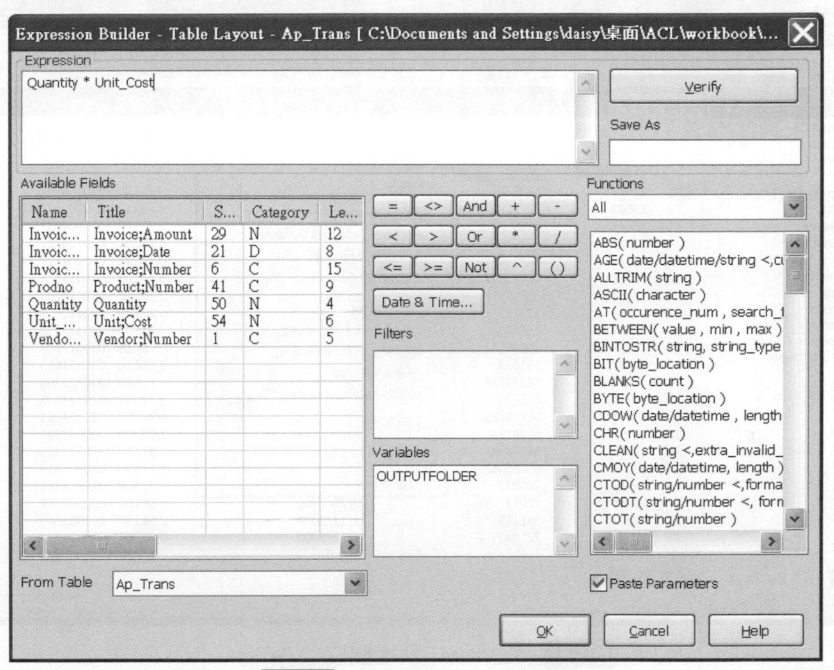

圖3-44 定義Total_Cost欄位

STEP07 點選左半邊的綠色勾勾✔，新欄位「Total_Cost」加入資料欄位清單（如圖3-45）。

STEP08 點選右上角的叉叉，關閉視窗。

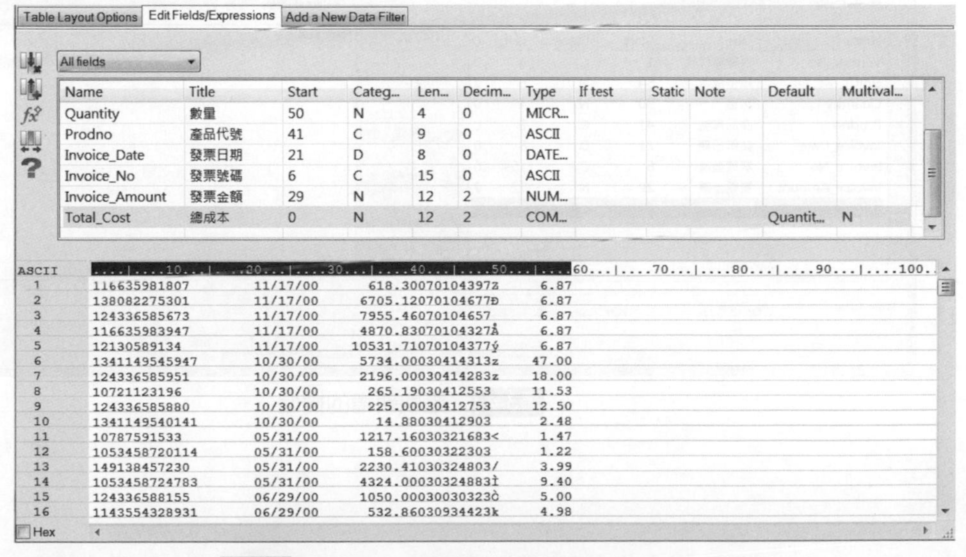

圖3-45 Total_Cost欄位已新增於Tayble Layout中

2 在檢視（View）中新增欄位

當我們已經定義好欄位後，ACL 可以將該欄位新增於檢視（View）中。

STEP01 在View中點選滑鼠右鍵，在下拉式選單中選取「Add Column」（如圖3-46）。

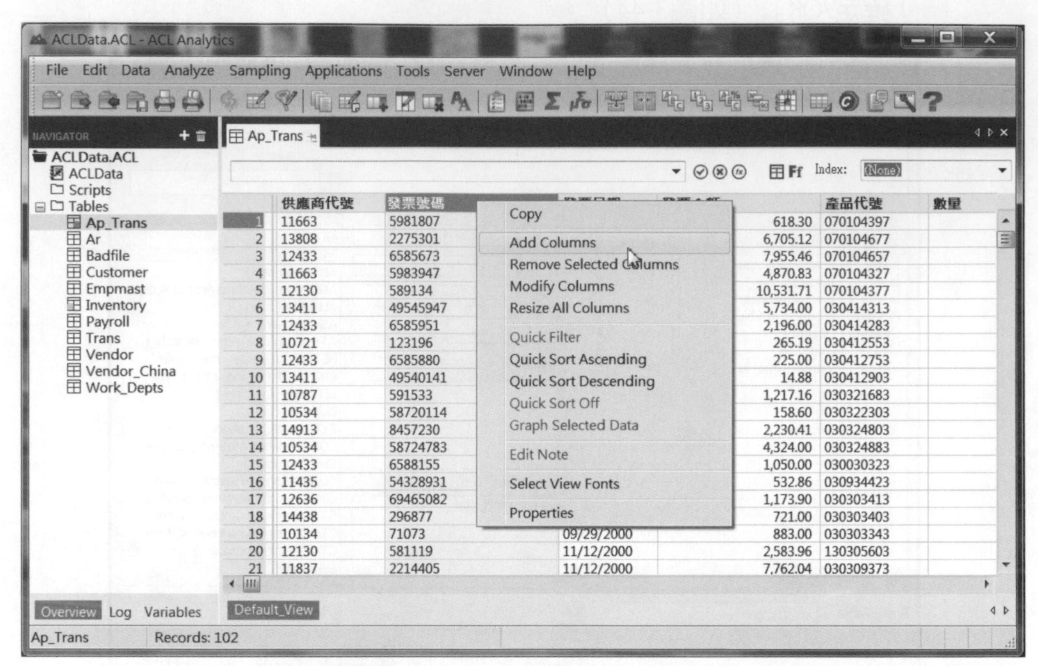

圖3-46 在View中新增欄位

STEP02 滑鼠點選名稱為「Total_Cost」之欄位，點選箭頭，Total_Cost出現於已選擇的欄位（Select Fields）中（如圖3-47）。

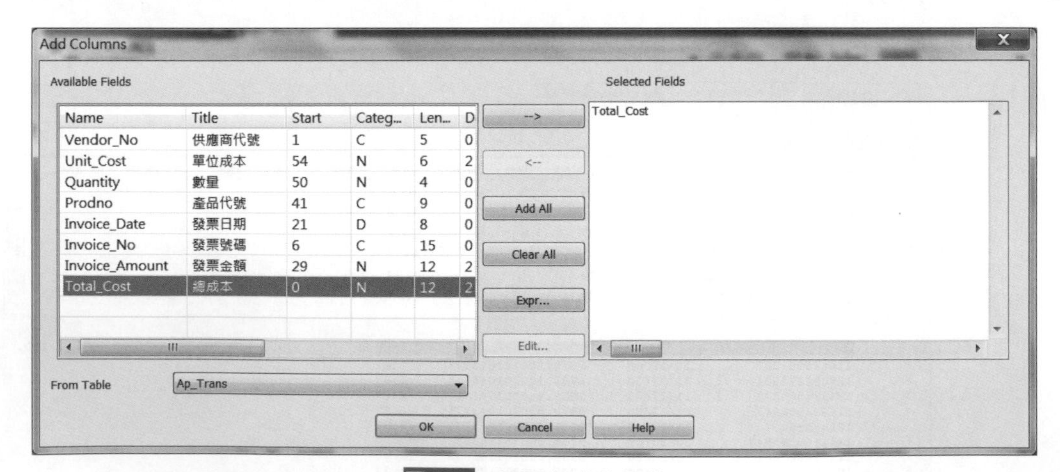

圖3-47 選取新增的欄位

STEP03 點選「OK」，則新欄位已經加入檢視視窗（View）中（如圖3-48）。

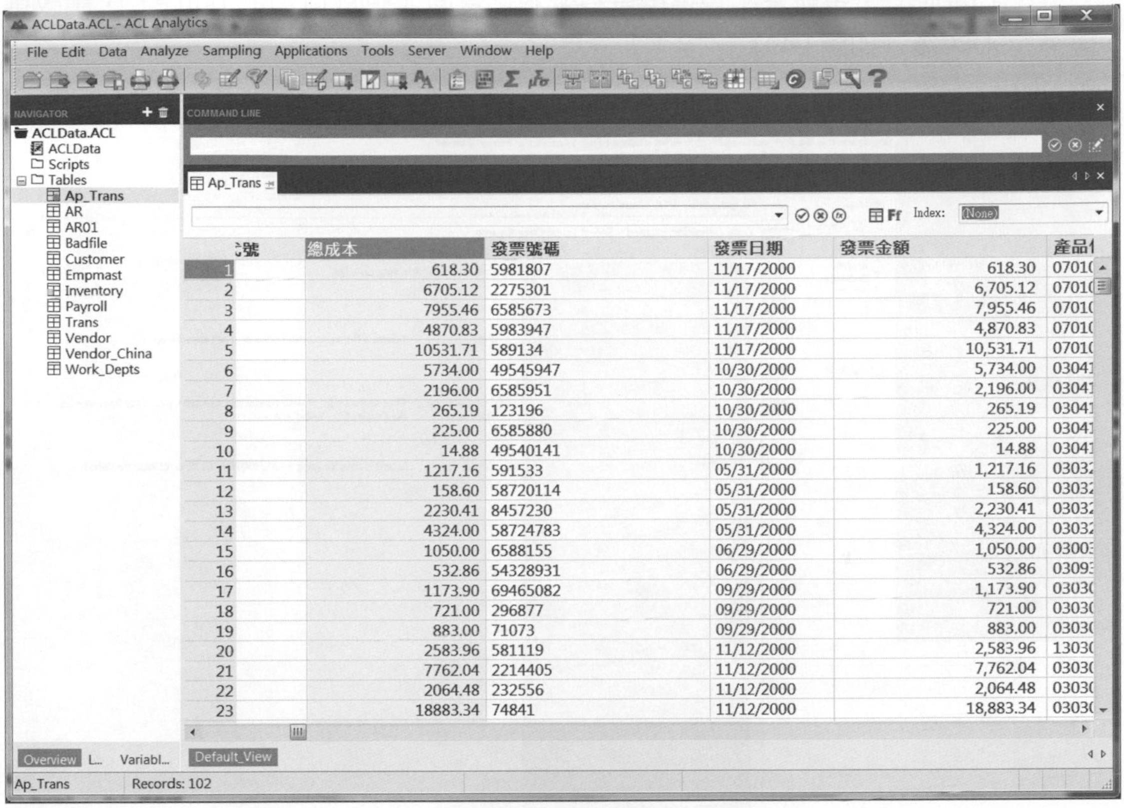

	號	總成本	發票號碼	發票日期	發票金額	產品
1		618.30	5981807	11/17/2000	618.30	07010
2		6705.12	2275301	11/17/2000	6,705.12	07010
3		7955.46	6585673	11/17/2000	7,955.46	07010
4		4870.83	5983947	11/17/2000	4,870.83	07010
5		10531.71	589134	11/17/2000	10,531.71	07010
6		5734.00	49545947	10/30/2000	5,734.00	03041
7		2196.00	6585951	10/30/2000	2,196.00	03041
8		265.19	123196	10/30/2000	265.19	03041
9		225.00	6585880	10/30/2000	225.00	03041
10		14.88	49540141	10/30/2000	14.88	03041
11		1217.16	591533	05/31/2000	1,217.16	03032
12		158.60	58720114	05/31/2000	158.60	03032
13		2230.41	8457230	05/31/2000	2,230.41	03032
14		4324.00	58724783	05/31/2000	4,324.00	03032
15		1050.00	6588155	06/29/2000	1,050.00	03003
16		532.86	54328931	06/29/2000	532.86	03093
17		1173.90	69465082	09/29/2000	1,173.90	03030
18		721.00	296877	09/29/2000	721.00	03030
19		883.00	71073	09/29/2000	883.00	03030
20		2583.96	581119	11/12/2000	2,583.96	13030
21		7762.04	2214405	11/12/2000	7,762.04	03030
22		2064.48	232556	11/12/2000	2,064.48	03030
23		18883.34	74841	11/12/2000	18,883.34	03030

圖3-48　顯示區畫面

第10節

ACL如何讀取主機上的資料

稽核人員在取得主機上的稽核資料時，通常會有下列三個狀況：要取得主機上關聯式資料庫上的資料、要取得SAP主機上的資料、要取得舊大型主機上的資料等。本節介紹使用最普遍的取得主機上關聯式資料庫的資料的方法。

ACL提供稽核人員可以透過ODBC（開放式資料庫連結）的方式來讀取關聯式資料庫內的資料，其操作步驟如下：

STEP01 先開啓專案後，從Menu Bar選取「File」下拉式選單，選取「New」，再選取「Table」，系統會出現選擇資料來源之畫面（Select Data Source），請改選ODBC後（如圖3-49），按「下一步」。

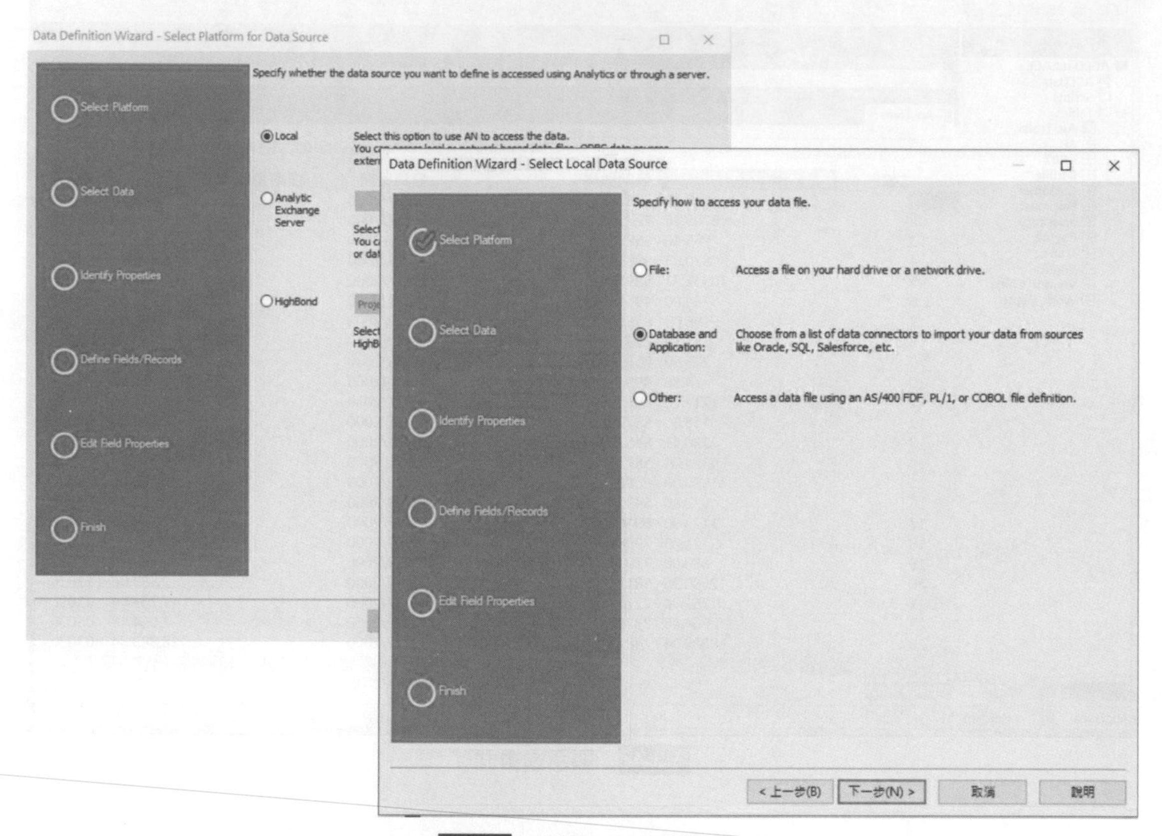

圖3-49 選擇資料來源畫面

STEP02 ACL出現選擇資料來源畫面（如圖3-50）。如圖所示，資料來源有二種，檔案資料來源以及機器資料來源。檔案資料來源讓您可以將連線的資料來源名稱（DSN）設定檔存於電腦中的任一個位置。一個檔案基礎的資料來源名稱，未必是使用者專用也未必是本機電腦專用，可以由擁有相同驅動程式的所有使用者共用，在「查詢」方塊目錄裡的子目錄，顯示全部檔案的資料來源名稱及標示。機器資料來源則允許使用者使用此電腦上使用者具有權限的資料來源名稱（DSN）或系統資料來源名稱（DSN）。機器資料來源是此台PC專屬的設定，無法和其他機器共用，機器資料來源畫面列出所有使用者與系統資料來源名稱，包含名稱及各個資料來源名稱的類型，連按兩下某一資料來源名稱可連線至資料來源。

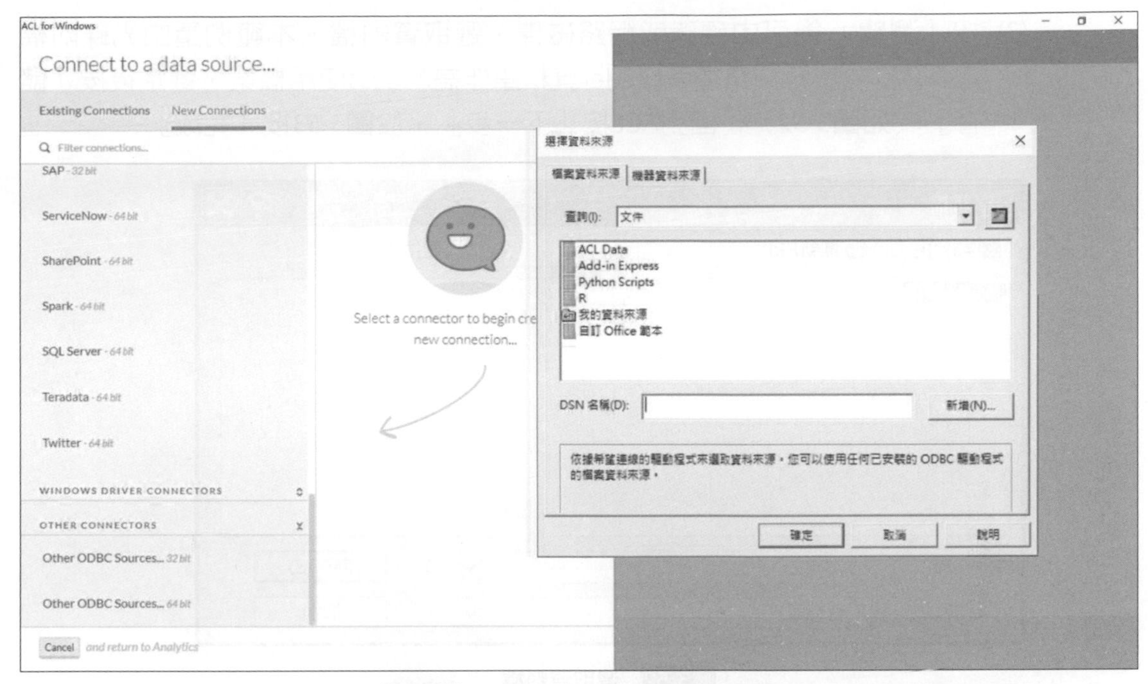

圖3-50 以ODBC選擇資料來源畫面

STEP03 依ACL的指示，用ODBC連結資料檔。其步驟如下：

(1) 於檔案資料來源畫面，點選「新增」後出現建立新資料來源之畫面，用來選擇欲使用之資料庫驅動程式來設定資料來源。

(2) 本範例以Access的資料表作為練習，故選定之後，按「下一步」。

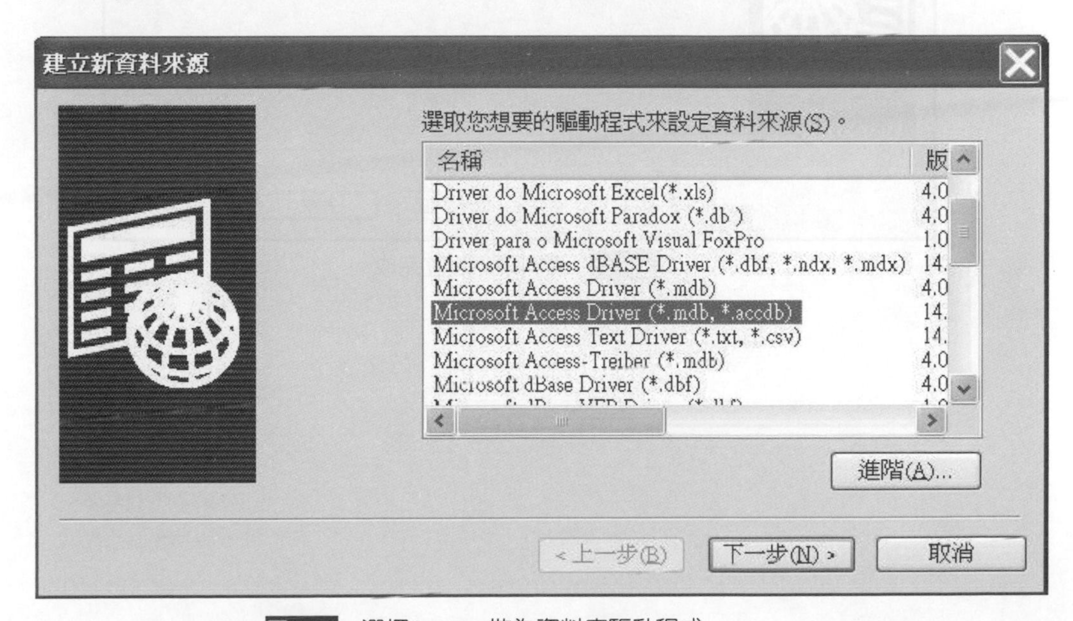

圖3-51 選擇Access做為資料庫驅動程式

(3) 按「瀏覽」後可由硬碟或網路磁碟，選取資料檔。本範例請由光碟附檔之「DATA\鼎新」路徑下Leader資料庫作為Access使用檔案，選定後按「儲存」（如圖3-52），回到ACL按「下一步」，於圖3-53按「完成」。

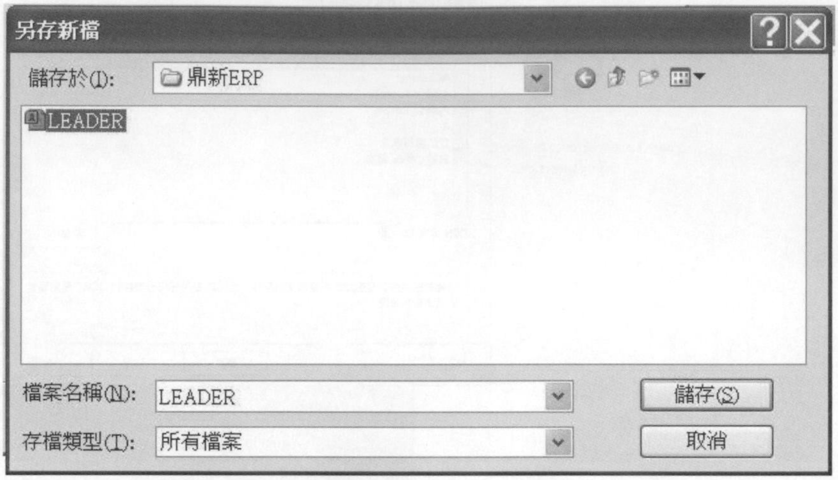

圖3-52　選取資料檔

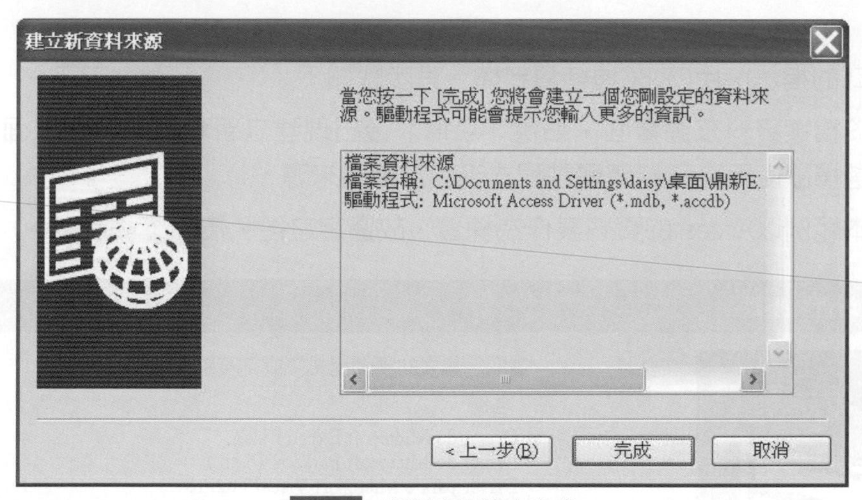

圖3-53　資料來源建立完成

(4) 出現ODBC Microsoft Access的對話視窗，不需做任何動作，按[確定]（如圖3-54）。由硬碟或網路磁碟，選取先前已建立之DSN（如圖3-55）後按確定回到ACL。

圖3-54　對話視窗

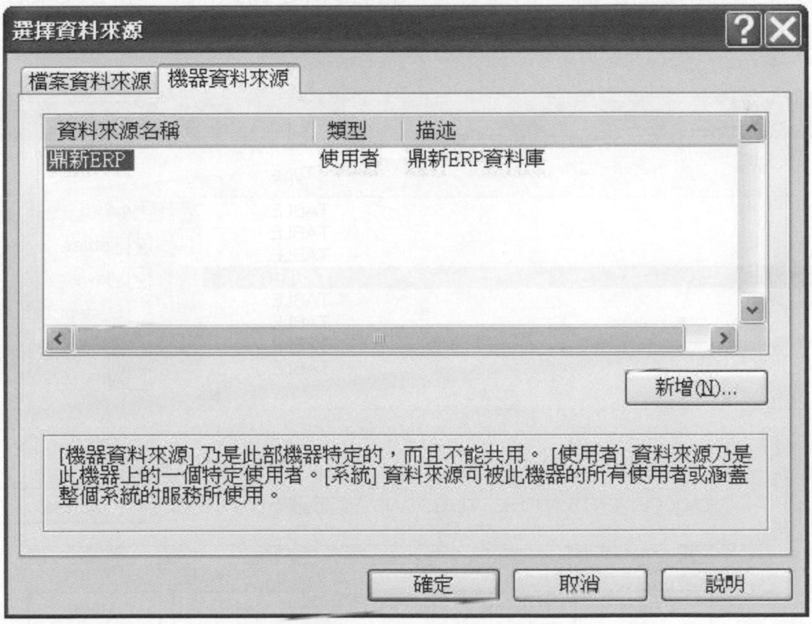

圖3-55　資料來源檔選定

STEP**04** 選定已用ODBC連結完成之資料來源檔後，點選「LEADER.accdb」（如圖3-56）。

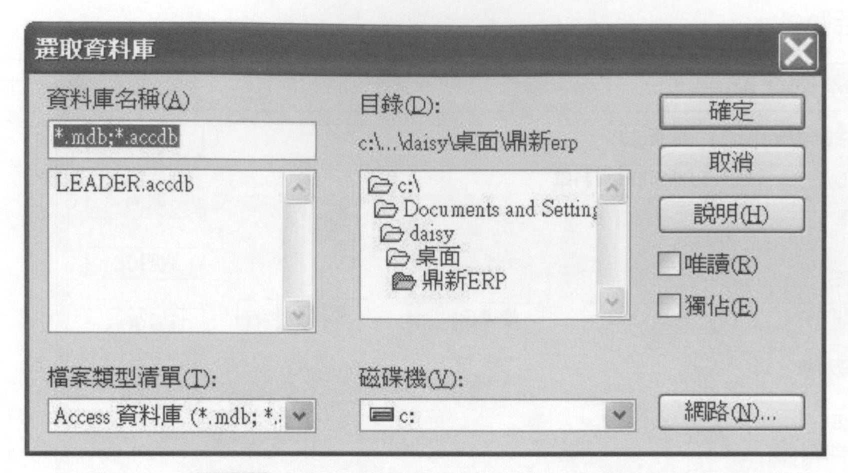

圖3-56 選取資料庫版本及已建立之工作簿

STEP**05** 出現選擇表格（Select Table）畫面（如圖3-57）。由於Excel上有多個工作底稿（Sheet），因此要指定哪一份工作底稿的資料要轉入ACL。選取要處理資料所在的資料表，選定客戶資料檔後，點選「NEXT」繼續。

Select Table

Table	Type
ACRTA	TABLE
ACRTC	TABLE
ACRTD	TABLE
COPMA	TABLE
COPTG	TABLE
COPTI	TABLE
COPTJ	TABLE
PURMA	TABLE

Types: Tables, Views, System Tables, Synonyms, All

Owner

資料庫 C:\DOCUMENTS AND SETTINGS\DAISY\桌面\鼎新ERP\LEAD Browse...

Estimate File Size

< Back Next > Cancel Help

圖3-57 選擇表格畫面

STEP**06** COPMA資料表選入命名後，儲存成「客戶基本資料檔.fil」的檔案（如圖3-58）。

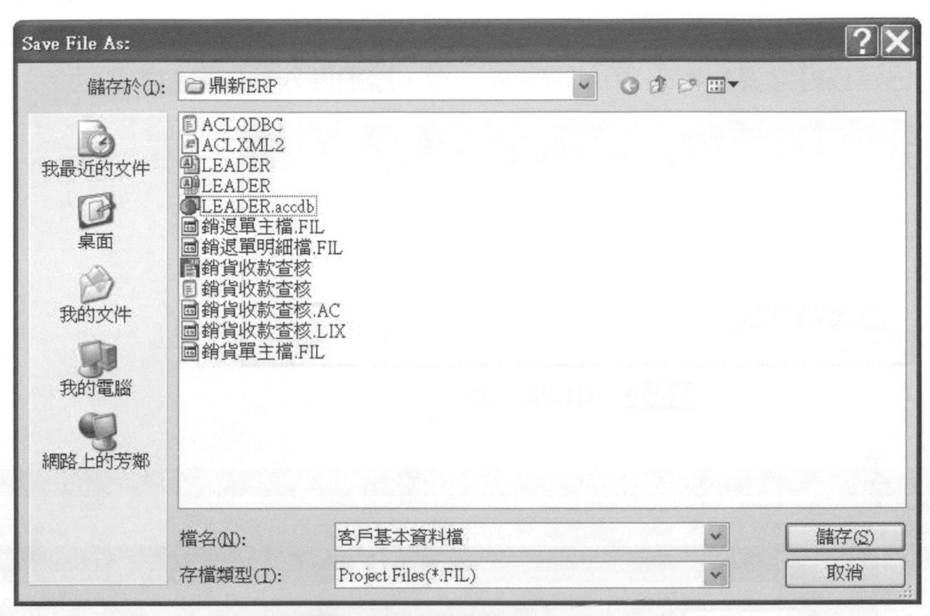

圖3-58 儲存為ACL可使用的資料表

STEP**07** 進入選擇欄位（Select Fields）畫面，如圖3-59所示。選取要轉入ACL的資料欄位，轉入的資料欄位，在轉入時資料欄位的屬性會自動定義。若有需要，可設條件篩檢資料（於WHERE處），選定後點選「NEXT」繼續。

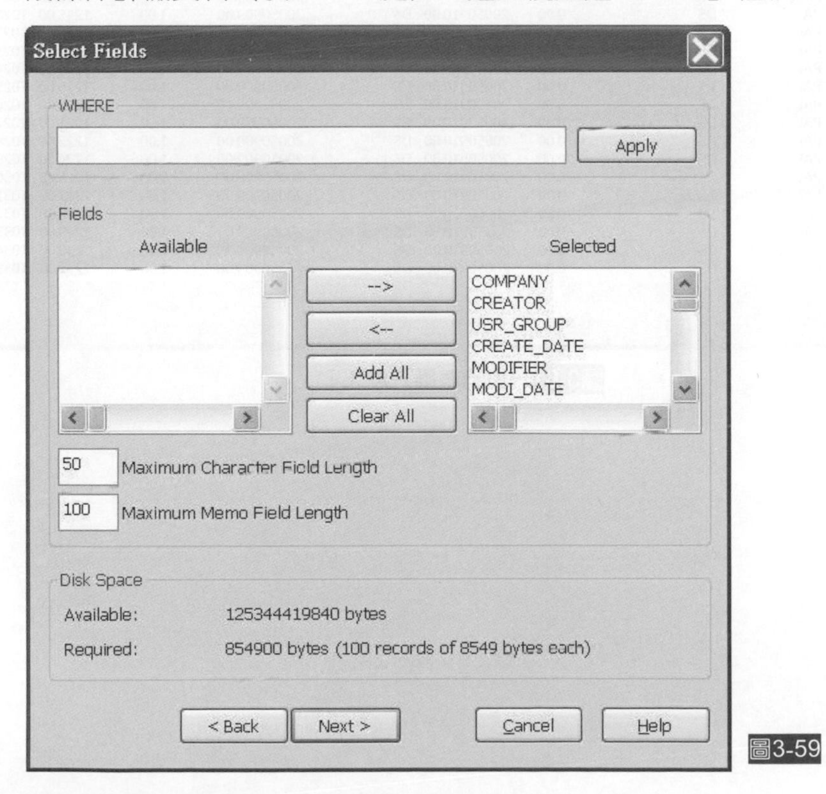

圖3-59 編輯欄位

STEP**08** 當訊息出現要求儲存這張資料表時，按下「OK」，則表格即會自動在ACL上顯示（如圖3-60）。

STEP**09** 匯入其他資料表，步驟皆相同，惟於「選擇資料來源」對話框中，直接選取已建立好之資料檔來源「鼎新ERP」後，繼續匯入其他資料表即可。

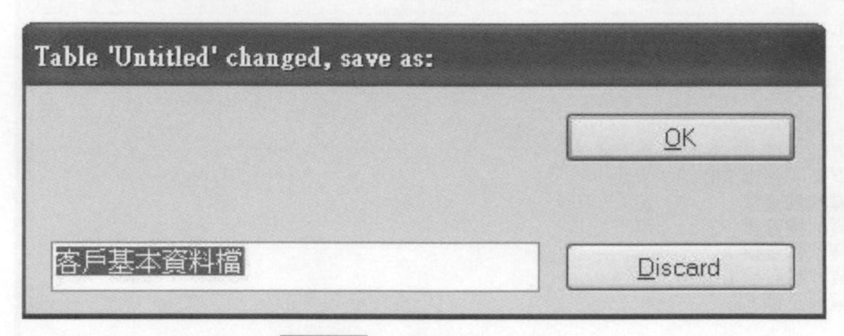

圖3-60 資料轉入ACL

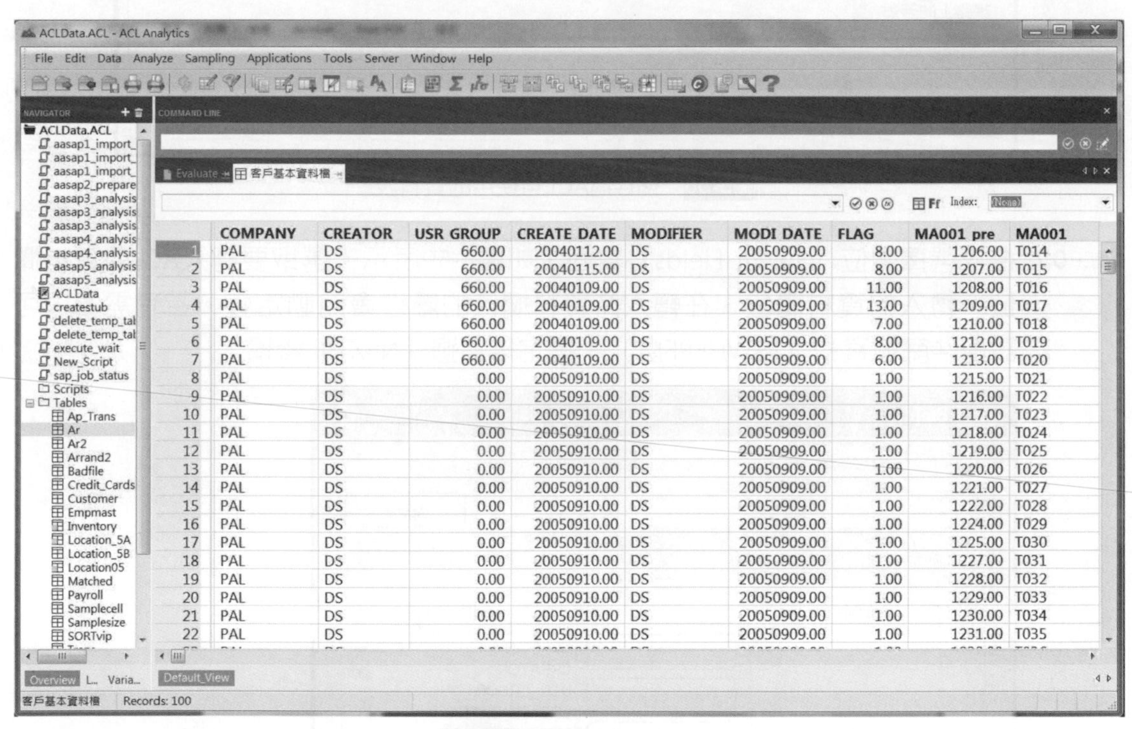

圖3-61 資料表匯入ACL

第 11 節 利用手動方式定義資料表格的欄位

除了使用資料定義精靈外，當原始檔案資料無欄位名稱或定義不適當時，您也能以手動方式建立資料表格式，同時定義欄位。不必在同一時間內定義全部的資料欄位，您可以先定義剛開始需要的欄位，如果後續尚需要定義其他的欄位時，附加上去即可。

在資料表格式的設計式樣視窗中，您能定義新的欄位，建立運算後的欄位和定義資料篩選器。您事先定義的欄位會陳列在編輯欄位／運算式標籤中。

1 從資料定義精靈延伸

擬手動定義資料表格式，您可以從 Menu Bar 選取「File」下拉式選單，選取「New」，再選取「Table」，開啓資料定義精靈，按精靈引導步驟逐一點擊「下一步」，直到檔案屬性設定（File Properties）的畫面，勾選其中之「Skip to finish」選項，按「下一步」、「完成」並存檔。其後要手動定義資料時，在專案總覽（Overview）中，雙擊已存檔之資料表，然後從 Menu Bar 選取「Edit」下拉式選單，選取「Table Layout」來開啓手動定義資料畫面（如圖 3-62）。

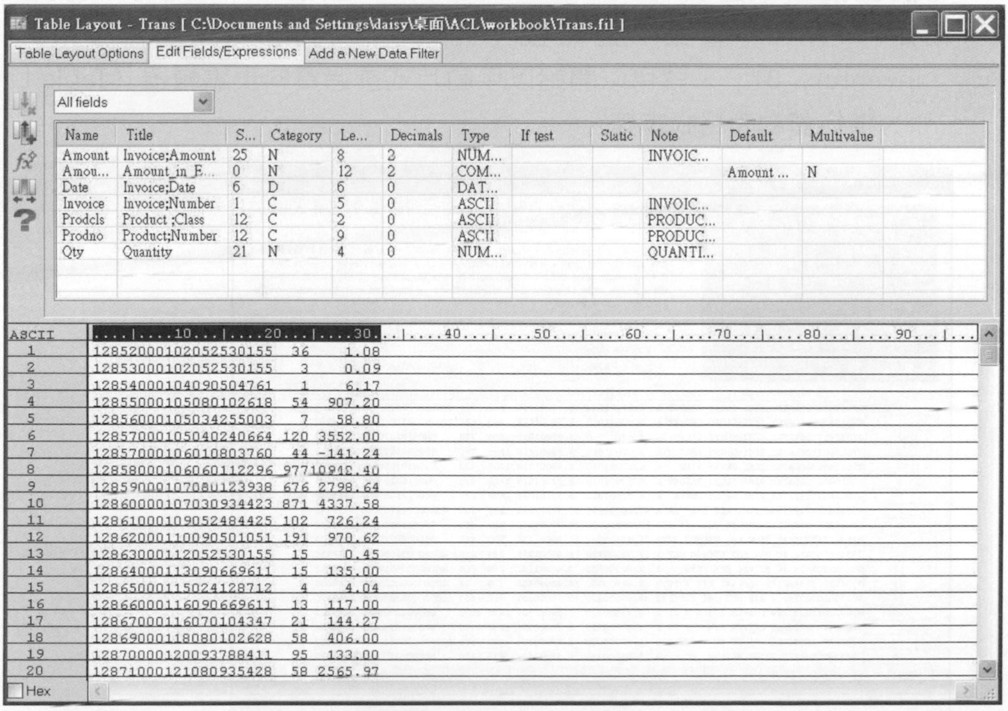

Table Layout - Trans [C:\Documents and Settings\daisy\桌面\ACL\workbook\Trans.fil]

Table Layout Options | Edit Fields/Expressions | Add a New Data Filter

All fields

Name	Title	S...	Category	Le...	Decimals	Type	If test	Static	Note	Default	Multivalue
Amount	Invoice;Amount	25	N	8	2	NUM...			INVOIC...		
Amou...	Amount_in_E...	0	N	12	2	COM...				Amount ...	N
Date	Invoice;Date	6	D	6	0	DAT...					
Invoice	Invoice;Number	1	C	5	0	ASCII			INVOIC...		
Prodcls	Product ;Class	12	C	2	0	ASCII			PRODUC...		
Prodno	Product;Number	12	C	9	0	ASCII			PRODUC...		
Qty	Quantity	21	N	4	0	NUM...			QUANTI...		

```
ASCII ....|....10...|....20...|....30...|....40...|....50...|....60...|....70...|....80...|....90...|...
1   128520001020525301 55  36     1.08
2   12853000102052530155   3     0.09
3   12854000104090504761   1     6.17
4   12855000105080102618  54   907.20
5   12856000105034255003   7    58.80
6   12857000105040240664 120  3552.00
7   12857000106010803760  44  -141.24
8   12858000106060112296 97710912.40
9   12859000107080123938 676  2798.64
10  12860000107030934423 871  4337.58
11  12861000109052484425 102   726.24
12  12862000110090501051 191   970.62
13  12863000112052530155  15     0.45
14  12864000113090669611  15   135.00
15  12865000115024128712   4     4.04
16  12866000116090669611  13   117.00
17  12867000116070104347  21   144.27
18  12869000118080102628  58   406.00
19  12870000120093788411  95   133.00
20  12871000121080935428  58  2565.97
Hex
```

圖3-62 手動定義資料畫面

2 改變已定義的欄位和檔案的方式

資料表格式建立完成後，若再有需要變更，從 Menu Bar 選取「Edit」下拉式選單，選取「Table Layout」，開啟畫面後，您能夠改變資料表格式讀取您的來源資料方式，也能重新定義欄位和記錄並且定義新檔案。

3 取得定義資料表格式的設計式樣說明

若您在第一次使用資料表格式的設計式樣時感到很複雜，可按下 F1 鍵，取得其相關使用說明。

一 使用手動方式產生資料表格式

使用者也可以不完全使用資料定義精靈來產生資料表格式，改以手動的方式來進行，步驟說明如下：

STEP**01** 從Menu Bar選取「File」下拉式選單，選取「New」，再選取「Table」，接著出現資料定義精靈，按「下一步」。

STEP**02** 出現選擇資料來源（Select Data Source）之畫面，勾選「Disk」選項，按「下一步」。選取檔案Inventory.fil作為來源檔案，按「開啓」，按照資料定義精靈引導步驟逐一點選「下一步」，直到檔案屬性設定（File Properties）的畫面出現。

STEP**03** 勾選直接結束選項（Skip to Finish），並按「下一步」，就會出現結束（Final）畫面，此時按「完成」後再按「OK」儲存來源檔為「Inventory_01」，就可以開始以手動方式透過資料表編輯器（Table Layout Edit）進行資料表格式定義。

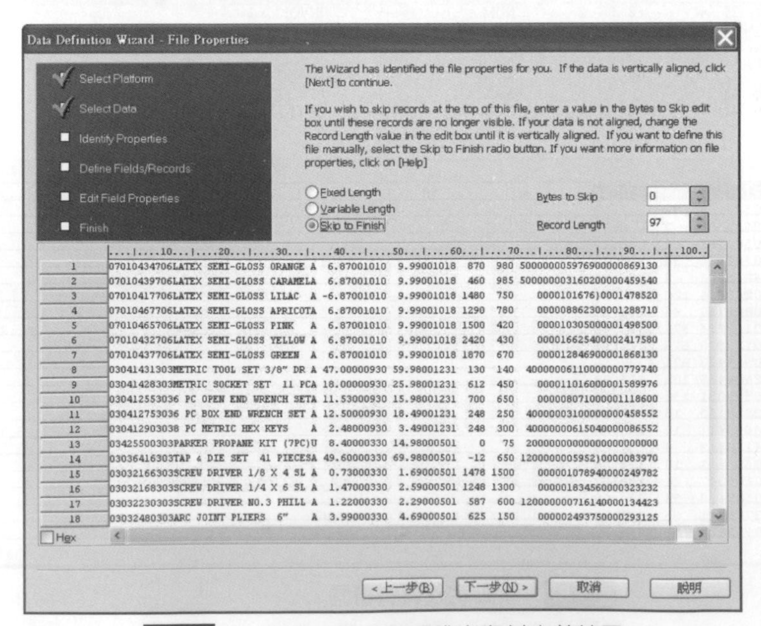

圖3-63 勾選直接結束選項跳出資料定義精靈

STEP04 資料表格式視窗（Table Layout Window）會和來源檔同時出現在畫面上，資料表格式視窗內包含三個設定主畫面，點選資料表格式選項「Table Layout Options」（圖3-64），輸入來源檔的資料表格式定義。對話視窗下半段的部分來源檔內的真實資料，每一列皆代表一筆記錄。

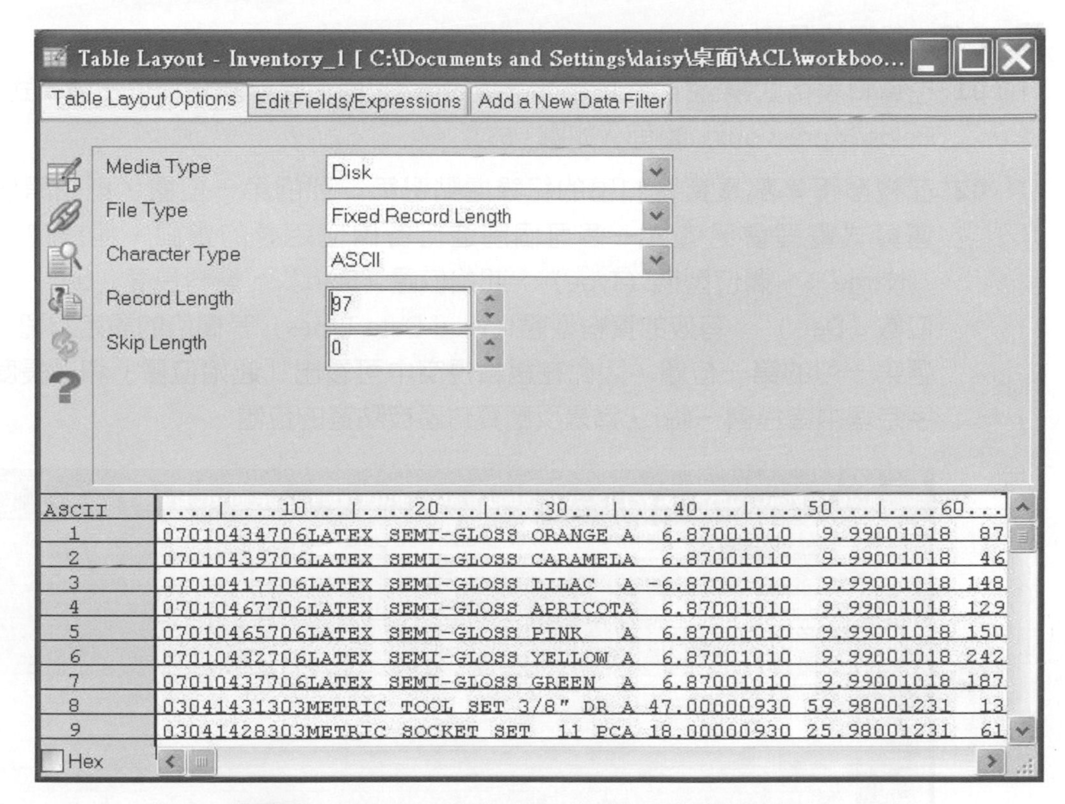

圖3-64 於資料表格式選項進行來源檔的資料表格式定義

STEP05 表3-3為來源檔的資料表格式定義說明。在第一次使用來源檔時，必須先定義來源檔資料表格式，之後在重複開啓使用時，它會自動連結到來源檔。

表3-3 Table Layout Options格式定義說明

格式	說明
Media Type	媒體型態係指擷取資料的來源為磁碟
File Type	檔案型態是文字檔（Text File（CR or CRLF）或固定記錄長度（Fixed Record Length）或變動記錄長度（IBM Variable Record Length）
Character Type	檔案字元格式（ASCII or EBCDIC or Unicode）
Record Length	每筆記錄長度
Skip Length	ACL用來定義各筆記錄對於表頭部分（Heading information）決定略過多少個字元（bytes），預設值為零，如未自行更改，ACL分析資料時會從檔案開頭進行

二 使用手動方式定義欄位

ACL提供多種手動定義資料欄位的方法，以下使用範例逐一說明如何定義該資料表會使用到的欄位：

1 定義一般資料欄位

STEP01 在資料表格式視窗（Table Layout Window）中，點選編輯欄位及運算式「Edit Fields/Expressions」畫面（如圖3-65）。

STEP02 在視窗下半部真實資料區的紀錄處點選第一列的第一位置，則編輯欄位及運算式畫面會另進入一個可個別進行各欄位定義的畫面，包含欄位名稱（Name）、欄位型態（Type）、起始位置（Start）、資料長度（Len.）、小數位數（Dec.）、有效的資料型態（Valid Data Types）等欄位的設定方塊。因點選第一列的第一位置，因此在編輯視窗中可看出「起始位置」和「長度」文字方塊中皆包含一個1，這是反應資料區被點選的位置。

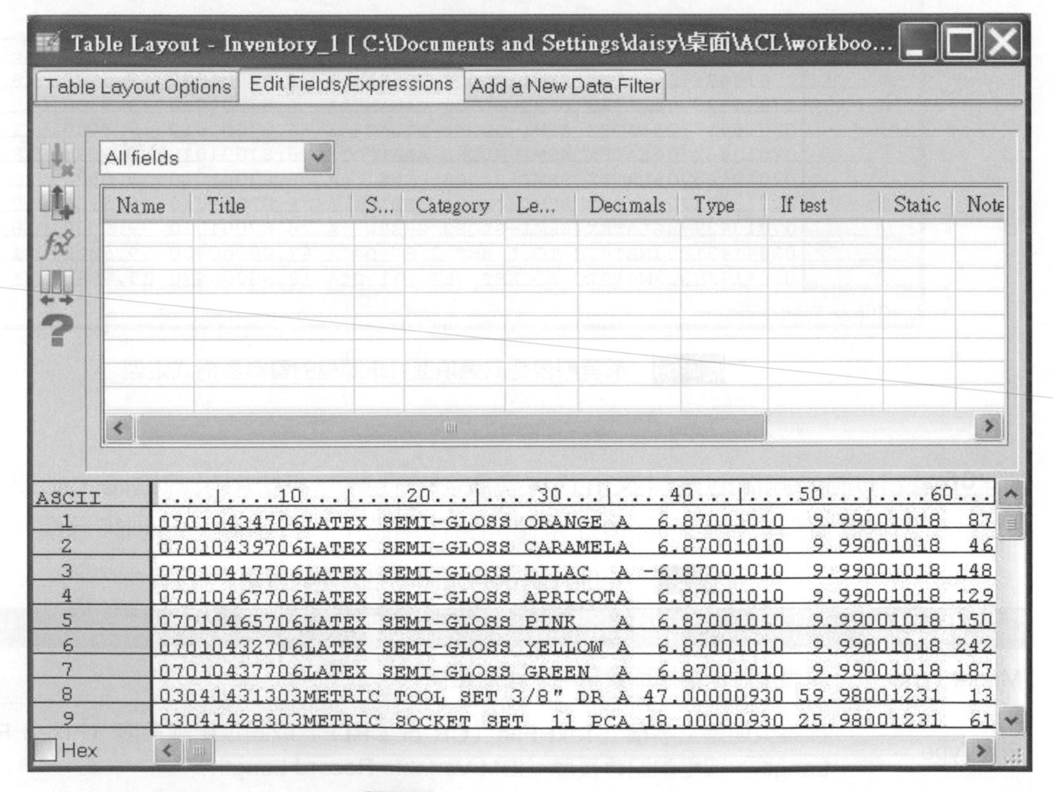

圖3-65 編輯欄位及運算式畫面

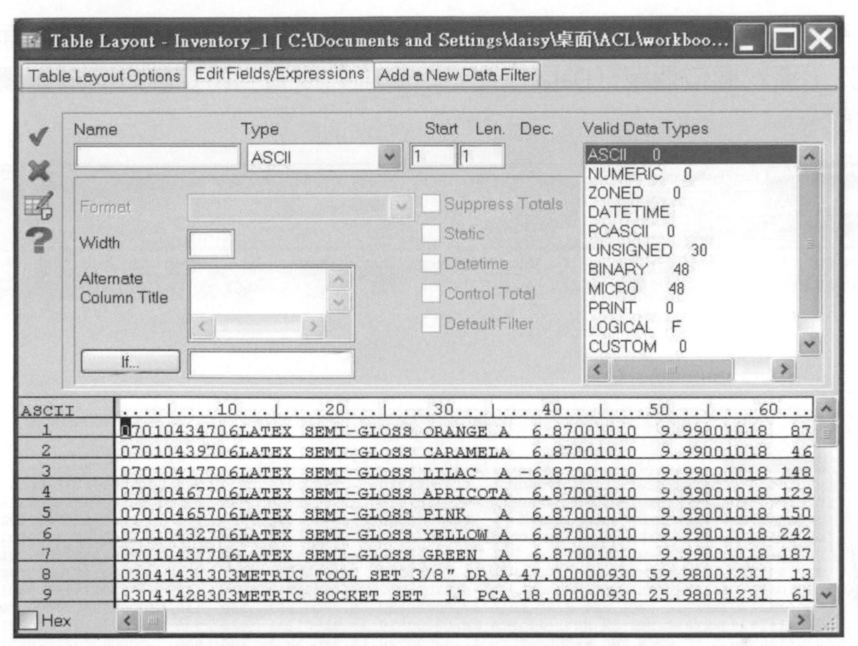

圖3-66 點選欲進行欄位定義之資料開始位置

STEP03 按滑鼠右鍵往右拖曳11個位置（Len.文字方塊中會顯示11），再將滑鼠點放，將游標點入Name欄位中，輸入欲設定之欄位名稱為「ProdNo」，欄位說明為「產品代號」，以本例而言，Type文字方塊，維持其預設之ASCII選項，在Valid Data Types文字方塊也會對應顯示出可於資料視界中看到的格式（如圖3-67）。欄位型態及畫面內各項欄位相關設定，使用者均可自行手動更改相關設定。

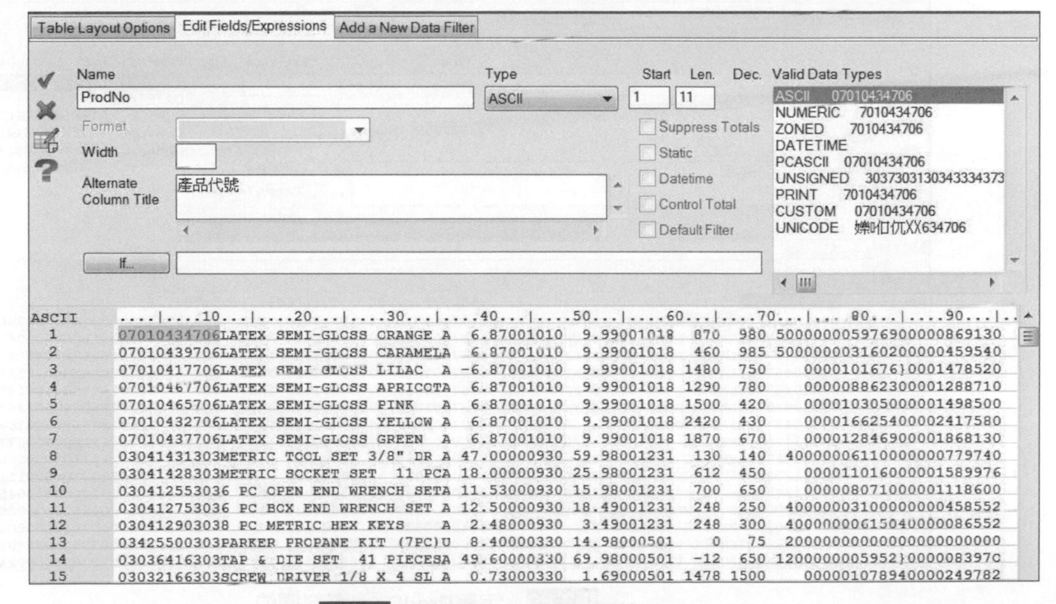

圖3-67 定義ProdNo資料欄位

STEP04 點選視窗左側 ✔ 按鈕（Accept Entry）回到編輯欄位及運算式先前畫面（如圖3-68），資料欄位清單（Data Fields List）中可以看到所定義之ProdNo欄位已新增完成。

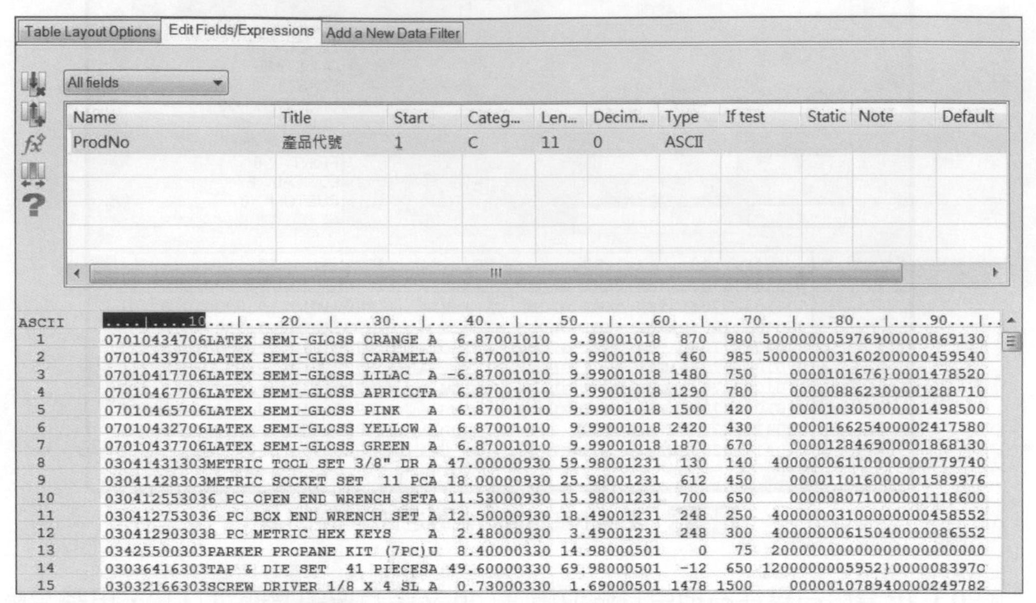

圖3-68 完成定義之欄位加入資料欄位清單中

STEP05 點選第一列第12個字元位置，按滑鼠右鍵往右拖曳直到Len.文字方塊顯示24為止，輸入欄位名稱為「ProdDesc」，欄位說明為「產品說明」後，點選 ✔（如圖3-69）。

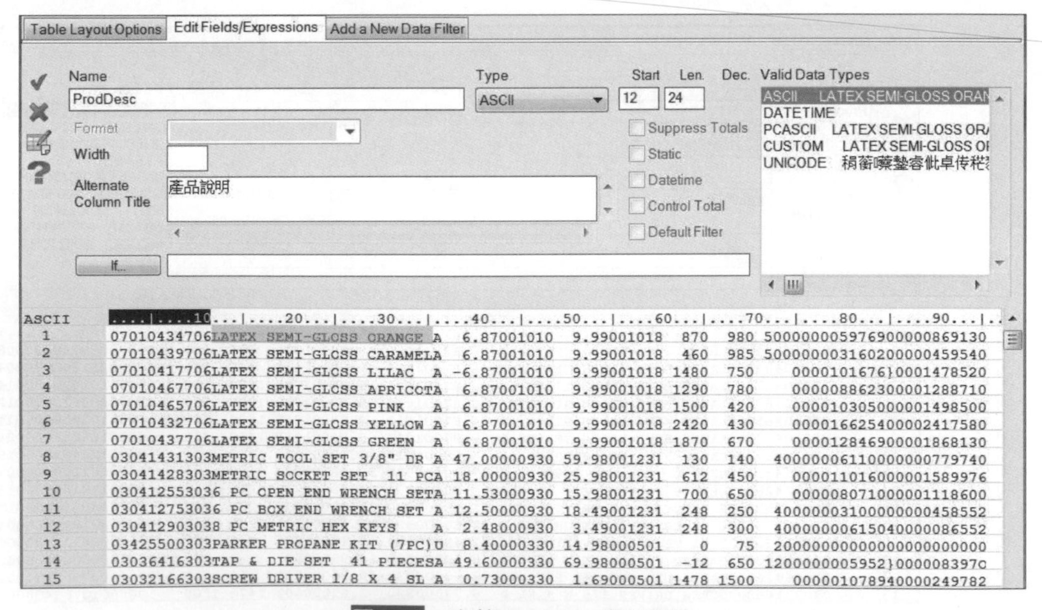

圖3-69 定義ProdDesc資料欄位

STEP**06** 如圖3-70可看出，新欄位「ProdDesc」已加入資料欄位清單中。

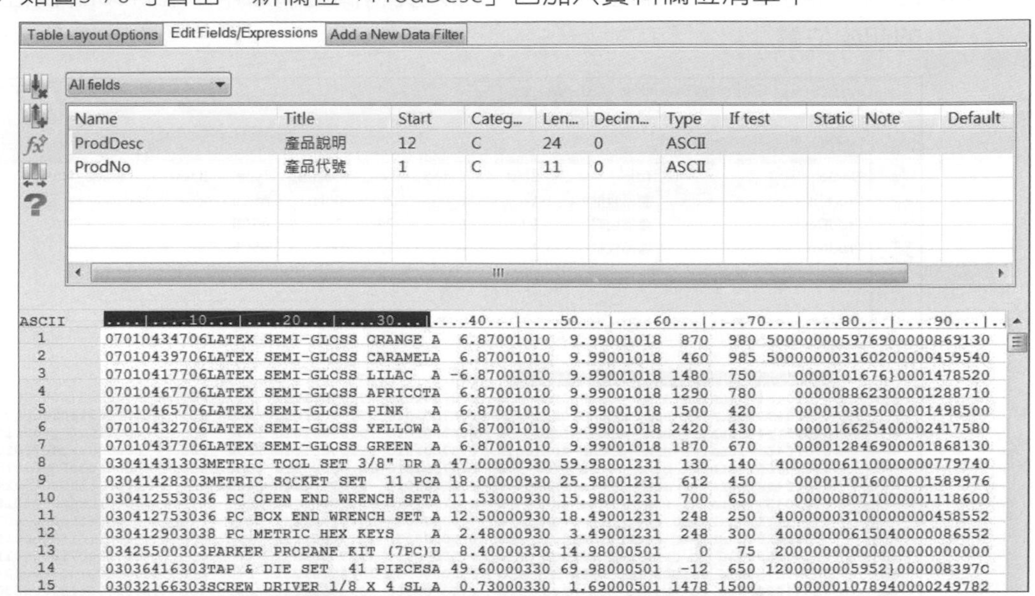

圖3-70 新增ProdDesc欄位於資料欄位清單中

2 定義時欄位可重疊

在已經定義好的欄位中，ACL 可以再將該欄位某部分資料重疊定義為其他欄位的一部分。

STEP**01** 接續點選第一列第一個位置，向右拖曳直到Len.文字方塊出現2為止，然後點放滑鼠鍵。

STEP**02** 輸入「ProdCls」至Name文字方塊中，輸入「產品類型」至Alternate Column Title文字方塊中，點選 ✔ 按鈕（如圖3-71）。

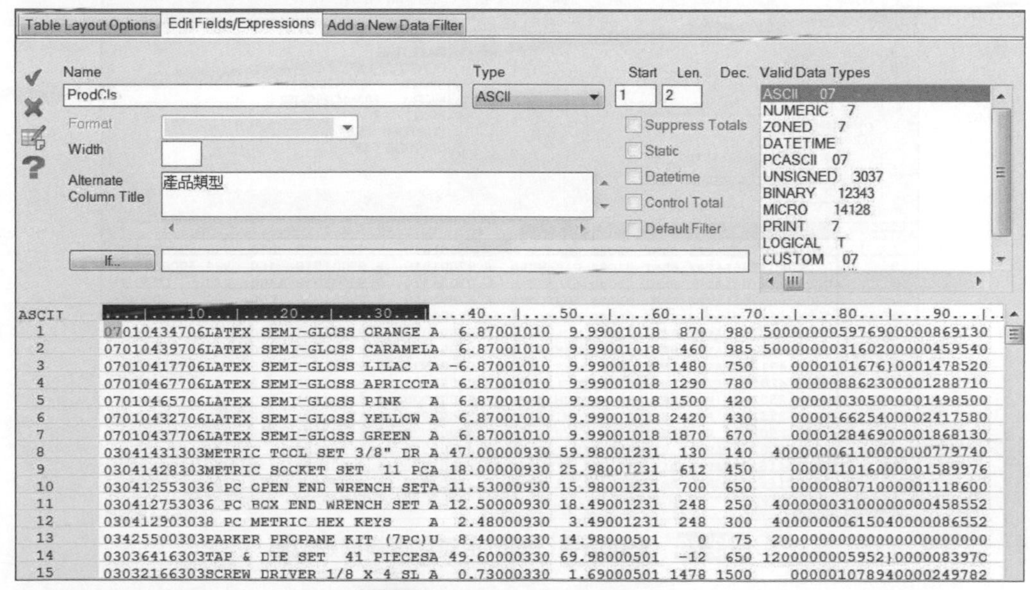

圖3-71 定義ProdCls資料欄位

STEP**03** 如圖3-72可看出，新欄位ProdCls已加入資料欄位清單中，和ProdNo欄位有同樣的起始位置。

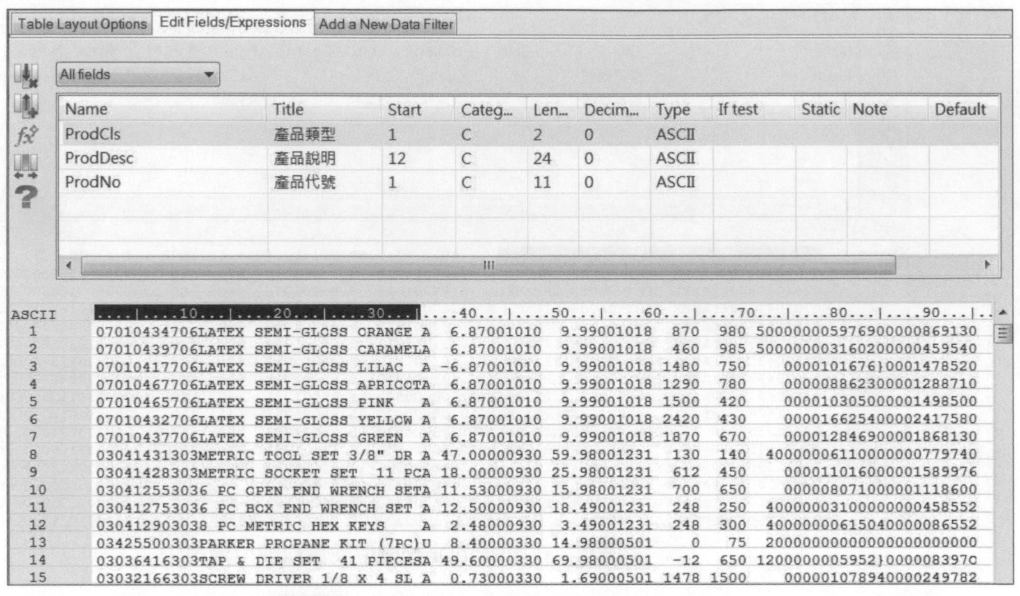

圖3-72 新增ProdCls欄位於資料欄位清單中

3 定義數值欄位

包含可被顯示的數值並有明確的小數點，對於負數可以減號或括號表示。

STEP**01** 點選第一列第37字元位置，向右拖曳直到Len.文字方塊顯示6為止，然後點放滑鼠鍵（如圖3-73）。

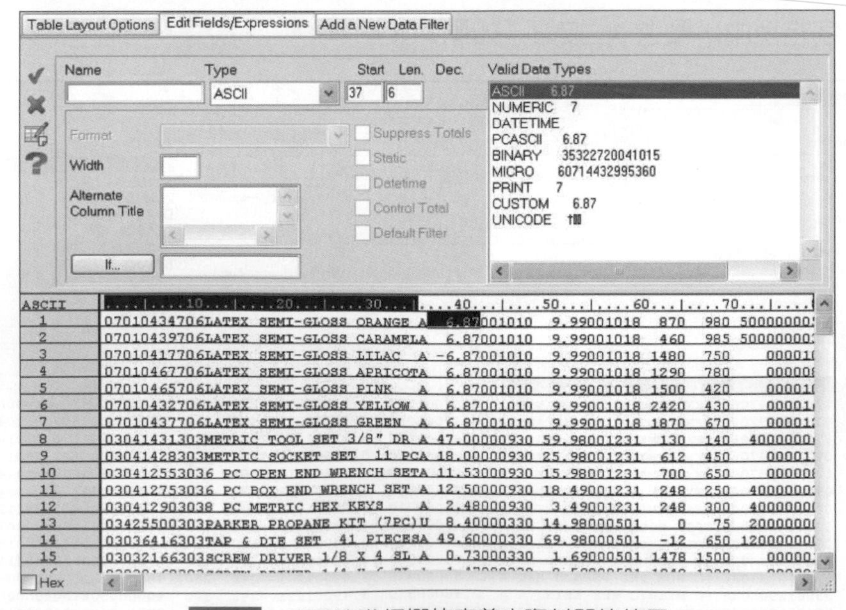

圖3-73 點選欲進行欄位定義之資料開始位置

STEP**02** 此欄位乃係存放單位成本資料，屬數值欄位，故除輸入欲設定之欄位名稱為「UnCst」至Name文字方塊，「單位成本」至Alternate Column Title外，尚須在Type文字方塊中下拉，改選取數值型態（NUMERIC），並在Dec.文字方塊中輸入小數位數2（如圖3-74）。這個格式設定同時也會顯示在檢視和報告中。

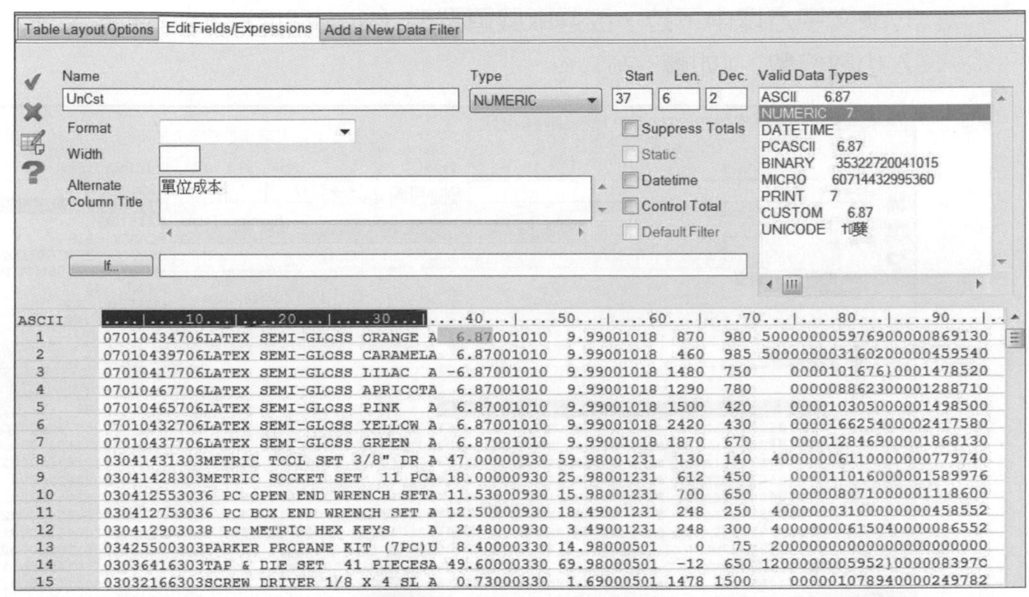

圖3-74　定義UnCst數值欄位

STEP**03** 數值欄位定義完成後，點選視窗左側按鈕 ✔（Accept Entry）回到編輯欄位及運算式先前畫面（如圖3-75），欄位清單中可以看到所定義之UnCst數值欄位已完成新增。

Name	Title	Start	Categ...	Len...	Decim...	Type	If test	Static	Note	Default
ProdCls	產品類型	1	C	2	0	ASCII				
ProdDesc	產品說明	12	C	24	0	ASCII				
ProdNo	產品代號	1	C	11	0	ASCII				
UnCst	單位成本	37	N	6	2	NUM...				

圖3-75　新增UnCst數值欄位於欄位清單中

STEP**04** 點選第一列第49個字元位置，向右拖曳直到Len.文字方塊中顯示6為止，點放滑鼠鍵。

STEP**05** 此欄位乃係存放銷售價格資料，亦屬數值欄位，故輸入欲設定之欄位名稱為「SalePr」至Name文字方塊，「售價」至Alternate Column Title文字方塊，並在Type文字方塊中下拉，改選取數值型態（NUMERIC），並在Dec.文字方塊中輸入小數位數2（如圖3-76）。

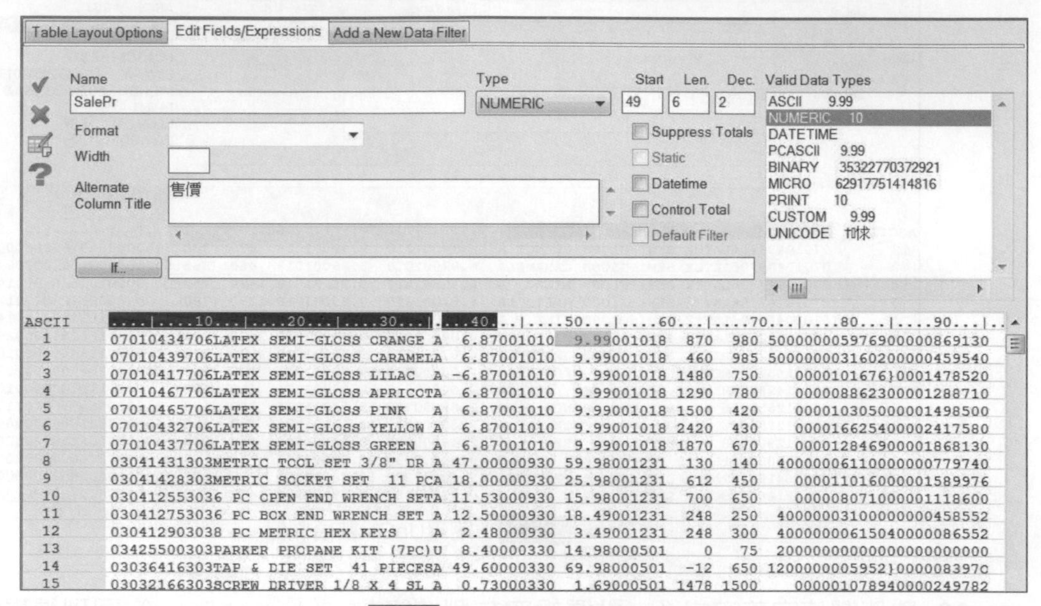

圖3-76 定義SalePr數值欄位

STEP**06** 點選 ✔ 按鈕回到編輯欄位及運算式先前畫面（如圖3-77），欄位清單中可以看到所定義之SalePr數值欄位已完成新增。

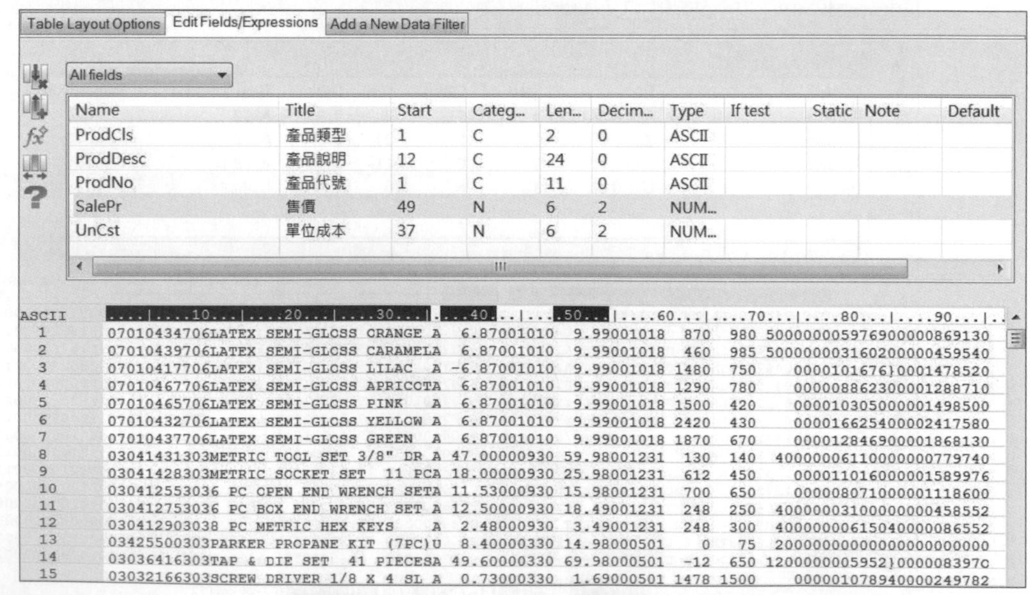

圖3-77 新增SalePr數值欄位於欄位清單中

4 定義日期欄位

以下簡單介紹日期欄位定義之操作步驟，關於 ACL 應用時應如何詮釋日期更深入之說明請詳第六節。

STEP01 點選第一列第55個字元位置，向右拖曳直到Len.文字方塊顯示6為止，點放滑鼠鍵。

STEP02 Cstdte Field是日期欄位，故輸入欲設定之欄位名稱為「CstDte」至Name文字方塊，欄位說明為「成本日期」至Alternate Column Title文字方塊，並在Type文字方塊中下拉，改選取日期（DATE），Format列表盒旁點選下拉選項，有多種不同之日期格式可供選擇，以本例而言，請選擇「YYMMDD」的日期格式（如圖3-78）。

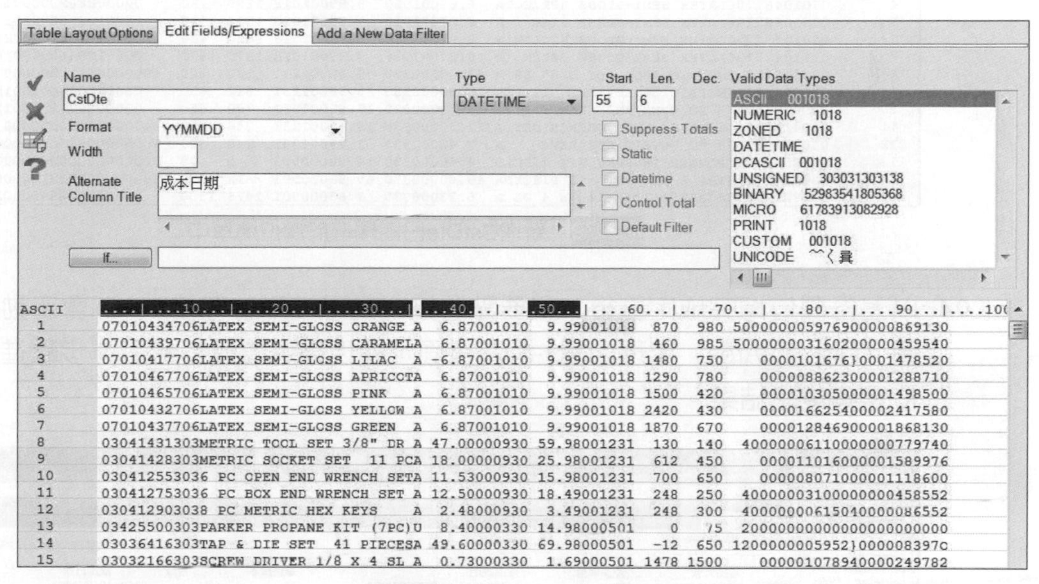

圖3-78 定義CstDte日期欄位

STEP**03** 點選 ✔ 按鈕回到編輯欄位及運算式先前畫面（如圖3-79），欄位清單中可以看到所定義之CstDte日期欄位已完成新增。

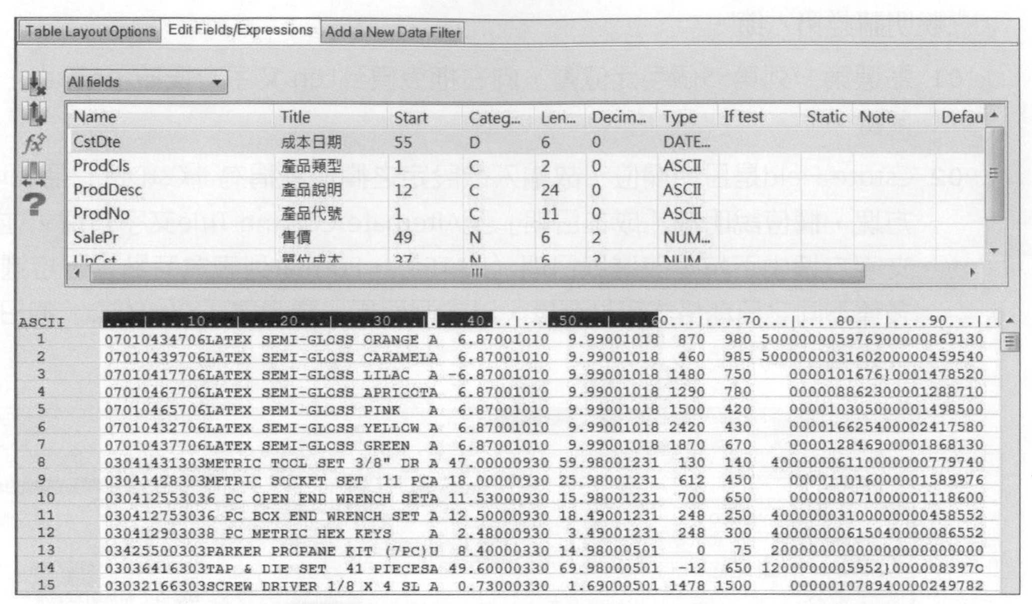

Name	Title	Start	Categ...	Len...	Decim...	Type	If test	Static	Note	Defau
CstDte	成本日期	55	D	6	0	DATE...				
ProdCls	產品類型	1	C	2	0	ASCII				
ProdDesc	產品說明	12	C	24	0	ASCII				
ProdNo	產品代號	1	C	11	0	ASCII				
SalePr	售價	49	N	6	2	NUM...				

```
ASCII  ....|....10...|....20...|....30...|....40...|....50...|....60...|....70...|....80...|....90...|..
  1   07010434706LATEX SEMI-GLOSS ORANGE A  6.87001010  9.99001018  870  980 500000005976900000869130
  2   07010439706LATEX SEMI-GLOSS CARAMELA  6.87001010  9.99001018  460  985 500000003160200000459540
  3   07010417706LATEX SEMI-GLOSS LILAC  A -6.87001010  9.99001018 1480  750     0000101676}0001478520
  4   07010467706LATEX SEMI-GLOSS APRICOTA  6.87001010  9.99001018 1290  780     00000886230000128871O
  5   07010465706LATEX SEMI-GLOSS PINK   A  6.87001010  9.99001018 1500  420     000010305000001498500
  6   07010432706LATEX SEMI-GLOSS YELLOW A  6.87001010  9.99001018 2420  430     000016625400002417580
  7   07010437706LATEX SEMI-GLOSS GREEN  A  6.87001010  9.99001018 1870  670     000012846900001868130
  8   03041431303METRIC TOOL SET 3/8" DR A 47.00000930 59.98001231  130  140  400000006110000000779740
  9   03041428303METRIC SOCKET SET  11 PCA 18.00000930 25.98001231  612  450     000011016000001589976
 10   030412553036 PC OPEN END WRENCH SETA 11.53000930 15.98001231  700  650     000008071000001118600
 11   030412753036 PC BOX END WRENCH SET A 12.50000930 18.49001231  248  250  400000031000000000458552
 12   030412903038 PC METRIC HEX KEYS    A  2.48000930  3.49001231  248  300  400000006150400000086552
 13   03425500303PARKER PROPANE KIT (7PC)U  8.40000330 14.98000501    0   75  200000000000000000000000
 14   03036416303TAP & DIE SET  41 PIECESA 49.60000330 69.98000501  -12  650 1200000005952}000008397C
 15   03032166303SCREW DRIVER 1/8 X 4 SL A  0.73000330  1.69000501 1478 1500     000001078940000249782
```

圖3-79 新增CstDte日期欄位於欄位清單中

STEP**04** 以上各欄位均完成定義後，只要點選按鈕便可結束並存檔，ACL會自動在顯示區（Display Area）出現如圖3-80之畫面，顯現來源檔資料依上述步驟進行各欄位定義後之結果。

	產品代號	產品類型	產品說明	單位成本	售價	成本日期
1	07010434706	07	LATEX SEMI-GLOSS ORANGE	6.87	9.99	10/18/2000
2	07010439706	07	LATEX SEMI-GLOSS CARAMEL	6.87	9.99	10/18/2000
3	07010417706	07	LATEX SEMI-GLOSS LILAC	-6.87	9.99	10/18/2000
4	07010467706	07	LATEX SEMI-GLOSS APRICOT	6.87	9.99	10/18/2000
5	07010465706	07	LATEX SEMI-GLOSS PINK	6.87	9.99	10/18/2000
6	07010432706	07	LATEX SEMI-GLOSS YELLOW	6.87	9.99	10/18/2000
7	07010437706	07	LATEX SEMI-GLOSS GREEN	6.87	9.99	10/18/2000
8	03041431303	03	METRIC TOOL SET 3/8" DR	47.00	59.98	12/31/2000
9	03041428303	03	METRIC SOCKET SET 11 PC	18.00	25.98	12/31/2000
10	03041255303	03	6 PC OPEN END WRENCH SET	11.53	15.98	12/31/2000
11	03041275303	03	6 PC BOX END WRENCH SET	12.50	18.49	12/31/2000
12	03041290303	03	8 PC METRIC HEX KEYS	2.48	3.49	12/31/2000
13	03425500303	03	PARKER PROPANE KIT (7PC)	8.40	14.98	05/01/2000
14	03036416303	03	TAP & DIE SET 41 PIECES	49.60	69.98	05/01/2000
15	03032166303	03	SCREW DRIVER 1/8 X 4 SL	0.73	1.69	05/01/2000
16	03032168303	03	SCREW DRIVER 1/4 X 6 SL	1.47	2.59	05/01/2000
17	03032230303	03	SCREW DRIVER NO.3 PHILL	1.22	2.29	05/01/2000
18	03032480303	03	ARC JOINT PLIERS 6"	3.99	4.69	05/01/2000
19	03032488303	03	ARC JOINT PLIERS 16"	9.40	14.98	05/01/2000
20	03003032303	03	LONG NOSE PLIERS 7"	5.00	6.98	05/30/2000
21	03093442304	03	DIAGONAL CUTTING PLIERS	4.98	7.79	05/30/2000
22	03030341303	03	8 OZ BALL PEIN HAMMER	3.90	4.69	08/30/2000
23	03030340303	03	12 OZ BALL PEIN HAMMER	4.12	5.29	08/30/2000
24	03030334303	03	STRAIGHT CLAW HAMMER	8.83	12.98	08/30/2000
25	13030560303	13	#4 SMOOTH PLANE	14.12	22.98	10/13/2000

圖3-80 顯示區畫面

5 增加欄位定義

如前所述，我們可先針對目前需要之資料表欄位進行定義便可，但資料表各欄位定義完成並存檔後，若發現有需要再增加欄位定義時，可依以下步驟進行新增。

STEP01 首先在專案總覽（Overview）中，確定資料表檔案Inventory.fil已開啟後，從Menu Bar選取「Edit」下拉式選單，並選擇Table Layout，這時候ACL會呼叫出先前設定過之資料表格式視窗（Table Layout Window），如圖3-81。

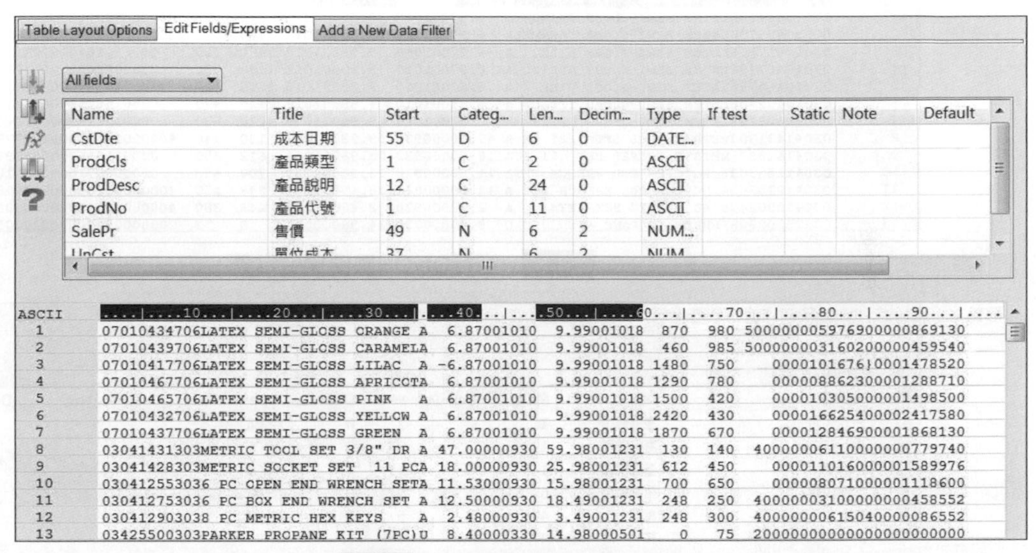

圖3-81 再度開啟資料表格式視窗

STEP02 以下操作方式與先前各型態欄位定義方式相同。

STEP03 點選第61個字元位置，向右拖曳直到Len.文字方塊出現5，輸入「QtyOH」至Name文字方塊中，輸入「在庫數量」至Alternate Column Title文字方塊中，從Type下拉選項，選擇「NUMERIC」，並至Dec文字方塊中輸入0（如圖3-82）。

STEP04 點選 ✔ 按鈕回到編輯欄位及運算式先前畫面（如圖3-83），欄位清單中可以看出除了先前已完成之欄位定義外，又新增了QtyOH欄位之定義，點選結束並存檔。

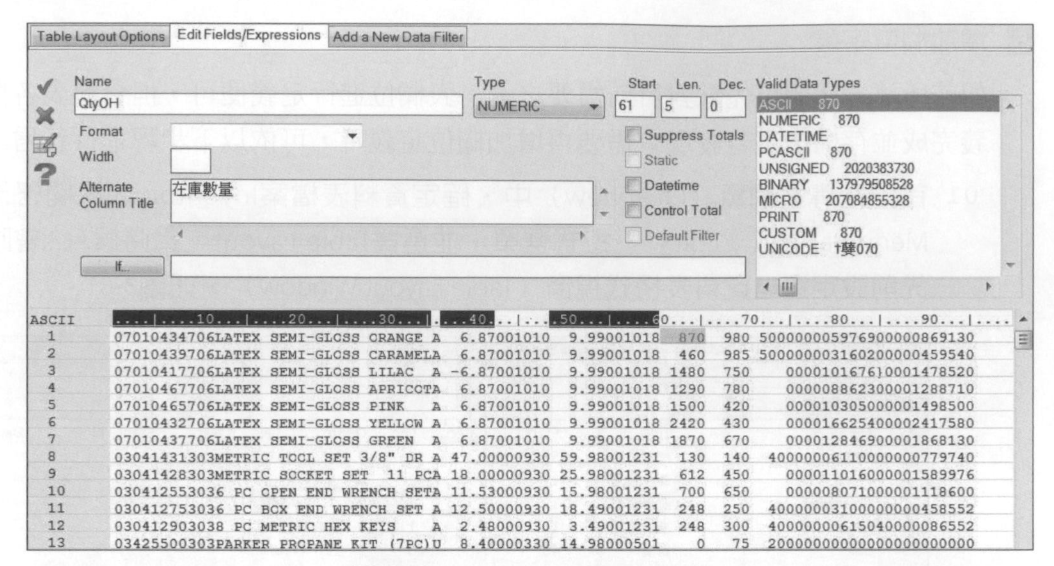

圖3-82 進行OtyOH數值欄位定義

Name	Title	Start	Categ...	Len...	Decim...	Type	If test	Static	Note	Default
ProdCls	產品類型	1	C	2	0	ASCII				
ProdDesc	產品說明	12	C	24	0	ASCII				
ProdNo	產品代號	1	C	11	0	ASCII				
QtyOH	在庫數量	61	N	5	0	NUM...				
SalePr	售價	49	N	6	2	NUM...				

圖3-83 新增QtyOH數值欄位於欄位清單中

6 刪除欄位定義

若有需要刪除某欄位定義時，可依以下步驟進行：

STEP01 在專案總覽（Overview）中，確定資料表檔案Inventory.fil已開啓後，從MenuBar選取「Edit」下拉式選單，並選擇Table Layout，這時候ACL會呼叫出先前設定過之資料表格式視窗（Table Layout Window）。

STEP02 選擇要刪除的欄位。

STEP03 點按畫面左側按鈕（Delete Fields），ACL會詢問是否要真的刪除這個欄位（如圖3-84）。

STEP**04**　按下「Delete」，則這個欄位定義將從欄位清單中消失（如圖3-85）。

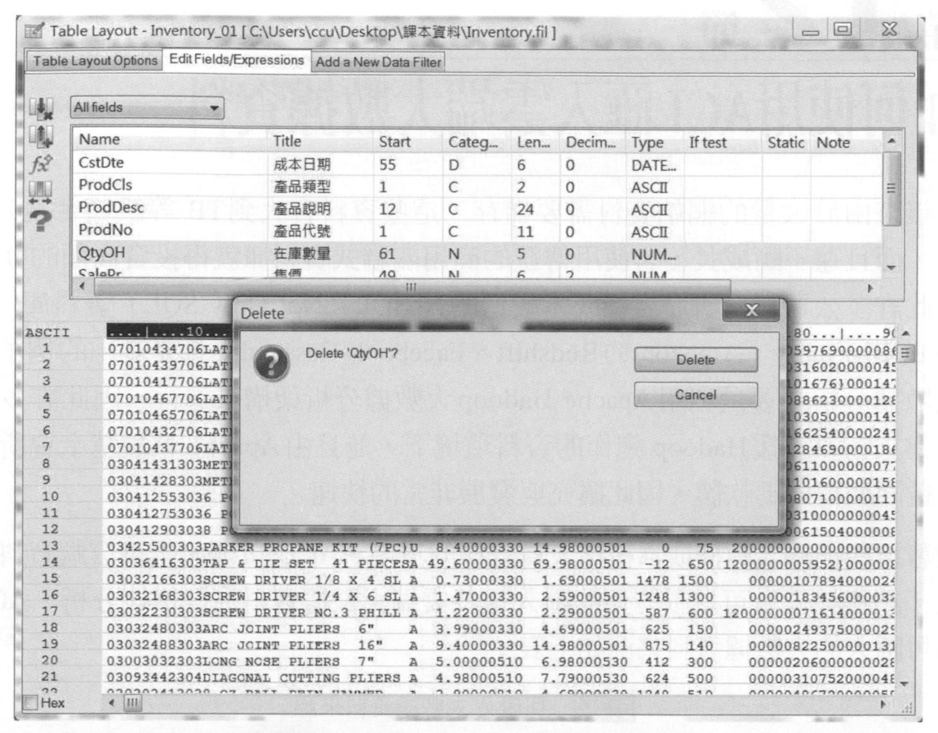

圖3-84　選擇並執行OtyOH欄位定義刪除

圖3-85　刪除OtyOH欄位定義執行結果畫面

第12節 如何使用ACL匯入雲端大數據資料

近年來由於大量的網站資料需要儲存，這些資料會大到TB 等級甚至是PB 等級的巨量，而且還不斷成長，若使用傳統的商用關聯式資料庫就得投資高額的軟硬體經費，因此許多公司開始研發各種成本較低的NoSQL（Not Only SQL）資料庫，例如：Google 的BigQuery、Amazon 的Redshift、Facebook Cassandra 都是其中的例子。由於雲端大數據分析主要是利用Apache Hadoop大數據分析架構來進行，因此許多雲端資料庫是建立在以支援Hadoop 運作的資料環境下，並且由Apache 軟體基金會所贊助開發的免費開放程式碼軟體，因此擴充與發展非常的快速。

隨著這些網路大數據成爲稽核人員查核的重點，ACL 12開始提供雲端資料庫匯入的功能，讓稽核人員可以很方便的匯入這些雲端大數據資料進行稽核分析。ACL 12.0版提供可匯入的大數據資料來源如下表：

表3-4 可匯入大數據資料來源

資料來源名稱	說明
Amazon Redshift	亞馬遜（Amazon）公司所提供的雲端資料倉儲服務
Google BigQuery	谷歌（Google）公司所提供的雲端資料即時分析服務
Cassandra	臉書（Facebook）的雲端資料庫
Salesforce	雲端客戶關係管理系統領導商的資料來源
Couchbase	一種文件資料庫，主要是用來儲存非結構性的文件，如：網頁
Drill	Drill是Apache軟體基金會為了實現如Google's Dremel系統一樣，可以結合Hadoop分析架構的雲端資料庫
DynamoDB	Amazon開發的分散式資料庫，用在Amazon的網路服務，例如：S3儲存服務、購物車等
HBase	Hadoop Database，是一個主要用來存儲非結構化和半結構化的鬆散數據的分散式資料庫
Hive	Apache Hive是基於Hadoop的一個資料倉儲工具，並提供完整的SQL查詢功能
Impala	Impala的功能類似Hive，是由Cloudera公司開發
MongoDB	一種文件資料庫，主要是用來儲存非結構性的文件，如：網頁
Spark	Apache Spark是由柏克萊大學的AMPLab所開發
Teradata	Teradata是一套大型資料倉儲系統，由美國加州理工學院的研究團隊Spin-off成立的公司Teradata開發

ACL 12起在功能列上提供一新選項Import，點選此選項即會到新的功能Database and Application（圖3-86），選入此功能即會進入到資料連接的畫面，若使用者要匯入在GoogleBigQuery雲端上的資料庫資料，只要點選Google BigQuery（圖3-87）即會出現下面設定連線的畫面。

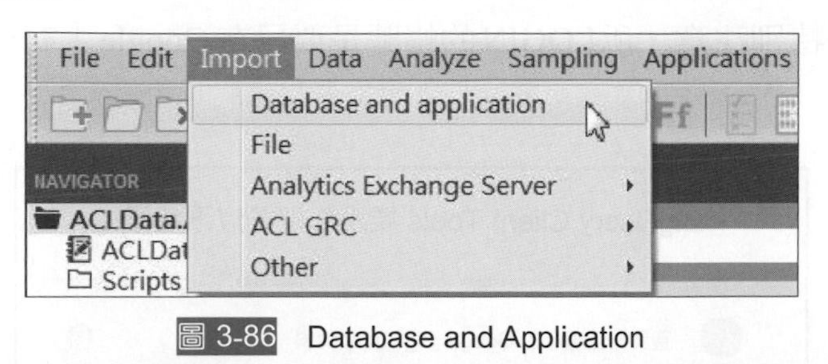

圖3-86　Database and Application

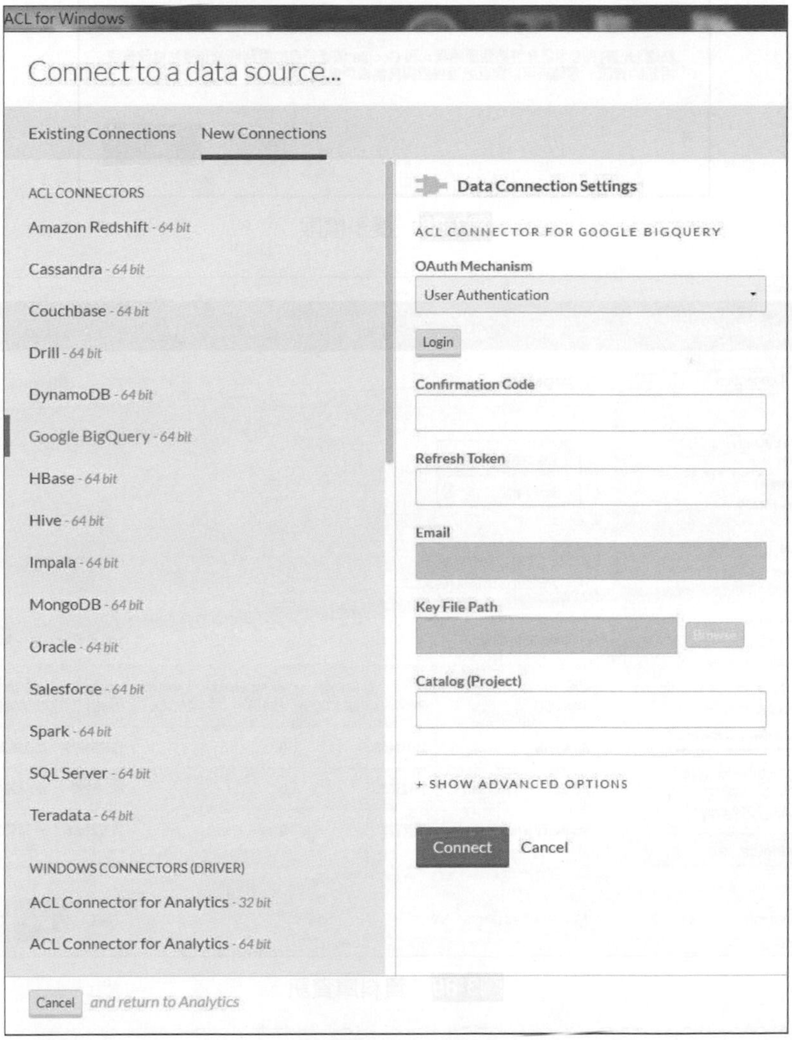

圖3-87　連線畫面

按下Login 輸入Gmail帳號密碼後，Google 就會顯示下列的畫面（圖3-88），按下允許即會取得授權碼。將授權碼複製到上圖的Confirmation Code欄位，並在其下方的Catalog欄位輸入你要使用的Google資料庫的名稱，即會將您資料庫上表格資訊顯示下列的畫面（圖3-89），只要點選所要的表格名稱然後按下SAVE，在雲端的資料即會開始匯入ACL。(要特別注意，所LOGIN的帳號是要已在Google上有申請BigQuery服務項目的帳號)。

BigQuery Client Tools 要求您授予以下權限：

查看及管理您的 Google BigQuery 資料

點選 [允許] 即表示您允許這個應用程式和 Google 依據各自的服務條款和隱私權政策使用您的資訊。您隨時可以變更這項權限與其他帳戶權限。

拒絕　允許

圖3-88　授予權限

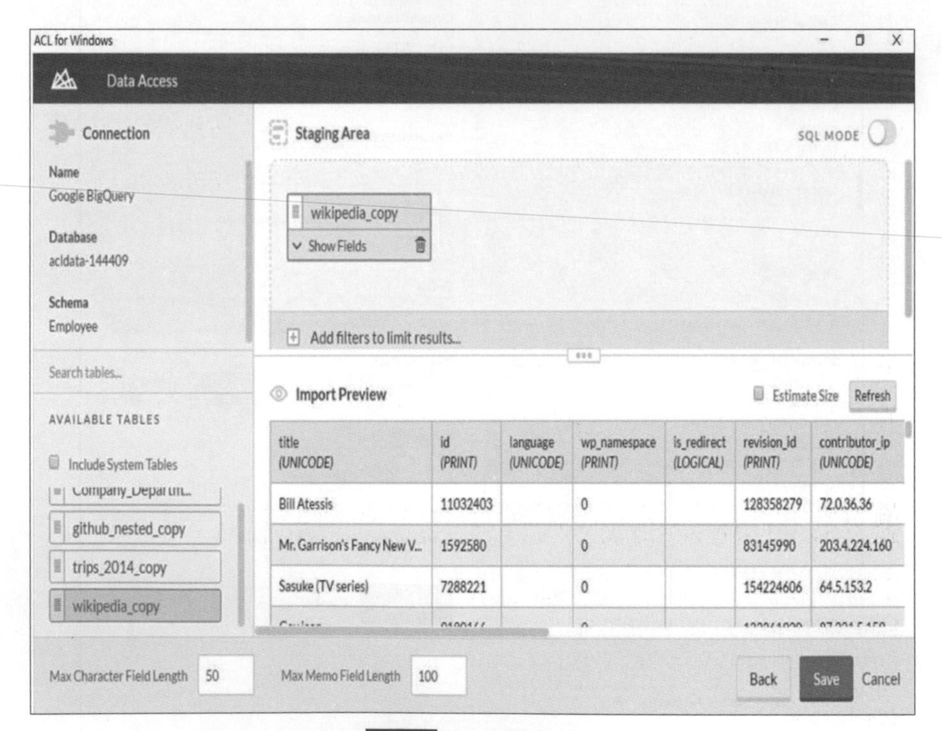

圖3-89　資料庫資訊

第13節
總　結

讀者在完成本章節學習以後，對於如何使用ACL在各種來源取得資料以及如何定義資料檔案的欄位名稱、欄位型態、每個欄位的起始位置及欄位長度等格式都能有更深入的了解，同時可清楚的知道這是利用電腦輔助查核工具進行專案查核最根本的工作，如果資料格式及內容定義不清楚或不適當，不但會減損查核效果，還可能會誤導決策。因此，爲了將出錯的可能性降到最低，除了不得不小心謹愼處理，在第四章我們也將爲您介紹如何做好資料驗證的工作，來解決資料遺失、雜訊等問題。

本章習題

一、選擇題

(　　) 1. ACL產生報表的方式，哪一項敘述是正確的？

(A) ACL可以產生XBRL的報表格式

(B) ACL可以產生Crystal Report Template

(C) ACL可以產生IBM EBCDIC Text File檔

(D) ACL可以產生SAS File檔

(E) 以上皆非

(　　) 2. 當定義Source Data中日期欄位資料時，要如何正確設定欄位型態中的日期格式？

2002-12-20

2004-07-05

(A) YY-MM-DD　(B) MMDDYYYY　(C) DDMMMYYYY　(D) YY/MM/DD　(E)以上皆非

(　　) 3. ACL對數值運算採用定點計算（Fixed Point Arithmetic）方法，而不用浮點計算（Floating Point Numbers）方法。為了預防不必要的四捨五入，我們必須調整算式，以避免截斷重要小數位數。試問下列哪項運算式的表達方式與其答案的呈現是正確的？

(A)1,000,000 * 2.00 / 3.00 = 666,666.6667　(B) (1,000,000 * 1.00) * 2.00 / 3 = 666,667

(C) 1,000,000 * 2.0 / 3 = 666,667　(D) 1,000,000 * 2.00 / 3 = 666,666.67

(E)以上皆非

(　　) 4. ACL對下列檔案進行格式定義時，哪些檔案會自動提供欄位格式定義（Table Layout）？

(A) DB2　(B) dBase File

(C) Excel File / Access File　(D) ODBC Source file

(E) 以上皆是

(　　) 5. ACL對數值運算採用以下哪種方法：

(A) 兩點運算　(B) 定點運算　(C) 浮點運算　(D) 數點運算　(E) 以上皆非

(　　) 6. 為了防止員工利用供應商以未授權方式將資金轉予自己，可利用下列哪些相同元素進行舞弊之查核？　1.地址、2.電話號碼、3.EIN、4.銀行帳戶、5.緊急聯絡地址、6.SNAP

(A) 地址、電話號碼

(B) EIN、銀行帳戶、緊急聯絡地址

(C) 地址、電話號碼、緊急聯絡地址、SNAP

(D) 地址、電話號碼、EIN、銀行帳戶、緊急聯絡地址

(E) 以上皆是

(　　) 7. 電腦資訊系統之應用控制包括建立處理電腦資料檔控制，以合理確保下列何一事項？

(A) 交易已適當轉換為機器可讀取之型態

(B) 交易（包括系統自動產生之交易）業經電腦適當處理

(C) 錯誤交易業經拒絕或更正

(D) 處理結果之正確性

(E) 以上皆是

(　　) 8. 電腦審計人員在測試受查者應收帳款帳齡報表的可靠性時，經常採用查核人員可以控制或自行設計之程式，再次處理實際交易資料，將處理結果與受查者的帳齡報表加以比較，此種電腦輔助查核技術為何？

(A) 資料測試法（test data）　(B) 平行模擬（parallel simulation）

(C) 整體測試法（integrated test facility）　(D) 標記與追蹤（tagging and tracing）

(E) 回歸測試法（regression testing）

(　　) 9. 查核SAP ERP系統供應商資料管理有效性時，可能使用到哪些資料檔？

(A) LFBK（供應商銀行帳號明細檔）　(B) BSAK（付款明細檔）

(C) LFA1（廠商主檔）　(D) PA0009（員工銀行帳號明細檔）

(E) 以上皆是

(　　) 10. ACL匯入時若採用ODBC方式匯入資料，以下哪一種資料型態需要自行定義？

(A) 文字型態　(B) 數字型態

(C) 日期型態　(D) 以上均需自行定義

(E) 以上均不需自行定義

二、問答題

1. 「Byte、Kilobyte、Megabyte、Gigabyte、Terabyte、Petabyte、Exabyte、Zettabyte、Yottabyte」上述為位元組的計量單位，試說明其之間的關係為何？
2. 請說明目前常見的字元碼，並解釋其運作原理為何？
3. 請說明字元、欄位、記錄、資料檔、平面檔案之間的關係為何？
4. 請說明XML 格式在網際網路上的用途與使用方式。
5. 請列出三種以XML為基礎的資料交換標準語言。
6. 請說明XBRL格式與IFRS國際會計準則間的關係。
7. 請列示五種ACL可讀取的資料格式型態。
8. 請說明ACL對數值運算採用定點運算，而不是採用浮點運算的原因。

9. ACL在測試資料前，為什麼必須先要建立資料表格式，其目的為何？
10. 請說明資料欄位型態的定義以文字欄位、數值欄位、及日期為例，在使用上有何區別？
11. JACK銀行之內部稽核人員今日打算利用ACL作測試，以了解銀行與客戶之間往來記錄與借款期限是否符合規定。據了解JACK銀行成立於民國55年，且業務範圍主要是長期借款給客戶。目前最長的借款期限為30年。試問，ACL中的起始紀元應設定為何才能正確顯示查核結果？為什麼？
12. 請說明ACL匯出資料檔案的型態有哪些？其匯出功能的目的為何？
13. 請說明繁體中文Encoded 的字型標準有哪些，為何會有這些不同？
14. 請說明Unicode與Utf8間的差異為何？
15. 使用ACL 匯入一ASCII文字檔，結果中文顯示危亂碼，請問該如何處理？

三、實作題

1. 請利用ACL資料定義精靈匯入總帳資料檔（Genled.fil），並且定義資料表格式（File Layout）如下：(請參考本書所附之光碟片)

General Ledger File Layout

Name	Type	Start	Length	Decimals	Field explanation
GL_Account	ASCII	1	5		會計科目
Trans_Amount	NUMERIC	6	9	2	交易金額, 格式”（9,999,999.99）”
Journal_Entry	ASCII	15	5		傳票代號
JE_Date	DATE	20	6		傳票日期 PICTURE” yymmdd”
Misc_Field	ASCII	26	8		

2. 請於手動定義ACL資料表格式，資料檔名為「Hr_file.fil」：（請參考本書所附之光碟片）
註：記錄長度為20字元

The record length is 20

Hr_file.fil File Layout

Name	Type	Start	Length	Decimals	Field explanation
Employee_Last_Name	ASCII	1	8		員工姓名
Employee_Number	ASCII	9	5		員工代號
Salary_Rate	NUMERIC	14	5	2	員工薪水

3. 請利用新增欄位的方式，將傳票日期（JE_Date）分別新增年、月、日三個欄位。

4. 請將第一題中的三個欄位匯出：GL_Account、Trans_Amount、Journal_Entry，並以Excel格式另存新檔，檔名取名為「GL_Excel.xls」。

5. 請上網到政府開放資料平台網站http://data.gov.tw/下載由行政院公共工程委員會所提供的拒絕往來廠商公告XML 資料檔，並將此檔匯入ACL中。

四、實驗題：實驗二

<table>
<tr><th>實驗名稱</th><th>實驗時數</th></tr>
<tr><td>建立您的查核專案與匯入查核資料</td><td>2小時</td></tr>
<tr><th colspan="2">實驗目的</th></tr>
<tr><td colspan="2">開始建立第一個電腦稽核查核專案，並練習匯入各種類型的查核資料與定義資料格式功能來產生必要的查核欄位。讀完本書第三章後，再配合此實驗的進行，讓您可以更熟練ACL 定義資料格式的各種不同方法。</td></tr>
<tr><th colspan="2">實驗內容</th></tr>
<tr><td colspan="2">本實驗內容範例為Metaphor Corporation（麥塔佛公司），一家生活用品製造公司。公司主管想要使用ACL來分析員工使用公司提供的信用卡之交易紀錄。此專案所需的資料檔有Credit_Cards_Metaphor.xls、Trans_April.xls、Unacceptable_codes.txt、Company_Department.txt、Employees.csv、Acceptable_codes.mdb、Report.txt、Zipcode、IFRS共九個資料檔，相關資料檔在隨書的光碟上的CH3Data 路徑下。（本內容同第三章第八節的內容，您需要建立一個新專案重新的練習一次匯入資料的方法。）
本實驗研究重點：
▪ 了解如何建立一個新專案。
▪ 了解如何從不同資料源取得資料檔。
▪ 了解如何操作表格的Table Layout來定義資料格式。
▪ 由現有的資料來新增一新欄位。</td></tr>
<tr><th colspan="2">實驗設備</th></tr>
<tr><td colspan="2">▪ ACL軟體10.0以上版本及PC個人電腦（安裝Win XP以上，硬碟空間至少100MB）。
▪ 測試資料檔案：使用本書所提供的CD內檔案或直接到稽核自動化知識往下載案例資料檔。</td></tr>
<tr><th colspan="2">實驗步驟</th></tr>
<tr><td colspan="2">Step01　使用Window的檔案管理建立一個此實驗所需的路徑，取名實驗專案。
Step02　開啓ACL，使用其上的新增專案功能將專案存至Step1所建的路徑下。
Step03　重新練習第二章第六節與第三章第八節的內容，將七個表格資料匯入到此專案中。
Step04　瀏覽Credit_Cards_Metaphor的Table Layout，並將其記錄下來。
Step05　瀏覽Employees的Table Layout，並將其記錄下來。
Step06　瀏覽Report的Table Layout，並將其記錄下來。
Step07　比較上面三個表格的Table Layout資料型態與說明中間的差異。</td></tr>
</table>

NOTE

04 資料驗證技術

學習目標

本章節會利用ACL來驗證資料檔案，確保資料屬性是否和指定欄位型態相符、確認資料檔記錄的筆數、計算原始資料中數值或運算欄位的加總來驗證是否有遺失值、統計分析數值與日期欄位資料、彙整一個以上數值欄位的統計資料、使用順序、重複、缺漏指令來協助驗證資料的正確性，在此您將會了解如何操作ACL完成上述工作，以有效提升資料品質。

本章摘要

- ACL驗證資料檔案的方法有哪些
- 如何進行資料格式的驗證
- 如何運用計數與總和指令驗證資料完整性
- 如何運用順序、缺漏和重複指令驗證資料完整性
- 統計和剖析驗證資料可靠性

第1節 資料驗證的技巧

在所有的稽核專案，驗證資料是很重要的一個階段，因爲若查核的資料有問題，則後面再作的其他分析效果就大打折扣了，因此爲確保受查資料表未包含有損壞的資料、資料格式適當與資料完整，稽核人員必須驗證這些資料具有可靠性。

傳統的驗證方式包含有：

1 格式的驗證

確認所取的資料其格式是否爲查核所要的格式與欄位。

2 資料筆數的驗證

計算所取的資料筆數與實際的資料筆數是否一致。

3 總數的驗證

計算所取的數值資料欄位的加總數與實際的資料加總數是否一致。

4 資料是否依照順序排列

若資料是有順序規則的，則可以檢查所取得的資料是否是有依照此順序規則排列。

5 資料是否遺漏

若資料有序號規則，則可以檢查所取得的資料是否有漏號的情形。

6 資料是否重複

若資料是不可以重複的，則可以檢查所取得的資料是否有重複的情形。

7 資料的內容是否合理

若資料是有一定的範圍，則可以檢查所取得的資料是否都在範圍內、數值資料是否有不適當的字元、離群值數量是否異常等。

8 資料內容的驗證

抽樣比對幾筆資料內容，檢查是否和實際資料一致。

第2節 驗證資料格式

ACL提供稽核人員簡單的指令（Verify）來驗證所查核的資料檔格式是否正確，由於電子檔案傳遞時可能會產生雜訊問題（Noisy Data）或是儲存媒體的物理特性問題，造成檔案損毀，因此在查核前需要進行檔案驗證。Verify指令驗證除檢查資料格式外，亦會檢查內容，例如：在文字欄位中檢查是否有不可列印的字元（Unprintable Characters）資料。而數值欄位中檢查是否有不適當的數值字元資料，如加號「＋」、減號「－」或過多的小數點（Decimal Point）「.」。

稽核人員在開始進行檔案測試前，可使用驗證（Verify）指令去驗證資料格式正確性，確保資料屬性是否和指定欄位型態相符。ACL的練習專案內提供一個已有損壞的資料檔Badfile，可以供讀者來練習此指令。

❖ ACL驗證資料的操作步驟

STEP01 開啓專案內的資料表格，例如：開啓ACLData.acl專案中的Badfile資料表。

STEP02 從Menu Bar中選取「Data」下拉式選單，選取「Verify」，就會出現Verify對話視窗（如圖4-1）。

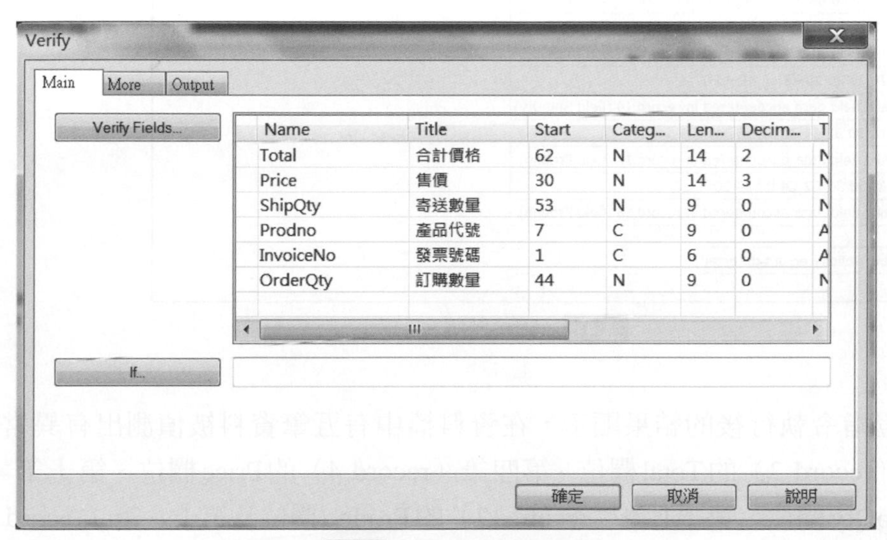

圖4-1 Verify對話視窗

STEP03 點選「Verify Fields」（驗證欄位）按鈕，出現Selected Fields選擇欄位對話視窗。在資料表格式（Table Layout）中，所有的欄位將顯示於Available Fields可選欄位列表盒中（如圖4-2）。

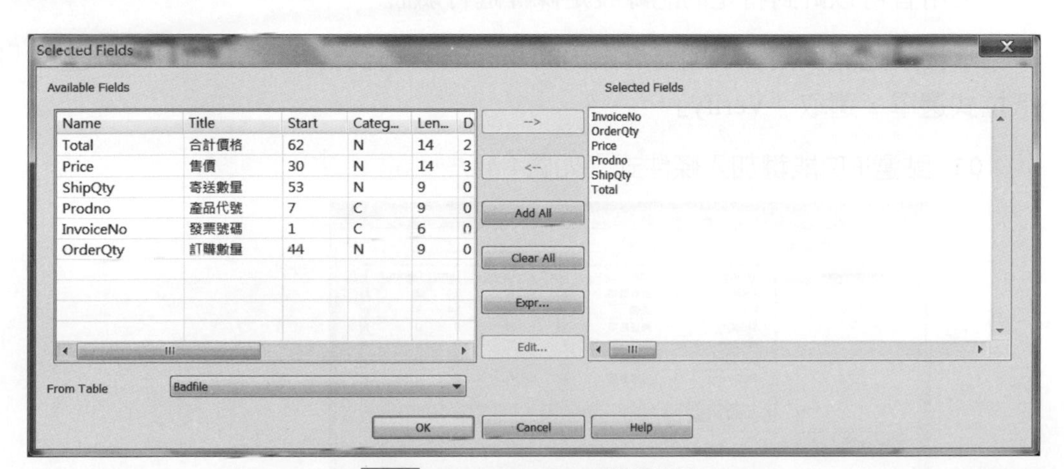

圖4-2 Selected Fields對話視窗

STEP04 點選「Add All」全選按鈕，選擇驗證全部欄位到Selected Fields已選欄位列表盒。

STEP05 按「OK／確定」按鈕執行Verify（驗證指令），其驗證結果會顯示於畫面中（如圖4-3）。

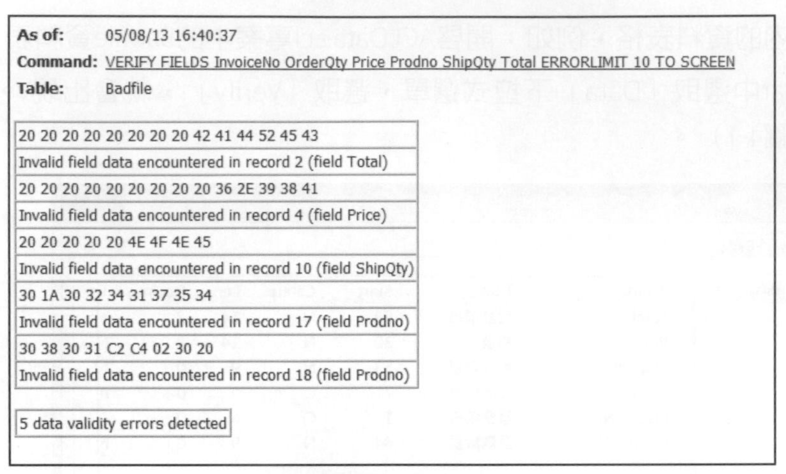
As of: 05/08/13 16:40:37
Command: VERIFY FIELDS InvoiceNo OrderQty Price Prodno ShipQty Total ERRORLIMIT 10 TO SCREEN
Table: Badfile

20 20 20 20 20 20 20 20 42 41 44 52 45 43
Invalid field data encountered in record 2 (field Total)
20 20 20 20 20 20 20 20 36 2E 39 38 41
Invalid field data encountered in record 4 (field Price)
20 20 20 20 20 4E 4F 4E 45
Invalid field data encountered in record 10 (field ShipQty)
30 1A 30 32 34 31 37 35 34
Invalid field data encountered in record 17 (field Prodno)
30 38 30 31 C2 C4 02 30 20
Invalid field data encountered in record 18 (field Prodno)

5 data validity errors detected

圖4-3 驗證結果

此驗證指令執行後的結果顯示，在資料檔中有五筆資料被偵測出有異常，分別爲第二筆（record 2）的Total欄位、第四筆（record 4）的Price欄位、第十筆（record 10）的ShipQty欄位、第十七筆（record 17）的Prodno欄位及第十八筆（record 18）的Prodno欄位。由於檢查的方式是透過低階的資料數據分析，因此會顯示該欄位實際存於檔案上的二進制值，如 20 20 20 20 20 20 20 20 42 41 44 52 45 43。

❖ 使用IF條件配合驗證

使用者可以針對特定的記錄設定條件進行驗證。

承接上述實例演練，開啓專案內的Badfile資料表格，從Menu Bar中選取「Data」下拉式選單，選取「Verify」。

STEP01 點選IF功能鍵加入條件式（如圖4-4）。

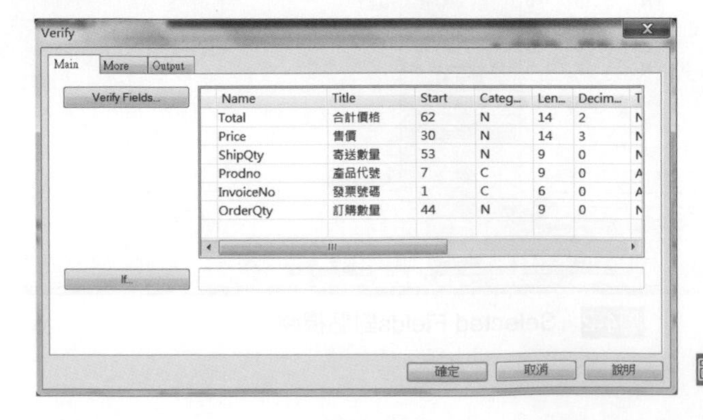

圖4-4 Verify對話框

STEP**02** 出現Expression Builder對話框，篩選條件為Sale Price小於10，在Expression中輸入「Price < 10」（如圖4-5），點選「OK / 確定」按鈕回到Verify對話框。

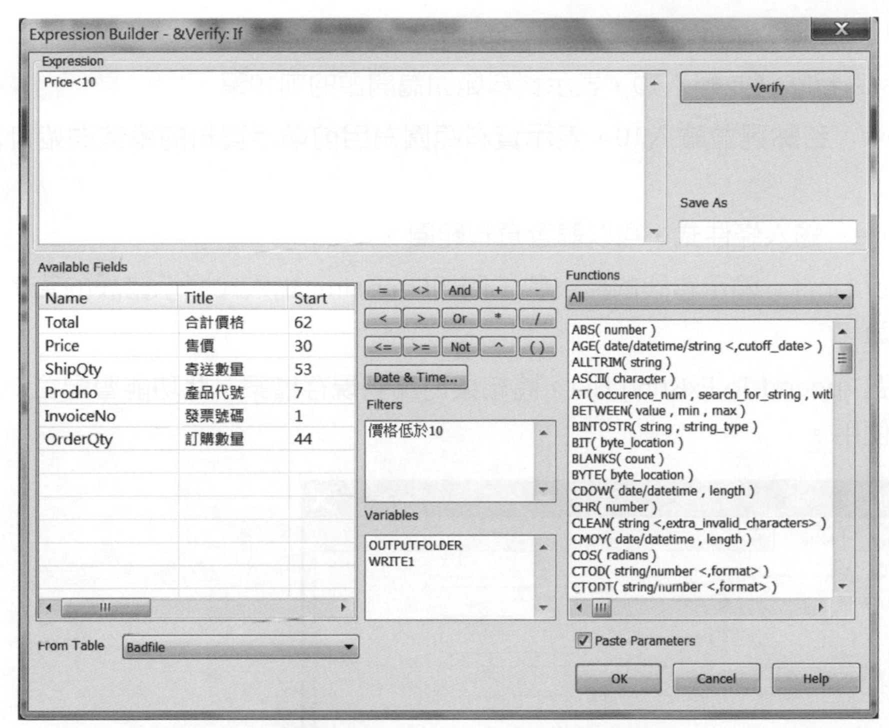

圖4-5　Expression Builder對話框

STEP**03** 回到Verify對話框，點選Verify Fields選擇資料檔（如圖4-6）。按「OK / 確定」按鈕回到Verify對話框。

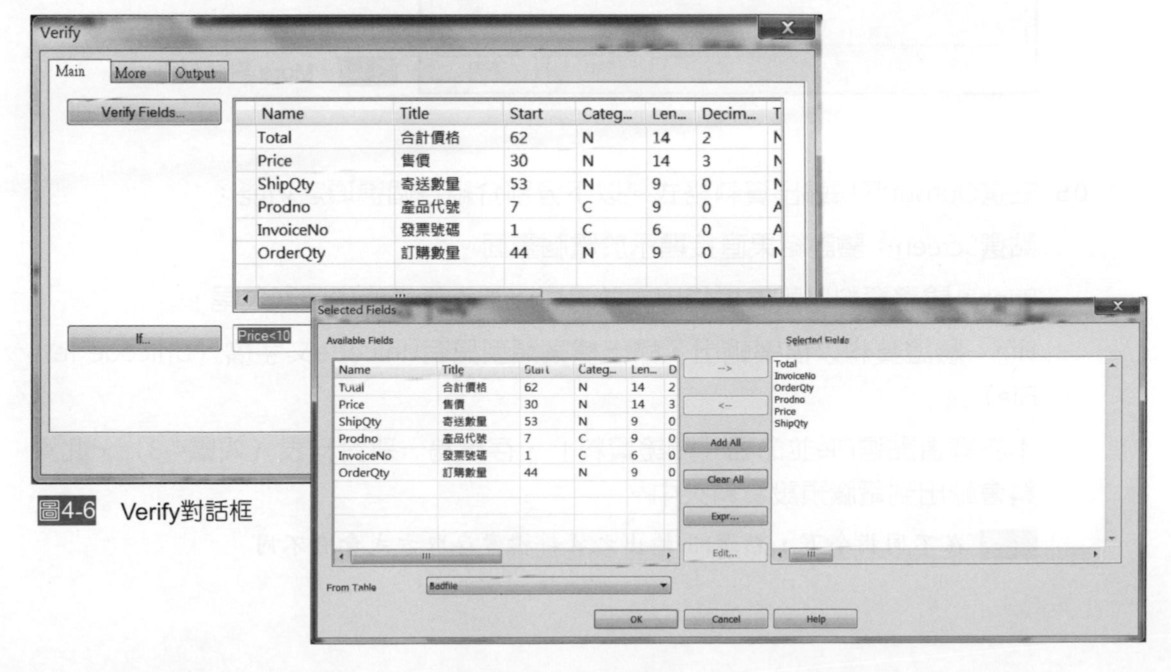

圖4-6　Verify對話框

STEP**04** 點選More可以選擇輸出資料的範圍（如圖4-7）。

以下介紹各個選項之功能：

ALL：選擇全部資料範圍。

First：若點選並輸入10，表示資料範圍為開頭的前10筆。

Next：若點選並輸入10，表示資料範圍為目前顯示資料的筆數開始計算下10筆。

While：輸入條件式，可以篩選資料範圍。

Error Limit：顯示錯誤的最大數，例如Error Limit輸入10顯示錯誤的筆數最大為10筆。

勾選Append To Existing File：將結果附加到現存檔案，此功能會配合Output一起使用。

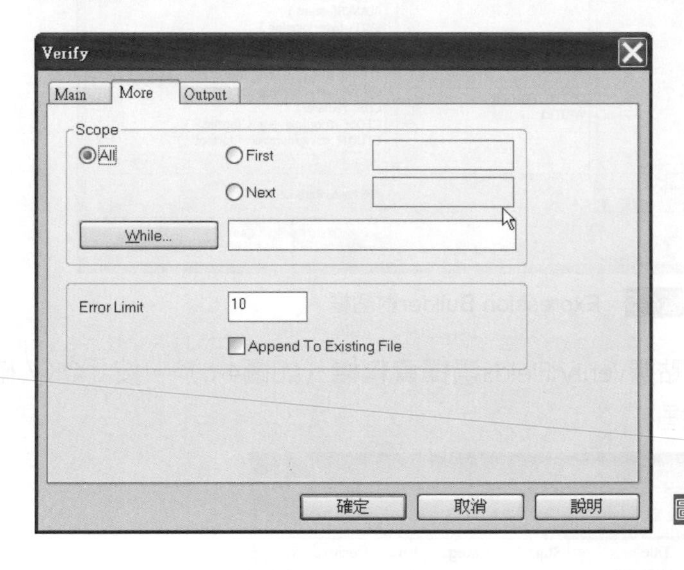

圖4-7 More 對話視窗

STEP**05** 點選Output選擇輸出資料格式。以下分別介紹各個選項之功能：

點選Screen：驗證結果直接顯示於電腦畫面。

Print：驗證資料以報表檔輸出，並且可以加入報表的表頭與表尾。

File：驗證資料以檔案輸出。輸出檔案類型只有Unicode文字檔（Unicode Text File）。

本次練習點選File並命名「驗證資料」，存檔為一新資料表（如圖4-8），此資料會輸出到電腦預設資料夾中。

注意 在不同指令下，點選File輸出之資料檔案存取方式會有不同。

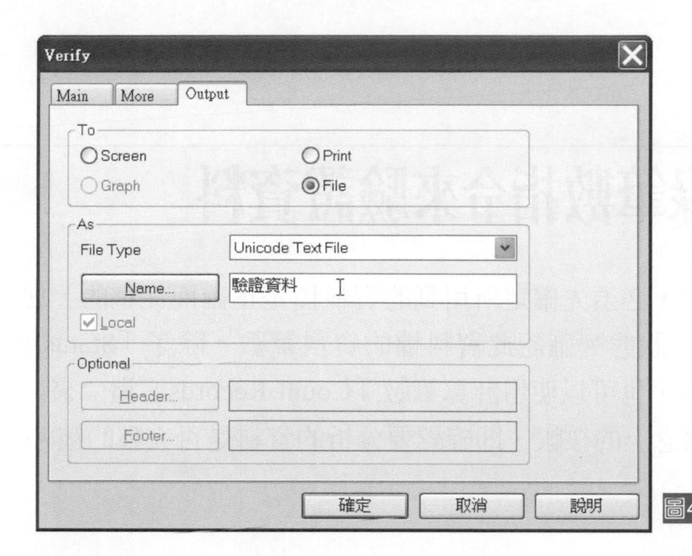

圖4-8 輸出對話視窗

STEP06 按「OK／確定」按鈕執行Verify（驗證指令），其驗證結果會顯示於畫面中，由驗證結果知道檔案已輸出至電腦預設資料夾（如圖4-9）。

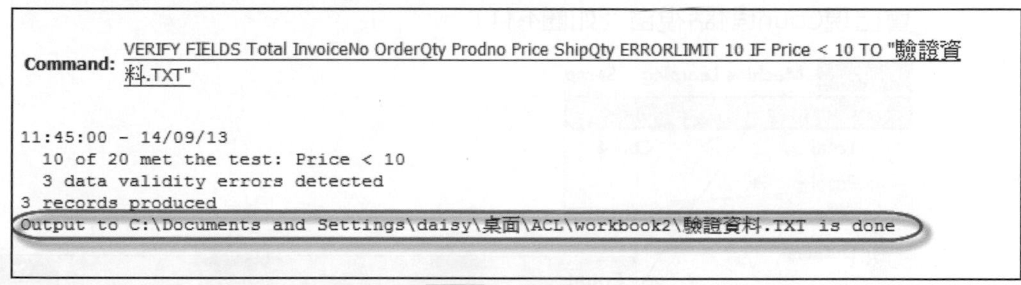

圖4-9 驗證結果

STEP07 打開檔案檢視驗證結果，此驗證指令執行後的結果顯示，Sale Price小於10中，有三筆資料被偵測出有異常。（如圖4-10）。

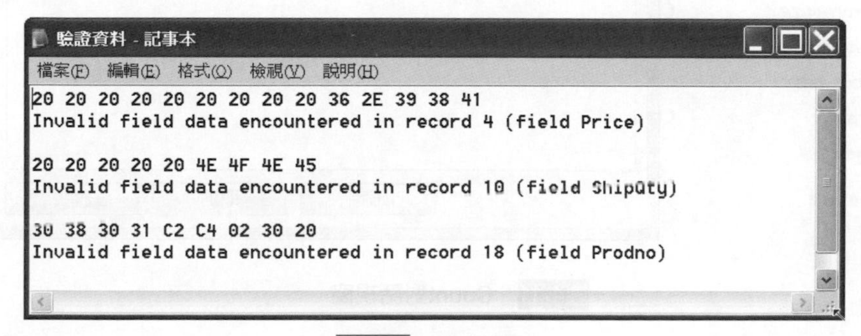

圖4-10 輸出檔案

第3節 利用計算記錄筆數指令來驗證資料

當第一次使用來源檔時，必須先確定所用到的資料檔是正確而完整的，您可以從畫面最下端的「Status Bar」狀態列確認此資料檔的資料筆數。除了「Status Bar」可以顯示資料檔資料筆數之外，也可以使用計算筆數「Count Records」指令來測試資料檔筆數。此功能即為一般概念上的核帳，即確認要分析的資料是否完整的被ACL所取得。

❖ ACL實際操作

STEP01 開啓專案內的資料表格，例如：開啓ACLData.acl專案中的資料表Ap_Trans。

STEP02 從Menu Bar中選取「Analyze」分析下拉式選單，選取「Count」計算筆數，就會出現Count對話視窗（如圖4-11）。

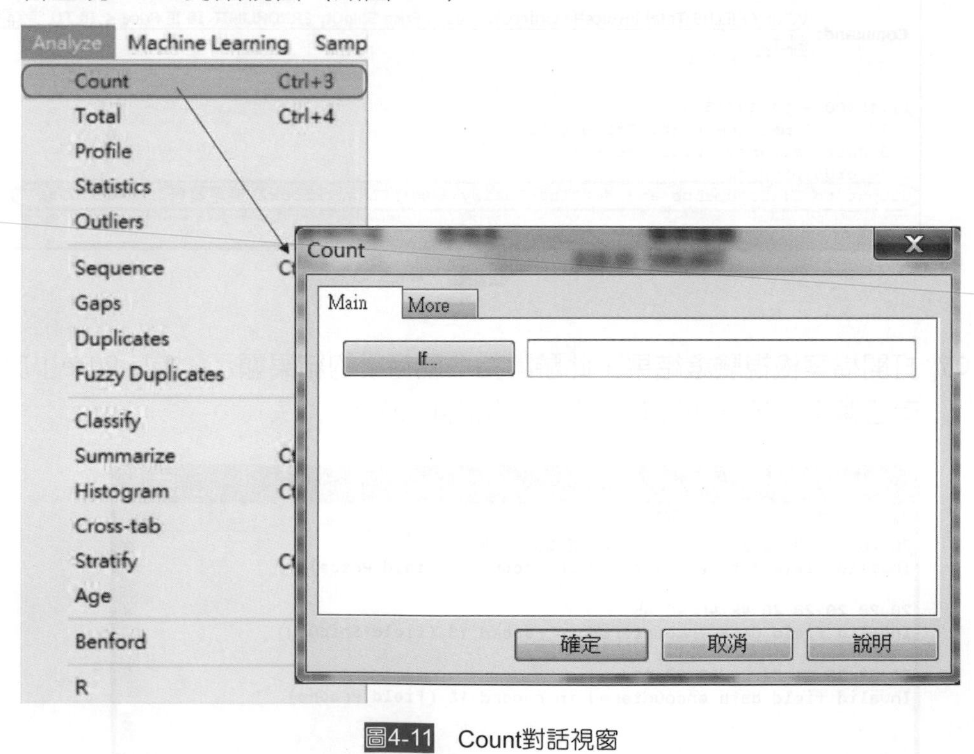

圖4-11 Count對話視窗

STEP03 按「OK／確定」按鈕，ACL將計算筆數，此時可以從結果顯示於畫面上的結果顯示頁籤中，如果和帳上的總數一致，那表示所下載資料沒有遺漏記錄（如圖4-12）。

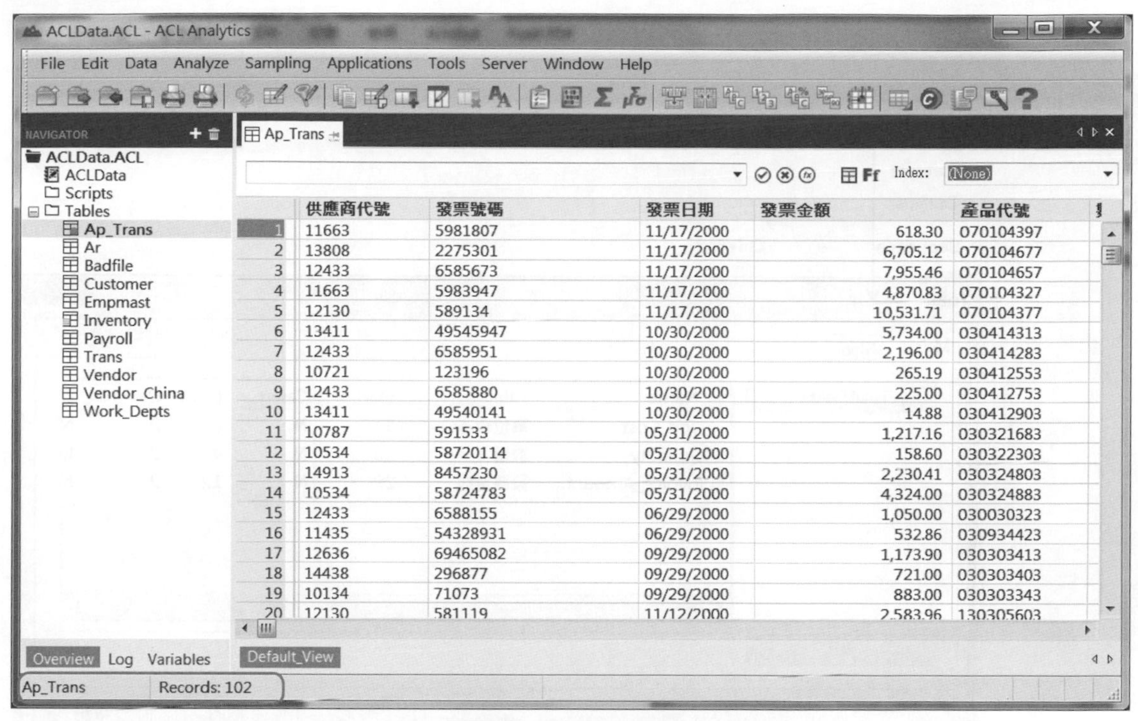

圖4-12　計算筆數結果

此驗證指令執行後的結果顯示，在資料檔中總計有102筆資料，稽核人員可以用此數字去核對資料數是否一致。

第4節 利用總數指令來驗證資料

總數指令（Total Fields）可顯示在原始資料檔裡數值欄位或運算欄位的加總，此功能亦可輔助您來確認下載的資料有沒有遺漏的記錄。

❖ ACL實際操作

STEP01 開啓專案內的資料表格，例如：開啓ACLData.acl專案中的資料表Ap_Trans。

STEP02 Menu Bar中選取「Analyze」下拉式選單，選取「Total」總和指令，就會出現Total對話視窗（如圖4-13）。

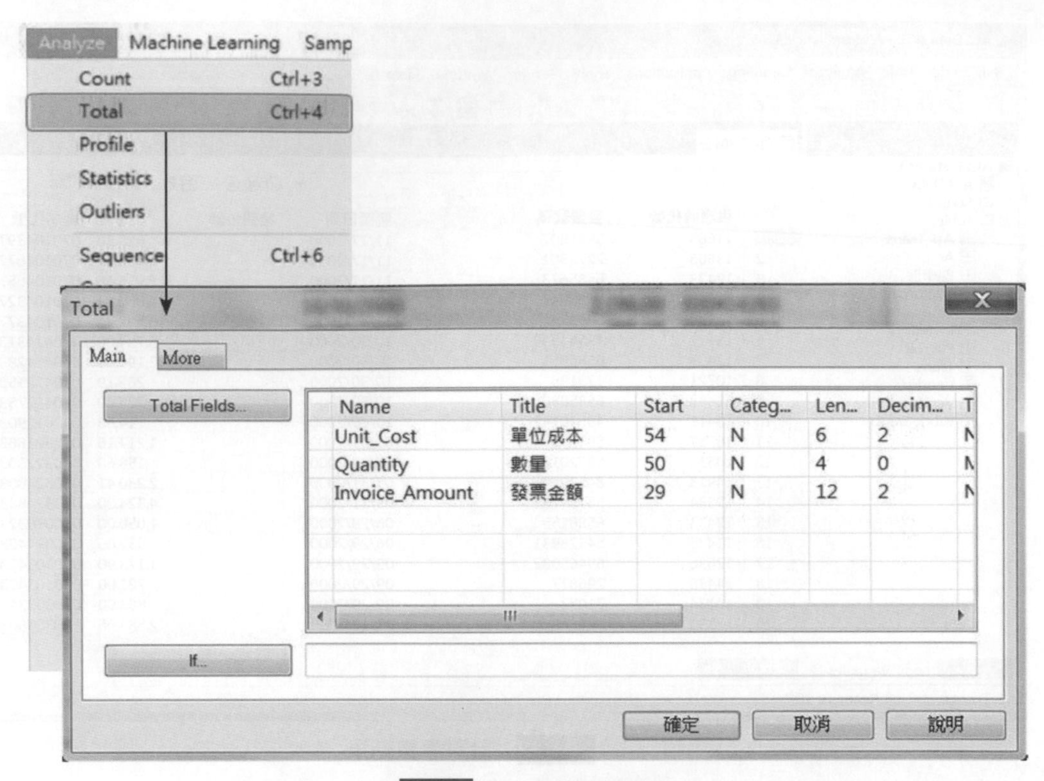

圖4-13 Total 對話視窗

由於Total指令只針對數值欄位運作，所以在Total對話視窗中只顯示資料檔中的數值欄位以供選擇。

STEP**03** 點選「Total Fields」按鈕，出現Selected Fields對話視窗（如圖4-14）。

STEP**04** 點選「Add All」按鈕後，將會選取所有欄位至Selected Fields列表盒。

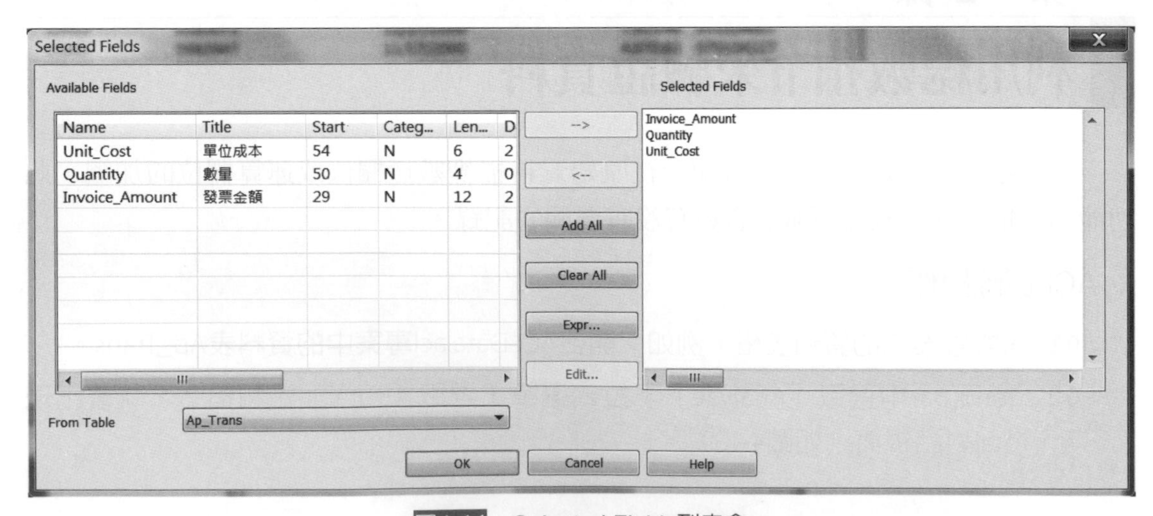

圖4-14 Selected Fields列表盒

STEP05 在Selected Fields對話視窗下，按「OK／確定」按鈕，ACL會將所加總的結果顯示於畫面上的結果顯示頁籤中（如圖4-15）。

As of: 05/08/13 16:55:16
Command: TOTAL FIELDS Invoice_Amount Quantity Unit_Cost
Table: Ap_Trans

Invoice_Amount	278,641.33
Quantity	37,107
Unit_Cost	1,522.29

圖4-15 加總的結果

此驗證指令執行後的結果顯示，在資料檔中的三個數值欄位Invoice_Amount其總數爲278,641.33、欄位Quantity其總數爲37,107、欄位Unit_Cost 其總數爲1,522.29，稽核人員可以用此數字去核對實際資料總數是否一致。

❖ 快速執行總和指令

STEP01 開啓AP_Trans資料表，利用鍵盤上的按鍵Ctrl，可直接於View中選取發票金額、數量和單位成本的標頭（Headings）（如圖4-16）。

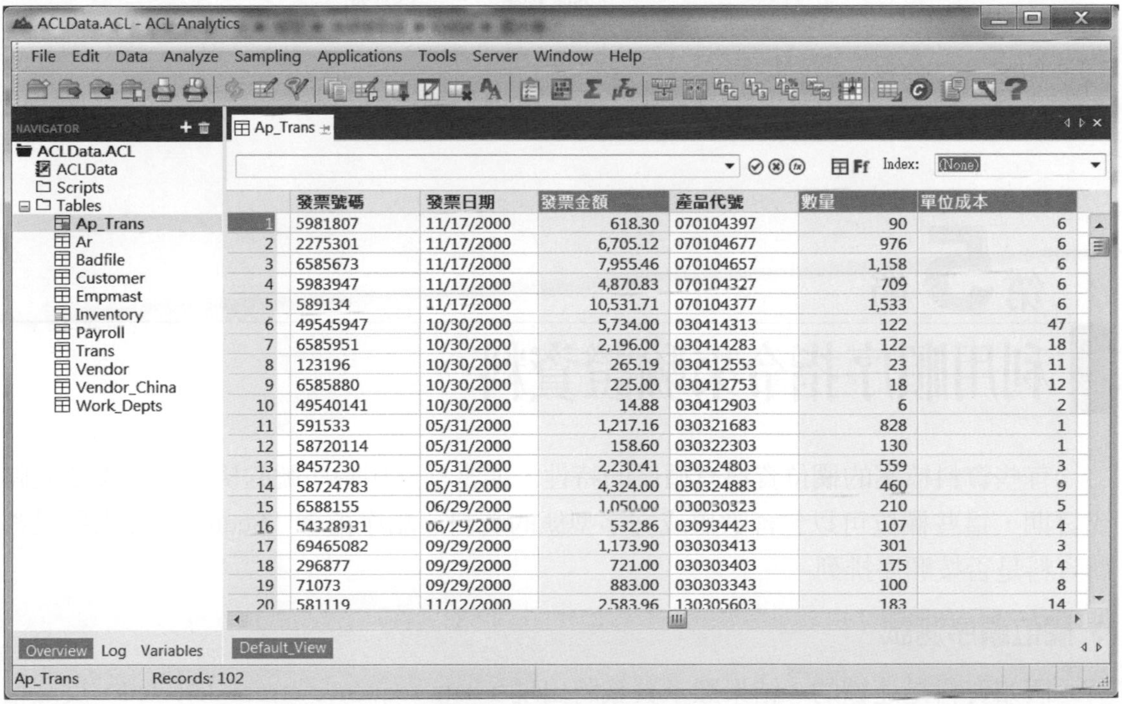

ACLData.ACL - ACL Analytics

File Edit Data Analyze Sampling Applications Tools Server Window Help

NAVIGATOR

ACLData.ACL
ACLData
Scripts
Tables
Ap_Trans
Ar
Badfile
Customer
Empmast
Inventory
Payroll
Trans
Vendor
Vendor_China
Work_Depts

Ap_Trans

Index: (None)

	發票號碼	發票日期	發票金額	產品代號	數量	單位成本
1	5981807	11/17/2000	618.30	070104397	90	6
2	2275301	11/17/2000	6,705.12	070104677	976	6
3	6585673	11/17/2000	7,955.46	070104657	1,158	6
4	5983947	11/17/2000	4,870.83	070104327	709	6
5	589134	11/17/2000	10,531.71	070104377	1,533	6
6	49545947	10/30/2000	5,734.00	030414313	122	47
7	6585951	10/30/2000	2,196.00	030414283	122	18
8	123196	10/30/2000	265.19	030412553	23	11
9	6585880	10/30/2000	225.00	030412753	18	12
10	49540141	10/30/2000	14.88	030412903	6	2
11	591533	05/31/2000	1,217.16	030321683	828	1
12	58720114	05/31/2000	158.60	030322303	130	1
13	8457230	05/31/2000	2,230.41	030324803	559	3
14	58724783	05/31/2000	4,324.00	030324883	460	9
15	6588155	06/29/2000	1,050.00	030030323	210	5
16	54328931	06/29/2000	532.86	030934423	107	4
17	69465082	09/29/2000	1,173.90	030303413	301	3
18	296877	09/29/2000	721.00	030303403	175	4
19	71073	09/29/2000	883.00	030303343	100	8
20	581119	11/12/2000	2,583.96	130305603	183	14

Overview Log Variables

Default_View

Ap_Trans Records: 102

圖4-16 直接選取資料欄位

STEP02 接著從Menu Bar中選取「Analyze」下拉式選單，選取「Total」指令，結果將立刻顯示於畫面上的結果顯示頁籤中（如圖4-17）。

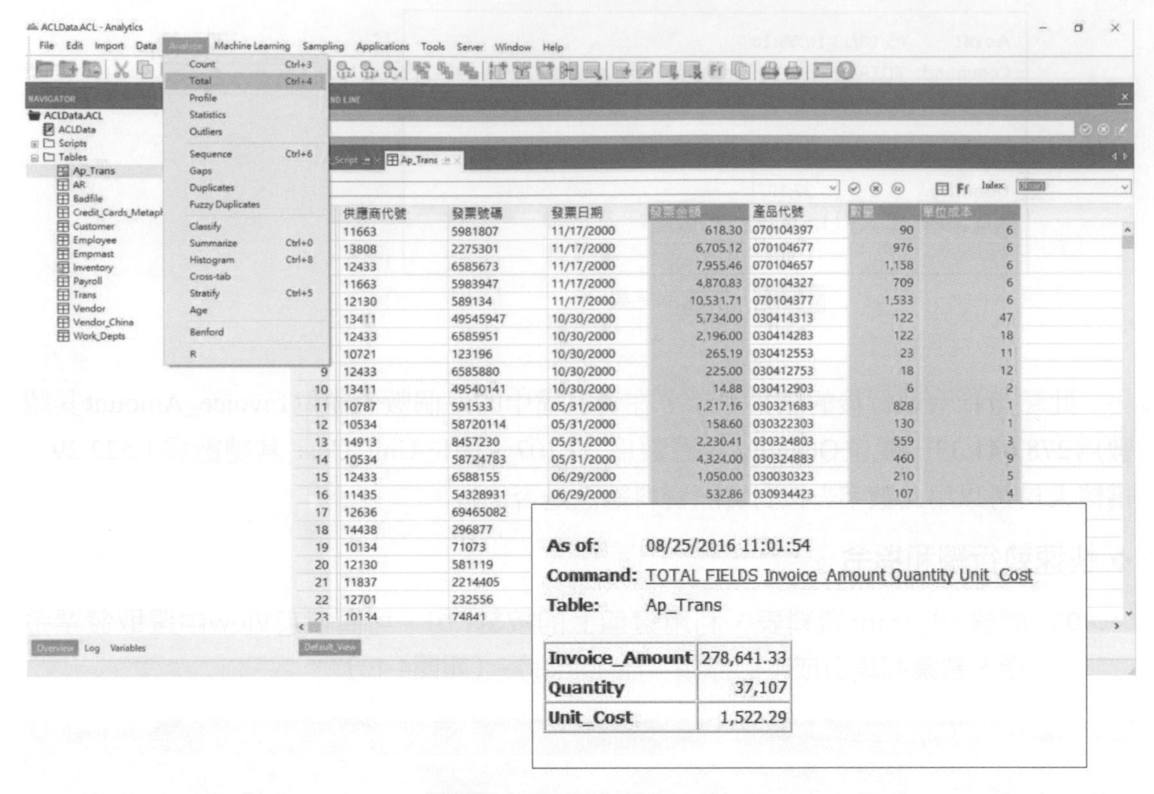

圖4-17 選取「Total」指令

第5節 利用順序指令來驗證資料

有些資料檔案的欄位資料有循序的特性，通常稱爲序時序號的檢查，如支票號碼或日期，這些欄位可以包含數值或文字型態的資料。順序指令（Sequence）主要是判斷資料是否按順序排列。

❖ 欄位順序測試

假如資料是連續的，結果顯示頁籤將出現0 data sequence errors detected，反之結果顯示頁籤會報告有多少記錄沒有順號，並列出這些記錄。

❖ ACL順序測試的操作

STEP01 開啓專案內的資料表格，例如：開啓ACLData.acl專案中的Payroll資料表（Table）。

STEP02 從Menu Bar中，選取「Analyze」下拉式選單，選擇「Sequence」，就會出現Sequence對話框（如圖4-18）。

STEP03 在「Sequence On」列示清單中，選擇EmpNo。

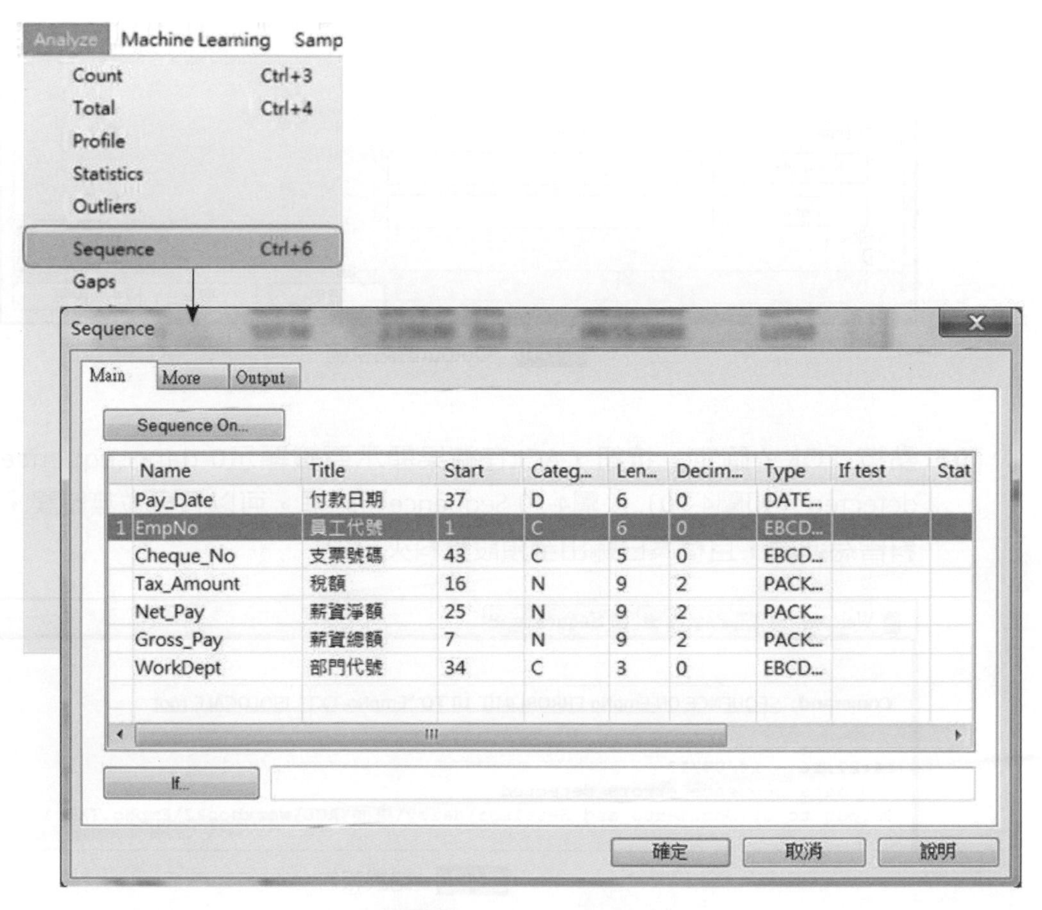

圖4-18 Sequence對話框

STEP**04** 在Output選擇File，並輸入檔名EmpNo（如圖4-19）。

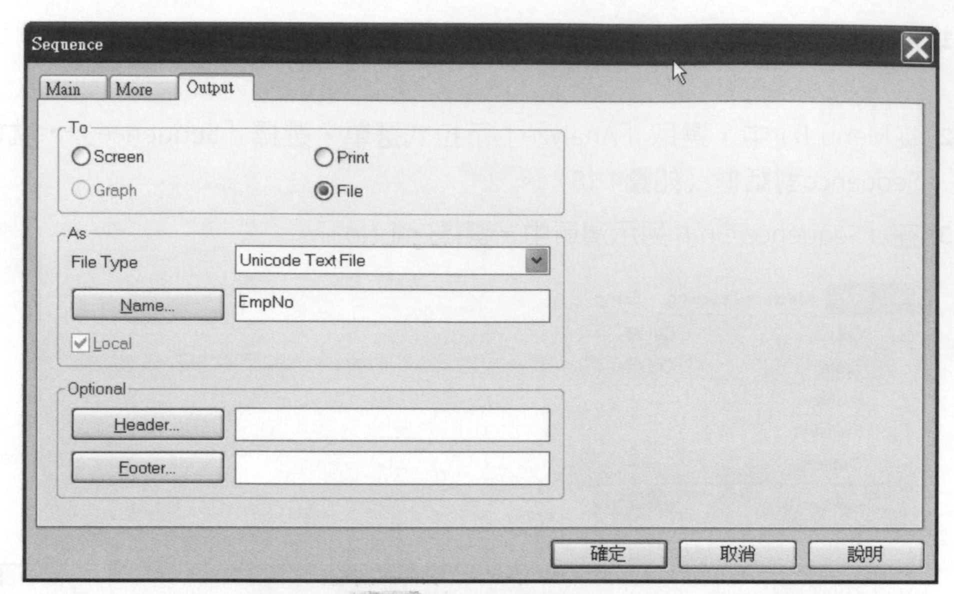

圖4-19 Output對話視窗

STEP**05** 點按「OK／確定」按鈕，ACL在結果顯示頁籤顯示0 data sequence errors detected（如圖4-20）。圖4-20 Sequence對話框，可以看見並無錯誤，表示資料皆為連續，且檔案已輸出至預設資料夾。

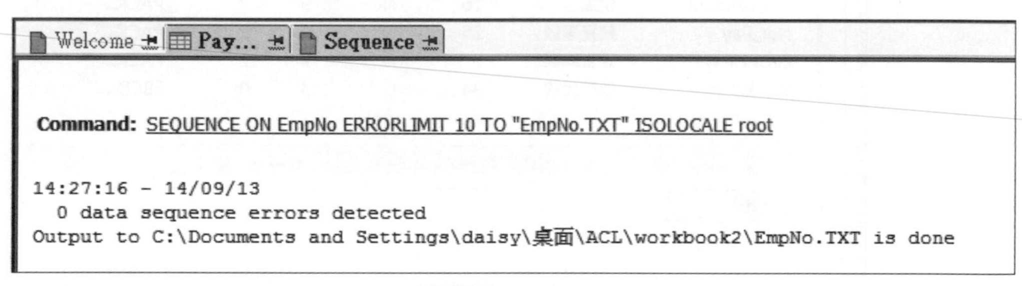

圖4-20 錯誤報告

第6節 利用缺漏指令來驗證資料

如要驗證所要查核的資料是否有缺漏，則可以使用缺漏指令（Gaps），此指令只能應用在事前已排序好的循序資料檔上。GAP指令可以對所指定欄位的進行缺漏或抽單的查核，如果資料是在混雜字元的數值欄位上執行缺漏資料指令。舉例來說「A12345」，則ACL會自動忽略文字型態字元只測試數字，例如若下一筆記錄是「B12346」，ACL會將欄位中的「A」和「B」忽略並回報此序列沒有缺漏資料。

❖ ACL利用缺漏指令來驗證資料的操作

STEP01 點選Payroll資料表。在Menu Bar中選取「Analyze」下拉式選單，點選「Gaps」，即出現Gaps對話視窗，在「Gaps」列示清單中，選擇Cheque_No。

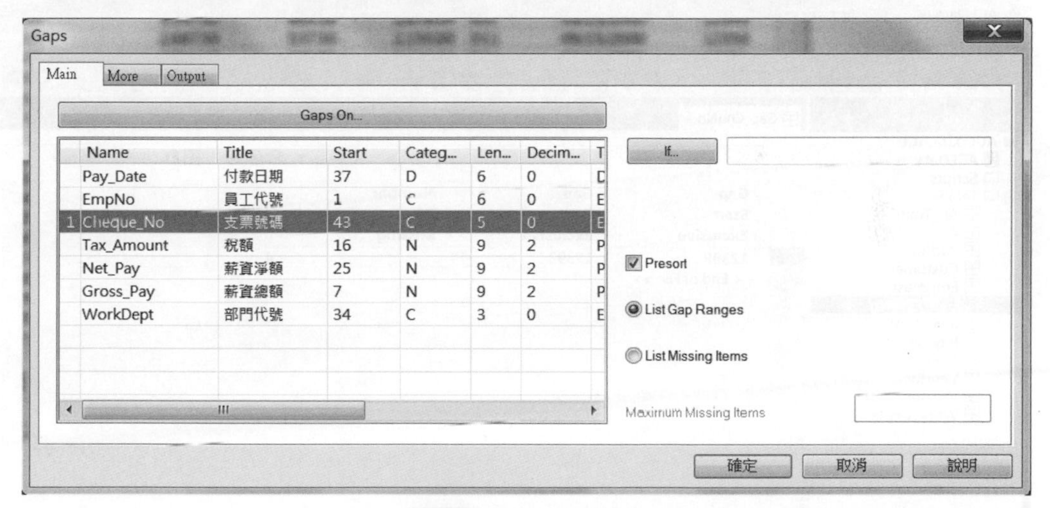

圖4-21 Gap對話視窗

STEP02 點選Output。本練習可自由選擇點選Screen，直接出現資料畫面。或選擇File，並輸入檔名Gap_ChqNo，點選「OK／確定」按鈕儲存資料表（如圖4-22）。

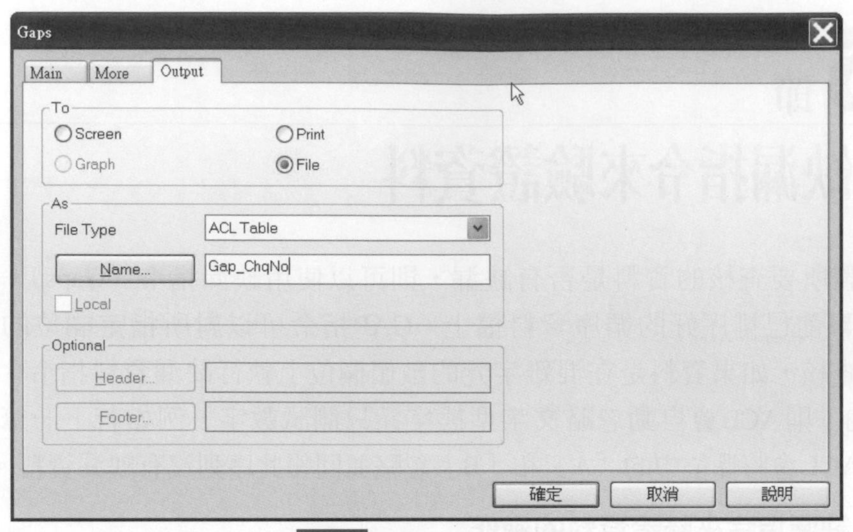

圖4-22 Output對話視窗

STEP03 1. 選擇File，輸出檔會在專案總覽顯示，可直接點出資料表（如圖4-23）。

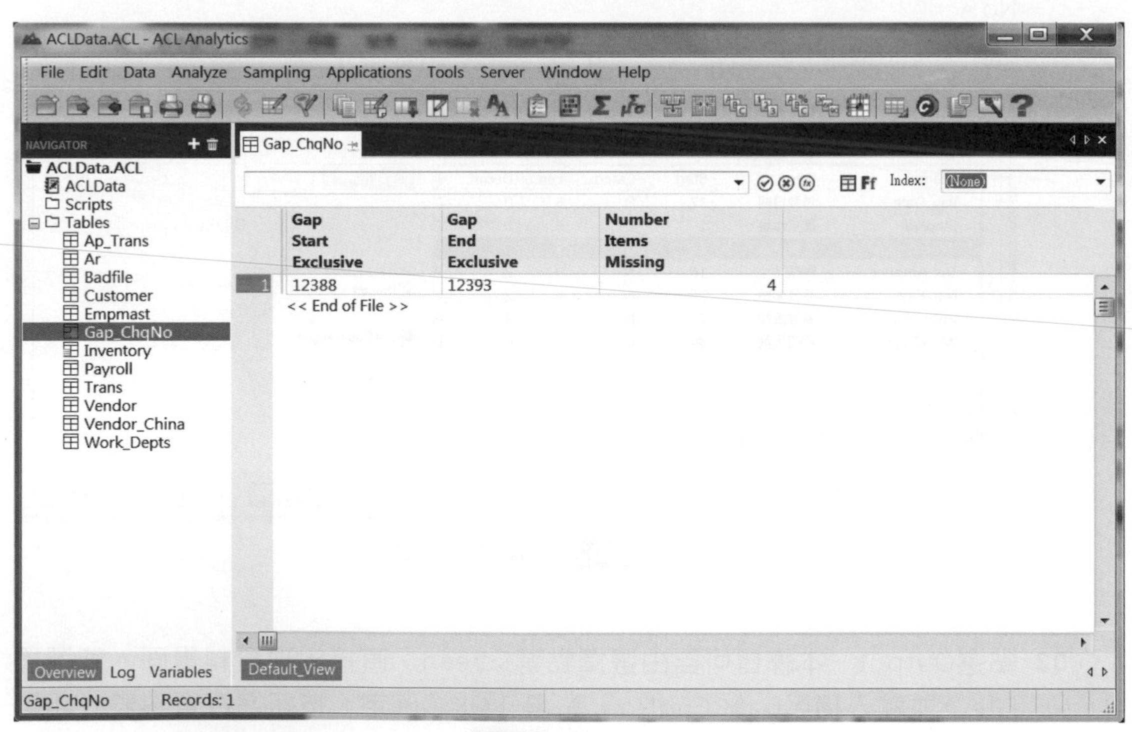

圖4-23 顯示結果

2. 若選擇Screen，則執行結果如圖4-24。

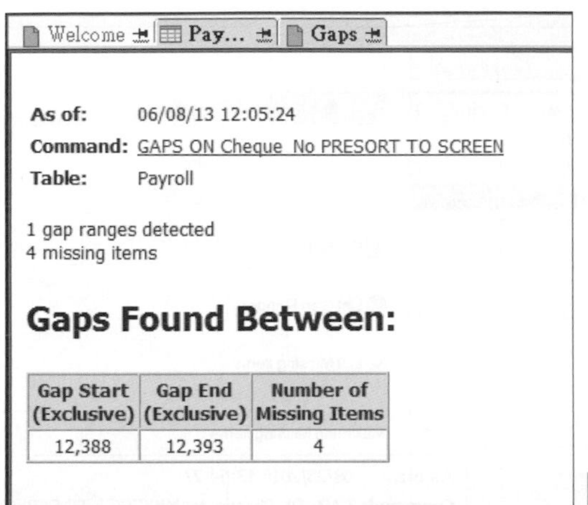

圖4-24 Gaps檢查結果

在圖4-21畫面上，你另外會看到有幾個選項的功能，分別說明如下：

Presort（先排序）：點選此功能，則在執行Gap指令前，系統會先將資料進行排序，如此可以確保資料是排序過才進行Gap分析，但也因此讓速度變慢，因此若已確認資料排序過，則可以不用選Presort以加速分析的進行。

List Gap Ranges（列出缺漏資料的範圍）：Gap分析後顯示的結果是以範圍為主（如圖4-25）。

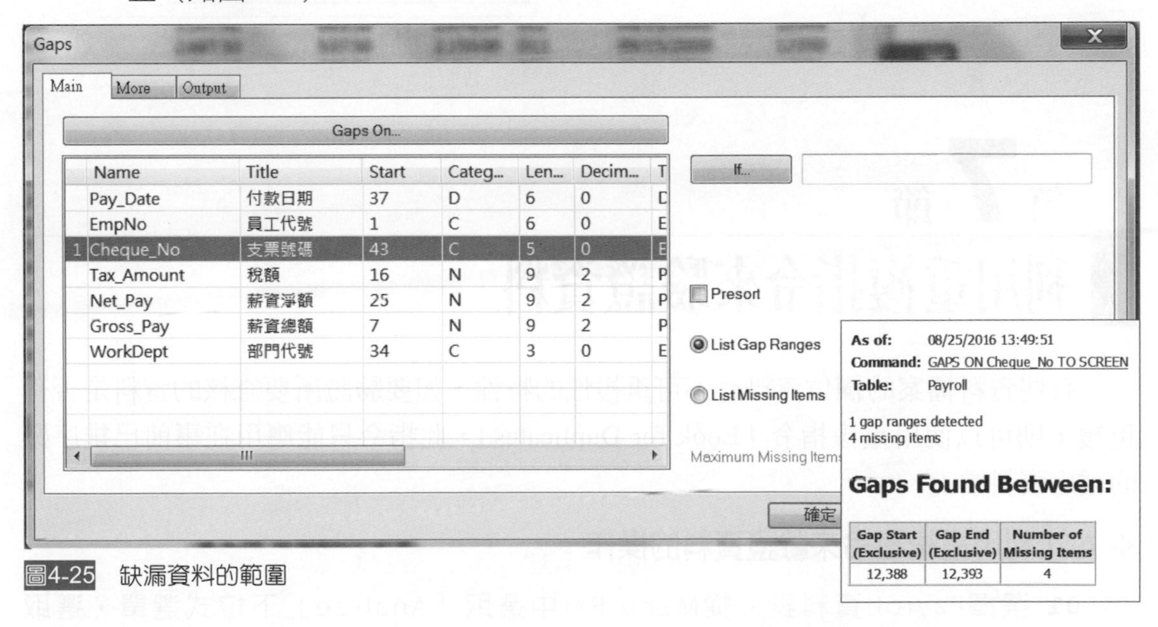

圖4-25 缺漏資料的範圍

List Missing Items（列出缺漏資料的項目）：Gap分析後顯示的結果是以項目為主（如圖4-26）。

支票號碼	Gap Start (Inclusive)	Gap End (Inclusive)	Number of Missing Items
12,389			1
12,390			1
12,391			1
12,392			1

圖4-26 缺漏資料的項目

第7節 利用重複指令來驗證資料

有些資料檔案的欄位資料有不可重複性的特性，如要驗證所要查核的資料是否有重複，則可以使用重複指令「Look for Duplicates」，此指令只能應用在事前已排序好的循序資料檔上。

❖ ACL利用重複指令來驗證資料的操作

STEP01 選擇Payroll資料表。從Menu Bar中選取「Analyze」下拉式選單，選取「Duplicates」，就會出現Duplicates對話視窗（如圖4-27）。

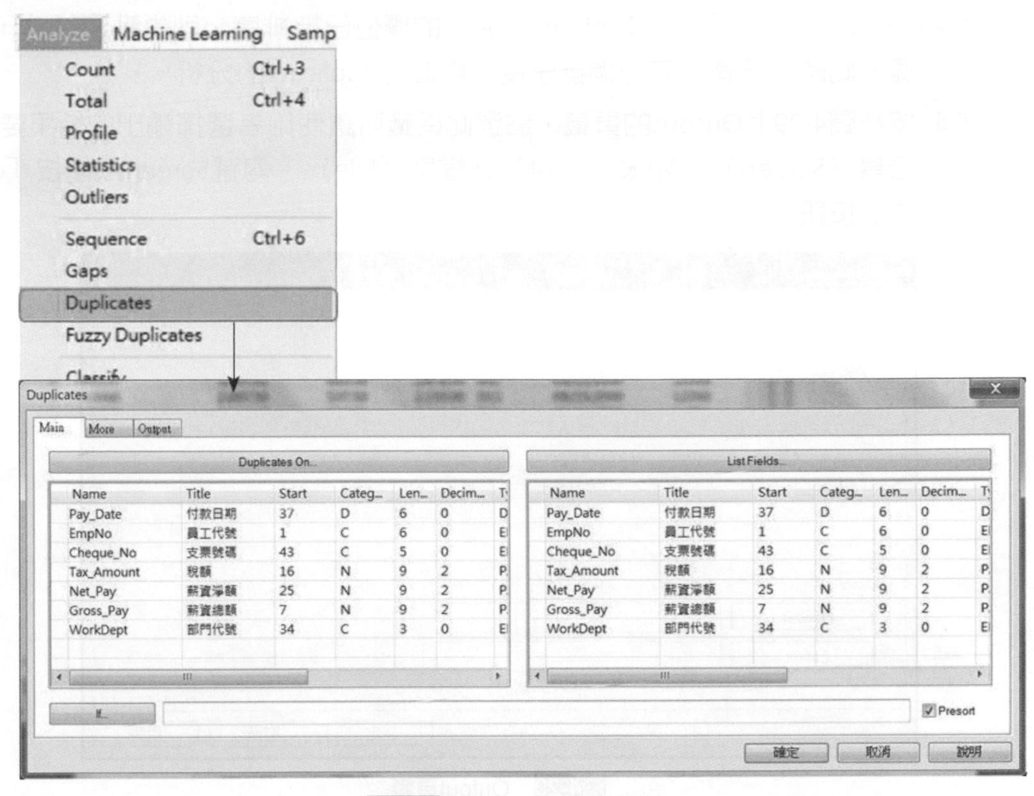

圖4-27　Duplicates對話視窗

STEP02　在「Duplicates On」列示清單中，點選EmpNo，來選擇分析是否員工代號有重複的情形。

STEP03　在「List Fields」的列示清單中，點選Gross_Pay及利用鍵盤上的按鍵Ctrl選取Pay-Date和Cheque_No（如圖4-28）。此功能主要目的是讓使用者可以列出想要看的欄位資訊，增加查核結果顯示的內容。

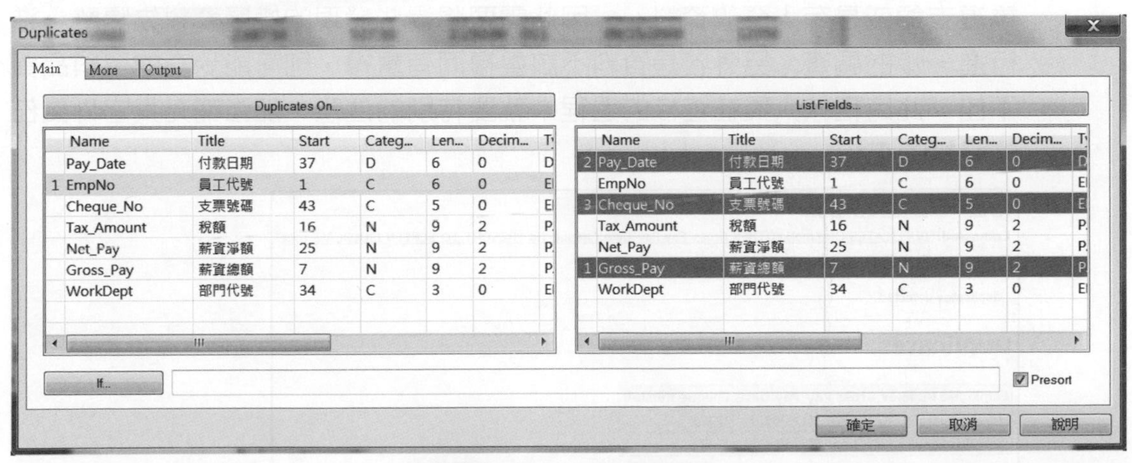

圖4-28　Duplicates對話視窗

STEP**04** 假如您不確定是否「Duplicates On」的欄位已被排序，則先點選Presort核取方塊。此時系統會先執行過排序後，再進行Duplicate的分析。

STEP**05** 按在圖4-29上Output的頁籤，點選此頁籤可讓使用者選擇輸出的結果要顯示於螢幕（Screen）、報表（Print）或檔案（File）。勾選Screen然後按「OK／確定」按鈕。

圖4-29 Output頁籤

STEP**06** ACL會在畫面的結果顯示頁籤裡報告Employee Number、Gross Pay、Pay Date和Cheque Number，每一個重號記錄同時也會顯示重號的總數。

以此範例來說明，其檢查員工代號是否重複，結果發現有一筆000320員工代號有重複，由於查核時有選擇要顯示Gross Pay、Pay date、Cheque Number三個欄位，則相關的資訊就會列出來。由這些資訊的顯示，稽核人員就可以解釋「000320員工在同一天收到二張相同金額不同支票號碼的支票，有可能是重複支領或是有人竄改資料」，因此需要將這些發現的嫌疑資料先隔離，進行進一步的調查。另外若是資料不該重複而有重複，則可能受查的資料品質不佳，此時稽核人員在查核的過程中就要特別的注意，加強補充其它外圍佐證資料的查核。

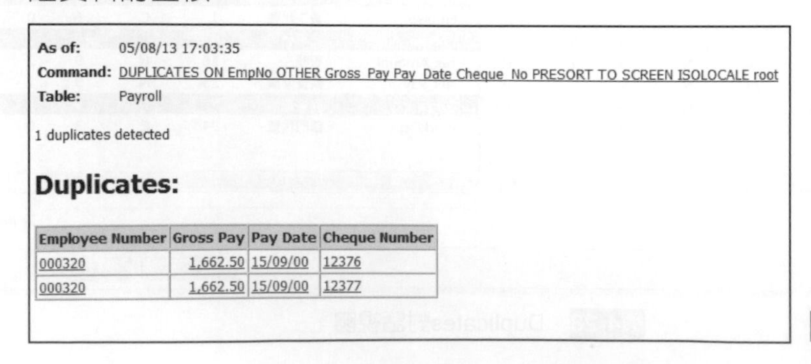

As of: 05/08/13 17:03:35

Command: DUPLICATES ON EmpNo OTHER Gross_Pay Pay_Date Cheque_No PRESORT TO SCREEN ISOLOCALE root

Table: Payroll

1 duplicates detected

Duplicates:

Employee Number	Gross Pay	Pay Date	Cheque Number
000320	1,662.50	15/09/00	12376
000320	1,662.50	15/09/00	12377

圖4-30 Duplicates結果

當選擇輸出（Output）查核結果是螢幕（Screen）或報表（Print）時，您可以輸入表頭（Header）與表尾（Footer）文字，來讓顯示的結果更有可讀性。例如於

Header輸入：員工重複支領福利金查核專案

Footer輸入：稽核人員 王大明

則此時若選擇輸出為Print，畫面的顯示如圖4-31。

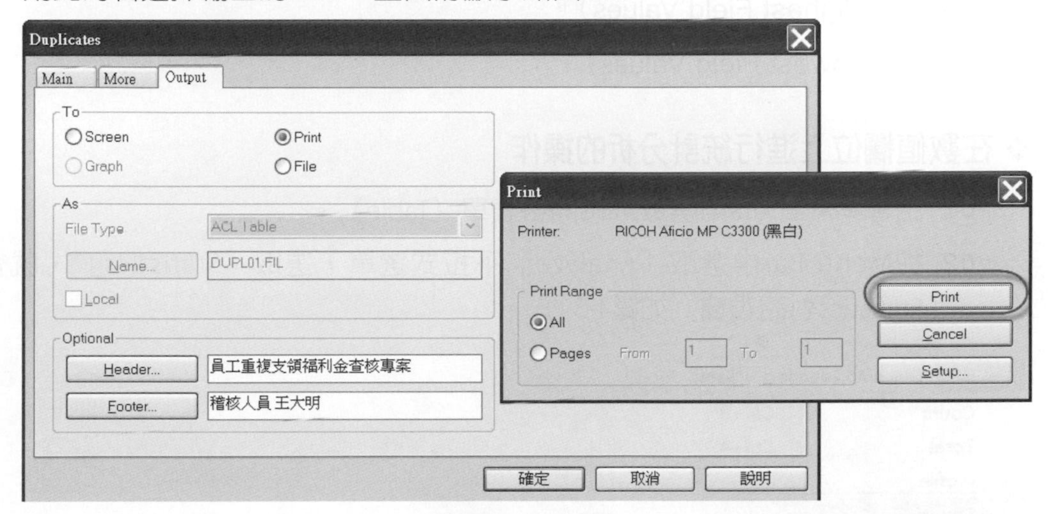

圖4-31 報表輸出

第8節 如何進行資料統計分析

使用統計指令（Statistics）可計算目前資料表格中，數值欄位的敘述統計報表，統計指令經常用在進行詳細分析處理程序之前，充分了解資料表的內容，它能夠快速的顯示出資料表中的異常情況，提供您下一步查核的方向或分析的目標。

統計指令（Statistics）可對數值欄位及日期欄位資料提供全面統計分析，它可以標示資料不正常的地方，如此亦可提供我們驗證資料正確性的方法。在進行任何資料分析處理之前，應先看一下有關資料檔的基本統計數字作爲參考。

Statistics 指令可提供以下的統計資料：

1 記錄筆數（Record Counts）。

2 欄位加總（Field Totals）。

3 平均值（Average Values）。

4 絕對值（Absolute Values）。

5 全距（Range Between the Minimum and Maximum Values）。

6 標準差（Standard Deviations）。

7 最大值（Highest Field Values）。

8 最小值（Lowest Field Values）。

❖ 在數值欄位上進行統計分析的操作

STEP01 由專案ACLData中選取Trans開啓表單（Table）。

STEP02 從Menu Bar中選取「Analyze」下拉式選單，選取「Statistics」，就會出現Statistics對話視窗（如圖4-32）。

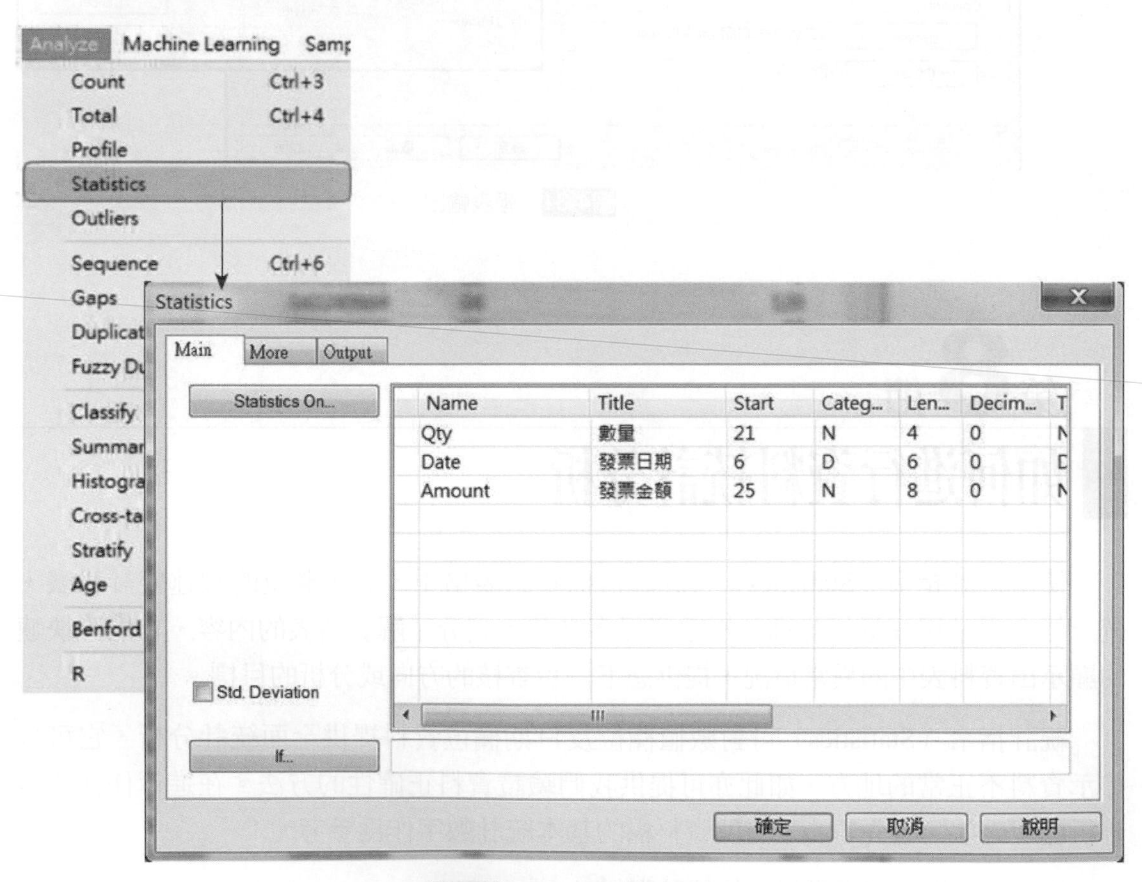

圖4-32 Statistics對話視窗

STEP**03** 點選Statistics On出現Selected Fields對話框，選擇Category是N的欄位（如圖4-33），點選「→」後，Amount和Qty二個欄位將會選取至Selected Fields列表盒中。另外，也可利用鍵盤上的按鍵Ctrl直接選取資料表。

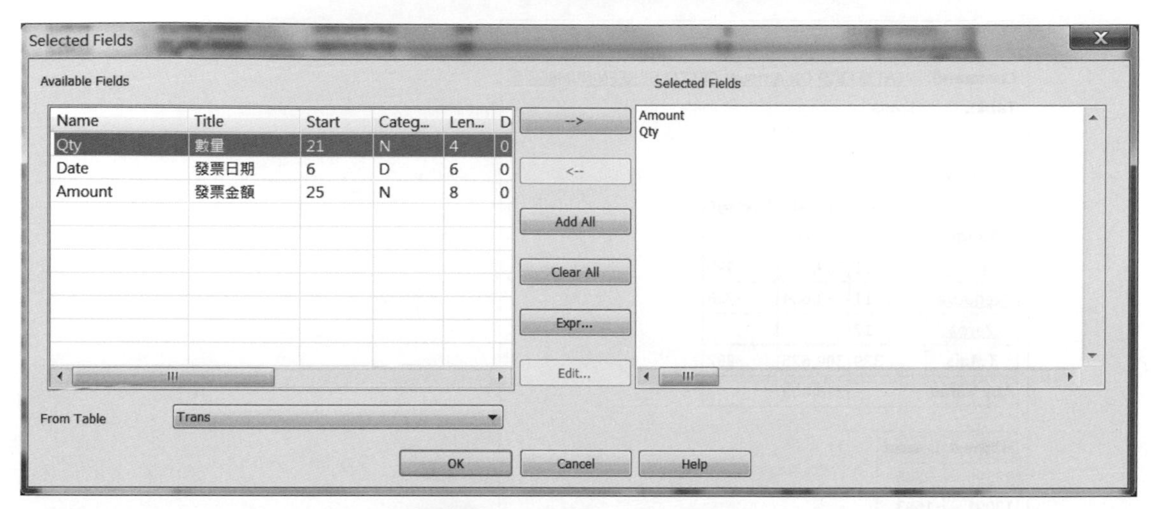

圖4-33　Selected Fields對話框

STEP**04** 按「OK／確定」按鈕，回到Statistics對話視窗，點Output，選擇Screen（如圖4-34）。

Statistics
Main　More　Output
To
Screen　Print
Graph　File
As
File Type　Unicode Text File
Name...
Local
Optional
Header...
Footer...
確定　取消　說明

圖4-34　Output對話視窗

STEP 05 ACL會將結果顯示於結果顯示頁籤中。結果包括：顯示資料中正數、零、負數的個數及各欄位的加總及平均數，同時還有絕對值、數值範圍及最大和最小等數值的表示（如圖4-35）。

As of: 08/25/2016 14:48:51
Command: STATISTICS ON Amount Qty TO SCREEN NUMBER 5
Table: Trans

發票金額

	Number	Total	Average
Range	-	41,261	-
Positive	311	309,339	995
Negative	11	-8,664	-788
Zeros	17	-	-
Totals	339	300,675	887
Abs Value	-	318,003	-

Highest	Lowest
37895	-3366
13091	-1683
10942	-1194
10045	-1065
8416	-584

數量

	Number	Total	Average
Range	-	999	-
Positive	339	45,392	134
Negative	0	0	0
Zeros	0	-	-
Totals	339	45,392	134
Abs Value	-	45,392	-

Highest	Lowest
1000	1
977	1
977	1
955	1
871	1

圖4-35 統計結果

在「結果顯示頁籤」中可以看到有藍字底線的部分，這代表使用者可以點選此資料下探（Drill Down）明細資料。例如：若稽核人員認為此資料不應有負數，則可以選按「Negative」來進行進一步分析，這是相當方便的功能。

❖ 標準差的使用

統計指令（Statistics）另外提供一個很強的功能，就是可以選擇計算標準差。您只要勾選「Std. Deviation」選項，這會將標準差包含在運算結果中（如圖4-36）。

As of: 08/25/2016 14:35:58
Command: STATISTICS ON Amount Qty STD TO SCREEN NUMBER 5
Table: Trans

發票金額

	Number	Total	Average
Range	-	41,261	-
Positive	311	309,339	995
Negative	11	-8,664	-788
Zeros	17	-	-
Totals	339	300,675	887
Abs Value	-	318,003	-
Std. Dev.	-	2,721.49	-

Highest	Lowest
37895	-3366
13091	-1683
10942	-1194
10045	-1065
8416	-584

圖4-36 包含標準差的統計數字

標準差（英文稱爲Standard Deviation），在機率統計中最常被使用作爲統計分佈程度上的測量標準，數學符號爲 σ 。在實際應用上，若稽核人員認爲查核的資料應具有近似於統計上常態分佈的機率分佈。則此時就會有約68%數值分佈在距離平均值有 1 個標準差之內的範圍；約95%數值分佈在距離平均值有2個標準差之內的範圍；以及約99.7%數值分佈在距離平均值有3個標準差之內的範圍。稱爲統計上「68-95-99.7法則」（如圖4-37）。ACL可以快速的計算出要分析的資料的標準差，稽核人員可以依據此資料再進一步的進行分析。

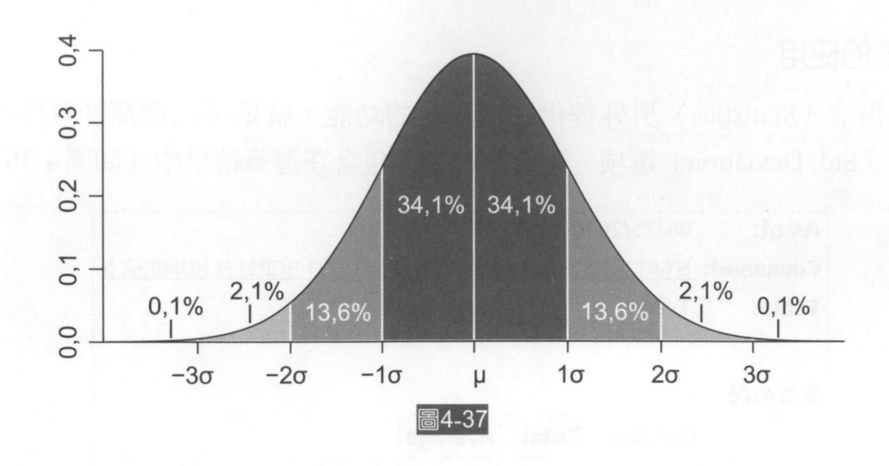

圖4-37

❖ 在日期欄位上進行統計分析的操作

Statistics指令不僅可用來驗證數值欄位，同時也可以驗證日期欄位的合理性。ACL操作步驟，如同數值欄位，而分析結果也如同數值欄位一樣，包括：顯示資料中正數、零、負數的個數及各欄位的加總及平均數，同時還有絕對值、數值範圍、標準差及最大和最小等數值的表示。

❖ ACL實際操作

STEP01 開啓專案內的資料表格，例如：開啓ACLData.acl專案中的資料表Trans。

STEP02 從Menu Bar中選取「Analyze」下拉式選單，選取「Statistics」選項後，就會出現Statistics對話視窗（如圖4-38）。

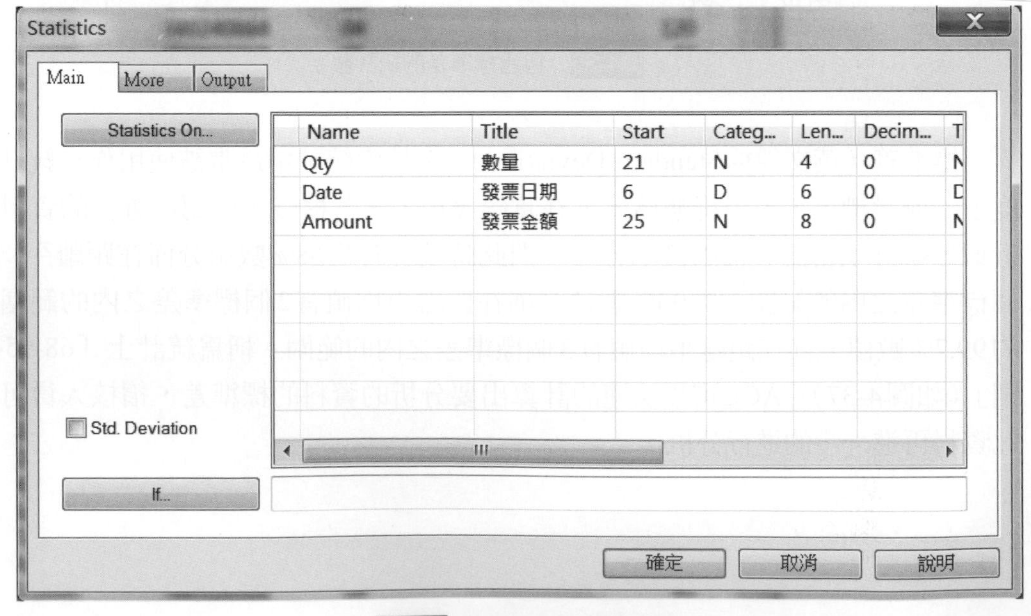

圖4-38 Statistics對話視窗

注意 在圖4-38上有一Output的頁籤，點選此頁籤可讓使用者選擇輸出的結果顯示於螢幕（Screen）、報表（Print）或檔案（File）。

STEP03 在「Statistics On」列示清單中，選擇Date（i.e. 發票日期）。

STEP04 按「OK／確定」按鈕，ACL會將結果顯示於畫面上的結果顯示頁籤中（如圖4-39）。

As of: 08/25/2016 15:00:17

Command: STATISTICS ON Date TO SCREEN NUMBER 5

Table: Trans

發票日期

	Number	Total	Average
Range	-	364	«Empty Date»
Positive	339	12,447,444	07/12/2000
Zeros	0	-	«Empty Date»

Highest	Lowest
12/31/2000	01/02/2000
12/31/2000	01/02/2000
12/31/2000	01/04/2000
12/31/2000	01/05/2000
12/31/2000	01/05/2000

圖4-39 結果顯示頁面

ACL會顯示正數、零、負數各別的個數及各欄位的加總及平均數，同時還有絕對值、數值範圍、標準差及最大和最小等數值的表示。Statistics指令不僅可用來驗證數值欄位，同時也可以驗證日期欄位的合理性。

第9節 利用剖析指令來驗證資料

剖析（Profile）指令提供對多個數值欄位計算總數的統計資料，該指令提供下列資料，此資訊亦可提供我們驗證資料正確性：

1 加總金額（Total Value）。

2 絕對值（Absolute Value）。

3 最小值（Minimum Value）。

4 最大值（Maximum Value）。

使用資料剖析指令主要是在使用Stratify（分層指令）、Histogram（統計圖指令）或SampleRecords（抽樣指令）等指令之前，可以計算出最大值、最小值、絕對值和總欄位值等，並將這些資訊自動傳給上述的指令進行分析運算工作。

注意 統計（Statistics）指令提供較剖析（Profile）指令更多的統計數據。

❖ 產生數值欄位的彙總統計的操作

STEP01 由專案ACLData.acl中選取Payroll表單（Table）。

STEP02 從Menu Bar中選取「Analyze」下拉式選單，選取「Profile」，就會出現Profile對話視窗（如圖4-40）。

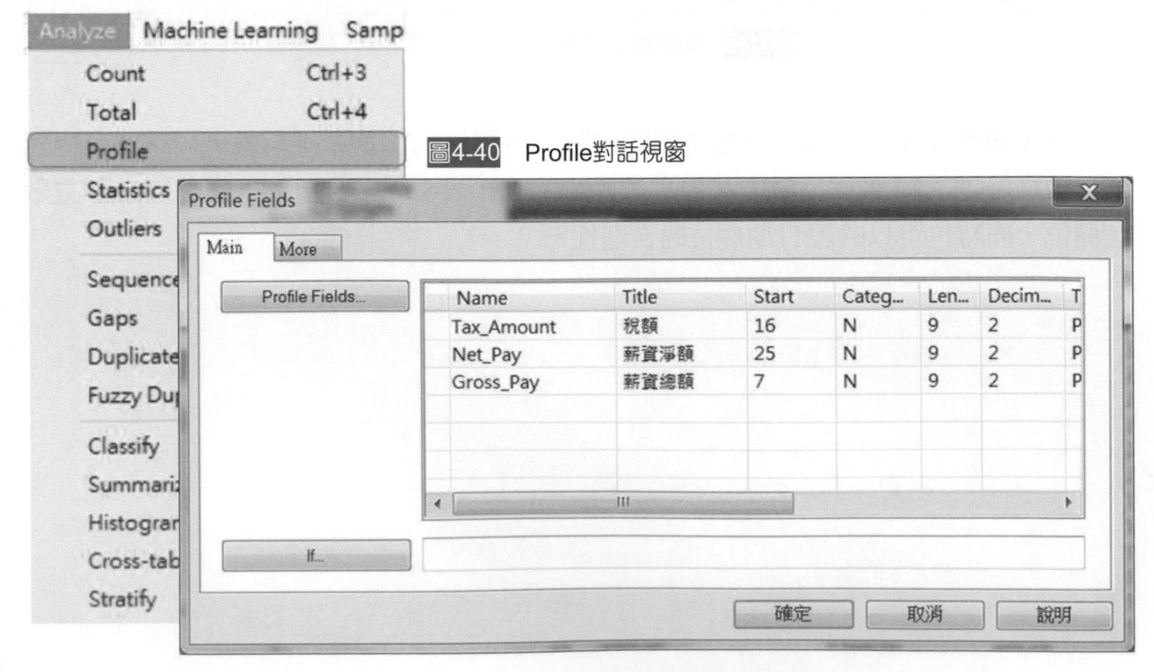

圖4-40 Profile對話視窗

STEP03 在「Profile Fields」列示清單中，利用鍵盤Ctrl鍵，選取多個欄位（如圖4-41）。

STEP04 按「確定」按鈕後，ACL會將結果顯示於結果顯示頁籤中，結果包括：總和值（Total）、絕對值（Absolute Value）、最小值（Minimum）及最大值（Maximum）（如圖4-41）。

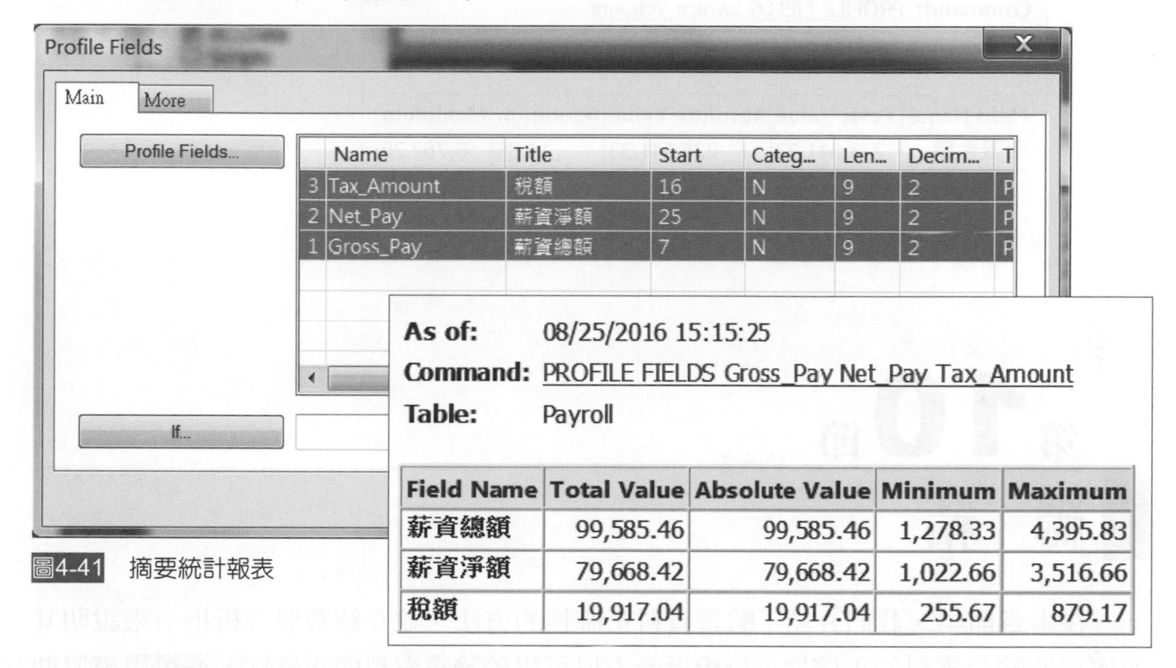

As of: 08/25/2016 15:15:25
Command: PROFILE FIELDS Gross_Pay Net_Pay Tax_Amount
Table: Payroll

Field Name	Total Value	Absolute Value	Minimum	Maximum
薪資總額	99,585.46	99,585.46	1,278.33	4,395.83
薪資淨額	79,668.42	79,668.42	1,022.66	3,516.66
稅額	19,917.04	19,917.04	255.67	879.17

圖4-41 摘要統計報表

❖ ACL實際操作

STEP01 開啓專案內的資料表格，例如：開啓ACLData.acl專案中的資料表Ap_Trans。

STEP02 從Menu Bar中選取「Analyze」下拉式選單，選取「Profile」選項後，就會顯示Profile Fields對話視窗（如圖4-42）。

圖4-42 Profile Fields 對話視窗

STEP**03** 在「Profile Fields」列示清單中，選擇「Invoice_Amount」。

STEP**04** 按「OK／確定」按鈕後，ACL會將結果顯示於畫面上的結果顯示頁籤中（如圖4-43）。

As of: 08/25/2016 15:20:15
Command: PROFILE FIELDS Invoice_Amount
Table: Ap_Trans

Field Name	Total Value	Absolute Value	Minimum	Maximum
發票金額	278,641.33	278,641.33	14.88	56,767.20

圖4-43 數值欄位的剖析結果

第10節 總結

在本章節中，我們介紹了驗證資料正確性的方法，並介紹數個分析指令來說明其如何協助驗證資料的正確性。分析指令不但可用於驗證資料的正確性，亦可用來協助我們進行資料查核的分析，例如：統計指令所能計算的記錄筆數、欄位加總、絕對值、最大值、最小值、標準差、全距及平均值及剖析指令的使用結果可以作爲分層指令、統計圖指令、抽樣指令等指令的預設值。

本章習題

一、選擇題

(　　) 1. 當您利用ACL定義從系統下載的一份薪資報表檔時，人事確定告訴您，每位員工在當月份只會有一筆薪水發放記錄，請問您要進行下列哪一項測試來確認？

(A) 資料檔有效性驗證（Validity）

(B) 測試筆數及金額欄位加總是否和系統報表一致

(C) 日期範圍有效驗證

(D) 缺漏項測試

(E) 重複項測試

(　　) 2. 使用哪一項指令，可以迅速挑選出遺失項目或範圍？

(A) Classify Command　　(B) Stratify Command

(C) Count Command　　(D) Statistic Command

(E) Gap Command

(　　) 3. 下列哪一項對Summarize指令的敘述是不正確的？

(A) 指令在執行前，需要Presort

(B) 它可以使用一個以上的key field

(C) 執行產生的彙總資料可以超過50,000筆以上

(D) 主要工作區域在RAM

(E) 只有產生Key Field、Count、Subtotal field

(　　) 4. 當我們使用Duplicate指令來對應付帳款資料測試其是否重複付款的情形，以下是該檔案所擁有的欄位：

甲、帳單號碼　　乙、產品代號

丙、帳單日期　　丁、產品數量

戊、廠商代號　　己、應付帳款金額

請選出比較重複性的關鍵欄位最佳者？

(A) 帳單號碼、產品代號

(B) 帳單日期、產品代號、產品數量、及廠商代號

(C) 產品代號、產品數量

(D) 帳單日期、廠商代號

(E) 以上皆非

(　　) 5. 剖析（Profile）指令提供對一個或多個數值欄位彙總統計資料，該指令提供之資料以下何者為真？

(A) 加總金額（Total Value）　　(B) 絕對值（Absolute Value）

(C) 最小值（Minimum Value）　　(D) 最大值（Maximum Value）

(E) 以上皆是

(　　) 6. 世界各國都禁止向外國官員和政治人物行賄，若要打擊賄賂和腐敗行為，執行數據分析是最具完整性和準確性的方法。下列何者非屬於反賄賂和反腐敗（ABAC）之查核項目？

(A) 拆單購買查核　(B) 高風險國家交易之查核

(C) 頻繁更改供應商檔案　(D) 供應商建立與核准之職權分離

(E) 按資產類型分析固定資產

(　　) 7. 銀行業是一個受到嚴格監管的行業，必須遵守政府與國際之規定，以減少犯罪活動。為了防止銀行員工與客戶之間進行舞弊犯罪，下列何者非查核人員應執行查核之範圍？

(A) 抵押品之貸款查核　(B) 對貸款進行臨時分析

(C) 利用SDN與交易名單進行比對　(D) 員工過度休假之查核

(E) 驗證使用帳戶之身分

(　　) 8. 下列何者非內部控制的主要目標？

(A) 可靠的財務報導　(B) 有效率及有效果之營運

(C) 有關法令的遵循　(D) 經營權的確保

(E) 以上皆是

(　　) 9. 當發現有遺失項目時，以下敘述何者有誤？

(A) 有些遺失值的存在是沒問題的，如由於有作廢支票，支票號碼的序號跳號了

(B) 銷貨發票交易檔中，銷貨發票序號是可以有跳號現象出現的

(C) 資料表中有些欄位應該永遠有資料，不過有些欄位則不一定，如顧客資料檔，顧客編號不能留白，但第二地址欄位則可以是空白

(D) 在重要的欄位發現有遺失值時，宜與資料提供者聯繫、確認

(E) 以上皆非

(　　) 10. 進行個資檔案管理查核時需要取得個人電腦檔案清單，以下何方式取得較佳？

(A) 針對重要個資檔案伺服器或抽樣受查的個人電腦，開啓DOS命令提示字元視窗透過DIR /A/S >產生個人電腦檔案清單後取得

(B) 請資訊單位人員提供

(C) 請受查單位自行提供

(D) 委請外部專業單位進行稽核

(E) 以上皆可

二、問答題

1. 在ACL專案工作開始前需要先利用Verify指令驗證資料檔案的正確性及完整性，其目的為何？
2. 劉玉麟是小安銀行資深稽核員，要進行銀行放款年度查核，她先取得到年底為止的放款基本資料檔後，要針對放款核准日期進行有效性及合理性的測試，如果劉玉麟她要用ACL來做測試，請問該如何進行？
3. 承第2題，劉玉麟想要進一步確認各項放款業務量與去年作比較，請問劉玉麟如何使用ACL來計算各項放款業務的件數，及各貸放總金額？
4. 陳彥仁先生是位審計人員，他最近要針對某地方政府機關的福利津貼發放進行例行性的抽查，他希望可以從承辦人員提供的津貼發放匯款資料檔中來了解是否有重複支領的情形，該資料檔中有津貼發放日期、領取人姓名、出生年月日、身分證號碼、領取津貼類別、金額、匯款銀行帳戶等資料欄位，如果陳先生要利用ACL對津貼發放匯款資料來進行測試的作業，請問他該如何使用？
5. 假設總帳系統中的傳票明細檔中包括傳票號碼、輸入者、輸入日期、科目代號、分錄序號、借貸項、摘要、金額等欄位資料，試問您要如何對傳票明細檔進行檢查與核對？

三、實作題

1. 黃大銘今天從資訊部門取得應收帳款明細檔（Chr4_AR.txt），想要用ACL進行應收帳款的帳齡分析。請問測試前，黃大銘需如何進行資料檔案的驗證工作，以確保資料的檔案格式與資訊部門提供的資訊都相符，且沒有錯誤或遺失值發生？（請參見本書所附之光碟片）

Name	Type	Start	Length	Decimals	Field explanation
No	ASCII	1	6		客戶代號
Date	Date	7	10		發票日期 格式MM/DD/YYYY
Due	Date	18	10		到期日 格式MM/DD/YYYY
Ref	ASCII	28	6		參考編號
Type	ASCII	34	2		交易類型
Amount	NUMERIC	36	14	2	交易金額 格式(9,999,999.99)

(1) 請問資料的母體期間範圍為何？

(2) 若需要驗證的資料範圍縮限於交易型態Type等於"IN"，請問測試結果為何？

(3) 如果不考量有錯誤格式的資料，請問使用ACL中的Count指令計算出的借方及貸方記錄筆數各為多少？

(4) 如果不考量有錯誤格式的資料，請問使用ACL中的Total指令計算出的借方及貸方的總金額各為多少？

(5) 如果不考量有錯誤格式的資料，請問使用ACL中的Statistics指令計算出的應收帳款明細檔，其正負筆數、加總、平均值、絕對值、全距、標準差、最大值及最小值各為多少？

(6) 如果不考量有錯誤格式的資料，請問使用ACL中的Profile指令所計算出應收帳款明細檔的加總金額、絕對值、最大值、最小值各為多少？

2. 黃大銘從MIS系統取得另一應收帳款的交易資料檔（檔案名稱為Chr4_Trans.DBF，請參見本書所附之光碟片之內容），試問：

(1) 若要進行應收帳款發票號碼的順序測試，請問結果為何？

(2) 若要繼續進行缺號及重號測試，其結果分別為何？

Name	Type	Start	Length	Decimals	Field explanation
Record_deleted	ASCII	1	1		刪除註記
Invoice	ASCII	2	5		發票號碼
Date	DATE	18	10		到期日 格式MM/DD/YYYY
Ref	ASCII	28	7		參考編號
Type	ASCII	35	1		交易類型
Amount	NUMERIC	36	14	2	交易金額 格式(9,999,999.99)

四、實驗題：實驗三

實驗名稱	實驗時數
如何使用ACL驗證及確認資料的正確性	1小時

實驗目的

驗證資料的可用性及確認測試資料與帳載一致。讀完本書第四章後，配合此實驗的進行，讓您可以更熟練ACL 對資料正確性驗證的各種不同方法。

實驗內容

本實驗內容範例為Metaphor Corporation（麥塔佛公司），一家生活用品製造公司。公司主管想要使用ACL來分析員工使用公司提供的信用卡之交易紀錄。此專案計有資料檔Credit-Cards-Metaphor、Trans_April、Unacceptable_codes、Company-Department、Employees、Acceptable_codes、Reportt、Zipcode、IFRS等九個資料檔。

本實驗查核重點為：

- 驗證資料格式的正確性？
- 檢查資料檔案內之資料是否有不合理的現象，例如數量及成本等？

實驗設備

- ACL軟體10.0以上版本及PC個人電腦（安裝Window XP以上，硬碟空間至少100MB）。
- 測試資料檔案：實驗二的電腦稽核專案。

實驗步驟

Step01 開啓實驗二的電腦稽核專案。

Step02 對Report表格進行Verify、Count、Total指令資料驗證動作。

Step03 對Trans_April表格進行Gap、Duplicate、Sequence指令資料驗證動作。

Step04 對Credit-Cards-Metaphor表格的NEWBAL欄位進行Statistic指令資料驗證動作，並說明最大五筆與最小五筆的資料是否合理。

Step05 對Trans_April表格的Amount欄位進行Statistic指令資料驗證動作，並記錄最大值與最小值。

NOTE

05 分析資料

學習目標

在過去，財會稽核人員需要分析資料，皆必須仰賴資訊部門撰寫程式以產生所需要的資料，因此除非有配置專屬的電腦人員隨時待命，否則常會有因資訊部門人力不足而延宕此工作，非常沒有效率。

從前面幾章節中，您已經學會如何透過ACL蒐集並驗證資料，接下來您將學習如何將這些資料轉換成有用資訊。一般而言，會透過分類、彙總、計算、比較及分析等方式來進行，掌握這些方法能有效提升工作效率，更是每一個稽核人員及資料分析人員的必備技能。ACL提供我們分析資料的邏輯與方法，不但能協助使用者可以直接從資訊系統中匯入資料，還能立即定義欄位，以進行分層、分類、帳齡、彙總、班佛、異常值等指令，大大減少稽核人員及資料分析人員等對資訊部門的依賴，儘早發現組織中可能存在的異常資訊，進而將更多的資源投入在處理有重大異常的作業。

本章摘要

- ACL如何對資料表內的文字、數字與日期資料進行分類、分群、及帳齡比較
- 如何使用交叉列表指令協助進行分析
- 如何將關鍵文字欄位和累加數值資料
- 如何文字探勘技術的模糊重複指令進行分析
- 如何利用班佛數位分析法進行資料分析
- 如何利用異常值分析法進行資料分析

第1節 數值資料分層技術

ACL提供不同的指令可以針對不同的資料類型進行分群或分類的動作，讓使用者可以輕鬆進行分析。ACL使用資料分層（Stratifying Data）指令去計算落在數值欄位或運算值的特定區間或層級的記錄，並且分層對一個或多個欄位來進行加總小計，而ACL也會將每一層的記錄個數顯示在指令輸出的計數欄位中。使用Stratify指令可以不用事先排序資料表格上的資料，它可以去計算落在特定數字區間的記錄，並對所選擇的數值欄位提供各分層的加總值（如圖5-1）。它可以提供使用平均分群的方式或是使用者自行定義分群方式來進行分析運算，提供一個非常易用與快速的數值資料區間分析瀏覽和分層彙總資料的功能，讓分析師可以很快的完成分析工作。

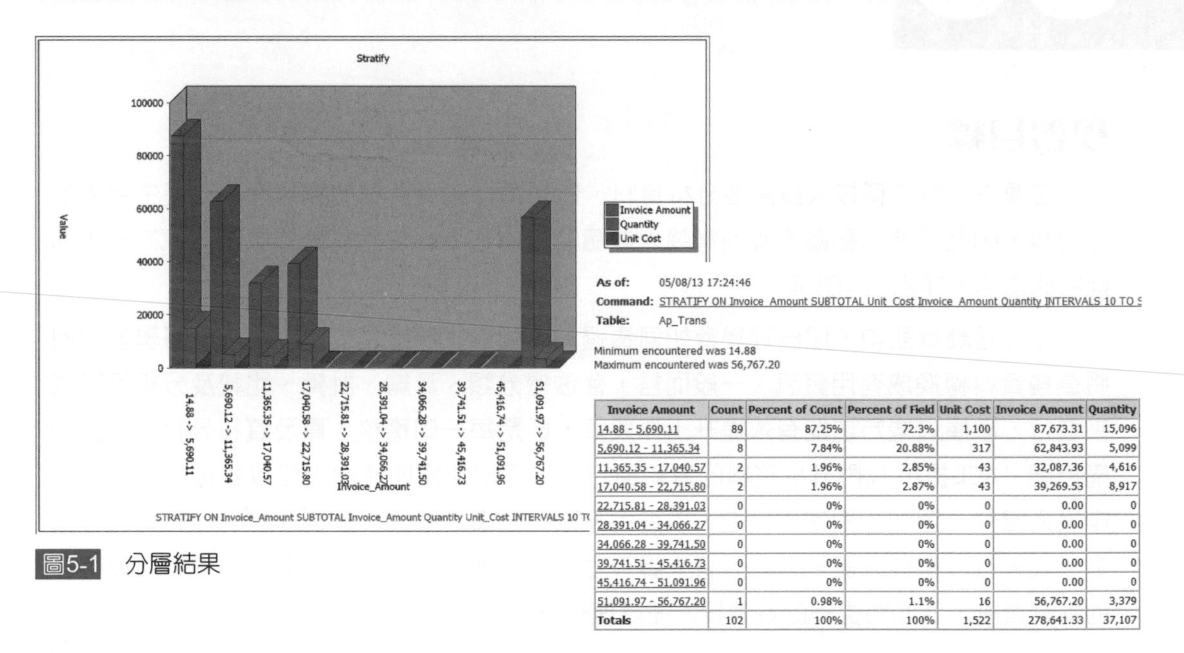

As of: 05/08/13 17:24:46
Command: STRATIFY ON Invoice_Amount SUBTOTAL Unit_Cost Invoice_Amount Quantity INTERVALS 10 TO S
Table: Ap_Trans

Minimum encountered was 14.88
Maximum encountered was 56,767.20

Invoice Amount	Count	Percent of Count	Percent of Field	Unit Cost	Invoice Amount	Quantity
14.88 - 5,690.11	89	87.25%	72.3%	1,100	87,673.31	15,096
5,690.12 - 11,365.34	8	7.84%	20.88%	317	62,843.93	5,099
11,365.35 - 17,040.57	2	1.96%	2.85%	43	32,087.36	4,616
17,040.58 - 22,715.80	2	1.96%	2.87%	43	39,269.53	8,917
22,715.81 - 28,391.03	0	0%	0%	0	0.00	0
28,391.04 - 34,066.27	0	0%	0%	0	0.00	0
34,066.28 - 39,741.50	0	0%	0%	0	0.00	0
39,741.51 - 45,416.73	0	0%	0%	0	0.00	0
45,416.74 - 51,091.96	0	0%	0%	0	0.00	0
51,091.97 - 56,767.20	1	0.98%	1.1%	16	56,767.20	3,379
Totals	102	100%	100%	1,522	278,641.33	37,107

圖5-1 分層結果

資料分層計算牽涉到兩個階段的作業：

階段一、剖析資料。

階段二、資料分層。

在進行資料分層分析前，首先可以採用Profile指令去產生所選擇數值欄位的最小值及最大值，以方便後續分層作業的進行。

❖ 階段一：ACL剖析指令的操作

STEP01 開啟專案內的資料表格，例如：開啟ACLData.acl專案中的Ap_Trans資料表。

STEP02 從Menu Bar中選取「Analyze」下拉式選單，選取「Profile」選項，就會顯示Profile Fields的對話視窗（如圖5-2）。

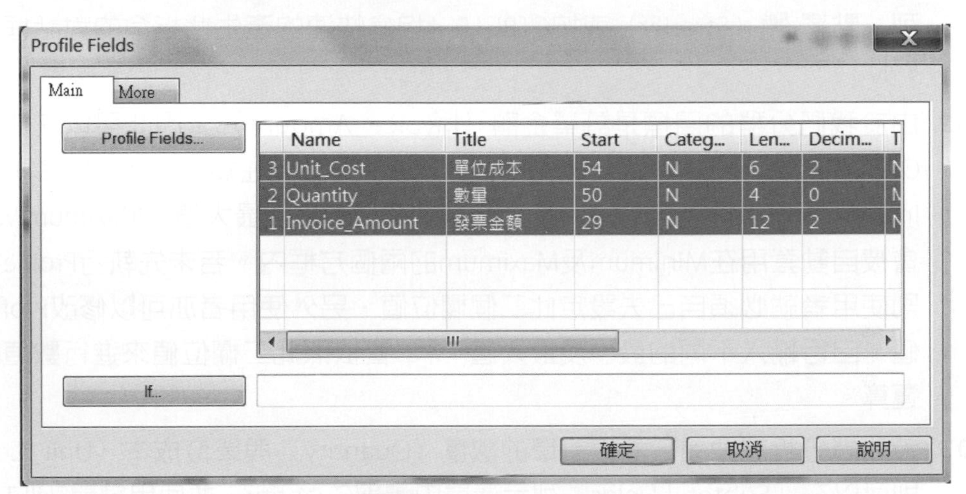

圖5-2 Profile的對話框

STEP03 在「Profile Fields」列示清單中，點選Invoice_Amount、Quantity與Unit_ Cost等欄位。

STEP04 點按「OK／確定」，結果Invoice_Amount、Quantity和Unit_Cost三個欄位的Total Value（總合）、Absolute Value（絕對值）、Minimum（最小值）與Maximum（最大值）等金額出現在結果顯示頁籤中（如圖5-3）。

As of: 08/25/2016 15:47:17
Command: PROFILE FIELDS Invoice_Amount Quantity Unit_Cost
Table: Ap_Trans

Field Name	Total Value	Absolute Value	Minimum	Maximum
發票金額	278,641.33	278,641.33	14.88	56,767.20
數量	37,107	37,107	1	8,459
單位成本	1,522.29	1,522.29	1.01	173.80

圖5-3 Profile結果

接著Stratify指令會自動套用最小值（Minimum Value）和最大值（Maximum Values）來進行分層分析。

❖ 階段二：ACL資料分層指令的操作

方法一：使用初始設定平均分群的方式

STEP01 選擇Ap_Trans，並從Menu Bar中，選取「Analyze」下拉式選單，選擇「Stratify」，就會顯示出Stratify的對話框。另外使用者亦可以直接由快捷按鈕列，點選 （Stratify）或按CTRL+5，均會快速的產生此指令的對話框（如圖5-4）。

STEP02 由於我們分群的目標是訂單金額（Invoice_Amount），因此可以在「Stratify On」下拉式選項中，選入Invoice_Amount欄位。注意從Profile指令所產生之Invoice_Amount欄位的最小值（Minimum Value）及最大值（Maximum Values）會被自動套用在Minimum及Maximum的兩個方框內。若未先執行Profile指令，則使用者就必須自己去設定此二個欄位值，另外使用者亦可以修改Profile後的值，自行輸入不同的最小及最大值，ACL會依照此二欄位值來進行數值範圍的運算。

STEP03 若我們分析想要看分群後訂單的數量（Quantity）與單位成本（Unit_Cost），則可以在「Subtotal Fields」列示清單內選取Quantity，並使用鍵盤SHIFT鍵加選Unit_Cost（如圖5-4）。

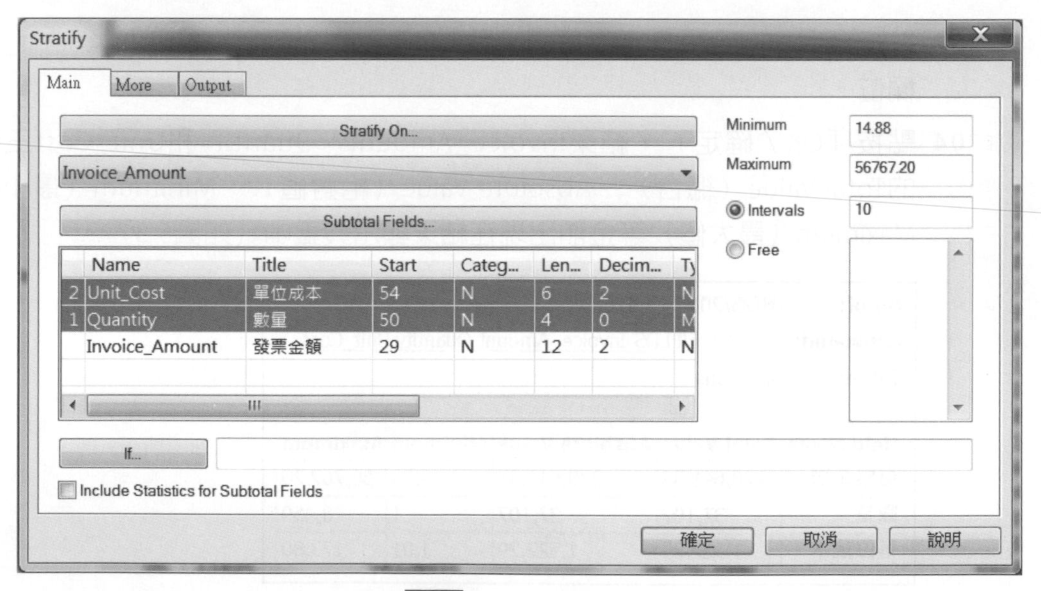

圖5-4 Stratify對話框

STEP04 若我們此次的分析要使用平均分群的方式，則應選取Intervals選項。Intervals（區間或層級個數）預設為10，ACL即會將資料區間（最大值-最小值）分成10等分，來進行分層計算。另外，使用者可以依需要自行修改層級的個數。

STEP05 接著點按「OK／確定」按鈕，ACL出現下列結果（如圖5-5）。

As of: 08/25/2016 15:59:36
Command: STRATIFY ON Invoice_Amount SUBTOTAL Quantity Unit_Cost INTERVALS 10 TO SCREEN
Table: Ap_Trans

Minimum encountered was 14.88
Maximum encountered was 56,767.20

發票金額	Count	Percent of Count	Percent of Field	數量	單位成本
14.88 - 5,690.11	89	87.25%	40.68%	15,096	1,100
5,690.12 - 11,365.34	8	7.84%	13.74%	5,099	317
11,365.35 - 17,040.57	2	1.96%	12.44%	4,616	43
17,040.58 - 22,715.80	2	1.96%	24.03%	8,917	43
22,715.81 - 28,391.03	0	0%	0%	0	0
28,391.04 - 34,066.27	0	0%	0%	0	0
34,066.28 - 39,741.50	0	0%	0%	0	0
39,741.51 - 45,416.73	0	0%	0%	0	0
45,416.74 - 51,091.96	0	0%	0%	0	0
51,091.97 - 56,767.20	1	0.98%	9.11%	3,379	16
Totals	102	100%	100%	37,107	1,522

圖5-5 Stratify結果

注意 1. 資料並不需要先排序，ACL即可以計算上述資料。

2. ACL會自動計算出此分層的筆數（Count）、所占的筆數的比率（Percent of Count）及第一筆加總欄位值（Quantity）所占的值的比率（Percent of Field）。例如14.88-5,690.11的 Percent of Field 值 40.68% = 15,096 / 37,107。

3. 直接點選藍字底線，可以DrillDown（下探）看到所點選區間的明細資料。例如我們若發現51,091.97 – 56,767.20間的資料僅有1筆，有些奇怪，則可以點選查看明細（如圖5-6）。

As of: 07/10/13 18:55:07
Command: PROFILE ALL IF (Invoice_Amount >= 51091.97 AND Invoice_Amount <= 56767.20)
Table: Ap_Trans
Filter: (Invoice_Amount >= 51091.97 AND Invoice_Amount <= 56767.20) (1 records matched)
Condition: (Invoice_Amount >= 51091.97 AND Invoice_Amount <= 56767.20) (1 records matched)

Field Name	Total Value	Absolute Value	Minimum	Maximum
Invoice Amount	56,767.20	56,767.20	56,767.20	56,767.20
Quantity	3,379	3,379	3,379	3,379
Unit Cost	16.80	16.80	16.80	16.80

圖5-6 下探明細資料

方法二：使用者自行定義分群方式

- 更改區間數

  假如我們要集中數值的分配，可以直接調整數值欄的區間去符合母體的需求，這就稱爲 Free Intervals。依照原案例，我們可以修改最大範圍在 \$56,700，因爲最大值是 \$56,767.20。

- ACL 調整區間的操作步驟

STEP**01** 在結果顯示頁籤中（如圖5-7），雙擊Command指令行，它會直接開啓Stratify對話框。

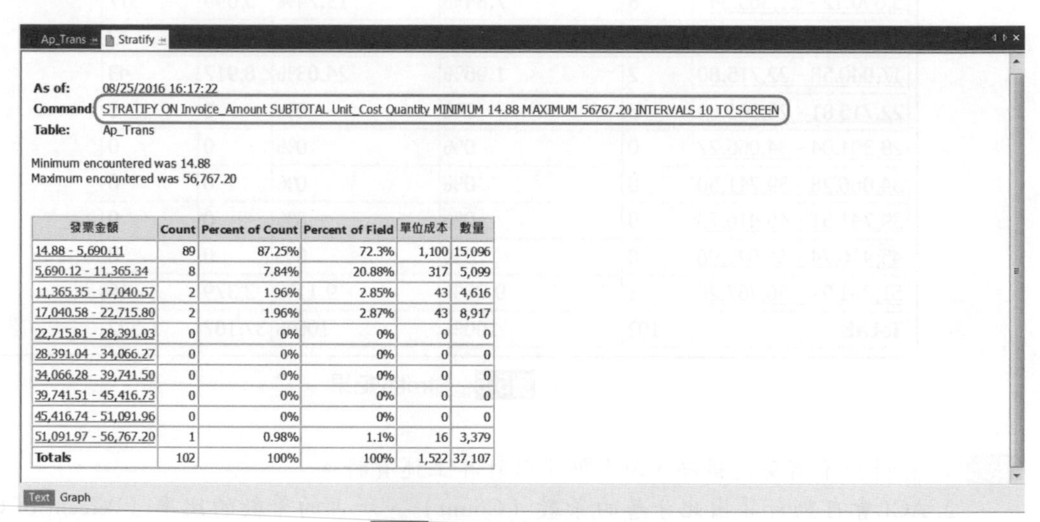

As of: 08/25/2016 16:17:22
Command: STRATIFY ON Invoice_Amount SUBTOTAL Unit_Cost Quantity MINIMUM 14.88 MAXIMUM 56767.20 INTERVALS 10 TO SCREEN
Table: Ap_Trans

Minimum encountered was 14.88
Maximum encountered was 56,767.20

發票金額	Count	Percent of Count	Percent of Field	單位成本	數量
14.88 - 5,690.11	89	87.25%	72.3%	1,100	15,096
5,690.12 - 11,365.34	8	7.84%	20.88%	317	5,099
11,365.35 - 17,040.57	2	1.96%	2.85%	43	4,616
17,040.58 - 22,715.80	2	1.96%	2.87%	43	8,917
22,715.81 - 28,391.03	0	0%	0%	0	0
28,391.04 - 34,066.27	0	0%	0%	0	0
34,066.28 - 39,741.50	0	0%	0%	0	0
39,741.51 - 45,416.73	0	0%	0%	0	0
45,416.74 - 51,091.96	0	0%	0%	0	0
51,091.97 - 56,767.20	1	0.98%	1.1%	16	3,379
Totals	102	100%	100%	1,522	37,107

圖5-7 Stratify結果顯示頁籤

STEP**02** 點選Free並輸入以下資料10、500、1,000、2,500、5,000、8,000、11,400至右邊的文字方塊（如圖5-8）。

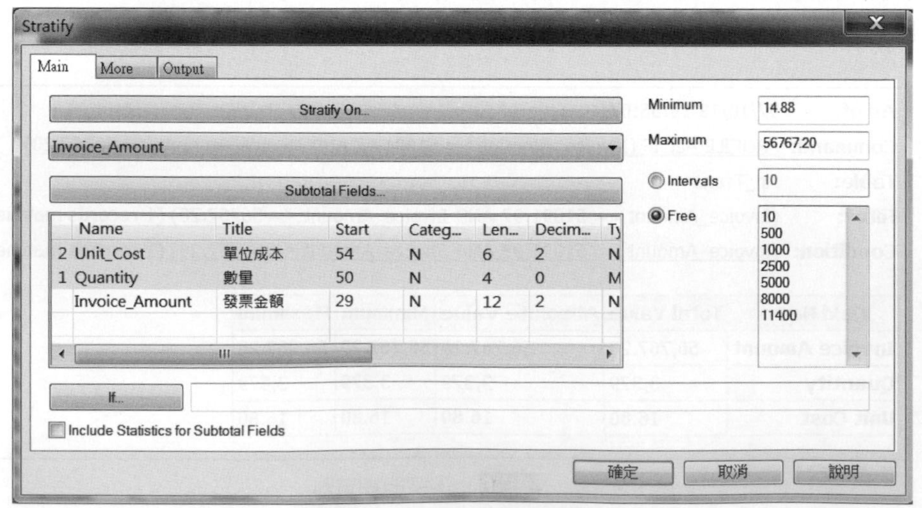

圖5-8 Stratify的自由區間設定

STEP03 點按「OK／確定」，ACL將顯示結果於結果顯示頁籤中（如圖5-9）。

As of: 07/08/13 16:58:35
Command: STRATIFY ON Invoice_Amount SUBTOTAL Quantity Unit_Cost FREE 10,500,1000,2500,5000,8000,11400 TO SCREEN
Table: Ap_Trans

Minimum encountered was 14.88
Maximum encountered was 56,767.20

Invoice Amount	Count	Percent of Count	Percent of Field	Quantity	Unit Cost
10.00 - 499.99	38	37.25%	5.66%	2,100	478
500.00 - 999.99	22	21.57%	8.85%	3,283	167
1,000.00 - 2,499.99	21	20.59%	16.63%	6,170	261
2,500.00 - 4,999.99	8	7.84%	9.55%	3,543	192
5,000.00 - 7,999.99	6	5.88%	8.84%	3,280	272
8,000.00 - 11,400.00	2	1.96%	4.9%	1,819	45
>11,400.00	5	4.9%	45.58%	16,912	103
Totals	102	100%	100%	37,107	1,522

圖5-9 Stratify調整區間後的結果

注意 直接點選藍字底線，可以Drill Down看到所點選區間的明細資料。

第2節 文字資料分類技術

ACL使用分類指令（Classify）可以去演算每一個文字欄內唯一值的資料，並產生記錄個數與其他數值欄位的小計值，而ACL也會將每一分類的記錄個數顯示在指令輸出的計數欄位中（如圖5-10）。

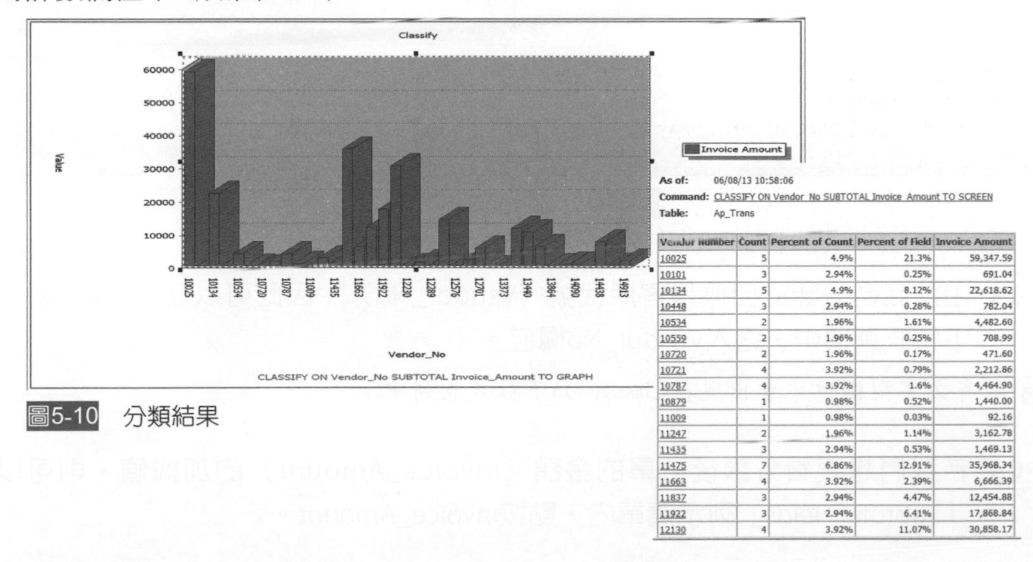

As of: 06/08/13 10:58:06
Command: CLASSIFY ON Vendor_No SUBTOTAL Invoice_Amount TO SCREEN
Table: Ap_Trans

Vendor number	Count	Percent of Count	Percent of Field	Invoice Amount
10025	5	4.9%	21.3%	59,347.59
10101	3	2.94%	0.25%	691.04
10134	5	4.9%	8.12%	22,618.62
10448	3	2.94%	0.28%	782.04
10534	2	1.96%	1.61%	4,482.60
10559	2	1.96%	0.25%	708.99
10720	2	1.96%	0.17%	471.60
10721	4	3.92%	0.79%	2,212.86
10787	4	3.92%	1.6%	4,464.90
10879	1	0.98%	0.52%	1,440.00
11009	1	0.98%	0.03%	92.16
11247	2	1.96%	1.14%	3,162.78
11435	3	2.94%	0.53%	1,469.13
11475	7	6.86%	12.91%	35,968.34
11663	4	3.92%	2.39%	6,666.39
11837	3	2.94%	4.47%	12,454.88
11922	3	2.94%	6.41%	17,868.84
12130	4	3.92%	11.07%	30,858.17

圖5-10 分類結果

Classify指令對於未排序的資料要快速瀏覽和彙總記錄時特別有用，它能夠廣泛地使用在各種環境下的文字欄位分類工作。舉例來說，Classify指令能夠迅速的從未排序的總帳交易資料中產生以會計科目爲分類基礎的試算表，Classify指令也能夠消除個別執行排序和彙總的需求。以下簡單說明Classify指令的特性：

1. Classify 指令可以依照單一分類文字欄位，快速地掃描及彙總記錄，它可以使用於未排序過的資料。
2. ACL 最大彙總分類數量的限制是由 ACL 系統上 Max RAM Preference 的設定，一般是預設為 50,000 個分類。
3. Classify 指令會計算每一個分類的筆數及數值欄位的加總值。
4. Classify 指令可以產生新的資料檔或於畫面顯示執行結果。

❖ ACL實際操作

STEP01 開啓專案內的資料表格，例如：開啓ACLData.acl專案中的Ap_Trans資料表。

STEP02 從Menu Bar中，選取「Analyze」下拉式選單，選擇「Classify」，就會顯示出Classify的對話框。另外，使用者亦可以直接由快捷按鈕列點選 (Classify)，均會快速的產生此指令的對話框（如圖5-11）。

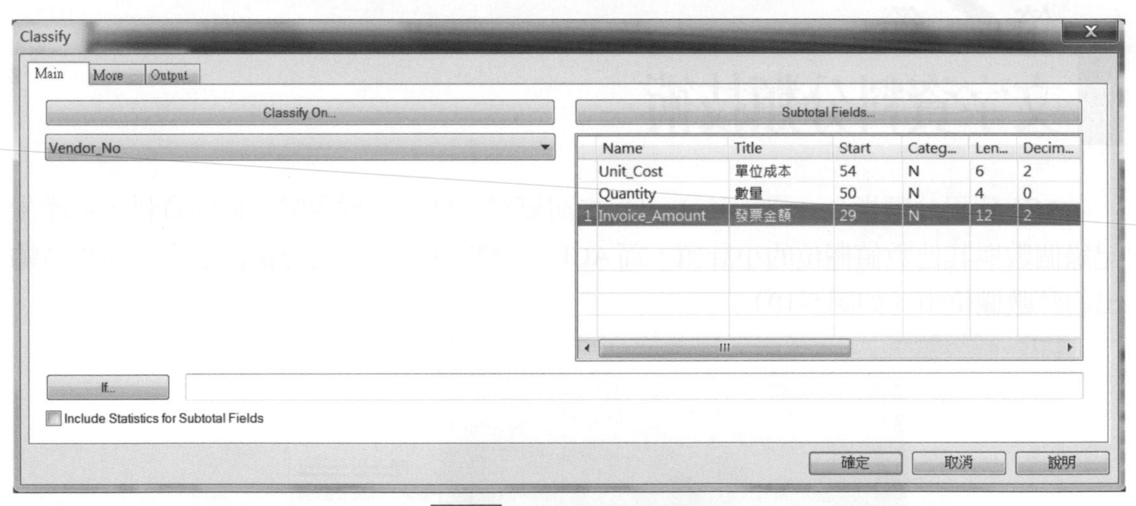

圖5-11 Classify的對話框

STEP03 由於我們分類的目標是客戶代號（Vendor_No），因此可以在「Classify On」下拉式選項中，選入Vendor_No欄位。

注意 只有文字型欄位才會出現在Classify On下拉式表列中。

STEP04 若我們想要看分類後訂單的金額（Invoice_Amount）的加總值，則可以在「Subtotal Fields」列示清單內，點按Invoice_Amount。

STEP**05**　點按「Output」標籤顯示Output options。

STEP**06**　預設選取Screen（如圖5-12），意思是將結果輸出於螢幕，我們也可以輸出至報表、圖表或檔案。

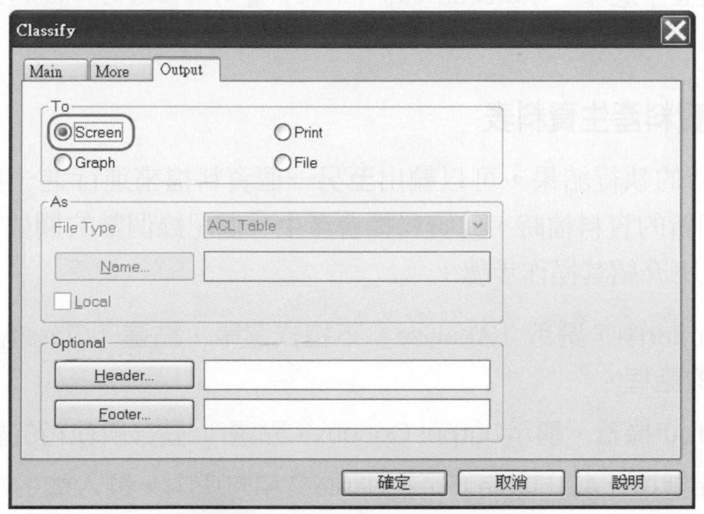

圖5-12　Classify的Output選項

STEP**07**　點按「OK／確定」關閉Classify對話框，並執行指令。

STEP**08**　ACL顯示結果於結果顯示頁籤（如圖5-13）。

As of:　08/25/2016 17:04:35

Command:　CLASSIFY ON Vendor_No SUBTOTAL Invoice_Amount TO SCREEN

Table:　Ap_Trans

供應商代號	Count	Percent of Count	Percent of Field	發票金額
10025	5	4.9%	21.3%	59,347.59
10101	3	2.94%	0.25%	691.04
10134	5	4.9%	8.12%	22,618.62
10448	3	2.94%	0.28%	782.04
10534	2	1.96%	1.61%	4,482.60
10559	2	1.96%	0.25%	708.99
10720	2	1.96%	0.17%	471.60
10721	4	3.92%	0.79%	2,212.86
10787	4	3.92%	1.6%	4,464.90
10879	1	0.98%	0.52%	1,440.00
11009	1	0.98%	0.03%	92.16
11247	2	1.96%	1.14%	3,162.78
11435	3	2.94%	0.53%	1,469.13
11475	7	6.86%	12.91%	35,968.34
11663	4	3.92%	2.39%	6,666.39
11837	3	2.94%	4.47%	12,454.88
11922	3	2.94%	6.41%	17,868.84
12130	4	3.92%	11.07%	30,858.17
12230	1	0.98%	0.29%	809.20

圖5-13　分類結果

注意 1. 資料並不需要先排序，ACL即可以計算上述資料。

2. ACL會自動計算出此分類的筆數（Count）、所占的筆數的比率（Percent of Count）及第一筆加總欄位值（Invoice_Amount）所占的值的比率（Percent of Field）。

3. 直接點選藍字底線，可以DrillDown（下探）看到所點選的Vendor的應付帳款明細資料。

❖ 將分類彙總資料產生資料表

Classify指令的執行結果，可以輸出至另一個資料檔來進行進一步的資料分析作業；當儲存一個新的資料檔時，此資料檔會產生一個記錄個數的欄位與其他數個小計的數值欄位。以下介紹其操作步驟：

STEP01 從Menu Bar中，選取「Analyze」下拉式選單，點選「Classify」，ACL會出現Classify對話框。

STEP02 點選Output標籤，顯示Output Options，點選File儲存所執行的結果。

STEP03 File Type選擇「ACL Table」，在Name文字方塊中，輸入檔名「應付帳款-以客戶代號分類」。

STEP04 點選「OK／確定」來關閉Classify對話框，ACL會產生檔案，包含彙總資料（如圖5-14）。

STEP05 在專案瀏覽器（Project Navigator）視窗中，找到「應付帳款-以客戶代號分類」的Table Layout並開啓（如圖5-15）。

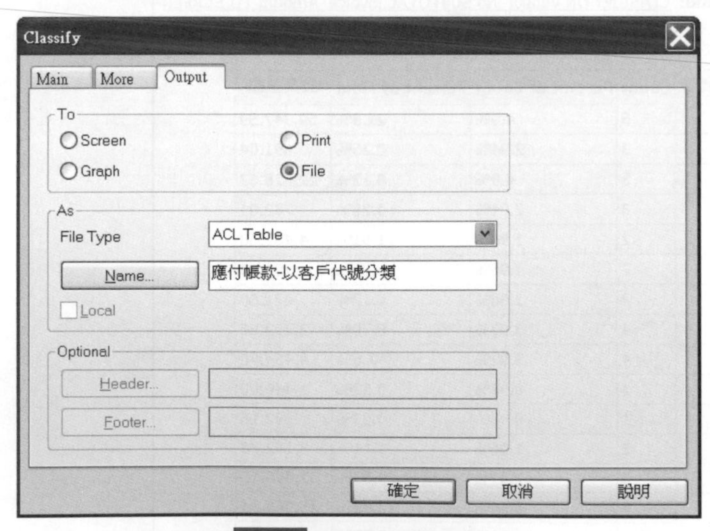

圖5-14 Classify對話框

ACLData.ACL - ACL Analytics

File Edit Data Analyze Sampling Applications Tools Server Window Help

NAVIGATOR: ACLData.ACL / ACLData / Scripts / Tables: Ap_Trans, Ar, Badfile, Customer, Empmast, Inventory, Payroll, Trans, Vendor, Vendor_China, Work_Depts, 應付帳款_以客戶代號分類

COMMAND LINE

應付帳款_以客戶代號分類

	供應商代號	Count	Percent of Count	Percent of Field	發票金額
1	10025	5	4.90	21.30	59347.59
2	10101	3	2.94	0.25	691.04
3	10134	5	4.90	8.12	22618.62
4	10448	3	2.94	0.28	782.04
5	10534	2	1.96	1.61	4482.60
6	10559	2	1.96	0.25	708.99
7	10720	2	1.96	0.17	471.60
8	10721	4	3.92	0.79	2212.86
9	10787	4	3.92	1.60	4464.90
10	10879	1	0.98	0.52	1440.00
11	11009	1	0.98	0.03	92.16
12	11247	2	1.96	1.14	3162.78
13	11435	3	2.94	0.53	1469.13
14	11475	7	6.86	12.91	35968.34
15	11663	4	3.92	2.39	6666.39
16	11837	3	2.94	4.47	12454.88
17	11922	3	2.94	6.41	17868.84
18	12130	4	3.92	11.07	30858.17
19	12230	1	0.98	0.29	809.20
20	12248	2	1.96	0.68	1885.60
21	12289	1	0.98	0.12	328.60

Overview Log Variables　Default_View

應付帳款_以客戶代 Records: 37

圖5-15 專案瀏覽器視窗

第3節 日期資料帳齡分析方法

帳齡指令（Age）可以對資料依日期的距離來進行分層彙總，並產生該層級的記錄個數與相關數值欄位的小計值（如圖5-16）。舉例來說，您可以用距離某一特定日期逾期的天數來評估銷售趨勢、交易量及應收帳款等。

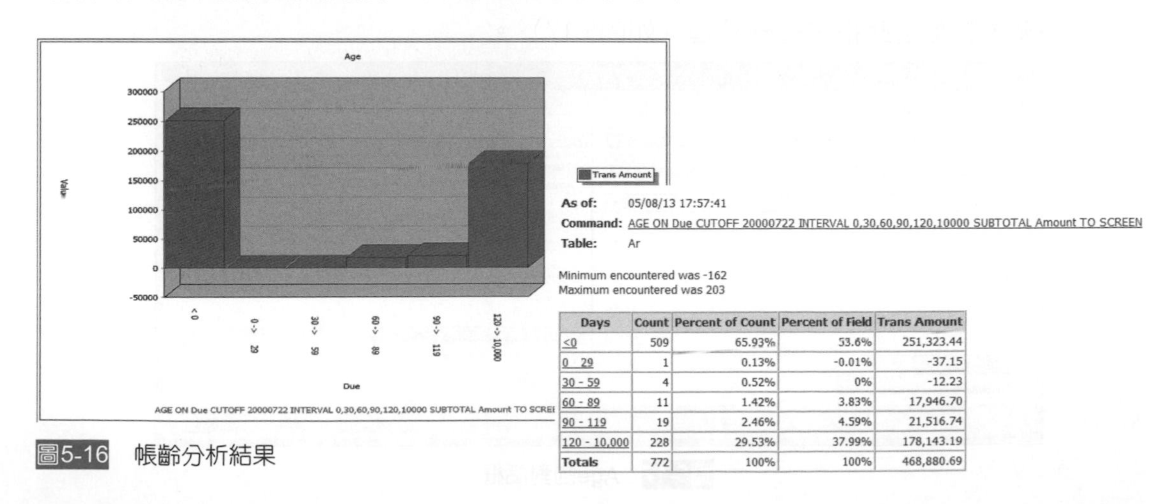

As of: 05/08/13 17:57:41
Command: AGE ON Due CUTOFF 20000722 INTERVAL 0,30,60,90,120,10000 SUBTOTAL Amount TO SCREEN
Table: Ar

Minimum encountered was -162
Maximum encountered was 203

Days	Count	Percent of Count	Percent of Field	Trans Amount
<0	509	65.93%	53.6%	251,323.44
0 29	1	0.13%	-0.01%	-37.15
30 - 59	4	0.52%	0%	-12.23
60 - 89	11	1.42%	3.83%	17,946.70
90 - 119	19	2.46%	4.59%	21,516.74
120 - 10,000	228	29.53%	37.99%	178,143.19
Totals	772	100%	100%	468,880.69

圖5-16 帳齡分析結果

帳齡（Age）指令可以演算資料表格內的記錄，並且：

1 根據日期間隔來分層統計資料。

2 計算每個層級區間中的紀錄個數。

3 彙總一個或更多個數值欄位在層級區間中的小計值。

4 計算每個層級區間小計與對總數間的百分比。

Age指令可以快速地進行會計上的帳齡分析，使用者可以輸入指定的截止日（Cutoff Date）。若未指定，ACL就會自動依照電腦系統的日期（即使用的當天）來當成Cutoff Date，進行計算產生帳齡的分析資料。

ACL計算帳齡日期的方式為：

Cutoff Date–欄位上的日期

例如：若所要分析資料檔的第一筆資料，其要分析帳齡的日期欄位內容為2013/01/01，而使用者所設定的Cutoff Date為2013/01/31，則此筆資料的帳齡即為2013/01/31 – 2013/01/01 = 30 天。

❖ 帳齡分析日期欄位

在資料分析時，帳齡是經常被使用的指令，特別是要找出過期的帳款，甚至是呆帳等，因此在財務報表的分析上通常會建立有應收帳款帳齡分析表，來加以確保應收帳款。

❖ ACL實際操作

STEP01 若我們要進行應收帳款的帳齡分析，則可以開啓專案內的資料表格，例如：開啓ACLData.acl專案中的AR（應收帳款資料表）。

STEP02 從Menu Bar中，選取「Analyze」下拉式選單，選擇「Age」，就會顯示出Age的對話框。另外，使用者亦可以直接由快捷按鈕列，點選 （Age），均會快速的產生此指令的對話框（如圖5-17）。

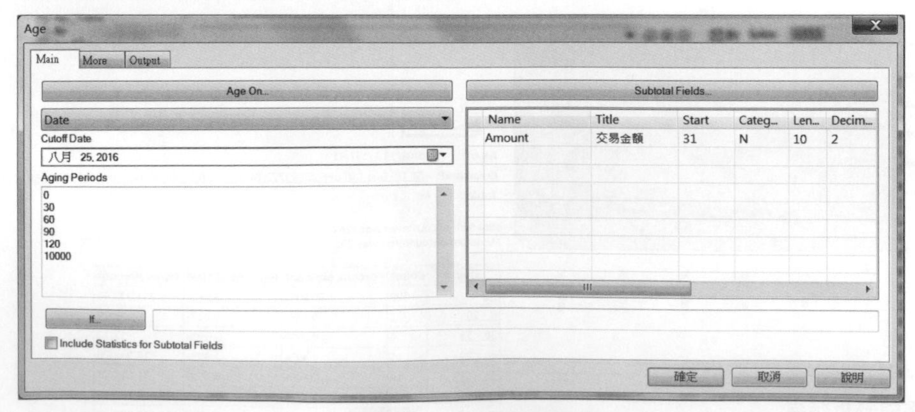

圖5-17 Age的對話框

STEP03 由於我們是要進行應收帳款的帳齡分析，因此可以從「Age On」下拉式選單，選取Due（帳款到期日）來進行分析。此下拉選單只會顯示日期格式的欄位供使用者選擇。

STEP04 接下來需要設定截止日（Cutoff Date），使用者可以點選下拉式選單顯示日期表，預設之日期是今日。若要修改日期則可以直接利用日期表來修改，或直接點選月或日然後輸入正確的數字。以本案例為例，由於資料檔的日期關係，因此建議使用者輸入日期為「七月 22, 2000」。

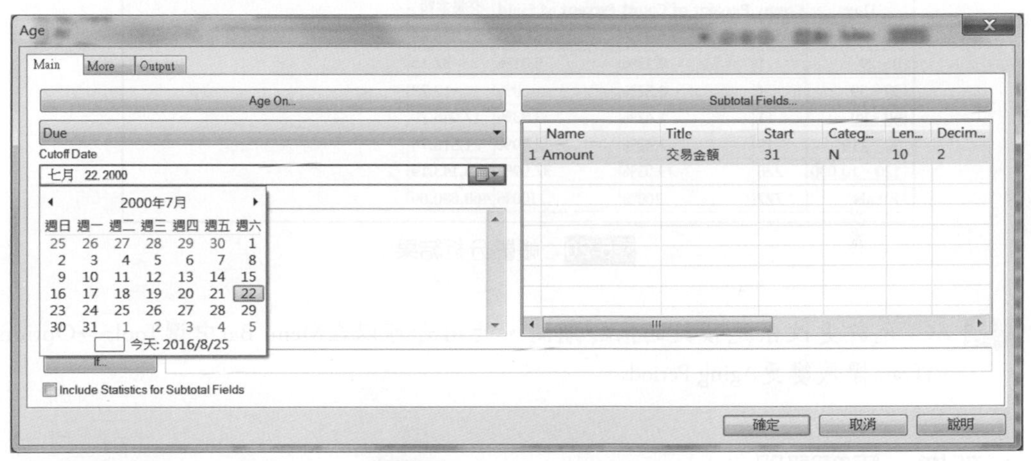

圖5-18 Cutoff Date的設定

STEP05 ACL提供預設的帳齡期間（Aging Periods）為 0、30、60、90、120、10,000天，這些數值指著每一個期間的最低界限，而最後一個期間選擇10,000是為了大到足以涵蓋所有逾期金額。這些預設數值大家經常用來分析帳齡的期間，但使用者可以依照需要自行修改。

STEP06 使用者接下來要設定所要分析的加總欄位，此時可以在「Subtotal Fields」列示清單中，選按Amount（如圖5-19）。「Subtotal Fields」列示清單只會顯示出此表格的數值欄位供使用者選擇。

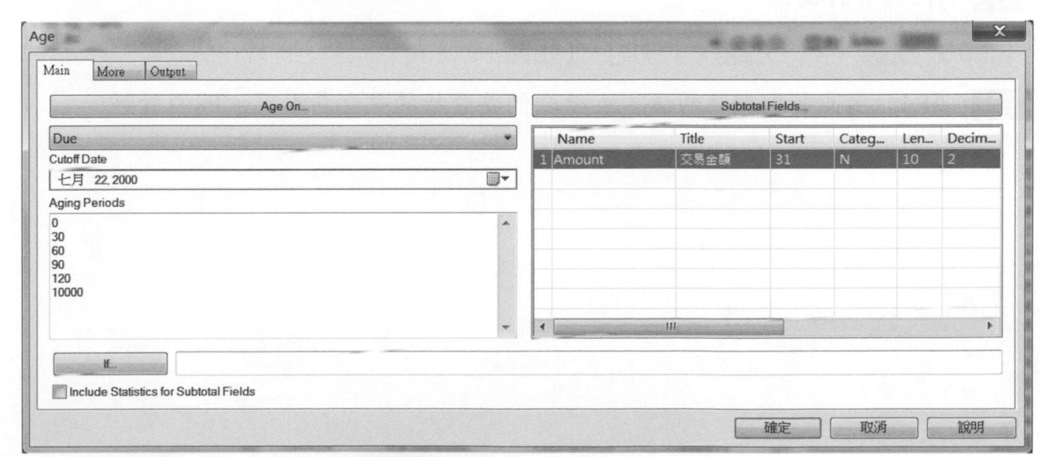

圖5-19 設定要分析的加總欄位

STEP07 點按「OK／確定」，在結果顯示頁籤中，ACL顯示檔案中每一筆到期日在截止日之前的交易，並彙總交易使用預設帳齡日期或自行設定日期產生應收帳款帳齡分析表。

As of: 08/25/2016 17:48:51
Command: AGE ON Due CUTOFF 20000722 INTERVAL 0,30,60,90,120,10000 SUBTOTAL Amount TO SCREEN
Table: Ar

Minimum encountered was -162
Maximum encountered was 203

Days	Count	Percent of Count	Percent of Field	交易金額
<0	509	65.93%	53.6%	251,323.44
0 - 29	1	0.13%	-0.01%	-37.15
30 - 59	4	0.52%	0%	-12.23
60 - 89	11	1.42%	3.83%	17,946.70
90 - 119	19	2.46%	4.59%	21,516.74
120 - 10,000	228	29.53%	37.99%	178,143.19
Totals	772	100%	100%	468,880.69

圖5-20 帳齡分析結果

注意 ACL允許更改系統預設的帳齡期間，使用者可以在Menu Bar中選Tools→Options對話框的Date標籤變更Aging Periods。

❖ 新增一個篩選器

在範例的應收交易檔的資料內有許多不同的交易型態，例如IN、CN、TR等等，若使用者想要分析特定的交易型態的資料，則可以加入一篩選器（filter）進入Age指令中的IF框內。

❖ ACL採用篩選器的操作步驟

STEP01 雙擊Command 指令行，回到Age對話框，並點選「If」開啓Expression Builder。

STEP02 在Available Fields下方欄位，雙擊Type。

注意 Type爲資料欄位。

STEP03 點選「=」，輸入「"IN"」（如圖5-21）。

注意 「IN」爲此範例欄位的值，表示我們要分析的是交易型態＝IN的資料。

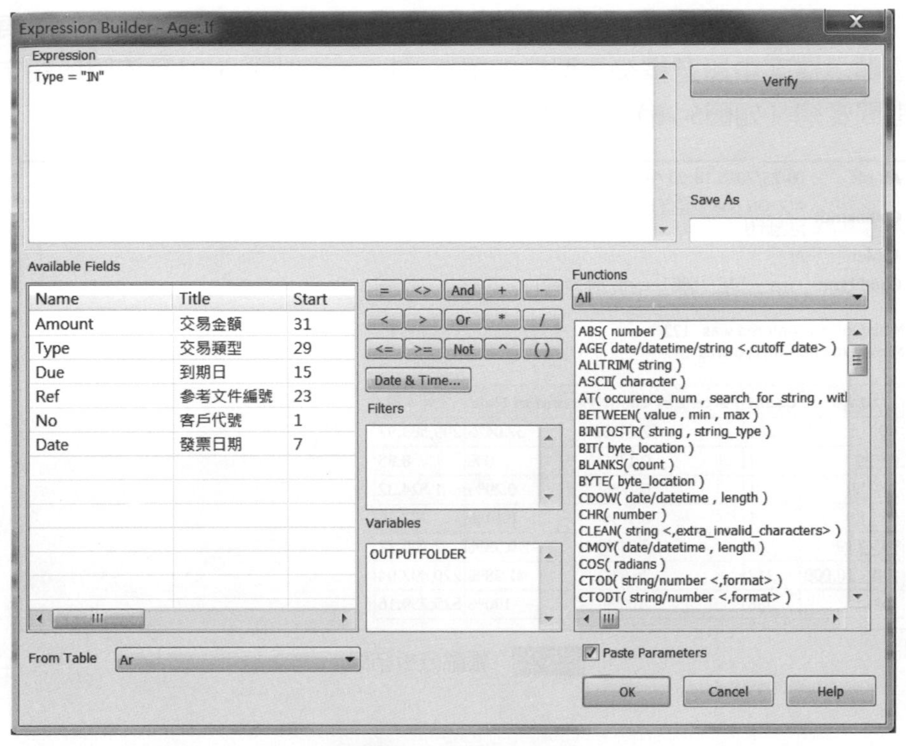

圖5-21　篩選器對話框

STEP**04**　點選「OK／確定」套用Filter，並關閉Expression Builder，即可看到Age對話框出現Filter在If文字方塊中。

STEP**05**　在「Age On」下拉式選單中，點選Due。

STEP**06**　點選「Cutoff Date」下拉式選單顯示日期表，預設之日期是今日，請選擇八月31, 2000。

STEP**07**　在「Subtotal Fields」列示清單中，點選Amount（如圖5-22）。

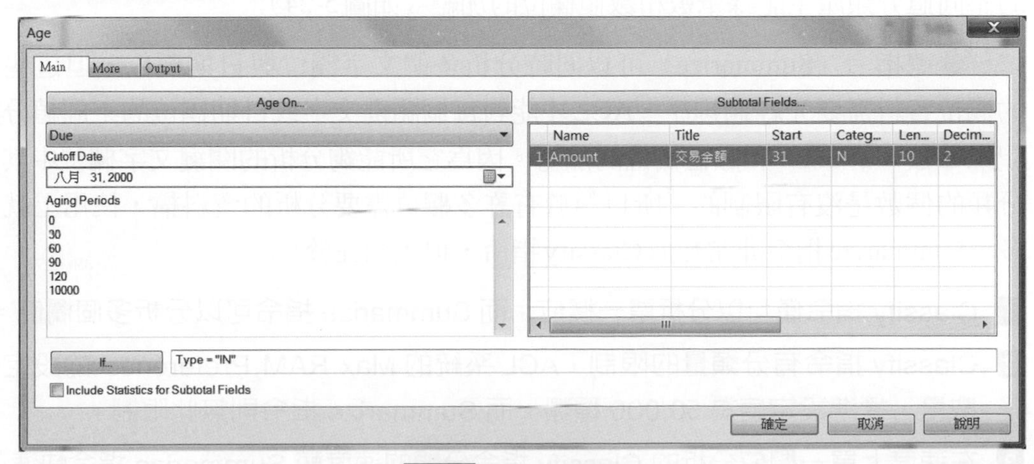

圖5-22　Age的對話框

STEP08 點選點選「OK／確定」執行指令，關閉Age對話框。ACL在結果顯示頁籤中，會顯示檔案中所選擇交易型態的單據（Type＝"IN"），以及依照所設定的帳齡期間彙總（如圖5-23）。

As of: 08/25/2016 18:00:44

Command: AGE ON Due CUTOFF 20000831 INTERVAL 0,30,60,90,120,10000 SUBTOTAL Amount IF Type = "IN" TO SCREEN

Table: Ar

Condition: Type = "IN" (588 records matched)

Minimum encountered was -122
Maximum encountered was 243

Days	Count	Percent of Count	Percent of Field	交易金額
<0	366	62.24%	57.04%	299,583.97
0 - 29	1	0.17%	0%	8.85
30 - 59	1	0.17%	0.29%	1,524.32
60 - 89	1	0.17%	0.14%	737.36
90 - 119	2	0.34%	0.55%	2,906.72
120 - 10,000	217	36.9%	41.98%	220,497.94
Totals	588	100%	100%	525,259.16

圖5-23 帳齡分析結果

第4節 多欄位資料彙總分類技術

本章的前三節所介紹的ACL指令，皆只能用來分析單一個欄位，但若使用者要同時對多個欄位進行分類分析，則可以使用ACL的彙總指令（Summarize），對每個關鍵的不同值分類產生記錄筆數和數值欄位的加總（如圖5-24）。

彙總指令（Summarize）可以同時分析多個文字欄位與日期欄位，但這些要分析的欄位資料需要先經過排序，ACL才能對每個關鍵文字或日期欄位的不同值分類產生記錄筆數（Count）和數值欄位的加總。因爲它所能夠分析的關鍵文字欄位中其不同值分類的個數是沒有限制的，所以對於有許多欄位需要分析的資料檔，使用上就方便許多。Summarize指令非常類似Classify指令，但差別在於：

1. Classify 指令僅可以分析單一欄位；而 Summarize 指令可以分析多個欄位。
2. Classify 指令有分類量的限制，ACL 系統的 Max RAM Preference 的設定限制其數量，標準設定值為 50,000 種類；而 Summarize 指令則無此限制。
3. 在速度上單一欄位分析的 Classify 指令分類的速度較 Summarize 指令快速。

4 執行 Summarize 指令前，資料檔要先進行排序；而執行 Classify 指令則不需先進行排序。

Summarize指令除可以讓我們彙總資料欄以外，也可以加入其他欄位至新的檔案，這時就可以產生更完整的報表。使用Summarize指令可以包含額外的文字或數值欄位，但它們通常不是要被用做累計，而只是作爲備註說明。

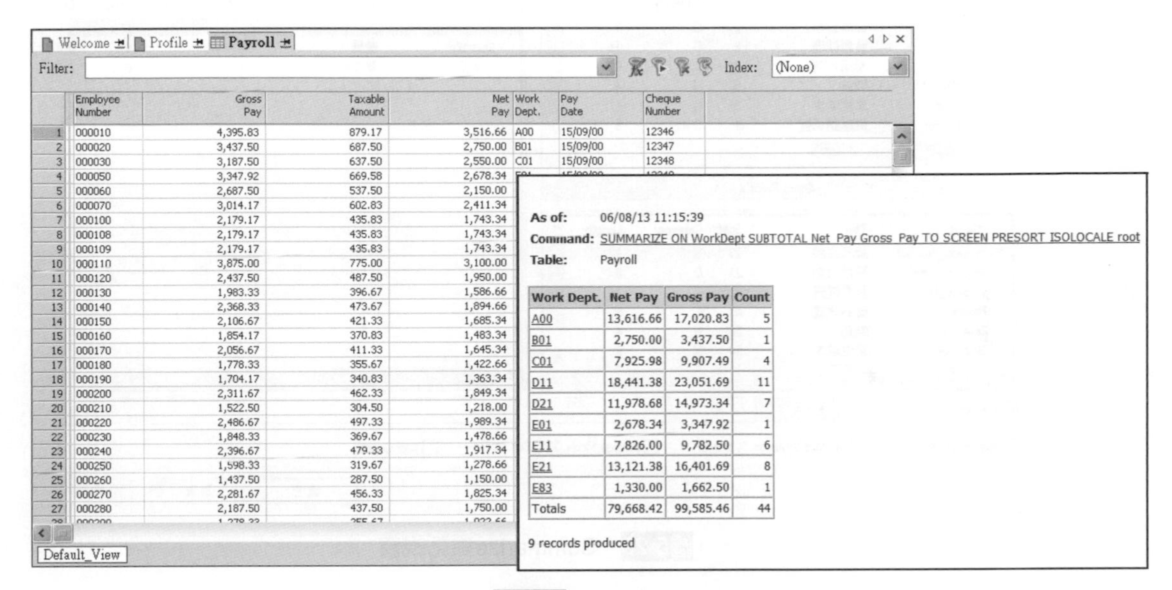

圖5-24　彙總結果

❖ ACL實際操作

STEP**01** 開啓專案內的資料表格，例如：開啓ACLData.acl專案中的資料表Ap_Trans。

STEP**02** 從Menu Bar中，選取「Analyze」下拉式選單，選擇「Summarize」，就會開啓Summarize對話框（如圖5-25）。

STEP**03** 「Summarize On」列示清單中顯示表列日期及其文字欄位。由於我們要分析的是供應商（Vendor_No）的訂單金額（Invoice_Amount），因此在「Summarize On」列示清單中，選按Vendor_No。

STEP**04** 在「Subtotal Fields」列示清單中，選按Invoice_Amount。

STEP**05** 由於資料需要經過排序，在執行指令的結果才會正確，若無法確定「Summarize On」欄位已被排序，則可以勾選Presort選項來強制進行資料排序再執行此指令。

STEP**06** 由於此指令執行完的結果可以有許多顯示方式，但一般都是顯示在一個新的ACL表格上。因此使用者可以點按「Output」標籤顯示Output Options，選擇File，在Name文字方塊中，輸入表格名稱為「Sumven」。

STEP**07** 點按「OK／確定」按鈕，則ACL會關閉Summarize對話框並且執行指令，ACL會開啓並顯示新的Sumven表格的檢視窗（如圖5-26）。

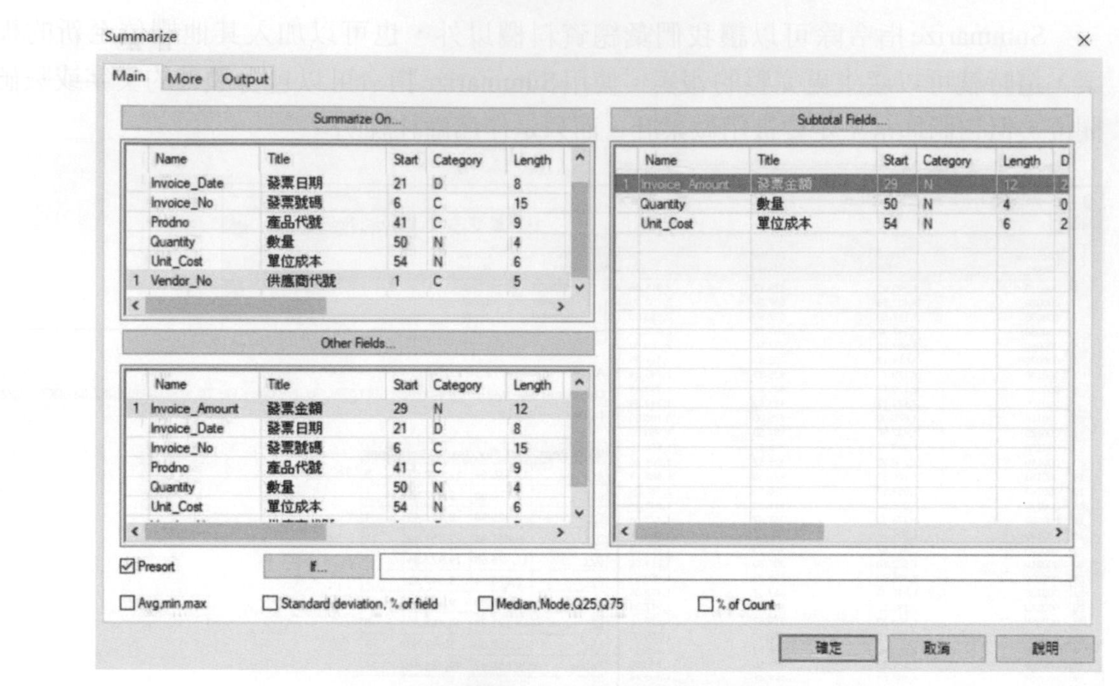

圖5-25 Summarize對話視窗

Sumven

Index: (None)

	供應商代號	發票金額	COUNT
1	10025	59,347.59	5
2	10101	691.04	3
3	10134	22,618.62	5
4	10448	782.04	3
5	10534	4,482.60	2
6	10559	708.99	2
7	10720	471.60	2
8	10721	2,212.86	4
9	10787	4,464.90	4
10	10879	1,440.00	1
11	11009	92.16	1
12	11247	3,162.78	2
13	11435	1,469.13	3
14	11475	35,968.34	7
15	11663	6,666.39	4
16	11837	12,454.88	3
17	11922	17,868.84	3
18	12130	30,858.17	4
19	12230	809.20	1

Default_View

圖5-26 Summarize後結果，產生新資料表Sumven.fil

ACL對每一個供應商（Vendor Number）產生一筆記錄，並顯示發票金額（Invoice_Amount）的累計數，ACL也會對每一個供應商產生交易筆數加總欄位（Count）。

第5節 圖表分析技術

ACL提供多種產生圖形化的數值輸出方法，讓使用者可以快速透過圖表來進行分析，而其中一種經常使用的指令爲Histogram（長條統計圖）。長條統計圖（Histogram）是將一組數據的資料分成連續的數群後，再分析每群的次數並將其繪製成連續型資料分佈圖。因此長條統計圖（Histogram）的使用，需要有下列的幾項特性：

1. 需要可以排序的資料，如文字資料或數值型的資料。
2. 需要計算出所要分析的資料間的全距（即最大值 - 最小值）。
3. 依據全距與樣本個數將資料的數值範圍定出適當的群數。
4. 決定各群的群距，例如 10, 20, 30 等，表示第一群為最小值至 10、第二群為 10-20、第三群為 20-30 等。
5. 各群的界限定義須明確，每個觀測值只能被歸入一群。
6. 每一個長條圖代表一群。
7. 橫軸上標示出分布的群距刻度（長條的寬度）。
8. 縱軸上代表各群計數次數（長條的高度）。

❖ ACL實際操作

STEP01 開啓專案內的資料表格，例如：開啓ACLData.acl專案中的資料表Inventory。

STEP02 從Menu Bar中，選取「Analyze」下拉式選單，選擇「Histogram」，就會開啓Histogram對話框（如圖5-27）。

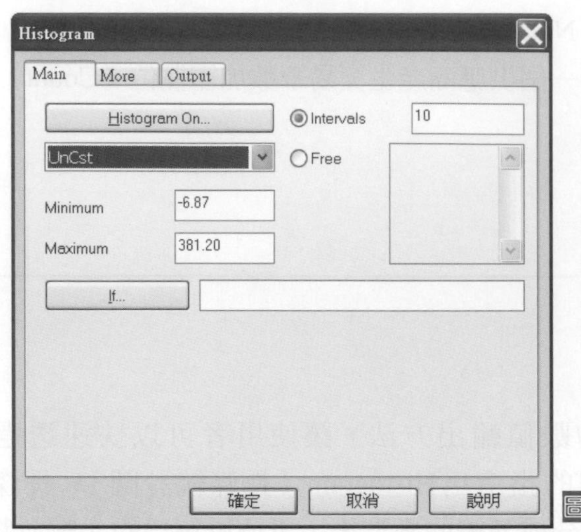

圖5-27 輸入數值範圍

STEP03 「Histogram On」列示清單中顯示表列數字及文字欄位。由於我們要分析的是庫存的單價（UNCST）分佈的狀況，因此在「Histogram On」列示清單中，選按UNCST。

STEP04 若是選擇數值欄位要進行分析，則ACL會要求使用者輸入此數值範圍，即最小值（Minimum）與最大值（Maximum）來讓系統可以計算出全距。使用者可以先使用Profile 指令來計算此範圍，此時ACL就會自動帶出此欄的最小值與最大值，另外使用者亦可以自行設定，ACL 會以使用者的設定為範圍來進行分析。

STEP05 接下來需要設定所要分析的群數（Intervals），以本案例我們設定為10。

STEP06 按下「OK／確定」鍵，產生結果如圖5-28。

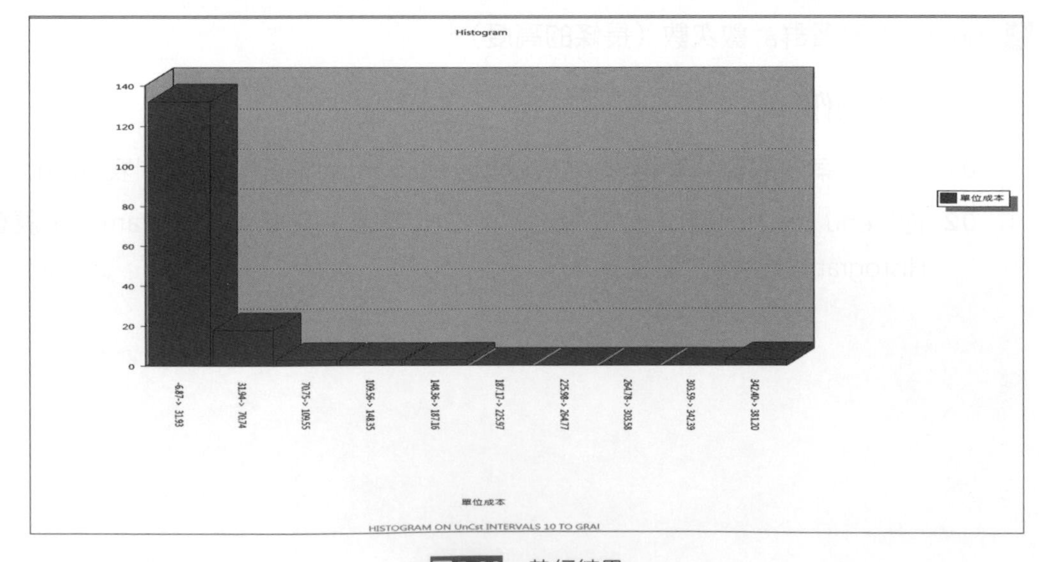

圖5-28 執行結果

注意 1. 若在「Histogram On」列示清單中，選擇的欄位爲文字欄位，則ACL會自動依此欄位來進行分類，此時就不需要設定最大值、最小值與群數。

2. ACL提供讓使用者自訂群距的功能（Free），使用者可以依需要輸入所要的範圍，例如10, 30, 50, 70, 150等（如圖5-29）。

3. ACL會產生圖型的功能，主要是在Output上選擇了Graph（如圖5-30），因此結果輸出就是圖形。

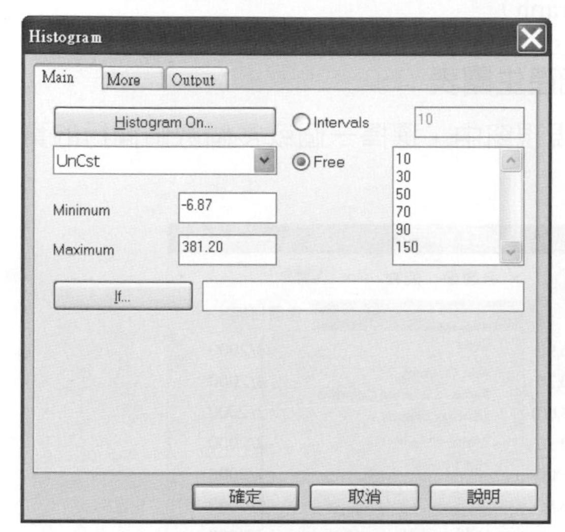

圖5-29 自訂群距

圖5-30 選擇輸出指令

圖5-31爲表格內容提供視覺化的概要效果，在ACL中有許多種方式可產生圖表。產生圖表後，您能改變圖表的資料型態，比如點陣圖、或複製到視窗系統中的剪貼簿或送至印表機中列印。

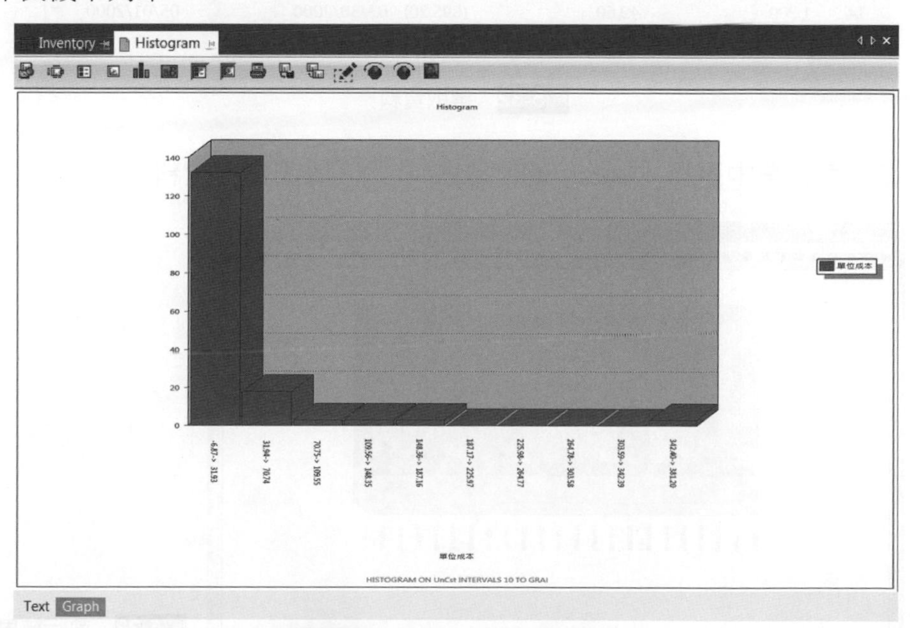

圖5-31 ACL可以顯示多種圖表

❖ 用指令繪圖

ACL提供多種方式可以產生圖表，供使用者可以快速產生圖表進行分析，一般可以分類為：

- 方法一：從資料視界（Views）中透過繪圖功能產生圖表
- 方法二：用指令於輸出方法選為圖表（Graph）

方法一：從檢視（View）中透過繪圖功能產生圖表

STEP**01** 我們於Inventory（庫存）的表格檢視視窗中，選擇一個或多個數值欄行的資料，並按滑鼠右鍵（如圖5-32）。

Inventory

Index: (None)

		單位成本	庫存成本	成本日期	售價日期
1	5,000	6.87	5,976.90		3/2000
2	5,000	6.87	3,160.20		3/2000
3	0	(6.87)	(10,167.60)		3/2000
4	0	6.87	8,862.30		3/2000
5	0	6.87	10,305.00		3/2000
6	0	6.87	16,625.40		3/2000
7	0	6.87	12,846.90		3/2000
8	400	47.00	6,110.00		1/2000
9	0	18.00	11,016.00		1/2000
10	0	11.53	8,071.00		1/2000
11	400	12.50	3,100.00	09/30/2000	12/31/2000
12	400	2.48	615.04	09/30/2000	12/31/2000
13	200	8.40	0.00	03/30/2000	05/01/2000
14	1,200	49.60	(595.20)	03/30/2000	05/01/2000

Copy
Add Columns
Remove Selected Columns
Modify Columns
Resize All Columns
Quick Filter
Quick Sort Ascending
Quick Sort Descending
Quick Sort Off
Graph Selected Data
Edit Note
Select View Fonts
Properties

Default_View

圖5-32 選取資料

STEP**02** 從文字選單中選擇「Graph Selected Data」（繪圖選取資料）（如圖5-33）。

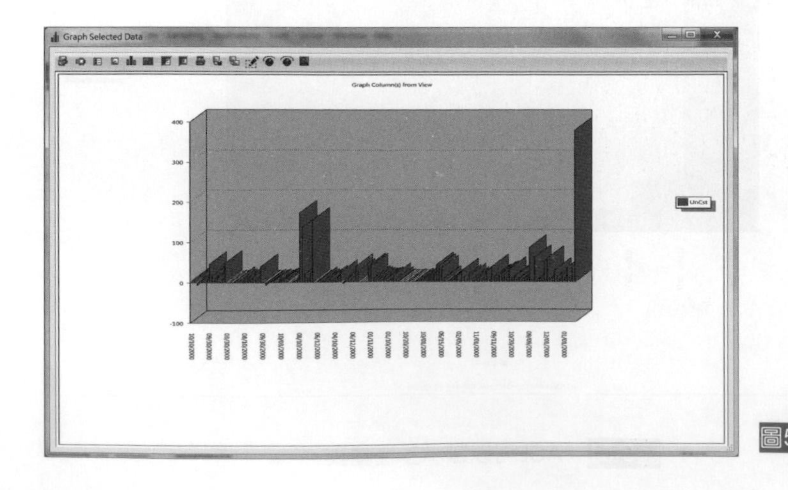

圖5-33 執行結果

方法二：用指令於輸出方法選為圖表（Graph）

大部分的ACL分析指令都提供有產生圖形化（Graph）的數值輸出方法，只要該指令的對話框上有Output的頁籤（如Analysis上的各功能），即可於此頁籤中選擇輸出爲Graph（圖表）（如圖5-34）。

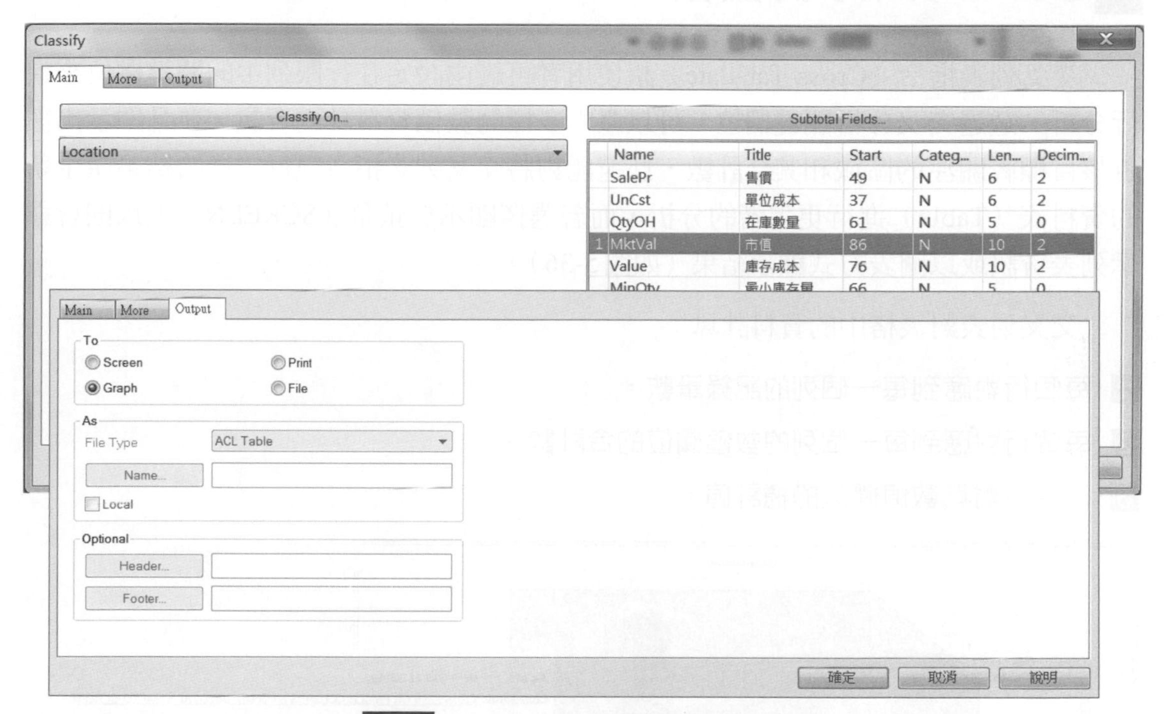

圖5-34 從指令對話方塊中選擇繪圖選項

另外，亦可在指令執行結果中選取繪圖標籤（如圖5-35）。

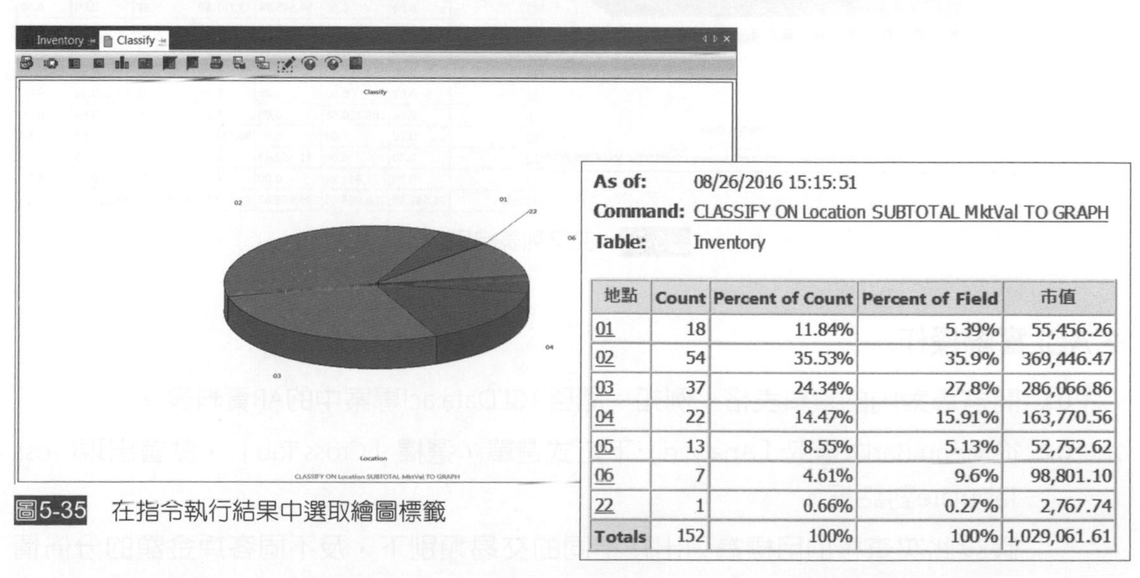

As of: 08/26/2016 15:15:51
Command: CLASSIFY ON Location SUBTOTAL MktVal TO GRAPH
Table: Inventory

地點	Count	Percent of Count	Percent of Field	市值
01	18	11.84%	5.39%	55,456.26
02	54	35.53%	35.9%	369,446.47
03	37	24.34%	27.8%	286,066.86
04	22	14.47%	15.91%	163,770.56
05	13	8.55%	5.13%	52,752.62
06	7	4.61%	9.6%	98,801.10
22	1	0.66%	0.27%	2,767.74
Totals	152	100%	100%	1,029,061.61

圖5-35 在指令執行結果中選取繪圖標籤

第6節 交叉列表分析技術

交叉列表指令（Cross Tabulate）讓使用者可經由設定在行跟列中的關鍵欄位來進行分析。透過交叉分析關鍵欄位，可以產生多樣的數值資料彙總資訊，並且顯示出與查核目標較關注的區域和其合計數，您還能夠將交叉列表指令執行完後的結果產生新的資料表（Table）進行更進階的分析，而若選擇顯示於螢幕（SCREEN）上以則會顯示列表資訊或以圖表方式顯示結果（如圖5-36）。

交叉列表對表格中的資料計算：

1. 每個行對應到每一個列的記錄筆數。
2. 每個行對應到每一個列的數值欄位的合計數。
3. 每一行對其數值欄位的總計值。

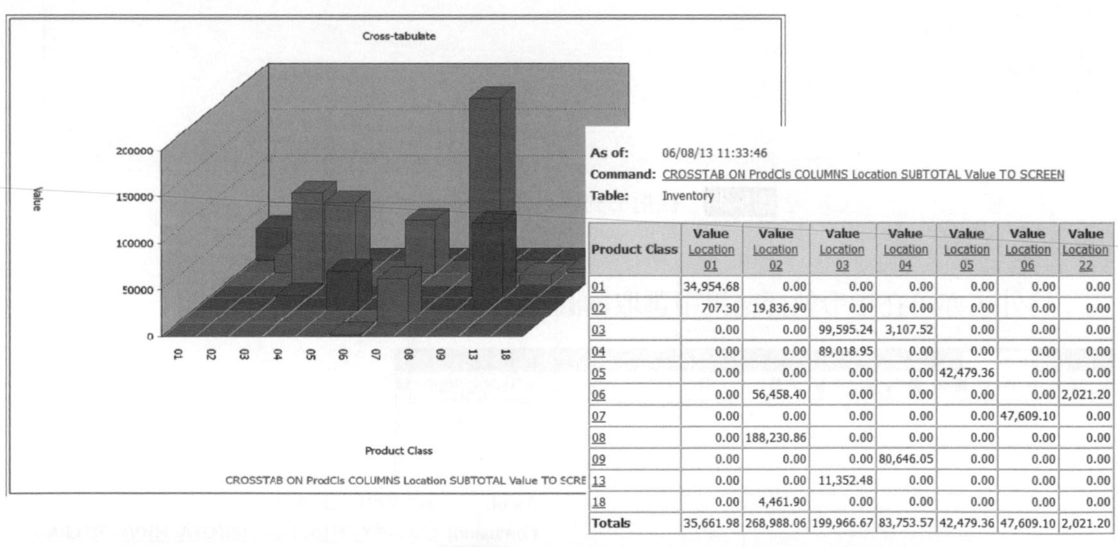

As of: 06/08/13 11:33:46
Command: CROSSTAB ON ProdCls COLUMNS Location SUBTOTAL Value TO SCREEN
Table: Inventory

Product Class	Value Location 01	Value Location 02	Value Location 03	Value Location 04	Value Location 05	Value Location 06	Value Location 22
01	34,954.68	0.00	0.00	0.00	0.00	0.00	0.00
02	707.30	19,836.90	0.00	0.00	0.00	0.00	0.00
03	0.00	0.00	99,595.24	3,107.52	0.00	0.00	0.00
04	0.00	0.00	89,018.95	0.00	0.00	0.00	0.00
05	0.00	0.00	0.00	0.00	42,479.36	0.00	0.00
06	0.00	56,458.40	0.00	0.00	0.00	0.00	2,021.20
07	0.00	0.00	0.00	0.00	0.00	47,609.10	0.00
08	0.00	188,230.86	0.00	0.00	0.00	0.00	0.00
09	0.00	0.00	0.00	80,646.05	0.00	0.00	0.00
13	0.00	0.00	11,352.48	0.00	0.00	0.00	0.00
18	0.00	4,461.90	0.00	0.00	0.00	0.00	0.00
Totals	35,661.98	268,988.06	199,966.67	83,753.57	42,479.36	47,609.10	2,021.20

圖5-36 交叉列表結果

❖ ACL實際操作

STEP01 開啓專案內的資料表格，例如：開啓ACLData.acl專案中的AR資料表。

STEP02 從Menu Bar中選取「Analyze」下拉式選單，選擇「Cross Tab」，就會出現Cross Tabulate對話框。

假設此次查核的目標為列出在不同的交易類別下，及不同客戶金額的分佈情況，則Cross Tabulate的操作步驟如下。

STEP**03** 在「Rows」列示清單中，點選No；而在「Columns」列示清單，點選Type。另外在「Subtotal Fields」列示清單中，點選Amount（如圖5-37）。

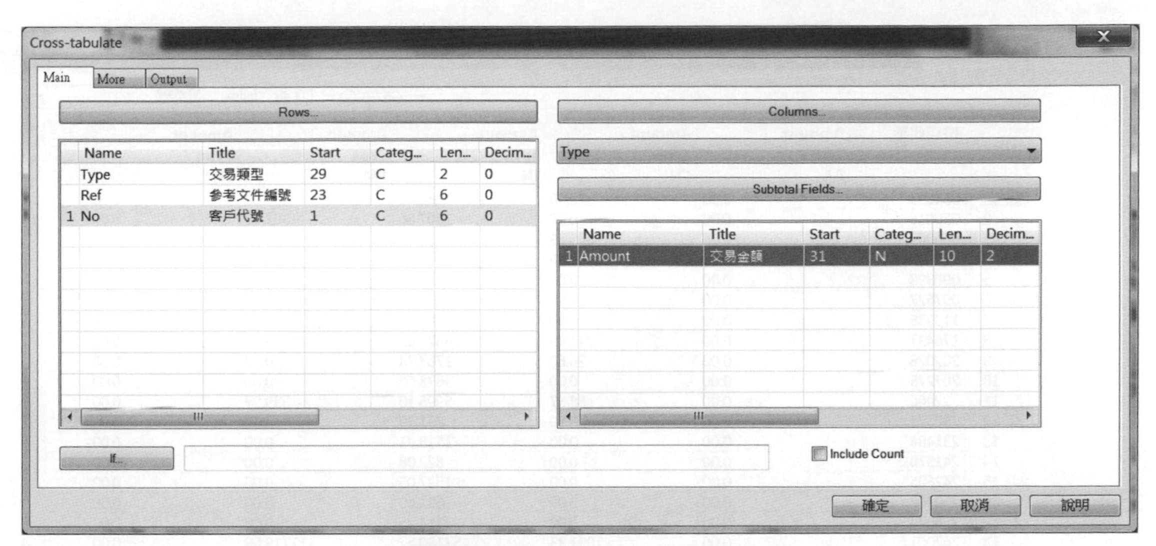

圖5-37　Cross Table的對話框

STEP**04** 點按「Output」標籤，顯示Output選項，選擇File。

STEP**05** 在File Type下拉式選單中，選擇ACL Table，Name文字方塊內，輸入「AR_TAB」（如圖5-38）。

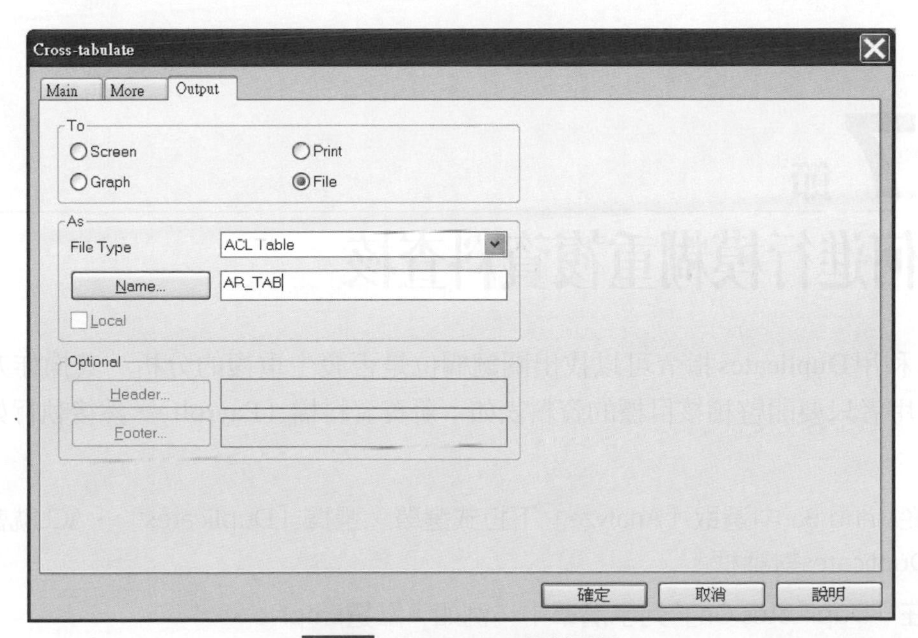

圖5-38　Cross Table的對話框

STEP06 點按「確定」按鈕，關閉Cross Tabulate對話框並且執行指令，ACL會開啓並顯示新的AR_TAB檢視窗（如圖5-39）。

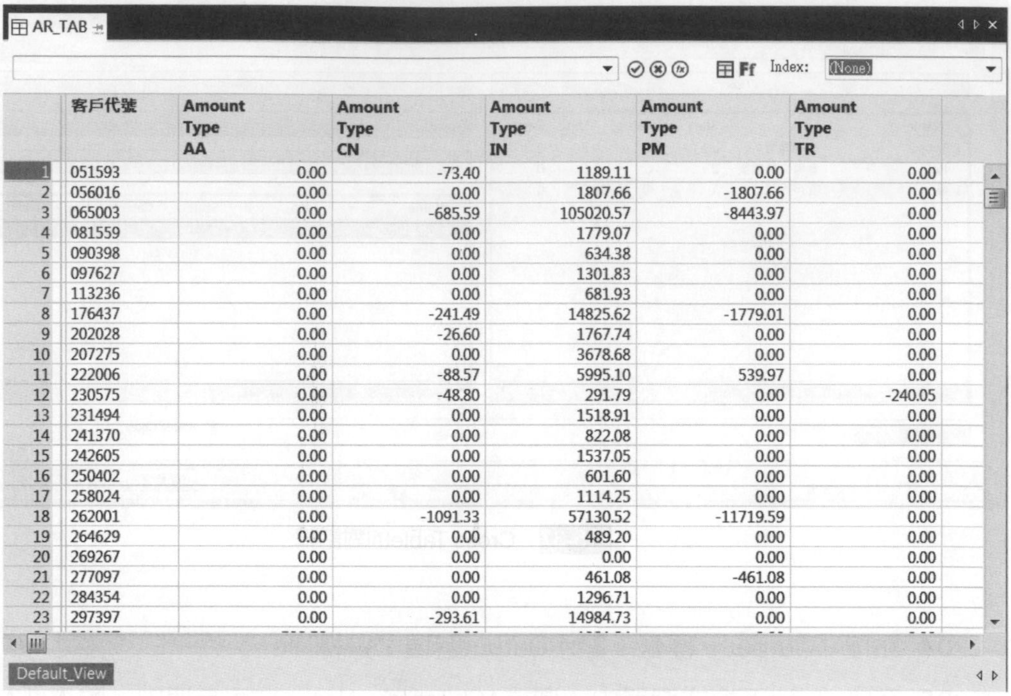

AR_TAB

Index: (None)

	客戶代號	Amount Type AA	Amount Type CN	Amount Type IN	Amount Type PM	Amount Type TR
1	051593	0.00	-73.40	1189.11	0.00	0.00
2	056016	0.00	0.00	1807.66	-1807.66	0.00
3	065003	0.00	-685.59	105020.57	-8443.97	0.00
4	081559	0.00	0.00	1779.07	0.00	0.00
5	090398	0.00	0.00	634.38	0.00	0.00
6	097627	0.00	0.00	1301.83	0.00	0.00
7	113236	0.00	0.00	681.93	0.00	0.00
8	176437	0.00	-241.49	14825.62	-1779.01	0.00
9	202028	0.00	-26.60	1767.74	0.00	0.00
10	207275	0.00	0.00	3678.68	0.00	0.00
11	222006	0.00	-88.57	5995.10	539.97	0.00
12	230575	0.00	-48.80	291.79	0.00	-240.05
13	231494	0.00	0.00	1518.91	0.00	0.00
14	241370	0.00	0.00	822.08	0.00	0.00
15	242605	0.00	0.00	1537.05	0.00	0.00
16	250402	0.00	0.00	601.60	0.00	0.00
17	258024	0.00	0.00	1114.25	0.00	0.00
18	262001	0.00	-1091.33	57130.52	-11719.59	0.00
19	264629	0.00	0.00	489.20	0.00	0.00
20	269267	0.00	0.00	0.00	0.00	0.00
21	277097	0.00	0.00	461.08	-461.08	0.00
22	284354	0.00	0.00	1296.71	0.00	0.00
23	297397	0.00	-293.61	14984.73	0.00	0.00

Default_View

圖5-39 Cross Table結果

第7節

如何進行模糊重複資料查核

ACL利用Duplicates指令可以找出關鍵欄位是否發生重複的分析，其操作方式很簡單，使用者只要開啓稽核目標的資料表如：薪資資料檔（Payroll），然後執行如下的步驟即可：

STEP01 從Menu Bar中選取「Analyze」下拉式選單，選擇「Duplicates」，ACL就會出現Duplicates對話框。

STEP02 在「Duplicates On」列示清單中，例如：點選EmpNo。

STEP03 在「List Fields」的列示清單中，點選Gross_Pay及利用鍵盤CTRL鍵選取Pay-Date和Cheque_No（如圖5-40）。

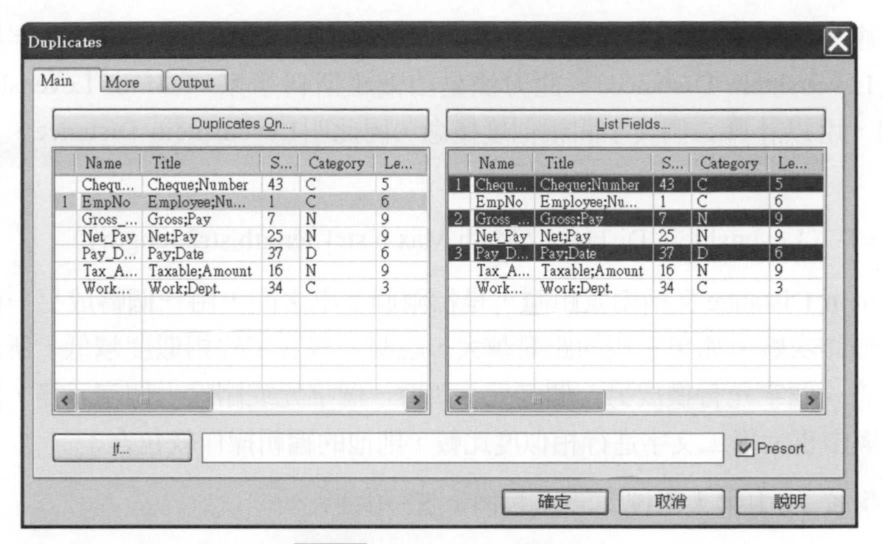

圖5-40　Duplicates 對話框

STEP**04**　假如您不確定資料欄位是否已被排序，則先點選Presort選項。

STEP**05**　點選「確定」按鈕，ACL將提醒您輸入Output File Name。

STEP**06**　點選「OK／確定」選擇Screen及選「OK／確定」，ACL在結果顯示頁籤中顯示每一個重號記錄，包含員工代號、支票號碼、薪資總額、付款日期，同時也會顯示重複的總數（如圖5-41）。

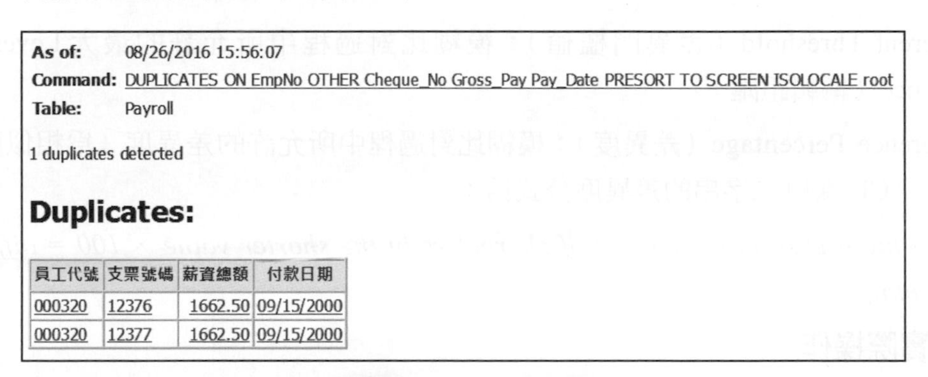

As of: 08/26/2016 15:56:07

Command: DUPLICATES ON EmpNo OTHER Cheque_No Gross_Pay Pay_Date PRESORT TO SCREEN ISOLOCALE root

Table: Payroll

1 duplicates detected

Duplicates:

員工代號	支票號碼	薪資總額	付款日期
000320	12376	1662.50	09/15/2000
000320	12377	1662.50	09/15/2000

圖5-41　Duplicates結果

圖5-41的結果顯示，員工代號000320在2000年9月15日，有取得二筆支票，因此可能有重複付款的行爲。

很多時候，重複的發生不一定資料都是一樣，有可能是很接近，因此ACL 9.3版以上的系統，提供另外一個進階的模糊比對（Fuzzy Duplicate）的功能，讓稽核人員可以更廣泛的運用電腦輔助查核技術來偵測舞弊現象。

模糊重複（Fuzzy Duplicate）的功能主要利用文字探勘技術上所常用的字符串相似度算法（Levenshtein Distance），此方法是由俄羅斯科學家Vladimir Levenshtein在1965年提出，用以計算二個文字間相似度概念，因此叫Levenshtein Distance，其相似度公式爲：

相似度=1-（Levenshtein Distance / Math.Max（str1.length,str2.length））

Levenshtein Distance又稱編輯距離，是指兩個字串之間，由一個轉成另一個所需的最少編輯操作次數，如果它們的距離越大，說明這些文字的相似度越低。所謂編輯操作包含有將一個字元替換成另一個字元、新增一個字元或刪除一個字元等，例如將正中大學校與中正大學二文字進行相似度比較，則他的編輯操作就包含：

正中大學校 → 中中大學校：　（替換：正→中）

中中大學校 → 中正大學校：　（替換：中→正）

中正大學校 → 中正大學：　（刪除：校）

所以他的Levenshtein Distance就等於3。而相似度爲: 1-（3 / MAX（5,4））= 1-（3/5）= 0.4

爲讓稽核人員可以容易的使用Fuzzy Duplicate功能，因此ACL提供二個彈性可以調整的變數：Different Threshold（差異門檻值）與Different Percentage（差異度）。

- Different Threshold（差異門檻值）：模糊比對過程中所允許的最大Levenshtein Distance（編輯距離）。
- Difference Percentage（差異度）：模糊比對過程中所允許的差異度（爲相似度的反向）。ACL 採用二字串的差異度公式爲：

  Levenshtein Distance / number of characters in the shorter value × 100 = difference percentage

❖ ACL實際操作

例如：我們要透過模糊比對（Fuzzy Duplicate）找出類似名稱的廠商，則可以開啓Vendor_China表格。同一家廠商可能擁有不同的名稱寫法，透過模糊比對公司名稱找出名稱不盡相同，卻有可能是同一家廠商的資料。

STEP01 開啓ACLData專案檔內的Vendor_China資料表，從Menu Bar中選取「Analyze」下拉式選單，選擇「Fuzzy Duplicates」，ACL就會出現Fuzzy Duplicates對話框（如圖5-42）。

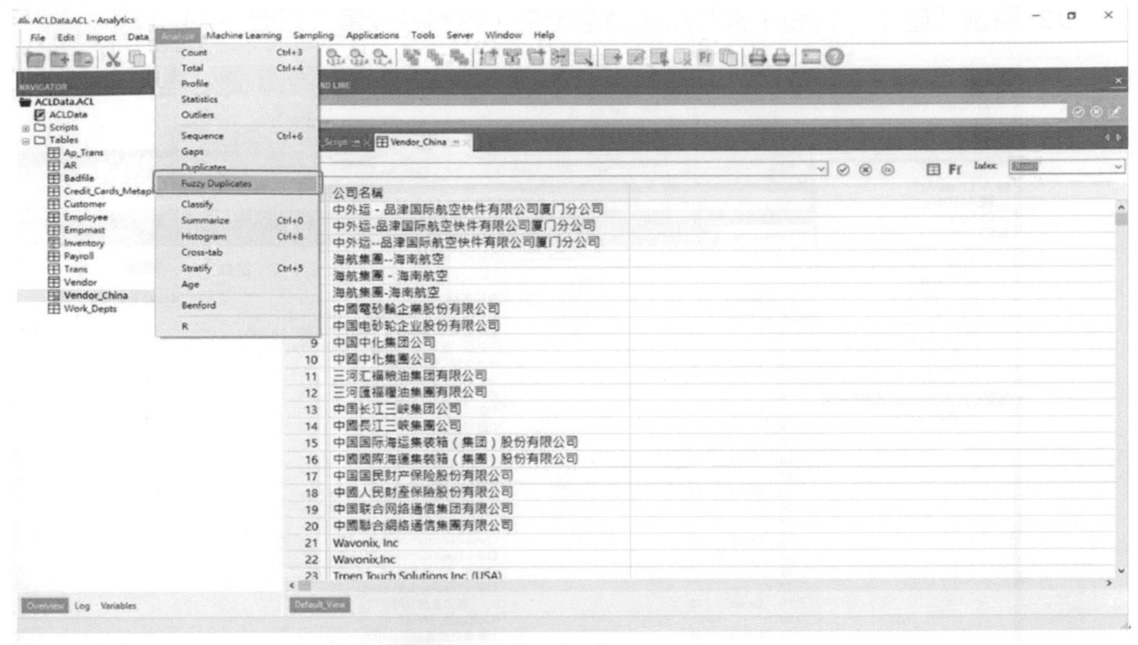

圖5-42 選擇「Fuzzy Duplicates」

STEP**02** 開啓「Fuzzy Duplicates On」對話框，於「List Fields」選擇公司名稱。並於Difference threshold輸入2，於Difference Percentage及Include Exact Duplicates打勾，輸出檔案FuzzName（如圖5-43）。

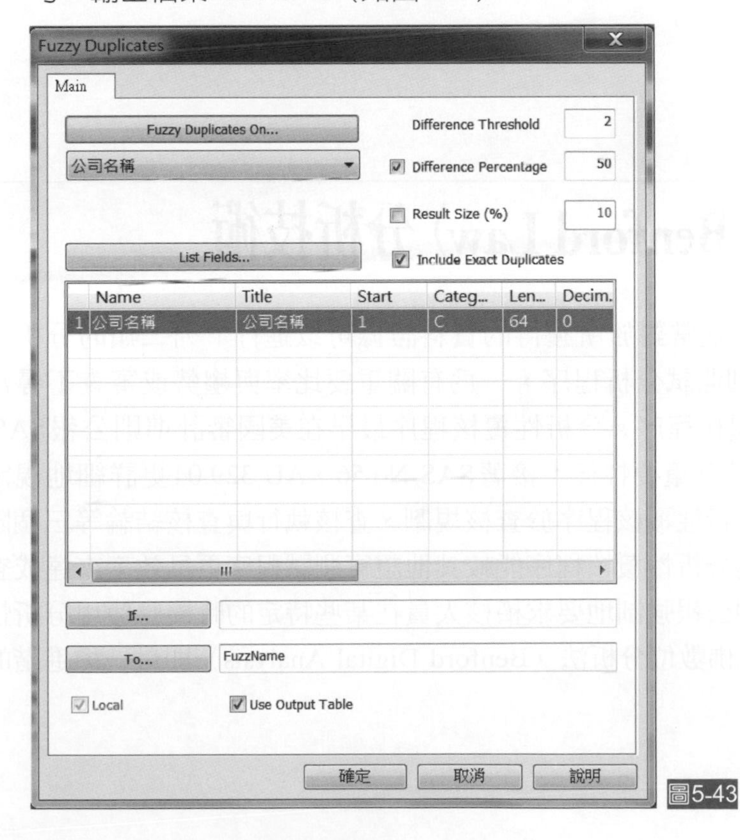

圖5-43 對話框

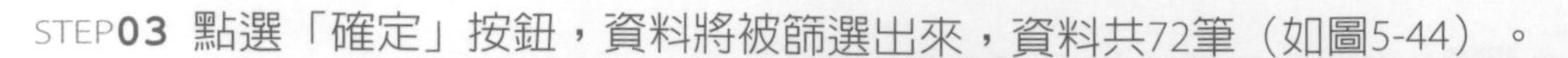

STEP03 點選「確定」按鈕，資料將被篩選出來，資料共72筆（如圖5-44）。

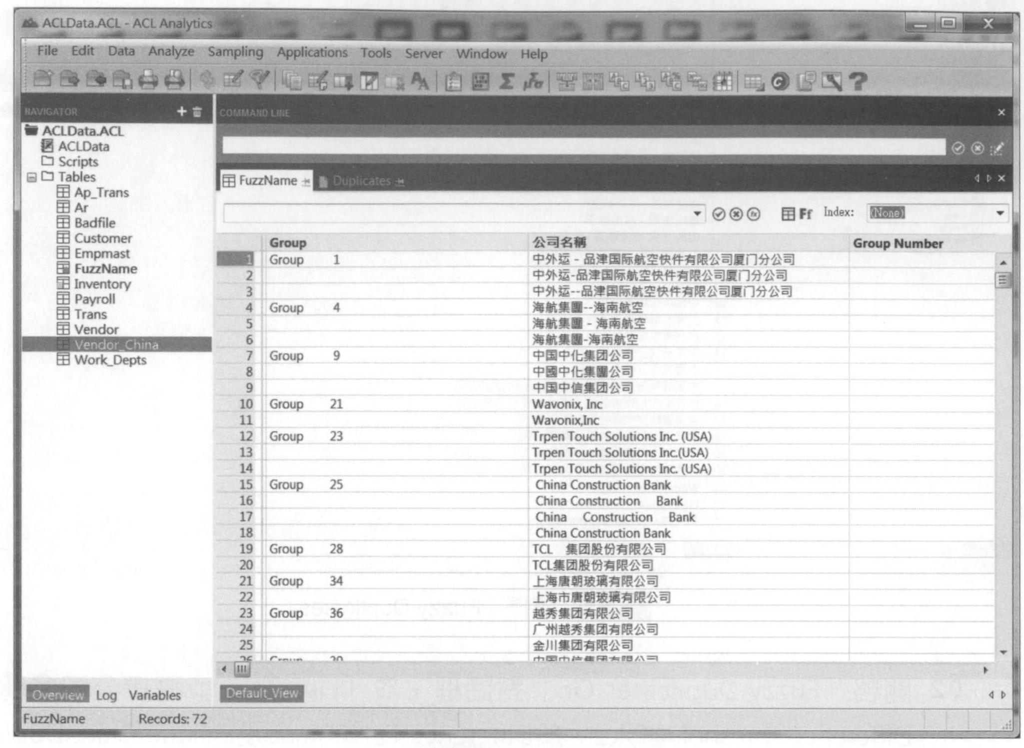

圖5-44 篩選資料

第8節

班佛定理（Benford Law）分析技術

在稽核的過程中，通常對於所獲得的資料證據可以進行下列二類的分析，一為交易明細或餘額的詳細測試分析程序，一為有關重要比率與趨勢或審查不尋常波動與可疑項目的分析性覆核程序。分析性覆核程序最早在美國審計準則公報SAS No.1（Section 320）中被提及其重要性後，接著SAS No.56、AU 329.04更詳細地規定審計工作，應廣泛地應用分析性覆核程序於查核規劃、查核執行與查核結論等三個階段。許多學者並一致地認為分析性覆核程序能較其他證實測試程序更具效率來達成查核目標，因此美國審計準則公報強制地要求稽核人員在某些特定的時機應使用分析性覆核程序。本節要介紹的班佛數位分析法（Benford Digital Analysis）即是一種進階的分析性覆核技術。

1 數位分析法與其發展

數位現象最早被發現在西元 1881 年，數學家 Simon Newcomb 觀察研究者所使用的對數表書籍，發現到書籍的頁碼數字較小之頁面比頁碼較大之頁面髒，這似乎表示書籍的前面頁數被翻閱的次數較後面頁數為多。他更發現若以亂數為基準，在相同的加、減、乘、除運算後，最終數字的第一數位，出現數值較小的數位（如 1、2、3…）較後面數字（如 9、8、7）的機會大的多，因此，Simon Newcomb 將此一現象寫成論文 "Note on the Frequency of Use of the Different Digits in Natural Numbers" 於 American Journal of Mathematics，而接續引發相關領域之學者投入相關的研究。惟當時僅將數位現象運用在學術界的研究中，而未擴及於商業實務界；到了 1938 年，美國奇異電器公司物理學家 Benford（1938）發現美國科學家的地址數字、或是大自然資料庫中河川水道的長度數字等相互獨立或是顯不相關的大自然中資料庫中的數值，似乎隱約存在某一種規則，Benford 在深化其研究後，即發現龐大數據資料中的各數字首位數值，出現「1」的頻率為最高，比率約為 30.1%；而首位數值為「2」的頻率次之，約 17.6%，當首數位值依序遞增到「9」時，出現的頻率將降到僅剩 4.6%，因此他最後提出了「第一數位現象」（First-Digital Phenomenon），又可稱作「第一數位頻率」（First-Digital Frequencies），因此後面學者引用此現象時以最初發現者之名稱命名為班佛定理（Benford's Law）。若以數學公式表示數位出現的頻率，可表示為：

$$S_n = ar^{n-1}$$

註：a 為依數字由小至大排列後第一個出現的數值。
r 為一共同的比率。
n 為由小至大排例的順序。

若將上述公式依其數位分別求算頻率，以數值 1,463 為例，其第一數位即為 1（1,463 左邊數來第一位）；第二數位為 4（1,463 左邊數來第二位）；第三數位為 6（1,463 左邊數來第三位）；第四數位為 3（1,463 左邊數來第四位）。若以一個數值資料庫來分析各數位之頻率（如圖 5-45），以第一數位（首位）出現「1」的頻率為最高，比率約為 30.1%；第一數位數值為「2」的頻率次之，約 17.6%，當第一數位值依序遞增到「9」時，出現的頻率將降到僅剩 4.6%；第二數位出現「1」的頻率為最高，比率約為 11.96%；若第二數值為「2」的頻率次之，約 11.39%，當二數位值依序遞增到「9」時，出現的頻率將降到僅剩 8.5%。因此，我們可以由圖中明確地觀察到數位頻率現象，數值 1 到 9 之頻率依第一數位至第四數位而逐漸緩和，趨於相近。由於自然產生的數字資料之中存在著數位法則的現象，若能將其應用在審計方面，則可作為驗證會計交易資料之真實性，或是存在人為操作的交易情形，透過班佛定理可以協助稽核人員找出哪些交易資料是人為操作，而將查核之焦點有效地集中在這些交易上。班佛定理用於審計上的應用，是在資料數量足夠的前提下，正常的交易資料其數字欄位的資料數位頻率的分配應與 Benford Law 相互符合；反之，若以該數位爲首的數位頻率之分配與數位法則產生差異的情形時，則意味著該數位爲首的會計資料可能存在著錯誤或潛在的舞弊行爲、或人爲所造成的偏差、或是無效率或不正常的經濟行爲，稽核人員應藉由此一分析性覆核來更精確地找出隱含錯誤或不當的交易行爲。

若數值為1.463

數位	第一位	第二位	第三位	第四位
0	-	.11968	.10178	.10018
1	.30103	.11389	.10138	.10014
2	.17609	.10882	.10097	.10010
3	.12494	.10433	.10057	.10006
4	.09691	.10031	.10018	.10002
5	.07918	.09668	.09979	.09998
6	.06695	.09337	.09940	.09994
7	.05799	.09035	.09902	.09990
8	.05115	.08757	.09864	.09986
9	.04576	.08500	.09827	.09982
Total	1.000000	1.000000	1.000000	1.000000

圖5-45 數字機率表

2 實務界運用數位分析之情形

數位法則可以協助分析出可能存在著錯誤或潛在的舞弊行爲、或人爲所造成的偏差、或是無效率或不正常的經濟行爲之交易。根據調查許多會計師事務所與政府審計單位，將此法運用在財務報表的查核方面，而電腦稽核界亦使用其作爲偵測異常電腦侵入的方式。

ACL 所提供的班佛指令使您可以方便的應用班佛公式進行數值資料的數位分析查核。這個指令可以計算出每個數字或數字結合在資料集中出現的次數，並比較實際次數跟期望次數。期望次數使用班佛公式求算，如此就能將結果以圖表方式輸出，方便稽核人員進行分析。

數位分析工具如班佛分析，使稽核人員和其他分析人員能夠將焦點集中在大量資料檔案中可能的異常情況，且進一步的利用其他進階的資料分析技術，去證實該項錯誤的存在。數位分析彌補了現有分析工具與技術的不足，並且可與其他工具一起使用來進行查核工作。

❖ ACL中使用班佛指令的操作

STEP**01** 首先在專案ACLData中點選Ap_Trans表單，再從Menu bar中點選「Analyze」下拉式選單，點選「Benford」，即出現「Benford」對話視窗（如圖5-46）。

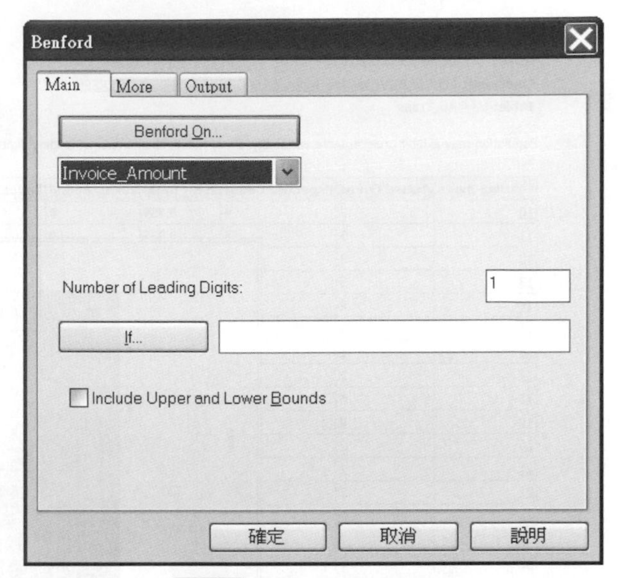

圖5-46 Benford對話視窗

STEP**02** 在Benford On中選取要分析的標地 Invoice_Amount（交易金額），Benford On內只會顯示出數值型欄位供使用者選擇。

STEP**03** 輸入要分析的位數（Number of Leading Digits），例如2位數。ACL允許使用者輸入1~6位數，若使用者選擇的位數超過4，則因為輸出的結果會很大，因此只可於Output處選擇匯出至檔案，而無法選擇直接顯示於畫面、圖表或印表機上。

STEP**04** 接著勾選輸出時是否要顯示上下標（Include Upper and Lower Bounds），此案例請勾選（如圖5-47），螢幕會出現如圖5-48。

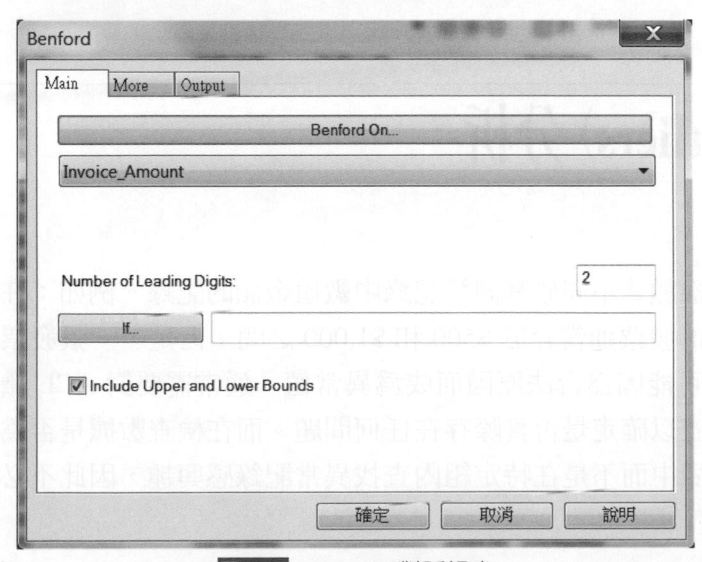

圖5-47 Benford對話視窗

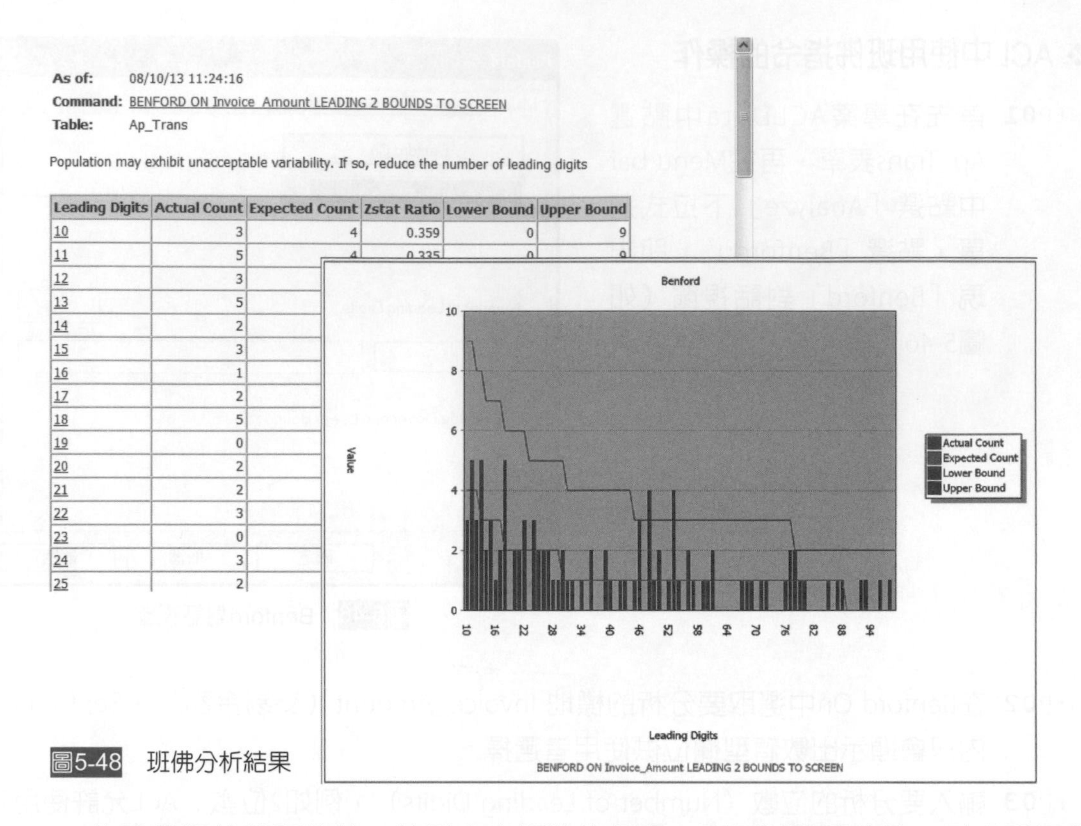

As of: 08/10/13 11:24:16
Command: BENFORD ON Invoice_Amount LEADING 2 BOUNDS TO SCREEN
Table: Ap_Trans

Population may exhibit unacceptable variability. If so, reduce the number of leading digits

Leading Digits	Actual Count	Expected Count	Zstat Ratio	Lower Bound	Upper Bound
10	3	4	0.359	0	9
11	5	4	0.335	0	9
12	3				
13	5				
14	2				
15	3				
16	1				
17	2				
18	5				
19	0				
20	2				
21	2				
22	3				
23	0				
24	3				
25	2				

圖5-48　班佛分析結果

STEP05　此時我們若發現數位18特別高出標準值很多，則可以點選此值，列出明細資料如下圖，進行更進一步的分析。

注意　學習更多關於班佛分析，參閱"Digital Analysis Using Benford`s Law：Test & Statistics for Auditors by Mark J.Nigrini,Ph.D,Published by Global Auditor Publication"。

第9節
異常值(Outliers)分析

1　什麼是異常值

異常記錄是其數值金額顯著不同於其同組記錄中數值金額的記錄。例如：在應付帳款文件中，特定公司的發票通常介於 $500 和 $1,000 之間。但是，一張發票的金額爲 $8,500。一個記錄可能因爲合法原因而成爲異常值。通常需要對 ACL 識別的異常記錄執行額外的檢查以確定是否實際存在任何問題。而在檢查數據是否爲異常記錄時，可能對在整個表中而不是在特定組內查找異常記錄感興趣，因此不必對記錄進行分組。

2 如何識別異常值

對於任何記錄而言，如果其數值域中的值大於上邊界或者小於下邊界，則該記錄爲異常記錄，且會被包括在輸出結果中。而對於每個記錄組，或者對於整個記錄集，ACL 使用指定數值域的標準偏差（標準偏差是對數據集的離差－即值的分散性的度量，異常值計算使用總體標準偏差）或者標準偏差的倍數來確立異常記錄上邊界和下邊界。

要設置邊界時，須設定爲異常值域的標準偏差的任何正倍數：0.5、1、1.5，等等。例如，如果設定 1.5 的倍數，則異常值邊界比異常值域中的值的平均值或中值高或者低 1.5 個標準偏差。對於相同數據集，隨著標準偏差倍數增加，可能會減小輸出結果中異常值的數量。

3 數據分佈

該組數值數據中的值通常分佈在從最小值到最大值的範圍內。在正態分佈中，值均勻分佈在數據的中心點周圍，從而形成鐘形曲線。中心點通常被定義爲值的平均值，但是它還可以是中值或者模式。

❖ 正態分佈的標準偏差

如果要計算一組正態分佈值的標準偏差，則68%的值落入平均值的一個標準偏差內(±)，99.7%的值落入平均值的三個標準偏差內(±)。只有非常少的值超過平均值三個標準偏差。

在ACL中分析的數據集中值的分佈情況經常會被歪曲，而不是正態分佈。例如，一個交易文件可能包含成千上萬個相對較小的交易和幾個大型交易。但是可以使用正態分佈來簡單說明ACL中異常值邊界的工作方式。

正如下面的示例所顯示，增加標準偏差倍數會使異常值的上下邊界更接近分佈曲線的尾部。隨著邊界靠近尾部，落在邊界外部的值會逐漸減少。

❖ 異常值邊界± 2.5個以平均值為基準的標準偏差

大於+2.5個以平均值爲基準的標準偏差或者小於-2.5個以平均值爲基準的標準偏差的值被作爲異常值包括在輸出結果中。

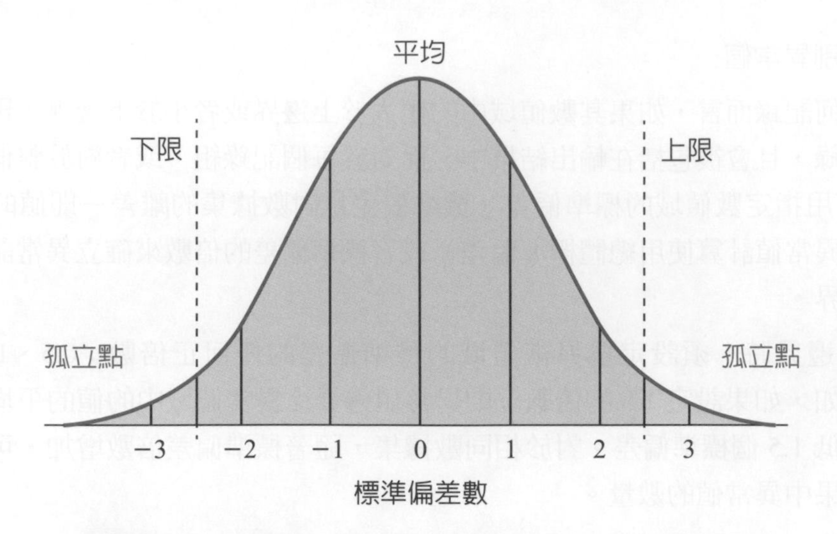

圖5-49 異常值邊界± 2.5個以平均值為基準的標準偏差輸出結果

❖ 異常值邊界±3個以平均值為基準的標準偏差

大於+3個以平均值爲基準的標準偏差或者小於-3個以平均值爲基準的標準偏差的值被作爲異常值包括在輸出結果中。

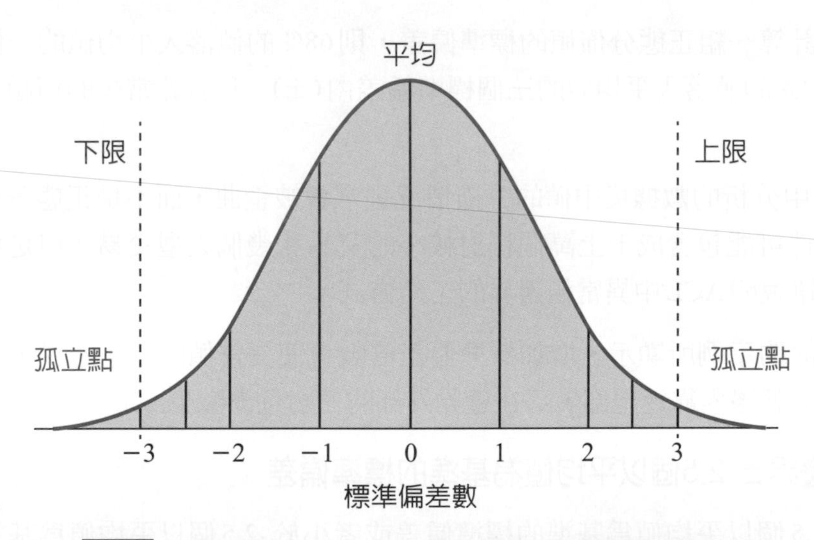

圖5-50 異常值邊界±3個以平均值為基準的標準偏差輸出結果

❖ ACL中使用Outliers指令的操作：識別對每個客戶而言異常的交易金額

STEP**01** 首先在專案ACLData.acl中點選AR表單，再從Menu bar 中點選「Analyze」下拉式選單，點選「Outliers」，即出現「Outliers」對話視窗（如圖5-51）。

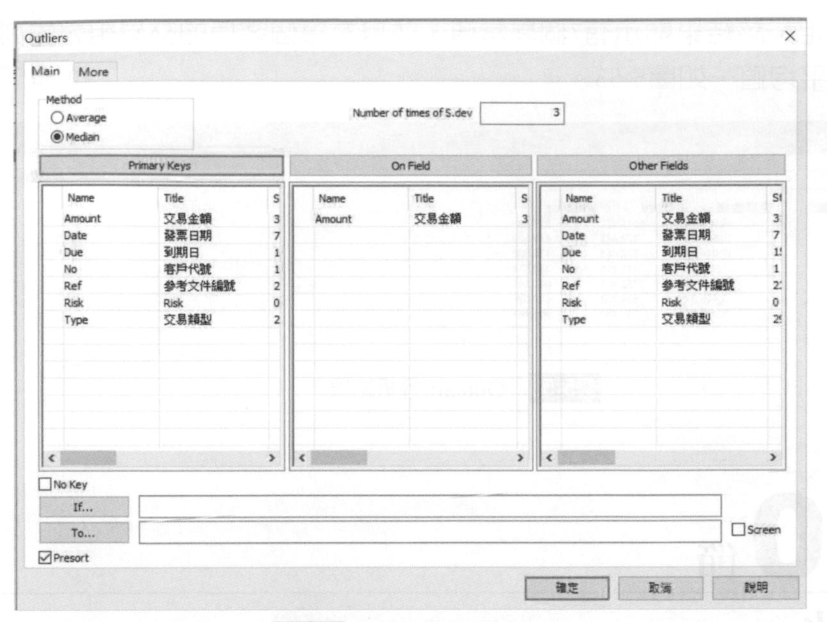

圖5-51 Outliers對話視窗

STEP02 在Method選擇Average，由於決定將異常值邊界設置為每個客戶的交易組的標準偏差的3倍，因此於Number of times od S.dev中輸入3。

STEP03 在Primary keys中選取No（客戶代號），On Field選擇Amount（交易金額），確定Presort有勾選後，於To中輸入Outliers_Costumer_AR（如圖5-52）。

圖5-52 Outliers對話視窗

STEP**04** 點選確定，該結果顯示有7個異常值，並且為每個客戶的交易組報告列出標準偏差和平均值，如圖5-53。

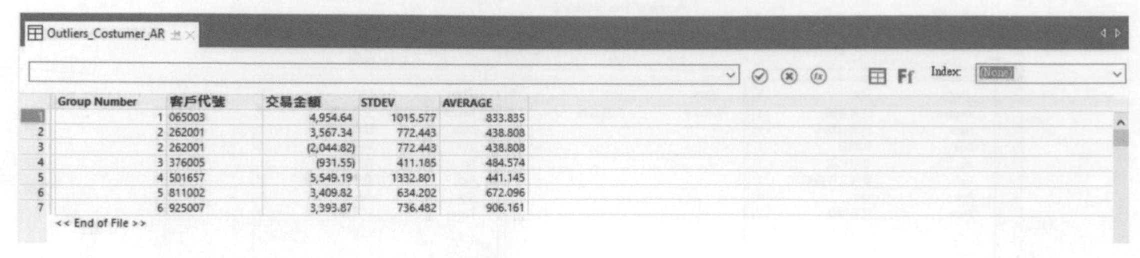
Outliers_Costumer_AR

	Group Number	客戶代號	交易金額	STDEV	AVERAGE
1	1	065003	4,954.64	1015.577	833.835
2	2	262001	3,567.34	772.443	438.808
3	2	262001	(2,044.82)	772.443	438.808
4	3	376005	(931.55)	411.185	484.574
5	4	501657	5,549.19	1332.801	441.145
6	5	811002	3,409.82	634.202	672.096
7	6	925007	3,393.87	736.482	906.161

<< End of File >>

圖5-53 Outliers分析結果

第10節 總結

我們在本章節中介紹了幾個ACL重要的資料分析指令，以及如何運用這些指令來協助稽核人員及資料分析人員等來審視資料的邏輯與方法，讓讀者更能夠眞正感受到資訊系統內資料的結構與特性，以及ACL的便利性。透過分類、分層、分期、彙總，及交叉列示等方法，使我們有能力在短時間內對巨量的資料進行多面向的解讀，但有時巨量的資料若未經妥善的整理，將容易模糊使用者的焦點，也會降低分析資料的速度，所以第六章我們將爲您介紹資料管理功能來協助查核與分析工作等，以達到事半功倍的效果。

本章習題

一、選擇題

(　　) 1. 在ACL中，右列哪項指令無法產生分析圖表？

(A) 彙總（Summarize）　(B) 分層（Stratify）

(C) 分類（Classify）　(D) 帳齡（Age）

(E) 以上皆是

(　　) 2. 當我們對2000年進行商品銷貨收入分析，利用ACL Age指令，分別展開每一季的收入總額（0,91,182,273,366），請問哪一季的收入最高？

Days	Count	Percent of Count	Percent of Field	Invoice Amount
0-90	105	30.97%	20.06%	60,303.17
91-181	72	21.24%	40.59%	122,049.43
182-272	83	24.48%	11.7%	35,177.21
273-366	79	23.3%	27.65%	83,152.23
Totals	339	100%	100%	300,682.04

(A) 第一季　(B) 第二季

(C) 第三季　(D) 第四季

(E) 以上皆非

(　　) 3. 在執行分層分析指令（Stratify）前，可以透過哪一項指令取得最大值及最小值的變數（Min1&Max1）？

(A) Statistic　(B) Count

(C) Classify　(D) Age

(E) Gap

(　　) 4. 下列哪些指令可以用來依照不同數值資料範圍進行彙總比較？

(A) Statistics　(B) Stratify

(C) Verify　(D) Duplicate

(E) Sort

(　　) 5. 下列哪一項對Age指令的敘述為真？

(A) 是針對數值金額範圍來彙總資料

(B) 是針對期間範圍來彙總資料

(C) 是依照文字型類別彙總資料

(D) 使用前必須要先執行Duplicate指令，以得到最大及最小值

(E) 以上皆非

(　　) 6. 當查核某一受查者總帳系統後，發現該受查者的某一資訊人員同時有切立、核准傳票並過帳之系統權限，下列查核程序何者最為有效？

(A) 因該員非為會計人員，無舞弊之動機，故無須進一步查核

(B) 詢問該資訊人員是否有切立異常之傳票

(C) 詢問會計主管是否有發現異常之交易，並了解內部稽核主管之稽核結果

(D) 自資料庫下載所有總帳分類，複核有無該資訊人員切立、核准或過帳之交易

(E) 自資料庫下載權限設定檔，檢視是否有權限衝突的情況

(　　) 7. 在對某銀行的審計中，內部稽核發現授信部門主管核准某企業集團所屬各獨立機構發放的貸款，違反了常規政策。內部稽核認為這一行為可能是有意的，因為該授信主管與控制該企業集團的一個主要負責人有密切關係，該稽核師應當：

(A) 將利益衝突和違規行為告知管理當局，並建議作進一步調查

(B) 將違規行為報告給法務部門，因為這構成了銀行控制制度的重大缺陷

(C) 如果該授信主管同意採取改正措施，則可以不報告該違規行為

(D) 擴大審計範圍，確定授信主管是否有舞弊行為，並將進一步調查結果向管理當局控告

(E) 以上皆非

(　　) 8. 公司從採購到付款的週期，需要考慮到復雜的授權流程。若是錯誤的付款或供應商和員工之間發生舞弊事件，可能導致公司數百萬的損失。下列何者非屬於查核人員對於供應商管理之控制風險？

(A) 供應商的建立與審核之職權分離

(B) 公司人員過度休假之情形

(C) 供應商所在地為高風險國家地區

(D) 供應商之基本資料頻繁更改

(E) 未經授權的人員對供應商基本資料進行更改

(　　) 9. 下列何者非Benford指令應用的範圍？

(A) 可用於指定數值範圍，或不是以機率分布出現的數據，如常態分布之處。

(B) 可用於會計、金融甚至選舉中出現的數據。

(C) 可用於檢查某些公共計劃的經濟數據有否欺瞞。

(D) 可用於欺騙檢測和股票市場分析等領域。

(E) 以上皆是。

(　　) 10. 進行洗錢防制查核時，需檢核超過特定門檻的交易是否有申報，此金額可能會隨著法令的調整而有所變動，請問使用ACL時，可以以下列何種方式處理較佳？

(A) 重新進行一次完整查核流程　　(B) 將金額設定成變數

(C) 定義一個新的欄位　　(D) 將特定金額寫入程式中

(E) 以上皆非

二、問答題

1. 請問何謂Benford's Law？試說明它的優點有哪些？
2. 請比較使用Summarize指令與Classify指令有什麼差別？

三、實作題

1. 請您利用ACLData專案中的薪資檔案（Payroll.fil）進行測試，如果用十個等級區分公司所有員工的薪水，請問有多少員工落入最低等級及最高等級之中？又這兩個等級的員工薪資總和為多少？
2. 承第1題，若員工起薪為1,000元，接下來每500元往上升一個等級，一共八個等級，請問員工人數最多的是屬於哪一個等級？又薪資支付最多的是屬於哪一個等級？
3. 請利用ACLData專案中之存貨檔（Inventory.fil）進行2000年底之存貨庫齡分析（以Cost Date為計算基準），請以30天為一期進行分析，請問超過半年以上之各其產品數與成本小計分別為多少？
4. 承第3題，如果您僅須對三個倉庫（Location代號為03,04及05）的存貨進行庫齡分析，試問超過半年以上，各期的產品數與成本小計分別為多少？
5. 假設您使用ACL中的Classify指令進行應收帳款（AR.fil）查核，若按照交易 別分析應收帳款明細資料檔，請問哪一項交易別的筆數最多？又哪一項交易別的彙總金額最高？
6. 承第5題，請您按照客戶別進行篩選，將有應收帳款餘額的記錄另存於新的資料表中（檔案名稱為Outstand.fil），試問客戶數量及應收帳款餘額總金額分別為何？
7. 若使用ACL中的Summarize指令，依照產品別挑選出交易檔（Trans.fil），請問彙總後金額為負的產品有哪些？
8. 若針對存貨檔（Inventory.fil）進行產品類別與存放倉庫庫位之交叉分析，試問哪些產品類別只存放在一個庫位？
9. 假設J公司是以支票支付員工薪資，請您檢查薪資發放檔中（Payroll.fil）的支票控管情形是否正常，是否有跳號或重號的情形發生？
10. 若內部稽核人員利用ACL中的Benford's Law指令進行應收帳款資料表（AR.fil）與交易資料表（Trans.fil）的測試，請問測試結果有無異常情形發生？

四、實驗題：實驗四

實驗名稱	實驗時數
如何進行單表格資料的稽核分析	1小時

實驗目的

將資料進行有意義的分群、分類、帳齡、排序及篩選，以符合查核目的，讓您可以更熟練ACL 對資料分析的各種不同技巧。

實驗內容

本實驗內容範例為Metaphor Corporation（麥塔佛公司），一家生活用品製造公司。公司主管想要使用ACL來分析員工使用公司提供的信用卡之交易紀錄。此專案計有資料檔Credit-Cards-Metaphor、Trans_April、Unacceptable_codes、Company-Department、Employees、Acceptable_codes、Report、Zipcode、IFRS等九個資料檔。

本實驗查核重點為：

- 了解分類指令的使用技巧？
- 了解分群指令的使用技巧？
- 了解帳齡指令的使用技巧？
- 了解班佛指令的使用技巧？

實驗設備

- ACL軟體10.0以上版本及PC個人電腦（安裝Win2000以上，硬碟空間至少100MB）。
- 測試資料檔案：實驗二的電腦稽核專案。

實驗步驟

Step01　載入實驗二的電腦稽核專案。

Step02　對Credit-Cards-Metaphor表格進行Stratify指令動作，對NEWBAL欄位進行平均值十分群的動作，並列出各群的區間與NEWBAL合計值。

Step03　對Credit-Cards-Metaphor表格進行Classify指令動作，對CUSTNO欄位進行分類，列出不同 CUSTNO的NEWBAL合計值。

Step04　對Trans_April表格的TRANS_DATE欄位進行Age 指令動作，CUTOFF DATE設定為2006/05/01，列出0、10、20、30天的AMOUNT帳齡合計值。

Step05　對Trans_April表格的AMOUNT欄位進行BENFORD 指令動作，Leading數字設定為3，將不符合BENFORD 規則的資料使用EXTRACT指令列出成一個資料表。

06 協助規劃與整理資料的指令應用

學習目標

從上一章節中，您已經學會如何透過ACL 指令分析資料，但當稽核人員及資料分析人員等欲從所蒐集的大量資料中分析資料時，常常會出現面對不同查核或分析目標，需要不同的資料欄位資料，若原始的表格很複雜且欄位多，就需要從原始資料中取出其中一部分或對資料表格做不同的資料規劃與整理等動作，方能聚焦獲取所需的資料，以進行進一步的分析。

過去，稽核人員及資料分析人員等仍然必須藉助資訊部門的配合才能執行這類作業，倘若一開始規劃不當或溝通不良，導致整理過的資料不符查核目標所用，還容易遭致資訊部門的抱怨，相當不便。所幸ACL 提供我們自行管理資料的邏輯與途徑，透過排序、索引、累計及篩選器等指令能方便我們觀察與分析資料。熟悉這些技巧將可以協助稽核人員及資料分析人員等整理出真正需要分析的資料，有益於使用者聚焦並減少電腦分析資料的作業時間。

本章摘要

- 如何利用運算式建立新欄位
- 如何使用資料篩選器的功能
- 如何萃取資料到新的資料表格
- 如何對工作中的資料表格進行資料排序動作
- 如何建立資料的索引功能來加速分析的效率
- 如何進行資料累計的檢查與其重要性
- 如何使用ACL的變數功能

第1節 如何利用運算式建立新欄位

ACL可以透過運算式（Expression）來建立新的欄位，讓使用者可以更清楚的瀏覽要在工作底稿上顯示的資訊，來提升稽核分析的作業能力。

何謂運算式（Expression）

Expression是一種可以編輯ACL的運算式並執行的功能，它可以搭配資料欄位去執行條件式判斷，如測試眞僞。運算式可以是資料欄位的計算、數學運算符號、複合字串等合在一起的一種運算。

產生新的運算式（Creating Expression）

ACL可以將運算式儲存，提供日後作業時能夠被快速的再利用，在它被儲存後，就會是資料表格（Table Layout）中的一部分，稱爲計算欄位（Computed Field），它並不是眞正的資料欄位，所以不會對原始資料產生任何更改或影響。

使用運算子（Operators）

運算子是一般數學上使用的作業名稱，透過運算子可以對多種物件（如欄位）的內容進行運算，也可以產生新的資料欄位。表6-1顯示ACL可以使用的運算子。

表6-1 為運算式內所可用到的運算子

運算子	說明
( )	括號
-	減號
Not	NOT邏輯閘
^	乘方
* /	乘法及除法
+ -	加、減
> < =	比較符號：大於、小於、等於
>= <= <>	大於或等於、小於或等於、不等於
And	AND邏輯閘、字元連結
Or	OR邏輯閘

一　運算式範例

本章節以下面二個範例來讓同學可以練習與了解透過運算式建立新欄位的方法。

❖ 建立產品的毛利率欄位

STEP01　在Menu Bar中選取Edit下拉式選單，選擇Table Layout開啟Inventory的Table Layout視窗。

STEP02　點選「Edit Fields / Expressions」，接著點選 （Add a New Expression），在Name文字盒中，輸入「Markup」，在Alternate Column Title文字盒中，輸入「毛利率」。

STEP03　點選 f(x)（預設值運算式，Default Value Expression）開啟Expression Builder（如圖6-1）。

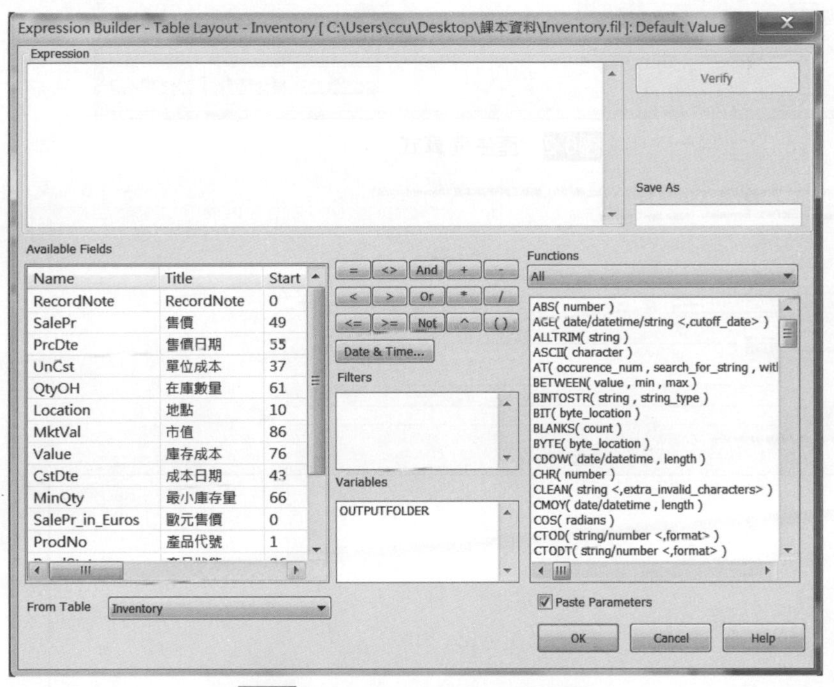

圖6-1　Expression Builder對話框

STEP04　要顯示每一個存貨項目的毛利率，運算式則為（SalePr - UnCst）/ SalePr，（如圖6-2）。

STEP05　點選「OK / 確定」Default Value文字盒顯示新的運算式（如圖6-3）。

STEP06　儲存資料點選 ✔（Accept Entry）增加運算式進入資料表格中。

STEP07　關閉Table Layout視窗，回到View視窗。

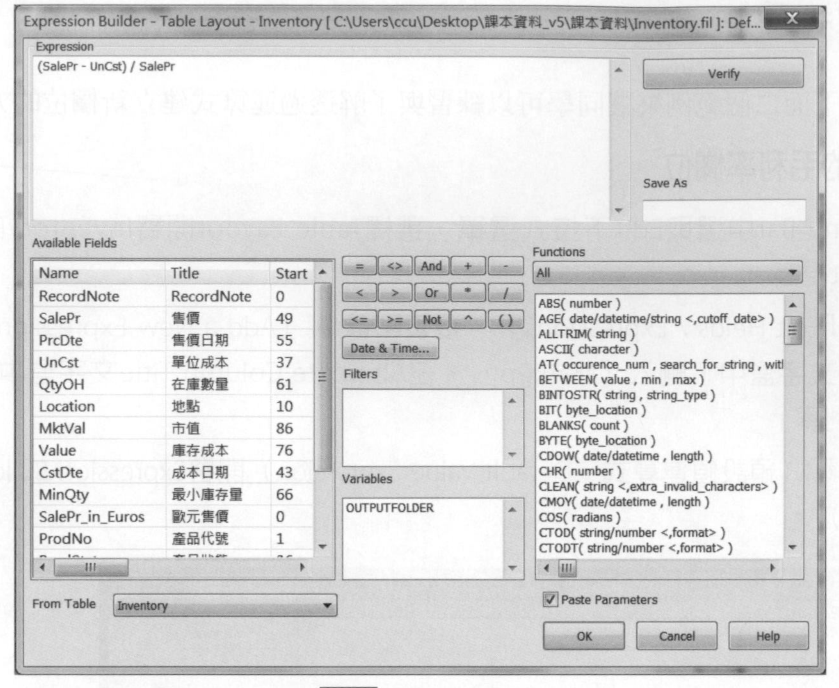

圖6-2 產生運算式

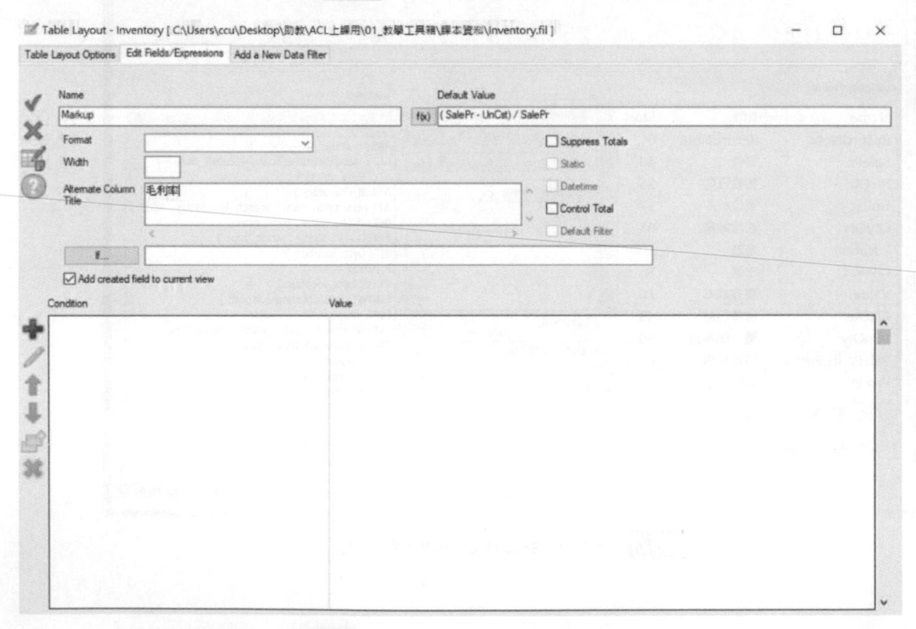

圖6-3 顯示新欄位與其運算式

❖ 新增應收帳款的風險辨識欄位

STEP01 開啓AR檢視（View）。

STEP02 從Menu Bar中選取Edit下拉再選擇Table Layout。

STEP03 點選「Edit Fields / Expressions」tab。

STEP**04** 點選 新增欄位運算式（Add New Expression）。

以下是新增運算式的範例：

STEP**05** 在Name的文字盒，輸入Risk。

STEP**06** 在Default Value的文字盒，輸入「"Low Risk"」。

STEP**07** 點選 輸入條件式（Insert a Condition）。

STEP**08** 出現輸入條件式及條件值的對話框。

STEP**09** 輸入相對條件式及條件值（如圖6-4）。

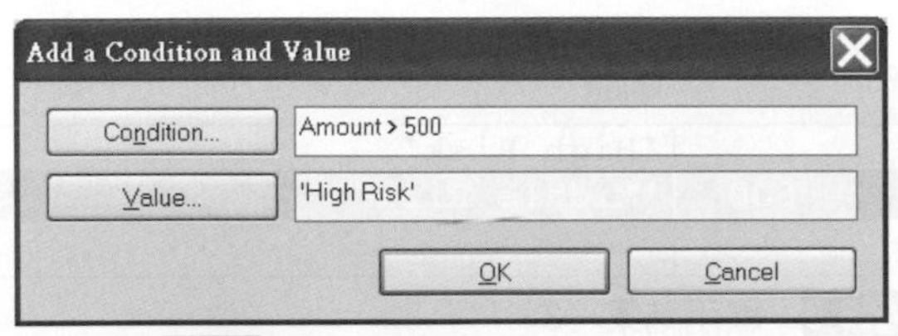

圖6-4　輸入相對條件式及條件值

STEP**10** 結果顯示（如圖6-5）。

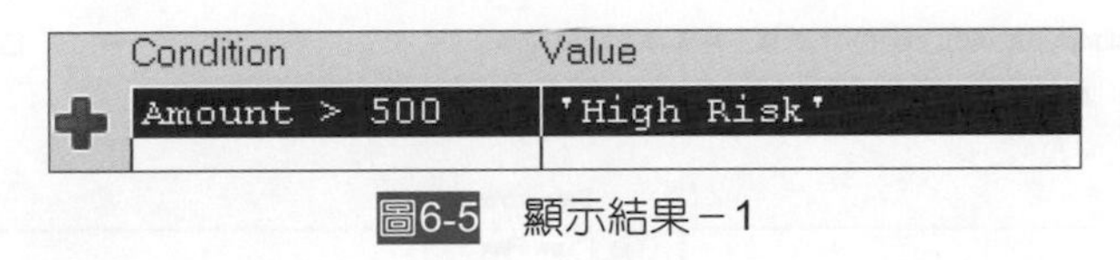

圖6-5　顯示結果－1

STEP**11** 再新增另一個條件式，點選 複製條件式（Duplicate Condition）。

STEP**12** 結果顯示（如圖6-6）。

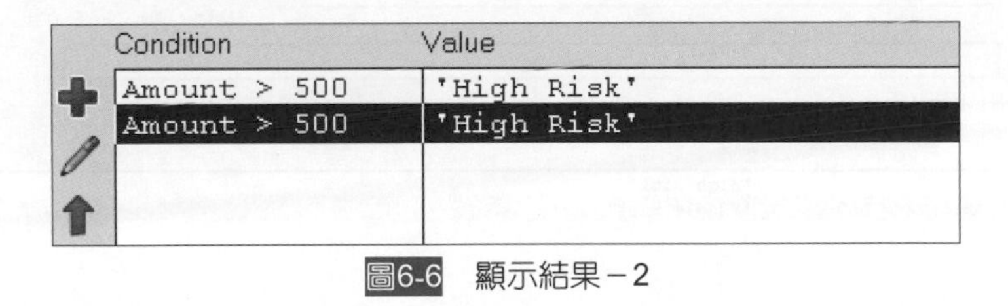

圖6-6　顯示結果－2

STEP**13** 點選 （修改條件式及條件值，Edit Condition and Value）出現修改條件式及條件值的對話框（如圖6-7）。

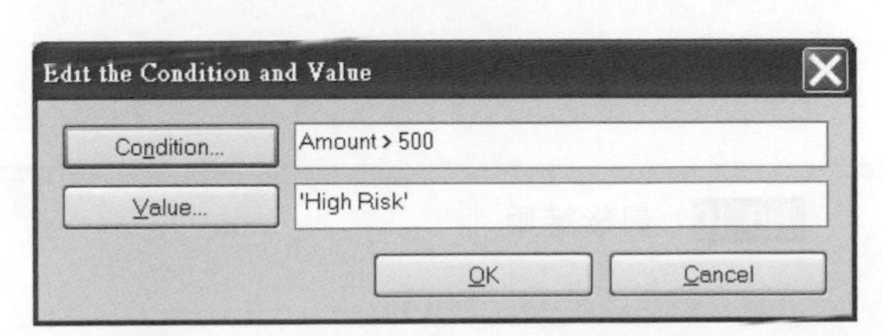

圖6-7　修改條件式及條件值的對話框－1

STEP**14** 修改條件式及條件值（如圖6-8）。

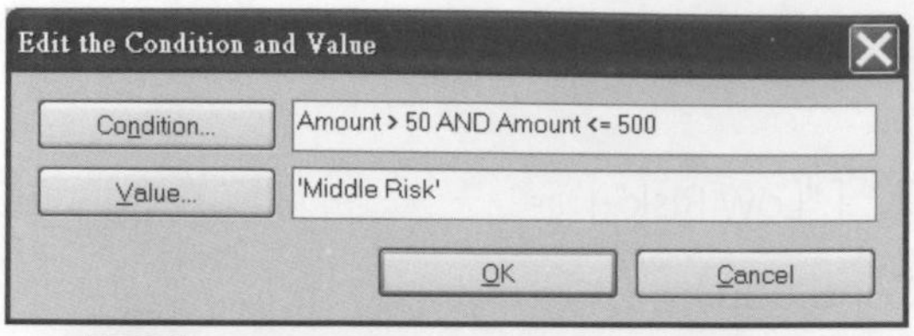

Edit the Condition and Value

Condition... Amount > 50 AND Amount <= 500

Value... 'Middle Risk'

OK Cancel

圖6-8 修改條件式及條件值的對話框－2

STEP**15** 結果顯示（如圖6-9）。

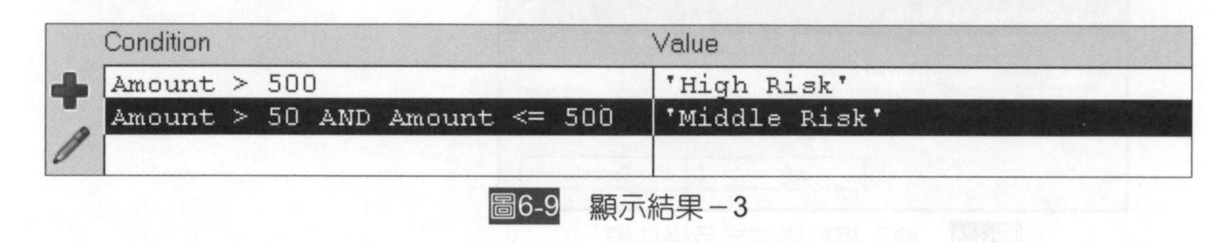

圖6-9 顯示結果－3

STEP**16** 最後的結果顯示（如圖6-10）。

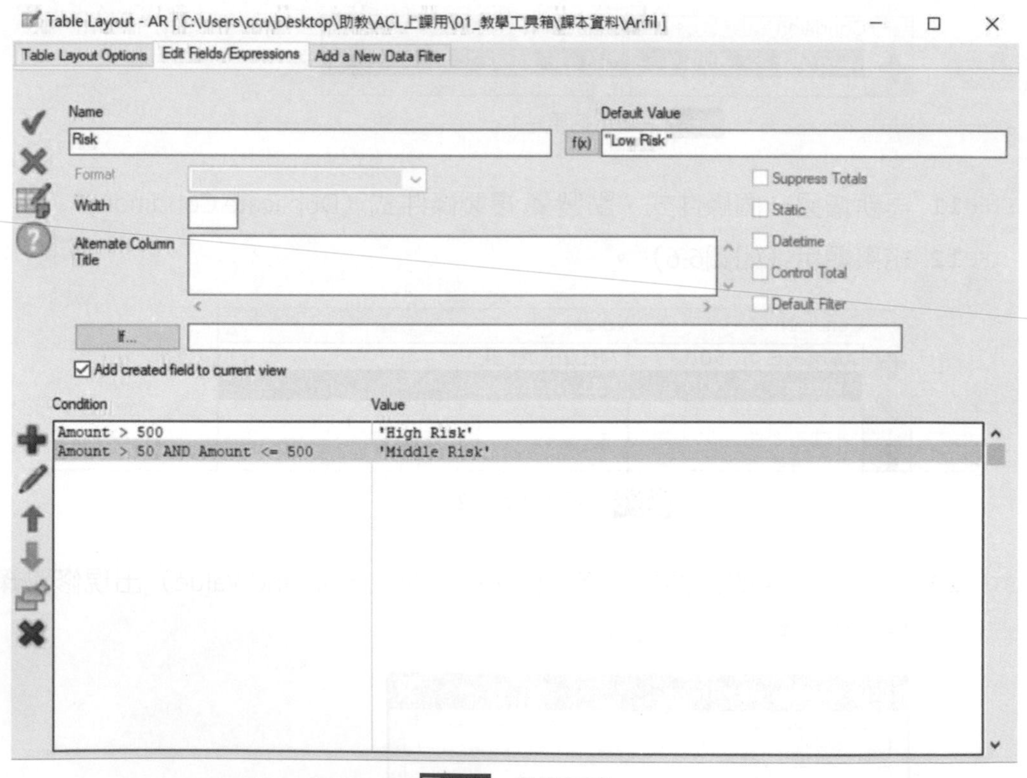

圖6-10 最後結果

STEP**17** 點選 ✔（Accept Entry）之後於Ar table中新增Risk欄位（如圖6-11）。

	客戶代號	發票日期	到期日	參考文件編號	交易類型	交易金額	風險
1	795401	08/20/2000	09/19/2000	205605	CN	(474.70)	Low Risk
2	795401	10/15/2000	11/14/2000	206300	IN	225.87	Middle Risk
3	795401	02/04/2000	03/06/2000	207137	IN	180.92	Middle Risk
4	516372	02/17/2000	03/18/2000	211206	IN	1,610.87	High Risk
5	516372	04/30/2000	03/18/2000	211206	TR	(1,298.43)	Low Risk
6	518008	05/21/2000	06/20/2000	212334	CN	(12.23)	Low Risk
7	784647	05/21/2000	06/20/2000	212297	IN	737.36	High Risk
8	518008	06/10/2000	07/10/2000	212592	CN	(37.15)	Low Risk
9	501657	06/30/2000	07/30/2000	212824	IN	1,524.32	High Risk
10	222006	07/17/2000	01/01/2000	43614X	PM	539.97	High Risk
11	230575	07/28/2000	08/27/2000	213052	IN	8.85	Low Risk
12	516372	08/10/2000	09/09/2000	213133	CN	(212.56)	Low Risk
13	516372	08/10/2000	09/09/2000	213134	CN	(76.01)	Low Risk
14	516372	08/10/2000	09/09/2000	213135	CN	(121.11)	Low Risk
15	516372	08/10/2000	09/09/2000	213136	CN	(80.74)	Low Risk
16	516372	08/10/2000	09/09/2000	213137	CN	(74.97)	Low Risk
17	516372	08/10/2000	09/09/2000	213138	CN	(10.70)	Low Risk
18	516372	08/10/2000	09/09/2000	213139	CN	(80.74)	Low Risk
19	516372	08/10/2000	09/09/2000	213151	CN	(12.81)	Low Risk
20	516372	08/17/2000	09/16/2000	213204	CN	(18.34)	Low Risk
21	836004	08/17/2000	09/16/2000	213194	IN	2,151.72	High Risk
22	836004	08/17/2000	09/16/2000	213184	IN	1,469.77	High Risk
23	812465	08/21/2000	11/29/2000	213227	IN	3,582.98	High Risk

圖6-11　報表列示

二　在檢視View中增加計算欄位

一旦產生運算式，將可非常方便把它增加進檢視（View）格式中。例如：要增加Markup計算欄位進View格式中，此時，可使用計算欄位指令（Command Field）。

STEP**01** 在檢視窗中，按 （Add Columns）開啓Add Columns對話框（如圖6-12）。

STEP**02** 在Available Fields顯示窗中，點選Markup拷貝至Selected Fields Box，按「OK／確定」回到檢視，此時欄位Markup會出現在最右邊的欄行。

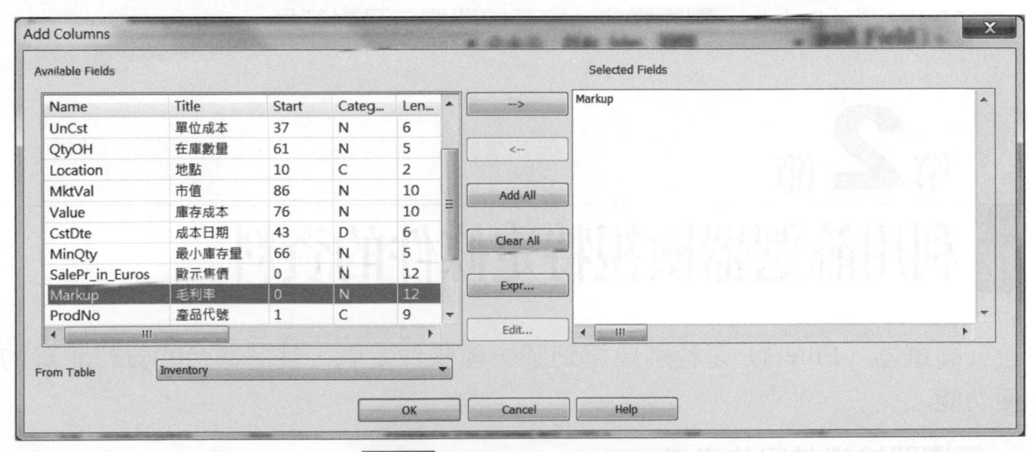

圖6-12　Add Columns對話框

三 刪除運算式

檢視輸入檔定義中的所有檔案（圖6-13），從Menu Bar選取Edit下拉式選單，選擇Table Layout。

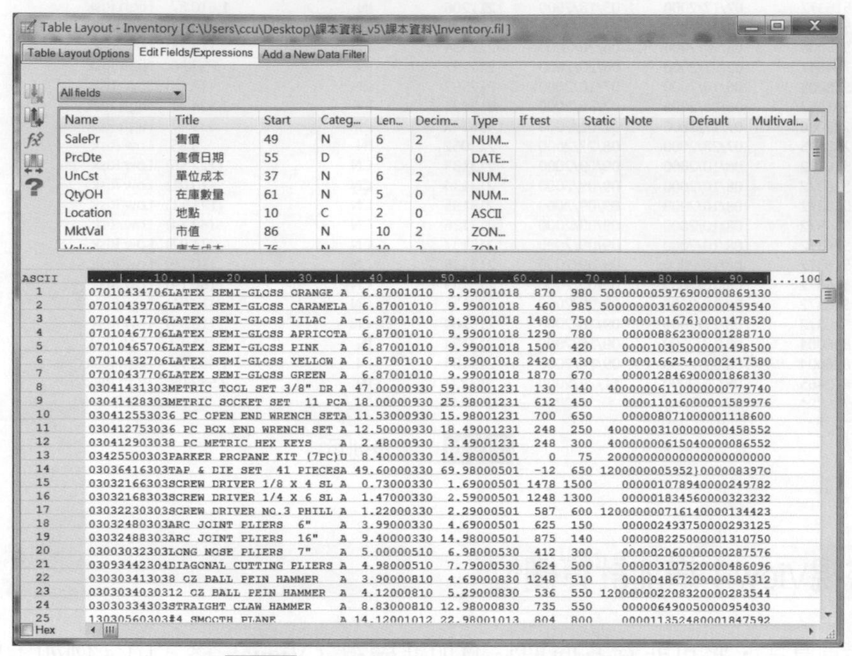

圖6-13 檢視輸入檔定義中的所有檔案

❖ 刪除計算欄位

STEP01 在Table Layout Window中，捲動至您要刪除的Computed Field，選取它。

STEP02 按 （Delete Fields）刪除Expression。

STEP03 點選「Delete」刪除欄位，接著關閉欄位及對話框。

第2節 利用篩選器檢視特定條件的資料

篩選器（Filters）是特別要達到某一種條件定義，挑選適合的資料記錄的一種簡便功能。

❖ 篩選器檢視差異的資料

1 在 Inventory 資料表中篩選負的或零的單位成本。

STEP**01** 從Menu Bar選取Edit下拉式選單，選擇Filters即跳出Filters視窗，點選Options 裡的New，即跳出Edit: Filter視窗（如圖6-14），任何先前所儲存的篩選器皆被列在Filters文字盒裡。

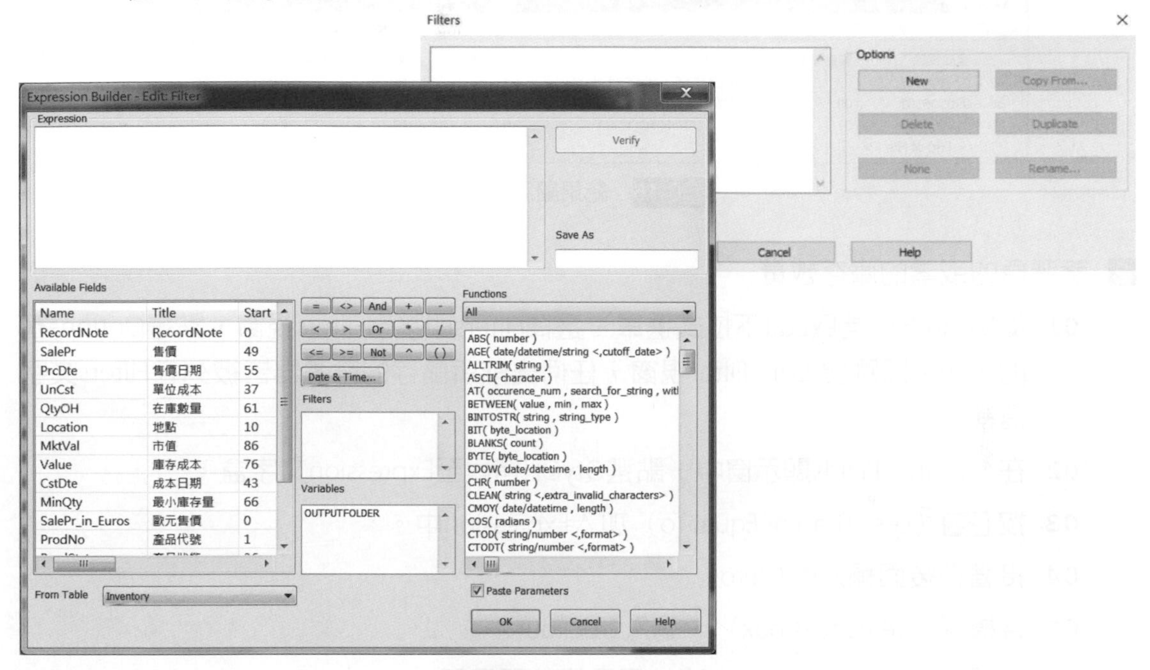

圖6-14 Edit view filter

STEP**02** 在Available Fields顯示窗中，點選UnCst拷貝至Expression文字盒。

STEP**03** 按 [<=]（Less Than or Equal To）加入Expression中。接著在後面輸入0（Zero）存檔（Save As text box），輸入Negcost。

圖6-15 輸入運算式

STEP**04** 按「OK／確定」。再點選ACL顯示區上的 (fx)（Edit View Filter），跳出視窗後雙擊Filters內的Negcost，按「OK／確定」，ACL會將結果顯示於顯示區。

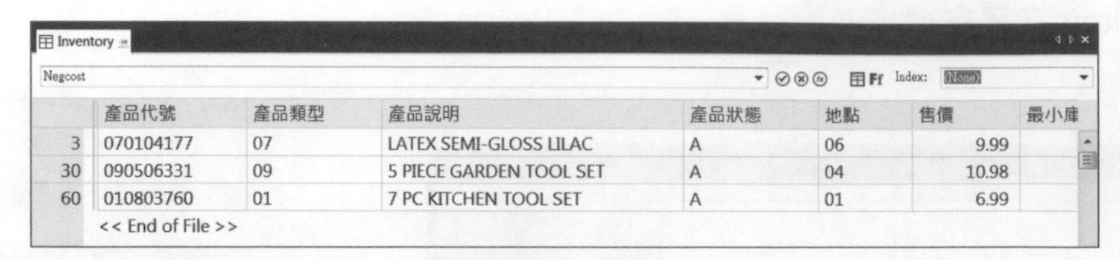

Inventory

Negcost

	產品代號	產品類型	產品說明	產品狀態	地點	售價	最小庫
3	070104177	07	LATEX SEMI-GLOSS LILAC	A	06	9.99	
30	090506331	09	5 PIECE GARDEN TOOL SET	A	04	10.98	
60	010803760	01	7 PC KITCHEN TOOL SET	A	01	6.99	
	<< End of File >>						

圖6-16 結果顯示

2 篩選負的或零的庫存數量

STEP**01** 從Menu Bar 選取Edit下拉式選單，選擇Filters即跳出Filters視窗，點選Options裡的New，即跳出 Edit: Filter視窗，任何先前所儲存的篩選器皆被列在Filters文字盒裡。

STEP**02** 在Available Fields顯示窗中，點選QtyOH拷貝至Expression文字盒。

STEP**03** 按 [<=]（Less Than or Equal To）加入Expression中。

STEP**04** 接著在後面輸入0（Zero）。

STEP**05** 存檔（Save As text box），輸入Stockout。

STEP**06** 按「OK／確定」，ACL會將結果顯示於顯示區。

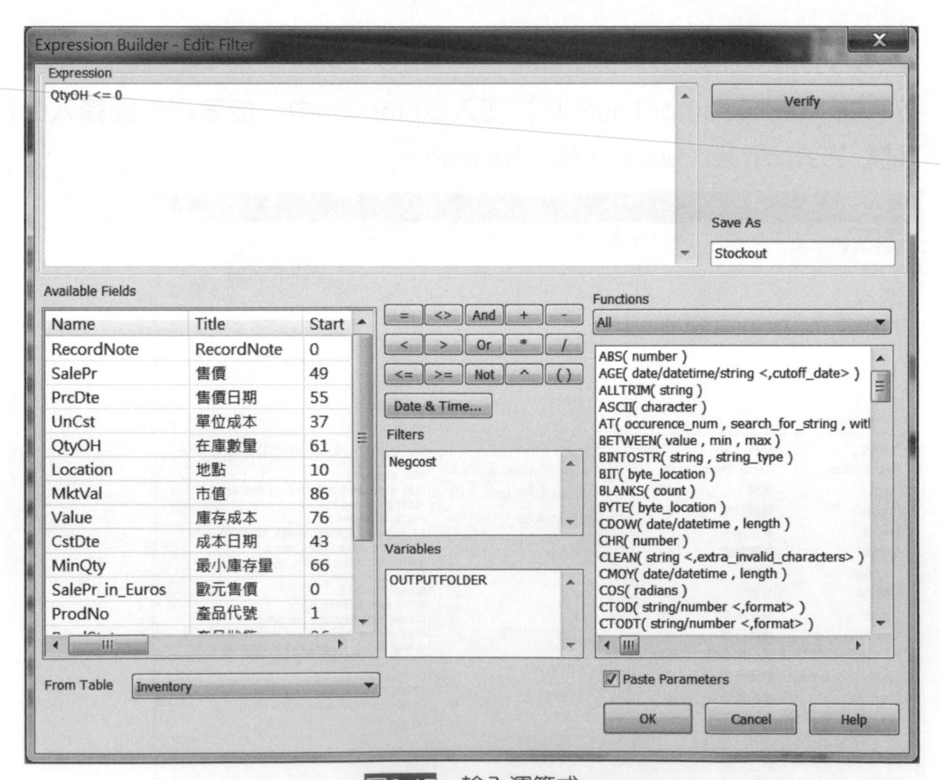

圖6-17 輸入運算式

3 篩選售價（Sale Price）小於單位成本價（Unit Cost）

STEP**01** 從Menu Bar選取Edit下拉式選單，選擇Filters即跳出Filters視窗，點選Options裡的New，即跳出 Edit: Filter視窗，任何先前所儲存的篩選器皆被列在Filters文字盒裡。

STEP**02** 在Available Fields顯示窗中，點選SalePr拷貝至Expression文字盒。

STEP**03** 按 < （Less Than）加入Expression中。

STEP**04** 在Available Fields中，選取UnCst。

STEP**05** 存檔（Save Astext box），輸入Loss。

STEP**06** 按「OK / 確定」，ACL會將結果顯示於顯示區。表示有三筆資料的銷售價格小於單位成本。

STEP**07** ACL會將Filter存成變數，之後用到這個功能可重複使用。在Save As中輸入「單位售價小於單位成本」（如圖6-18）。

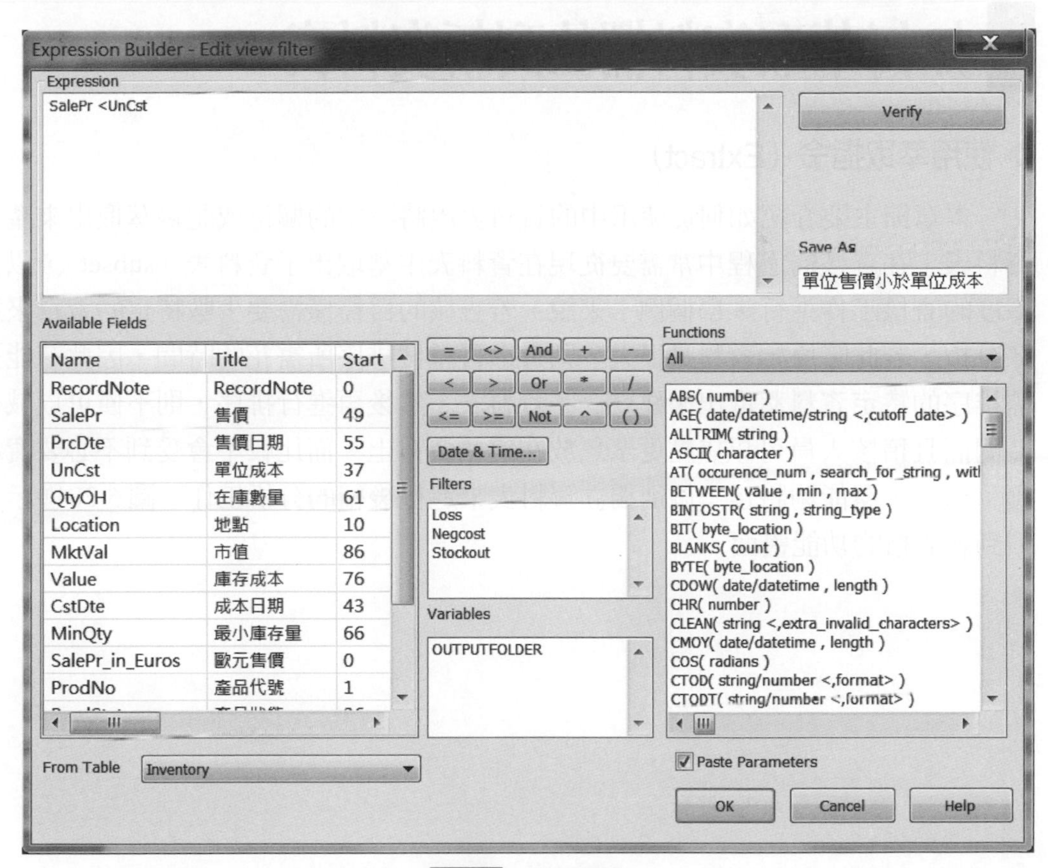

圖6-18　儲存變數

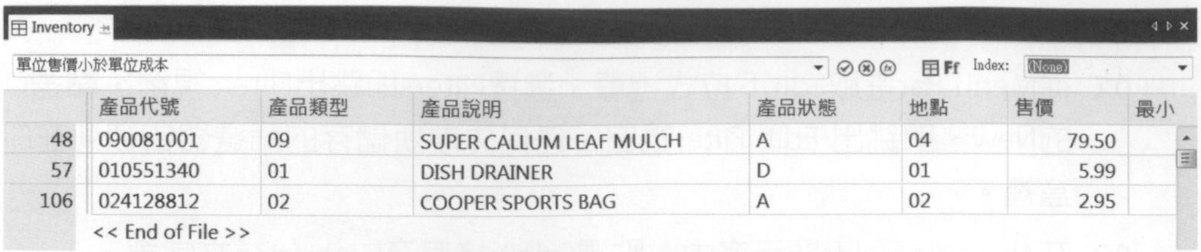

	產品代號	產品類型	產品說明	產品狀態	地點	售價	最小
48	090081001	09	SUPER CALLUM LEAF MULCH	A	04	79.50	
57	010551340	01	DISH DRAINER	D	01	5.99	
106	024128812	02	COOPER SPORTS BAG	A	02	2.95	
	<< End of File >>						

圖6-19 結果顯示

STEP08 從顯示區點選 (Edit View Filter)，新的變數「單位售價小於單位成本」已存放在Fileter中，雙擊該變數並點選「OK／確定」，即可重複執行「Sale Price < Unit Cost」的動作。

第3節 如何萃取資料欄位到新資料表

❖ 使用萃取指令（Extract）

本章節主要介紹如何從使用中的資料表內將特定的欄位或記錄萃取出來產生新的資料表。在查核的過程中常需要從現在資料表中萃取出子資料表（subset），以方便更深度的查核工作進行，舉個例子來說，若查核的目標僅需要少數特定的資料來進行排序分析，若此時原始資料量很大，則會影響整個排序所需花的時間，因此若能先將所需排序的特定資料萃取出來建立一子資料表，然後再進行排序，則不僅可以減少許多時間而且稽核人員可以焦點更聚焦放在這些資料上，而比較不會受到不必要資料的干擾；另外，還能夠將這一個別獨立資料表來進行後續的分析工作。圖6-20顯示萃取資料到新表格的功能畫面。

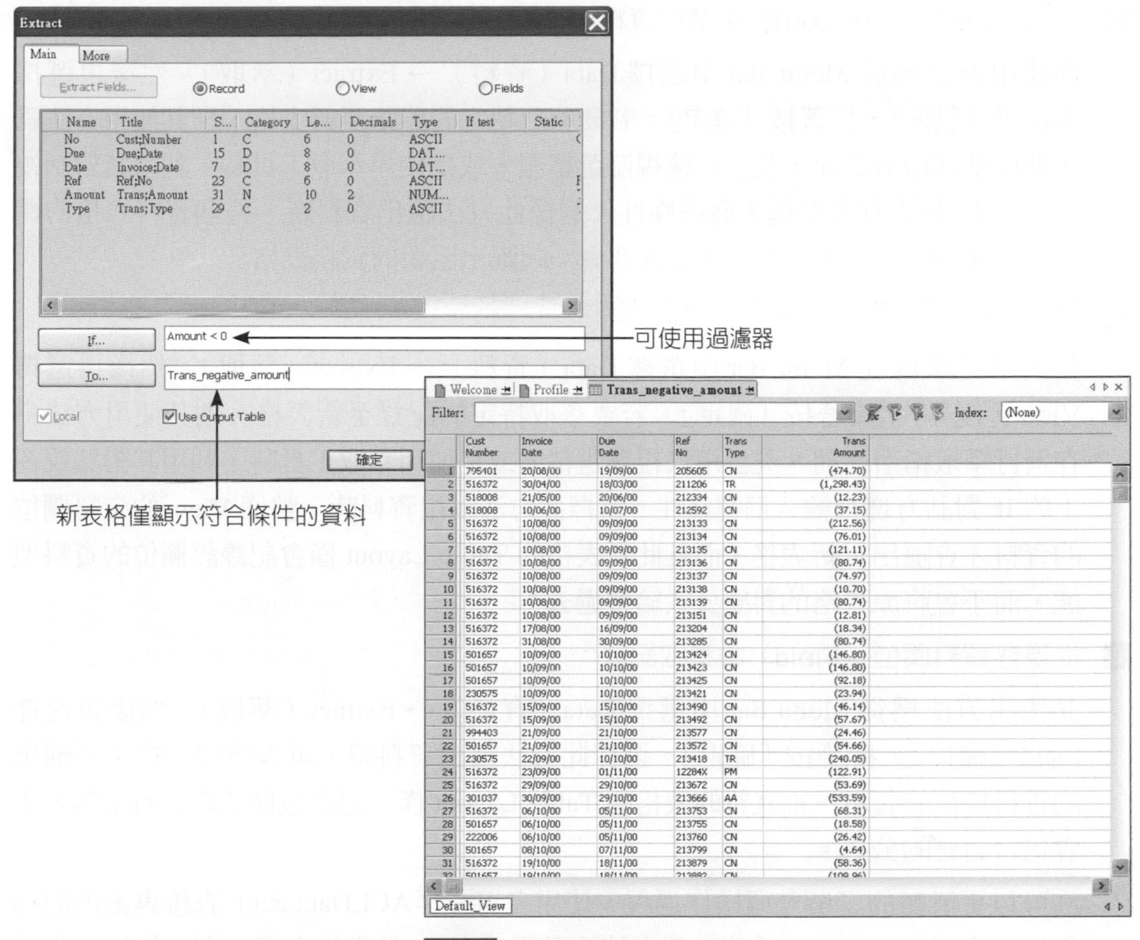

圖6-20 萃取資料到新表格

利用萃取指令（Extract Command）可以簡化及縮小檔案使用的空間，使用者可以從大型檔案中挑選特定的記錄或欄位，不但可以縮短處理時間，同時也可以減少磁碟使用空間。Extract指令會建立拷貝部分或所有記錄的功能至一個新或現存的資料表格中，供使用者進行進一步的分析作業。使用Extract指令包含下列四個主要的程序：

1 程序一：開啓資料表。

2 程序二：取得驗證資料正確性的關鍵值方法。

3 程序三：執行 Extract 指令產生新資料表。

4 程序四：驗證新資料表的正確性。

萃取（Extract）指令的使用，通常可區分爲下列三種使用狀況：

1 從現存資料表（Record）中萃取資料記錄

其使用方法爲從 Menu Bar 中選擇 Data（資料）→ Extract（萃取）。然後再選擇 Record（記錄），接著按「確定」。若要萃取特定的記錄至新表格，則其使用方法爲在進行萃取指令之前，先套用檢視篩選精靈，或是使用萃取工具時，利用其對話視窗上的 If 對話方塊來輸入篩選條件。選擇此方法匯出資料時，整個資料表格的欄位與其 Table Layout 上的相關公式亦會一起匯出至新的資料表格。

2 從現存資料視界（View）中萃取記錄

其使用方法爲從 Menu Bar 中選擇 Data（資料）→ Extract（萃取）。然後再選擇 View（視界），接著按「確定」。若要萃取特定的記錄至新表格，則其使用方法爲在進行萃取指令之前，先套用檢視篩選精靈或是使用萃取工具時，利用其對話視窗上的 If 對話方塊來輸入篩選條件。選擇此方法匯出資料時，整個 View 的資料欄位的資料才會匯出至新表格，而且此新表格的 Table Layout 僅會記錄該欄位的資料型態，而不會將原表格的對應公式給帶過去。

3 從現存資料欄位（Field）中萃取記錄

其使用方法爲從 Menu Bar 中選擇 Data（資料）→ Extract（萃取）。然後再選擇 Field（欄位），接著按「確定」。選擇此方法匯出資料時，可以彈性選擇所要匯出的資料欄位的資料，而且新的表格的 Table Layout 僅會記錄該欄位的資料型態，不會包含對應的公式。

爲可以更清楚的了解整個操作過程，使用者可以「ACLData.acl」查核專案內的存貨資料表「Inventory」爲例，若查核的目標爲在 05 地點的倉庫，則其進行的步驟說明如下。

一　從現存資料表中萃取記錄

❖ 程序一：開啓資料表的方法

STEP**01** 使用開啓專案指令Open Project開啓範例專案，選擇名稱為ACLData.acl。

STEP**02** 尋找Project Navigator上的Overview視窗內的Table上的Inventory，點選此Table並按滑鼠右鍵選擇Open。

❖ 程序二：取得驗證資料正確性的關鍵值方法

驗證資料正確性的最常用的方法爲使用計算記錄筆數（Count Records）指令與總計（Control Total）指令，來驗證所要轉出去的新資料表是否無誤差，因此在執行 Extract Data前應先執行上述二指令，以取得相關驗證資料正確性時的關鍵值。使用者可以在Inventory資料檔中選定其中一間倉庫在「05」的位置的資料，並將其萃取出產生的新資料表，其操作方式說明如下。

1 執行 Count Records 指令取得資料筆數的方法

STEP**01** 在Menu Bar中，選取Analyze下拉式選單，點選Count開啓Count文字盒。

STEP**02** 點選「If」開啓Expression Builder。

STEP**03** 在Available Fields顯示框中，雙擊Location，此時Location欄位名稱會出現於Expression文字盒中（如圖6-21）。

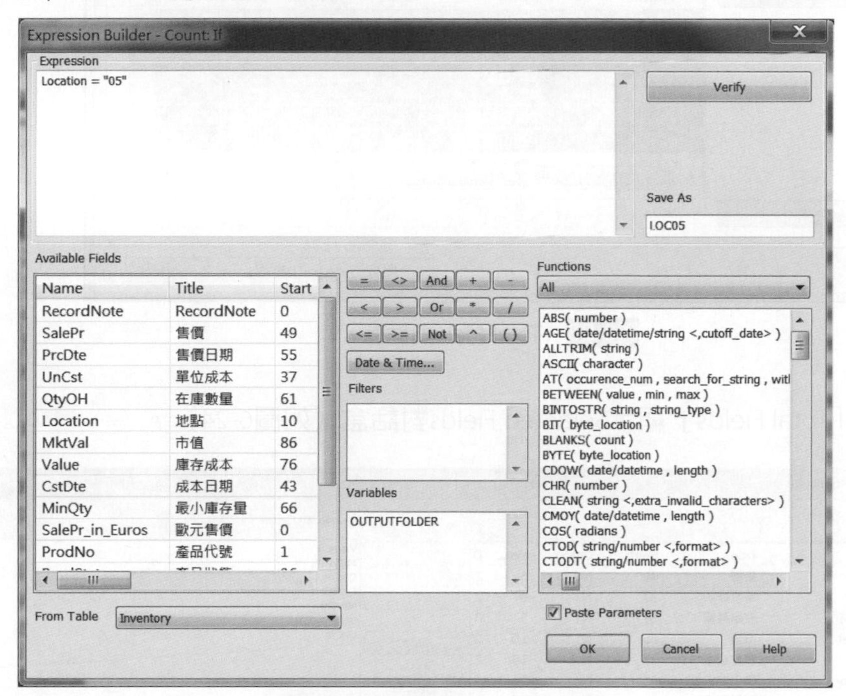

圖6-21 Expression Builder

STEP**04** 在下方按鈕中，點選 [=]（等號，=），等號被加到Expression文字盒中「Location」右邊，並在等號後面輸入「05」。

STEP**05** 點選Save As文字盒，輸入「LOC05」作為篩選器的名稱。

STEP**06** 點選「OK／確定」儲存篩選器並關閉Expression Builder，Count文字盒再度出現。

STEP**07** 在Count文字盒中，點選「OK／確定」執行Count指令，在結果顯示頁籤中會出現13 Records Counted的結果（如圖6-22）。

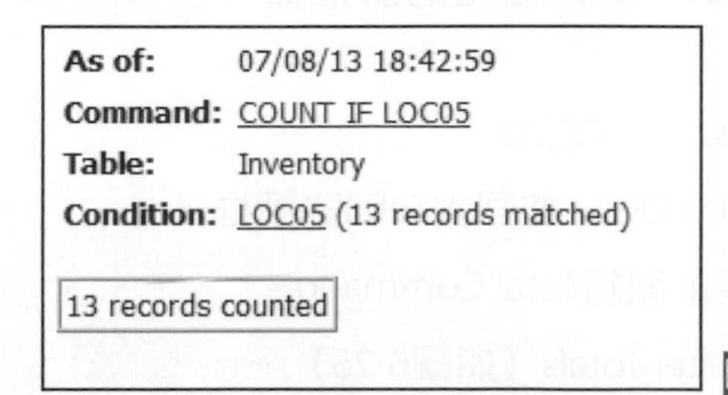

圖6-22 Command Log

2 執行 Control Total 指令取得資料總計值的方法

STEP01 選取Analyze下拉式選單，選擇Total開啓Total對話盒（如圖6-23）。

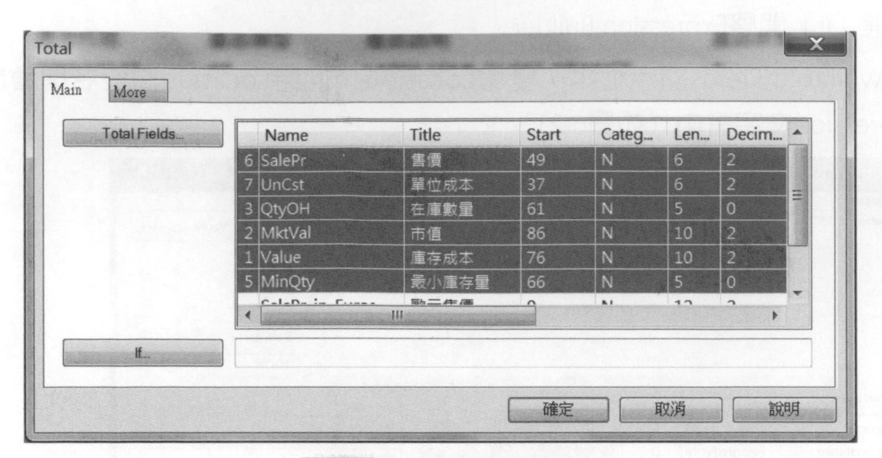

圖6-23 Total Field對話盒

STEP02 點按「Total Fields」顯示Selected Fields對話盒（如圖6-24）。

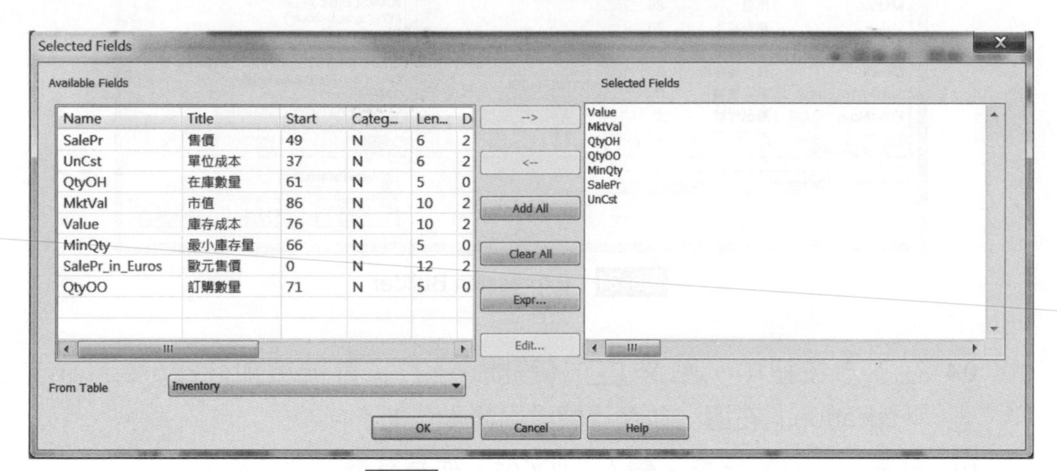

圖6-24 Selected Fields對話盒

STEP03 點按Value、MktVal、QtyOH、QtyOO、MinQty、SalePr、UnCst。

STEP04 點按「OK／確定」回到Total文字盒，所有欄位將已被選取。

STEP05 點按「If」開啓Expression Builder，之前產生的篩選器（Filter）LOC05在FiltersBox中。

STEP06 雙擊LOC05，篩選器被放入Expression文字盒中。

STEP07 點選「OK／確定」關閉Expression Builder，並回到Total對話框。

STEP08 在Total對話框中，點按「OK／確定」執行Total Command。

STEP09 ACL在結果顯示頁籤中顯示LOC05 Filter Totals（如圖6-25）。

As of: 07/08/13 18:47:32

Command: TOTAL FIELDS Value MktVal QtyOH QtyOO MinQty SalePr UnCst IF LOC05

Table: Inventory

Condition: LOC05 (13 records matched)

Value	42,479.36
MktVal	52,752.62
QtyOH	89,466
QtyOO	80,530
MinQty	5,915
SalePr	160.04
UnCst	129.83

圖6-25 顯示LOC05 Filter Totals

❖ 執行Extract指令產生新資料檔的方法

STEP01 在Menu Bar中，選取Data下拉式選單，點選Extract，Extract對話框，保留預選Record選取出所有的資料（如圖6-26），點選「If」開啓Expression Builder。

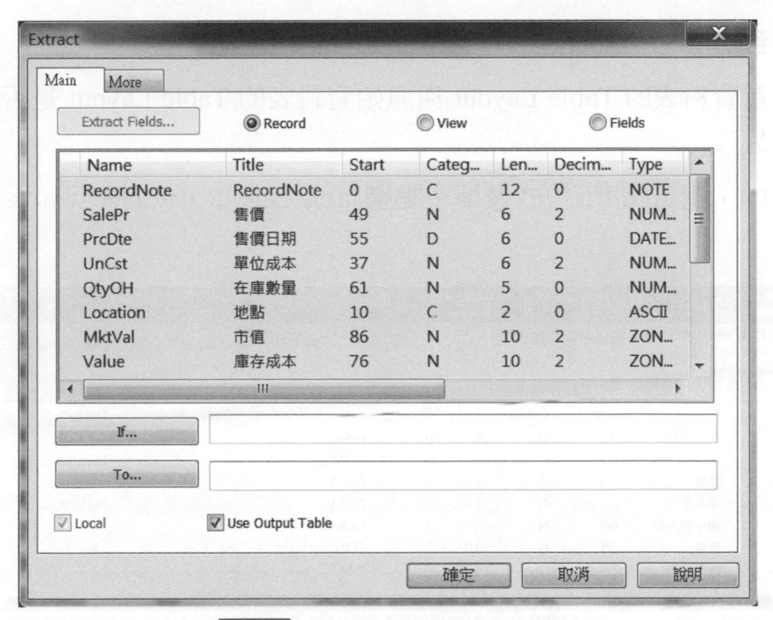

圖6-26 Extract對話框-Records

STEP02 在Filters Box中，雙擊LOC05，LOC05被放入Expression文字盒中。

STEP03 點選「OK／確定」。Expression Builder被關閉，LOC05現在If文字盒中。

STEP04 在To文字盒中，輸入Location05作為輸出檔案名稱，ACL會以此檔名產生新資料表，特別注意要勾選Use Output Table Check Box，當ACL執行Extract指令同時也會在檢視窗中開啓新的資料表。

STEP**05** 點選「OK／確定」，選取的結果出現在視窗畫面中（如圖6-27）。新的資料表（Table File）會自動在專案總覽Overview中開啓。

	產品代號	產品類型	地點	產品說明	產品狀態	單位成本	成本日期	售價
1	052210545	05	05	2X3 2&B PER LINEAL	B	0.01	10/06/2000	0.0
2	052770015	05	05	2X8 2&B PER LINEAL	A	0.31	10/06/2000	0.4
3	052530155	05	05	CEDAR STRAPPING PER/FT	A	0.03	01/11/2000	0.0
4	052720305	05	05	1X8 SHIPLAP PER MFBM	A	41.00	01/11/2000	50.0
5	052720615	05	05	2X4 RANDOM PER MFBM	A	41.00	01/11/2000	50.0
6	052204525	05	05	PANELLING ROSEWOOD 4X8	U	9.40	10/09/2000	12.0
7	052204515	05	05	PANELLING BIRCH 4X8	U	7.94	10/09/2000	10.0
8	052208805	05	05	PANELLING PINE 4X8	U	6.12	10/09/2000	8.0
9	052484405	05	05	PLYWOOD 4X8X 1/4 GIS	A	4.88	01/10/2000	5.6
10	052484415	05	05	PLYWOOD 4X8X 1/2 GIS	A	5.20	01/10/2000	6.6
11	052484425	05	05	PLYWOOD 4X8X 3/4 GIS	A	7.12	01/10/2000	8.6
12	052484435	05	05	PLYWOOD 4X8X 1/4 REJECT	A	2.88	01/10/2000	3.7
13	052504005	05	05	5/16 SHEATHING	A	3.94	09/10/2000	4.8
	<< End of File >>							

圖6-27 新的Table Location05資料

❖ 程序三：驗證新資料檔的正確性的方法

驗證新資料檔的正確性的方法包含有驗證欄位是否一致、驗證資料筆數是否一致、以及驗證總計欄位值是否一致等三個程序。

1 驗證欄位是否一致

可比較所產生的新資料表的 Table Layout 與原始資料表的 Table Layout 是否一致。其方法如下：

STEP**01** 在Menu Bar中，選取Edit下拉式選單，點選Table Layout，ACL顯示Table Layout對話框。

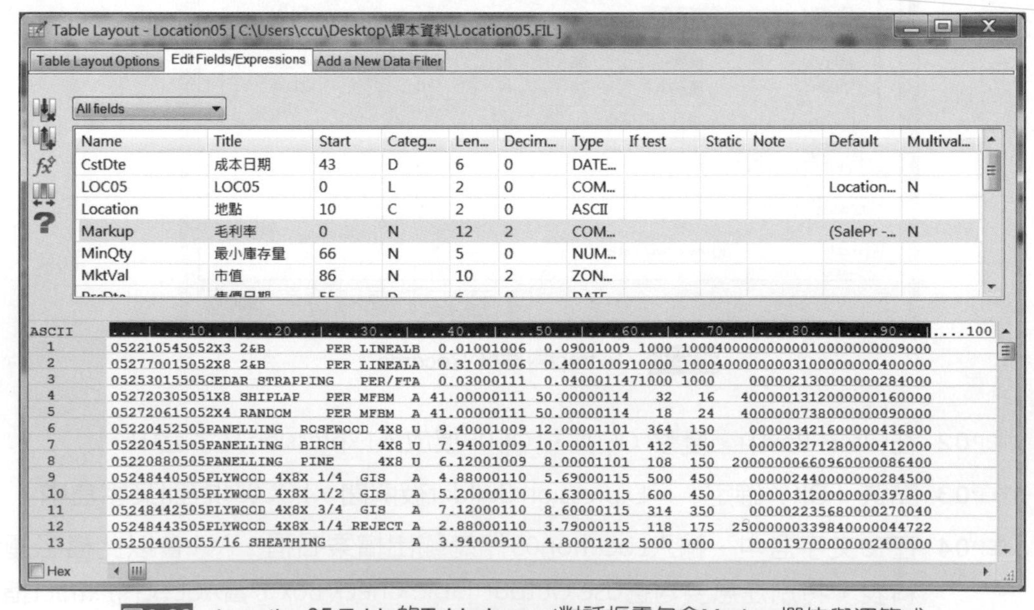

圖6-28 Location05 Table的Table Layout對話框需包含Markup欄位與運算式

STEP**02** 點選表格欄位名稱如「Name」，即會依此欄位來進行排序顯示。

注意 在資料視界視窗中，您可以看到ACL已經產生的新資料檔，它包含原先在來源檔的欄位，也包括運算公式欄位，因爲選取RECORDs模式，因此ACL保留現有欄位資料的設定，和原資料表的格式一樣。

2 驗證資料筆數是否一致

可比較新資料表的資料筆數與原使用 Count Records 指令所計算出來的筆數是否一致。注意：範例 LOC05 的資料筆數驗證應爲 13 筆記錄。

3 驗證總計欄位值是否一致

可於新資料表再執行一次 Total 指令來計算出新資料表的數值欄位加總數與原表格數值欄位的加總數是否一致。注意:範例 LOC05 的 MktVal 值總計數爲 52,752.62。

二 從現存資料欄位（Field）中萃取記錄

由於使用Record與View在匯出資料的操作方式類似，因此我們就不再多說明。本節我們以較具變化的Field匯出方式來說明，使用者可以選取所有定義的欄位至新檔中，假如檔案太大，也可以挑選特定的欄位至新檔中。在執行上仍需依照前面所提的四個程序來進行，由於程序一、二、四方法上均相同，因此本章節僅介紹程序三的操作方式。

❖ 選取所有欄位產生一個新檔

STEP**01** 在Project Navigator，選取Inventory開啓Inventory資料表。

STEP**02** 從Menu Bar中，選取Data下拉式選單，選擇Extract Data，ACL顯示Extract對話框。

STEP**03** 選擇Fields（如圖6-29）。

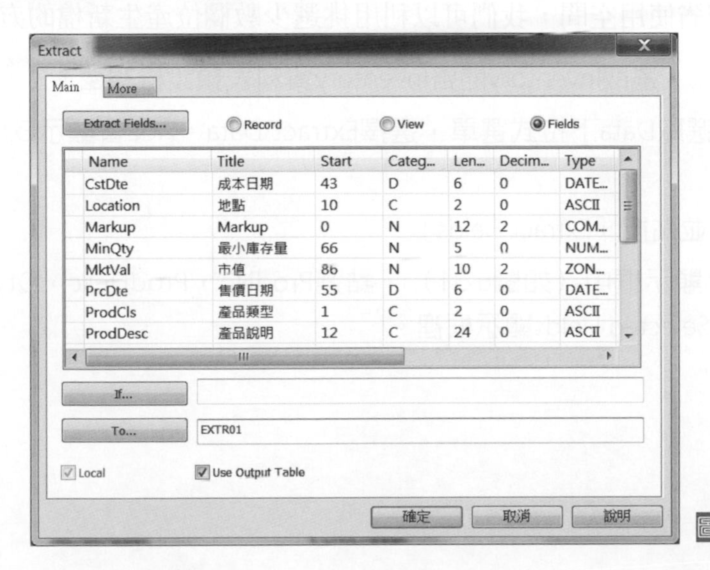

圖6-29 Extract對話框-Fields

STEP**04** 點按「Extract Fields」。

STEP**05** 點按「Add All」然後點按「OK / 確定」。

STEP**06** 點選If文字盒，並輸入LOC05，選取庫位「05」的記錄。

STEP**07** 點選To文字盒，並輸入Location5A改變新檔名稱。

STEP**08** 點按「OK / 確定」，執行ACL指令，並在Project Navigator中，開啓新資料表「Location 5A」（如圖6-30）。

注意 ACL針對13筆記錄，已改變欄位次序，並重新按照字母排列欄位。

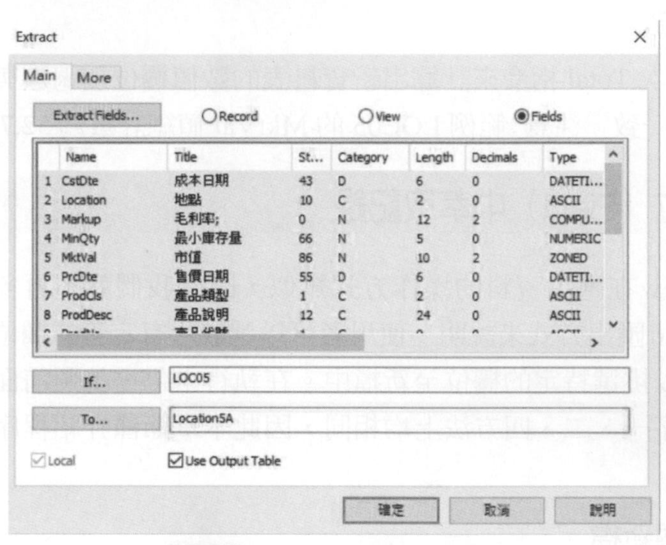

圖6-30　Extract對話框－Fields

❖ 選取部分欄位

為增加作業效率及節省使用空間，我們可以利用挑選少數欄位產生新檔的方式。

STEP**01** 在Project Navigator，選取Inventory開啓Inventory資料表預設檢視窗。

STEP**02** 從Menu Bar中，選取Data下拉式選單，選擇Extract Data。ACL會顯示Extract對話框。

STEP**03** 選取欄位Fields，並點按「Extract Fields」。

STEP**04** 在Selected Fields顯示框中（如圖6-31），點選ProdNo，ProdDesc，QtyOH，Markup及Value至Selected Fields顯示框裡。

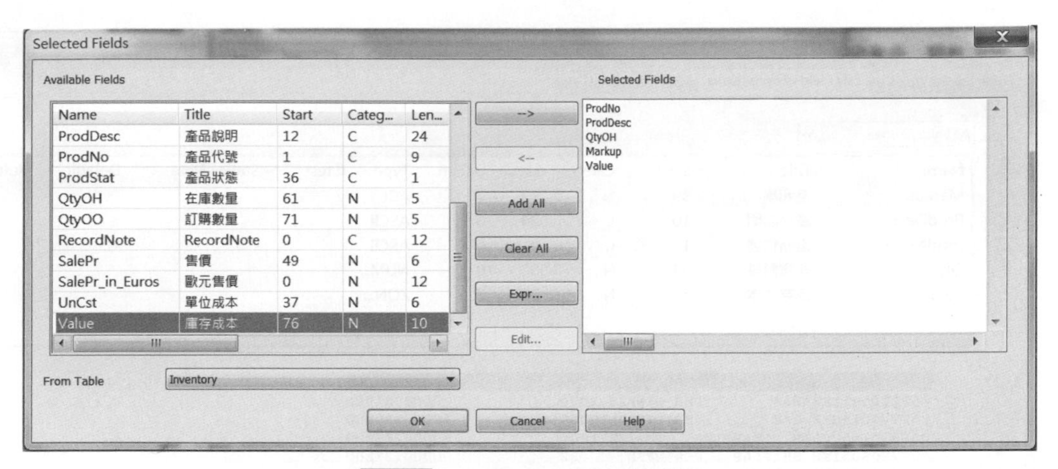

圖6-31 Selected Fields顯示框

STEP05 點按「OK／確定」關閉Selected Fields對話框，假如我們向下捲動，會看到所選擇的欄位皆在Extract Fields Box中被標示。

STEP06 在Extract對話框中，在If文字盒中點按，並輸入LOC05，這將使ACL能夠擷取庫位「05」的欄位及記錄。

STEP07 點按To文字盒，輸入Location 5B來改變輸出檔名，ACL將產生新的資料表。

STEP08 取消勾選Use Output Table。

STEP09 點選「OK／確定」。ACL產生資料表及顯示結果於結果顯示頁籤中。

STEP10 在Project Navigator中，點按新的輸入檔名Location 5B，新的資料表格式會被開啓。

❖ 驗證欄位是否一致

可比較所產生的新資料檔的Layout與原始資料檔的Table Layout的差異，特別是可以查閱Markup欄位的不同。此爲使用Rccord與使用Field最大的不同點。使用方法如下：

從Menu Bar中，選取Edit下拉式選單，選擇Table Layout，ACL顯示Table Layout對話框。

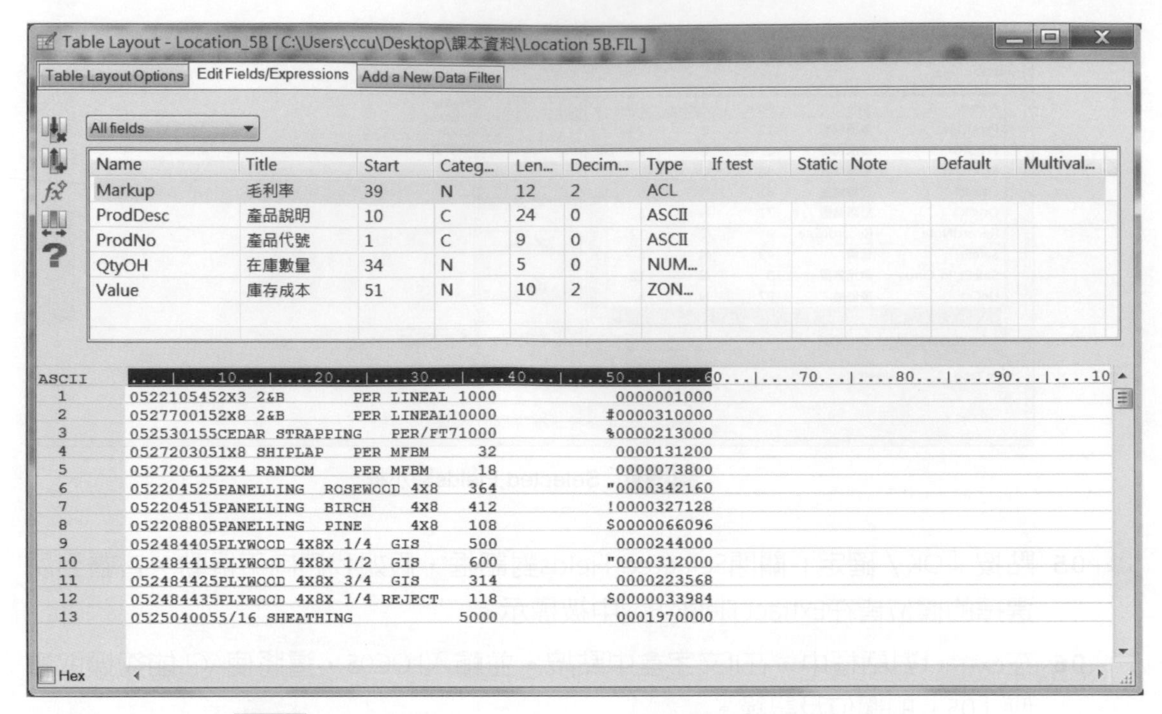

圖6-32 Location5B的Table Layout對話框需包含「Markup 欄位」

❖ 設定匯出資料的其他條件，如：比較日期值。

使用者亦可以使用日期來設定條件選取資料，尤其須注意日期格式YYMMDD或YYYYMMDD。例如:可以針對庫存檔Inventory Table的到期日（Price Date）晚於May 2, 2000的交易記錄，將其挑選出來：

STEP**01** 在Project Navigator中，選取Inventory Table開啓此資料表。

STEP**02** 選取Menu Bar中，選取Data下拉式選單，選擇Extract，ACL顯示Extract對話框。

STEP**03** 選取Fields。

STEP**04** 選按「Extract Fields」，點選「Add All」，然後按「OK / 確定」。

STEP**05** 點選If文字盒，輸入PrcDte＞'20000502'（如圖6-33）。

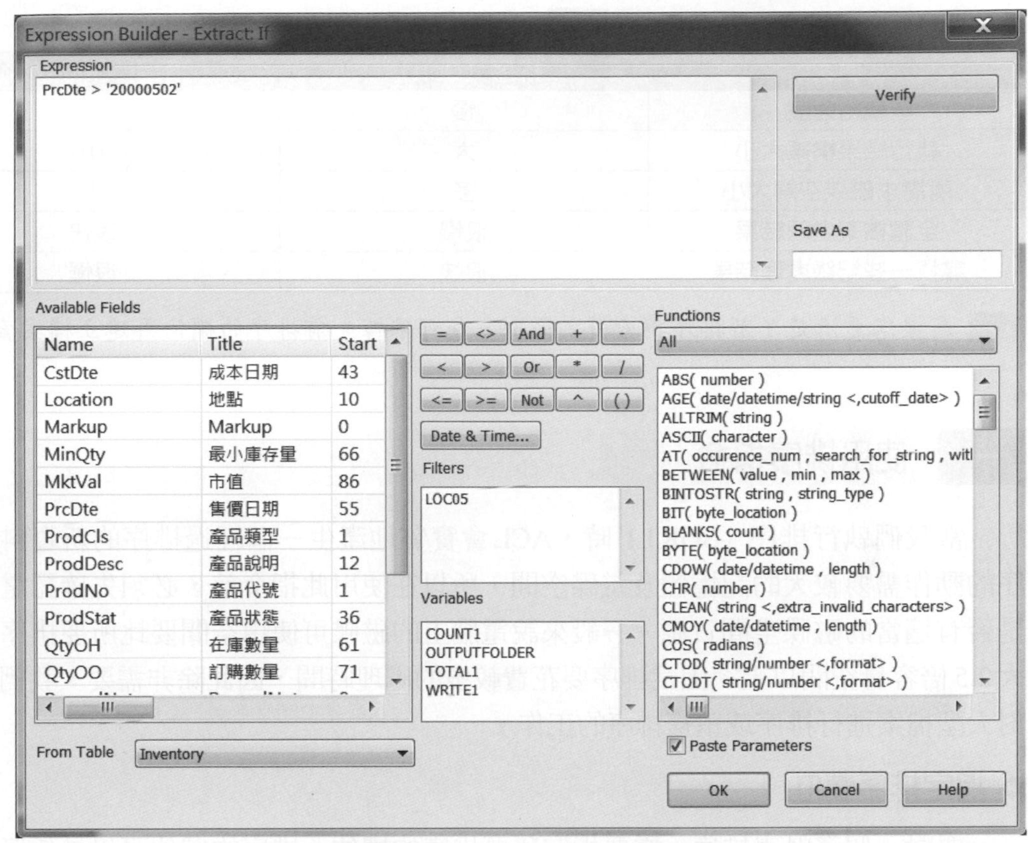

圖6-33　比較日期值為條件的對話框

第4節

利用排序及索引指令來重組紀錄

電腦系統處檔案內的資料通常是依資料順序來進行，它會由第一筆記錄開始，如果資料檔已經事先排序或建立索引，那資料分析的作業將可以更快速的進行，有些作業屬於多資料檔案間的操作，因此更需要事先依照關鍵欄位（Key Field）來排序。使用者可以使用排序指令（Sort Command）將表格內資料依照特定欄位遞增或遞減的順序排列。排序作業會產生一個實際上重組過的新資料表。而使用索引指令（Index Command）來建立索引，可以允許依邏輯順序建立索引檔來讀取資料表資料而非實際產生排序好的資料檔，表6-2爲排序與索引的比較。

表6-2 排序與索引的比較

項次	排序（Sort）	索引（Index）
執行速度	慢	快
執行結果檔案大小	大	小
所需求磁碟空間大小	多	少
全體檔案處理結果	很慢	很快
尋找一些紀錄處理結果	很快	很慢

注意 爲讓您更清楚了解排序與索引之區別，您可依據先前排序的欄位再建立檔案索引。

一 使用排序指令

當我們執行排序（SORT）時，ACL會實質地產生一個經過排序的新資料表。排序的動作需要較大的記憶體及磁碟空間，所以在使用此指令前，必須先確認電腦系統是否有適當的磁碟空間資源。一般來說電腦上的磁碟可使用空間要比所要排序的檔案大2.5倍容量空間以上。因爲排序要花費較多的處理時間，因此除非需要，我們應避免對大型檔案進行排序或重複排序的工作。

❖ 指定排序欄位

要對一個資料表排序，需要指定所要排序的欄位，排序的欄位可以是任何資料型態欄位如文字、數値、及計算欄位來排序。排列順序是依照所選取的欄位順序來進行，選取的第一個欄位，是第一順位，選取的第二個欄位，是第二順位，其他以此類推。所以第二排序是在第一個順序間進行，第三排序是在第二個順序間進行。其排序的方式則依升冪將資料檔排序（從小到大）或依降冪將資料檔排序（從大到小）排列。

1 按照單獨欄位排序

STEP**01** 由Project Navigator→Ap_Trans開啓資料表。

STEP**02** 在Menu Bar中，選取Data下拉式選單，點選Sort，ACL顯示Sort對話框（如圖6-34）。

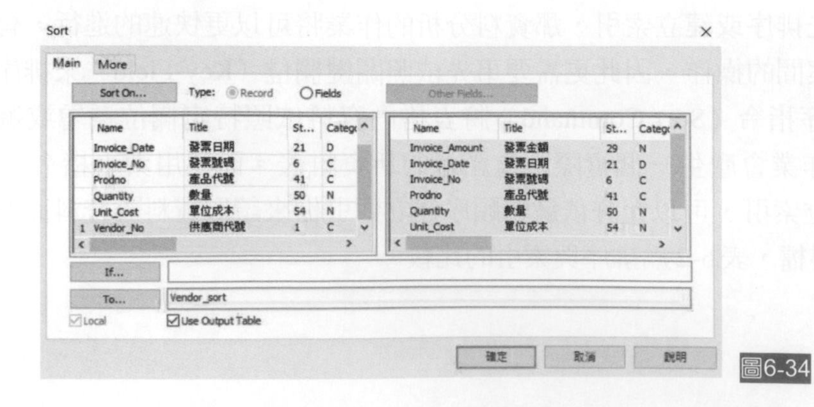

圖6-34 Sort對話框

STEP03 在Sort On顯示框中，點選Vendor_No。

STEP04 點選To文字盒，輸入Vendor_sort，點選「OK／確定」執行Sort指令，對話框關閉，ACL開啓新排序過的資料表vendor_sort.fil，ACL視窗畫面中顯示結果。

STEP05 在資料視界視窗中，使用Scroll Bar向下捲動，您將會看到所有記錄按照VendorNumber排序到底。

2 驗證排列順序

若要驗證排列順序是否正確，則可以使用 Sequence 指令來驗證資料表是否依照選定的欄位排序：

STEP01 在Menu Bar中，選取Analyze下拉式選單，點選Sequence，即會出現Sequence對話框（如圖6-35）。

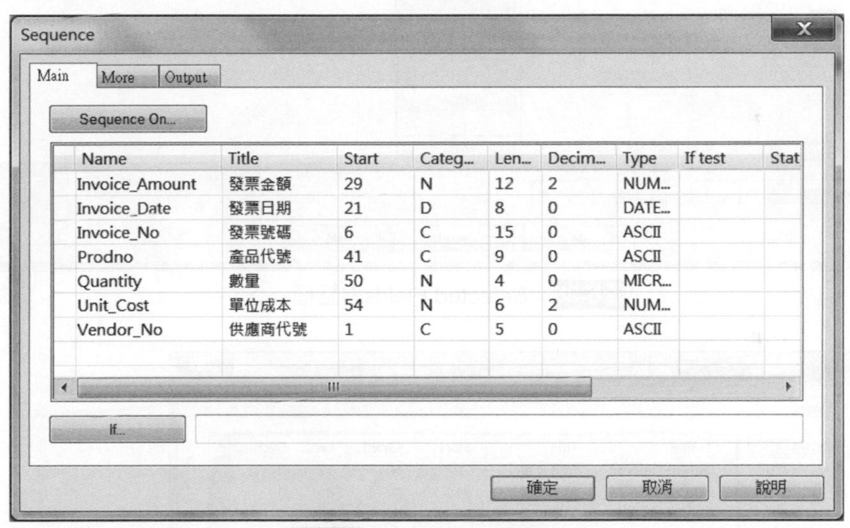

圖6-35 Sequence對話框

STEP02 在Sequence On顯示框中，選取Vendor_No。

STEP03 點選「OK／確定」，ACL視窗畫面將顯示訊息告訴使用者是否有排序的問題，本範例將會顯示無排序問題，則表示這個資料表已正確地按照Vendor_No排序。

3 依照多欄位排序

我們可以對同一資料表進行多個欄位排序，甚至可以一個欄位按照升冪排列，而另一個欄位降冪排列。例如：若要依照 Vendor_No 欄位對 Ap_Trans 檔案排序，在每一個 Vendor_No 之間，依 Invoice_Amount 按降冪排列，則其方法為：

STEP01 在Project Navigator中，選取Ap_Trans，開啓Ap_Trans資料表。

STEP02 在Menu Bar中，選取Data下拉式選單，選擇Sort Records，顯示Sort對話框。

STEP**03** 點選「Sort On」顯示Selected Fields對話框。

STEP**04** 在Available Fields顯示框中，點選Vendor_No至Selected Fields顯示盒中，注意（升冪）箭頭出現在Vendor_No旁，表示是升冪排序。

STEP**05** 點選Invoice_Amount欄位，將其拷貝至Selected Fields顯示盒裡，再點選Invoice_Amount旁的箭頭，所以指標往下，表示依降冪排列，Selected Fields對話框（如圖6-36），點選「OK／確定」，回到Sort對話框（如圖6-37）。

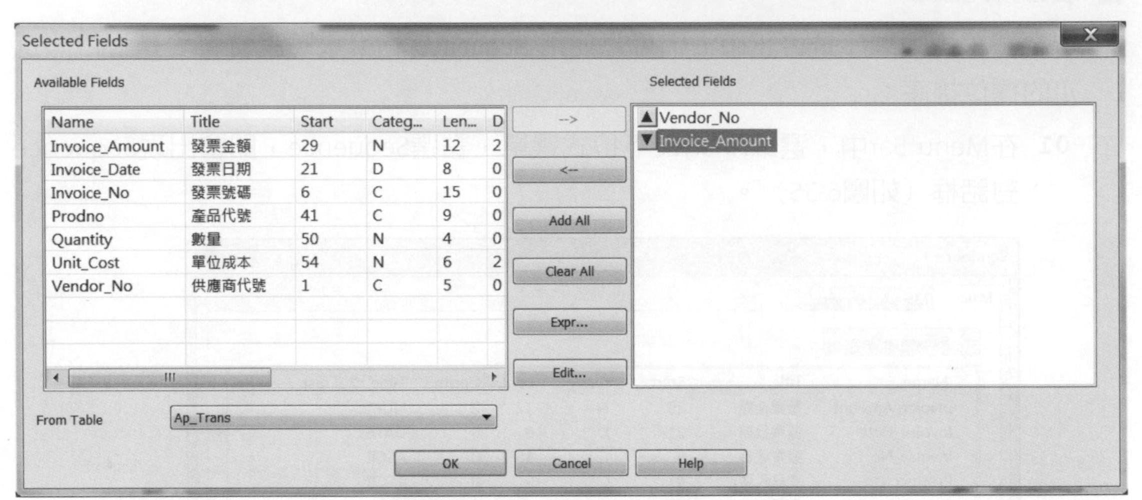

圖6-36　Selected Fields對話框

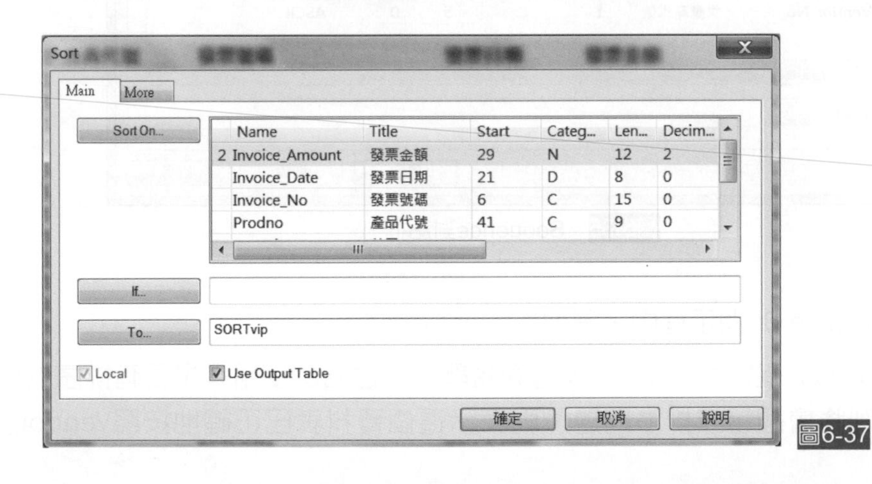

圖6-37　Sort對話框

STEP**06** 點選To文字盒內，並輸入輸出資料表名稱為SORTvip。

STEP**07** 點選「OK／確定」執行Sort指令，ACL在資料視界視窗中，會顯示已排序的新資料表（如圖6-38）。

STEP**08** 此時即可看到資料是依Vendor_No升冪排列，在每一個Vendor_No中，依Invoice_Amount進行降冪排列。

	供應商代號	發票號碼	發票日期	發票金額	產品代號	數量	單位成本
1	10025	237936	01/31/2000	56,767.20	080102618	3,379	16
2	10025	232195	11/14/2000	965.77	080938998	323	2
3	10025	230592	09/30/2000	850.58	010102710	142	5
4	10025	234056	09/30/2000	486.00	010226620	45	10
5	10025	239215	09/30/2000	278.04	010155160	28	9
6	10101	4516050	07/31/2000	486.64	080935428	11	44
7	10101	4517604	10/30/2000	154.00	093788411	110	1
8	10101	4514742	10/15/2000	50.40	010155150	6	8
9	10134	74841	11/12/2000	18,883.34	030302303	458	41
10	10134	78025	09/30/2000	1,823.68	010551340	278	6
11	10134	71073	09/29/2000	883.00	030303343	100	8
12	10134	70936	02/14/2000	561.20	052484405	115	4
13	10134	70075	04/09/2000	467.40	090081001	3	155
14	10448	2650620	02/14/2000	540.80	052484415	104	5
15	10448	2653864	01/31/2000	187.60	080123968	70	2
16	10448	2652609	09/30/2000	53.64	010311990	18	2
17	10534	58724783	05/31/2000	4,324.00	030324883	460	9
18	10534	58720114	05/31/2000	158.60	030322303	130	1
19	10559	3586317	11/07/2000	451.47	024128712	447	1
20	10559	3583847	12/10/2000	257.52	023903712	24	10

圖6-38　排序結果

❖ 找尋指定記錄

使用排序過的資料表的一項好處是找尋記錄會特別快，例如若要尋找一筆記錄Vendor Number 13373，則其方法為：

STEP**01**　在Menu Bar中，選取Data下拉式選單，選擇Search，ACL顯示Search對話框，並點選Locate If（如圖6-39）。

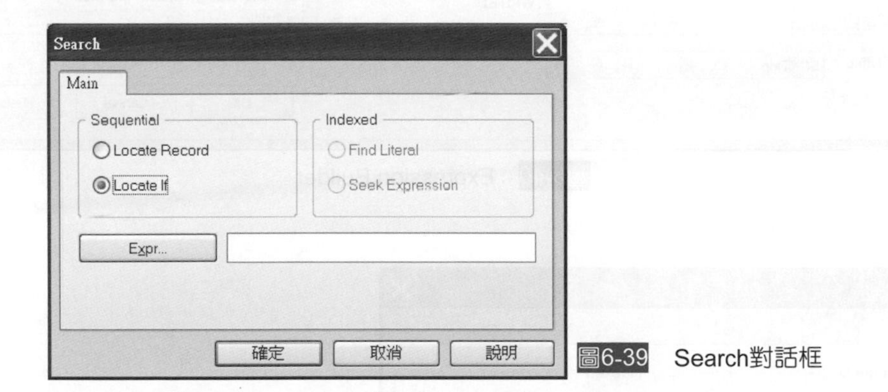

圖6-39　Search對話框

STEP**02**　點選「Expr...」，ACL顯示Expression Builder。

STEP**03**　在Available Fields顯示框中，點選Vendor_No，拷貝Vendor_No至Expression Box。

STEP**04**　點選 = （等號，=）至Expression中的Vendor_No之後。

STEP**05** 輸入「"13373"」，Expression顯示「Vendor_No＝"13373"」（如圖6-40）。

STEP**06** 點選「OK／確定」關閉Expression Builder，ACL會顯示Search對話框中的Expr文字盒（如圖6-41），點選「OK／確定」執行Search指令。

STEP**07** ACL視窗畫面會顯示檔案中的第一筆搜尋記錄，紀錄編號80，如知道記錄編號，則可以選擇Locate Record選項，並於Expr文字盒中輸入記錄編號。

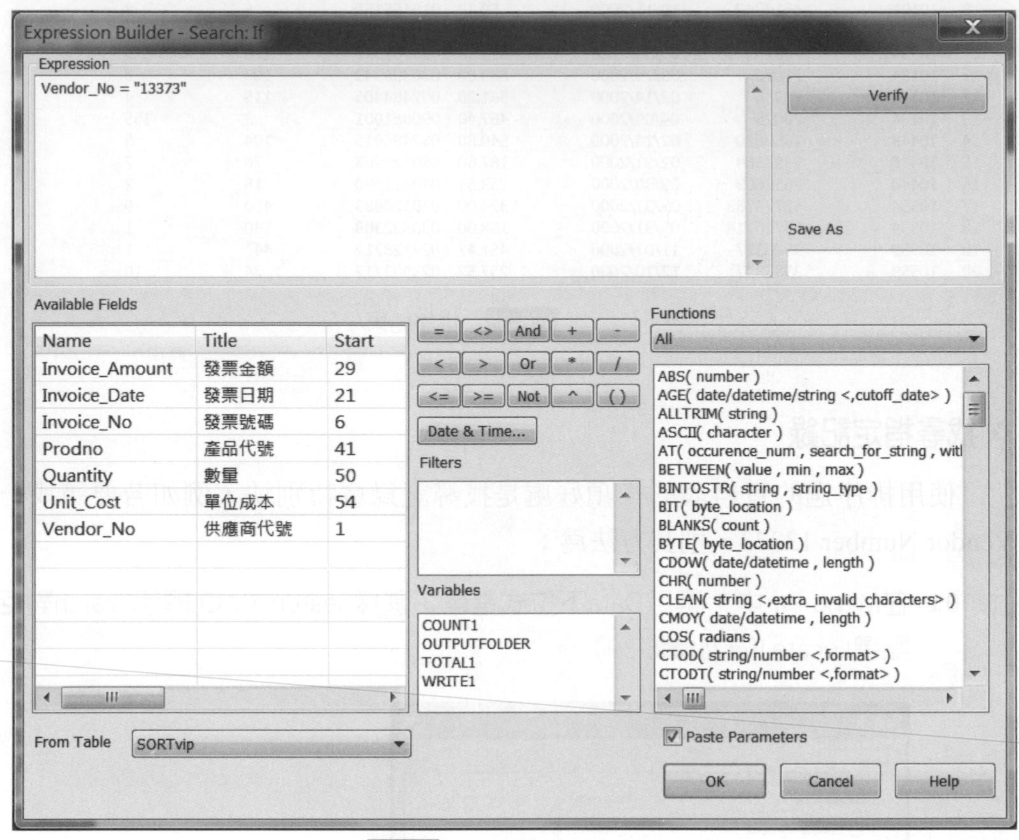

圖6-40 Expression Builder

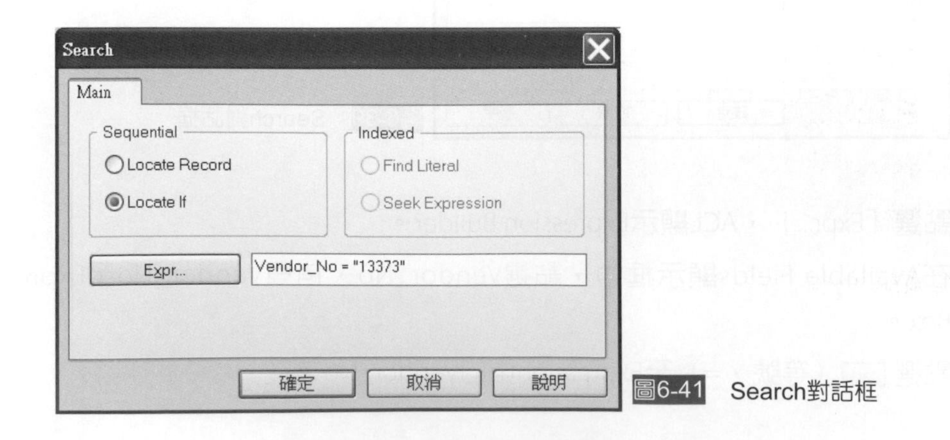

圖6-41 Search對話框

二　使用索引指令

使用索引指令（Index）將資料依邏輯排序而不用實體排序，索引指令會產生一個索引檔案包含指標讓ACL讀取資料時按照排列順序，即使原始檔並不是排序過的資料。另外ACL提供可以同時對多個鍵值欄位建立索引，ACL可以在兩個或多個資料表間建立索引關係。利用索引可以做比較快速的勾槽搜尋，因爲不需要產生新資料檔，所以可以節省磁碟空間。

❖ 執行索引（Index）指令

STEP01　在Project Navigator中，點選Ap_Trans，開啓Ap_Trans資料表。

STEP02　在Menu Bar中，選取Data下拉式選單，選擇Index，ACL顯示Index對話框。

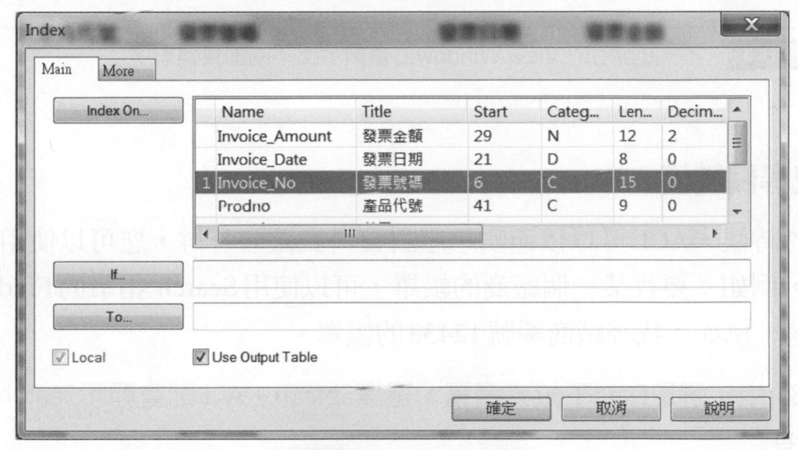

圖6-42　Index對話框

STEP03　在Index On顯示框中，點選Vendor_No。

STEP04　按住Ctrl點選Vendor_No、Invoice_No以及Prodno。

STEP05　點選To文字盒，輸入Indvip作為索引的名稱，勾選Use Output File。

STEP06　點選「OK／確定」。ACL會產生索引並與資料表格式聯結，ACL將立即適用這個索引，在結果顯示頁籤中，ACL會告訴您索引檔Indvip已被打開（如圖6-43）。

STEP07　在資料視界視窗的右上角，可以看見Indexes項產生對Ap_Trans製作的索引檔Indvip。

注意　我們不見得需要立即使用剛產生的索引檔，在Index Command對話框可以先取消勾選Use Output Table，需要使用的時候，再進行連結。

Sequence | Ap_Trans　　Index: Indvip

	供應商代號	發票號碼	發票日期	發票金額	產品代號	數量	單位成本
1	13864	10650602	01/19/2000	686.72	024144812	64	10
2	13864	10657163	12/10/2000	174.57	024108612	11	15
3	14299	10992576	12/10/2000	115.74	023946372	18	6
4	10721	121053	02/13/2000	287.00	052720615	7	41
5	10721	122088	01/31/2000	783.99	080123438	281	2
6	10721	123196	10/30/2000	265.19	030412553	23	11
7	10721	124086	09/30/2000	876.68	010310890	62	14
8	11837	2210571	09/30/2000	696.64	010311800	28	24
9	11837	2213337	10/21/2000	3,996.20	090585322	29	137
10	11837	2214405	11/12/2000	7,762.04	030309373	767	10
11	13808	2275301	11/17/2000	6,705.12	070104677	976	6
12	10025	230592	09/30/2000	850.58	010102710	142	5
13	12701	232162	11/02/2000	46.08	090507851	9	5
14	10025	232195	11/14/2000	965.77	080938998	323	2
15	12701	232556	11/12/2000	2,064.48	030302903	204	10
16	10025	234056	09/30/2000	486.00	010226620	45	10
17	12701	237536	09/30/2000	131.04	010134420	42	3
18	12701	237541	10/21/2000	2,750.64	090509931	471	5
19	10025	237936	01/31/2000	56,767.20	080102618	3,379	16
20	10025	239215	09/30/2000	278.04	010155160	28	9

Default_View

圖6-43　不同的索引在View Window上會顯示出不同的資料順序

❖ 在索引檔中找尋關鍵值

當索引開啓的時候，ACL可以依邏輯順序對資料表擷取資料，您可以使用索引快速查詢特定記錄，例如：要找某一個廠商的帳單，可以使用Search 指令的Find Literal選項，來找到資料。例如：找尋廠商編號12433的帳單。

STEP**01**　在Menu Bar中，選取Data下拉式選單，選擇Search，ACL則會顯示Search對話框（如圖6-44）。

圖6-44　Search對話框

STEP**02**　在Expr文字盒中，輸入12433，在此範例中，文字串不能加引號。

STEP**03**　點選「OK / 確定」，ACL則會找出廠商編號12433的位置（如圖6-45）。

Ap_Trans

Index: Indvip

	供應商代號	發票號碼	發票日期	發票金額	產品代號	數量	單位成本
75	12433	6585673	11/17/2000	7,955.46	070104657	1,158	6
76	12433	6585880	10/30/2000	225.00	030412753	18	12
77	12433	6585951	10/30/2000	2,196.00	030414283	122	18
78	12433	6586825	10/21/2000	3,066.88	090509981	599	5
79	12433	6588155	06/29/2000	1,050.00	030030323	210	5
80	12433	6589355	05/30/2000	342.40	090599912	16	21
81	10720	68010	09/08/2000	108.90	024104312	9	12
82	12636	69465082	09/29/2000	1,173.90	030303413	301	3
83	12636	69469398	07/31/2000	1,327.92	080435438	33	40
84	10134	70075	04/09/2000	467.40	090081001	3	155
85	10134	70936	02/14/2000	561.20	052484405	115	4
86	10134	71073	09/29/2000	883.00	030303343	100	8
87	10134	74841	11/12/2000	18,883.34	030302303	458	41
88	12230	774284	11/07/2000	809.20	024121332	289	2
89	10134	78025	09/30/2000	1,823.68	010551340	278	6
90	14913	8457230	05/31/2000	2,230.41	030324803	559	3
91	11475	8752383	02/14/2000	1,744.40	052484425	245	7
92	11475	8752512	10/21/2000	7,125.80	090584072	41	173

Default_View

圖6-45　顯示廠商編號12433的位置

在Search對話框裡的Find Literal和Seek Expression選項只限於用在有索引的資料檔，同時資料檔必須依至少有一個文字欄位是按升冪排列。使用Seek Expression選項，使用者必須設定文字型態的敘述，因此對於Seek Expression的內容必須加引號在字串兩側。使用Search指令和選取Seek Expression選項，來找尋第一筆符合的廠商編號12701資料的方法如下。

STEP**01**　在Menu Bar中，選取Data下拉式選單，選擇Search顯示Search對話框。

STEP**02**　點選Seek Expression。

STEP**03**　於Expr文字盒中輸入「"12701"」。

STEP**04**　點選「OK／確定」。即顯示出包含Vendor No. 12701的記錄，被放在ACL資料視界視窗上。

❖ 產生一個有條件式的索引

使用者可以藉由條件式來針對資料表的某一部分進行索引，以取代對整個資料表進行索引的動作。對於大型檔案而言，這是相當有效的方式。假如可以產生及使用一個有條件的索引，就能在該條件下快速的分析資料。以下說明產生Vendor Number12433條件索引爲例的操作步驟。

STEP**01**　在Menu Bar中選取Data下拉式選單，選擇Index。顯示Index對話框。

STEP**02**　在Index On顯示框中，點選Vendor_No。

STEP**03**　在If文字盒中，指定條件Vendor_No＝"12433"。

STEP**04**　在To文字盒中，給一個索引檔的名稱Vend12433。

STEP**05** 點選「OK／確定」。產生索引檔Vend12433並且立刻適用於資料視界視窗中。

STEP**06** 因為ACL立即適用條件索引，顯示這些記錄吻合條件，我們只會看到有6筆記錄（Vendor 12433）顯示。

❖ 開啓索引檔

ACL資料表可以有一個以上的索引檔，但一次只能用一個索引檔（如圖6-46）。

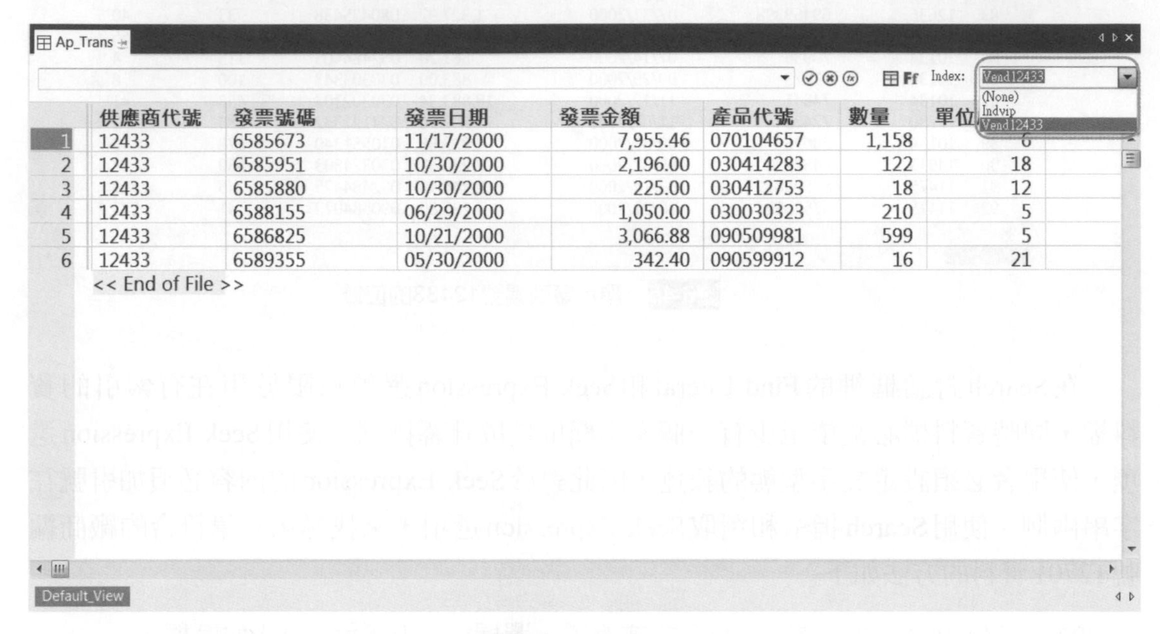

圖6-46 開啓索引檔

第5節 ACL的變數使用技巧

ACL提供變數的功能，讓稽核人員可以利用，傳遞相關的資訊。ACL的變數可以區分爲下列三大列：

- 第一類

  系統變數：由ACL指令執行後自動會產生的變數，供稽核人員在進一步分析時可以使用。例如使用COUNT指令後，系統就會自動產生COUNT1變數，其內存有此次計算筆數的值。系統一開始會自動定義輸出資料的目錄變數OUTPUTFOLDER等。

- 第二類

  使用者自訂變數：由稽核人員依需要可以自己設定變數，例如：DDay，則此變數爲一般變數。

- 第三類

  專案永久變數：由稽核人員依需要可以自己設定一些變數爲此專案的永久變數，設定的方法爲將變數的名稱開頭設定爲「_」即可，例如：_Project，則此變數爲永久變數。永久變數的值會一直留存，不會因爲專案關閉而消失，其他二類變數當專案關閉後，即會自動消失。

您可以利用變數（Variable）對話視窗去新增、修改、刪除、複製、重新命名ACL專案內的變數。

1 新增變數

STEP01 開啓AP_Trans資料檔。

STEP02 從工具列選擇Edit選項，在下拉式選單點選 變數（Variable）。

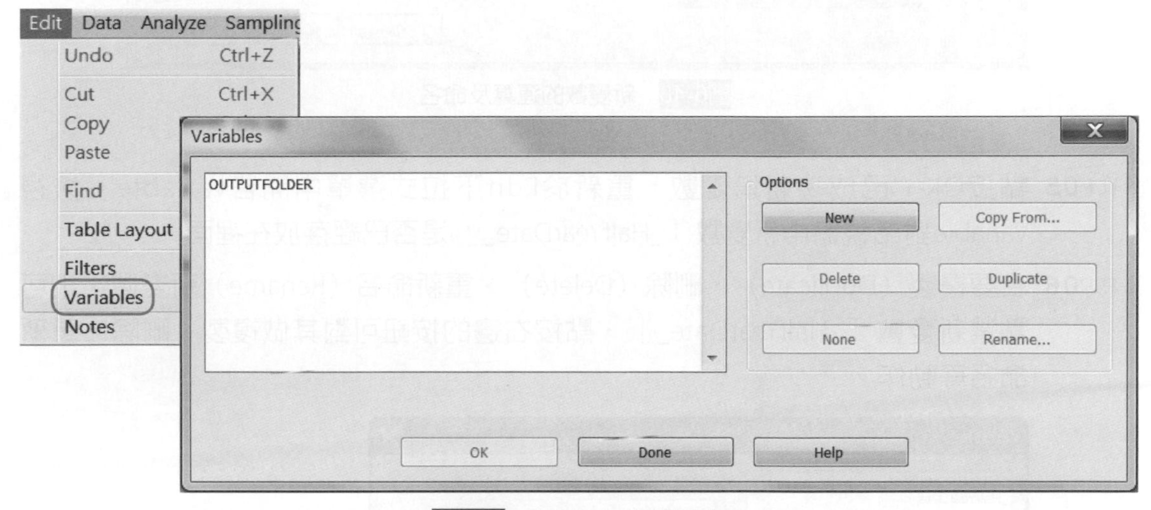

圖6-47 新增ACL內的變數

STEP03 點選New按鈕，即跳出Edit Variable視窗，任何要新增的變數可以在Expression中輸入，做新增的動作。

STEP04 輸入「'20000630'」，在Save as文字欄位中輸入變數的名稱「_HalfYear Date_」（如圖6-48）。

注意 永久變數的命名需在變數名稱前面加上下底線「_」。未加下底線的變數爲暫存變數，僅能於下一個指令中使用，使用次數爲一次。

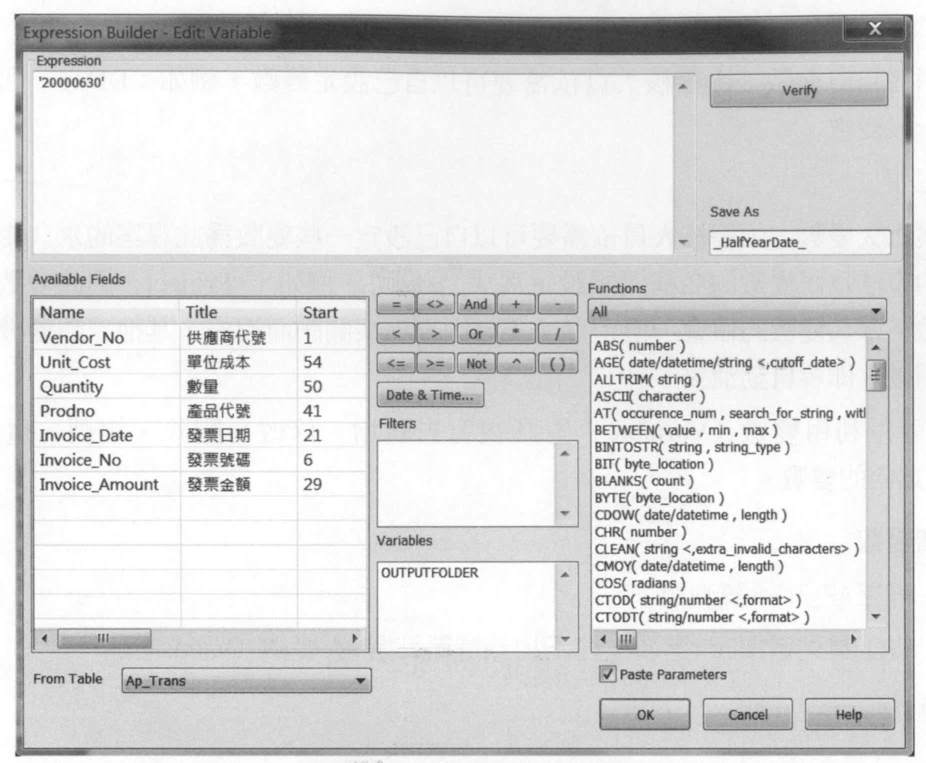

圖6-48 新變數的運算及命名

STEP05 點按OK，已成功新增變數。重新於Edit下拉式選單中開啓Variable，檢視Variable對話視窗中新變數「_HalfYearDate_」是否已經存放在裡面。

STEP06 若要複製（Duplicate）、刪除（Delete）、重新命名（Rename）新變數，則可點選新變數「_HalfYearDate_」，點按右邊的按鈕可對其做複製、刪除、重新命名等動作。

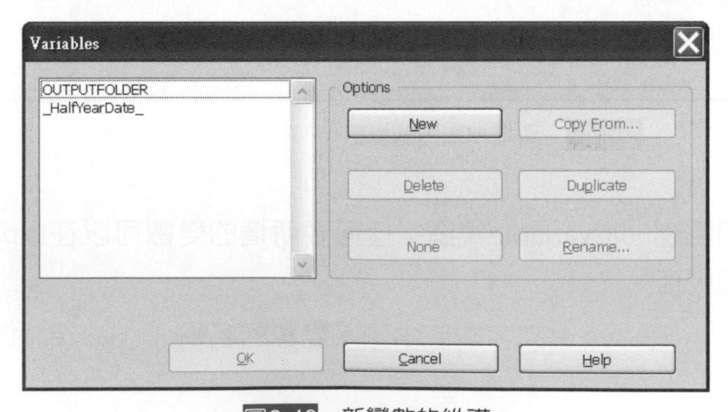

圖6-49 新變數的維護

若要查看目前變數的值，則可以在ACL的結果顯示頁籤下輸入Disp Var。此指令會顯示所有變數值（如圖6-50）。

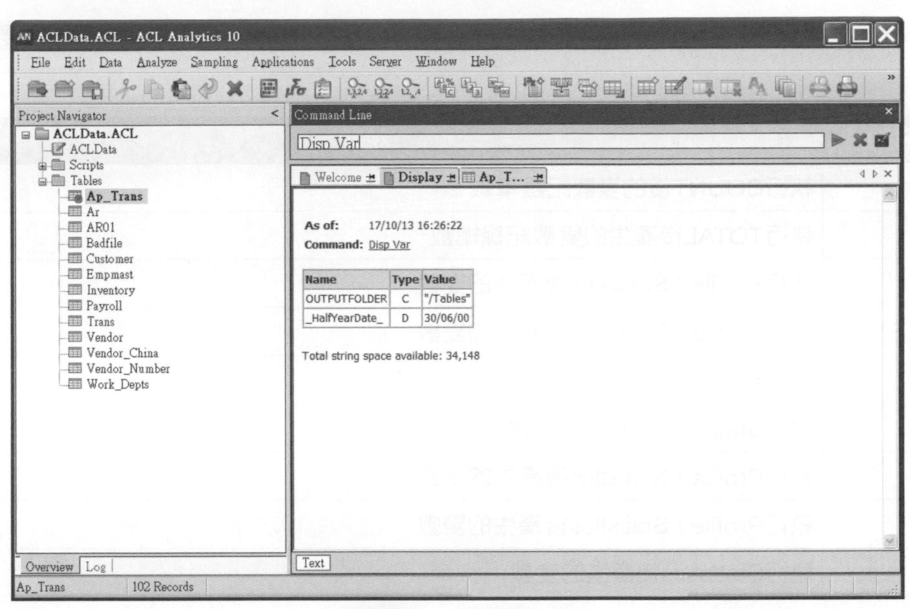

圖6-50　顯示變數值

❖ 利用變數來篩選特定資料的方法

變數可以使用在許多的地方，其彈性很大。以下的範例爲簡單的顯示其使用的方式。

STEP01　開啓AP_Trans資料檔。

STEP02　在Filter上輸入Invoice_Date>_HalfYearDate_並點選執行。

STEP03　即會顯示符合Invoice_Date>'20000630'的資料（如圖6-51）。

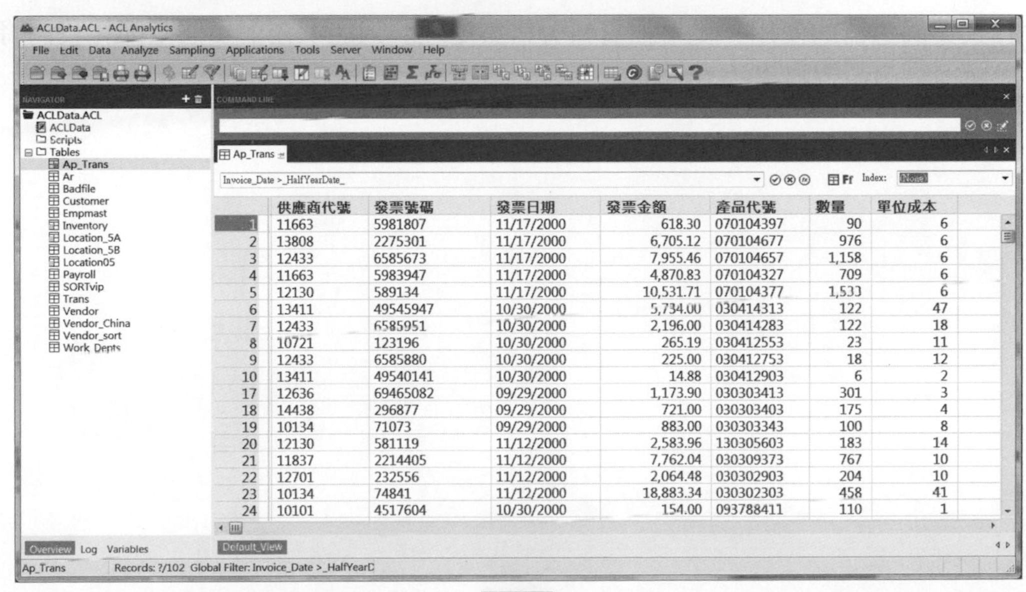

圖6-51

ACL有些指令執行後，會自動產系統變數，供查核人員可以活用，這些變數整理如下：

變數名稱	說明
COUNT1	執行COUNT後的變數記錄筆數
TOTAL1	執行TOTAL後產生的變數紀錄總數
ABS1	執行Profile / Statistics後產生的變數
AVERAGE1	執行Profile / Statistics後產生的變數
HIGH1	執行Statistics後產生的變數
LOW1	執行Statistics後產生的變數
MAX1	執行Profile / Statistics後產生的變數
MIN1	執行Profile / Statistics後產生的變數
RANGE1	執行Statistics後產生的變數

總 結

在本章節中，我們學習如何從原有資料表萃取資料轉存入新資料表內進行分項查核，同時了解如何對資料表進行排序和建立索引檔，以方便資料搜尋及比較。透過運算式與篩選器的使用，更增強資料分析與處理的效能，在下一個章節，我們將進入資料庫環境中多資料表的查核技巧。

本章習題

一、選擇題

(　　) 1. 針對2000年應收帳款資料明細檔，想從中挑選出到期日（Due_Date）在三月份及六月份到期者，應收帳款金額（Amount）在3,000元以上之交易記錄，請問在Filter中應輸入之條件為何？

(A) (Between(Due_Date,'20000301','20000331') AND Between(Due_Date,'20000601','20000630')) AND Amount > 3000

(B) Between(Due_Date,'20000301','20000331') OR (Between(Due_Date,'20000601','20000630') AND Amount > 3000)

(C) Between(Due_Date,`20000301`,`20000630`) AND Amount > 3000

(D) (Between(Due_Date,'20000301','20000331') OR Between(Due_Date,'20000601','20000630')) AND Amount > 3000

(E) Between(Due_Date,'20000301','20000331') AND Between(Due_Date,'20000601','20000630') AND Amount > 3000

(　　) 2. 國內某一知名量販店希望彙總出各店銷售數量最大的商品，請問要使用ACL哪些指令才能達成？

(A) 先用Summarize指令依照產品代號彙總產品數量，再用Sort指令按照產品數量由大到小排序

(B) 先用Sort指令依照分店及產品數量排序，再用Summarize指令依分店彙總，並同時列出產品代號及產品數量

(C) 先用Sort指令依照產品代號及產品數量排序，再用Summarize指令依產品代號彙總，並同時列出產品數量

(D) 先用Summarize指令依照分店彙總產品數量，再用Sort指令按照產品代號及產品數量排序

(E) 以上皆非

(　　) 3. 當使用Sort指令對100Mb資料檔案進行排序時，其所需要額外的磁碟空間要有多大？

(A) 100Mb　　(B) 250Mb ~ 300Mb

(C) 50Mb ~ 150Mb　　(D) 100Mb ~ 200Mb

(E) 150Mb

(　　) 4. 萃取指令的使用，以下何者為非？

(A) Record　　(B) View

(C) Field　　(D) Table

(E) 以上皆是

(　　) 5. 當我們使用Duplicate指令來對應付帳款資料測試其是否重複付款的情形，以下是該檔案所擁有的欄位：

1.帳單號碼　　　　4.產品數量

2.產品代號　　　　5.廠商代號

3.帳單日期　　　　6.應付帳款金額

請選出比較重複性的關鍵欄位最佳者？

(A) 帳單號碼，產品代號

(B) 帳單日期，產品代號，產品數量，及廠商代號

(C) 產品代號，產品數量

(D) 帳單日期，廠商代號

(E) 以上皆非

(　　) 6. 下列敘述何者錯誤？

(A) 企業之電腦備援計畫應包括災變後以異地備援之硬體設施處理企業

(B) 成功之資訊系統開發應包括資訊科技人員及非資訊科技人員之組合

(C) 資訊長應直接向高階管理人員及董事會報告

(D) 程式設計師應可以接觸電腦作業系統以便及時有效解決使用者問題

(E) 程式設計師不應使用內部正式資料進行開發，確保個人資料保護

(　　) 7. 有關電腦審計的敘述，下列何者錯誤？

(A) 電腦資訊系統的一般控制，通常包括組織

(B) 在電腦資訊系統環境下，查核工作之目的與範圍是不會改變的

(C) 確保輸出結果及時提供給授權人員屬於電腦資訊系統的一般控制目的

(D) 電腦資訊系統環境之內部控制可分為一般控制及應用控制，其相關控制均可包括人工及程式化之控制程序

(E) 以上皆是

(　　) 8. 下列有關會計師以測試資料法（test data）來測試電腦化會計系統的敘述，何者正確？

(A) 測試資料必須包括所有可能的狀況，有內部控制有效的狀況，也有內部控制無效的狀況

(B) 用來測試的程式和受查客戶實際使用的程式是不同的

(C) 測試資料必須包含各個交易循環，每個循環都各選數筆交易

(D) 測試資料法必須在會計師的控制與監督之下，由受查客戶之資訊部門人員進行

(E) 以上皆是

(　　) 9. 國內某一銀行希望彙總出各分行銷售金額最大的理財商品，請問要使用ACL那些指令才能達成？

(A) 依分行與商品代號彙總銷售金額後，先用Sort指令依照分行及銷售金額排序（由大到小）後，再用Summarize 指令依分行彙總，並同時列出商品代號及銷售金額

(B) 依分行與商品代號彙總銷售金額後，先用Sort指令依照分行及銷售金額排序（由小到大）後，再用Summarize 指令依分行彙總，並同時列出商品代號及銷售金額

(C) 依分行與商品代號彙總銷售金額，先用Sort指令依照分行及銷售金額排序（由大到小）後，再用Classify指令依分行彙總，並同時列出商品代號及銷售金額

(D) 依分行彙總銷售金額後，用Sort指令依照銷售金額排序（由大到小）後，再用Summarize 指令依商品代號彙總，並列出銷售金額

(E) 以上皆非

(　　) 10. 內部稽核希望查核貸款是否有充足的抵押擔保，並根據最近的付款日期進行適當分類，劃分流動和非流動。為實現這些審計目標，請選出最佳的審計程式：

(A) 抽取超過一定限額的一組貸款樣本，確定是否屬流動性並正確分類，對每筆經批准的貸款，證實其年限和分類

(B) 對所有貸款申請進行發現抽樣，確定是否每個申請都附有抵押聲明書

(C) 選取貸款支付的樣本，追查至原貸款，確認這些支付是否都經過適當申請手續，並對申請進行審查以確定是否有適當的抵押

(D) 使用通用審計軟體讀取貸款總檔，根據付款日期來劃分其流動性，審查每項貸款是否正確進行抵押和分類

(E) 使用通用審計軟體讀取貸款總檔，根據最近一次付款日期劃分其流動性，並按流動和非流動進行分層統計抽樣。審查抽取到的每項貸款是否正確進行抵押擔保與分類

二、實作題

1. 您為ABC公司之內部稽核人員，現今打算進行應收帳款的異常查核，將利用ACLData.acl專案中的應收帳款資料檔（AR.fil）進行查核規劃，請回答以下內容：

(1) 若僅需對應收帳款資料"交易型態=IN"進行測試，並該資料萃取至新資料表「ARIN.fil」，試問總金額及筆數各為何？

(2) 請您利用Statistics指令分析到期日在2000年7月31日以前之應收帳款資料，將欄位No、Invoice Date、Type、及Amount中的正、負值筆數、金額、絕對值、最大值及最小值萃取出來，並將結果另存新檔至「ARDue.fil」

(3) 承 (2)，若將No欄位用升冪排列，且Amount用降冪排列，請您將其排序的結果另存成一張排序過的新資料表「ARDueSort.fil」

(4) 請您對應收帳款資料表（AR.fil）之No欄位進行排序，並產生一個新的索引檔ARNDX1，試問在此條件下交易型態別為CN之交易總數及交易金額各為多少?

(5) 為了進行獎金發放的核算作業，請您使用ACLData專案中的應收帳款資料表（AR.fil）作計算。目前已知獎金的發放是以銷售金額的6%來計算，且我們已知銷貨時，系統上會同時以銷貨收入及應收帳款的交易分錄入帳，請問獎金超過200元的銷貨交易共有幾筆，且累積的獎金是多少？

(6) 承 (5)，請問一年四季所發出去的獎金筆數及累計金額各是多少？

(7) 請問因為銷貨所產生之應收帳款有多少筆資料的帳單日期超過到期日？且累計金額是多少？

(8) 若現在您需要按照年與月份來計算分期彙總銷貨所產生的應收帳款，請問各期之交易筆數與累積金額各是多少？

2. 若您為ABC公司之內部稽核人員，今天正在進行業績與獎金發放數字的核對，請回答以下內容：（請使用ACLData專案中的Sales_Reps資料表）

(1) 試以ACL評估公司業務人員各獎銜人數及營業金額（業績表現），獎銜與營業金額關係如下：

獎銜名稱	Crown	EDC	Diamond	Emerald	Pearl	Ruby
營業金額	50,001 ~100,000	40,001 ~50,000	30,001 ~40,000	20,001 ~30,000	10,001 ~20,000	0 ~10,000

(2) 承 (1)，在屬於Emerald的獎銜人員當中，來自同一個區域（Zip Code）最多的是哪一區？

3. ABC公司內部稽核人員正在進行應付帳款（AP_Trans）之查核，請回答以下查核規劃之內容：

(1) 請進行應付帳款中之驗證，檢查帳款金額、數量與單位成本是否一致？

(2) 請抽查帳款日期為2000年9月及12月份的應付帳款資料，找出交易筆數在兩筆以上廠商，並將其列示出來？在此情形下各廠商所累計的應付帳款金額各是多少？

(3) 承 (2)，若再抽驗一次，請您排除帳款日期在2000年4月份及11月份的交易資料，試將筆數在兩筆以上的廠商找出來，並將此結果另存新檔APRange，並列示出交易總筆數及總金額各為多少？

07 多表格間資料查核分析

學習目標

稽核人員經常需要連到企業的資料庫中取得資料來進行查核，因此若能先建立起資料庫的概念，將會對諸多ACL指令有更清晰且易上手的思維。本章節從資料庫的基本概念開始研討，並循著各種基本的關聯代數（Relational Algebra）的示範，讓讀者可以了解資料庫中資料的處理方式與ACL的查核指令作概念上的連結。

另外本章節將會介紹ACL中處理多個表格資料的常用指令（Relate、Join、與Merge），搭配數個案例步驟解析，讓讀者能夠循序漸進的去思考多表格間ACL資料分析操作的目的，能夠同時使用多個資料表進行查核技術。

本章摘要

- 資料庫系統概念
- 資料庫的關聯代數概念
- 應用程式如何與資料庫連結
- 如何針對多個資料表進行查核工作
- 如何使用ACL的勾稽（Relate Table）指令針對多個資料表進行測試
- 如何使用ACL的比對（Join）指令對多個資料表進行測試
- 如何使用ACL的合併（Merge）指令合併多個資料表

第1節 資料庫系統觀念

早期人工處理資料的方式大都是將各種不同類型的文件用檔案櫃來進行分類型蒐集，等到要使用的時候才進行調閱與分析的工作。如此作法不但費時且沒有效率。而隨著資訊時代的來臨，電腦最拿手的工作便是儲存、處理大量的資料，所以現代的資料管理方式，已經可以將各式各樣的資料儲存在電腦中，形成所謂的資料庫（Database）。

資料庫的技術發展甚早，在技術上通常以資料模式（Data Model）來做區分，可分為階層式資料庫、網狀式資料庫、關聯式資料庫、及物件導向式資料庫。目前企業使用最多的是關聯式資料庫，它是由E.F. Codd博士在1970年所提出，其主要的概念為以表格的模式來組織管理資料間的關係，並且強調應用程式與資料的內部結構應相互獨立，也就是所謂的「資料獨立性」（Data Independence）的概念。如此，應用程式才不至於在我們調整內部資料架構時，也必須遷就新結構而作大幅度的修改。此一理論發表之後，使得資料庫系統的研究與發展從此進入新的里程碑，E.F. Codd也因此獲得杜靈獎（Turing Award）——電腦科學界的最高榮譽。

在關聯式資料庫中，資料是以一筆一筆的紀錄為處理單元，並且將紀錄以表格的方式組織起來，雖然實際上表格中的紀錄可能在內部電腦系統內是以樹狀或網狀的方式來連結，但是使用者看到的卻是易懂的表格型式。資料以表格（Table）的方式呈現，比較符合傳統上將資料填寫在表格內的習慣，對於資料庫中資料的存取，也讓使用者較能得心應手。目前市場上較廣為使用的關聯式資料庫的產品有Oracle（美商甲骨文公司）、Informix（英孚美公司）、Sybase（賽貝斯公司）、DB2（IBM公司）、Microsoft SQL Server（微軟公司）、Microsoft Access（微軟公司）等。

在關聯式資料庫中資料表是關於特定主題的資料集合，例如：客戶、產品和供應商。在設計上通常會對每個主題使用單一資料表來儲存，以使得資料不會重複存於資料庫中，這樣的架構可以讓資料庫更有效率，而且會減少資料輸入的錯誤。在關聯式資料庫設計的過程當中，需進行正規化的動作，就是為達到此目的，而相關資料正規化的知識請讀者參考其他資料庫的書籍。

資料表利用欄位將資料組織起來，每個欄位都會包含其所儲存的資料類型。例如：圖7-1為產品資料表的各欄位與資料類型，如產品名稱為「文字」類型資料、供應商編號為「數字」類型資料、單位為「文字」類型資料等。有些新的系統提供更多新的資料型態如「貨幣」、「是 / 否」、「日期」、「自動編號」等，讓資料庫系統可更有效的管理資料。

在每個資料表中都需要有一個欄位或多個欄位合併一起當成使此資料表的主索引鍵（PrimaryKey）或稱主鍵，以便用來辨識資料表中每一筆記錄，因此主索引鍵的欄位，其內所儲存的值必須是唯一的，且不可為空值「Null」。例如：圖7-1中的產品編號即被設定成主索引鍵。

產品資料 : 資料表

	欄位名稱	資料類型	描述
🔑	產品編號	自動編號	自動賦與新產品編號
▶	產品名稱	文字	
	供應商編號	數字	與供應商資料表中一樣的資料
	類別編號	數字	與類別資料表中一樣的資料
	單位數量	文字	(例如: 24 罐裝, 一公升裝)
	單價	貨幣	
	庫存量	數字	
	已訂購量	數字	
	安全存量	數字	安全存量
	不再銷售	是/否	是表示產品不再銷售

圖7-1 產品資料表

一個關聯式資料庫通常會由許多資料表來組成，這些資料表間會建立彼此間的關聯（Relation），例如：圖7-2是一銷售系統的關聯式資料庫，此資料庫由8個資料表所組成，彼此之間透過關聯來串連。要將兩個資料表串連起來時，則其中的一個資料表（稱為Parent Table）的主索引鍵，可以連結到另一個的資料表（稱為Child Table）中的相同欄位，此欄位稱為外部索引鍵（Foreign Index Key）或稱外部鍵（Foreign Key）。當您在資料表之間建立關聯時，相關的欄位並不一定要使用相同名稱，只要是內容相同與資料類型相同即可。

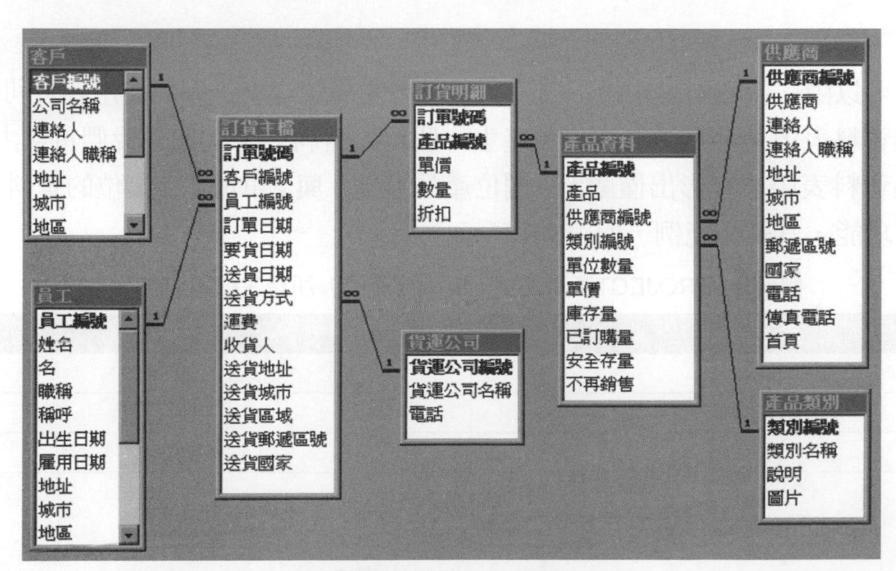

圖7-2 銷售系統資料庫

目前的關聯式資料庫系統提供二種類型的資料表間的關聯：一對一關聯與一對多關聯。所謂「一對一關聯」乃指二資料表間的資料爲一對一的對應，而「一對多關聯」則爲二資料表間ChildTable的外部索引鍵欄位的多個資料，可對應到一個Parent Table主索鍵欄位的同一筆資料。例如：在圖7-2中「供應商」資料表中每個供應商有其供應商編號、公司名稱等，而供應商編號是此資料表的主索引鍵。另外，在「產品」資料表中包含「供應商編號」欄位，因此在每一個產品就能以該供應商編號爲唯一的編號到供應商資料表找到該供應商名稱。「供應商編號」是「產品」資料表中的外部索引鍵。二者間的關聯爲一對多的關係。

第2節 關聯代數

關聯式資料庫的資料運算方式主要利用關聯代數（Relational Algebra）的技術。關聯代數爲一種集合運算的程序性語言，它除了包含有查詢資料的基本運算功能，例如：選擇（Select）與投影（Project）外，更提供可以對多個資料表以類似集合方式進行資料運算功能，例如：聯結（Join）、聯集（Union）、交集（Intersection）、差集（Difference）、卡式積（CartesianProduct）與除法（Divide）等。目前大部分關聯式資料庫管理系統均提供有這些功能的指令，讓使用者可以快速對資料庫進行運算，本章節將先對這些資料運算功能，做一簡單的說明，以使讀者了解其關聯式資料庫系統資料處理的基本原理，進而可以在ACL系統上輕鬆的使用這些功能。

1 投影

此運算可以由一個資料表中投影出使用者所需的欄位資料，因此使用者可利用此功能選取資料表中某些欄位的資料，產生一個新的資料表。例如：我們希望由圖 7-1 的產品資料表中，投影出僅顯示 [欄位產品編號] 與 [單價] 二欄位的資料，則可利用此功能，其結果範例，如表 7-1 所示。

表7-1 PROJECT產品編號，單價（產品）所產生的資料表

產品編號	單價
N0001	50
N0002	100
N0003	50

2 選擇

此運算可以在一個資料表中，選取出符合條件的資料記錄，因此使用者可利用此功能選取資料表中符合其指定條件的資料，產生一個新的資料表，而此指定條件可以針對資料屬性用各種算術比較關係（＝、＞、＜等）和邏輯運算子（and, or, not）來敘述。例如：我們希望由圖 7-1 的產品資料表中，選取出單價等於 50 元的產品資料，則可利用此功能，其結果範例如表 7-2。

表7-2 SELECT單價＝50（產品）所產生的資料表

產品編號	產品名稱	供應商編號	類別編號	單位數量	單價	……
N0001	ABC	S001	T01	10	50	……
N0003	PPP	S101	T13	15	50	……

3 卡式積

此運算爲數學集合論中的一個基本運算，以 × 爲符號，用來將兩個資料表橫式合併成一個資料表。例如：

表7-3 卡式積合併資料表

員工資料檔

員工代號	姓名	單位
30011	小毛	001
30021	小新	002
30031	小瑋	003

×

部門資料檔

部門代號	部門
001	資訊部
003	業務部

＝

員工資料檔×部門資料檔

員工代號	姓名	單位	部門代號	部門
30011	小毛	001	001	資訊部
30011	小毛	001	003	業務部
30021	小新	002	001	資訊部
30021	小新	002	003	業務部
30031	小瑋	003	001	資訊部
30031	小瑋	003	003	業務部

4 聯結

此運算將二個資料表依所列條件聯結成一個新資料表。例如：若將上例的員工檔與部門檔聯結，而其條件爲單位＝部門代號，則產生新的資料表如表 7-4。

表7-4 JOIN單位＝部門代號所產生的資料表

員工代號	姓名	單位	部門代號	部門
30011	小毛	001	001	資訊部
30031	小瑋	003	003	業務部

當在進行聯結運算時，會包含二個資料表，先開啓的資料表稱爲主要檔（PrimaryTable），第二個檔案稱爲次要檔（SecondaryTable）。二個檔案進行聯結功能時，一般資料庫通常會要求次要檔上面要被聯結的欄位爲主鍵欄位，即此欄位的資料不可以重複。在實務上常用交易檔（Transaction File）如發票明細檔，連

結主檔（Master File）如發票的表頭資料檔來進行資料聯結，交易檔通常是主要檔（Primary table），連結主檔則一向是次要檔 (Secondary Table)，例如：可以聯結應收帳款中的帳單資料（Transaction File）與客戶主檔（Master File）。

在進行聯結運算時，主要檔（Primary）及次要檔（Secondary）的設定順序會對新聯結檔的資料產生不同的情況。假如檔案對調，則將出現不同的結果，此主要的原因乃二檔案聯結時，那些未對應成功的資料該如何處理（即所謂外部連結 OUTER JOIN 的問題），通常我們可將其分爲對五種狀況：

狀況一：僅保留對應成功的資料。

員工代號	姓名	單位	部門代號	部門
30011	小毛	001	001	資訊部
30031	小瑋	003	003	業務部

狀況二：僅保留對應成功與主要檔中未對應成功的資料。

員工代號	姓名	單位	部門代號	部門
30011	小毛	001	001	資訊部
30031	小瑋	003	003	業務部
30021	小新	002		

狀況三：僅保留對應成功與次要檔中未對應成功的資料。

員工代號	姓名	單位	部門代號	部門
30011	小毛	001	001	資訊部
30031	小瑋	003	003	業務部

狀況四：保留對應成功與主要檔及次要檔中未對應成功的資料。

員工代號	姓名	單位	部門代號	部門
30011	小毛	001	001	資訊部
30031	小瑋	003	003	業務部
30021	小新	002		

狀況五：保留未對應成功的主要檔資料。

員工代號	姓名	單位	部門代號	部門
30021	小新			

因此在使用合併指令時，使用者還需考慮所需要新合併資料表的資料狀況。

5 交集

此運算爲集合論中的一個基本運算子，是用來將兩個資料表進行交集運算，將相同的資料部分產生一新資料表。其作法如圖 7-3。

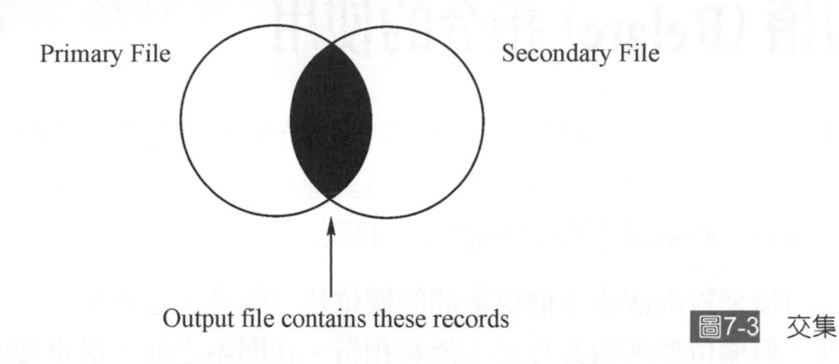

圖7-3 交集

6 聯集

此運算爲集合論中的一個基本運算子，可用來將兩個資料表進行聯集運算，將所有的資料聯集起來產生一新資料表。在進行此指令時主要檔及次要檔中的所有記錄皆被包含。其作法如圖 7-4。

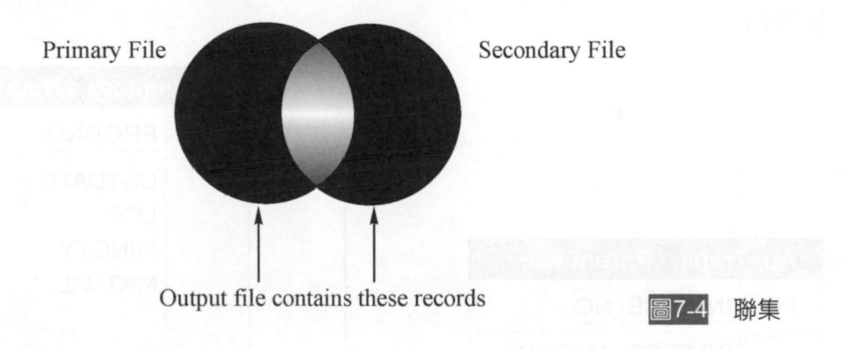

圖7-4 聯集

7 差集

此運算爲集合論中的一個基本運算子，可用來將兩個資料表進行差集運算，將主要檔中未對應到的次要檔的記錄產生一新資料表。其作法如圖 7-5。

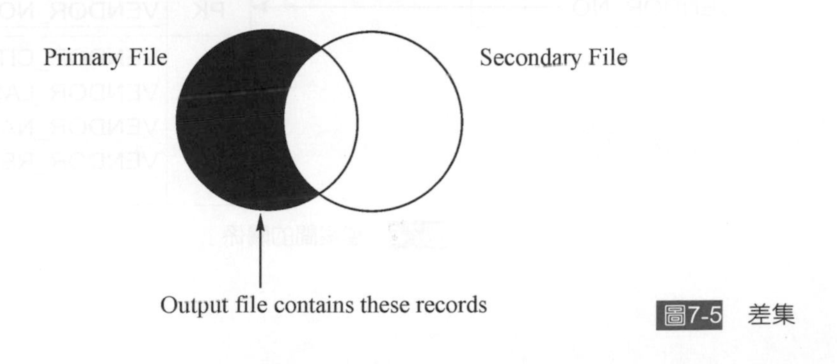

圖7-5 差集

第3節 勾稽(Relate)指令的使用

勾稽（Relate）指令讓您能夠同時存取和分析兩個或多個資料表的資料。您能將結合的資料視爲一個實體存在的單一資料表進行分析，並新增欄位到檢視中，而且您能夠使用關聯來檢驗期望的關係和發現預期之外的關係。

使用勾稽來對兩個或多個檔案間的欄位建立關係，這些欄位並不一定要有相同的欄位名稱，但欄位型態與長度必須能夠相符。在開始之前，最重要的是，必須對檔案內容了解，然後才有辦法決定哪些檔案及欄位要作勾稽，我們可以用資料庫關聯圖來輔助我們了解檔案間的關係，例如：圖7-6包含有三個資料表，經由分析，我們可設定Ap_Trans爲主要檔和Vendor 及Inventory爲次要檔來進行說明，Ap_Trans和Vendor可以Vendor_No欄位勾稽，而Ap_Trans和Inventory 可以ProdNo欄位勾稽。使用此功能時，請注意Related File 的被勾稽欄位的值爲唯一，若是有重複的狀況ACL僅會勾稽第一筆資料。

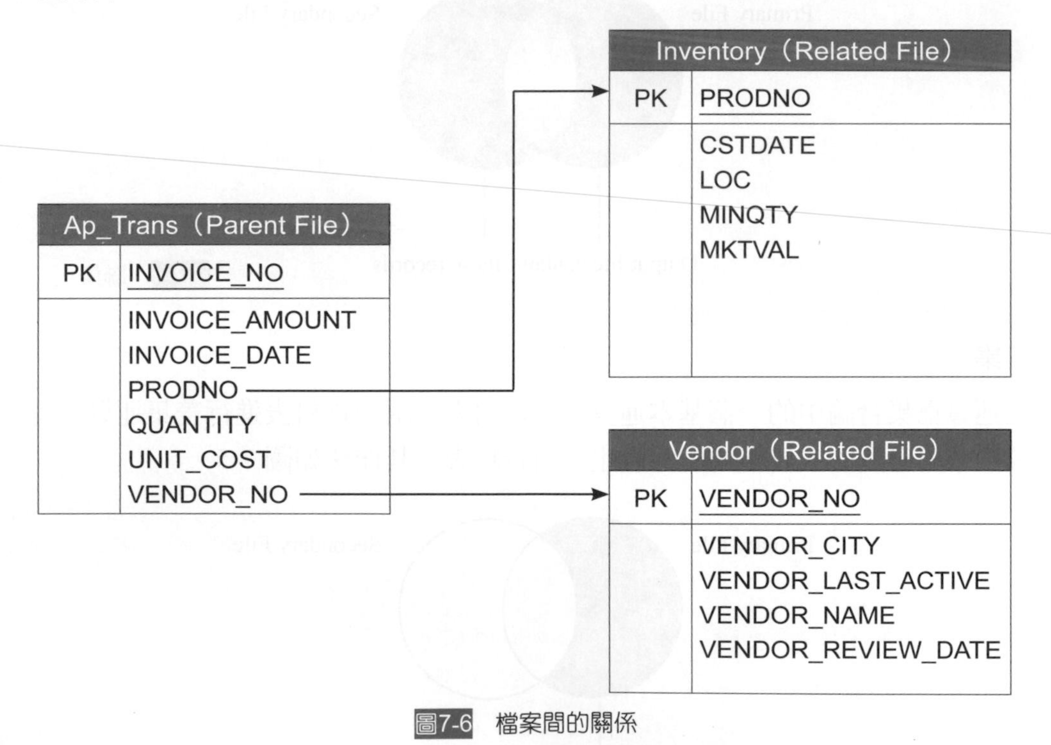

圖7-6 檔案間的關係

❖ 設定資料勾稽（Defining Data Relations）

開始使用Relations 對話框對Ap_Trans，Vendor 和Inventory 建立關聯。其詳細步驟如下：

STEP01 在Project Navigator中，開啓主要檔（Primary File），點按Ap_Trans資料表。

STEP02 點按（Relations）或從Menu Bar中，選取Data下拉式選單，選擇Relate，ACL顯示出Relations對話框。

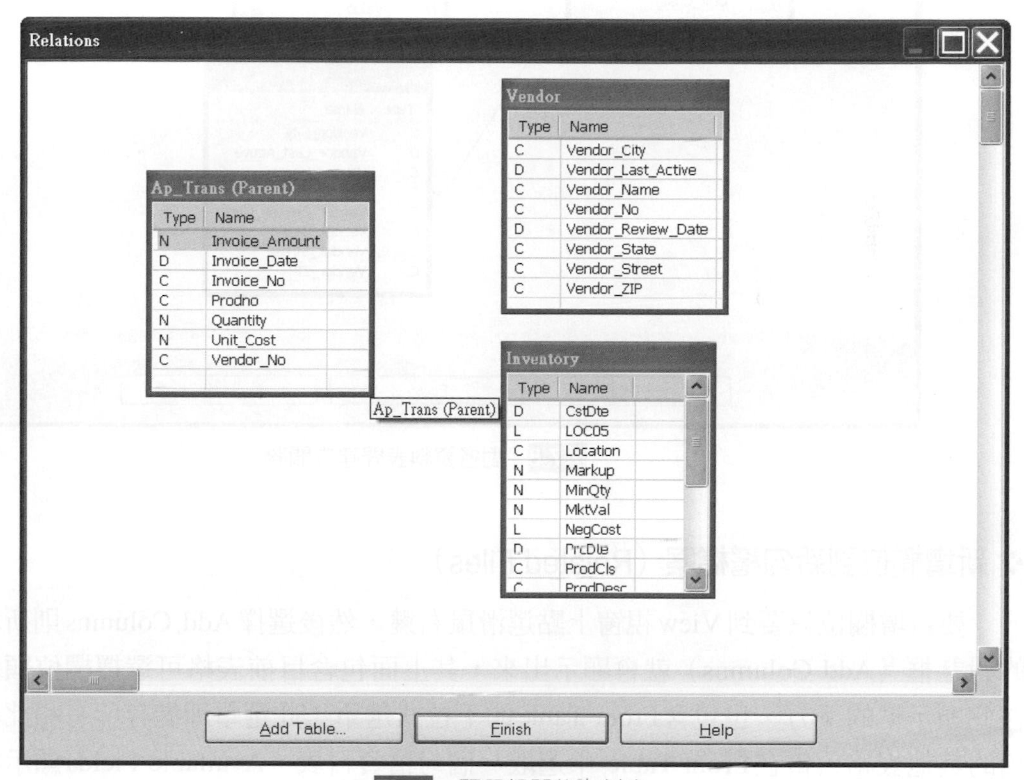

圖7-7 顯示相關的資料表

STEP03 點按Add Table..，會出現Add Table檔案選擇框，我們可以捲動選取Vendor及Inventory兩個次要檔，此時畫面中會出現兩個資料表。

STEP04 針對主要檔與次要檔間建立勾稽，首先點按住Ap_Trans中的鍵值欄位ProdNo，拖拉至Inventory的ProdNo欄位上放掉滑鼠鍵，此時出現一個箭頭從主要檔Ap_Trans指向次要檔Inventory的ProdNo上，重複同樣的作業，從Ap_Trans中的Vendor_No拖拉一個箭頭指向另一個次要檔Vendor中的Vendor_No鍵值欄（如圖7-8）。

STEP05 點按Finish，關閉Relations顯示框，此時三個資料表的關聯正式建立。

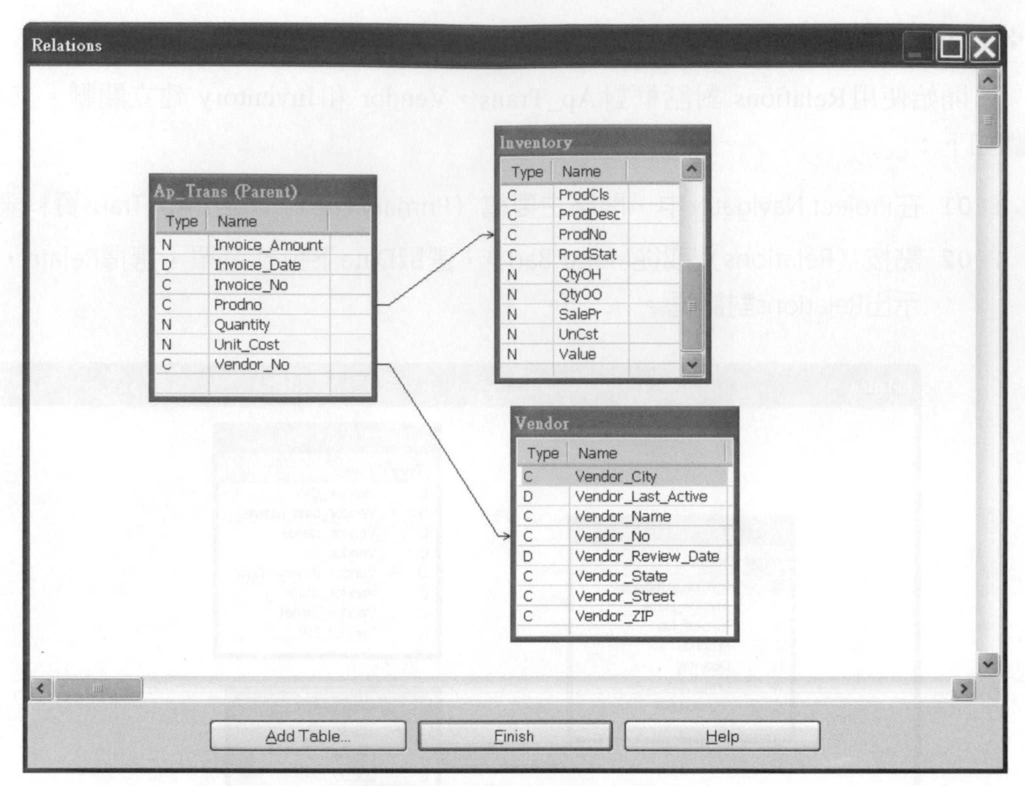

圖7-8 對各資料表間建立關聯

❖ 新增欄位到新勾稽檔案（Related Files）

要新增欄位只要到View視窗上點選滑鼠右鍵，然後選擇Add Columns則新增欄位的對話框（Add Columns）就會顯示出來，其上面包含目前表格可選擇欄位顯示框，在此顯示框的下方，也包含From Table的下拉式選單，此選單即儲存所有和此表格勾稽的其他表格。當在From Table 中選取一個勾稽資料表，Available Fields顯示框會改變為顯示該資料表之所有欄位，這使得ACL可以在相關聯資料表間連結欄位資料。範例中有三個相關聯的資料表，產生一個View資料視界（View）視窗，其中欄位皆來自這三個資料表。若要再新增一個欄位Vendor_Name，其詳細步驟如下：

STEP01 在Project Navigator中，開啓Ap_Trans資料表，於資料視界（View）中，按滑鼠右鍵點選Add Columns對話框。

STEP02 點選From Table下拉式選單，選取Vendor資料表。注意，Available Fields顯示框從Vendor資料表顯示所有欄位名稱，在欄位名稱前都加上來源檔名Vendor，這幫助我們更快了解欄位的來源。

STEP03 在Available Fields顯示框，雙擊「Vendor.Vendor_No」和「Vendor.Vendor_Name」拷貝至Selected Fields顯示框中。

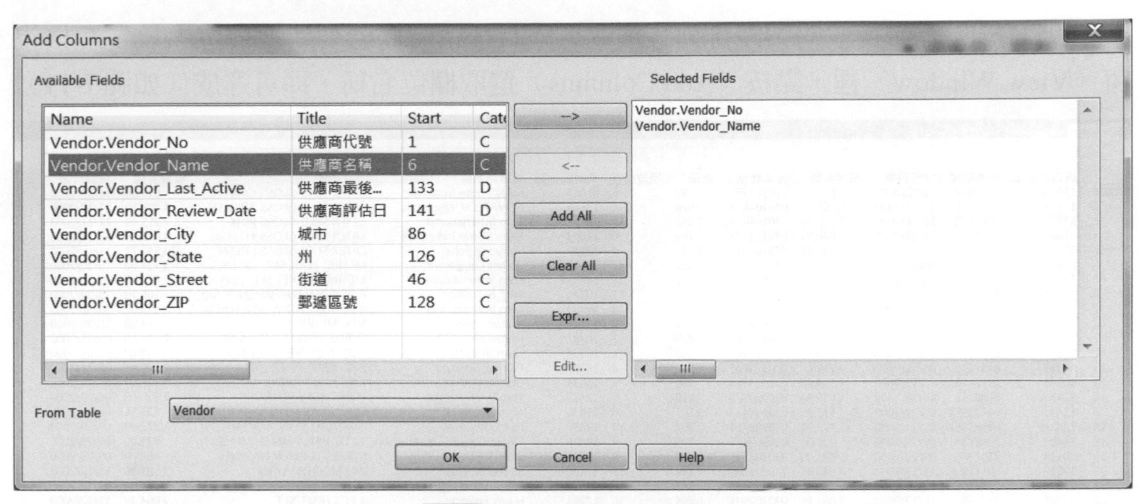

圖7-9　Add Columns顯示框

STEP04　在From Table下拉式選單中，選取Inventory資料表，改變Available Fields顯示框列出Inventory資料表中所有的欄位。

STEP05　在Available Fields顯示框中，雙擊Inventory.ProdDesc欄位，拷貝至SelectedFields顯示框中。

STEP06　回到主要檔（Primary File），點選From Table下拉式選單，選取Ap_Trans資料表，此時Available Fields顯示框變更顯示Ap_Trans資料表的欄位。在AvailableFields顯示框，雙擊Invoice_Date和Invoice_Amount欄，拷貝至SelectedFields顯示框（如圖7-10），並點選「OK」關閉Add Columns對話框。ACL已增加欄位至檢視窗中。

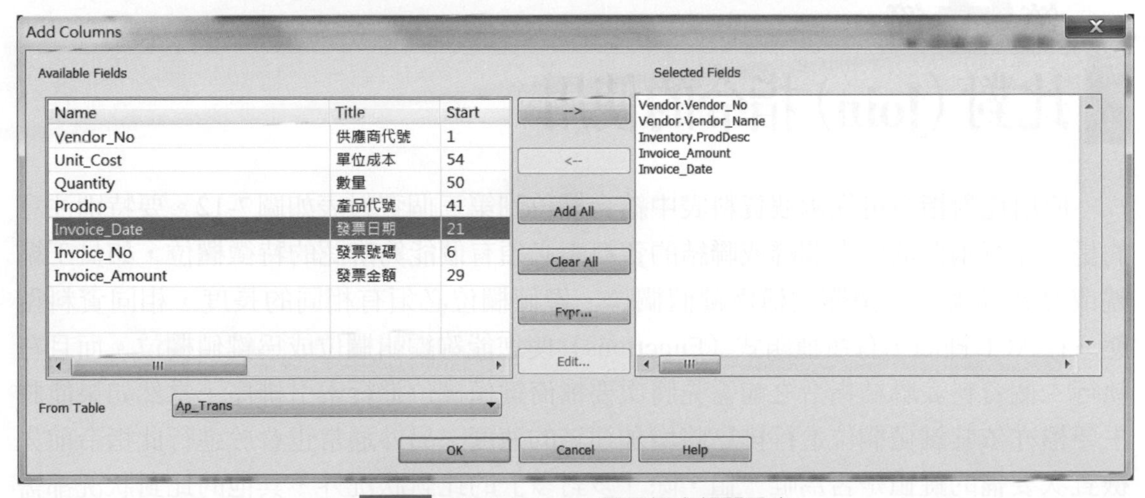

圖7-10　Add Columns顯示框之相關設定

ACL按照之前選取的順序排列各欄位，同時任何時候若要新增欄位，只要在檢視窗（View Window）裡，點按（Add Columns）選取欄位名稱，即可達成（如圖7-11）。

Ap_Trans

	供應商代號	發票號碼	發票日期	發票金額	產品代號	數量	單位成本	供應商代號	供應商名稱	產品說明	發票金額	發票日期
1	11663	5981807	11/17/2000	618.30	070104397	90	6	11663	More Power Industries	LATEX SEMI-GLOSS CARAMEL	618.30	11/17/2000
2	13808	2275301	11/17/2000	6,705.12	070104677	976	6	13808	NOVATECH Wholesale	LATEX SEMI-GLOSS APRICOT	6,705.12	11/17/2000
3	12433	6585673	11/17/2000	7,955.46	070104657	1,158	6	12433	Koro International	LATEX SEMI-GLOSS PINK	7,955.46	11/17/2000
4	11663	5983947	11/17/2000	4,870.83	070104327	709	6	11663	More Power Industries	LATEX SEMI-GLOSS YELLOW	4,870.83	11/17/2000
5	12130	589134	11/17/2000	10,531.71	070104377	1,533	6	12130	Stroud & Sons	LATEX SEMI-GLOSS GREEN	10,531.71	11/17/2000
6	13411	49545947	10/30/2000	5,734.00	030414313	122	47	13411	United Equipment	METRIC TOOL SET 3/8" DR	5,734.00	10/30/2000
7	12433	6585951	10/30/2000	2,196.00	030414283	122	18	12433	Koro International	METRIC SOCKET SET 11 PC	2,196.00	10/30/2000
8	10721	123196	10/30/2000	265.19	030412553	23	11	10721	Witz & Partners	6 PC OPEN END WRENCH SET	265.19	10/30/2000
9	12433	6585880	10/30/2000	225.00	030412753	18	12	12433	Koro International	6 PC BOX END WRENCH SET	225.00	10/30/2000
10	13411	49540141	10/30/2000	14.88	030412903	6	2	13411	United Equipment	8 PC METRIC HEX KEYS	14.88	10/30/2000
11	10787	591533	05/31/2000	1,217.16	030321683	828	1	10787	Herbie's Hardware	SCREW DRIVER 1/4 X 6 SL	1,217.16	05/31/2000
12	10534	58720114	05/31/2000	158.60	030322303	130	1	10534	Laser Industries	SCREW DRIVER NO.3 PHILL	158.60	05/31/2000
13	14913	8457230	05/31/2000	2,230.41	030324803	559	3	14913	Promac Services	ARC JOINT PLIERS 6"	2,230.41	05/31/2000
14	10534	58724783	05/31/2000	4,324.00	030324883	460	9	10534	Laser Industries	ARC JOINT PLIERS 16"	4,324.00	05/31/2000
15	12433	6588155	06/29/2000	1,050.00	030030323	210	5	12433	Koro International	LONG NOSE PLIERS 7"	1,050.00	06/29/2000
16	11435	54328931	06/29/2000	532.86	030934423	107	4	11435	Group Services	DIAGONAL CUTTING PLIERS	532.86	06/29/2000
17	12636	69465082	09/29/2000	1,173.90	030303413	301	3	12636	Heritage Cases	8 OZ BALL PEIN HAMMER	1,173.90	09/29/2000
18	14438	296877	09/29/2000	721.00	030303403	175	4	14438	Bloom County Construction	12 OZ BALL PEIN HAMMER	721.00	09/29/2000
19	10134	71073	09/29/2000	883.00	030303343	100	8	10134	Stars Trading	STRAIGHT CLAW HAMMER	883.00	09/29/2000
20	12130	581119	11/12/2000	2,583.96	130305603	183	14	12130	Stroud & Sons	#4 SMOOTH PLANE	2,583.96	11/12/2000
21	11837	2214405	11/12/2000	7,762.04	030309373	767	10	11837	Wholesome Hardware	HEAVY DUTY BRACE	7,762.04	11/12/2000
22	12701	232556	11/12/2000	2,064.48	030302903	204	10	12701	Harris Projects	4 PC CHISEL SET	2,064.48	11/12/2000
23	10134	74841	11/12/2000	18,883.34	030302303	458	41	10134	Stars Trading	MITRE BOX 21"	18,883.34	11/12/2000
24	10101	4517604	10/30/2000	154.00	093788411	110	1	10101	Breathed & Company	1" GARDEN HOSE	154.00	10/30/2000
25	10787	594272	10/30/2000	522.00	090501541	174	3	10787	Herbie's Hardware	24" LEAF RAKE	522.00	10/30/2000
26	11663	5986811	10/30/2000	1,145.58	090501551	626	1	11663	More Power Industries	20" LEAF RAKE	1,145.58	10/30/2000
27	11922	987320	10/30/2000	983.28	090501051	204	4	11922	DIDA Limited	11" SPADING FORK	983.28	10/30/2000

Default_View

圖7-11 顯示結果

❖ 移除資料關聯

若要移除資料勾稽的關聯（Removing Data Relationships），必須先將主要檔的資料視界（View）視窗中的次要檔欄位先移除，再至Relations 對話框中，選取連結線，刪除之，再將次要檔移除。

第4節 比對（Join）指令的使用

使用比對指令可從兩個資料表中結合欄位到第三個資料表如圖7-12。要特別注意的是，任意兩個欲建立關聯或聯結的資料表必須有個能夠辨認的特徵欄位，如員工編號或發票編號。這個欄位稱爲鍵值欄位。鍵值欄位必須有相同的長度，相同資料型態。在ACL裡面，有多種函式（Functions）使您能夠編輯欄位成爲鍵值欄位。而且在執行二個資料表聯結指令之前需先將次要檔倚鍵值欄位進行索引排序，當然如果能將主要檔亦依其鍵值欄位進行排序將增加連結的速度。另外通常也會於進行此指令前先檢查次要檔的鍵值是否爲唯一值，除「多對多」的比對狀況外，其他的比對狀況都需要次檔的鍵值不重複。

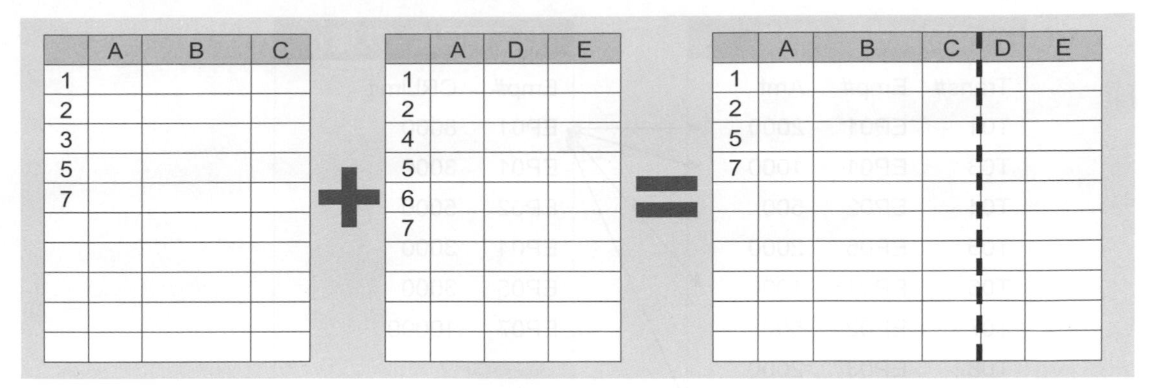

圖7-12　聯結資料表

ACL 上的 JOIN 運算方式，若以資料的角度區分，則可以分成下列三種方式：

1 One to One（一對一）的比對

在主檔與次檔的資料相關的關鍵欄位資料不會重複出現，此時比對時即會一筆資料對應另一個表格的一筆資料。下圖爲一對一比對的範例說明，比對的主檔爲員工檔而次檔爲員工權限檔，此二檔的員工編號均爲主鍵欄位值資料不會重複，因此在進行 JOIN 指令時，就會產生是一對一比對的狀況（如圖 7-13）。

圖7-13　一對一比對

2 Many to One（多對一）的比對

在次檔的關鍵欄位資料不會重複出現，而主檔的關鍵欄位資料則會重複，此時比對即會多筆資料對應另一個表格的單筆資料狀況。下圖爲多對一比對的範例說明，比對的主檔爲交易明細檔而次檔爲員工信用檔，此二檔可以透過員工編號來進行比對，由於員工信用檔上的員工編號爲主鍵欄位值資料不會重複，而交易明細檔上的的員工編號會重複，因此在進行 JOIN 指令時，就會產生是多對一比對的狀況。要注意 ACL 上僅允許多對一的比對方式，不允許一對多的比對方式，因此在進行比對時，要別注意主檔與次檔的選擇（如圖 7-14）。

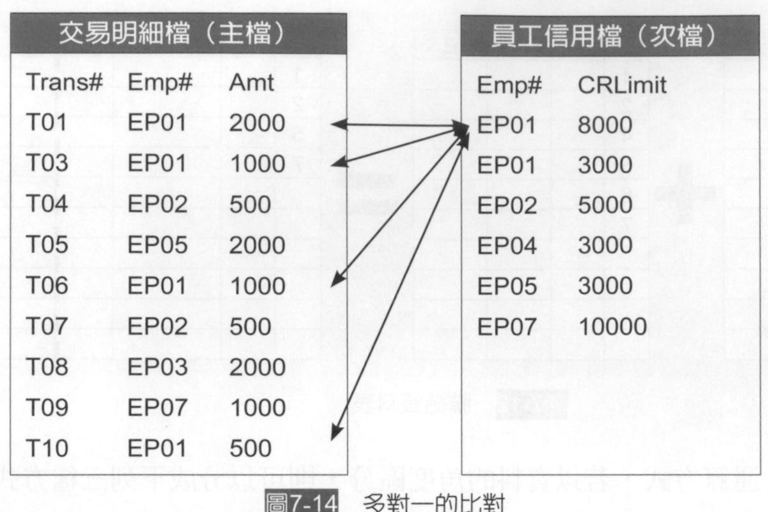

圖7-14 多對一的比對

3 Many to Many（多對多）的比對

此方式的使用通常是在要測試是否有任何可能比對成功時使用，此時就不會去管主檔與次檔的關鍵欄位資料是否會重複，ACL 會利用二個集合相乘的方式（即所謂的笛卡爾乘積，或稱卡式積 - Cartesian product）來運算，顯示比對的結果。下圖為多對多比對的範例說明，比對的主檔為員工地址檔而次檔為供應商地址檔，此二檔可以透過地址來進行 JOIN 指令時，就會產生是多對多比對的狀況（如圖 7-15）。

圖7-15 多對多的比對

ACL 提供執行比對指令（Join）時的彈性設定方式，包含可以設定下列的六種狀況（如圖 7-16），我們以圖 7-17 來進行說明：

圖7-16 JOIN指令Match的設定方式

1 Matched primary and secondary first secondary match（列出比對符合資料）

範例中 A 區域為執行後的結果。

2 All primary and matched secondary（列出比對符合資料及主檔的資料）

範例中 A 和 B 區域為執行後的結果。

3 All secondary and matched primary（列出比對符合資料及次檔的資料）

範例中 A 和 C 區域為執行後的結果。

4 All Primary and Secondary（列出比對符合資料及主檔與次檔的資料）

範例中 A, B 和 C 區域為執行後的結果。

5 Unmatched Primary（列出主檔中比對未符合資料）

範例中 B 區域為執行後的結果。

6 Matched primary and secondary all primary and matched secondary（列出多對多比對符合的資料）。

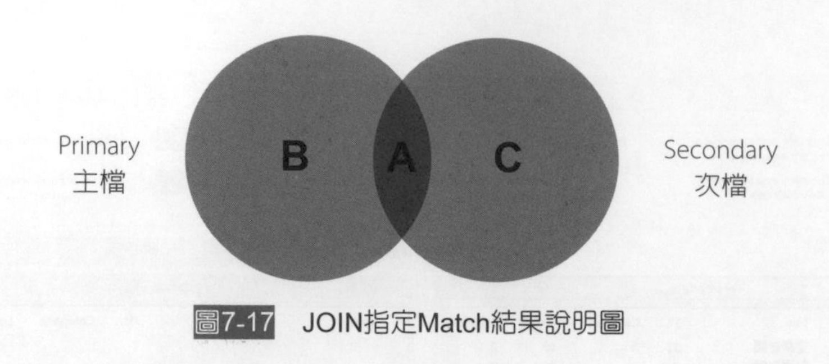

圖7-17 JOIN指定Match結果說明圖

在使用這個指令時，所有資料表必須屬於在同一個ACL專案下，才能夠進行比對。使用比對功能是比對交易明細檔和主檔資料是否相符的一種典型方法，例如應收帳款明細檔與客戶主檔資料的比對，爲使讀者能較容易了解整個指令在ACL系統中的使用方式，我們以聯結員工檔（Empmast）爲Primary主檔與薪資檔（Payroll）爲Secondary次檔當成範例來作說明，有關此二資料檔案可參考ACLData專案。

❖ 連結主要檔及次要檔中所有對應記錄

利用比對（Join）指令產生相對應記錄的輸出檔，其中只包含在主要檔及次要檔中，相同的鍵值欄位的記錄，並依所選取的欄位列出資料。其使用的步驟如下所述：

STEP01 在ACLData專案中，選取Empmst，開啓Empmast資料表，此為Primary Table。

STEP02 從Menu Bar中，選取Data下拉式選單，選擇Join，ACL會顯示Join對話框。

STEP03 從Secondary Table下拉式選單中，選取Payroll。

STEP04 在Primary Keys顯示框，點按鍵值欄EmpNo，這是在主要檔中對鍵值欄排序。

STEP05 在Secondary Keys顯示框，點按鍵值欄EmpNo，這是在次要檔中對鍵值欄排序。

STEP06 在Primary Fields顯示框，按下Ctrl同時點選主要檔中EmpNo、WorkDept、和Pay_Per_Period等三欄位將其選取至新檔中。

注意 ACL會在每一個欄位名稱前加入數字，表示連結的順序。

STEP07 在Secondary Fields顯示框，點按Gross_Pay。

STEP08 輸入Matched至To文字盒。

STEP09 確認主要檔已被排序，勾選Presort Check Box（如圖7-18）。

STEP10 點按「確定」執行指令，ACL在檢視窗中自動開啓Matched Table。

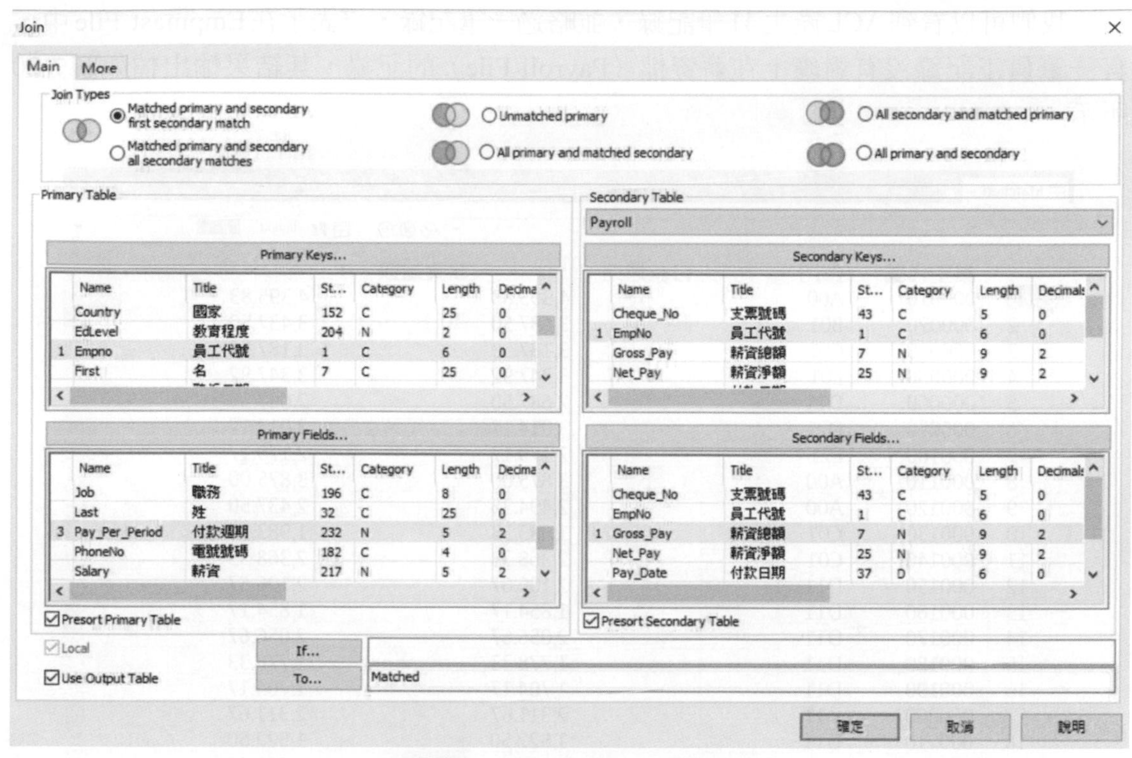

圖7-18　Join Table指令的對話框

```
Command: JOIN PKEY Empno FIELDS Empno WorkDept Pay_Per_Period SKEY EmpNo WITH Gross_Pay TO "Matched" OPEN PRESORT SECSORT ISOLOCALE root

14:50:38 - 08/31/2016
Presorting data
Presorting data
41 records produced
1 records bypassed
Extraction to table C:\Users\ccu\Desktop\課本資料\Matched.FIL is complete
Opening file "Matched"
```

圖7-19　顯示結果於結果顯示頁籤

我們可以看到ACL產生41筆記錄，並略過一筆記錄，這表示在Empmast File中，有一筆員工記錄沒有對應上在薪資檔（Payroll File）的記錄，其結果輸出檔如圖7-20所示。

Matched | Join

Index: (None)

	員工代號	部門	付款週期	薪資總額
1	000010	A00	4,395.83	4,395.83
2	000020	B01	3,637.50	3,437.50
3	000030	C01	3,187.50	3,187.50
4	000050	E01	3,347.92	3,347.92
5	000060	D11	2,687.50	2,687.50
6	000070	D21	3,014.17	3,014.17
7	000100	E21	2,179.17	2,179.17
8	000110	A00	3,875.00	3,875.00
9	000120	A00	2,494.35	2,437.50
10	000130	C01	1,983.33	1,983.33
11	000140	C01	2,368.33	2,368.33
12	000150	D11	2,106.67	2,106.67
13	000160	D11	1,854.17	1,854.17
14	000170	D11	2,056.67	2,056.67
15	000180	D11	1,778.33	1,778.33
16	000190	D11	1,704.17	1,704.17
17	000200	D11	2,311.67	2,311.67
18	000210	D11	1,522.50	1,522.50
19	000220	D11	2,486.67	2,486.67

Default_View

圖7-20 Join指令結果對應資料輸出檔

❖ 比對主要檔沒有對應到次要檔中所有的記錄

本節介紹產生未對應記錄（Unmatched Records）資料檔的進行步驟，此未對應記錄乃指在主要檔中沒有對應上在次要檔中的記錄。我們以員工基本資料檔Empmast爲主，要產生一個包含員工資料（Employee Records）沒有對應到薪資檔（Payroll Records）的記錄的資料表爲例，來說明ACL運作的過程，其使用步驟說明如下：

STEP**01** 開啓ACLData.acl專案內的Empmast Table當主要檔。

STEP**02** 從Menu Bar中，選取Data下拉式選單，選擇Join對話框，注意我們仍保留PayrollFile為次要檔（Secondary File）。

STEP**03** 在Primary Keys顯示框，點按鍵值欄EmpNo，這是在主要檔中對鍵值欄排序。

STEP**04** 在Secondary Keys顯示框，點按鍵值欄EmpNo。

STEP05　點按Unmatched Records。

STEP06　輸入Unmatched至To文字盒，為輸出檔命名。由於本案例藉由預設值，在Empmast File中的所有欄位拷貝至Unmatched，所以不用從Primary Fields顯示框中，來選取欄位。

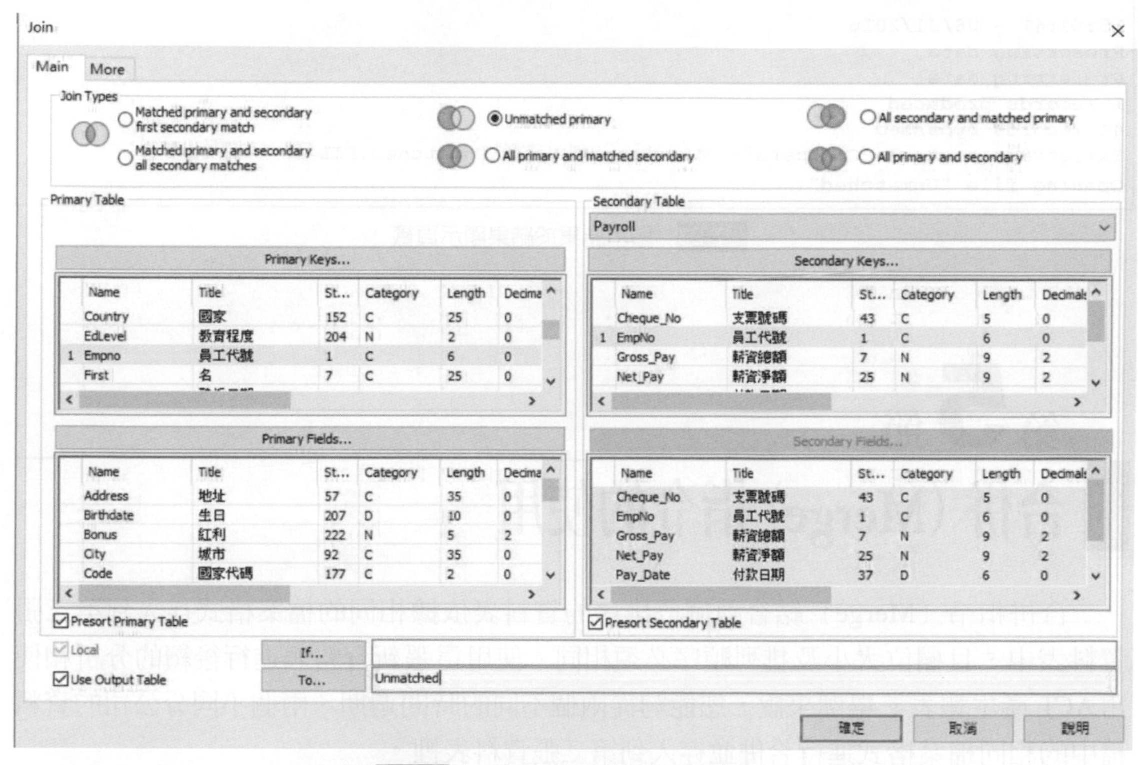

圖7-21　比對未對應記錄之相關設定

STEP07　點按「確定」執行指令，ACL顯示單筆沒有對應到次要檔的記錄，並且略過其餘41筆記錄。

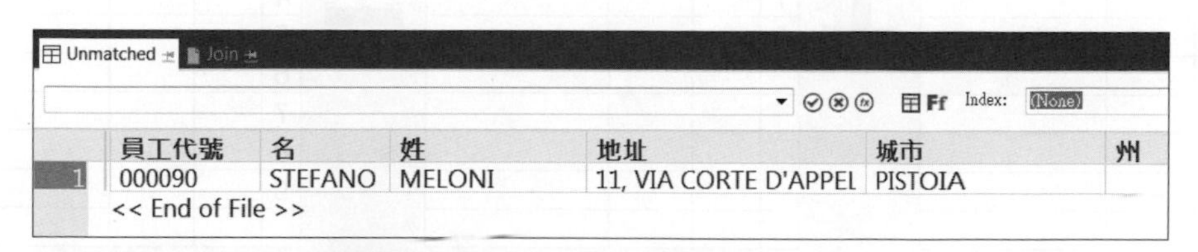

	員工代號	名	姓	地址	城市	州
1	000090	STEFANO	MELONI	11, VIA CORTE D'APPEL	PISTOIA	
	<< End of File >>					

圖7-22　Join指令結果未對應資料輸出檔

員工代號90是這一筆未對應的記錄，它沒有在Payroll File出現，ACL將結果顯示於結果顯示頁籤中。

```
Command: JOIN PKEY Empno SKEY EmpNo UNMATCHED TO "Unmatched" OPEN PRESORT SECSORT ISOLOCALE root

15:01:41 - 08/31/2016
Presorting data
Presorting data
1 records produced
41 records bypassed
Extraction to table C:\Users\ccu\Desktop\課本資料\Unmatched.FIL is complete
Opening file "Unmatched"
```

圖7-23 顯示結果於結果顯示頁籤

第5節 合併(Merge)指令的使用

合併指令（Merge）結合兩個已排序的資料表依據相同的檔案格式存入到第三張資料表中，且欄位大小及排列順序必須相同。使用這張新資料表進行後續的分析和使用ACL產生報表。舉例來說，您能夠從兩個不同的時間週期、兩個不同分公司的資料檔中的相同檔案格式進行合併並存入到第三張資料表裡。

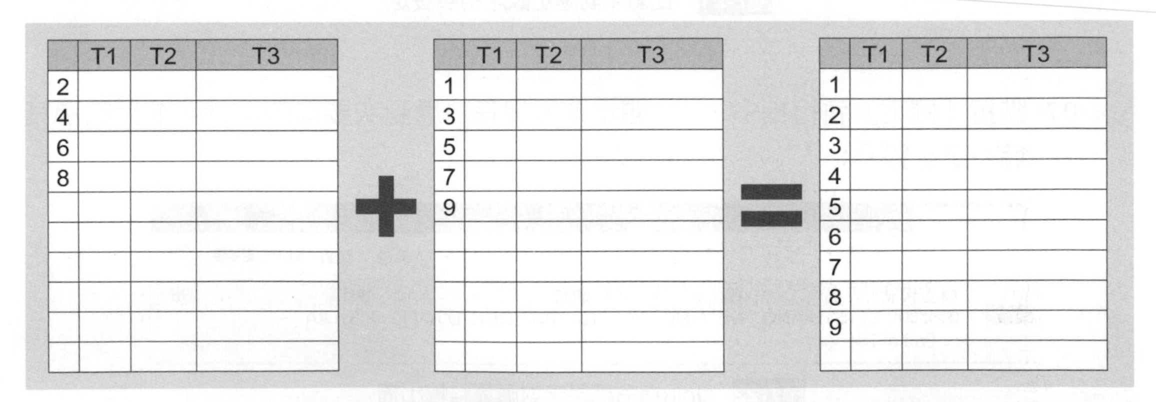

圖7-24 聯結兩個資料表

合併指令（Merge）將主要資料表和次要資料表中的資料上下合併，並將結果產生到新的輸出資料表中。聯結指令會保留原本未更改記錄的全部狀況，並且維護關鍵欄位值排序的序列，主要資料表的記錄會置放在次要資料表的關鍵欄位值之前，其詳細步驟如下：

STEP**01**　結合AR以及AR01兩資料表，它們的記錄分別為772及609筆。

STEP**02**　在Project Navigator中，開啓主要檔AR Table。

STEP**03**　在Menu Bar中，點選Data下拉式選單，選擇Merge，即會出現Merge對話視窗（如圖7-25）。

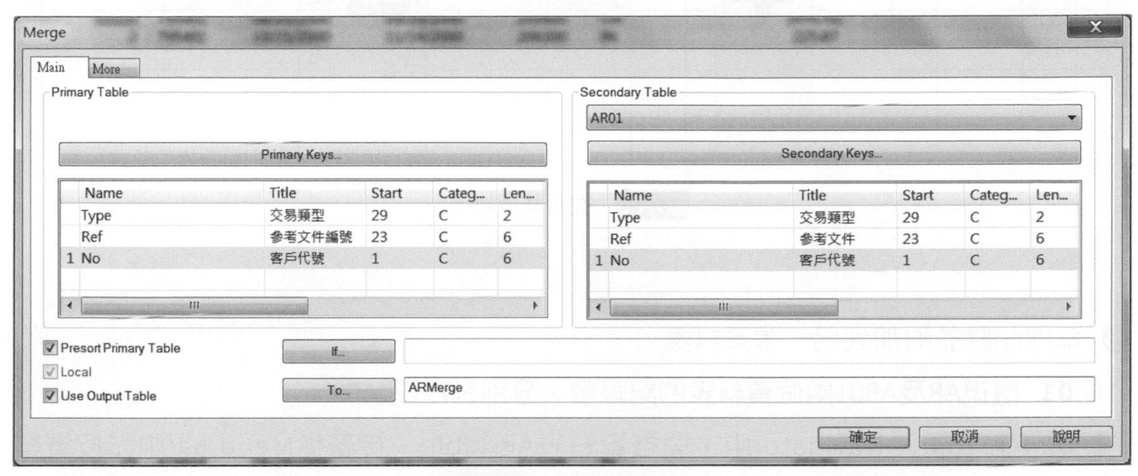

圖7-25　Merge對話框

STEP**04**　從Secondary Table下拉式選單中，點選次要檔AR01 Table（須先對No進行排序）。

STEP**05**　在Primary Keys顯示框，點選鍵值欄No，這是在主要檔中對鍵值欄排序。

STEP**06**　在Secondary Keys顯示框，點選同結構中對應的一個欄位。

STEP**07**　為確保Primary Field已排序，勾選Presort Check Box。

STEP**08**　輸入輸出檔名ARMerge於To文字盒，點選「確定」。ACL顯示結果顯示頁籤及開啓合併後新資料表ARMerge Table，此時資料筆數1381，為AR及AR01兩資料表記錄之加總。

❖ 使用萃取附加指令

此功能視爲合併指令（Merge）的替代方案，使用附加（Append）到現有資料表進行萃取（Extract / Append），從目前資料表中新增記錄到另一資料表的末端。不同於聯結指令，這個方法能夠執行在未排序的資料上。

舉例來說，如果您有許多的月資料表，其中的交易明細資料是依照客戶名稱而不是日期排序，此時就可以把其中一張資料表內的記錄附加到另一張表上。在輸出的資料表中，記錄數仍然根據每個月的順序而排序。

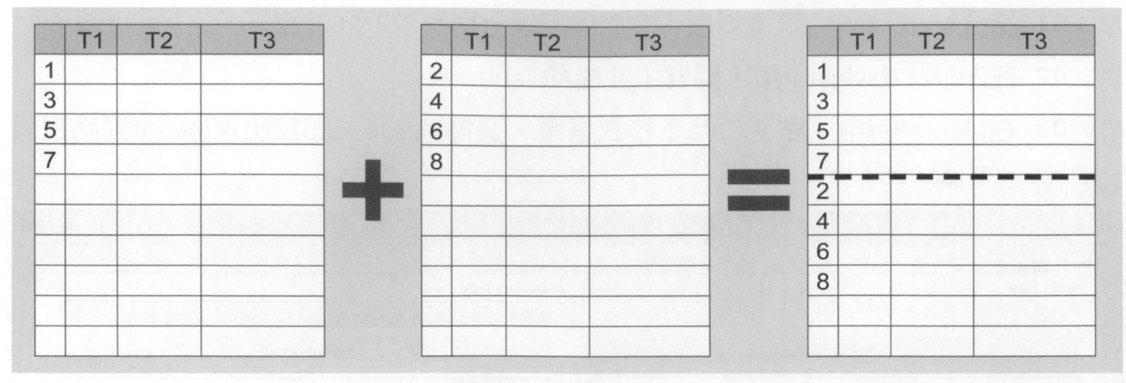

圖7-26 使用萃取附加

1 萃取記錄並附加到另一張資料表

STEP01 檢視AR及AR01兩個資料表的記錄數，分別為772及609。

STEP02 在Project Navigator中，開啓資料表AR Table，接著從Menu Bar中點按資料（Data），在下拉式選單中，點選萃取資料（Extract），接著出現Extract對話框，點選匯出所有記錄（Record）。

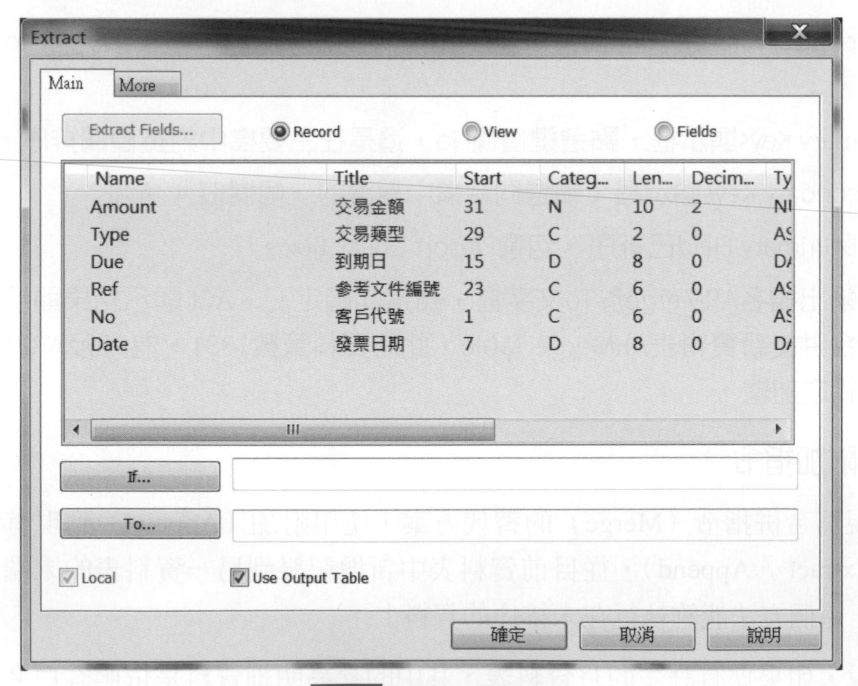

圖7-27 Extract對話框

STEP**03**　輸入要附加的資料表名稱，請在「To」文字盒內輸入「AR01」的資料名稱。

Extract

Main | More

Extract Fields...　　Record　　View　　Fields

Name	Title	Start	Categ...	Len...	Decim...	Ty
Amount	交易金額	31	N	10	2	NU
Type	交易類型	29	C	2	0	AS
Due	到期日	15	D	8	0	DA
Ref	參考文件編號	23	C	6	0	AS
No	客戶代號	1	C	6	0	AS
Date	發票日期	7	D	8	0	DA

If...

To...　AR01

Local　　Use Output Table

確定　取消　說明

圖7-28　安排要附加的資料表

STEP**04**　接著點選More標籤，勾選附加到現存資料表（Append To Existing File）。

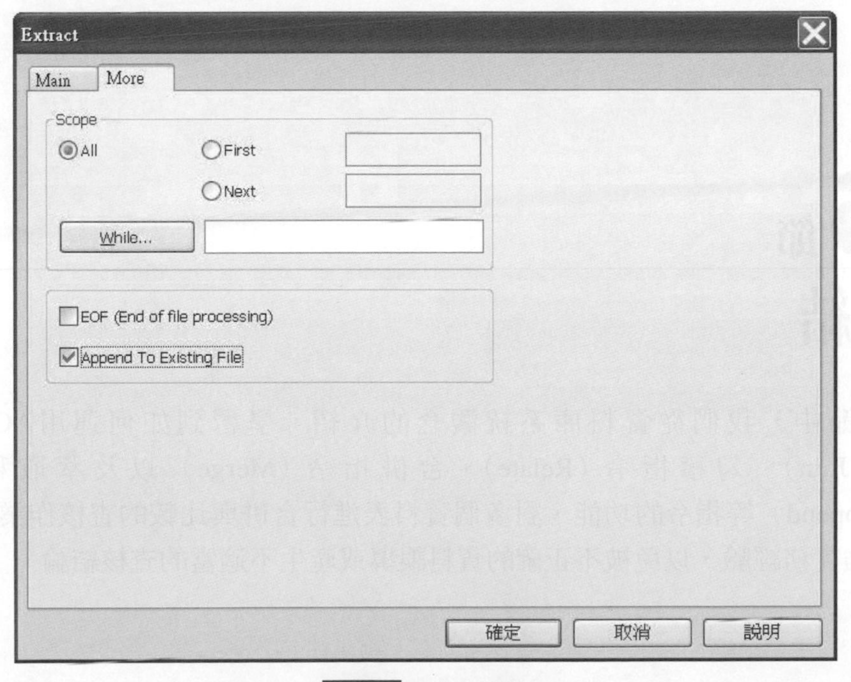

圖7-29　More標籤

STEP**05** 接著點選OK，此時ACL會自動開啓AR01資料表，即可看到記錄被增加到1381筆。

STEP**06** 然後按OK，這時候ACL會自動開啓AR01資料表，我們可以看到記錄被增加到1381筆。

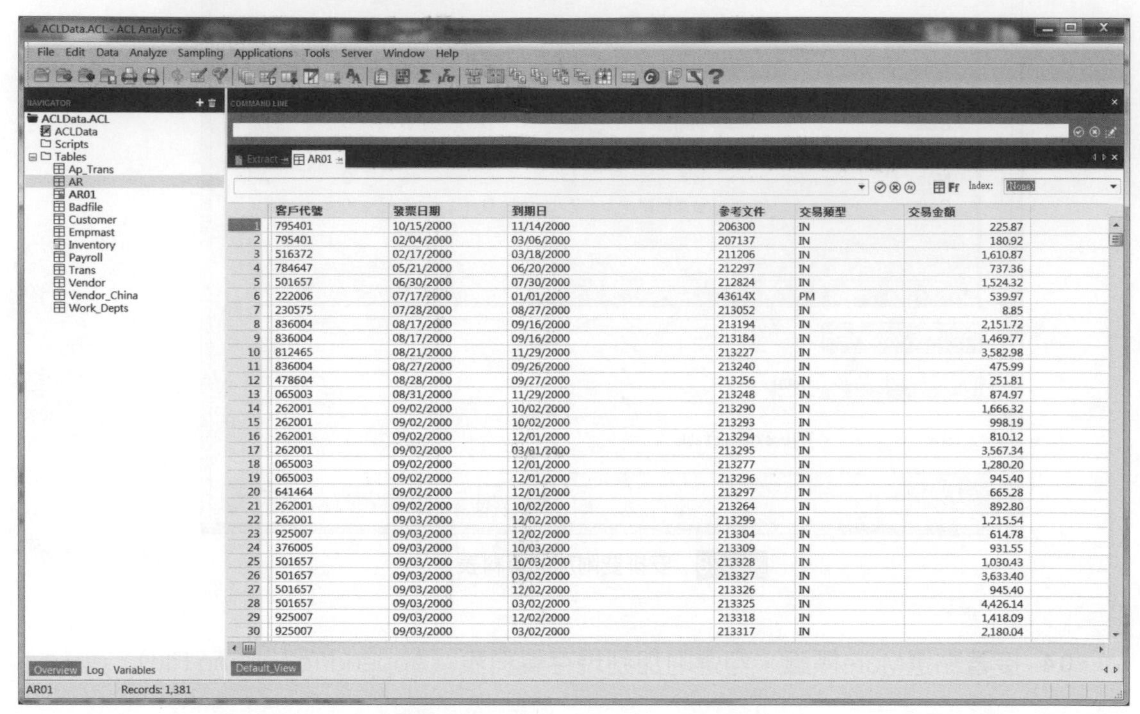

圖7-30 已附加到現存AR01資料表

第6節 總 結

在本章節中，我們從資料庫系統觀念的介紹，學習到如何運用ACL透過比對指令（Join）、勾稽指令（Relate）、合併指令（Merge）以及萃取和附屬（Extract / Append）等指令的功能，對多個資料表進行合併與比較的查核作業，並且認知如何加強實務經驗，以免被不正確的資料誤導或產生不適當的查核結論。

本章習題

一、選擇題

(　　) 1. 右列ACL Join指令之使用規則中，何者為真：

(A) 兩個要連結的資料表（Table）必須要在相同的專案（Project）裡

(B) 兩個要連結的資料表（Table），至少要有一個共同的Key相連

(C) 兩個資料表所連結的Key欄位型態要相同

(D) 兩個資料表所連結的Key欄位長度要相同

(E) 以上皆是

(　　) 2. Relate指令是Join指令的哪一種合併型態？

(A) Matched Records

(B) Unmatched Records

(C) Matched Records，All Primary Records

(D) Matched Records，All Secondary Records

(E) Matched Records，All Primary and All Secondary Records

(　　) 3. 陳稽核打算利用ACL查核客戶應收帳款餘額是否超過信用額度，他已在ACL中定義應收帳款明細檔及客戶基本檔（含信用額度），請問陳稽核應該如何在ACL專案中，採用哪些指令進行分析？

(A) 關聯指令（Relate），彙總指令（Summarize）和篩選器（Filter）

(B) 分類指令（Classify），運算式（Expression）和彙總指令（Summarize）

(C) 分層（Stratify），運算式（Expression）和比對指令（Join）

(D) 比對指令（Join），分類指令（Classify）和運算式（Expression）

(E) 以上皆非

(　　) 4. 哪一項是對Relate指令使用規則的敘述是正確？

(A) 可以跨專案連結Table資料

(B) 兩個Table可以連結一個以上的關鍵欄位（Key Field）

(C) 關鍵欄位（Key Field）型態限定文字型（Character）

(D) 聯結關係被儲存在Parent Table內

(E) 以上皆非

(　　) 5. 請選擇下列哪些指令沒有Presort功能？

(A) Report　　(B) Summarize

(C) Join　　(D) Gap

(E) Classify

(　　) 6. 在電腦化的薪資系統中，雖然製成品部門員工經核准之工資率是每小時$7.15，但是每一個員工都領到每小時$7.45的工資。下列何項內部控制可以最有效地偵測出此項錯誤？

(A) 限制可以接觸到人事部門薪資率檔案之人員的存取控制（access control）

(B) 由部門領班覆核所有已核准薪資率之變動

(C) 使用部門之批次控制（batch control）

(D) 使用限額測試（limit test），比較每一個部門的薪資率與所有員工的最高薪資率

(E) 嵌入稽核控制點，針對超出法定加班時數的員工產出警示報表

(　　) 7. 一家郵購零售商透過商品目錄銷售複雜的電子設備。銷售員由電話接受訂單，再將訂單資料藉由電腦終端機傳送到公司的總倉庫，進行訂單處理、送貨，以及開立發票。下列何者為確保揀選和運送正確存貨項目的最有效控制程序？

(A) 在顧客的帳戶編號中使用自動核對碼（self-checking digit）

(B) 在電話中與顧客口頭核對有關零件的描述和價格

(C) 銷貨訂單的處理人員在處理訂單之前，先行驗證訂單上的項目是否有庫存

(D) 使用批次控制（batch control）來調節經由終端機訂購的總金額和同期間存貨檔案中所記錄的總金額

(E) 接受訂單後提供訂購明細給客戶

(　　) 8. 下列何者不是適當使用一般通用審計軟體（generalized audit software）的方式？

(A) 編製應收帳款帳齡分析表

(B) 讀取完整的主檔，以進行全面的完整性複核

(C) 讀取檔案，並選取金額超過$5,000和逾期30天以上的應收帳款交易，以進行後續的查核分析

(D) 產生可以交由整體測試法（integrated test facility）繼續處理的交易

(E) 驗證資料完整性及正確性

(　　) 9. 如何進行幽靈客戶查核？

(A) 以訂單檔為主檔比對（Join）客戶資料檔將有比對到（Matched）的列出來

(B) 以客戶資料檔為主檔比對（Join）訂單檔將有比對到（Matched）的列出

(C) 以客戶資料檔為主檔比對（Join）訂單檔將有未比對到（Unmatched）的列出

(D) 以訂單檔為主檔比對（Join）客戶資料檔將未比對到（Unmatched）的列出來

(E) 以上皆非

(　　) 10. 想從薪資發放檔與員工主檔中查核薪資是否正確發放，可透過以下何方式進行？

(A) 以薪資發放檔為主檔，比對（JOIN）員工主檔，使用All Primary and Secondary將需要欄位帶出後，再透過運算式計算差異數

(B) 以員工主檔為主檔，比對（JOIN）薪資發放檔，使用All Primary and Secondary將需要欄位帶出後，再透過運算式計算差異數

(C) 以薪資發放檔為主檔，比對（JOIN）員工主檔，使用Match Primary and Secondary將需要欄位帶出後，再透過運算式計算差異數

(D) 以員工主檔為主檔，勾稽（Relate）薪資發放檔後帶出需要欄位，再透過運算式計算差異數

(E) 以上皆可

二、問答題

1. 請問什麼是資料庫？關聯式資料庫之定義為何？
2. 何謂關聯式資料庫中的主索引鍵與外部索引鍵？其之間的關係為何？
3. 請以會計資訊系統的架構說明會計科目主檔、傳票明細檔、部門基本資料檔、及員工基本資料檔之間的關聯性為何。
4. 請利用關聯式資料庫中的關聯代數運算方式說明投影、選擇和卡式積這些方式的定義與特色為何？
5. 請舉例子說明資料料庫主要檔與次要檔連結運算時所碰到的五種對應狀況？
6. 請說明ODBC的功能為何？

三、實作題

1. 大仁需要進行應收帳款資料表（AR.fil）中幽靈客戶的查核，但應收帳款資料表中並未包含客戶姓名及地址。因此請利用ACL中的Join指令，連結客戶資料表（Customer.fil）中的姓名欄位（Name）及地址欄位（Address），將此結果另存至名稱為ARoutput之新資料表。
2. 品心為公司的內部稽核人員，正打算進行應付帳款之查核。試問應付帳款資料表（AP_Trans.fil）中的應付帳款的單位成本是否與存貨基本資料表（Inventory.fil）中存貨單位成本一致？
3. 大仁剛向資訊部門取得四個不同庫別的存貨資料檔：Inv01、Inv02、Inv03及Inv04，它們都是dbf的資料格式，目前正打算進行存貨的成本與售價資料的分析。請利用ACL將這四個檔案合併在一張資料表中，並且進一步確認這些所匯入的資料與帳載資料是否一致？（檔案請參見本書所附的光碟片）

4. 請協助大仁進行另一項存貨資料的分析。首先須要先將產品名稱中有SET、SEMI、GRILL、及DOOR等四種關鍵字記錄篩選出來，並且另外存入至名稱為InvChr之新資料表中，再依照產品類別進行分類彙總分析成本及售價。請驗證這些金額是否與帳載一致。

5. 宜靜打算利用ACL進行應收帳款例行性查核，請使用下列兩個資料表進行以下查核：

   (a)客戶主檔：Customer.fil (b)應收帳款檔：Ar.fil

   (1) 請列出公司客戶今年度沒有應收帳款發生之客戶代號及名稱？

   (2) 請問未經核准往來的客戶，其應收帳款是否存在？試驗證之。

   (3) 請進行客戶應收帳款餘額是否超過信用額度之測試，並告知查核結果？

6. 甲公司銷貨之交易方式，有目的地交貨及起運點交貨兩種；運送方式，有陸運及海運二種，海運另包括陸地運輸；交貨地點僅有臺灣、美國及英國三地。交貨地點為臺灣者，均於出貨當日送達；交貨地點為美國者，均於出貨後45日送達；交貨地點為英國者，均於出貨後50日送達。其資訊系統認列銷貨收入之時點，係出貨單所載之出貨日期。查核人員擬採用電腦輔助查核技術測試該公司收入之認列時點，評估有無重大不實表達。查核人員要求受查者依下列格式提供訂單及出貨單之資料：

   (1) 訂單檔案部分：

訂單編號	商品品項	商品數量	商品名稱	交易方式	交貨地點

   (2)出貨單檔案部分：

出貨單編號	出貨日期	訂單編號	商品品項	商品數量	出貨金額	運送方式	交貨地點

   試問：

   (1) 查核人員為評估受查者收入認列之時點有無重大不實，至少應取得資產負債表日（i.e. 2016/03/31）前多久之資料，請說明理由。

   (2) 查核人員進行比較時，應以那個欄位當作關鍵索引？

   (3) 查核人員欲採用下列表格，評估收入之認列有重大不實表達之可能性，試完成下表。

交貨地點	交易方式	收入認列時點不實之可能性	調整方式（註）

   (4) 請使用ACL查核列出收入認列時點不實的PO單號與合計金額。

【改編104年高等會計師考題，資料檔請至 www.acl.com.tw 稽核自動化知識網>>網路社群>>JCCP電腦稽核軟體應用師社群>>相關書籍>>ACL資料分析與電腦稽核>>習題資料檔】

四、實驗題：實驗五

實驗名稱	實驗時數
如何進行多表格資料間的稽核分析	1小時

實驗目的

將資料進行跨表格間的資料勾稽、比對，以符合查核目的，讓您可以更熟練ACL 對資料分析的各種不同技巧。

實驗內容

本實驗內容範例為Metaphor Corporation（麥塔佛公司），一家生活用品製造公司。公司主管想要使用ACL來分析員工使用公司提供的信用卡之交易紀錄。此專案計有資料檔Credit-Cards-Metaphor、Trans_April、Unacceptable_codes、Company-Department、Employees、Acceptable_codes、Reportt、Zipcode、Ifrs等九個資料檔。

本實驗查核重點為：

- 了解資料排序SORT、INDEX的使用方法。
- 了解資料勾稽RELATE的使用方法。
- 了解資料比對JOIN的使用方法。

實驗設備

- ACL軟體10.0以上版本及PC個人電腦（安裝Window 7以上，硬碟空間至少100MB）。
- 測試資料檔案：實驗二的電腦稽核專案。

實驗步驟

Step01 載入實驗二的電腦稽核專案。

Step02 對Credit-Cards-Metaphor、Employee進行勾稽（RELATE TABLE），列出各筆資料的刷卡員工姓名。

Step03 對付款資料Trans_April表格進行比對（JOIN）指令動作，列出非Acceptable_codes 的帳單資料。

Step04 對付款資料Trans_April表格進行比對（JOIN）指令動作，列出屬於Unacceptable_codes 的帳單資料。

Step05 報告查核結論。

NOTE

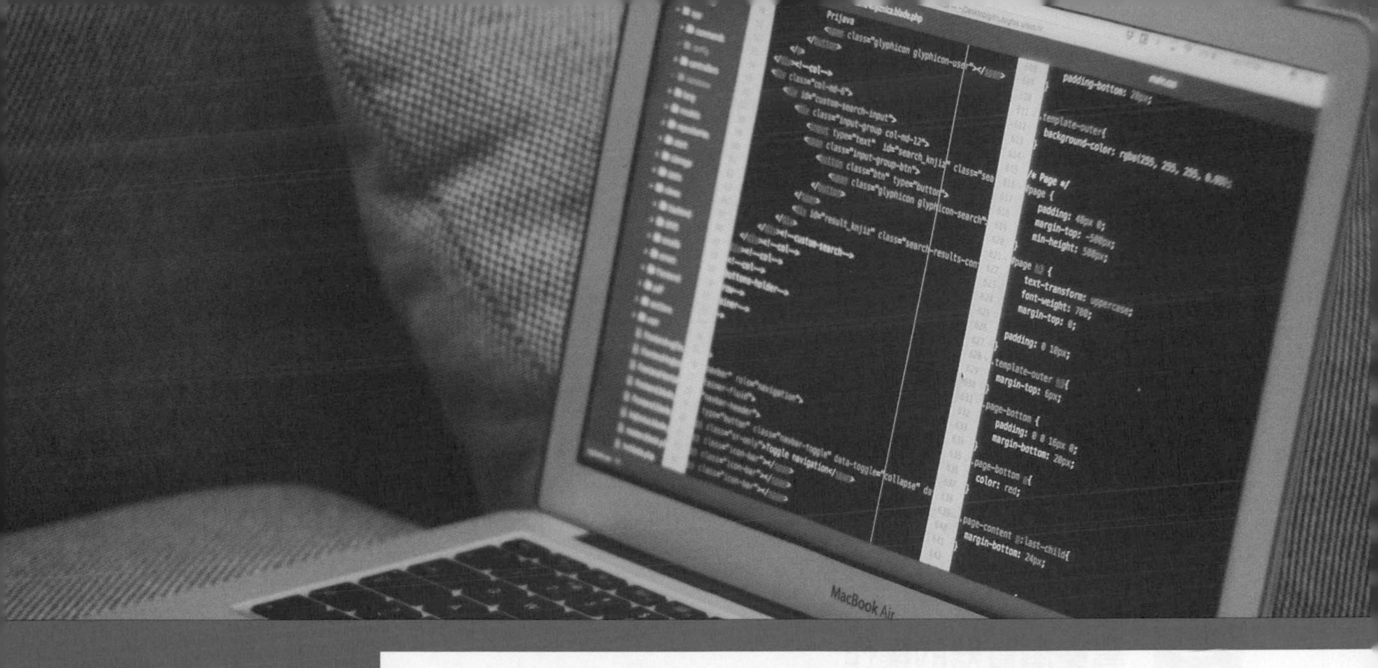

08 資料瀏覽與報表製作

學習目標

本章節先利用檢視的功能瀏覽檔案資料，並說明要複製資料表格的方法，讓稽核人員可以快速的複製專案內的資料表格或是其他專案的資料表格。所有的查核程序最後都會產生輸出結果，以提供使用者閱讀了解。ACL透過對於資料表格的設計、檢視與調整視窗的格式作初步的美化，產生報表格式，使您可以輕輕鬆鬆透過ACL軟體產出報表。使用ACL，您能夠從指令和檢視中，直接快速產生稽核報告和圖表。ACL本身支援有基本的報表格式，讓稽核人員可以依循需要簡單的作出各種多樣化的需求，製作出符合需求的報表，使閱讀者可更加容易地了解查核結果。

本章摘要

- 如何利用檢視的功能，瀏覽檔案資料
- 如何複製資料表格
- 如何設計檢視視窗的格式
- 如何在檢視視窗中，調整欄位
- 如何在檢視視窗中，修改欄位格式
- 利用檢視視窗產生報表格式

第1節 專案瀏覽器

ACL使用專案瀏覽器（Project Navigator）管理所有ACL專案中的元件，因此若要能建立好的資料瀏覽環境，必須要先對Project Navigator進行操作，本章節介紹其基本的操作方法，並以ACL光碟片上的ACLData.acl專案爲範例來加以說明。

一 專案瀏覽器的操作

在專案瀏覽器（Project Navigator）中列示一系列專案檔案格式包含：指令集（Scripts）、資料表（Table）、工作區（Workspaces）及資料夾（Folder）等（如圖8-1）。

NAVIGATOR
ACLData.ACL
ACLData
Scripts
Tables
Ap_Trans
Ar
Badfile
Customer
Empmast
Inventory
Location_5A
Location_5B
Location05
Matched
Payroll
SORTvip
Trans
Unmatched
Vendor
Vendor_China
Vendor_sort
Work_Depts
Overview Log Variables

Inventory

Index: (None)

	產品代號	產品類型	產品說明	產品狀態	地點
1	070104347	07	LATEX SEMI-GLOSS ORANGE	A	06
2	070104397	07	LATEX SEMI-GLOSS CARAMEL	A	06
3	070104177	07	LATEX SEMI-GLOSS LILAC	A	06
4	070104677	07	LATEX SEMI-GLOSS APRICOT	A	06
5	070104657	07	LATEX SEMI-GLOSS PINK	A	06
6	070104327	07	LATEX SEMI-GLOSS YELLOW	A	06
7	070104377	07	LATEX SEMI-GLOSS GREEN	A	06
8	030414313	03	METRIC TOOL SET 3/8" DR	A	03
9	030414283	03	METRIC SOCKET SET 11 PC	A	03
10	030412553	03	6 PC OPEN END WRENCH SET	A	03
11	030412753	03	6 PC BOX END WRENCH SET	A	03
12	030412903	03	8 PC METRIC HEX KEYS	A	03
13	034255003	03	PARKER PROPANE KIT (7PC)	U	03
14	030364163	03	TAP & DIE SET 41 PIECES	A	03
15	030321663	03	SCREW DRIVER 1/8 X 4 SL	A	03
16	030321683	03	SCREW DRIVER 1/4 X 6 SL	A	03
17	030322303	03	SCREW DRIVER NO.3 PHILL	A	03

Default_View

圖8-1 Project Navigator的內容

在使用ACL時，第一個動作就是將專案開啓，開啓專案的步驟如下所述：

STEP01 從Menu Bar中，選取「File」下拉式選單，選擇Open Project，則Project對話視窗會出現。

STEP02 在「Files Folder」，選擇「ACLData.acl」。

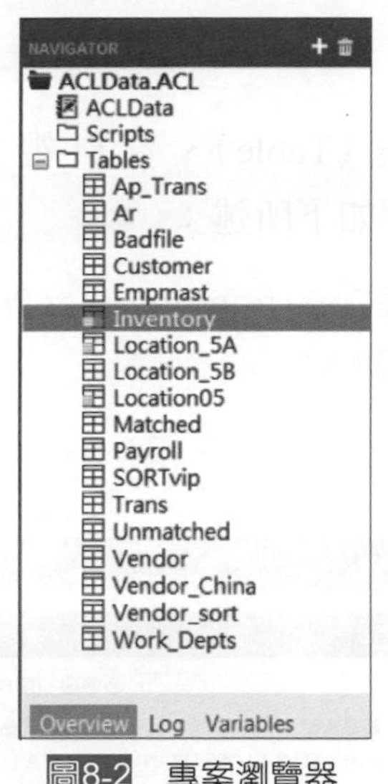

圖8-2 專案瀏覽器

圖8-3 使用延伸鈕

在Overview視窗上提供有使用延伸鈕（UsingExpand Buttons）功能（如圖8-3）。

使用者只要移到該按鈕處按下滑鼠的左鍵，即可往下延展資料，按下滑鼠的右鍵，即可顯示功能視窗供使用者操作（如圖8-4）。功能視窗上提供有Open功能，供使用者開啓一個資料表（Table）以及Close Table功能，供使用者關閉一個資料表。

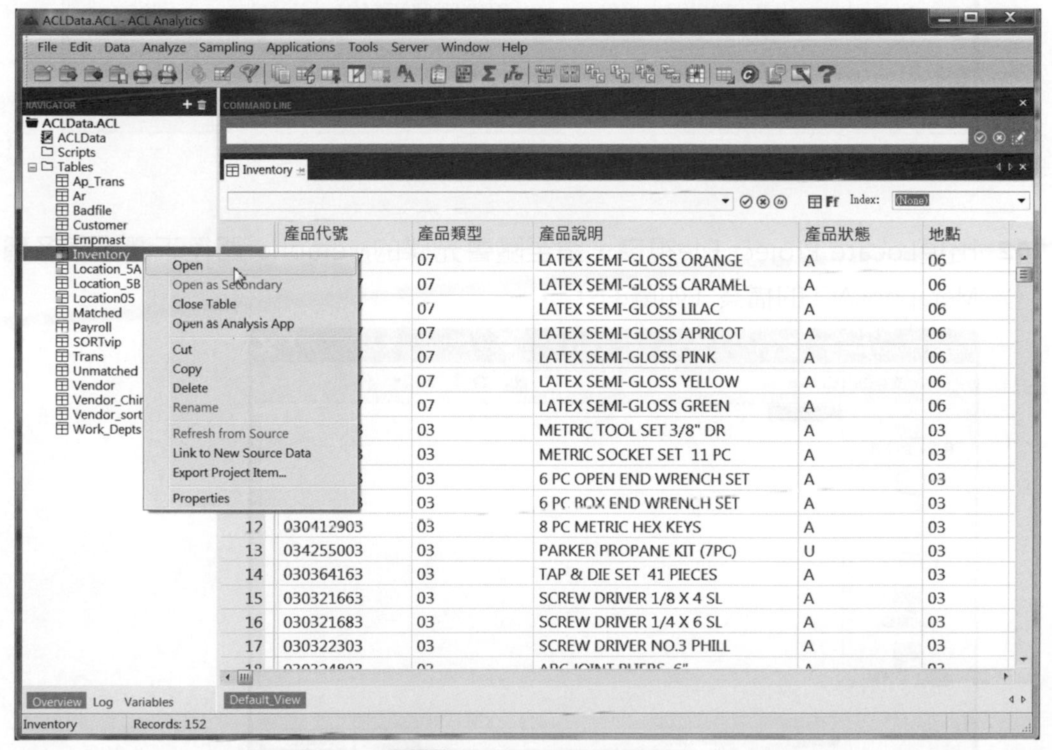

圖8-4 滑鼠右鍵功能視窗

二　從其他專案中匯入資料

ACL允許從其他專案中匯入資料表（Table）、資料視界（View）、指令集（Script）、工作區（Workspace），其操作步驟如下所述：

STEP01　按下滑鼠右鍵，顯示功能視窗，選擇Copy from Another Project→Table，即可選擇欲從另一專案匯入的資料表（如圖8-5）。

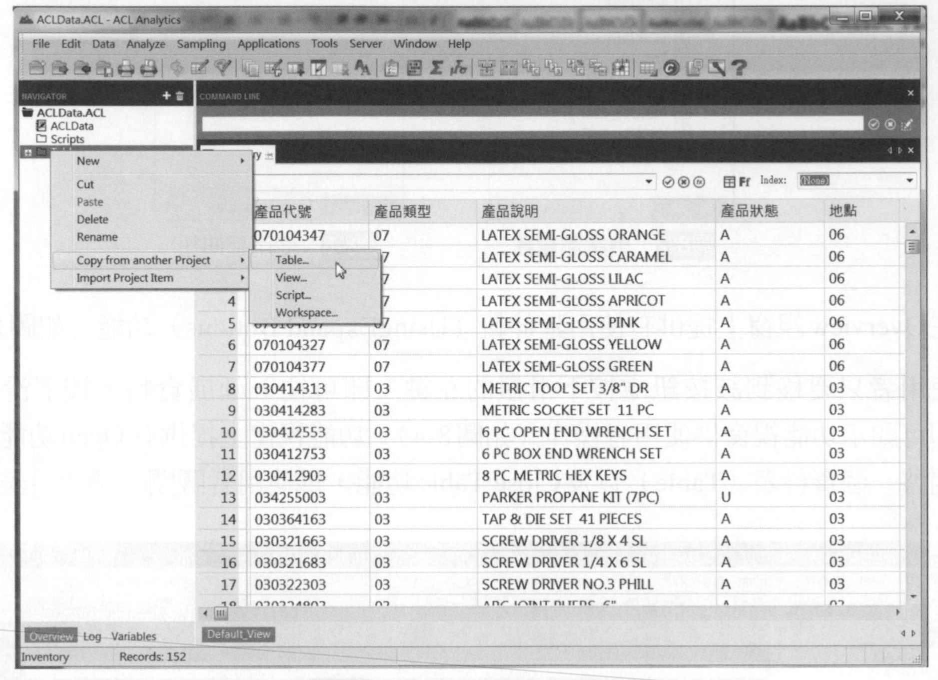

圖8-5　匯入另一專案的資料表

STEP02　出現Locate Project File視窗，請至隨書光碟的Metaphor路徑下選專案名稱為Metaphor.ACL的檔案（如圖8-6）。

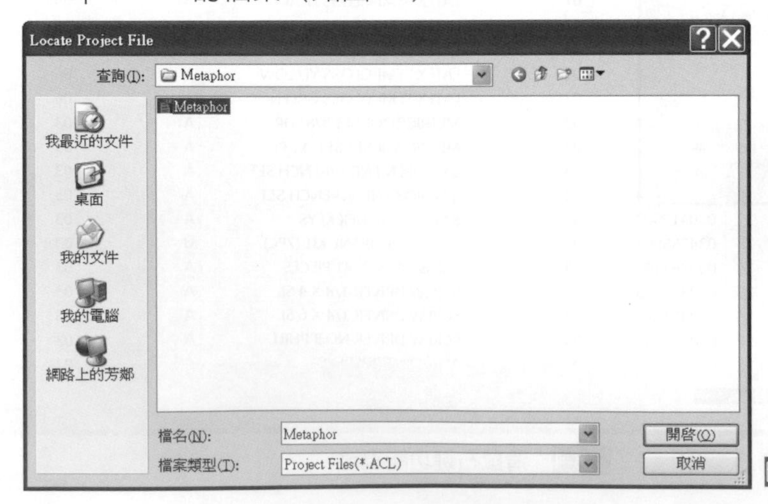

圖8-6　選擇專案畫面

STEP03 點選「Open／開啓（O）」出現Import視窗，選擇所要匯入的資料表（如圖8-7）。

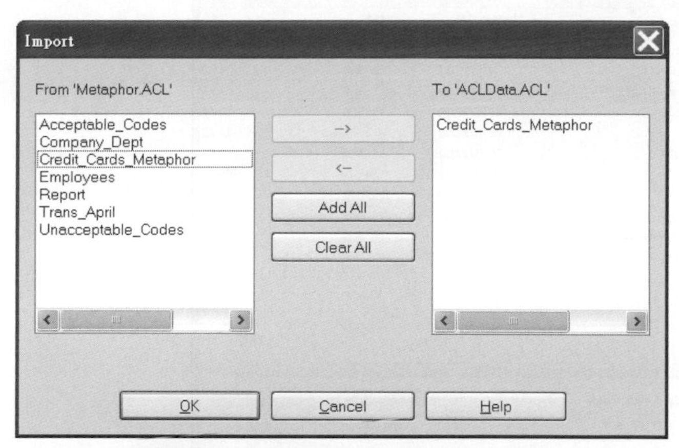

圖8-7　從其他專案中匯入資料表格式

STEP04 接著，仍然使用滑鼠右鍵點按新資料表格式Credit_Cards_Metaphore，選擇連結至新的來源資料檔（Link to New Source Data）（如圖8-8），此時會出現Select File對話框，請選取新來源資料檔Credit_Card_Metaphore.Fil，再按「開啓」，就完成新資料表格式與來源資料檔間的連結（如圖8-9）。

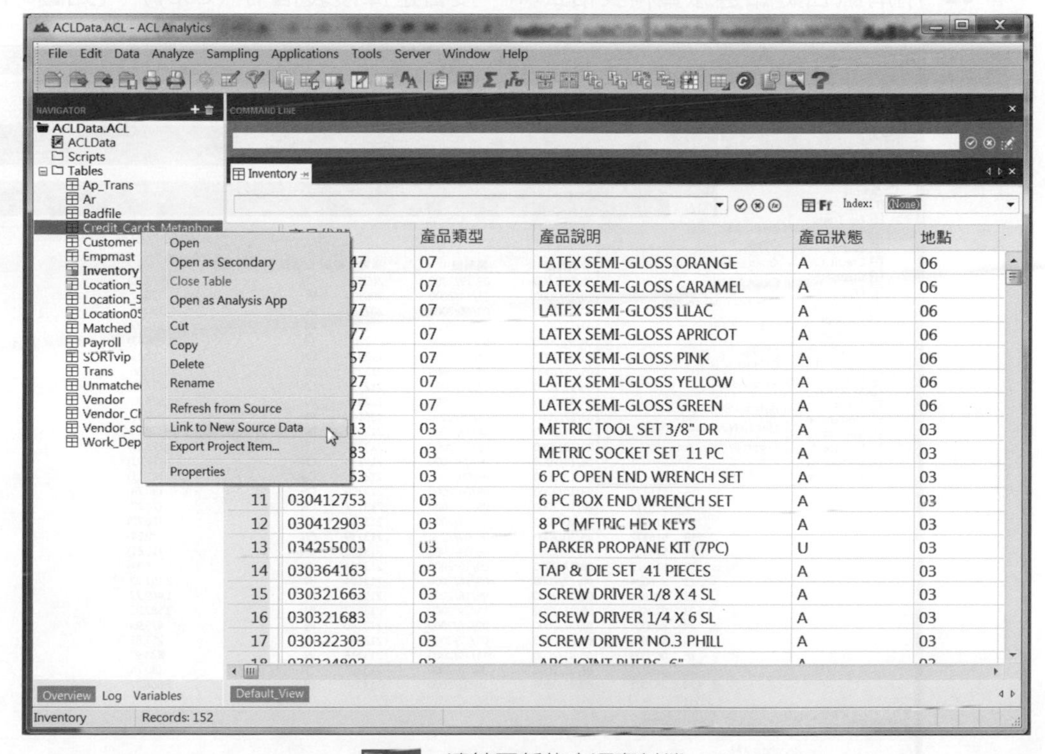

圖8-8　連結至新的來源資料檔

圖8-9 選取新來源資料檔

三 複製資料表格式至新資料檔

STEP01 用滑鼠右鍵點選原資料表格式AR，接著選擇複製指令（Copy）（如圖8-10）。

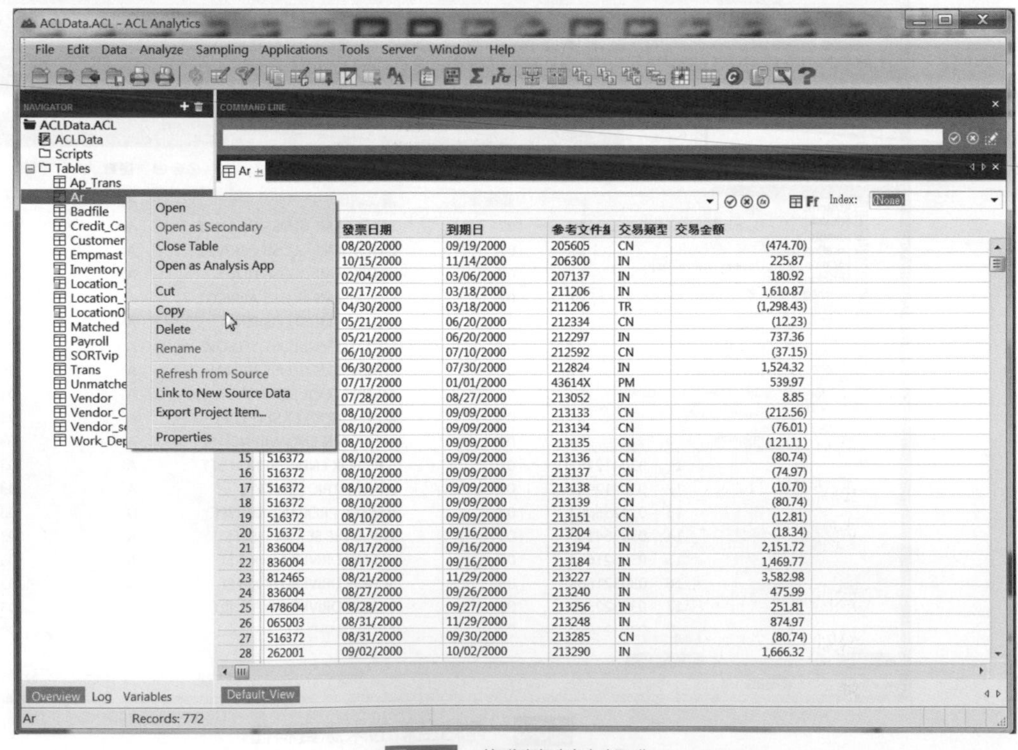

圖8-10 複製資料表格式

STEP02 用滑鼠右鍵點選Tables資料，選擇貼上（Paste），則會看到新複製出來的資料表格式以原資料表格式名稱加上序號的方式顯示為AR2，此時可以直接使用更名（Rename）指令進行更名。

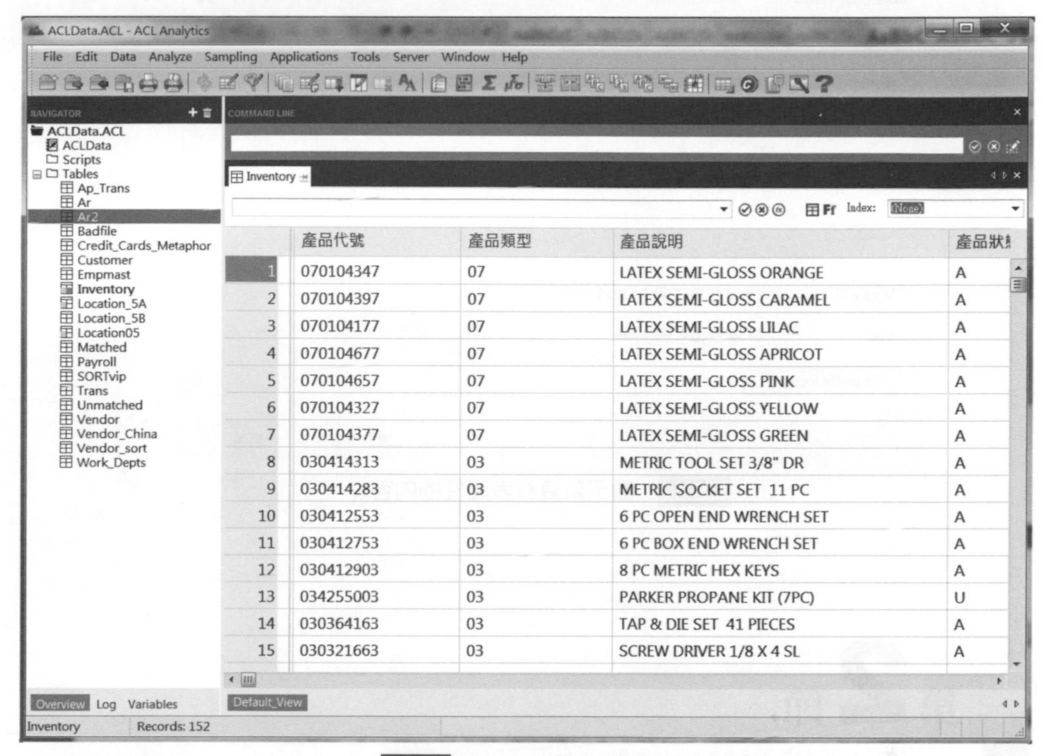

圖8-11 貼上新資料表格式

STEP03 用滑鼠右鍵點選新資料表格式，選擇連結至新的來源資料檔（Link to New Source Data），出現Select File對話框，選取新來源資料檔AR02，再按「開啓」，就完成新資料表格式與來源資料檔間的連結。

圖8-12 將新資料表格式連結至來源資料檔

STEP04 用滑鼠右鍵點選新資料表格式AR02，選擇Properties（屬性），出現Table Properties對話框，可以看到連結來源資料檔名稱為AR02.FIL。

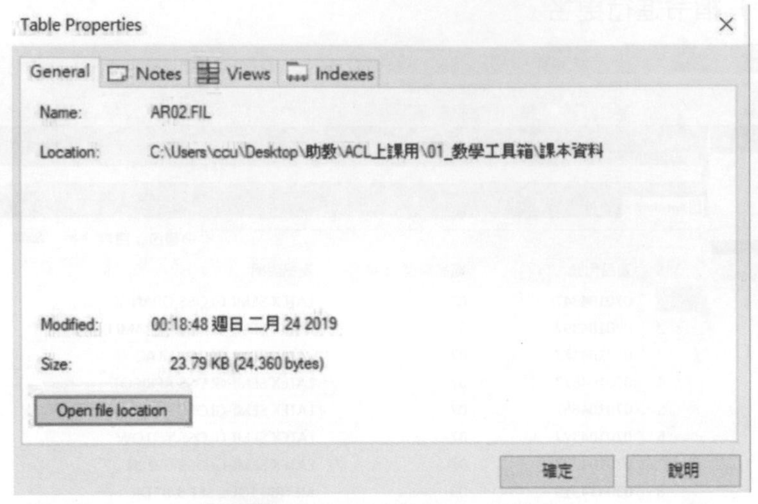

圖8-13 顯示新資料表屬性的內容

第2節 自訂檢視視窗格式

ACL提供客製化的功能，讓使用者可針對自己的喜好來設定欄位的顯示字型。使用者可以針對表頭、標題、總計、資料、及註解設定多種不同字型格式，或對所有區域採用相同字型，但ACL無法對單獨的欄位、單獨資料行、單獨資料選項或個別總計資料採用不同字型。

一 修改View視窗字型的操作步驟

STEP01 開啓一資料表（Table），如Inventory。在其View視窗中，選取 **Ff** （Change Font），出現Select View Fonts（選擇檢視字體）對話視窗（如圖8-14）。

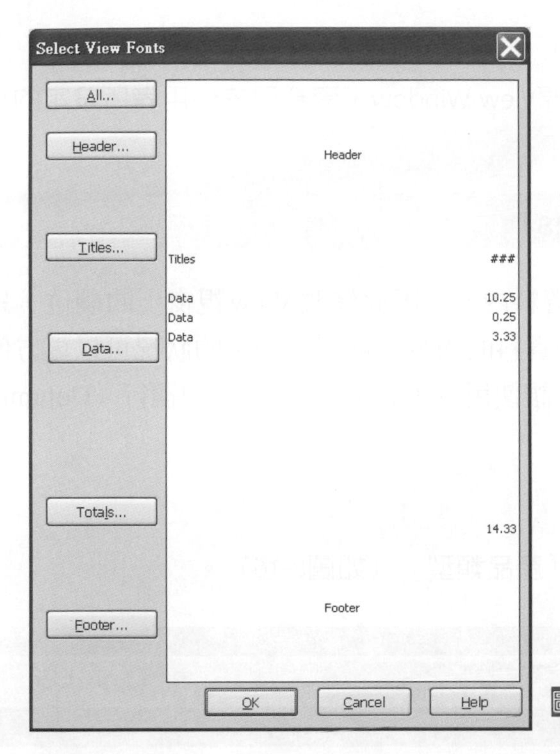

圖8-14　Select View Fonts對話視窗

STEP**02**　任選All（全部）、Header（表頭）、Titles（標題）、Data（資料）、Totals（總合）或Footer（註解），點選「OK／確定」，出現Font dialog box（選擇字體對話視窗）（如圖8-15）。

注意　當我們選擇一個字型，在Sample Box（範例）中會顯示出預覽。

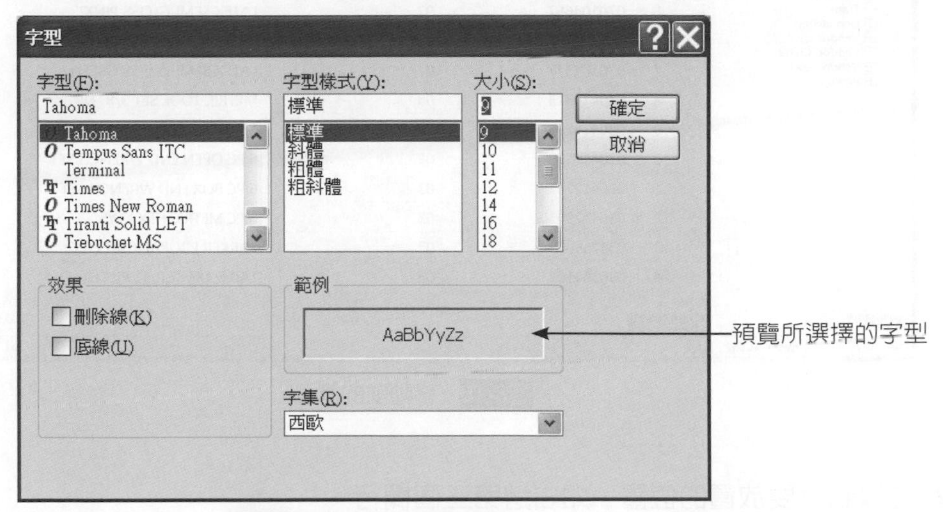

圖8-15　選擇字體對話視窗

STEP03 選擇字型，並按「OK／確定」。

STEP04 點選「OK／確定」，則回到原View Window，資料已依使用者所設定的格式顯示於畫面中。

二 重新調整欄行（Columns）

View視窗是顯示一個檔案中的資料內容，因此修改View視窗上的欄位，只會影響資料的顯示，並不會去影響到實際資料的內容。爲了使顯示的狀況可以更方便的符合使用者的需求，ACL提供多種功能讓使用者可對View視窗上的欄行（Columns）進行修飾的動作。

❖ 移動View視窗上欄行的操作

STEP01 將滑鼠指向資料欄標頭，如「產品類型」（如圖8-16）。

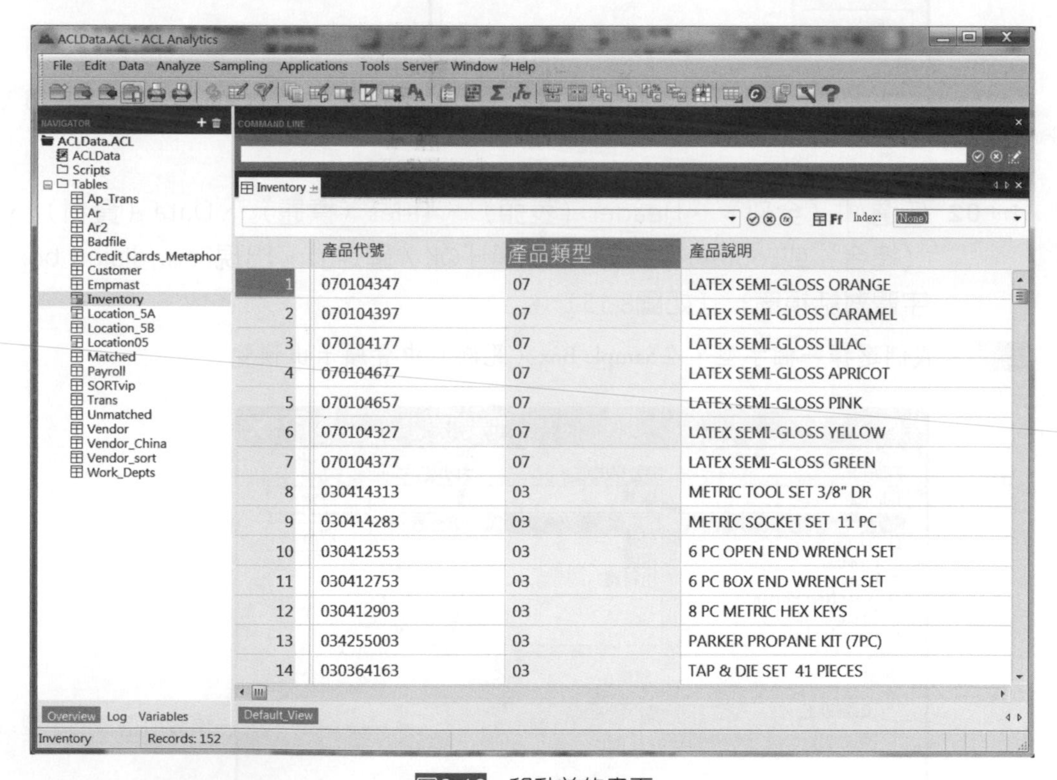

圖8-16 移動前的畫面

STEP02 拉放到所要放置的位置，如右邊第三個欄行。

STEP03 放開滑鼠鍵，資料行被移到新位置（如圖8-17）。

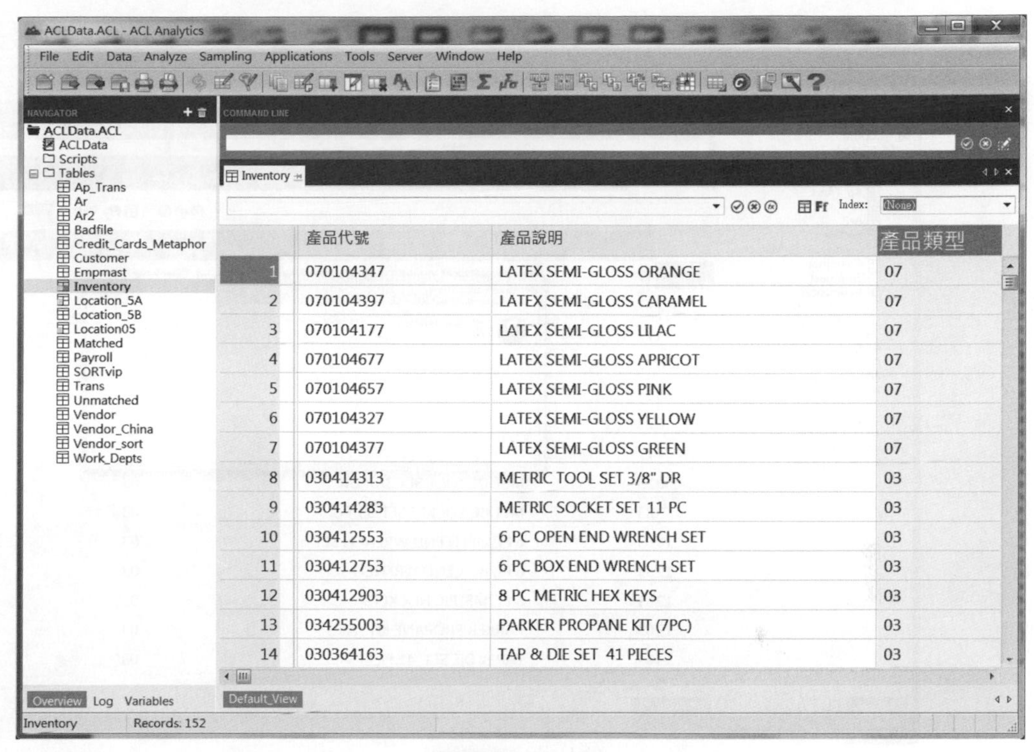

圖8-17 移動欄

❖ 刪除欄行

使用者可以於View中刪除某些欄行來簡化欄行顯示，若以後要再使用，則可以再被加入。從View中刪除欄行（Columns）的步驟如下：

注意 若要刪除資料表格式中的欄位定義（Field Definition），則必須先從檢視（View）中刪除欄行（Column）。

STEP01 移動到視窗的右邊點選最後的欄行標頭，選取整個欄行，然後點選滑鼠右鍵。

STEP02 在View Window中，選按 Remove Columns（刪除欄行），出現「Remove Columns」對話框。

STEP03 點選Remove，將這些欄行從畫面上移除（如圖8-18）。

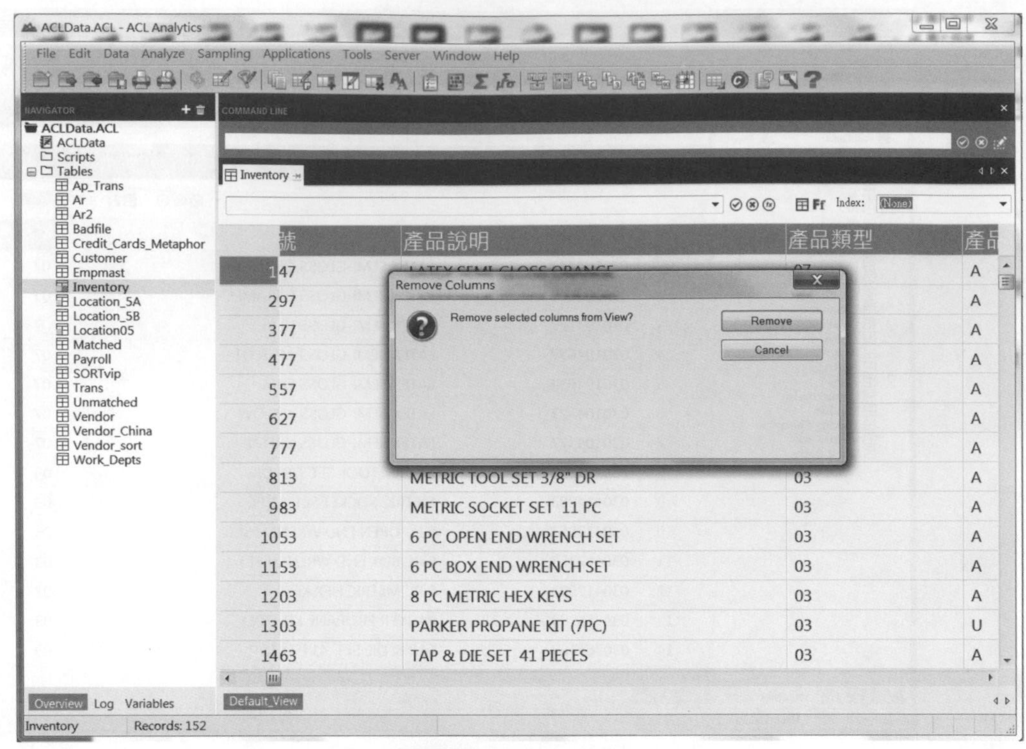

圖8-18 刪除欄行畫面

❖ 增加欄行至「檢視」中

STEP01 點選滑鼠右鍵，點選Add Columns（增加資料行），出現「Add Columns」對話視窗（如圖8-19）。

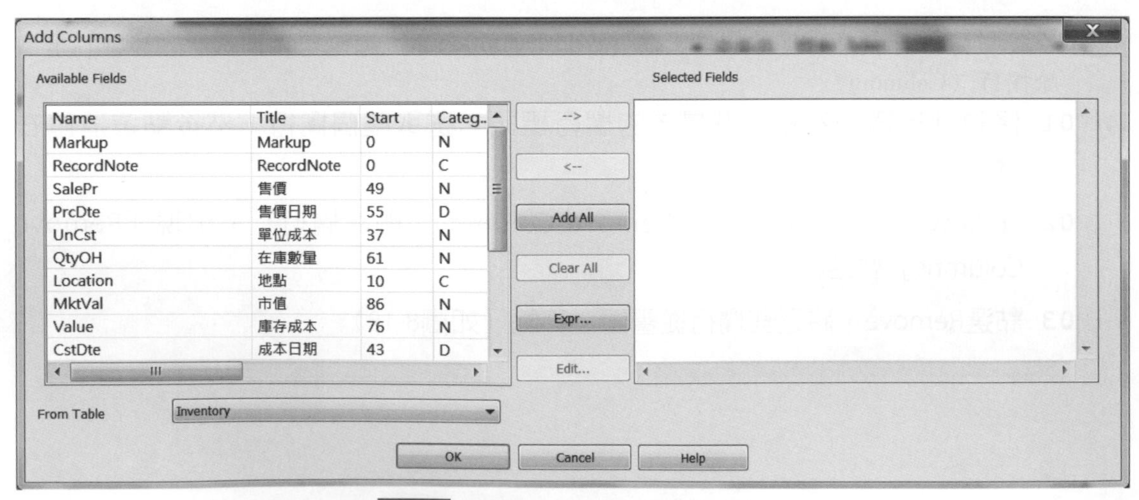

圖8-19 Add Columns（增加欄行）

STEP02 「Available Fields」顯示所有在資料表格式中的欄位。

STEP03 有許多種方法去增加或移除欄行：

(1) 點選「Add All」，將所有欄位拷貝至Selected Fields中。

(2) 點選「Clear All」，從Selected Fields清除所有欄位。

(3) 在Available Fields點選第一個欄位名稱。選取所有欄位，點選「→」，拷貝這些欄位至Selected Fields中。

STEP04 點選「OK」，關閉視窗「Add Columns」（增加資料行），出現Default View（預設檢視）。

❖ 增加欄行快速鍵

在View window中，按工具列Button，ACL就會顯示出「Add Columns」對話視窗。

❖ 取消選擇欄行

在View window中，將已選取的欄行，可點選任何位置取消此欄行。

❖ 修改欄

STEP01 雙擊Inventory內的產品類型標頭即可選擇「Modify Columns」（如圖8-20）。

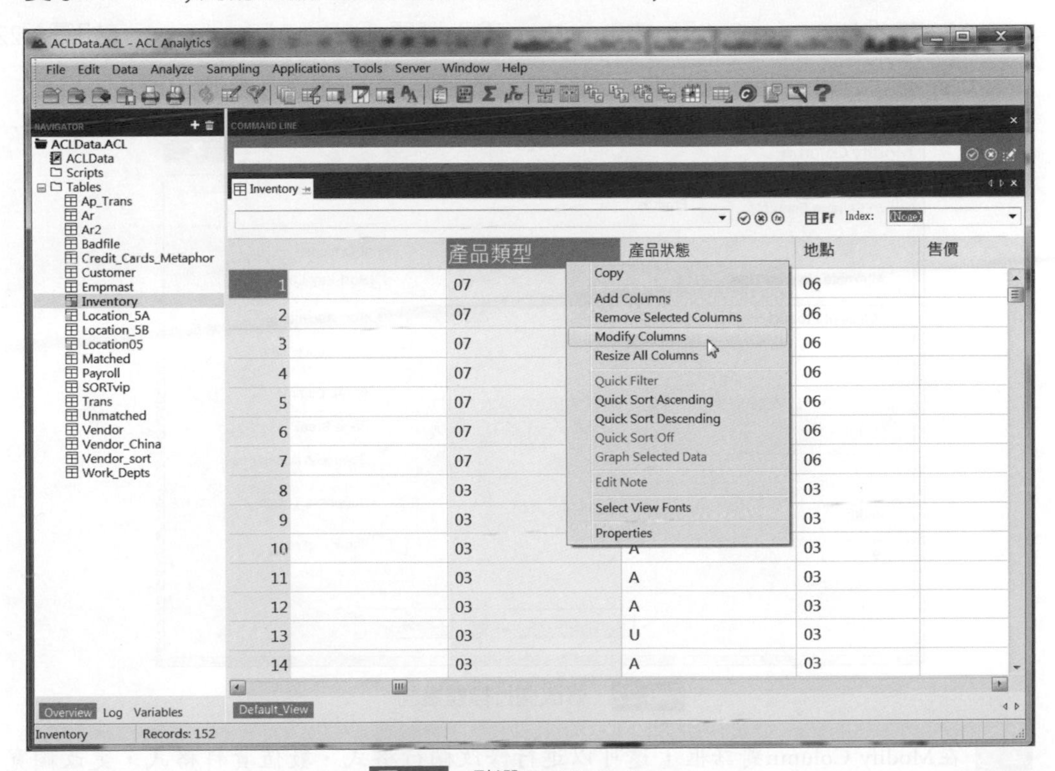

圖8-20 點選Modify Columns

STEP**02** 顯示「Modify Column」對話視窗（如圖8-21）。

Modify Column
Column Contents... ProdCls
Alternate Column Title
產品類型
Format
Width
9
Print Options
Sort Key Column
Sort Ascending
Sort Descending
Break Column
Page Break
Suppress Duplicates
Suppress Totals
Blank if zero
OK Cancel

圖8-21 Modify Column（修改欄行）

❖ 更改欄行標題

STEP**01** 在「Modify Column」對話視窗，選取欄行標題。

STEP**02** 在「Alternate Column Title」中，輸入標題「Class of Product」（如圖8-22）。

STEP**03** 按「OK」關閉「Modify Column」對話視窗。新欄行標頭出現。

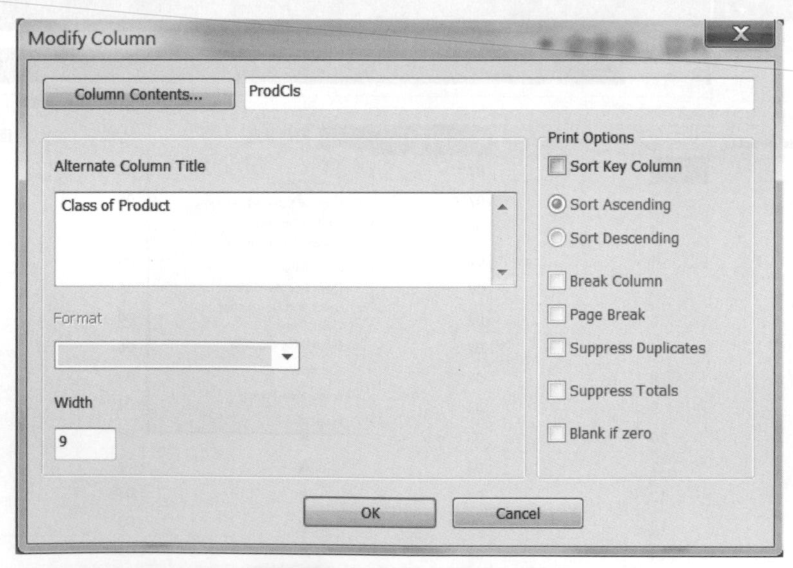

圖8-22 修改欄行標題畫面

注意 在Modify Column對話框，還可以進行修改欄行格式、數值資料格式，更改欄寬及運算式等。

第3節 設計與列印報告

ACL中的報表上的資料是根據資料視界（View）中的資料來顯示（如圖8-23）。報表的樣式儲存於資料視界的內容中。使用ACL進行報表編排與列印主要有三個步驟：編排資料視界、設計表格樣式和列印出表格。

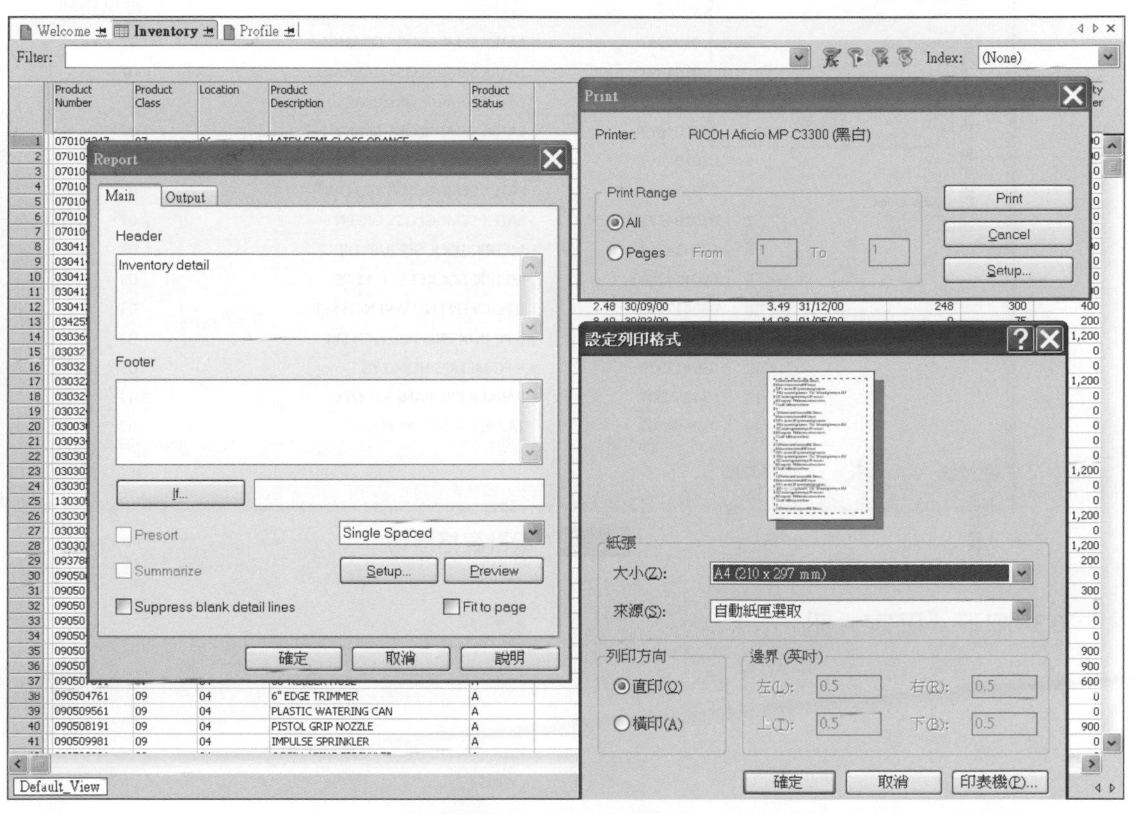

圖8-23　原始資料與報表

一　列印報表

STEP01　編排資料視界

開啟資料視界（View）並設定欄行編排方式。包括顯示格式、斷行和消除重複和零值的欄位。相關的使用方法，請參考前幾章節。

STEP**02** 設計表格樣式

編排完資料視界之後，於Menu項下選擇Data（資料）>>Report（報告）編排報告頁數（如圖8-24）。

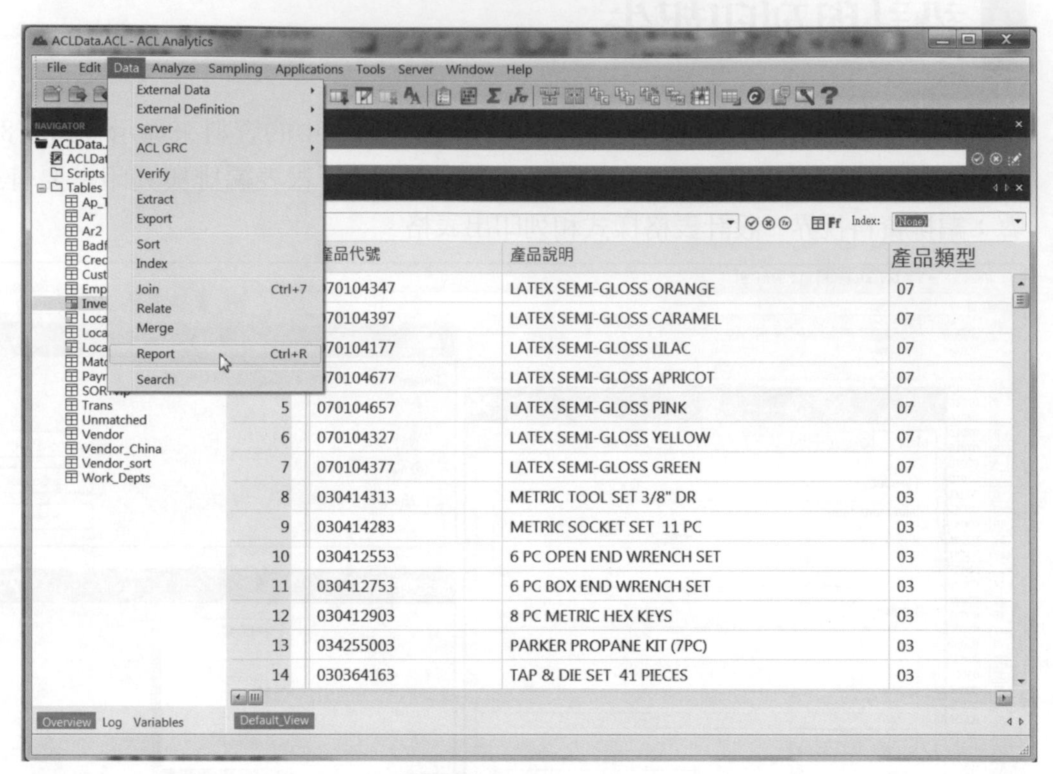

圖8-24 設計表格樣式

STEP**03** 按下「確定」鈕。

STEP**04** 預覽並列印報表

ACL提供許多選項列印報告，包括頁面設定、邊界、頁數和時間標記（如圖8-25）。

Page 1
Produced with ACL by: National Chung Cheng Uni - Acct Dept (AP)

Inventory Detail

產品代號	產品說明	產品類型	產品狀態	地點	售價		最小庫存量		在庫數量	訂購數量		單位成本
070104347	LATEX SEMI-GLOSS ORANGE	07	A	06	9.99	980	870	5,000	6.87	5,976.90		10/10/2000
070104397	LATEX SEMI-GLOSS CARAMEL	07	A	06	9.99	985	460	5,000	6.87	3,160.20		10/10/2000
070104177	LATEX SEMI-GLOSS LILAC	07	A	06	9.99	750	1,480	0	(6.87)	(10,167.60)		10/10/2000
070104677	LATEX SEMI-GLOSS APRICOT	07	A	06	9.99	780	1,290	0	6.87	8,862.30		10/10/2000
070104657	LATEX SEMI-GLOSS PINK	07	A	06	9.99	420	1,500	0	6.87	10,305.00		10/10/2000
070104327	LATEX SEMI-GLOSS YELLOW	07	A	06	9.99	430	2,420	0	6.87	16,625.40		10/10/2000
070104377	LATEX SEMI-GLOSS GREEN	07	A	06	9.99	670	1,870	0	6.87	12,846.90		10/10/2000
030414313	METRIC TOOL SET 3/8" DR	03	A	03	59.98	140	130	400	47.00	6,110.00		09/30/2000
030414283	METRIC SOCKET SET 11 PC	03	A	03	25.98	450	612	0	18.00	11,016.00		09/30/2000
030412553	6 PC OPEN END WRENCH SET	03	A	03	15.98	650	700	0	11.53	8,071.00		09/30/2000
030412753	6 PC BOX END WRENCH SET	03	A	03	18.49	250	248	400	12.50	3,100.00		09/30/2000
030412903	8 PC METRIC HEX KEYS	03	A	03	3.49	300	248	400	2.48	615.04		09/30/2000
034255003	PARKER PROPANE KIT (7PC)	03	U	03	14.98	75	0	200	8.40	0.00		03/30/2000
030364163	TAP & DIE SET 41 PIECES	03	A	03	69.98	650	(12)	1,200	49.60	(595.20)		03/30/2000
030321663	SCREW DRIVER 1/8 X 4 SL	03	A	03	1.69	1,500	1,478	0	0.73	1,078.94		03/30/2000
030321683	SCREW DRIVER 1/4 X 6 SL	03	A	03	2.59	1,300	1,248	0	1.47	1,834.56		03/30/2000
030322303	SCREW DRIVER NO.3 PHILL	03	A	03	2.29	600	587	1,200	1.22	716.14		03/30/2000
030324803	ARC JOINT PLIERS 6"	03	A	03	4.69	150	625	0	3.99	2,493.75		03/30/2000
030324883	ARC JOINT PLIERS 16"	03	A	03	14.98	140	875	0	9.40	8,225.00		03/30/2000

圖8-25 預覽並列印表

二 建立多行顯示的報表

ACL提供一彈性化的功能讓使用者可快速的建立一個多行顯示的報表（Constructing Multiline Views），使用者首先需使用滑鼠拉大標題行的間距，一旦增加了空白列於View的標題列中，則可以輕鬆的移動欄行至此空白處，使報表出現分開的列，進而產生多行報表（Multiline Report），我們以Inventory資料表爲例來說明，其步驟如下：

STEP**01** 拉大標題行的間距。

STEP**02** 滑鼠游標指向產品說明欄行標頭，選按左鍵。

STEP**03** 向左拖拉至產品代號Column下，ACL移動產品說明欄行使它在不同的列。

STEP**04** 點拉售價欄行往下，放在產品說明欄行的右邊，與產品說明在同一列上。

STEP**05** 再拉大標題列讓其再增加一個空白列。

STEP**06** 點拉在庫數量欄行向左，放在產品說明欄行之下，在庫數量欄行則出現在另一列中（如圖8-26）。

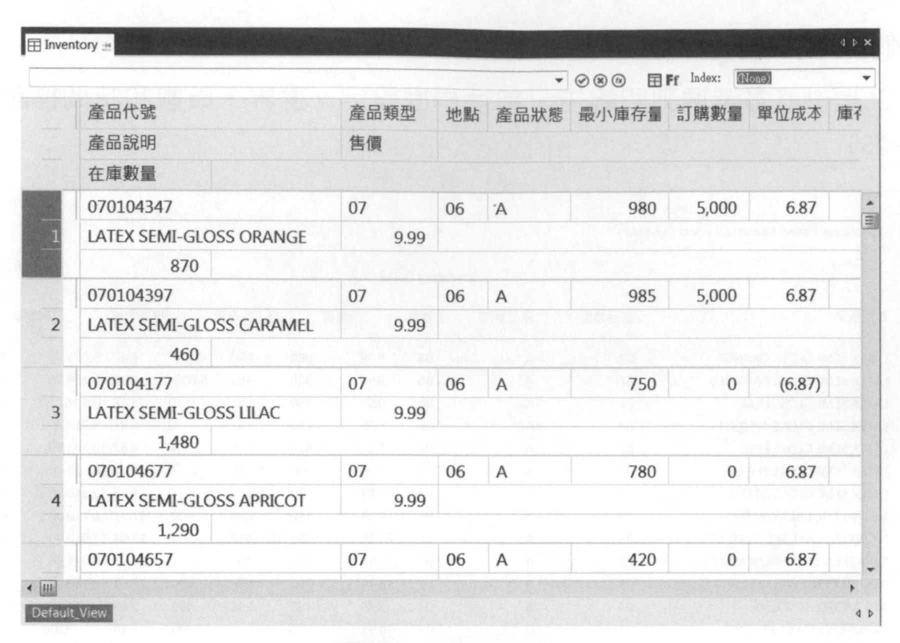

圖8-26　多列檢視窗

三　列印資料視界頁面

❖ 列印資料視界頁面

從Menu Bar（選單）中，選取File（檔案）下拉式選項，選擇Print（列印），ACL出現Print的對話視窗（如圖8-27）。

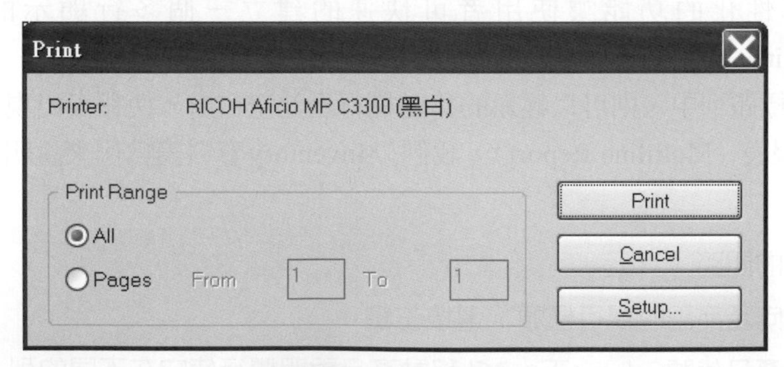

圖8-27　Print對話視窗

列印範圍（Print Range）如下：

1. All：列印所有的資料。
2. Pages：列印所指定的頁面。

按Setup（設定），ACL顯示「Page Setup」視窗（如圖8-28），使用者可於其上設定要列印的方式。

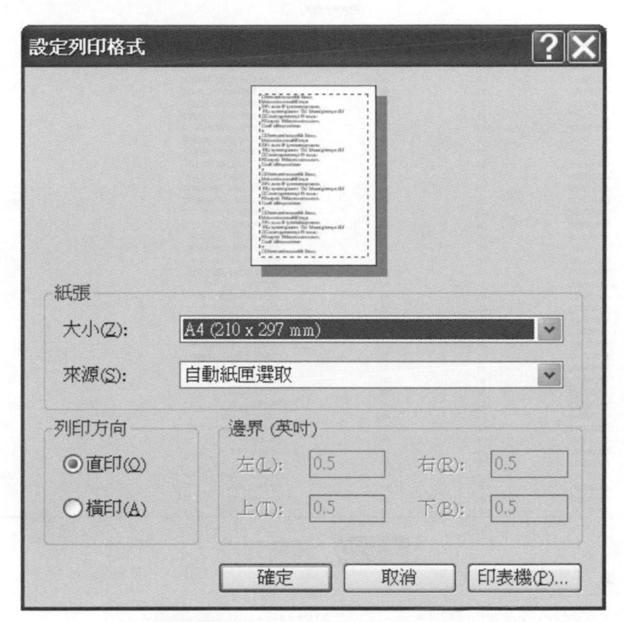

圖8-28 「Page Setup」畫面

四 預覽報表

ACL提供列印之前先進行報表預覽（Preview）功能。在預覽前使用者可先設定報表的行距、表頭的文字（Header）、與表尾的文字（Footer）。

在Report對話框中使用者可更改報表行距，ACL預設行距為單行寬（Single Spaced），使用者可以從下拉式選單中，選擇雙行距（Double Spaced）或三行距（Triple Spaced），在資料視界視窗中，是無法顯示行距的設定，必須在預覽或報表列印時，才能看到效果。

要進行報表預覽，其操作方法如下：

STEP01 從Menu Bar選擇Data項下的Report指令，或點選Report，顯示Report對話框。

STEP**02** 點選「Preview」預覽報表，表頭及表尾會如印表的時候一樣地顯示（如圖8-29）。

注意 假如Preview按鈕呈現灰色，那可能是因爲您的作業系統沒有預設印表機。

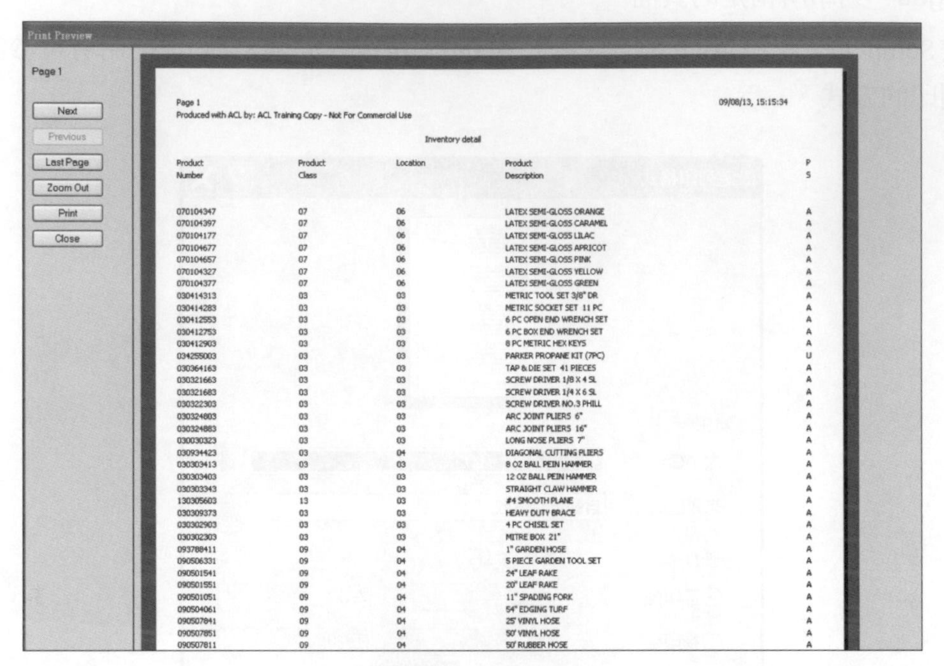

Page 1　　09/08/13, 15:15:34
Produced with ACL by: ACL Training Copy - Not For Commercial Use

Inventory detail

Product Number	Product Class	Location	Product Description	P S
070104347	07	06	LATEX SEMI-GLOSS ORANGE	A
070104397	07	06	LATEX SEMI-GLOSS CARAMEL	A
070104177	07	06	LATEX SEMI-GLOSS LILAC	A
070104677	07	06	LATEX SEMI-GLOSS APRICOT	A
070104657	07	06	LATEX SEMI-GLOSS PINK	A
070104327	07	06	LATEX SEMI-GLOSS YELLOW	A
070104377	07	06	LATEX SEMI-GLOSS GREEN	A
030414313	03	03	METRIC TOOL SET 3/8" DR	A
030414283	03	03	METRIC SOCKET SET 11 PC	A
030412553	03	03	6 PC OPEN END WRENCH SET	A
030412753	03	03	6 PC BOX END WRENCH SET	A
030412903	03	03	8 PC METRIC HEX KEYS	A
034255003	03	03	PARKER PROPANE KIT (7PC)	U
030364163	03	03	TAP & DIE SET 41 PIECES	A
030321663	03	03	SCREW DRIVER 1/8 X 4 SL	A
030321683	03	03	SCREW DRIVER 1/4 X 6 SL	A
030322303	03	03	SCREW DRIVER NO.3 PHILL	A
030324803	03	03	ARC JOINT PLIERS 6"	A
030324883	03	03	ARC JOINT PLIERS 16"	A
030030323	03	03	LONG NOSE PLIERS 7"	A
030934423	03	04	DIAGONAL CUTTING PLIERS	A
030303413	03	03	8 OZ BALL PEIN HAMMER	A
030303403	03	03	12 OZ BALL PEIN HAMMER	A
030303343	03	03	STRAIGHT CLAW HAMMER	A
130305603	13	03	#4 SMOOTH PLANE	A
030309373	03	03	HEAVY DUTY BRACE	A
030302903	03	03	4 PC CHISEL SET	A
030302303	03	03	MITRE BOX 21"	A
093788411	09	04	1" GARDEN HOSE	A
090506331	09	04	5 PIECE GARDEN TOOL SET	A
090501541	09	04	24" LEAF RAKE	A
090501551	09	04	20" LEAF RAKE	A
090501051	09	04	11" SPADING FORK	A
090504061	09	04	54" EDGING TURF	A
090507841	09	04	25' VINYL HOSE	A
090507851	09	04	50' VINYL HOSE	A
090507811	09	04	50' RUBBER HOSE	A

圖8-29　預覽報表

要改變報表預覽的顯示，可以進行以下的操作：

STEP**01** 點選「Zoom In」，或是將滑鼠游標停在報表預覽頁上（這時游標放大鏡會轉變成為正向），點按報表預覽頁擴大，此時「Zoom In」Button轉變為「Zoom Out」。

STEP**02** 將滑鼠游標停在最大預覽報表畫面，此時ACL會改變游標放大鏡為負向，點選「Zoom Out」縮小報表成一頁在畫面上，「Zoom Out」Button轉變為「Zoom In」。

STEP**03** 點選「Next」、「Previous」、and「Last Page」可以分別跳到報表的前一頁、次一頁或最後一頁。

如果您仍不滿意目前報表格式，可回到Report對話框重新修改格式。另外正如其他ACL指令一樣，您可以在Report對話框裡，使用「If」按鈕來設定資料篩選條件，這條件只會影響報表產生的時候，不會對整個View的資料造成影響。當然，您也可以直接在資料視界視窗裡，使用篩選器（Filter）設定條件過濾資料。

使用篩選器限制記錄的印出的操作方法如下：

STEP01 開啓Report對話框。

STEP02 點選If欄位，輸入條件式INVOICE_AMOUNT＞1000.00。

STEP03 點選Summarize Check Box去除勾選。然後點選「OK／確定」執行指令，再按Print印出結果（如圖8-30）。

注意 只有符合Invoice Amount大於$1,000.00的資料被印出。

Page 1 08/09/13 15:22:10

Produced with ACL by: ACL Training Copy - Not For Commercial Use

Vendor Number	Invoice Number	Invoice Date	Invoice Amount	Product Number	Quantity	Unit Cost
13808	2275301	17/11/00	6,705.12	070104677	976	6
12433	6585673	17/11/00	7,955.46	070104657	1,158	6
11663	5983947	17/11/00	4,870.83	070104327	709	6
12130	589134	17/11/00	10,531.71	070104377	1,533	6
13411	49545947	30/10/00	5,734.00	030414313	122	47
12433	6585951	30/10/00	2,196.00	030414283	122	18
10787	591533	31/05/00	1,217.16	030321683	828	1
14913	8457230	31/05/00	2,230.41	030324803	559	3
10534	58724783	31/05/00	4,324.00	030324883	460	9
12433	6588155	29/06/00	1,050.00	030030323	210	5
12636	69465082	29/09/00	1,173.90	030303413	301	3
12130	581119	12/11/00	2,583.96	130305603	183	14
11837	2214405	12/11/00	7,762.04	030309373	767	10
12701	232556	12/11/00	2,064.48	030302903	204	10
10134	74841	12/11/00	18,883.34	030302303	458	41
11663	5986811	30/10/00	1,145.58	090501551	626	1
13411	49548491	02/11/00	1,357.44	090507811	168	8
11475	8753935	02/11/00	2,628.42	090504761	426	6
12433	6586825	21/10/00	3,066.88	090509981	599	5
12701	237541	21/10/00	2,750.64	090509931	471	5
11475	8752512	21/10/00	7,125.80	090584072	41	173
11837	2213337	21/10/00	3,996.20	090585322	29	137

圖8-30 報表小計

五 以HTML格式來儲存報表格式

使用者可以使用網頁格式檔（HTML）來儲存報表，以便在網站上顯示出此報表。所有的WEB瀏覽器皆可以讀取HTML格式的檔案，這可以使您的ACL報表直接公布於網站上。

產生HTML格式報表的方法：

STEP01 在Report對話框，點選「Output」頁籤，顯示輸出選項。

STEP02 點選File指定輸出至檔案。

STEP03 點選File Type下拉式選單，挑選HTML Text File作為輸出檔案的格式。

STEP04 在Name欄位中，輸入WEB_TEST Report作為HTML輸出檔名。

STEP05 點選「確定 / OK」，產生HTML檔案（如圖8-31）。

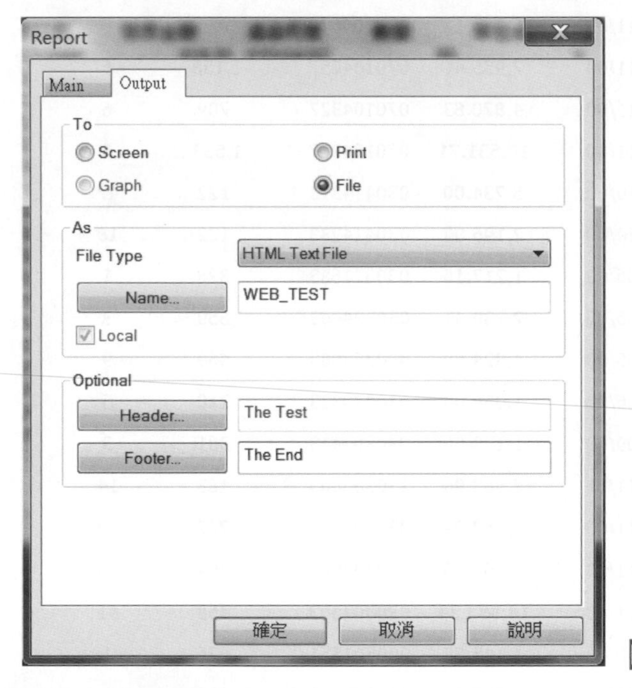

圖8-31 HTML檔案輸出

六 資料排序顯示（Sort Key Columns）

若要讓報表內資料如同檢視時被排序，則可以在Report對話框中，勾選Presort，若資料尚未經過排序，則此時Presort將無法勾選，因此需先利用排序指令進行資料排序後，才可勾選此功能。指定主鍵欄位執行預先排序的方法如下：

STEP01 在資料視界視窗中，滑鼠雙按欄行標頭，如Vendor Number，Modify Column對話框出現。

STEP02 點選Sort Key Column Check Box指定Vendor Number為主鍵欄位。

STEP03 勾選Sort Ascending（升冪排列），如圖8-32。

STEP04 點選「OK」，關閉Modify Column對話框。

STEP05 雙按欄行標頭，如Invoice Amount欄位，Modify Column對話框出現。

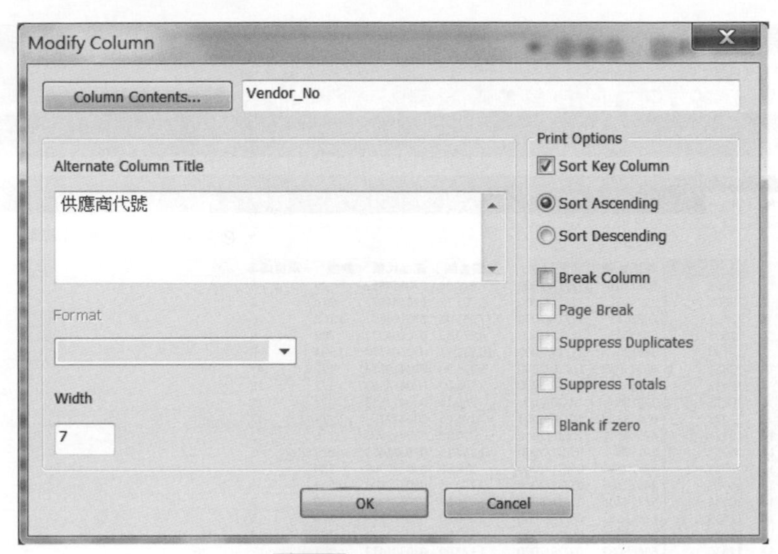

圖8-32 主鍵欄位排序

STEP06 勾選Sort Key Column指定Invoice Amount為主鍵欄位，勾選Sort Descending（降冪排列）。

STEP07 點選「OK」，關閉Modify Column對話框。

七 群組欄行

定義一個排序主鍵欄位時，可以選擇將該欄位設定成群組欄行（Break Column），藉由群組欄行的設定，ACL會在報表上，每次碰到此群組欄位內容變更時，就會自動將數值欄位作加總小計（Subtotal）。注意，群組欄行不適用於數值型態欄位及日期型態欄位。

範例：要將Ap_Trans內的Vendor Number欄行定義成群組欄行，使每次欄行內資料的變更時，報表皆會列印小計欄位，則其操作步驟如下：

STEP01 雙按欄行標頭，如Vendor Number，則顯示Modify Column對話框。

STEP02 勾選Sort key Column，選取Sort Ascending，再勾選Break Column，注意要先在資料視界中進行排序。

STEP03 點選「OK」，關閉Modify Column對話框。

您也可以採用下列方式指定群組欄行：

STEP**01** 滑鼠左鍵點選被指定群組欄行的欄行標頭，拖曳到檢視窗的最左邊。

STEP**02** 檢視窗最左邊有一條粗黑線稱為主鍵欄位記號線，利用游標將它拖曳到群組欄行的右邊，即為設定群組欄行的作業（如圖8-33）。

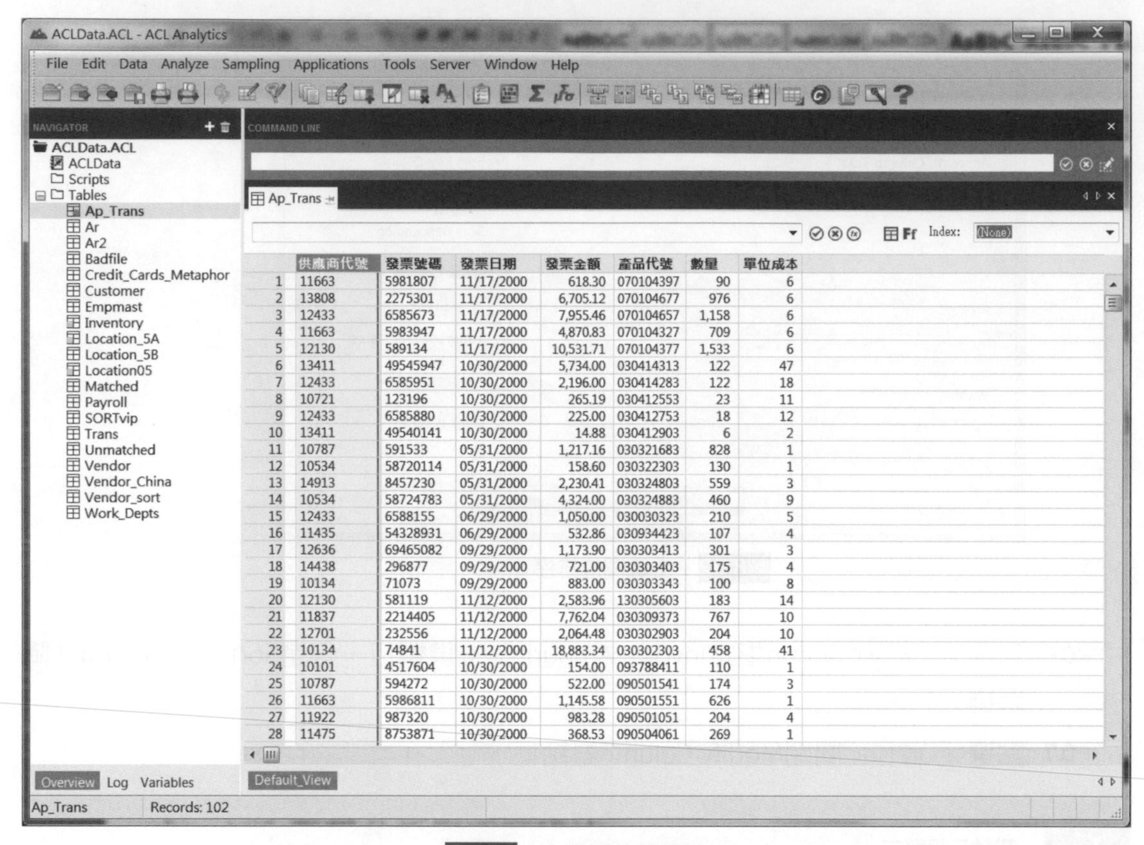

	供應商代號	發票號碼	發票日期	發票金額	產品代號	數量	單位成本
1	11663	5981807	11/17/2000	618.30	070104397	90	6
2	13808	2275301	11/17/2000	6,705.12	070104677	976	6
3	12433	6585673	11/17/2000	7,955.46	070104657	1,158	6
4	11663	5983947	11/17/2000	4,870.83	070104327	709	6
5	12130	589134	11/17/2000	10,531.71	070104377	1,533	6
6	13411	49545947	10/30/2000	5,734.00	030414313	122	47
7	12433	6585951	10/30/2000	2,196.00	030414283	122	18
8	10721	123196	10/30/2000	265.19	030412553	23	11
9	12433	6585880	10/30/2000	225.00	030412753	18	12
10	13411	49540141	10/30/2000	14.88	030412903	6	2
11	10787	591533	05/31/2000	1,217.16	030321683	828	1
12	10534	58720114	05/31/2000	158.60	030322303	130	1
13	14913	8457230	05/31/2000	2,230.41	030324803	559	3
14	10534	58724783	05/31/2000	4,324.00	030324883	460	9
15	12433	6588155	06/29/2000	1,050.00	030030323	210	5
16	11435	54328931	06/29/2000	532.86	030934423	107	4
17	12636	69465082	09/29/2000	1,173.90	030303413	301	3
18	14438	296877	09/29/2000	721.00	030303403	175	4
19	10134	71073	09/29/2000	883.00	030303343	100	8
20	12130	581119	11/12/2000	2,583.96	130305603	183	14
21	11837	2214405	11/12/2000	7,762.04	030309373	767	10
22	12701	232556	11/12/2000	2,064.48	030302903	204	10
23	10134	74841	11/12/2000	18,883.34	030302303	458	41
24	10101	4517604	10/30/2000	154.00	093788411	110	1
25	10787	594272	10/30/2000	522.00	090501541	174	3
26	11663	5986811	10/30/2000	1,145.58	090501551	626	1
27	11922	987320	10/30/2000	983.28	090501051	204	4
28	11475	8753871	10/30/2000	368.53	090504061	269	1

圖8-33 主鍵欄位記號線

此時就可以利用產生報表指令（Report）來顯示主鍵欄位爲群組欄行的欄位，其步驟如下：

STEP**01** 點選Report，出現Report對話框。

STEP**02** 勾選Presort。

STEP**03** 點選「Output」頁籤，然後點選Print。

STEP**04** 點選「OK」及「Print」，報表即刻列印出來（如圖8-34）。

Page 1 08/09/13 15:53:01

Produced with ACL by: ACL Training Copy - Not For Commercial Use

Vendor Number	Invoice Number	Invoice Date	Invoice Amount	Product Number	Quantity	Unit Cost
10025	234056	30/09/00	486.00	010226620	45	10
10025	230592	30/09/00	850.58	010102710	142	5
10025	239215	30/09/00	278.04	010155160	28	9
10025	237936	31/01/00	56,767.20	080102618	3,379	16
10025	232195	14/11/00	965.77	080938998	323	2
10025			59,347.59		3,917	
10101	4517604	30/10/00	154.00	093788411	110	1
10101	4514742	15/10/00	50.40	010155150	6	8
10101	4516050	31/07/00	486.64	080935428	11	44
10101			691.04		127	
10134	71073	29/09/00	883.00	030303343	100	8
10134	74841	12/11/00	18,883.34	030302303	458	41
10134	70075	09/04/00	467.40	090081001	3	155
10134	78025	30/09/00	1,823.68	010551340	278	6
10134	70936	14/02/00	561.20	052484405	115	4
10134			22,618.62		954	
10448	2652609	30/09/00	53.64	010311990	18	2
10448	2650620	14/02/00	540.80	052484415	104	5
10448	2653864	31/01/00	187.60	080123968	70	2
10448			782.04		192	
10534	58720114	31/05/00	158.60	030322303	130	1
10534	58724783	31/05/00	4,324.00	030324883	460	9

圖8-34 有群組欄行的報表格式

❖ 設定跳頁

您可以在每次群組欄行變更內容時，產生跳頁（Page Break），其操作方式如下：

STEP01 雙按欄行標頭，如供應商代號，顯示Modify Column對話框。

STEP02 勾選Break Column→Page Break，然後點選「OK」，關閉Modify Column對話框。

STEP03 點選Report，顯示Report對話框。

STEP04 點選「Preview」。

您的報表將依每一個供應商代號列示明細帳於不同頁面中，而數值欄位皆會按照各供應商代號進行小計並列印出來。

❖ 隱藏重複欄位值（Suppress Duplicates）

使用者可以將群組欄位重複的部分隱藏起來，以增加報表的可讀性。有無使用隱藏重複功能，在報表顯示上的差異如圖8-35與圖8-36。可以清楚地看到在Vendor Number（供應商代號）欄位資料顯示上的差異。

Page 1　　08/09/13 15:53:01

Produced with ACL by: ACL Training Copy - Not For Commercial Use

Vendor Number	Invoice Number	Invoice Date	Invoice Amount	Product Number	Quantity	Unit Cost
10025	234056	30/09/00	486.00	010226620	45	10
10025	230592	30/09/00	850.58	010102710	142	5
10025	239215	30/09/00	278.04	010155160	28	9
10025	237936	31/01/00	56,767.20	080102618	3,379	16
10025	232195	14/11/00	965.77	080938998	323	2
10025			59,347.59		3,917	
10101	4517604	30/10/00	154.00	093788411	110	1
10101	4514742	15/10/00	50.40	010155150	6	8
10101	4516050	31/07/00	486.64	080935428	11	44
10101			691.04		127	
10134	71073	29/09/00	883.00	030303343	100	8
10134	74841	12/11/00	18,883.34	030302303	458	41
10134	70075	09/04/00	467.40	090081001	3	155
10134	78025	30/09/00	1,823.68	010551340	278	6
10134	70936	14/02/00	561.20	052484405	115	4
10134			22,618.62		954	
10448	2652609	30/09/00	53.64	010311990	18	2
10448	2650620	14/02/00	540.80	052484415	104	5
10448	2653864	31/01/00	187.60	080123968	70	2
10448			782.04		192	
10534	58720114	31/05/00	158.60	030322303	130	1
10534	58724783	31/05/00	4,324.00	030324883	460	9

圖8-35　未使用Suppress Duplicates所產生的報表樣式

Page 1 08/09/13 16:00:28

Produced with ACL by: ACL Training Copy - Not For Commercial Use

Vendor Number	Invoice Number	Invoice Date	Invoice Amount	Product Number	Quantity	Unit Cost
10025	234056	30/09/00	486.00	010226620	45	10
	230592	30/09/00	850.58	010102710	142	5
	239215	30/09/00	278.04	010155160	28	9
	237936	31/01/00	56,767.20	080102618	3,379	16
	232195	14/11/00	965.77	080938998	323	2
10025			59,347.59		3,917	
10101	4517604	30/10/00	154.00	093788411	110	1
	4514742	15/10/00	50.40	010155150	6	8
	4516050	31/07/00	486.64	080935428	11	44
10101			691.04		127	
10134	71073	29/09/00	883.00	030303343	100	8
	74841	12/11/00	18,883.34	030302303	458	41
	70075	09/04/00	467.40	090081001	3	155
	78025	30/09/00	1,823.68	010551340	278	6
	70936	14/02/00	561.20	052484405	115	4
10134			22,618.62		954	
10448	2652609	30/09/00	53.64	010311990	18	2
	2650620	14/02/00	540.80	052484415	104	5
	2653864	31/01/00	187.60	080123968	70	2
10448			782.04		192	
10534	58720114	31/05/00	158.60	030322303	130	1
	58724783	31/05/00	4,324.00	030324883	460	9

圖8-36 已使用Suppress Duplicate報表

執行隱藏重複值的操作方式如下：

STEP01 滑鼠雙按欄行標頭，如供應商代號，顯示Modify Column對話框。

STEP02 勾選Break Column→Suppress Duplicates，然後點選「OK」，關閉Modify Column對話框。

STEP03 點選Report，顯示Report對話框。

STEP04 點選「Preview」。

八 隱藏數值欄位的小計顯示

ACL 預設對每一個數值欄位在報表中印出其小計值。若要隱藏數值欄位的小計值顯示（Suppressing Totals），其方法如下：

STEP01 滑鼠雙按欄行標頭，如發票金額，以顯示Modify Column對話框。

STEP02 勾選Suppress Totals，進行隱藏數值欄位的小計值功能，然後點選「OK」，關閉Modify Column對話框。

STEP03 點選 Report，顯示Report對話框。

STEP04 點選「Preview」，結果如圖8-37。

Page 1　　08/09/13 16:03:29

Produced with ACL by: ACL Training Copy - Not For Commercial Use

Vendor Number	Invoice Number	Invoice Date	Invoice Amount	Product Number	Quantity	Unit Cost
10025	234056	30/09/00	486.00	010226620	45	10
	230592	30/09/00	850.58	010102710	142	5
	239215	30/09/00	278.04	010155160	28	9
	237936	31/01/00	56,767.20	080102618	3,379	16
	232195	14/11/00	965.77	080938998	323	2
10025					3,917	
10101	4517604	30/10/00	154.00	093788411	110	1
	4514742	15/10/00	50.40	010155150	6	8
	4516050	31/07/00	486.64	080935428	11	44
10101					127	
10134	71073	29/09/00	883.00	030303343	100	8
	74841	12/11/00	18,883.34	030302303	458	41
	70075	09/04/00	467.40	090081001	3	155
	78025	30/09/00	1,823.68	010551340	278	6
	70936	14/02/00	561.20	052484405	115	4
10134					954	
10448	2652609	30/09/00	53.64	010311990	18	2
	2650620	14/02/00	540.80	052484415	104	5
	2653864	31/01/00	187.60	080123968	70	2
10448					192	
10534	58720114	31/05/00	158.60	030322303	130	1
	58724783	31/05/00	4,324.00	030324883	460	9
10534					590	

圖8-37 隱藏數值欄行

九　彙總報表顯示

一個報表會將每一個所指定的主鍵欄位匯總與明細資料顯示於報表上。您可以使用Summarize選項，來產生所需要的彙總報表，其操作方法如下：

STEP01 滑鼠雙按欄行標頭，如供應商代號，顯示Modify Column對話框。

STEP02 不可勾選Page Break，讓所有記錄會持續顯示在頁面上，點選「OK」，關閉Modify Column對話框。

STEP03 滑鼠雙按欄行標頭，如發票金額，顯示Modify Column對話框。

STEP04 不要勾選Suppress Totals，使總計值可在報表上顯示。

STEP05 點選「OK」，關閉Modify Column對話框。

注意 仍須點選Break Column及Supress Duplicate。

STEP06 點選Report，出現Report對話框。

STEP07 勾選Summarize，確認Presort已經被勾選。

注意 Invoice Amount及Quantity資料表需先進行排序（Sort）才可以勾選Summarize。

STEP08 點選「Preview」，結果如圖8-38。

Page 1 08/09/13 16:43:16

Produced with ACL by: ACL Training Copy - Not For Commercial Use

Vendor Number	Invoice Number	Invoice Date	Invoice Amount	Product Number	Quantity	Unit Cost
10025			59,347.59		3,917	
10101			691.04		127	
10134			22,618.62		954	
10448			782.04		192	
10534			4,482.60		590	
10559			708.99		471	
10720			471.60		126	
10721			2,212.86		373	
10787			4,464.90		1,350	
10879			1,440.00		180	
11009			92.16		32	
11247			3,162.78		179	
11435			1,469.13		365	
11475			35,968.34		9,731	
11663			6,666.39		1,436	
11837			12,454.88		824	
11922			17,868.84		4,455	
12130			30,858.17		3,107	
12230			809.20		289	
12248			1,885.60		57	
12289			328.60		62	
12433			14,835.74		2,123	

圖8-38 報表輸出總計

十 隱藏空白行

若不想將空白行印出在報表上，請勾選Report對話框上的Suppress Blank Detail Lines，此時報表顯示會移除空白行。圖8-39與圖8-40顯示有無此功能的差異，可以看到空白行不見了。

在練習裡，我們將開啓AR資料表，因其上會有許多空白行，因此需要執行此功能使用者必須先指定主鍵欄位及群組欄行，以產生一個多列資料視界，其操作方法如下：

STEP01 滑鼠雙按欄行標頭，例如客戶代號，則會顯示Modify Column對話框。

STEP02 勾選Sort Key Column指定客戶代號為主鍵值欄位。

STEP03 勾選Break Column來指定客戶代號為群組欄行。

STEP04 勾選Suppress Duplicates，將重複資料以空白顯示，並點選「OK」。

STEP05 出現多列檢視（Multiline View），保留客戶代號欄位在第一列，其他欄位放在第二列。

STEP06 點選Report，顯示Report對話框。

STEP07 勾選Presort→Suppress Blank DetailLines。

STEP08 點選「Preview」，結果如圖8-40。

注意 當重複的Cust Number（客戶代號）以空白方式顯示，報表就變得較容易讀了。

Page 1 19/08/13, 16:13:14
Produced with ACL by: ACL Training Copy - Not For Commercial Use

Cust Number	Due Date	Invoice Date	Ref No	Trans Amount	T T
795401	19/09/00	20/08/00	205605	(474.70)	CN
	14/11/00	15/10/00	206300	225.87	IN
	06/03/00	04/02/00	207137	180.92	IN
795401				(67.91)	
516372	18/03/00	17/02/00	211206	1,610.87	IN
	18/03/00	30/04/00	211206	(1,298.43)	TR
516372				312.44	
518008	20/06/00	21/05/00	212334	(12.23)	CN

圖8-39 未啓動Suppress Blank Detail Lines之報表

Page 1 19/08/13, 16:13:45
Produced with ACL by: ACL Training Copy - Not For Commercial Use

Cust Number	Due Date	Invoice Date	Ref No	Trans Amount	T T
051593	22/03/00	23/09/00	213567	1,189.11	IN
	21/11/00	22/10/00	213912	(73.40)	CN
051593				1,115.71	
056016	30/10/00	30/09/00	213674	1,070.92	IN
	29/12/00	30/09/00	213675	736.74	IN
	29/12/00	03/12/00	213675	(736.74)	PM
	30/10/00	03/12/00	213674	(1,070.92)	PM
056016				0.00	

圖8-40 啓動Suppress blank detail lines報表

十一 零值顯示成空白（Blank if Zero）

ACL在報表上可以對數值欄行進行控制，讓零值顯示爲空白，這可以讓您特別標註數值欄位中攸關的資料。在練習裡，使用者將開啓另一資料表Inventory來練習，其中Quantity On Order欄行有許多零值（如圖8-41）。

Inventory

Index: (None)

	產品代號	產品類型	產品說明	產品狀態	地點	售價	最小庫存量	在庫數量	訂購數量
1	070104347	07	LATEX SEMI-GLOSS ORANGE	A	06	9.99	980	870	5,000
2	070104397	07	LATEX SEMI-GLOSS CARAMEL	A	06	9.99	985	460	5,000
3	070104177	07	LATEX SEMI-GLOSS LILAC	A	06	9.99	750	1,480	0
4	070104677	07	LATEX SEMI-GLOSS APRICOT	A	06	9.99	780	1,290	0
5	070104657	07	LATEX SEMI-GLOSS PINK	A	06	9.99	420	1,500	0
6	070104327	07	LATEX SEMI-GLOSS YELLOW	A	06	9.99	430	2,420	0
7	070104377	07	LATEX SEMI-GLOSS GREEN	A	06	9.99	670	1,870	0
8	030414313	03	METRIC TOOL SET 3/8" DR	A	03	59.98	140	130	400
9	030414283	03	METRIC SOCKET SET 11 PC	A	03	25.98	450	612	0
10	030412553	03	6 PC OPEN END WRENCH SET	A	03	15.98	650	700	0
11	030412753	03	6 PC BOX END WRENCH SET	A	03	18.49	250	248	400
12	030412903	03	8 PC METRIC HEX KEYS	A	03	3.49	300	248	400
13	034255003	03	PARKER PROPANE KIT (7PC)	U	03	14.98	75	0	200
14	030364163	03	TAP & DIE SET 41 PIECES	A	03	69.98	650	(12)	1,200
15	030321663	03	SCREW DRIVER 1/8 X 4 SL	A	03	1.69	1,500	1,478	0
16	030321683	03	SCREW DRIVER 1/4 X 6 SL	A	03	2.59	1,300	1,248	0
17	030322303	03	SCREW DRIVER NO.3 PHILL	A	03	2.29	600	587	1,200

Default_View

圖8-41 顯示零值範例

將零值顯示變成空白的操作方法如下：

STEP01 雙擊包含零值欄行標頭，例如：Quantity On Order欄行。

STEP02 在Modify Column對話框中，勾選Blank if Zero。然後點選「OK」（如圖8-42）。

Inventory

	產品代號	產品類型	產品說明	產品狀態	地點	售價	最小庫存量	在庫數量	訂購數量
1	070104347	07	LATEX SEMI-GLOSS ORANGE	A	06	9.99	980	870	5,000
2	070104397	07	LATEX SEMI-GLOSS CARAMEL	A	06	9.99	985	460	5,000
3	070104177	07	LATEX SEMI-GLOSS LILAC	A	06	9.99	750	1,480	
4	070104677	07	LATEX SEMI-GLOSS APRICOT	A	06	9.99	780	1,290	
5	070104657	07	LATEX SEMI-GLOSS PINK	A	06	9.99	420	1,500	
6	070104327	07	LATEX SEMI-GLOSS YELLOW	A	06	9.99	430	2,420	
7	070104377	07	LATEX SEMI-GLOSS GREEN	A	06	9.99	670	1,870	
8	030414313	03	METRIC TOOL SET 3/8" DR	A	03	59.98	140	130	400
9	030414283	03	METRIC SOCKET SET 11 PC	A	03	25.98	450	612	
10	030412553	03	6 PC OPEN END WRENCH SET	A	03	15.98	650	700	
11	030412753	03	6 PC BOX END WRENCH SET	A	03	18.49	250	248	400
12	030412903	03	8 PC METRIC HEX KEYS	A	03	3.49	300	248	400
13	034255003	03	PARKER PROPANE KIT (7PC)	U	03	14.98	75	0	200
14	030364163	03	TAP & DIE SET 41 PIECES	A	03	69.98	650	(12)	1,200
15	030321663	03	SCREW DRIVER 1/8 X 4 SL	A	03	1.69	1,500	1,478	
16	030321683	03	SCREW DRIVER 1/4 X 6 SL	A	03	2.59	1,300	1,248	
17	030322303	03	SCREW DRIVER NO.3 PHILL	A	03	2.29	600	587	1,200

Default_View

圖8-42 顯示空白範例

第4節 匯出資料到另一個應用程式

匯出工具（Export）使您能將ACL視為一個資料轉換工具，從套件中讀取資料並且處理成另一個應用程式能夠讀取的檔案格式。例如，使用者能使用匯出工具將分析後的資料匯出成許多不同的檔案類型，包括Excel、Access、分界文字檔和XML。

匯出工具提供兩種匯出資料的方法：

1. 使用欄位選項來選擇欄位，建立運算式和選擇匯出檔案的欄位順序。
2. 使用資料視界（View）選項來匯出按目前資料視界視窗中顯示的順序的欄位。

稽核人員可以從ACL匯出資料至其他軟體中，然後使用其他軟體做進一步的處理。

匯出資料（Exporting Data）是指當使用Export指令，此指令允許設定要匯出至其他軟體的名稱，所產生的檔案稱為「匯出檔」。

而運用Export指令時機通常為：

1 需要將資料匯出至 MS Word 的格式，例如列印函證等。

2 可以匯出結果資料至較複雜的圖形顯示軟體中使用，以顯示漂亮的圖表。

3 也可以匯出特定資料欄位至報表設計軟體中使用，以顯示特定格式的報表。

一 匯出所有資料

❖ ACL匯出資料至新檔的操作

STEP01 選取Data下拉式選單，選擇Export，出現Export對話視窗（如圖8-43）。

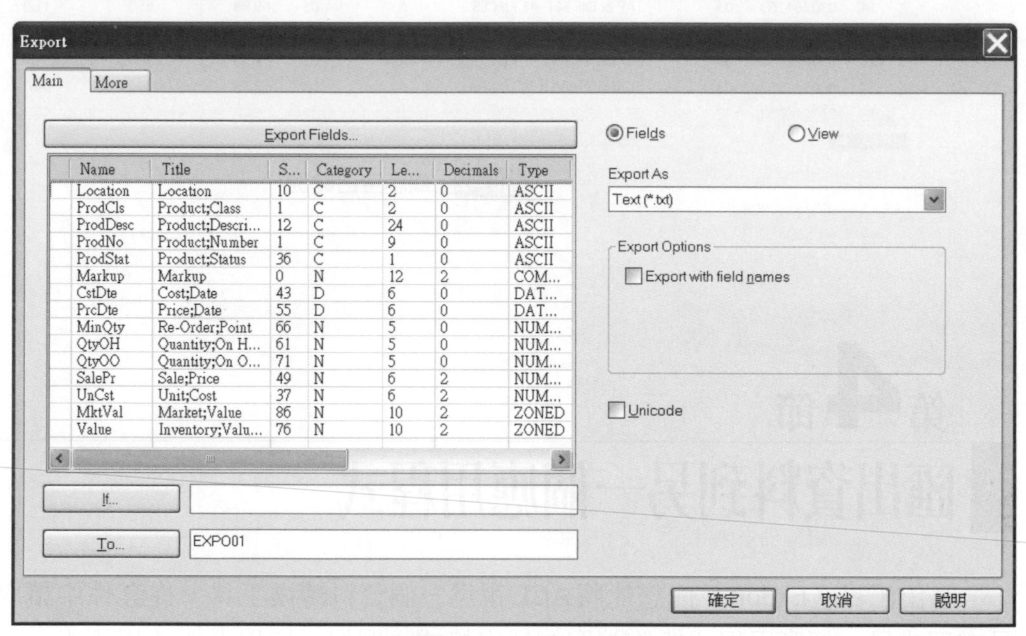

圖8-43 Export對話視窗

STEP02 點選「Export Fields」，開啓Selected Fields對話視窗。

STEP03 點選「Add All」，所有可選擇的欄位皆被複製至Selected Fields框中（如圖8-44）。

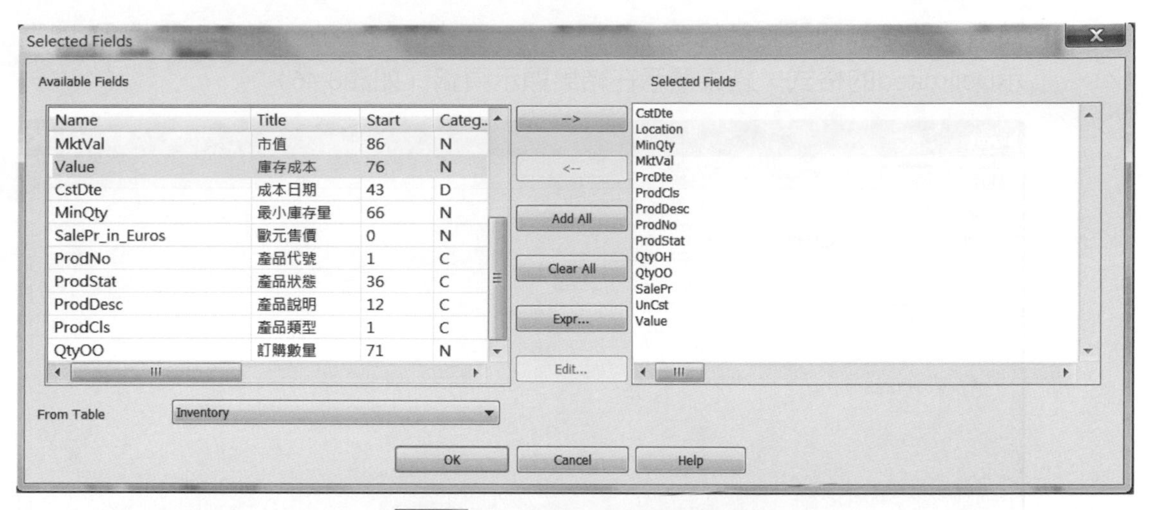

圖8-44 Selected Fields對話視窗

STEP**04** 點選「OK」，關閉Selected Fields對話視窗，回到Export對話視窗，所有欄位出現在Export Fields顯示框中，在Export As上，點按下拉箭頭。

STEP**05** 點選Delimited，則Export Command會在文字欄位及日期欄位兩邊放置引號（Quotes）。

STEP**06** 點選To文字方塊，輸入Inventory，作為資料匯出檔名（如圖8-45）。

STEP**07** 點選「More」則會顯示其他選項，若勾選Append to Existing File則資料會加至現存的檔案的後面，若不勾選則會產生一個新檔案。

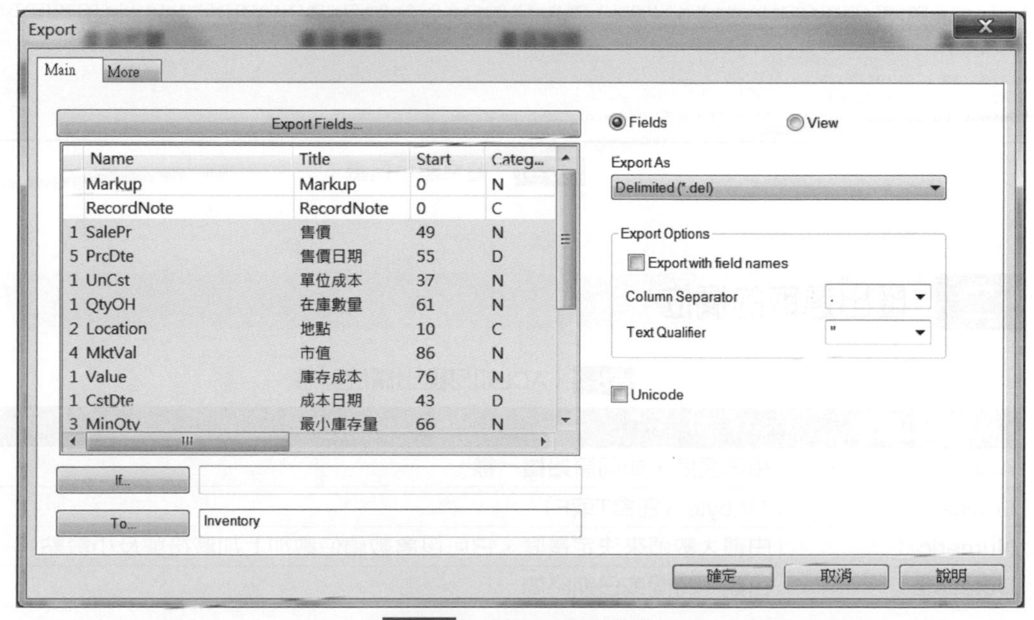

圖8-45 Export As的選擇

STEP**08** 點選「確定」關閉對話視窗，執行指令，產生Invent File，並加上副檔名.del表示Delimited的格式，結果顯示在結果顯示頁籤（如圖8-46）。

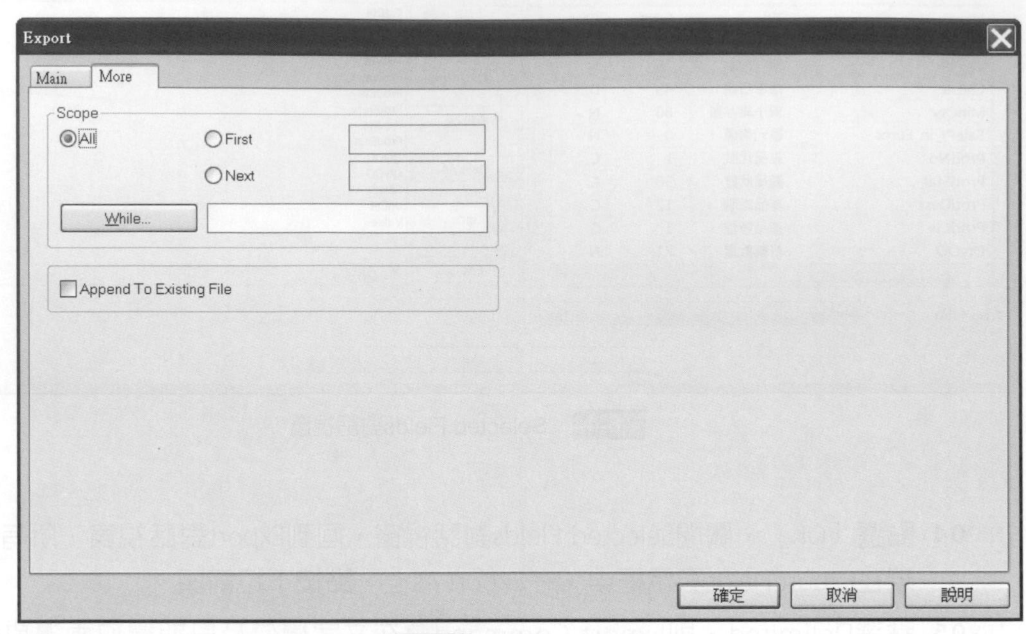

圖8-46 顯示其他選項

STEP**09** 點按「確定」關閉對話視窗，執行指令，ACL會產生Inventory File，並加上副檔名.del表示Delimited的格式，在結果顯示頁籤顯示出結果（如圖8-47）。

```
Command: EXPORT FIELDS CstDte Location MinQty MktVal PrcDte ProdCls ProdDesc ProdNo ProdStat QtyOH QtyOO SalePr UnCst Value DELIMITED TO "Inventory" SEPARATOR "," QUALIFIER '"'

17:03:39 - 09/01/2016
152 records produced
Output to C:\Users\ccu\Desktop\課本資料\Inventory.del is done
```

圖8-47 結果顯示頁籤

二 匯出選取的欄位

表8-1 ACL如何匯出欄位型態

欄位型態	輸出
ASCII Character	相同長度，如同原始檔一樣
Logical	1個byte（包含T或F）
Numeric	由最大數值來決定長度，它可包含數值位數加上加減符號及小數點
Datetime	日期、時間或日期時間

❖ ACL匯出選取欄位的操作

STEP01　從Data下拉式選單，選擇Export to，ACL顯示出現Export對話視窗。

STEP02　在Export Fields顯示框中，點選ProdNo，接著用Ctrl鍵點選ProdDesc，QtyOH和Value等欄位（如圖8-48）。

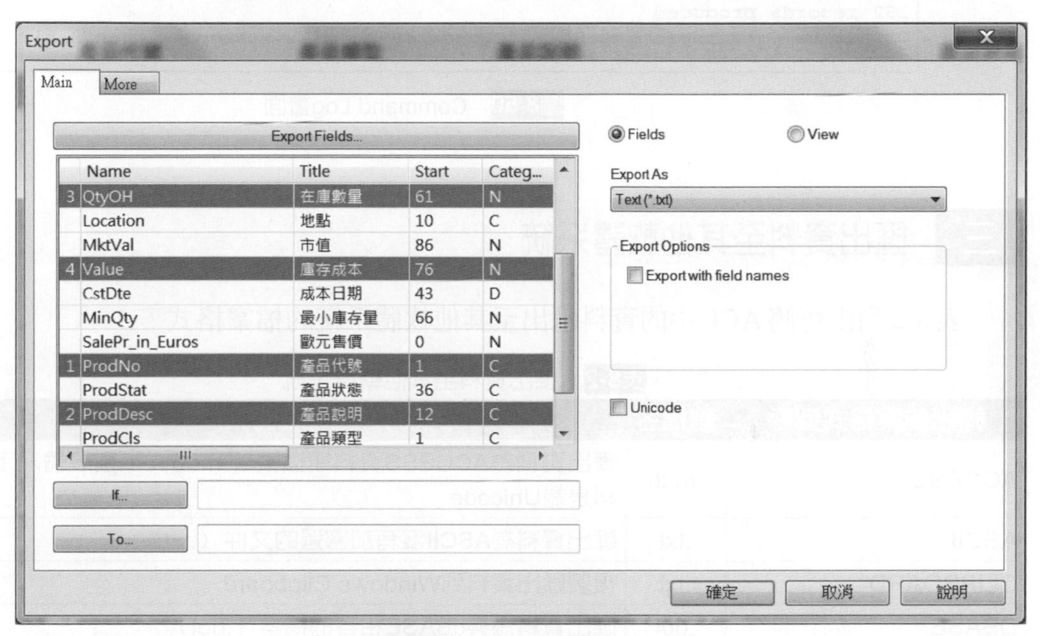

圖8-48　選擇欄位畫面－1

STEP03　從Export As中選取Excel，點選To文字方塊，輸入「Invent2」（如圖8-49）。

圖8-49　選擇欄位畫面－2

STEP**04** 點選「OK」，ACL產生檔案並顯示結果（如圖8-50）。

```
Command: EXPORT FIELDS QtyOH ProdDesc Value EXCEL TO "Invent2"

16:36:16 - 19/08/13
152 records produced
Output to C:\Documents and Settings\daisy\桌面\ACL\workbook\Invent2.xls is done
```

圖8-50 Command Log畫面

三 匯出資料至其他軟體系統

表8-2列出可將ACL中的資料匯出至其他軟體系統的檔案格式。

表8-2 匯出資料至其他軟體系統

輸出檔案格式型態	副檔名	說明
ACCESS	.mdb	匯出資料為ACCESS資料庫檔案（.mdb），預設情況下匯出資料是為Unicode
ASCII	.txt	匯出資料為ASCII沒有加密過的文件（.txt）
CLIPBOARD	.txt	複製匯出資料到Windows Clipboard
DBASE	.dbf	匯出資料為與dBASE相容的檔案（.dbf）
DELIMITED	.del	匯出資料為區隔文字檔案（.del）
EXCEL	.xls	匯出資料到Excel1997至2003版本相容的文件
LOTUS	.wks	匯出資料到Lotus 123檔案
WDPF6	.wp	匯出資料到Wordperfect 6檔案
WORD	.doc	匯出資料到Word 文件（.doc）
WP	.wp	匯出資料到Wordperfect檔案
XLS21	.xls	匯出資料到Excel 2.1版本文件
XLSX	.xlsx	匯出資料到Excel2007至2010版本相容的文件，預設情況下匯出資料是為Unicode
XML	.xml	匯出資料到XML檔案（.xml）
ACLGRC	.grc	匯出資料到ACL GRC以外的管理組件
JSON	json	匯出資料到JSON 檔案，特別方便與網頁程式進行資料交換

第5節 總　結

在本章節中，我們學習如何透過各種檢視（View）途徑來進行資料瀏覽，同時搭配格式定義，使得報告及圖表的製作能夠呈現多樣化與彈性化的輸出方式：包括於畫面（Screen）、印表機（Print）、圖表（Graph）及檔案（File）等。前述的章節已介紹完ACL的基本操作與分析，下一章節將介紹自行撰寫的批次作業（Script）帶領大家進入另一個ACL的領域。

本章習題

一、選擇題

(　　) 1. 下列何者非ACLProject之組成項目？
(A) 資料表（Table）
(B) 批次作業（Scripts）
(C) 資料夾（Folder）
(D) 工作區（Workspaces）
(E) 以上皆為ACL Project之組成項目

(　　) 2. 以下那一個符合Export指令匯出的檔案格式?
(A) SAS　(B) PDF
(C) HTML　(D) dBase
(E) 以上皆非

(　　) 3. 哪一個是演算欄位（Computed Field）可以執行的功能？
(A) 算術運算（Mathematical）
(B) 欄位型態轉換（Conversion）
(C) 字串替換（Word substitution）
(D) 邏輯（logical）
(E) 以上皆是

(　　) 4. 在ACL中，哪項指令無法產生分析圖表？
(A) 分層（Stratify）　(B) 分類（Classify）
(C) 帳齡（Age）　(D) 彙總（Summarize）
(E) 班佛（Benford）

(　　) 5. ACL可將的資料匯出至其他軟體系統的檔案格式，以下何者為真？
(A) dBase　(B) Lotus
(C) Excel　(D) Word
(E) 以上皆是

(　　) 6. 以下那一個符合Report指令匯出的檔案格式？
(A) SAS　(B) PDF
(C) HTML　(D) dBase
(E) 以上皆是

(　　)7. 要在目前的ACL專案中使用另一ACL專案的Table，下列何者為最佳的程序？

(A) 在另一ACL專案的表格先使用Export 匯出成一資料檔；然後在目前的專案使用IMPORT 指令匯入此資料檔成為新Table

(B) 目前的ACL專案直接使用 Link to New Source Data 連到所對應另一ACL專案的資料.FIL 檔即可

(C) 在另一ACL專案中使用COPY的方式，然後在目前的專案使用PASTE方式將所要用的TABLE資料匯入

(D) 在目前ACL專案選擇Copy from Another Project→Table選擇匯入另一ACL專案的表格；然後在目前ACL專案使用 Link to New Source Data連到所對應另一ACL專案的資料.FIL 檔即可

(E) 在另一ACL專案選擇Copy from Another Project→Table選擇匯出到目前ACL專案；然後在目前ACL專案使用 Link to New Source Data連到所對應另一ACL專案的資料.FIL 檔即可

(　　)8. 要如何知道目前ACL 專案內的表格的資料來源檔？

(A) Table Layout功能可以看到連結來源資料檔

(B) Table Properties功能可以看到連結來源資料檔

(C) Options功能可以看到連結來源資料檔

(D) Notes功能可以看到連結來源資料檔

(E) Verify功能可以看到連結來源資料檔

(　　)9. 如何在ACL中產生多行報表（Multiline Report）？

(A) 使用滑鼠拉大View的標題行間距，然後移入所要顯示的欄即可

(B) 使用 Report 功能內選擇 Double Spaced 或 Triple Spaced

(C) 使用 Report 功能內選擇 Suppress Blank Detail Lines

(D) 使用 Modify Column 功能內的 Print Options下選擇 Sort Key Column

(E) 使用 Modify Column 功能內的 Print Options下選擇 Suppress Duplicates

(　　)10.在ACL中資料檢視窗最左邊有一條粗黑線，請問下列何者為非？

(A) 稱為主鍵欄位記號線

(B) 可以利用游標將它拖曳到群組欄行的右邊，即為設定群組欄行的作業。

(C) 可以使用 Modify Column 功能內的 Print Options下選擇 Sort Key Column與Break Column，也可以設定群組欄行的作業

(D) 群組欄行不適用於數值型態欄位

(E) 群組欄行適用於文字型態欄位及日期型態欄位

(　　)11.保險是非常龐大的行業，每年的保險費都相當可觀，因此可能會有舞弊或濫用的情形發生，下列何者非相關稽核人員應進行的查核目標？

(A) 分析總帳帳戶餘額

(B) 理賠帳戶使用與保險人員相同之銀行帳戶

(C) 比對SSN死亡名單，確保未向死者進行理賠

(D) 保單資料中持有人的性別異動

(E) 不同客戶卻使用相同銀行帳戶

(　　)12.為了落實社會福利政策，政府針對低收入的個人或家庭之租屋提供經濟援助，如何防止有心人士鑽取法律漏洞，造成計畫基金的流失，為稽核人員的一大課題，下列查核目標何者為非？

(A) 將租戶的收入與平均收入進行比較，找出任何異常值

(B) 同一個租戶在同一個月向同一位房東有多次付款紀錄

(C) 房屋租金較同區域之平均值高

(D) 房東在一年內多次增加租金的情況

(E) 房東貸款紀錄查核

(　　)13.查核人員於查核財務報表時，對存貨查核應取得足夠及適切證據時之考量，下列敘述何者錯誤？　【109年高等會計師考題改編】

(A) 受查者採永續盤存制，對存貨變動內部控制之設計及執行有效，受查者非於財務報導期間結束日執行存貨盤點，就查核目的而言應屬適當

(B) 若非於財務報導期間結束日執行存貨盤點，查核人員應執行盤點日與財務報導期間結束日間存貨變動是否適當紀錄之查核

(C) 由第三方保管之存貨對財務報表係屬重大時，應由查核人員執行存貨盤點，不能採用向第三方函證程序取得查核證據

(D) 因為新冠肺炎疫情影響，查核人員參與海外子公司存貨盤點實務上不可行，可以執行替代查核程序以取得存貨存在及狀況之證據，例如檢查存貨之後續銷售文件或存貨之進貨文件等

(E) 以上皆是

(　　)14.李稽核想了解銀行內是否有理專人員販售高風險之理財商品給70歲以上的客戶，以利查核是否有不法利益勸說之情況。請問在ACL中需使用哪些指令可以達成？

(A) 勾稽指令（Relation）, 彙總指令（Summarize）和篩選器（Filter）

(B) 勾稽指令（Relation）, 運算式（Expression）和篩選器（Filter）

(C) 分層（Stratify）, 運算式（Expression）和比對指令（Join）

(D) 分類指令（Classify）, 運算式（Expression）和勾稽指令（Relation）

(E) 以上皆非

(　　)15.某銀行稽核單位想找出3月份行員在同一天對同一客戶進行5次（含）以上查詢之動作，這些異常需列入監控清單。你已經獲得行內系統查詢登入檔，試問ACL需使用那些指令才可以達成？

(A) 先用Sort指令依員工編號、客戶統編、查詢日期，再用Summarize依員工編號、客戶統編、查詢日期做彙總，最後用Extract指令篩選次數>5次者

(B) 先用Sort指令依客戶統編、查詢日期，再用Summarize依員工編號、客戶統編、查詢日期做彙總，最後用Extract指令篩選次數>5次者

(C) 先用Sort指令依員工編號、客戶統編、查詢日期，再用Summarize依員工編號、客戶統編、查詢日期做彙總，最後用Extract指令篩選次數>=5次者

(D) 先用Summarize依員工編號、客戶統編、查詢日期做彙總，最後用Extract指令篩選次數>=5次者

(E) 以上皆非

二、問答題

1. 在ACL專案中，原先有一個使用中定義好且連結2013年的資料表，如今剛取得2014年相同檔案格式的資料，若您想要採取複製資料表格式的方式保留原來2013年的資料，以節省定義資料表格式的時間，請說明要如何複製資料表格式（Table Layout）？

三、實作題

1. 請參考第6章第1題，新增兩個檢視（View），第一個檢視（ARView1）的欄位包括No、Date、和Amount，第二個檢視（ARView2）的欄位包括No、Due、Type、和Amount？
2. 承上題，開啓ARView2檢視窗，進行下列各項操作：

(1) 修改字型：

	字型	樣式	大小
Header	Arial Black	粗體	16
Title	Times New Roman	粗體	14(加底線)
Data	Times New Roman	斜體	12
Total	Times New Roman	粗體	14
Footer	Arial Black	粗體	14

(2) 移動欄行：將Amount移到Date與No欄位中間。

(3) 刪除欄行：刪除Due欄行。

(4) 新增欄行：新增Date和Ref兩欄位於No與Amount之間。

(5) 修改欄行：修改下列欄行標頭（Column Title）：

(a)No→Customer Number。

(b)Date→Invoice Date。

(c)Ref→Reference。

(d)Type→Transaction Type。

(e)Amount→Invoice Amount。

3. 承第1題，請將新增的兩個檢視（Views）輸出HTML報表格式，並將檔名命名為QPR Report。
4. 承第1題，使用Default View，將每一個客戶的應收帳款金額小計，輸出文字型態報表檔（ASCII TEXT）AR報表格式1，並將報表給予加總。
5. 承第1題，使用Default View，顯示每一個客戶的應收帳款小計數與總計數，輸出文字型態報表檔（ASCII TEXT）AR報表格式2。
6. 承第1題，使用Default View，將每一個客戶的應收帳款金額小計，附加篩選條件Amount>0，輸出文字型態報表檔（ASCII TEXT）AR報表格式3，並將報表給予加總。
7. 承第1題，使用Default View，將每一個客戶的應收帳款金額小計，輸出文字型態報表檔（ASCII TEXT）AR報表格式4，並將報表給予加總。（印明細帳時，每一客戶代號出現一次即可）。
8. 承第1題，使用Default View，將每一個客戶的應收帳款明細帳單獨列印成一頁，輸出文字型態報表檔（ASCII TEXT）AR報表格式5，請參考以下圖示。

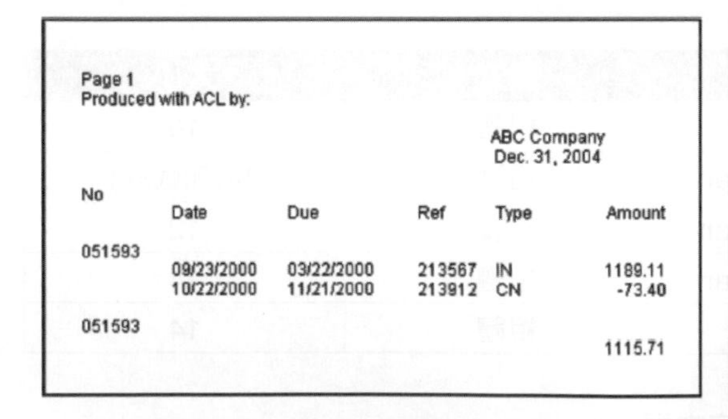

Page 1
Produced with ACL by:

ABC Company
Dec. 31, 2004

No	Date	Due	Ref	Type	Amount
051593					
	09/23/2000	03/22/2000	213567	IN	1189.11
	10/22/2000	11/21/2000	213912	CN	-73.40
051593					
					1115.71

Page 2
Produced with ACL by:

ABC Company
Dec. 31, 2004

No	Date	Due	Ref	Type	Amount
056016					
	09/30/2000	10/30/2000	213674	IN	1070.92
	09/30/2000	12/29/2000	213675	IN	736.74
	12/03/2000	12/29/2000	213675	PM	-736.74
	12/03/2000	10/30/2000	213674	PM	-1070.92
056016					
					0.00

9. 承第1題，將ARView1資料匯出至EXCEL 2010格式檔案名稱為ARVIEW1.xlsx，匯出的資料包含欄位名稱，匯出後須使用「Excel」開啓此檔案並查閱其上面的資料是否有差異？
10. 承第1題，將ARView2資料匯出至Delimited格式檔案名稱為ARVIEW2.csv，匯出的資料為UNICODE格式並包含欄位名稱，匯出後須使用「記事本」開啓此檔案並查閱其上面的資料是否有差異？

09 Script基本觀念與撰寫方法

學習目標

透過本章學習，讀者可以將第一章所提到有關資料品質的保證（Data Quality Assurance）、收入的確保（Revenue Assurance）及舞弊偵測（Fraud Detection），這些都必須採用有效的持續性稽核作業（Continuous Auditing Process），透過ACL工具的運用，達到上述所要求的目標（如圖9-1）。

藉由前章節中的介紹，我們了解到，對於單一的檢核項目，往往需要運用二到三個指令，才能夠完成。同時，每個指令在執行前，皆必須依照查核需求，建立或選取必要欄位，設定參數及條件，而這些作業經常需要被重複執行，或依照執行結果來加以修正，加上每個動作，需要依照各種不同情況及條件來執行，光是操作電腦的程序就會變得很複雜，不但會有操作程序不一致或參數設定錯誤的風險，而且非常沒有效率。另外，隨著電腦稽核作業量急速攀升，稽核人員既有的「根據每一次的稽核作業再生產一支稽核程式」的模式已經無法符合電腦審計需求。因此，資訊人員將所熟悉的批次作業（RunBatch）概念帶入ACL，此解決方案是ACL的指令集（Script），指令集不但可使稽核人員進行自動化稽核，同時也能另外包裝成ACL App，提供許多彈性的互動式介面，讓稽核人員可以直接執行查看查核結果和使用圖形化介面分析這些結果，增加稽核結果的視覺化，讓使用者在操作上更為方便。

本章摘要

- 何謂Script
- 如何建立Script
- 如何使用Script中設定環境的指令
- 如何在Script中，設定開啓、關閉與連結檔案
- 如何執行Script（批次作業）
- 如何設定Script執行條件
- 如何將Script包裝成App
- 如何使用App上的識別化圖形功能

第1節

Scripts概述（適用10.5版前）

Script是ACL中一連串的巨集指令集，可以在專案中被重複執行並設定自動化作業；事實上，所有ACL的指令皆可以在Script中被執行，任何命令都可以儲存在Script中；透過Script的執行，可以進行有效的資料分析及將查核程序保留下來，待下次再被運用，來達到稽核自動化的目標。

首先，我們先舉一個範例，讓大家能夠先目睹ACL Script帶來的效率與效益。此範例為針對員工薪資（Payroll Table）的查核程式，使用者只要開啓ACLData專案，然後點選Scripts下的Payroll_Test Script，即會看到此查核程式的內容（如圖9-1）。

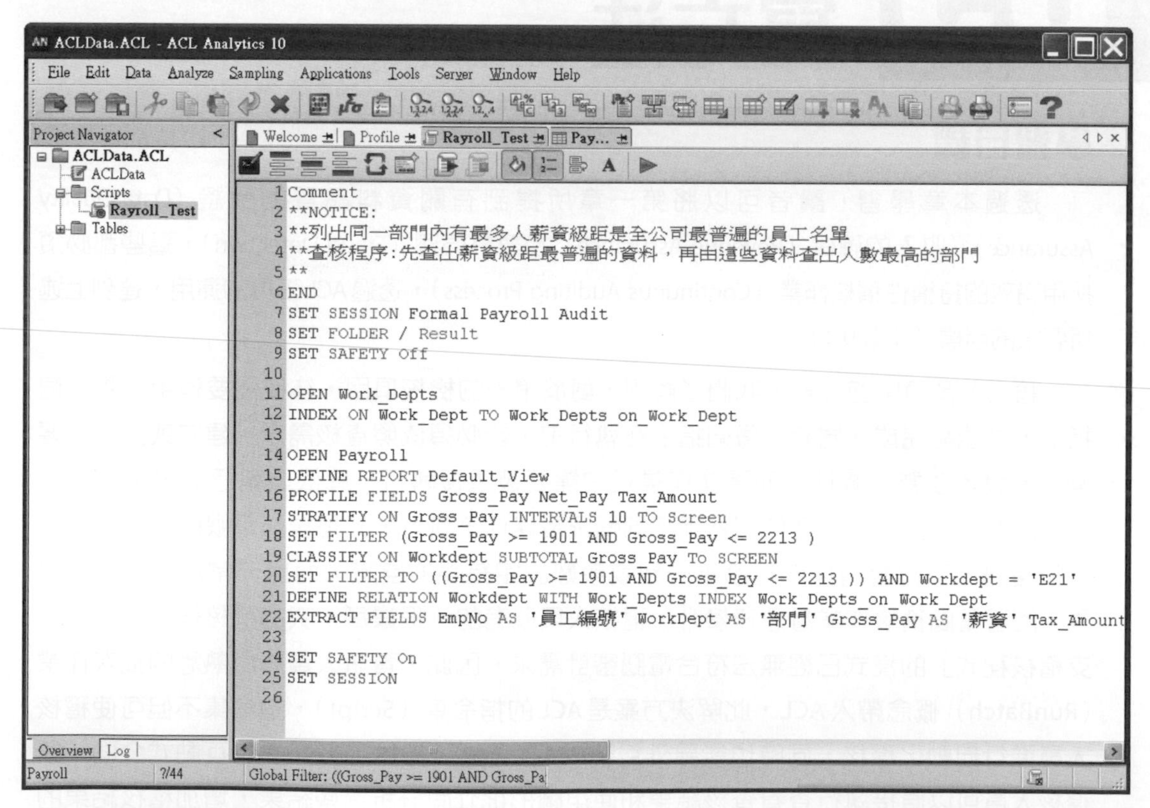

圖9-1 查核程式的內容

若要執行此Script的方法很簡單，只要點選畫面上的 ▶ 按鈕，ACL就會執行此Script；另外使用者亦可以用手動的方式將游標指向Script Name：「Payroll_test」，按滑鼠右鍵，出現下拉式選項，點選RUN，就可以執行Payroll_test Script（如圖9-2），執行結果（如圖9-3），查核結果發現有七筆嫌疑資料可以更深入的分析。

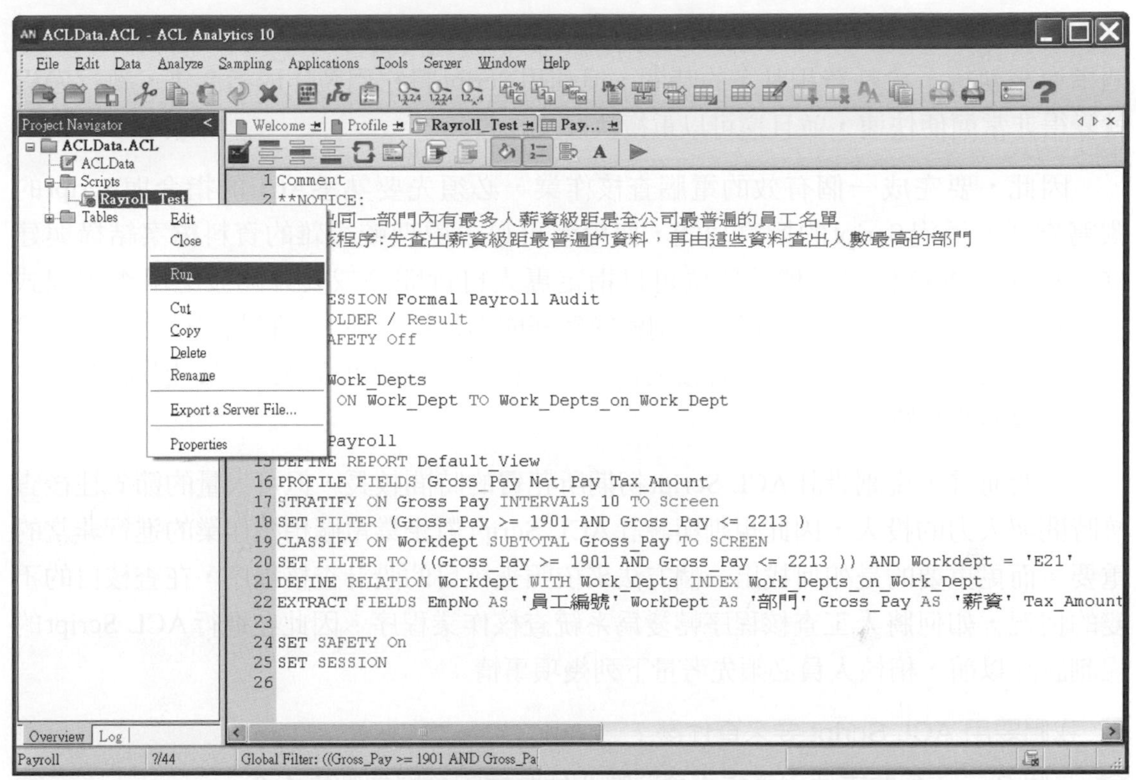

圖9-2 手動執行Script

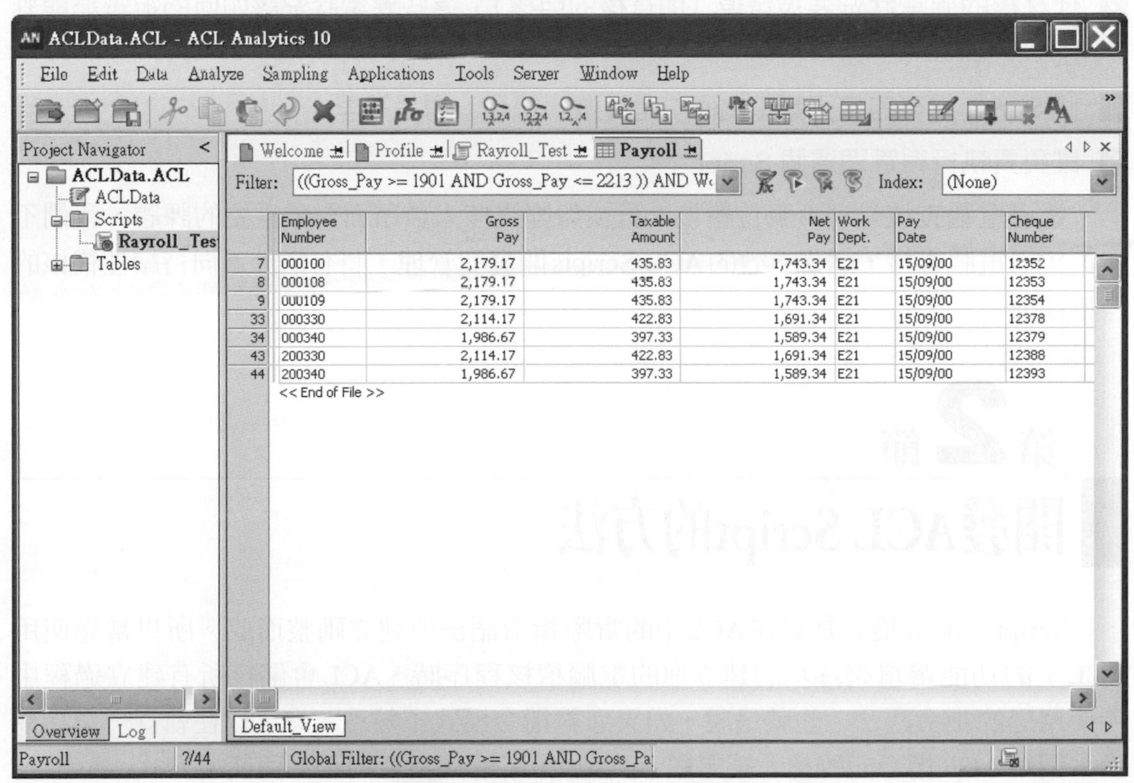

圖9-3 Payroll_testScript執行結果

由圖9-1可知，範例Scripts計有22行ACL指令。如果是以人工操作方式，依照每個指令來執行，會耗費相當多的時間，但利用Script將它們製作成指令集，執行過程就變得非常簡便快速，並且還可以重複執行及修改。

因此，要完成一個有效的電腦查核作業，必須先要熟悉ACL的指令與Script的撰寫方式。透過Script的撰寫功能，使用者可以去處理較複雜的資料檔案結構與建立較複雜的查核程序。稽核單位可以指定專人自行開發或委外開發應用查核程式（Scripts），將這些電腦稽核程式規劃與管理好成爲稽核元件，並將此查核程式分享給其他查核人員，來確保不同的查核人員進行查核作業時能可以達到「最佳執行狀況」且有一致性的品質。

一般而言，規劃設計ACL Script初期所花費的時間較長，但可大量的節省往後查核時間與人力的投入，因此規劃與設計ACL Script對企業電腦稽核作業的進行非常的重要。而更重要的是如何找出一個方法來依照查核目的設計查核程序，在查核目的不變的情況，如何將人工查核程序轉變爲系統查核作業程序。因此在進行ACL Script的規劃設計以前，稽核人員必須先考量下列幾項事情：

1 我們要用 ACL Script 要來查什麼？

2 這個 Script 有要求使用者輸入資料嗎？什麼樣的資料要被輸入？

3 什麼樣的異常狀況要被發現（即查核的目標），這些異常狀況該如何的被辨識與判別？

4 此 Script 未來的執行頻率為何？是每週、每月、還是每季？

5 誰負責執行與管理這個 Script ？

透過電腦查核是現今每位稽核人員或舞弊查核人員所面對最重要的課題，我們不能再繞過電腦查核，透過有效的ACL Scripts開發與管理，將有助於邁向持續性稽核的目標前進。

第2節

開發ACL Script的方法

Script（指令集）是以在ACL中的實際指令語法所建立匯整而成。所以當您使用ACL上的功能選單來逐步的建立你的電腦稽核程序時，ACL會儲存所有建立過程中所使用過的指令語法。也就是說，如果您對指令模式不熟悉，您可以在執行一道指令後，觀察ACL指令記錄檔（結果顯示頁籤），了解此指令的語法與使用方式。ACL提供多種方式，讓使用者可以快速的編輯與開發Script，這些方法說明如下：

方法 1. 使用語法捕捉器（Syntax Capture），來錄製 ACL 操作過程成為一新的 Script。

方法 2. 從指令記錄檔（結果顯示頁籤）中，點選所需要的項目，存檔產生一新的 Script。

方法 3. 從表格歷史（Table History）中，將此表格建立的指令，存檔產生一新的 Script。

方法 4. 使用 ACL 的 Script 編輯器，用人工撰寫的方式一行一行輸入 ACL 語法指令，存檔產生一新的 Script。

方法 5. 使用 Windows 的記事本軟體，用人工撰寫的方式一行一行輸入 ACL 語法指令，存檔產生一新的 ASCII 編碼的文字檔成為一新的 Script。

使用者可以使用上述的任一方法，來建立Script。當你要開始開發Script稽核程式時，首先您應該要建立一管理此Script的基本程序，通常這些程序包含：

1. 是否已預先對所建置的 ACL 專案相關資料檔案、Script、與其相關檔案進行適當的考量其存放於 ACL 專案的目錄位置？您可以對每一個查核程式建立子目錄以管理特定查核應用程式的所有元件。
2. 是否已預先對所建置的 ACL 專案相關資料檔案、Script、與其相關產生的檔案進行適當的考量其存放 Windows 系統下的檔案位置？您可以對每一個查核程式建立子目錄以管理特定查核應用程式的所有元件。
3. 是否已預先對所要開發的 Script 名稱、所會使用的變數名稱及所會產生的資料檔名稱，建立相關的命名規則。
4. 當執行 ACL Script 時，會因指令的需要而產生很多資料檔案。您是否有規畫要如何處理這些檔案？當這些檔案不會再被使用時，您可以在 Script 中寫下指令去刪除它們。
5. 當重複執行 ACL Script 時，若新的執行結果會覆寫現存的資料檔案時，請問您要如何處理？要產生警告的通知或是直接覆寫檔案？若您想要直接覆寫檔案，則必須使用 ACL 所提供的環境設定指令在 Script 的開頭時先設定其安全模式關上（語法為：Set Safety Off），以及在 Script 內容結尾時，設定開啓安全模式功能（語法為：Set Safety On）。
6. 當已設計好一複雜的計算公式欄位並希望把此公式欄位分享給其他的 Script 時，該如何處理？您可以使用 ACL Workspaces（工作區）。工作空間的主要好處是能夠啓動曾經開發過的公式欄位，然後分享給其他使用者與應用程式，更允許對程式做出額外的修改。
7. 當需要使用超過一個以上 ACL 的 Script 時該怎麼處理？可以建立一主程式 Script，然後在此 Script 中使用 Do Script 指令來執行其它的 Script。

第3節 建立您的第一個 Script 程式

使用Script記錄器可以記錄所有使用過的ACL指令，一旦將Script記錄器開啓，ACL就會開始記錄所有之後發生的指令，直到使用者將Script記錄器關閉，ACL會出現對話框輸入Script Name 並儲存之。其操作步驟如下：

STEP01 在Menu Bar中選擇Tools，下拉點選Set Script Recorder On。

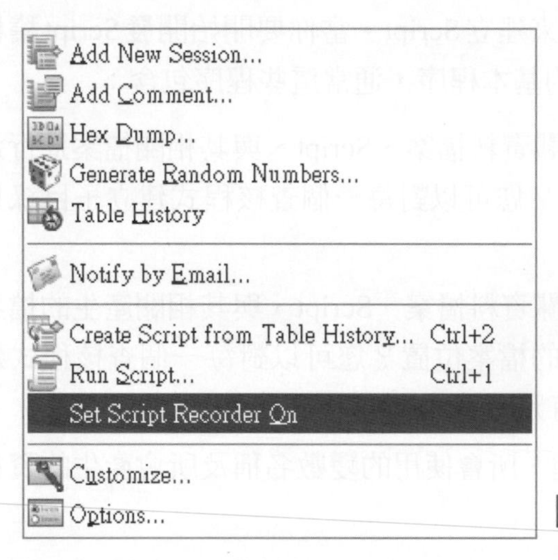

圖9-4 點選Set Script Recorder On

STEP02 點選Tables中的Payroll，開啓此Table。

STEP03 點選Analyze→Profile，Profile fields中選擇Gross_Pay、Net_Pay、Tax_Amount三個欄位，點選確認。

STEP04 完成後，從Menu Bar選單中選擇Tools，向下拉點選Set Script Recorder On，此時ACL會要求您另存新檔案名稱，例如：本範例輸入「First_Script」（如圖9-5）。

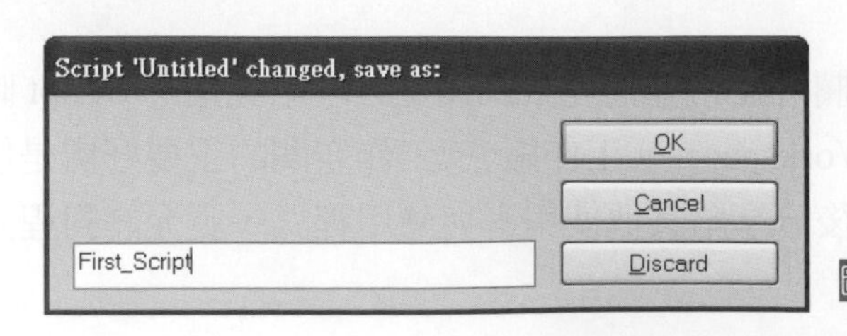

圖9-5 save as對話視窗

STEP**05** 點選OK即完成Script程式（如圖9-6）。

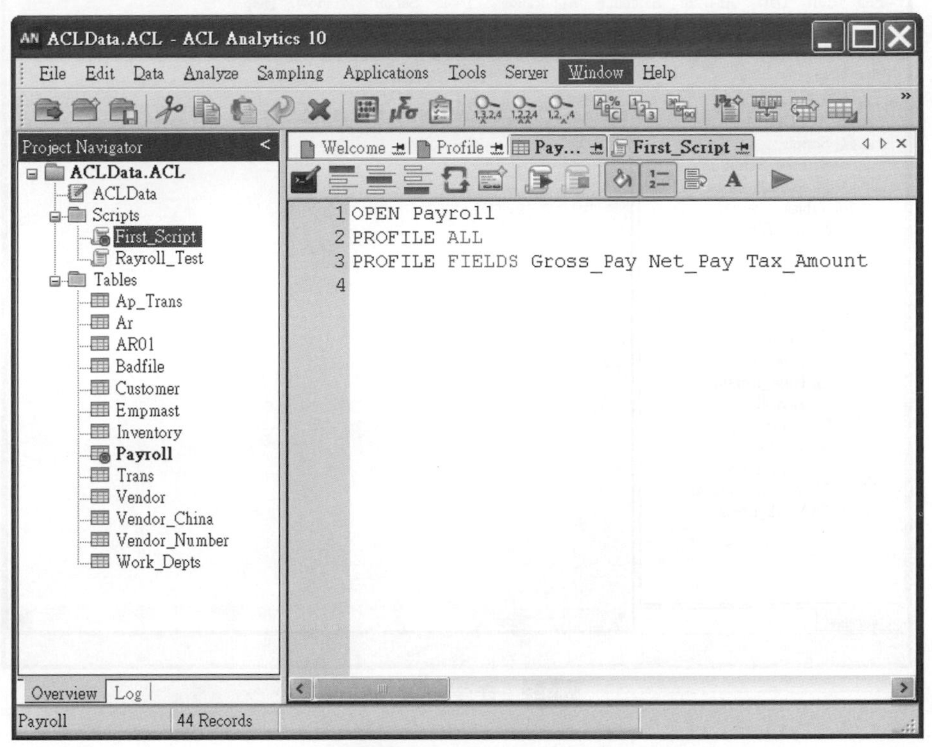

圖9-6　First_Script畫面

您也可以新建立一空的Script，然後執行方法一：使用語法捕捉器(Syntax Capture)，來錄製ACL操作過程成爲一新的Script。其步驟說明如下：

STEP**01** 在Project Navigator上點選滑鼠右鍵，選擇New → Script（如圖9-7）。此時即會開啟編輯畫面（如圖9-8）。

圖9-7　選按Script

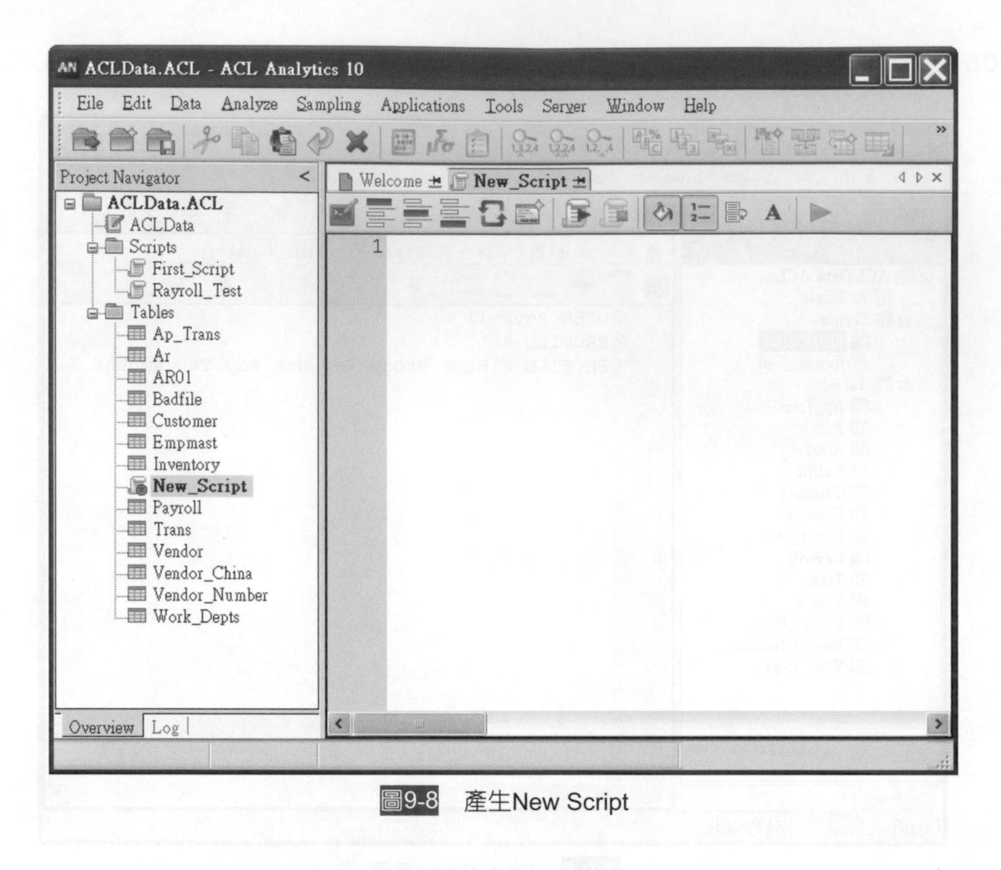

圖9-8　產生New Script

STEP02 以滑鼠右鍵點選Script Name，產生下拉選單，選取Properties，出現（如圖9-9）Script Properties視窗後，選取「Notes」頁框，此時即可輸入適當的整體程式註解，例如：輸入註解為「This is an example of an AR sample batch」，並關閉Notes Window。

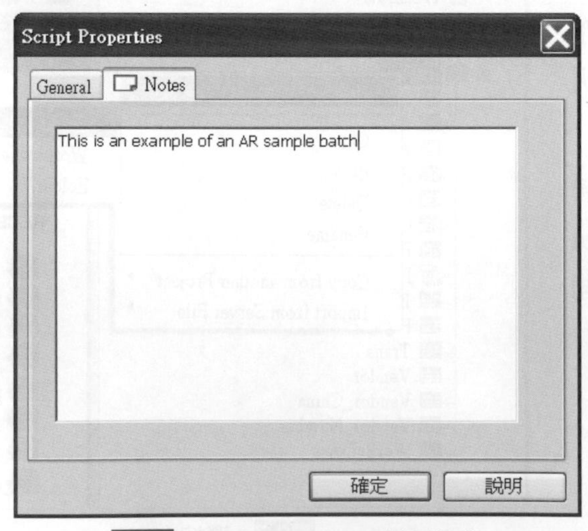

圖9-9　Script Properties對話視窗

STEP**03** 從視窗上點選Start Syntax Capture進行錄製指令（如圖9-10）。

STEP**04** 開啓資料檔案AR。

STEP**05** 執行Count指令，計算筆數。

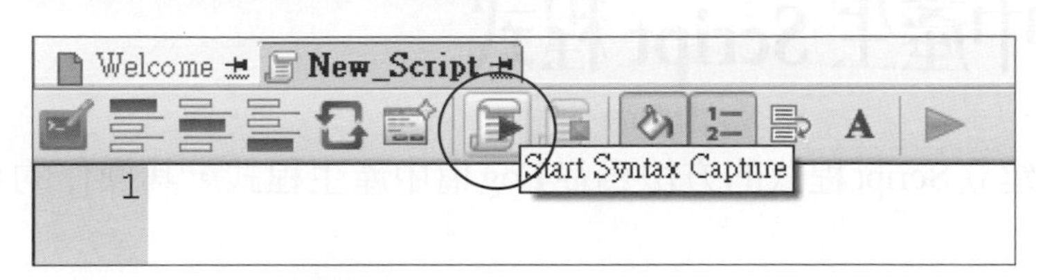

圖9-10　點選Start Syntax Capture

STEP**06** 執行Total，計算Amount欄位的總數。

STEP**07** 執行Statistics指令，分析Due、Date、Amount三個欄位的分佈狀況。

STEP**08** 執行Classify指令，以No欄位來進行分類，加總Amount金額並選擇Output為圖表（Graph）。

STEP**09** 結束錄製，點選End Syntax Capture，停止錄製指令，儲存Script，將檔名更改為Second_Script（如圖9-11）。

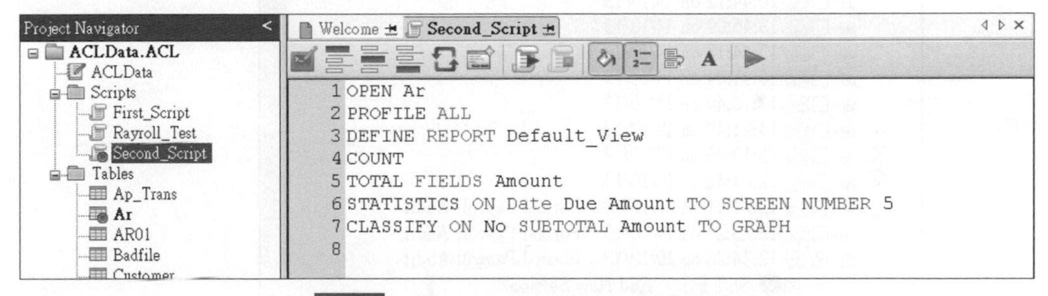

圖9-11　Second_Script的ACL指令程式

第4節 從Log檔中產生Script程式

在ACL中常見的建立Script程式的方法爲從Log檔中產生程式，其操作的步驟如下：

STEP01 從Project Navigator Window下選取Log視窗，然後點選Project History內的結果顯示頁籤。

STEP02 利用滑鼠點選所要產生Script的項目，此範例請點選上一節Second_Script所使用的ACL語法，此時這些語法前面都會有X的符號。

STEP03 利用滑鼠右鍵，產生下拉式選單，選擇Save Selected Items→Script（如圖9-12）。

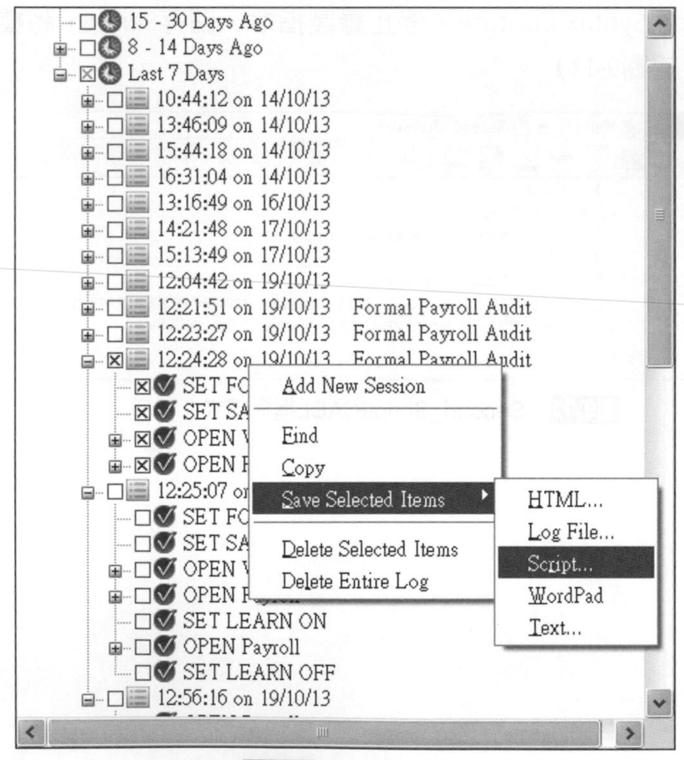

圖9-12 選取Script

STEP04 畫面產生儲存New Script名稱的對話視窗（如圖9-13），本範例請輸入「Third_Script」。

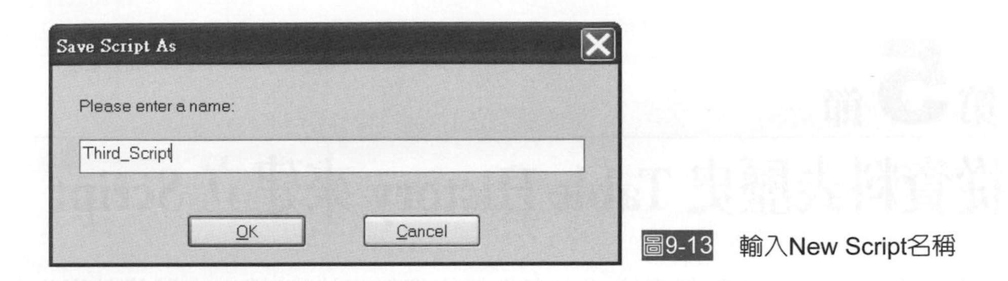

圖9-13　輸入New Script名稱

STEP05　結果自動從Log File中產生Script「Third_Script」（如圖9-14）。

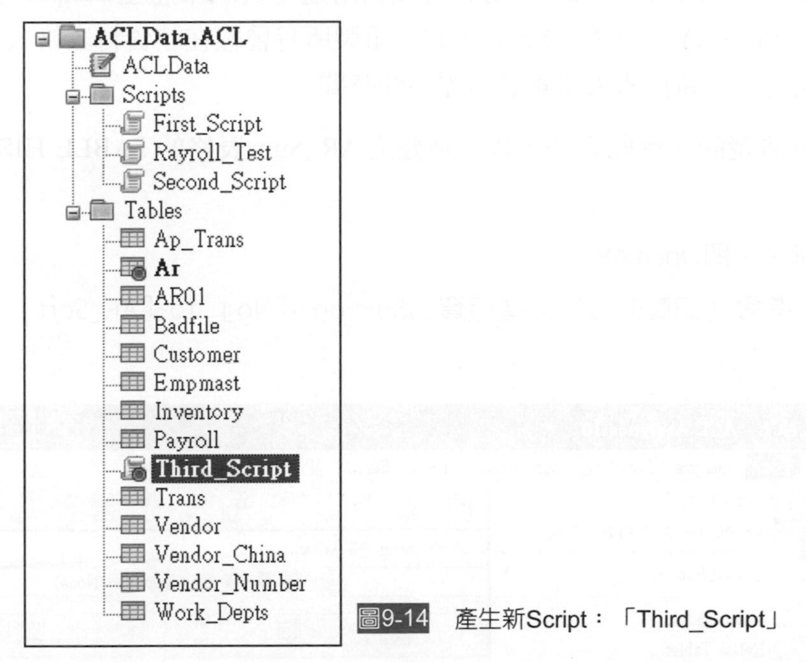

圖9-14　產生新Script：「Third_Script」

使用從歷史記錄檔（結果顯示頁籤）中，存檔產生Script。讓我們有更大的彈性可選擇所要的項目，不用擔心在錄製過程中操作步驟錯誤而需要重錄。

第5節 從資料表歷史 Table History 來建立 Script

ACL可對透過現有的資料表格式去產生新的資料表格.fil檔，去記錄其產生此新資料表格的各個步驟與執行過的指令，使用者可以利用這些資訊來產生Script程式。從歷史檔（TABLE HISTORY）中產生Script，它會重製所有曾經在該資料表格式上所進行過的程序，如此可以大量節省人工重製所需要的時間。

爲了讓讀者可清楚的了解此方法，以下爲建立AR_Sum表格的TABLE HISTORY操作步驟：

STEP01 開啓AR Table，即Open AR。

STEP02 執行SORT指令（如圖9-15），進行資料Sort on 「No」 to「AR_Sort」（如圖9-16）。

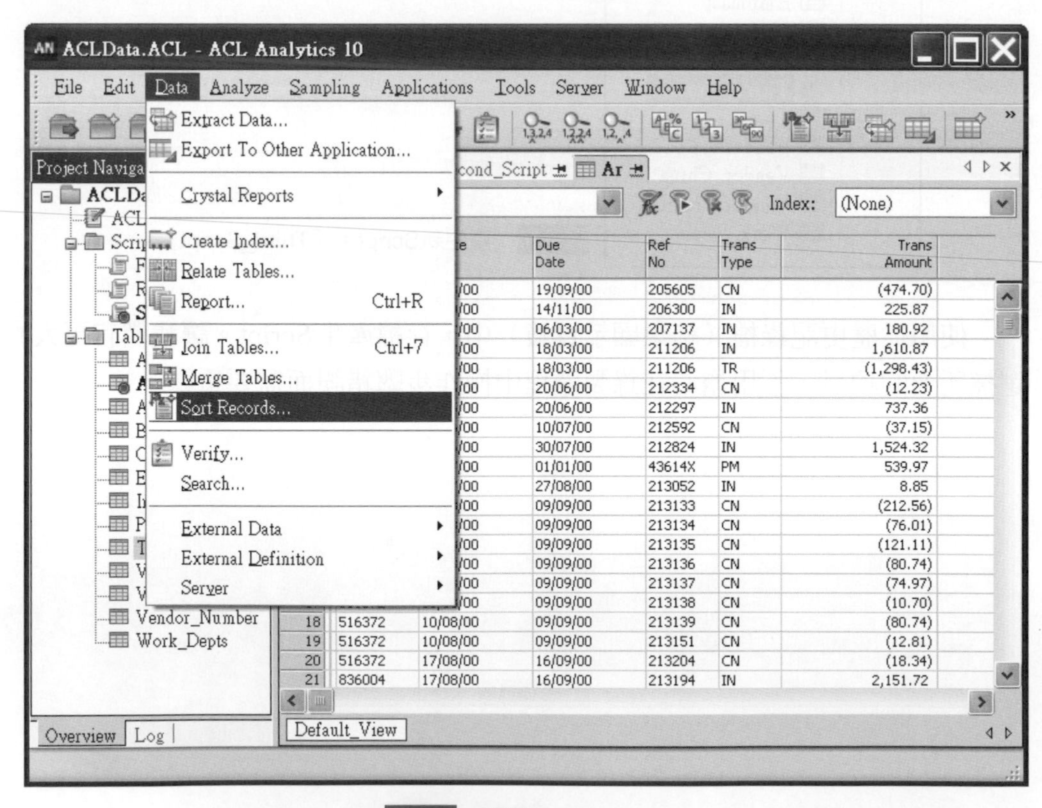

圖9-15 選擇Sort Records

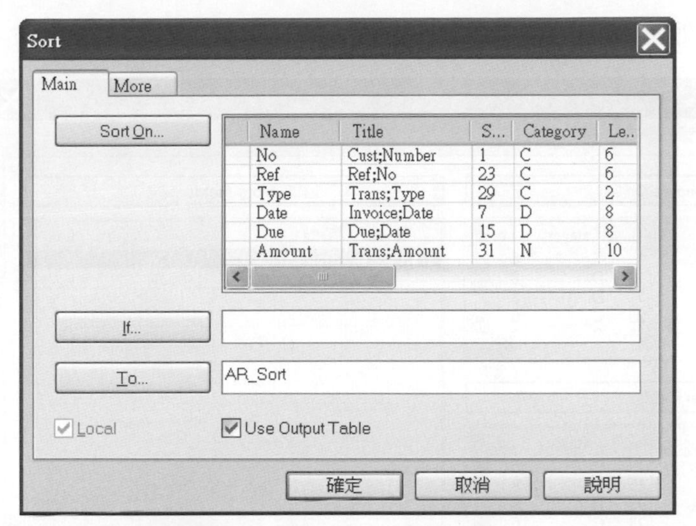

圖9-16　Sort on No to「AR_Sort」

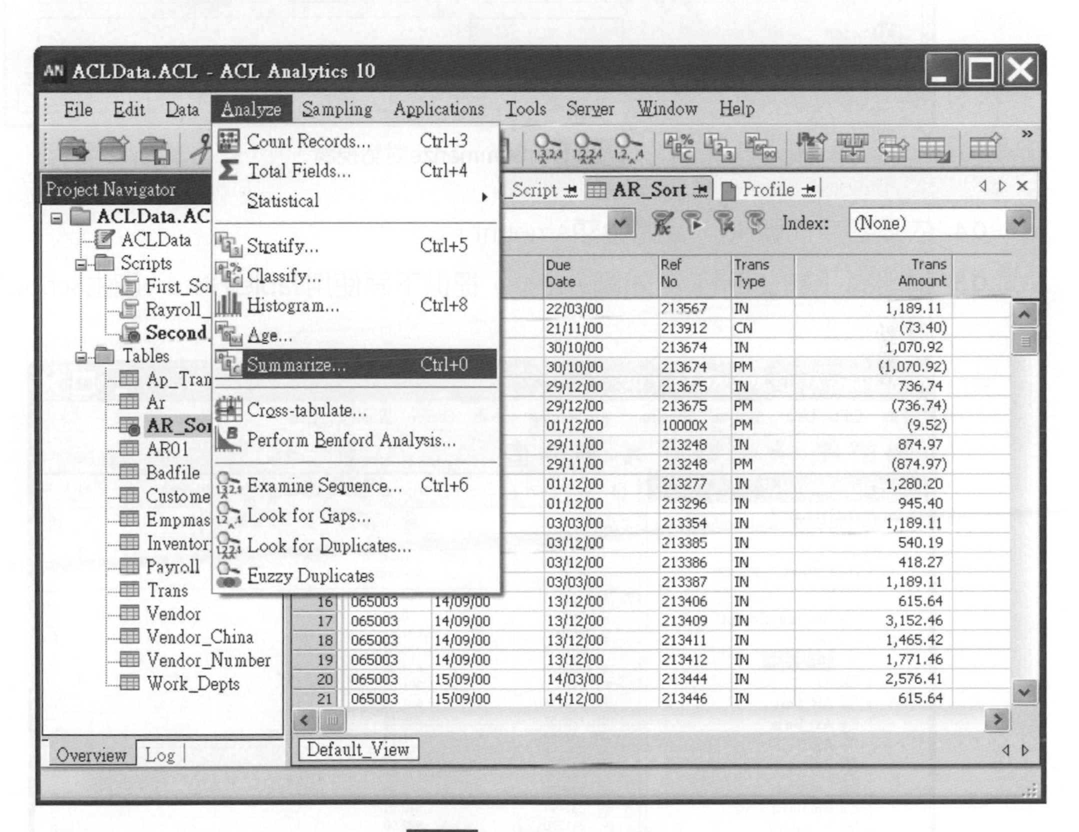

圖9-17　選取Summarize

STEP03 執行Summarize（如圖9-17、9-18）。

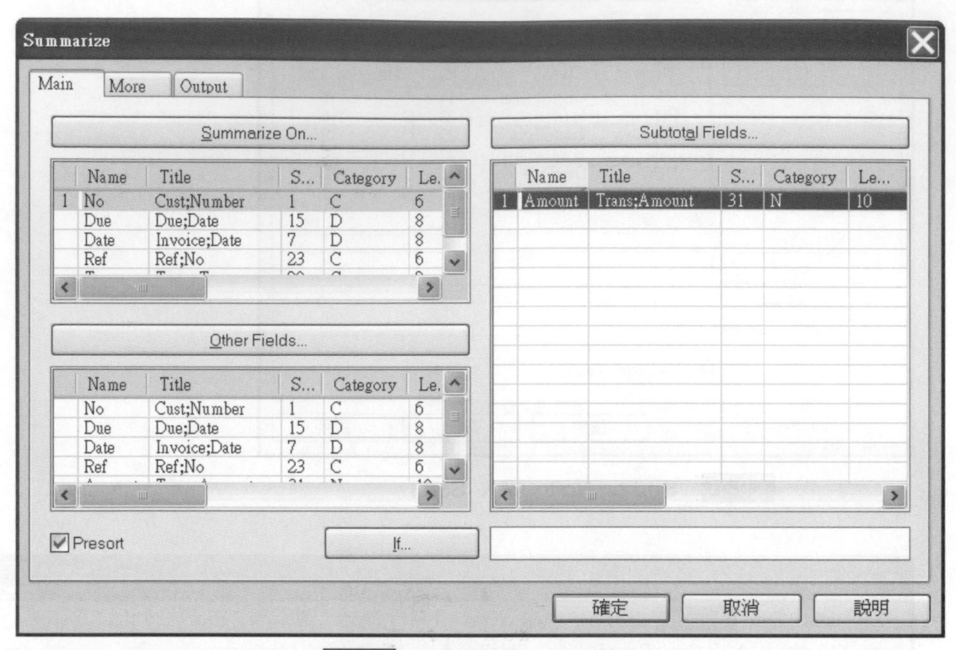

圖9-18 Summarize對話視窗

STEP04 依照客戶代號No，彙總金額Amount。

STEP05 輸出為「AR_Sum」（如圖9-19），提供下面使用Table History產生Script練習使用。

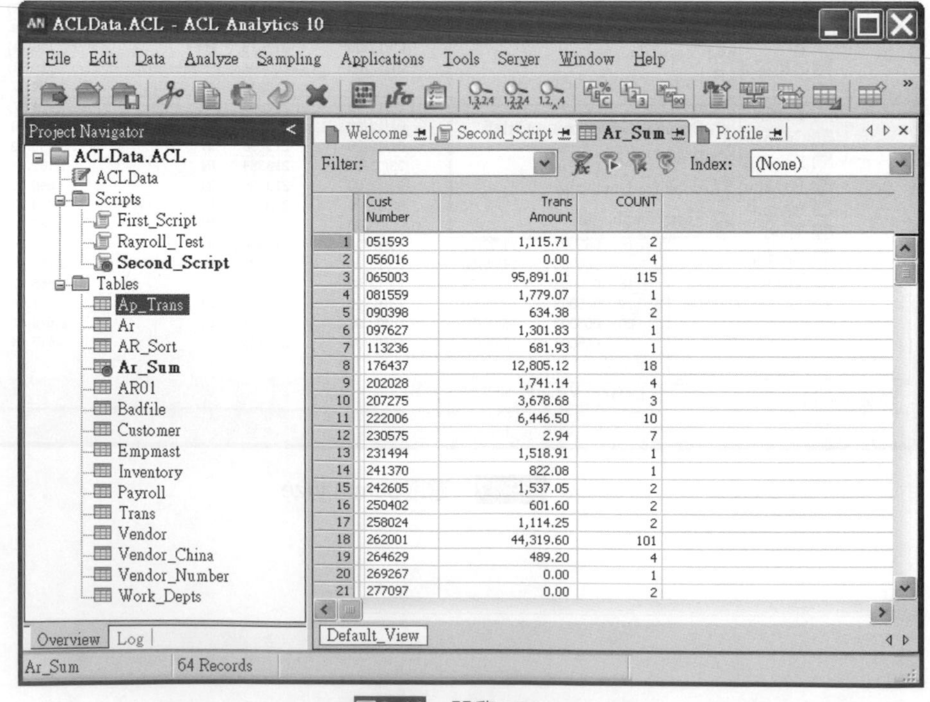

圖9-19 開啓AR_sum

由上面的操作過程後，目前此專案已產生一新的表格AR_Sum，而此表格所產生的歷史過程亦被記錄在Table Histroy中，我們可以透過Create Script from Table History的功能來建立一新的Script：

STEP01 之後在Project Navigator Window內，點選開啓AR_Sum（如圖9-19）。

STEP02 然後從Menu Bar選取Tool，再下拉點選Create Script from Table History（如圖9-20）。

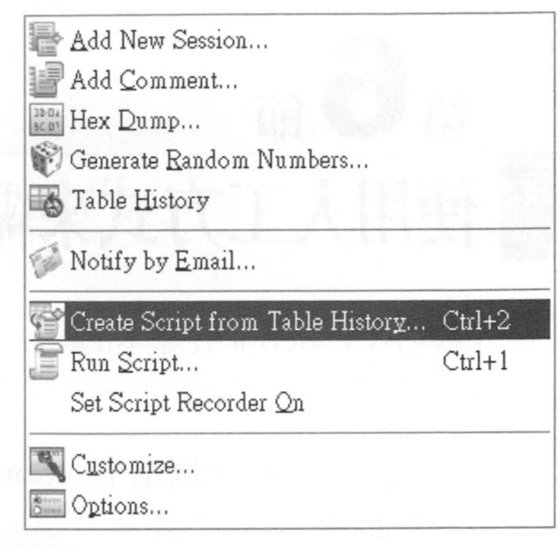

圖9-20 點選Create Script from Table History

STEP03 此時中間畫面會要求改名，請輸入「Fourth_Script」。

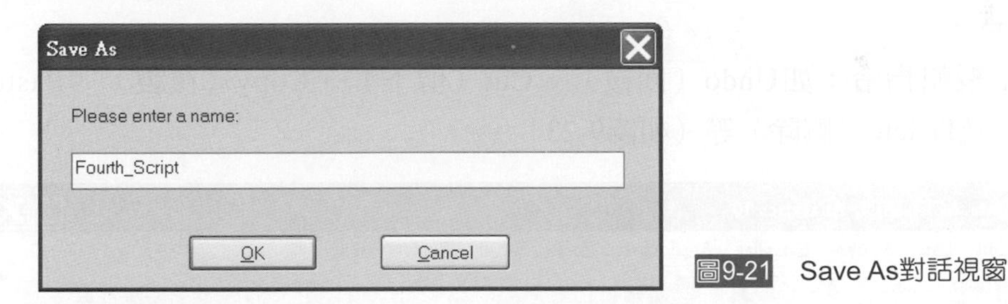

圖9-21 Save As對話視窗

STEP04 此時會存入新Script名稱「Fourth_Script」。

STEP05 直接點選Script「Fourth_Script」，就會出現它的內容，如同原本的程式。

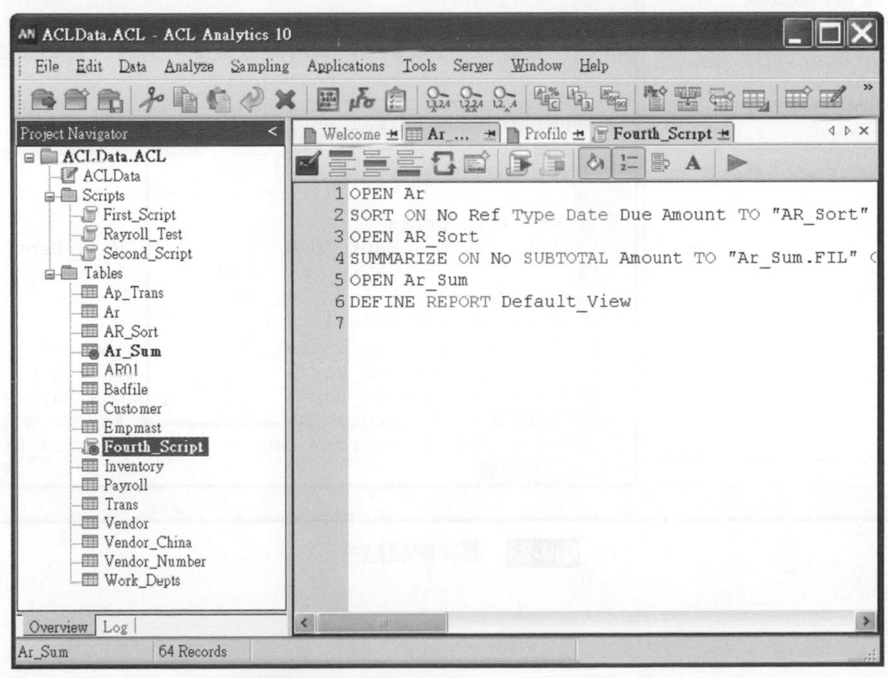

圖9-22 檢視新Script:「Fourth_Script」

第6節 使用人工方式來編輯Script

編輯ACL Script最基本的方法，就是使用人工撰寫方式，輸入ACL的語法指令於Script編輯器上。在編輯時，必須注意以下要點：

- 在Script中，每一個指令（Command）必須要在新的一行，每一個指令不應該跨越一行以上。
- 指令在輸入時，可以使用大寫、小寫，或者兩者混用。
- 可以在編輯畫面上使用滑鼠的右鍵，叫出輔助工具列來進行編輯的協助，輔助工具列上包含：
    - 基本編輯指令：如Undo（回復）、Cut（剪下）、Copy（複製）、Paste（貼上）及Delete（刪除）等（如圖9-23）。

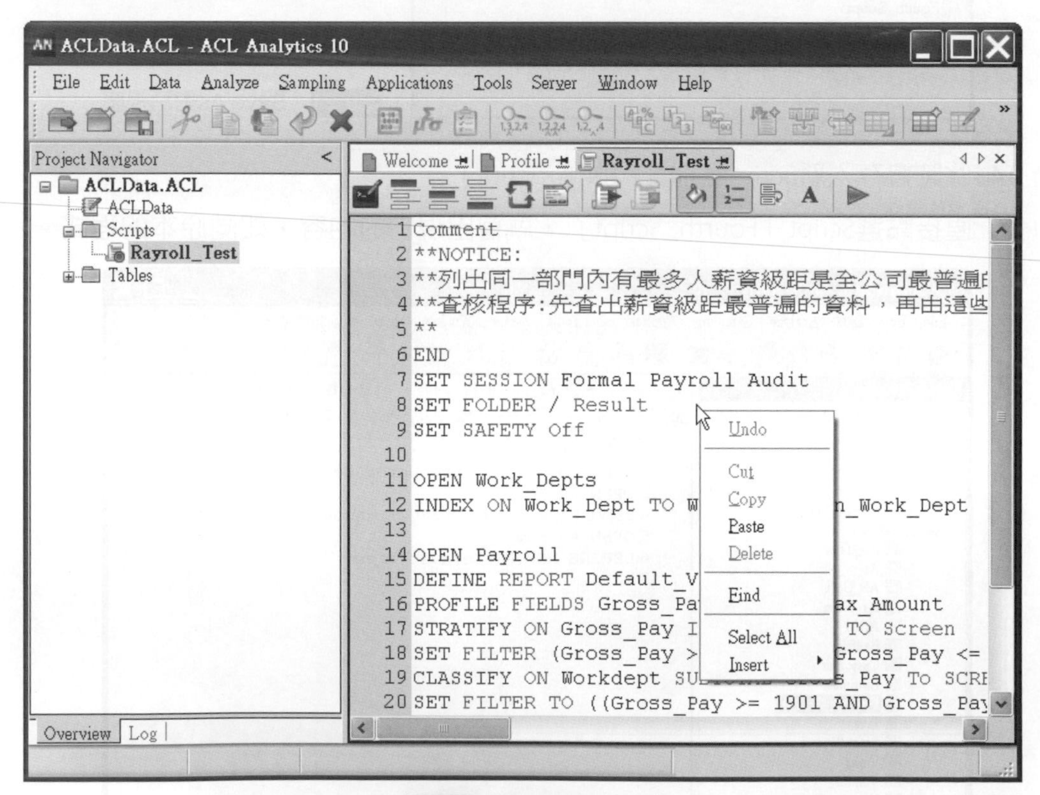

圖9-23 基本編輯指令

- 搜尋或替代指令：如Find（搜尋）可以去找尋或替代字串（如圖9-24）。

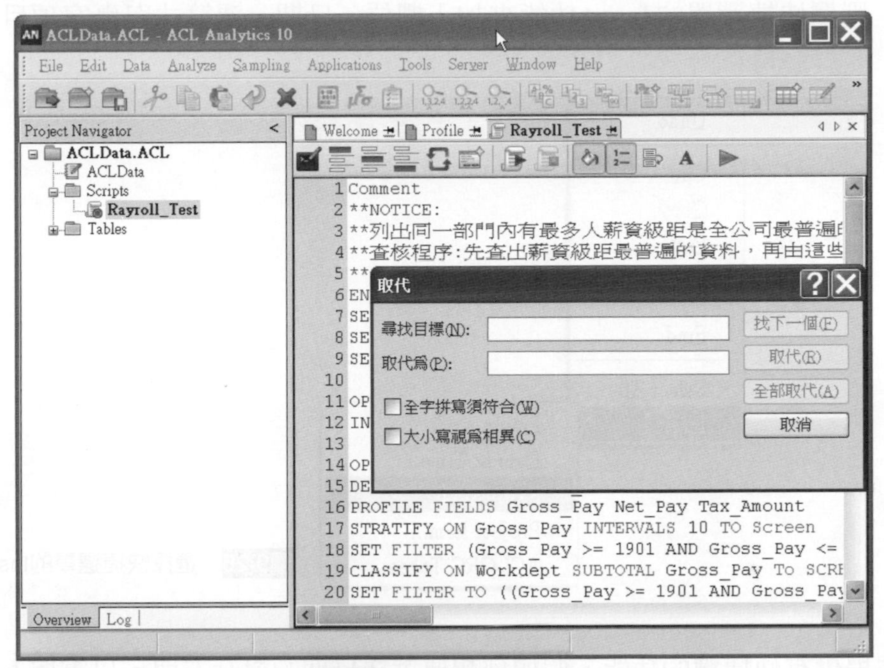

圖9-24　搜尋或替代指令

- 插入項目指令：如Insert（插入）指令，可以插入目前專案內相關的項目（如圖9-25）。10.5版前可以插入的項目包含有Field（欄位）、Date&Time （日期）、Expression（描述式）、Project Item（專案項目）與ACLGRC Token（ACL GRC的報告），而較新的版本則將ACLGRC Token改為HighBond Token，並新增了ScriptHub Snippet。

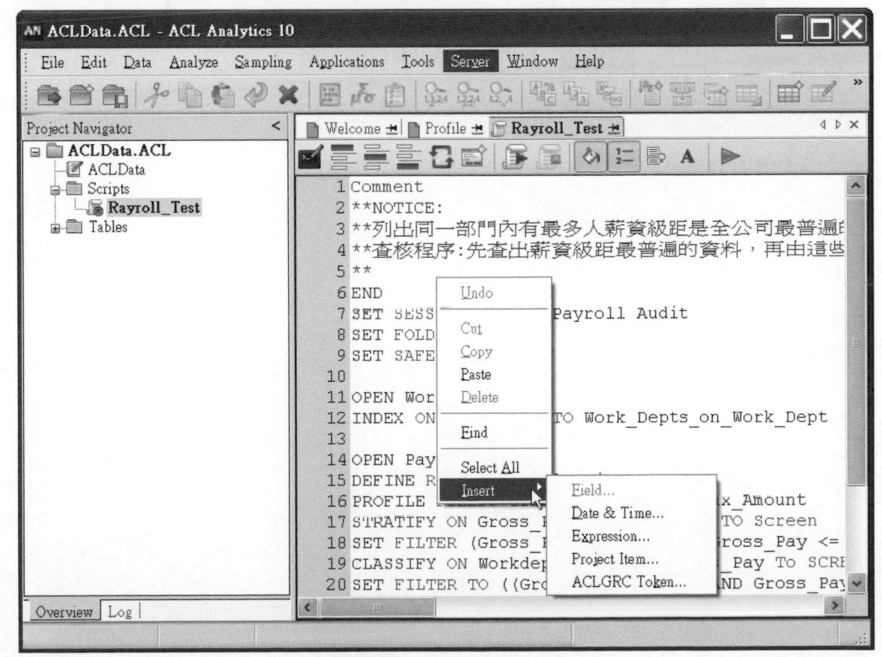

圖9-25　插入項目指令

當撰寫一支Script時，如果您想要取得目前正在開啓的檔案欄位清單，只需要按滑鼠右鍵，選擇快捷選單的Insert功能來加入欄位、日期、運算式與專案項目（如圖9-26）。

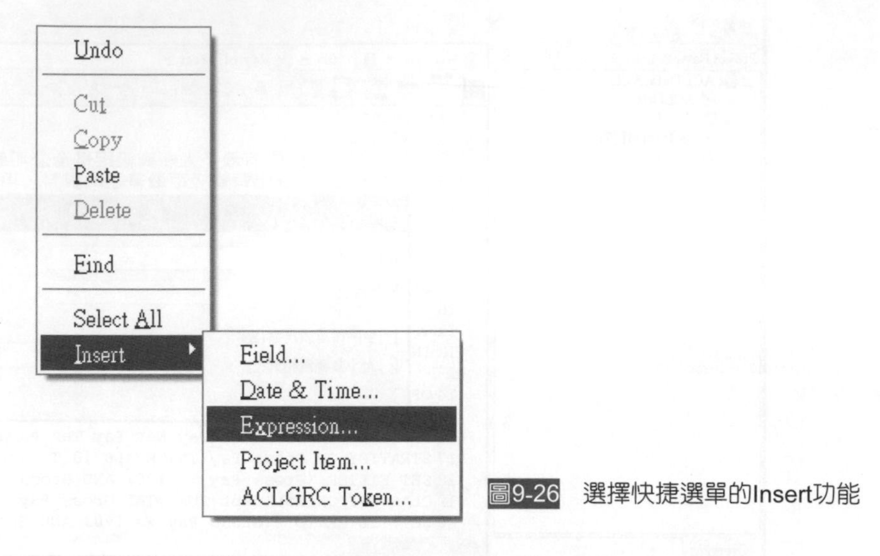

圖9-26　選擇快捷選單的Insert功能

另外亦提供有快捷鍵的功能，假如您想要選擇日期的對話方塊，只需按下鍵盤上的功能鍵F8即可（如圖9-27）。

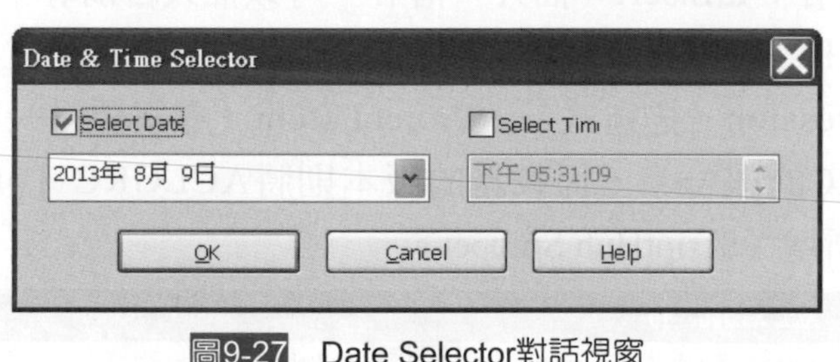

圖9-27　Date Selector對話視窗

第7節

編輯ACL Script的技巧

ACL提供有多項的設定環境的指令，讓使用者可以於Script內使用，調整系統環境，讓Script可以順利的以所需要的模式來執行。在Script中最常使用到的設定說明如表9-1。

表9-1　ACL常用設定

功能	說明
Set Safety On / Off （設定安全訊息啓動／關閉）	原始設定為啓動（Set Safety On）。此時每一次只要一出現安全訊息，Script將暫停執行，直到收到使用者回應才繼續執行。 您可以將這個設定關上（Set Safety Off），在要執行既有檔案覆寫時，即可以跳過ACL的安全警告訊息。
Set Filter <expression>（設定篩選條件…）	這個指令讓您可以把全域篩選條件（Global Filters）開啓與關閉。
Set Index To <name>（設定索引到…） 或 Close Index（關上索引）	這個指令讓您可以把索引檔開啓與關閉。
Set Exact On / Off （設定完全相符比對啓動／關閉）	原始設定為啓動（Set Exact On）。此時系統會執行等號左右二邊的字需要完全相同，常會是True，也稱為完全相符的比對。 若設定為Set Exact Off，則此指令會允許系統進行相似比對，只要前面的文字一樣即會是True，不需要是字數也要一樣。
SET SESSION（設定對話）	在ACL指令記錄檔（結果顯示頁籤）中創造一個會話名稱（The session_name）。
SET FOLDER（設定路徑）	在專案總覽（Overview）中，其預設輸出資料夾為包含正在運作的資料表的資料夾。

輸出的資料夾會保持您的設定值，無論重新設定或重新開啓專案，輸出之資料夾會回復到原始設定值。

通常我們編輯的Script，會在程式的一開始時增加一些設定環境的指令，來讓系統符合Script執行的需要，例如Payroll_Test Script中，有下列的環境設定指令：

- SET SESSION Formal Payroll Audit
- SET FOLDER / Result
- SET SAFETY Off

此三行的指令分別說明如下：

第一行爲設定新開始一Log記錄的程序，名稱爲Formal Payroll Audit。

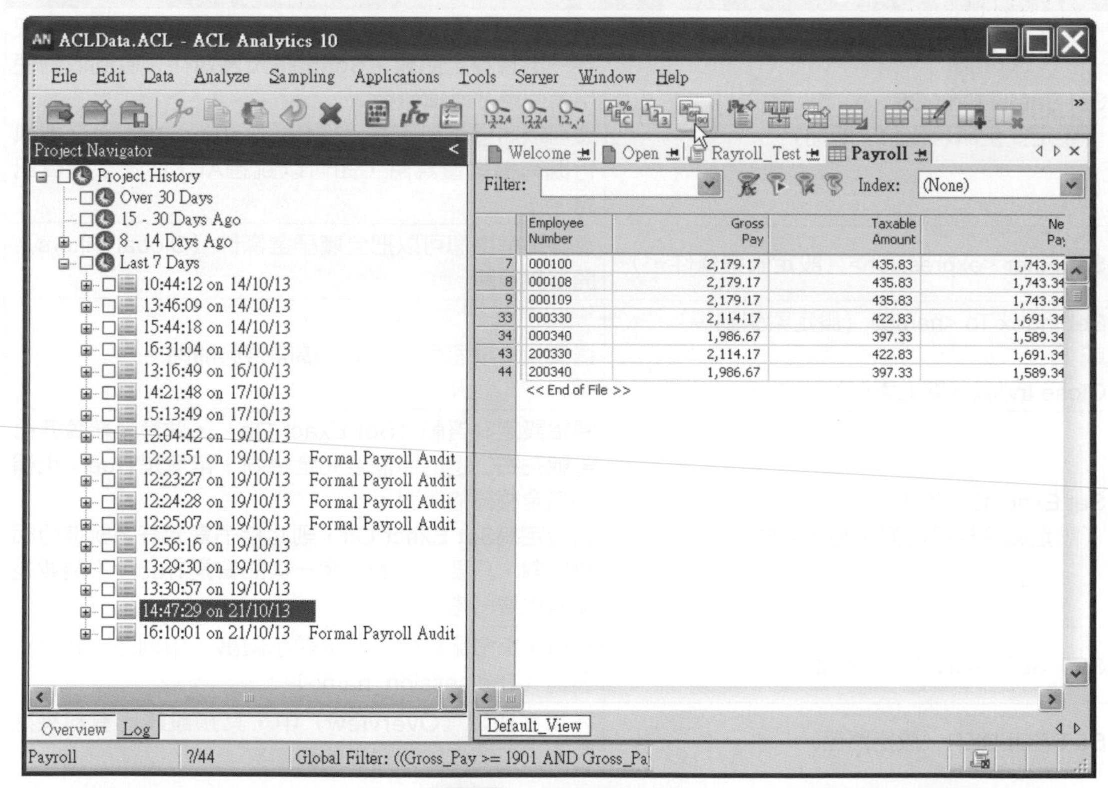

圖9-28 Log記錄的程序

第二行爲設定一新路徑\Result，將結果顯示於此路徑下。

第三行爲設定安全訊息關閉，讓產生的新檔案可以自動的覆蓋舊檔案，程式執行時不會中途停止。

❖ 在Script中加上註解

在建立一支Script時，針對重要執行段落撰寫文件說明，有助於Script的執行。

1. Comment（註解）透過人工輸入在 Script 編輯模式中。單一列註解需要將說明文字設在 Comment（或用 Com）指令之後（如圖 9-29）。

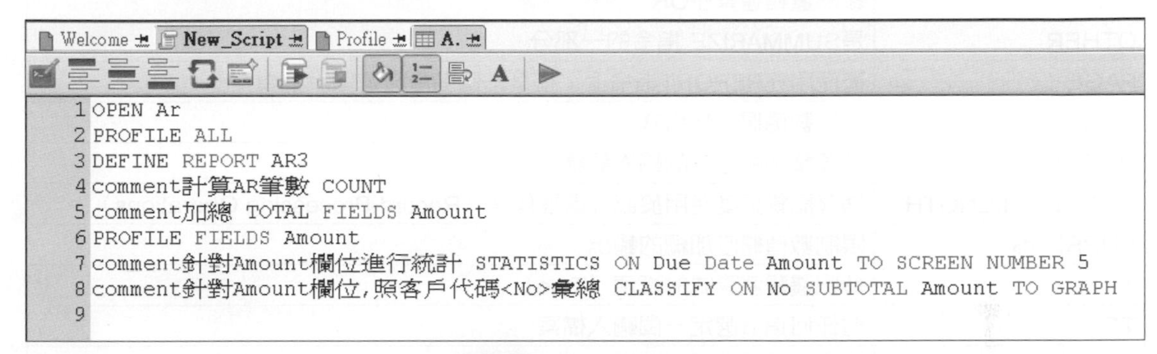

圖9-29 Comment指令

2. 對於一次多列的註解說明，只須在第一列出現一個 COMMENT 指令即可。而緊接在後的那幾列則放上說明文字。最後一列必須為 END 指令或是空白列。

3. 不要使用空白列去間隔註解說明，因為在 ACL 中使用空白列相當於 END 指令。

❖ 保留關鍵字

ACL因特殊目的保留許多關鍵字，在編撰Script應避免使用這些關鍵字或其第一個字母來當作變數與欄位名稱，例如：使用「A」作為欄位名稱是無效的，因為它與「AS」衝突，又比如「REC」與「RECORD」衝突，另一方面，「ASK」是可以的，它並沒有和AS混淆（如表9-2）。

表9-2 ACL保留關鍵字表

關鍵字	說明
ALL	參照之前所有定義的欄位
AND	參照邏輯運算子AND
AS	可以賦予輸出欄位或演算欄位名稱（它必須使用引號括起來）
CANCEL	取消現在執行的指令
D	對於前列的演算式或欄位名稱，指定降冪排列
END	結束輸入流程或作業，就如同一個無效行
EXPR	是一個預設輸出欄位名稱的簡稱
F	參照一個邏輯算式的假值（False）
FIELD/FIELDS	是EXPORT、EXTRACT、JOIN 及SAMPLE 指令的一部分
IF	設定條件式

關鍵字	說明
NODUPS	刪去在報表中關鍵欄位（Key Field）重複的值
NOT	參照邏輯運算子NOT
NOZEROS	產生零值在數值欄位裡或要印的報表中或顯示空白
ON	在欄位明細前
OR	參照邏輯運算子OR
OTHER	是SUMMARIZE 指令的一部分
PAGE	被使用在REPORT指令上，在某一個階層後會顯示跳頁
PICTURE	指定數值欄位的格式
RECORD	參照整個所存在的輸入記錄
RECORD_LENGTH	儲存記錄長度使用於記錄處理作業（Record-Processing Operations）
SUPRESS	限制數值欄位加總的輸出
T	參照邏輯演算式的真值（True）
TO	對任何指令選定一個輸入檔案
WIDTH	變更指定欄位或演算欄位的預設列印寬度

第8節 開啓、關閉與連結檔案

❖ 開啓與關閉檔案

在Script中提供開啓（Open）與關閉（Close）指令，來讓電腦稽核人員可以開啓或關閉所用要使用的資料表。另外，執行此指令亦可讓使用者確認目前處理的是正確的檔案。其使用的方法舉例如下：

```
OPEN EMPMAST
或
CLOSE
當執行 Join 指令後，要去關閉已經開啓的比對的次檔，指令語法如下：
CLOSE SECONDARY
```

❖ 連結新的資料檔到目前的資料表格式中

ACL的資料表格只定義好格式與相關的實際資料檔連結記錄，因此對於一個會定期做資料更新的資料檔案，若要定期的進行查核，則每一次就必須要重新的建立一個資料表，很浪費時間。ACL提供在Script中，可以透過下列指令語法將新的資料檔案連結到現有資料表格式中，以解決上述的問題。

```
OPEN {table_name | data_file <FORMAT layout_name>}
```

這段指令會將資料表格式的原連結記錄刪除而重新建立一個新的資料表連結記錄，此時你在View上就會看到新資料。但要特別注意，此部分的data_file僅適用於ACL的.fil, dbase 的.dbf檔案與其他固定欄位的文字檔，並不是所有的資料檔都適用。另外假如所要連結的資料檔案並沒有在目前的ACL專案目錄下，則需要在指令中提示路徑（Path）。

注意 當在Script中需要提示路徑與資料名稱時，建議最好在不同元件間加上雙引號以茲區別。

第9節

Script 編輯器的方式

ACL Script編輯器上有許多功能，可以提供使用者來編輯Script，使用者可以於編輯器的Menu上看到如圖9-30的畫面：

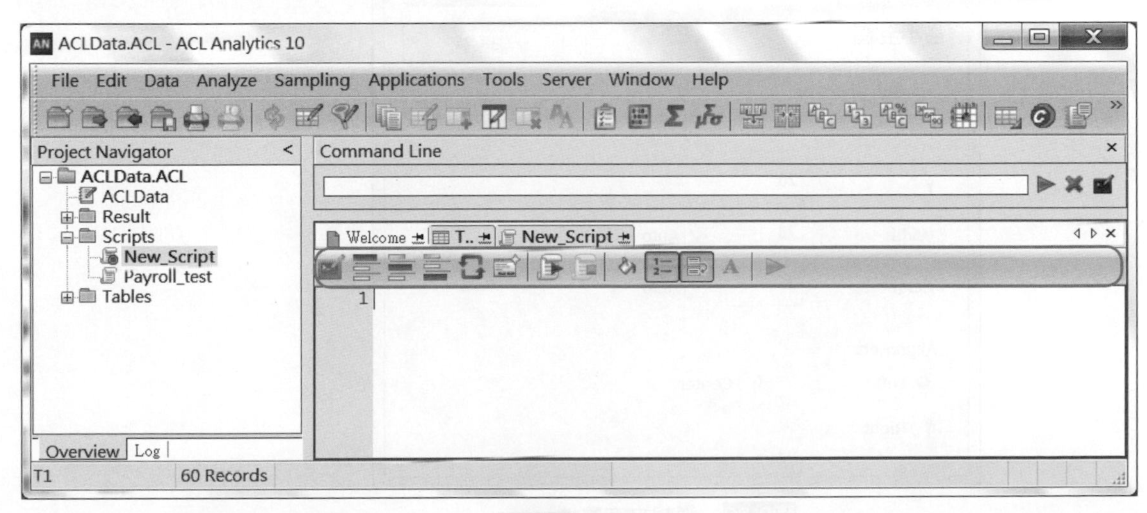

圖9-30 Menu

相關的編輯Script指令的輔助按鈕在左邊區，以下表格說明各輔助指令的用法：

1 建立新互動視窗（Build New Dialog）

點選此功能時，螢幕會出現如圖 9-31 的編輯畫面：

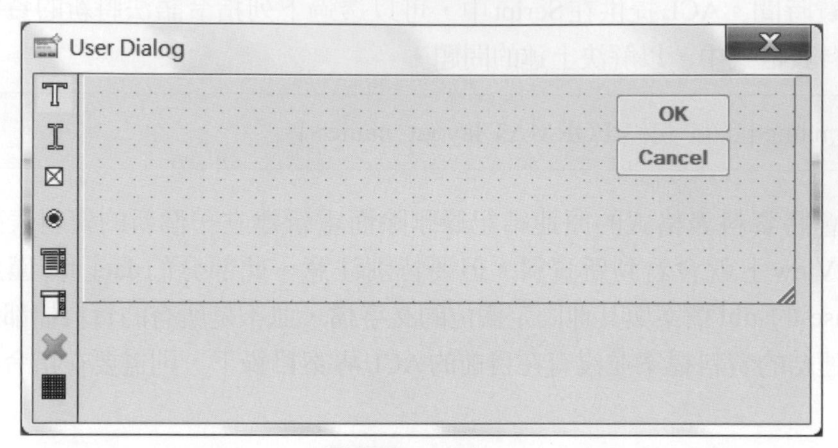

圖9-31 編輯畫面

使用者可以於此畫面下編輯此 Script 的互動 Windows 畫面。

例如：若要編輯一個畫面可以讓使用者於執行此 Script 時，動態的輸入一最小金額資料，來進行資料的過濾，則其操作的步驟為：

STEP01 點選 。

STEP02 選擇 T，則會出現編輯文字的屬性，畫面如圖9-32：

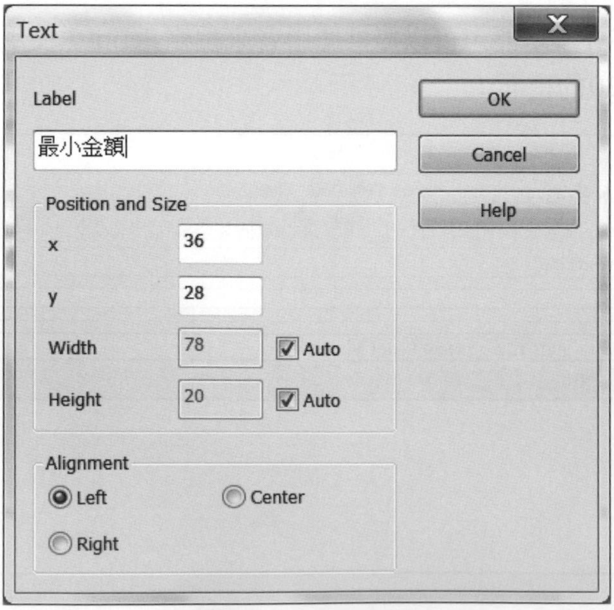

Text

Label

最小金額

OK

Cancel

Help

Position and Size

x 36

y 28

Width 78 Auto

Height 20 Auto

Alignment

Left Center

Right

圖9-32 編輯文字屬性

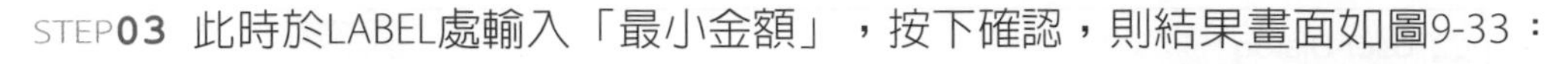

STEP**03**　此時於LABEL處輸入「最小金額」，按下確認，則結果畫面如圖9-33：

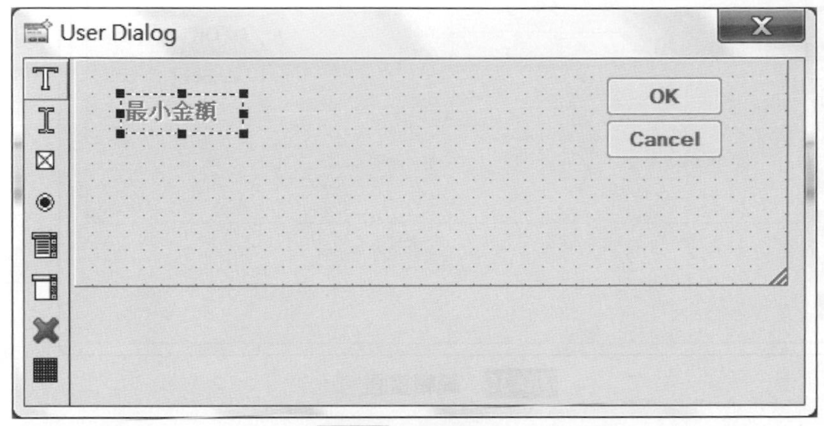

圖9-33　編輯畫面

STEP**04**　點選 I ，則會出現文字輸入對話框的屬性，畫面如圖9-34：

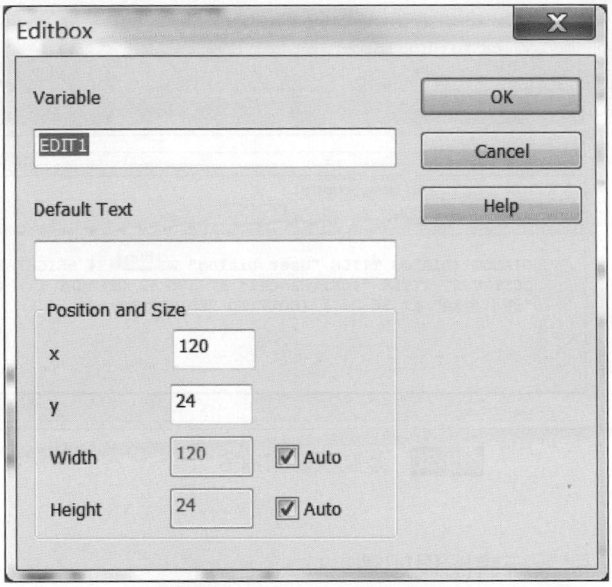

圖9-34　編輯文字對話框屬性

STEP**05**　使用者可以輸入與選擇所需要的介面位置與大小，Variable為表示此輸入的值要存儲的變數名稱；Default Test為表示此變數的初始值，使用者可以自行調整這些值。調整完成後，按下確認，則會顯示如圖9-35：

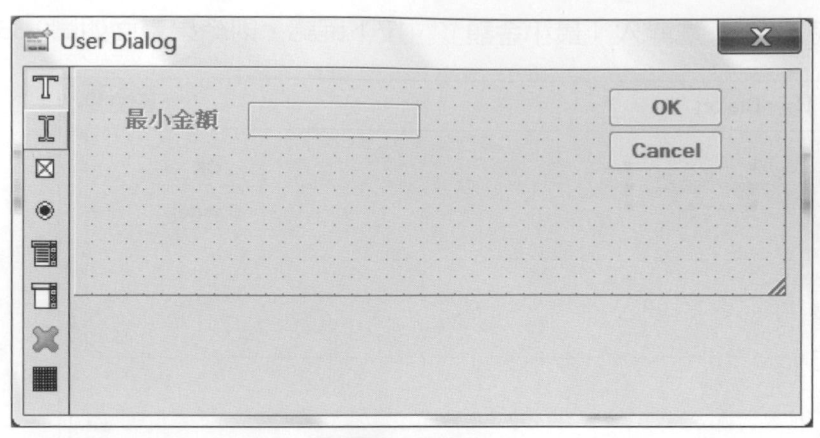

圖9-35 編輯畫面

STEP06 點選右上角的 [x]，則系統會問你是否要儲存，此時選YES，則編輯器會出現如圖9-36的指令。

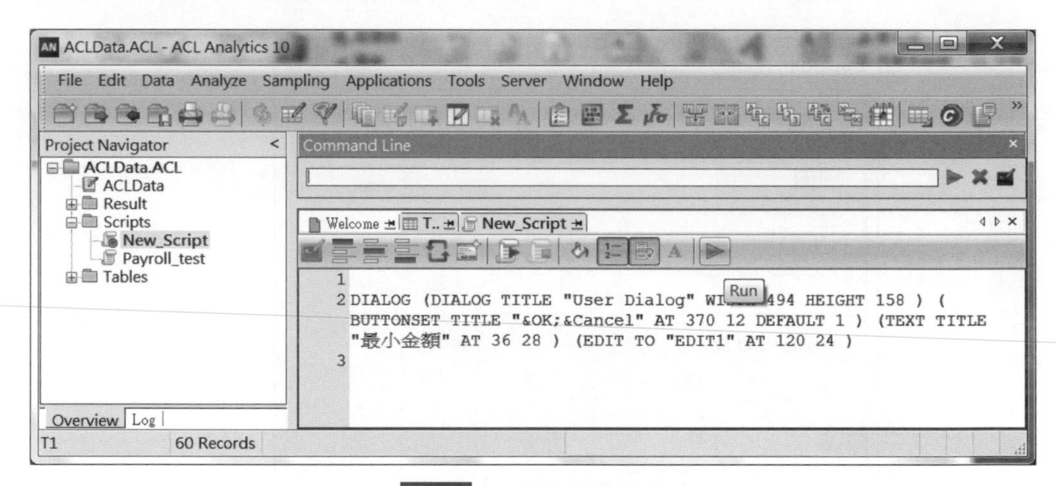

圖9-36 互動視窗的指令

STEP07 點選執行鍵 [▶]，則系統會出現如圖9-37。

圖9-37 互動視窗

2 編輯功能

點選此功能時先將游標移至所要編輯的地方，然後點選此功能，螢幕會出現原編輯畫面，供使用者修改。例如：我們要編輯修改上面的對話框內容，則只要先將游標移至 DIALOG 指令上，然後選選 (Edit Command) 則系統會出現如圖 9-38 的畫面，此時即可以進行編輯。

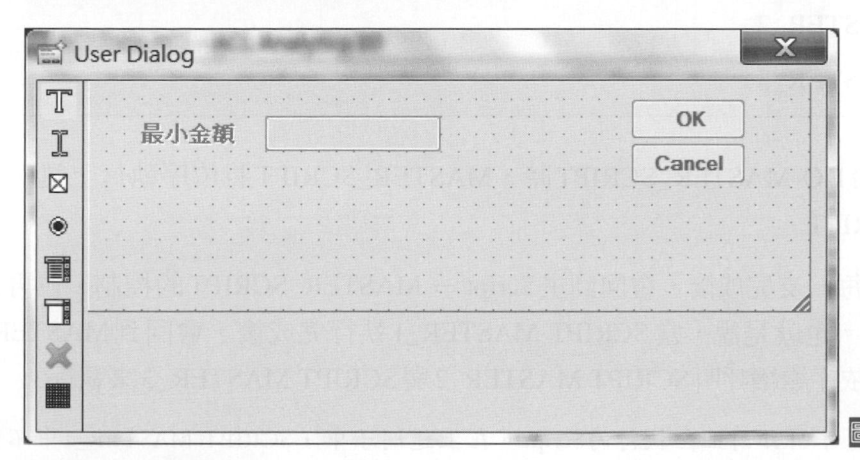

圖9-38　編輯畫面

第10節 執行 Script 的方式

❖ 在ACL視窗上執行Script的操作

STEP01　在Project Navigator Window內將滑鼠游標指在要執行的Script名稱上。

STEP02　按右鍵，選取Run，即可執行Script（如圖9-39）。

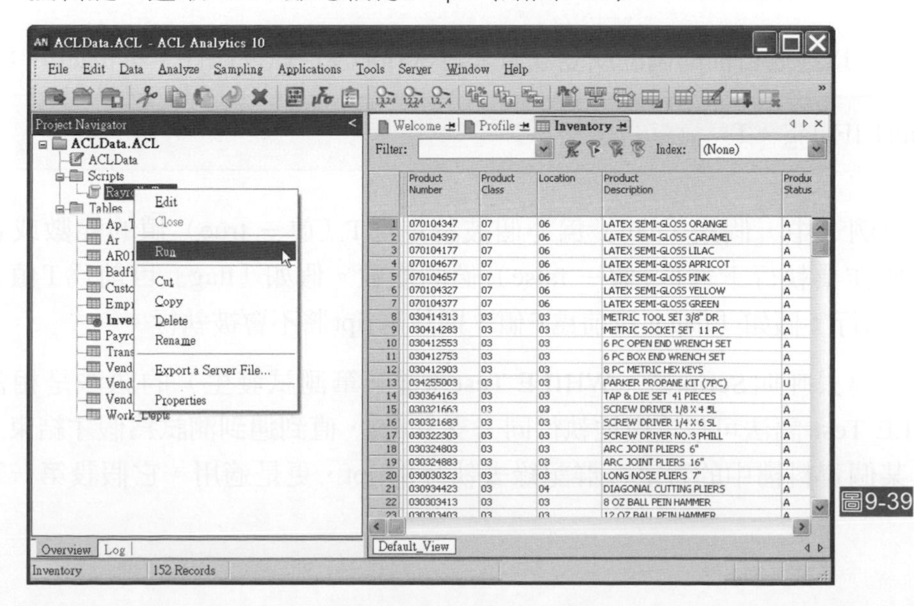

圖9-39　執行Script

❖ 在Script內執行另一Script

您可以運用Do Script指令去呼叫其他Script來執行。舉例來說，假設您有一個叫做MASTER_SCRIPT的Script，它可以包含下列內容：

```
DO SCRIPT MASTER_1

DO SCRIPT MASTER_2

DO SCRIPT MASTER_3
```

當您執行指令DO MASTER_SCRIPT時，MASTER_SCRIPT將依序執行上述例子中提到的三支SCRIPT。

當這些Script每一支完成後，會回到主Script－MASTER_SCRIPT的控制，並再去召喚下一支Script。也就是說，當SCRIPT MASTER_1執行完成後，會回到MASTER_SCRIPT的控制，依序繼續呼叫SCRIPT MASTER_2與SCRIPT MASTER_3來執行。

注意 一支Script不能呼叫目前正在執行的Script。在上述例子中，SCRIPT MASTER_1中不能有DO SCRIPT MASTER_SCRIPT指令。

❖ 設定Script的執行條件

ACL提供有Do If（單次條件）與Do While（迴圈條件）二指令，讓使用者可設計在何種狀況下執行此Script，其語法如下：

```
DO Script-name < IF test >

或

Do Script-name <WHILE test>
```

使用者可以透過目前的欄位或變數值來對Script 設定執行條件。舉例如下：

```
DO Script1 IF flag = T
```

在上面例子中，假設「flag」爲一個被設定爲T（眞－true）值的變數或者是在先前的一些作業執行下爲F（假－false）值的變數。假如「flag」目前爲T值，則該Script 將會執行；假如「flag」目前爲F值，則該Script將不會被執行。

當有需要去呼叫Script時，WHILE Test（當某筆測試發生）的語法是相當有用的。WHILE Test 語法可以重複地執行同一支Script，直到遇到測試爲假才結束。尤其若想針對某個資料檔中的特定一群記錄去執行Script，更是適用。它假設第一筆處理記錄符合您的測試，或是先前的作業已經設定好基本的測試值，而隨後的作業將讓這個測試爲假。否則，Script不是將會不執行，就是無限制地執行。舉例如下：

```
DO Script1 WHILE flag = T
```

在上面例子中，假設「Flag」變數的值已經先被設定爲T（眞－True）。而在Script1的執行上，「Flag」變數的值將隨後被設爲F（假－False），以確保DO WHILE指令將可結束該支Script的執行。

第11節 ACL Script 編輯器的新功能

ACL 11版以上提供有更強的程式編輯、驗證與匯入功能，讓開發者可以更簡易的來進行開發SCRIPT的作業，圖9-40爲AN 11以上的SCRIPT編輯器的相關功能畫面。

圖9-40　AN 11 Script 編輯器

開發者只要按下 ▶ ，程式即會由第一行開始執行，爲讓開發者可以不用每次都需要由程式的開頭來執行程式，AN 11以上提供Run from Cursor功能，讓Script可以由游標所指定的程式位置開始執行，如此可以大大地減低在開發過程中若程式有錯誤所需要重複執行的時間。

另外ACL 11版以上亦提供有Step from Cursor的功能，其指令按鈕為▶|，讓開發者可以使用Step的方式，由游標所指定的SCRIPT位置開始逐行執行指令以檢查程式可能發生錯誤的地方，進而加以修正。如此可以大大的提高程式除錯的能力。另外亦可以設定程式中的斷點（breakpoint），讓SCRIPT可以執行到某一段時即停止，開發者再進行程式的詳細檢查。

AN 11以上的版本為雲端服務的架構，ACL提供有Script Hub（程式庫）的功能，許多常用的程式都已放在此程式庫中，開發者可以不用重新寫，要使用此功能只要點選Insert內的Script Hub Snippet功能，即會顯示一畫面要求開發者輸入Script Hub的ID（如圖9-41）。開發者可以到Script Hub網站上點選所需要的SCRIPT，將其ID貼到此處，即可將程式下載至目前ACL的開發專案中。例如：若使用者要進行一個SAP ERP系統的採購及付款循環的稽核專案，其到ACL雲端的Script Hub中發現有一程式Script ID：Analysis_Apps_for_SAP_P2P就是其所要的SCRIPT。此時只要將此Script ID複製貼到下列的畫面中然後按下完成，ACL即會自動下載Script至此專案中如圖9-42。

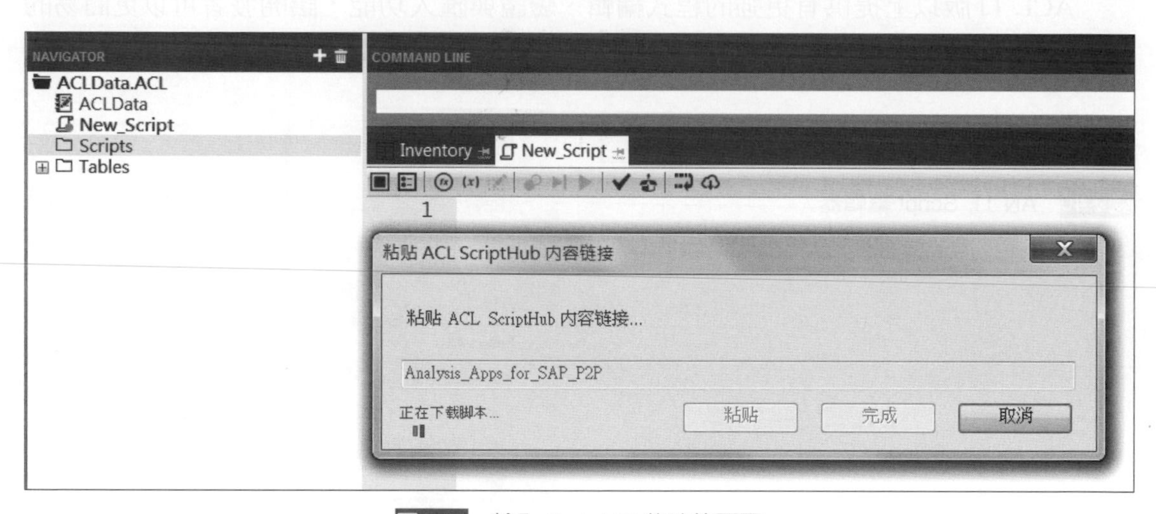

圖9-41　輸入 Script ID 的功能頁面

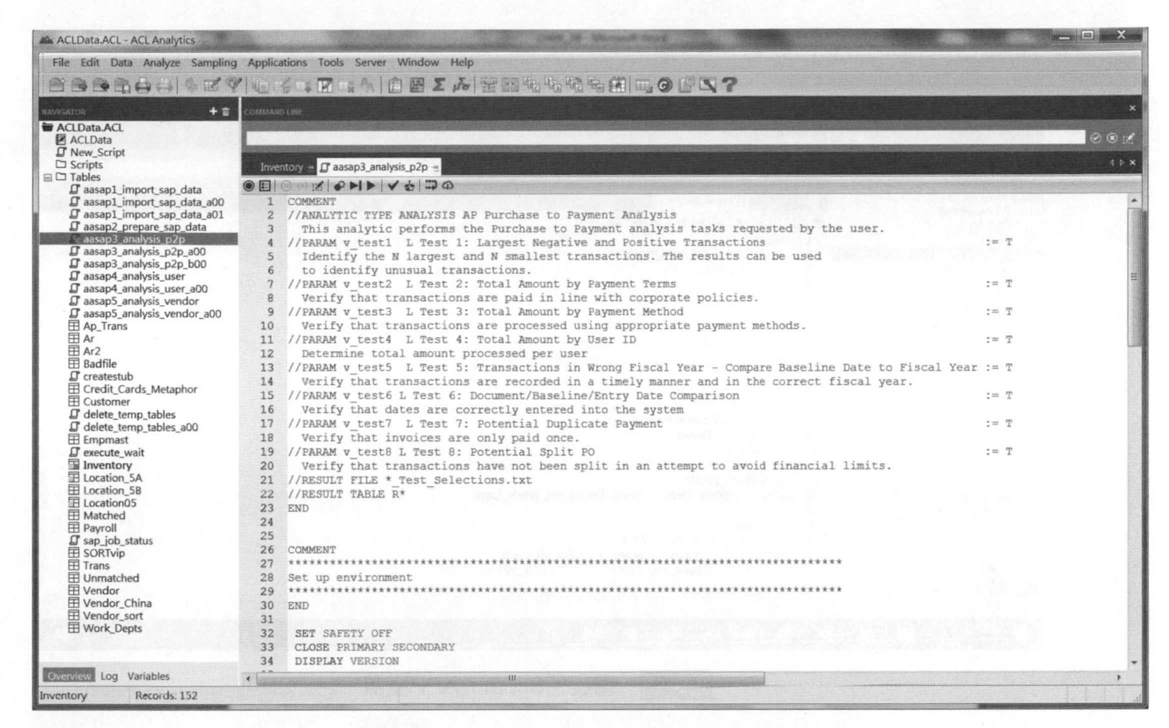

圖9-42 SAP P2P Script下載完成功能頁面

第12節 APP

STEP 01 修改專案名稱，專案名稱會成為APP的顯示名稱

元件編輯原則：

一個分析程式，成為單獨一支元件：可以加入編碼來排序元件

一個檔案的匯入，成為單獨一支元件：資料檔案位置要放為絕對位置

```
Comment
//ANALYTIC < 規則名稱（以要執行的 script 命名）>
//RESULT TABLE < 結果資料檔名稱（以執行的 script 會產生的 Table 爲主）>
END
```

STEP 02 增加各Script上APP 變數，如圖9-43。

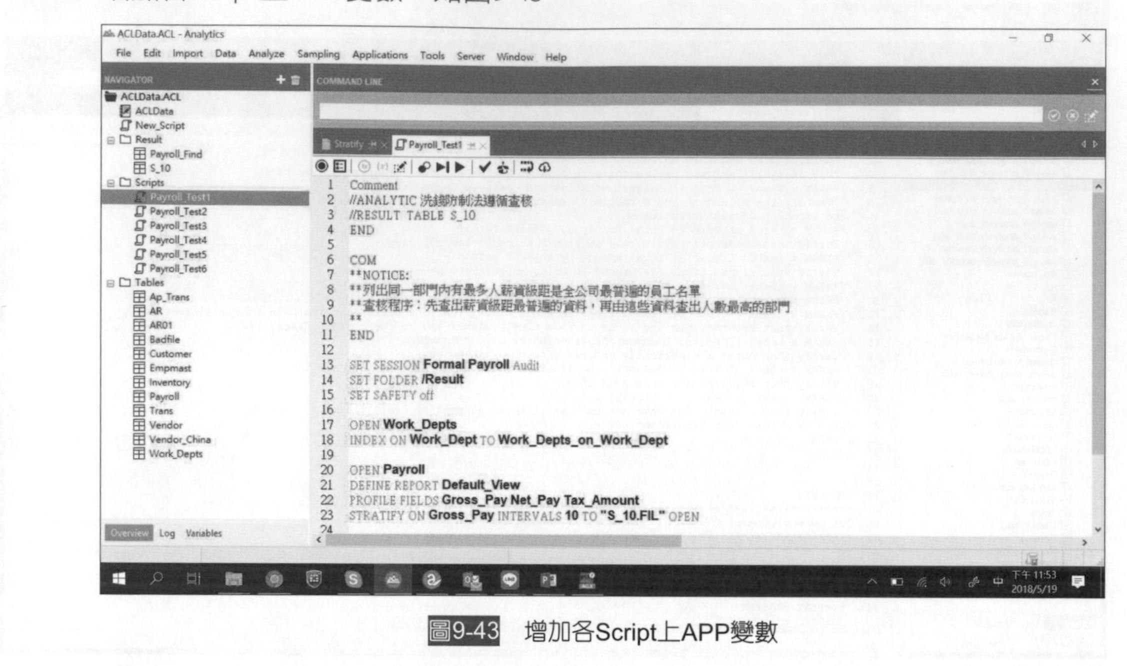

圖9-43 增加各Script上APP變數

STEP 03 從Menu Bar選取Tools，點選Package Analysis APP封裝（如圖9-44）。

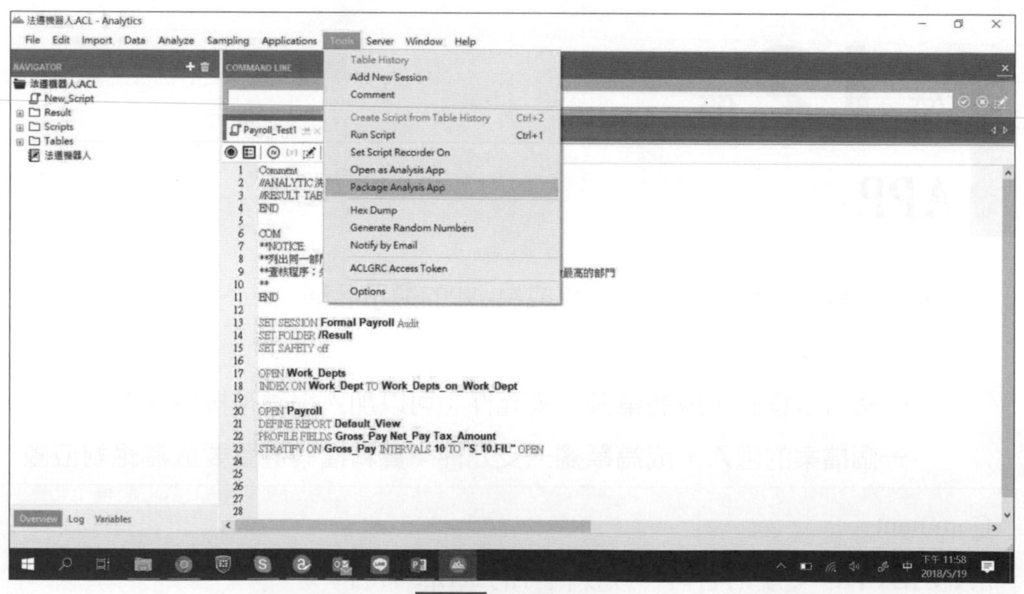

圖9-44 封裝APP

STEP **04** 選擇所需的資料表（如圖9-45），並點選確定。

Select Tables

You can optionally include one or more tables and associated data files in the analysis app package.

Table	Data	Table Name	Data File Size	Data File Location
☐	☐	Ap_Trans	5.88 KB	C:\Users\owner\Documents\ACL Data\DATA\ACLData\Ap...
☐	☐	AR	30.16 KB	C:\Users\owner\Documents\ACL Data\DATA\ACLData\Ar.fil
☐	☐	AR01	23.79 KB	C:\Users\owner\Documents\ACL Data\DATA\ACLData\AR...
☐	☐	Badfile	1.50 KB	C:\Users\owner\Documents\ACL Data\DATA\ACLData\Ba...
☐	☐	Customer	5.94 KB	C:\Users\owner\Documents\ACL Data\DATA\ACLData\Cu...
☐	☐	Empmast	9.68 KB	C:\Users\owner\Documents\ACL Data\DATA\ACLData\Em...
☐	☐	Inventory	14.40 KB	C:\Users\owner\Documents\ACL Data\DATA\ACLData\In...
☑	☐	Payroll	2.02 KB	C:\Users\owner\Documents\ACL Data\DATA\ACLData\Pa...
☐	☐	Payroll_Find	329 bytes	C:\Users\owner\Documents\ACL Data\DATA\ACLData\Pa...
☐	☐	S_10	600 bytes	C:\Users\owner\Documents\ACL Data\DATA\ACLData\S_...
☐	☐	Trans	10.59 KB	C:\Users\owner\Documents\ACL Data\DATA\ACLData\Tr...
☐	☐	Vendor	7.23 KB	C:\Users\owner\Documents\ACL Data\DATA\ACLData\Ve...
☐	☐	Vendor_China	6.25 KB	C:\Users\owner\Documents\ACL Data\DATA\ACLData\Ve...
☑	☐	Work_Depts	184 bytes	C:\Users\owner\Documents\ACL Data\DATA\ACLData\W...

☐ Include Interpretations

To... C:\Users\owner\Documents\ACL Data\DATA\ACLData\法遵機器人.aclapp

OK　Cancel

圖9-45　選擇所需的資料表

STEP **05** 執行APP，第一次由Window執行時會要求設定APP專案執行路徑（如圖9-46和圖9-47）。

圖9-46　執行APP

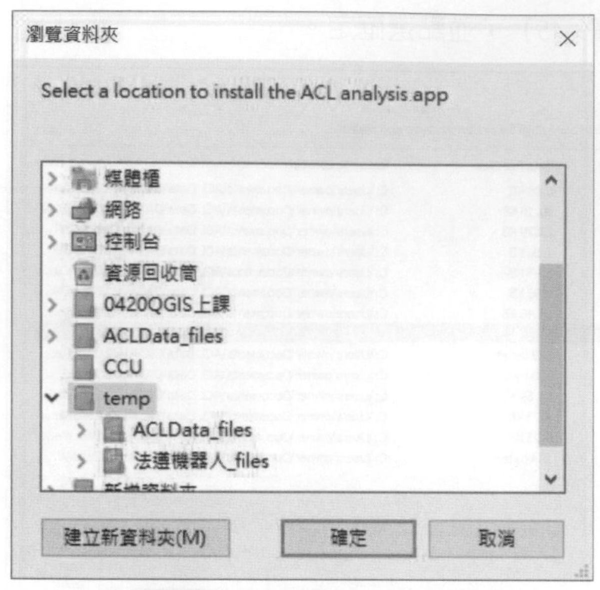

圖9-47 設定APP專案執行路徑

STEP 06 選擇任一程式，點選Run，再點選Run，開始執行APP上的查核程式，執行結果如圖9-49。

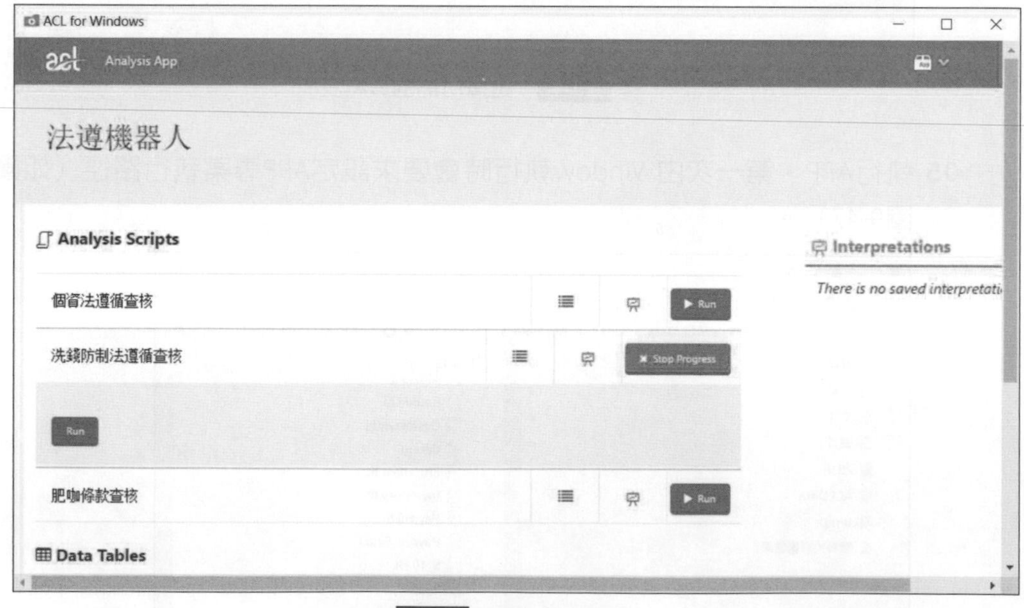

圖9-48 APP開啓畫面

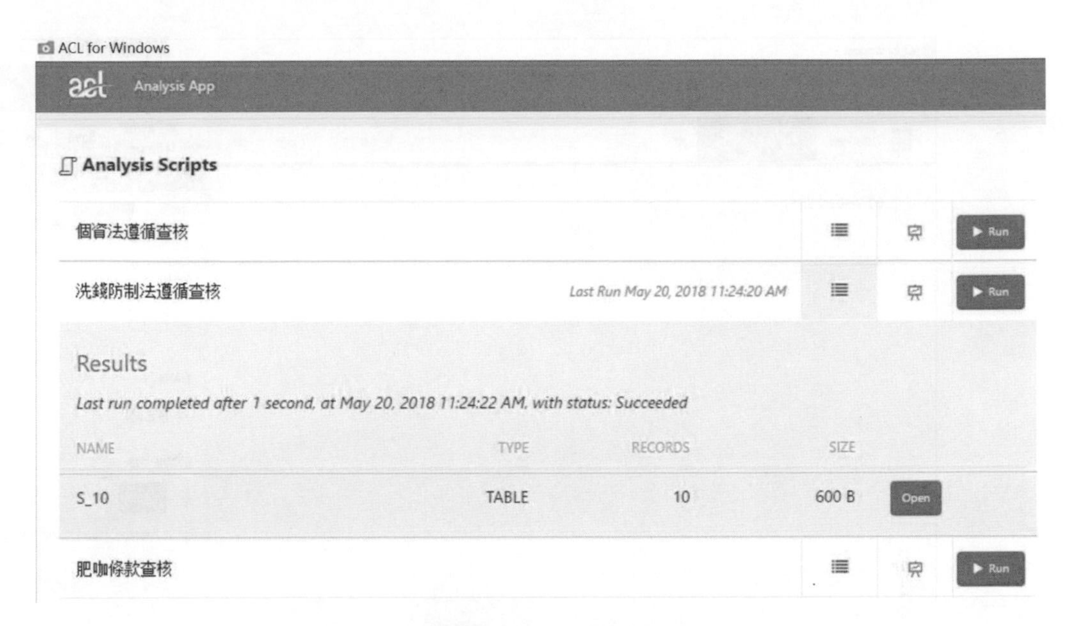

圖9-49 APP執行結果

STEP **07** 於產生的Table旁點選Open，點選Add Visualization可以設定結果圖表的顯示方式，選擇左下角的泡泡圖（如圖9-50）。於X-Axis輸入部門代號，Y-Axis輸入薪資淨額，計算選擇Count，顏色則選擇員工代號（如圖9-51）。

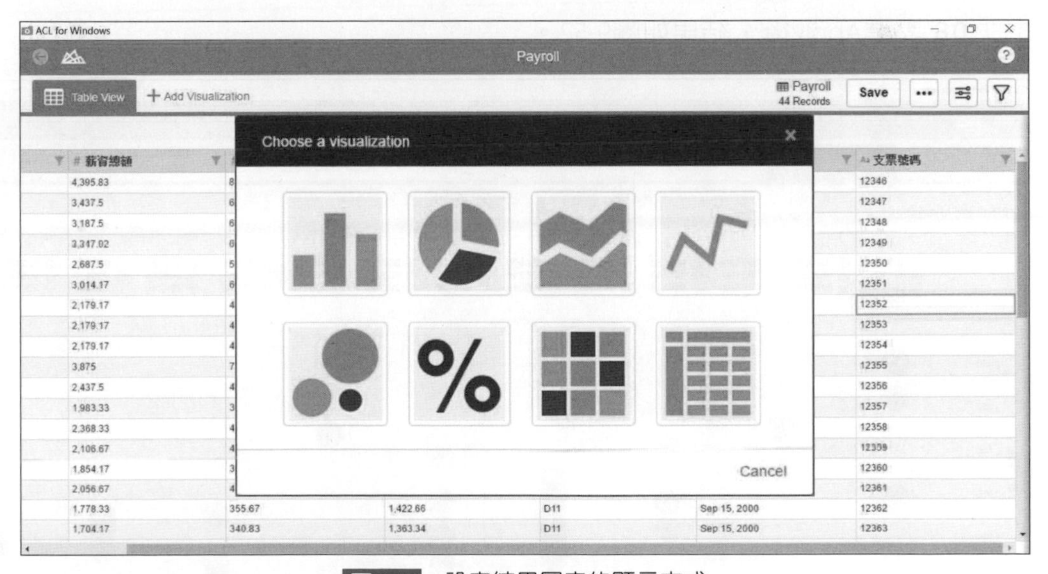

圖9-50 設定結果圖表的顯示方式

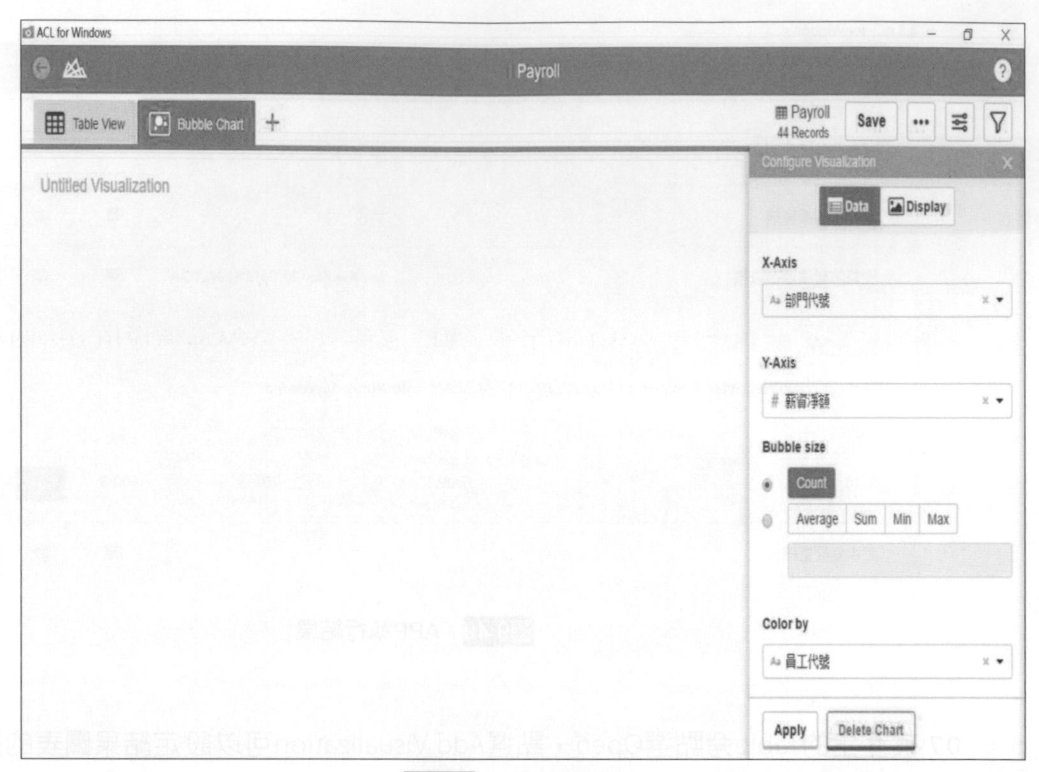

圖9-51 編輯圖表屬性

STEP **08** 點選Apply後，結果如圖9-52。

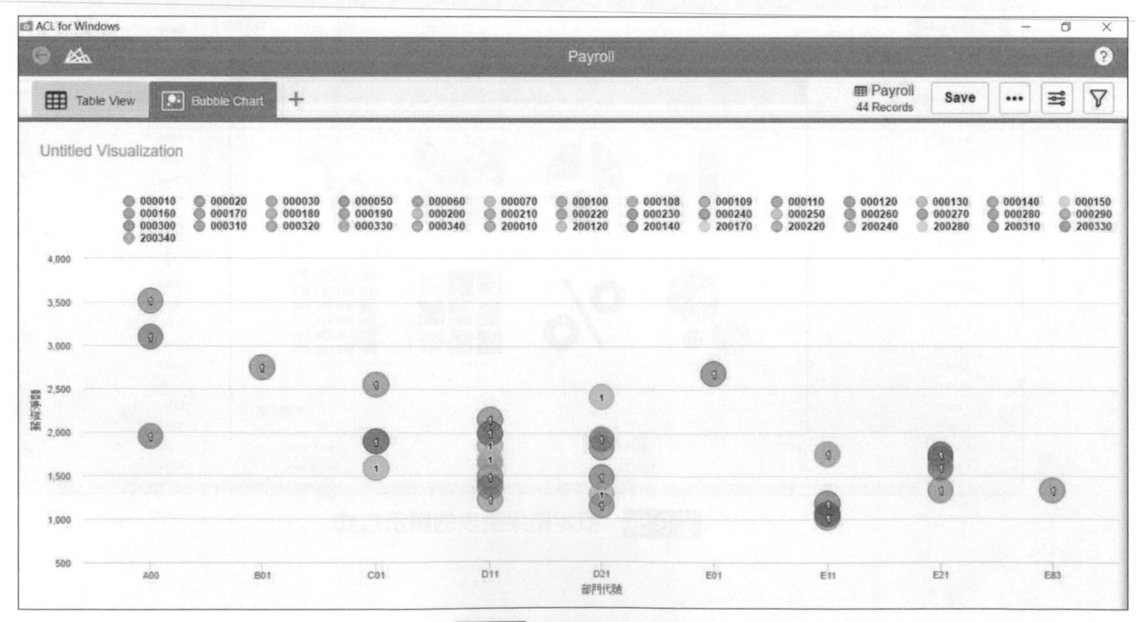

圖9-52 圖表產生結果

第13節 總 結

本章節主要介紹如何運用並且建立批次作業的ACL指令集來進行稽核自動化作業，同時讀者要了解到在建立ACL指令集之前，必須要熟悉ACL操作指令與函數式運用的重要性，並根據查核目標來規劃設計完整的電腦稽核程式。

值得一提的是本章節所介紹的四種簡便建立批次ACL指令集方法，可以替大家節省許多自我摸索的時間。另外本章節提供ACL App功能說明，讓稽核人員可以快速地將查核程式和結果封裝成App，快速地提供使用者使用，並使用泡泡圖進行互動分析。本書於最後一章節提供讀者一個線上指令集製作的實驗，讓讀者可以感受批次作業的ACL指令集，可以如何協助稽核部門來建立持續性稽核的作業環境。

本章習題

一、選擇題

(　　) 1. ACL程式又稱呼為：

(A) PROGRAM　(B) BATCH

(C) SCRIPT　(D) LANGUAGE

(E) COMMAND

(　　) 2. 電腦稽核人員在進行ACL Script的設計時，必須先考量下列哪幾項事情：

I. 要查什麼

II. 有輸入那些資料

III. 如何辨識異常狀況

IV. 執行頻率

V. 誰負責執行與管理

(A) I、II、III　(B) I、III、IV

(C) I、II、III、IV　(D) I、III、IV、V

(E) I、II、III、IV、V

(　　) 3. 下列哪些是產生ACL SCRIPT的方法？

I. 使用語法捕捉器（Syntax Capture），來錄製ACL 操作過程成為一新的Script。

II. 從指令記錄檔（結果顯示頁籤）中，點選所需要的項目，存檔產生一新的Script。

III. 從表格歷史（Table History）中，將此表格建立的指令，存檔產生一新的Script。

IV. 使用ACL的Script編輯器，用人工撰寫方式一行一行的輸入ACL 語法指令，存檔產生一新的Script。

V. 使用Windows的記事本軟體，用人工撰寫方式一行一行的輸入ACL語法指令，存檔產生一新的ASCII 編碼的文字擋成為一新的Script。

(A) I、II、III　(B) I、III、IV

(C) I、II、III、IV　(D) I、III、IV、V

(E) I、II、III、IV、V

(　　) 4. 下列哪一個ACL函數可將日期欄位轉為文字欄位？

(A) DATETIME　(B) CTOD

(C) CDOT　(D) CDATE

(E) WORKDAY

(　　) 5. 下列哪一個ACL函數可將文字欄位的前後空白刪除？

(A) TRIM　(B) ALLTRIM

(C) BLANK　(D) DELETE

(E) RIGHT

(　　) 6. 要重複執行ACL SCRIPT時，系統會跳出一畫面詢問是否確認刪除某一檔案，請問使用哪一個指令可讓系統不用再詢問而自動執行？

(A) SET EXACT ON　　(B) ESCAPE

(C) SET SAFETY OFF　　(D) SET ECHO NONE

(E) SET BELL OFF

(　　) 7. 下列何者非ACL的保留關鍵字？

(A) ALL　　(B) AS

(C) ASK　　(D) CANCEL

(E) AND

(　　) 8. 下列哪些字母可以當成欄位名稱？

(A) F　　(B) B

(C) T　　(D) D

(E) 以上皆是

(　　) 9. 在執行JOIN 指令後，有時會出現”cannot be opened because it is already open as a secondary table “錯誤，請問該使用下列哪一個指令來避免此問題發生？

(A) CLOSE　　(B) CLOSE SEC

(C) CANCEL　　(D) CANCEL SECONDARY

(E) QUIT

(　　)10. 下列表格Ap_Trans在執行完 Running_Total的Script後將產出AP_Result表格，下列何者為正確？

Table: Ap_Trans

Vendor_Number	Invoice_Number	Invoice_Amount	Quantity	Unit_Cost
11663	5981807	618.30	90	6.00
13808	2275301	6705.12	1000	7.00
12433	6585673	7955.46	1200	8.00

Script: Running_Total

```
OPEN Ap_Trans

COMMENT 設定初始值
ASSIGN v_total = 0.00

GROUP
  ASSIGN v_total = v_total + Invoice_Amount
  EXTRACT Invoice_No, Invoice_Amount, v_total AS “小計" TO AP_Result
END
```

(A) AP_Result第一筆資料的小計欄位值為 0.00

(B) AP_Result第一筆資料的小計欄位值為 540.00

(C) AP_Result第二筆資料的小計欄位值為 6705.12

(D) AP_Result第二筆資料的小計欄位值為 13705.12

(E) AP_Result第三筆資料的小計欄位值為 15278.88

(　　) 11. 在餐飲服務業中，往往會利用有條件限制餐飲折扣來吸引消費者(如會員折扣或指定信用卡)，身為一位稽核人員，可以執行查核，防止員工濫用折扣給予指定客戶或親友等舞弊情形發生，下列何者為非？

(A) 特定類型折扣的使用，集中在某一員工中

(B) 折扣類型的費率在短期間內頻繁地更改

(C) 員工所給予的折扣是否高於規定之折扣金額

(D) 員工未經加班核准卻支領加班費

(E) 以上皆是

(　　) 12. 美國世界通訊（WorldCom）於2002年爆發財務造假，其造假手法之一是將成本費用進行資本化，掩蓋不斷惡化的財務狀況，故從購入和折舊，到PPE的轉移和處置都需進行把關，下列何者為此類查核之目標？

(A) 維修或維護費用有過高或過低之情形

(B) 固定資產的耐用年限過低

(C) 資產的不當分類

(D) 針對折舊重新計算，查核有無錯誤之情形

(E) 以上皆是

(　　) 13. 查核時常需要採用機動日期進行，以避免人為操弄確保稽核有效性，以下哪個指令或函式可協助進行？

(A) TODAY(　)　　(B) CDOW (　)

(C) VALUE(　)　　(D) STRING(　)

(E) 以上皆是

(　　) 14. 想查核個人電腦上是否有使用個資檔案，可透過以下何方式進行？

(A) 以個資盤點表為主檔，比對（JOIN）個人電腦檔案，透過Matched primary and secondary將相同檔案名稱者列出來

(B) 以個人電腦檔案為主檔，比對（JOIN）個資盤點表，透過Matched primary and secondary將相同檔案名稱者列出來

(C) 以個人電腦檔案為主檔，比對（JOIN）個資盤點表，透過Unmatched primary將不同檔案名稱者列出來

(D) 以個資盤點表為主檔，比對（JOIN）個人電腦檔案，透過Unmatched primary將不同檔案名稱者列出來

(E) 以個人電腦檔案為主檔，比對（JOIN）個資盤點表，透過All primary and matched secondary將相同檔案名稱者列出來

(　　) 15. 以下關於是否依規定辦理個資檔案銷毀查核之敘述何者為非？

(A) 需要先了解個資檔案管理相關規定，包含存放期間與存放路徑、命名規則等

(B) 個資檔案應永久保存並定期稽核，不能銷毀

(C) 可臨時抽查重要個資檔案伺服器或員工個人電腦，實際取得個人電腦檔案清單並匯入電腦輔助稽核軟體中，分析查核是否逾期應該銷毀的個資檔案

(D) 可以使用TODAY( )函式，取代固定時間之稽核提高查核成效

(E) GDPR新增規定被遺忘權，需要進行個資檔案銷毀相關查核

二、問答題

1. ACL持續性監控的步驟包括哪些內容，試以圖文說明之？
2. ACL提供的自動化稽核功能包括了哪些內容？請列舉五個功能說明之。
3. 有哪些方法可以建立ACL的Script？請列舉三個方法說明之。
4. 使用ACL撰寫查核Script時，有哪些應該要注意的事項？請簡單說明之。
5. 在使用ACL中的Script Editor編輯Script時，有哪些步驟可以編輯或錄製指令？
6. 請問要如何使用ACL中Log File的功能，才能夠成功產生Script？請說明使用步驟。
7. 請問要如何從檔案歷史中回溯之前操作過的指令程序，以利從中建立Script？
8. 請詳細說明如何利用Script Recorder建立Script？
9. 請詳細說明Safety on（安全模式開）和Safety off（安全模式關）的差別為何？要如何將Safety on/off運用在Script中？
10. 請問執行ACL Script時，採用的執行條件「Do If」與「Do While」有何差別？

三、實作題

1. 實作目的：製作Script。執行方法：請你以第七章第6題之(1)、(2)、(3)為範本，將操作過程製作成一個Script，並分別將三個小題的差異報告匯出成Excel格式，新的檔名分別為ARV_1, ARV_2, 及ARVariance。
2. 請參考第七章第6題，試問應如何建立具有監控機制之Script，防止薪資重複發放或發放給非正式員工？請設計一簡單之Script說明之。

NOTE

10 ACL進階技術探討

學習目標

本章節主要介紹進階的ACL的使用技巧，首先介紹如何使用ACL 來協助進行傳統的審計抽樣工作，透過ACL 提供的抽樣指令，讓使用者可以快速的計算出所需的抽樣大小與符合抽樣設定條件的資料清單。接著介紹如何在ACL 上執行Windows 的指令與應用程式。最後說明如何和Python 程式結合，讓您的ACL查核程式功能更擴大。學習這些進階功能的使用，將會使讀者更可以彈性地進行電腦稽核作業程序下的相關擴充應用，開始進入人工智慧稽核的新環境。

本章摘要

- 審計抽樣的基本程序
- 如何利用ACL進行貨幣單位抽樣法
- 如何利用ACL進行交易記錄抽樣法
- 如何利用ACL進行傳統的變量抽樣
- 如何在ACL執行Windows上的程式與指令
- 如何執行ACL Python函式
- 如何設定ACL和Python程式協同運作

第1節 利用ACL進行審計抽樣

抽樣是從一群較大的項目中（即母體）選取樣本，而利用樣本的特性去推論母體項目特性的程序。一般來說，抽樣的方式分為兩大類：統計抽樣（Statistical Sampling）和非統計抽樣（Non-Statistical sampling）。

1 Statistical Sampling（統計抽樣）

統計抽樣用於提供事實的證據及合理的基礎，以便做成有關該樣本的母體之結論。稽核人員依據統計機率概念進行抽樣，量化抽樣風險與評估樣本結果，據以衡量與控制母體重大誤述之可能性。選取的交易樣本足以代表母體。若無法確保該樣本代表其母體，則根據檢視該樣本而做成的結論即使無錯誤，仍會受到限制。運用在證實測試的統計抽樣可分為機率與金額大小成比率法（sampling with probability proportional to size，PPS）及傳統的變量抽樣（classic variable sampling）。

2 Non-Statistical sampling（非統計抽樣）

稽核人員依據個人主觀的標準與經驗，選擇足以代表母體特性之樣本，並評估樣本結果，其樣本推論至母體時，可能有偏誤，而無法代表其母體。在需要快速獲得結果並確認某種情況，而非用於預測該結論的數學正確性時，可以使用非統計抽樣，例如：判斷抽樣。

ACL提供統計抽樣的執行功能，在進行統計抽樣時，內部稽核人員應考慮抽樣風險、可容忍誤差及期望誤差等三項基本觀念：

- 抽樣風險（Sampling risk）：所選取的樣本不代表母體的可能性，通常以信賴水準（Confidence）來表示。
- 可容忍誤差（Materiality）：指稽核人員認為抽樣結果仍可達成查核目的，而願意接受之母體最大誤差。
- 預期誤差（Expected Total Errors）：指內部稽核人員基於以往稽核經驗以及其他的證據資料，而預期存在於母體中的錯誤。可參考以下幾種方法設定預期誤差：(1) 過往年度的樣本偏差異；(2) 本年度對控制之初步評估值；(3) 從試查樣本求出偏差異。

在執行審計抽樣時通常規畫爲下列七個步驟：

步驟 1：查核目的

步驟 2：母體及抽樣單位

步驟 3：確定重要的控制點並定義偏差

步驟 4：決定樣本大小

步驟 5：選取樣本

步驟 6：執行抽樣計畫，即檢查樣本

步驟 7：評估抽樣結果

ACL的審計抽樣指令可以提供使用者在上述的步驟中使用，它提供三個主要指令，您可從Menu Bar 中選取「Sampling」下拉式選單，分爲使用PPS法的Record/Monetary Unit（貨幣單位）Sampling與使用傳統變量法的Classical Variables Sampling（CVS）（如圖 10-1與圖 10-2）。

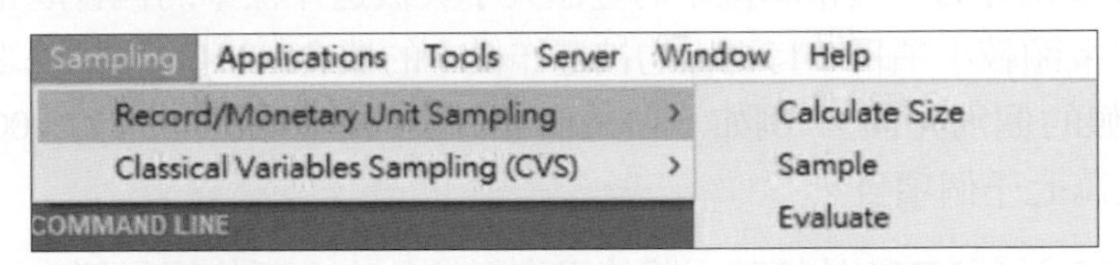

圖10-1　Record/Monetary Unit Sampling下拉式選單

1. Calculate Size（決定樣本大小）：定義適當的統計樣本大小和區間，可以協助於審計抽樣的步驟 2~4，其最終可以計算出樣本大小。
2. Sample（選取樣本）：從母體中抽取樣本，可以協助於審計抽樣的步驟 5~6，其最終可以列出所需選取的樣本。
3. Evaluate（評估抽樣結果）：評估抽樣結果，評估決定誤差在您的樣本中的影響。

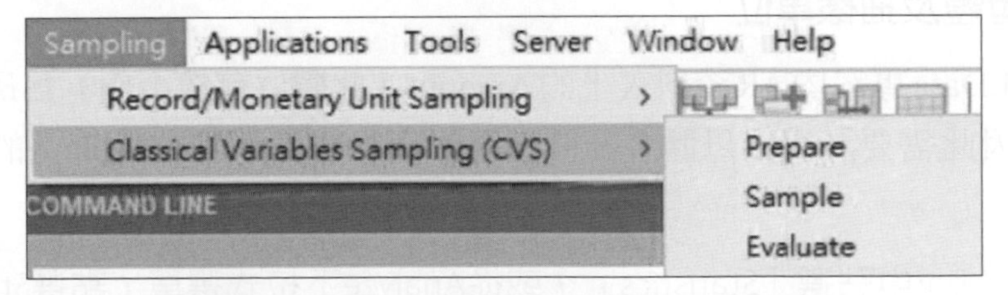

圖10-2　Classical Variables Sampling下拉式選單

1. Prepare（準備）：基於輸入的值，對帳面價值域中的記錄進行分層，並且爲每個層計算一個在統計學意義上有效的樣本量。

2 Sample（選取樣本）：從母體中抽取樣本，可以協助於審計抽樣的步驟5~6，其最終可以列出所需選取的樣本。

3 Evaluate（評估抽樣結果）：評估抽樣結果，評估決定誤差在您的樣本中的影響。

ACL的抽樣（Sampling）指令可以幫助您從相關的小數目樣本中對母體資料達到統計上有效的推論，ACL支援兩個常用的抽樣單位的方法：貨幣單位抽樣法（Monetary unit sampling，MUS）與交易記錄抽樣法（Transaction Records Sampling，合稱Record/Monetary Unit Sampling。）另外還有傳統變量抽樣法（Classical Variables Sampling，CVS）。

一 貨幣單位抽樣法（Monetary Unit Sampling，MUS）

貨幣單位抽樣法，或稱爲元單位抽樣法，是利用屬性抽樣的原理，以金額做結論的抽樣計畫。其基本特徵是把貨幣單位作爲抽樣單位，母體中每一個貨幣單位被選中爲樣本的機會是相等的。貨幣單位中的金額大小與被選作樣本的機會成正比例，即金額較大項目比金額較小項目，有更大的被選作樣本的機會。MUS抽樣法之抽樣母體爲「母體帳面價值的個別元額」，例如：1000個應付帳款帳戶共計$5,277,000元，則母體爲五百二十七萬七千個項目。

當使用ACL進行MUS 抽樣時，將使用資料欄位中金額的絕對值來決定哪些記錄會被選取成爲樣本。這些記錄要被抽中的機率是根據個別元額項目的大小所占的比例來決定。常用來進行MUS抽樣的會計科目，如：應收帳款、存貨等。

爲使讀者可以了解此方法的操作步驟，本章節依據標準審計抽樣的步驟來說明：

❖ 步驟1：查核目的

應收帳款的函證發放抽樣。

❖ 步驟2：母體及抽樣單位

利用ACLData專案內AR資料表上的Amount（此欄位存放金額）爲母體，來進行MUS抽樣。因此需要計算出母體金額欄位絕對值加總數，其在ACL上的操作步驟如下：

STEP01 從Tool bar中點選「Statistics」，或從Analyze下拉式選單，點選Statistics，ACL顯示Statistics對話框（如圖10-3）。

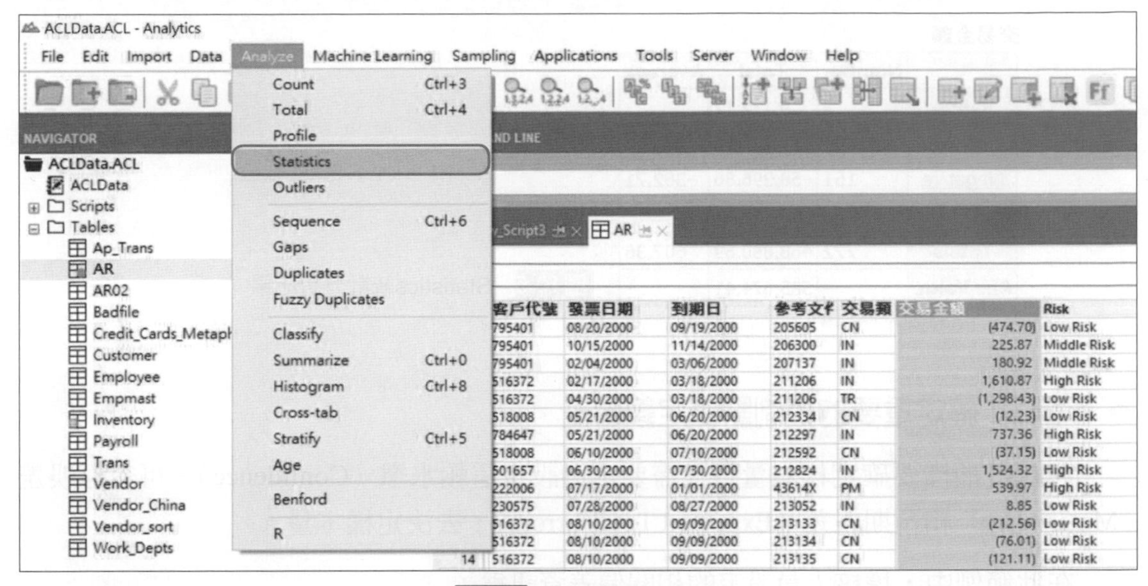

圖10-3　點選Statistics

STEP**02**　從Statistics on的顯示窗中，點選Amount（如圖10-4）。

STEP**03**　選「確定」，結果顯示於結果顯示頁籤中（如圖10-5）。

此時畫面會顯示出Abs Value（絕對值的總額）為585,674.41，此數值即成為我們在計算抽樣大小時的母體值（Population）。

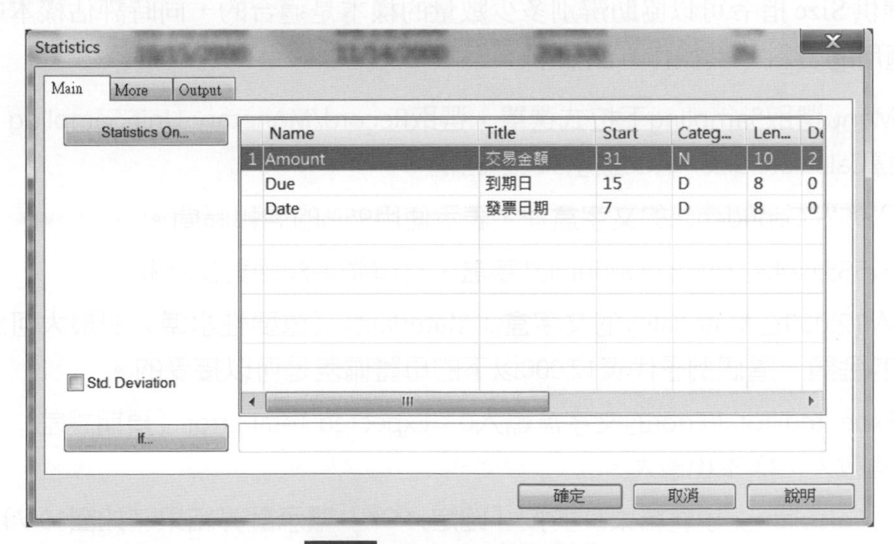

圖10-4　Statistics統計分析

交易金額

	Number	Total	Average
Range	-	9,132.17	-
Positive	609	527,277.55	865.81
Negative	161	-58,396.86	-362.71
Zeros	2	-	-
Totals	772	468,880.69	607.36
Abs Value	-	585,674.41	-

圖10-5 Statistics統計分析結果

❖ 步驟3：確定重要的控制點並定義偏差

在統計抽樣要確定樣本量時，需要透過設定信賴水準（Confidence）、可容忍誤差（Materiality）和預期誤差（Expected Total Errors），去決定樣本量。

在此範例中，稽核人員設定的相關偏差資訊為：

- 信賴水準（Confidence）：95%。
- 可容忍誤差（Materiality）：12,000 元。
- 預期誤差（Expected Total Errors）：0 元。

❖ 步驟4：決定樣本大小（Calculate Sample Size）

ACL提供Size指令可以協助辨別多少數量的樣本是適合的，同時評估樣本中是否包含著不適用的資料，其操作方法如下：

STEP01 從Menu選取Sampling下拉式選單，選取Record/Monetary Unit Sampling，然後選擇Calculate Size，ACL顯示Size對話框。

STEP02 輸入95在Confidence的文字盒裡，表示使用95%的信賴區間。

STEP03 輸入585,674.41在Population的文字盒，為母體金額絕對值總和。

STEP04 輸入12,000在Materiality的文字盒；Materiality（重要性水準）是最大可忍受錯誤的金額。這個例子代表12,000以下的母體偏差是可以接受的。

STEP05 在Expected Total Error的文字盒輸入0；Expected Total Error（預期誤差），預期誤差愈大，樣本也愈大。

STEP06 按「Calculate」預覽結果，並按「確定／OK」顯示計算結果（如圖10-7）。

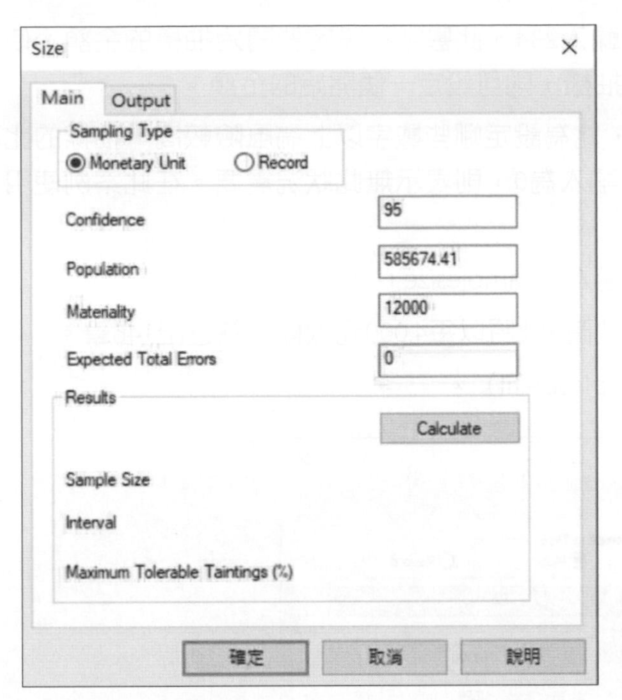

圖10-6　樣本數計算

As of: 06/08/13 17:51:23

Command: SIZE MONETARY CONFIDENCE 95 POPULATION 585674.41 MATERIALITY 12000 TO SCREEN

Population: 585674.41, **Confidence:** 95.00%, **Materiality:** 12000.00, **Errors:** 0.00

Sample size	146
Interval size	4,000.00
Maximum tolerable taintings	0.00%

圖10-7　樣本數計算結果

此時計算出建議的樣本大小爲146，抽樣的間距爲4,000元。

❖ 步驟5：選取樣本（Sample Records）

ACL提供固定區間抽樣（Fixed Interval）、隨機區間抽樣（Cell）與隨機抽樣（Random）三種方式，讓使用者可以進行選取樣本的工作。其允許使用者可以設定哪些元額以上（Start）的資料才需要進行抽樣，被抽中的可能性越高。透過隨機表去設定亂數種子，取得選樣的樣本。

- 採用固定區間抽樣（Fixed Interval）

STEP01　從Menu選取Sampling下拉式選單，選取Record/Monetary Unit Sampling，然後選擇Sample，ACL顯示Sample對話框。

STEP02　在Sample Parameter下的選項，點選Fixed Interval，然後在Interval的文字盒中輸入4,000。

STEP**03** 接著在Start的文字盒中輸入234。此數字為設定要開始抽樣的金額，使用者若認為太小的金額不需要抽樣，則可設定一個開始的金額。

STEP**04** 接下來是Cutoff的文字，此為設定哪些數字以上為風險較高，抽樣的比率要更高的數字。若不輸入或輸入為0，則表示無此狀況需要。在此案例使用者可以輸入0或不輸入。

STEP**05** 然後在To的文字盒中，輸入「Samplesize」。

STEP**06** 接著按「確定」執行，此時ACL將以每4,000元取樣，共選出146筆。

STEP**07** 結果如圖10-9所示（Samplesize.fil）。

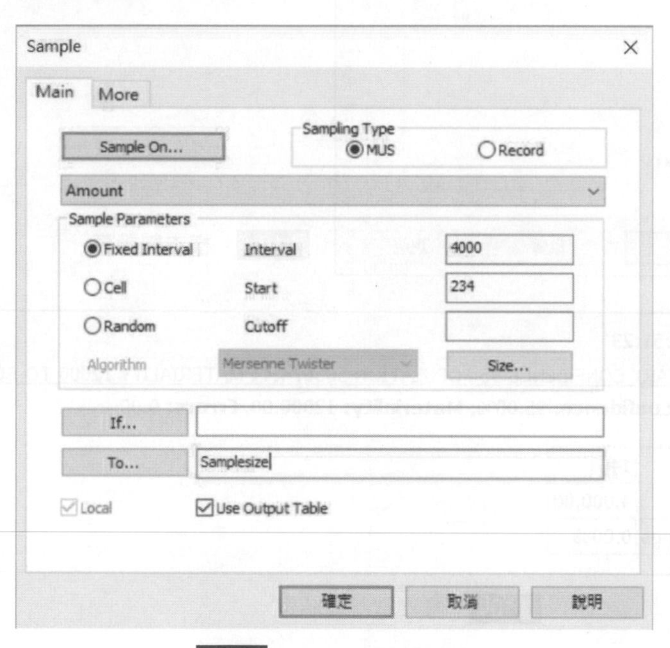

圖10-8 Sample對話視窗

```
Command: SAMPLE ON Amount INTERVAL 4000 FIXED 234 RECORD TO "Samplesize" OPEN

17:22:40 - 07/08/13
Sample size = 146 (3 top stratum), out of 772 records sampled
Population: 585674.41, Top stratum: 14929.97, Other: 570744.44
The initial selection point was: 234.00
The selection remainder is -1489.56 for sample reconciliation
Extraction to table C:\Documents and Settings\daisy\桌面\ACL\workbook\Samplesize.FIL is complete
Opening file "Samplesize"
```

圖10-9 抽樣結果

在實務上，通常會利用設定Cutoff的值，來將金額大的資料列爲高風險而必須要成爲抽樣的資料。首先稽核人員需要設定一個合理的Cutoff值，一般常用的方式爲使用分層的方式，找出最高層的資料爲Cutoff值，此時ACL操作步驟如下：

STEP**01** 從Tool Bar中點選「Statistics」，或從Analyze下拉式選單，選擇Statistics，ACL顯示Statistics對話框，如圖10-10。

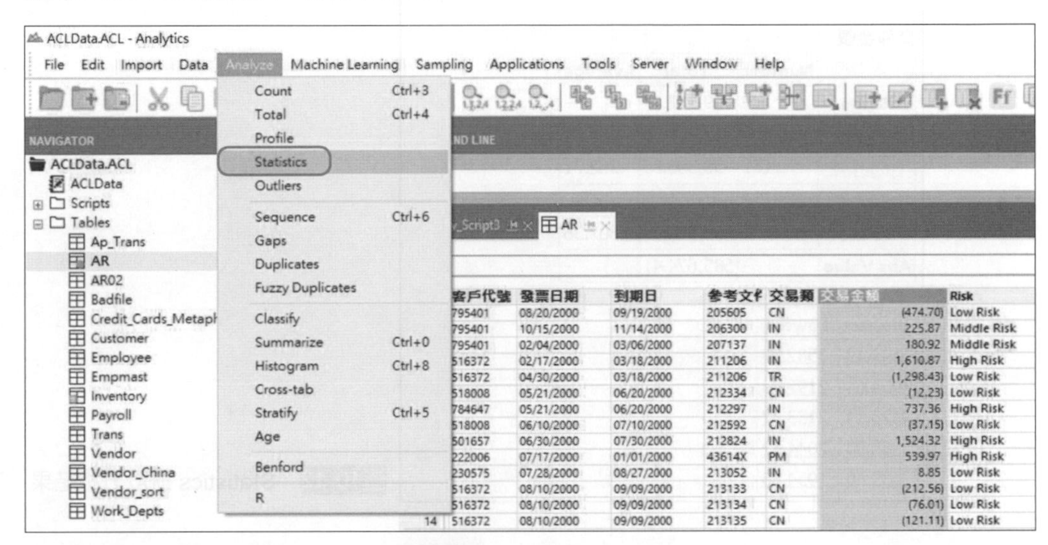

圖10-10　開啓Statistics

STEP**02** 從Statistic On的顯示窗中，點選Amount。

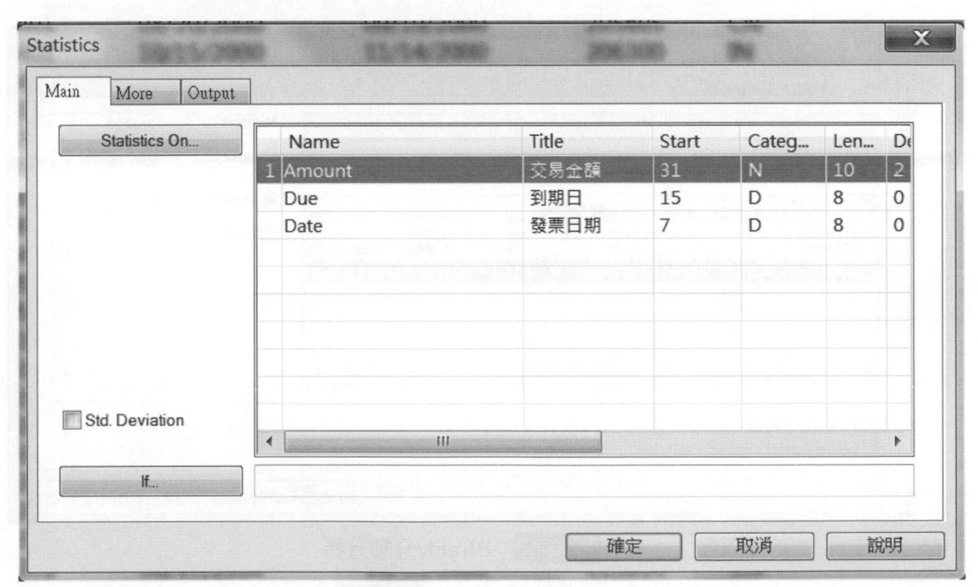

圖10-11　Statistics統計分析

STEP03 選「確定」，結果顯示於結果顯示頁籤。

注意 絕對值的總額爲585,674.41，最大值爲5,549.19，最小值爲-3,582.98。

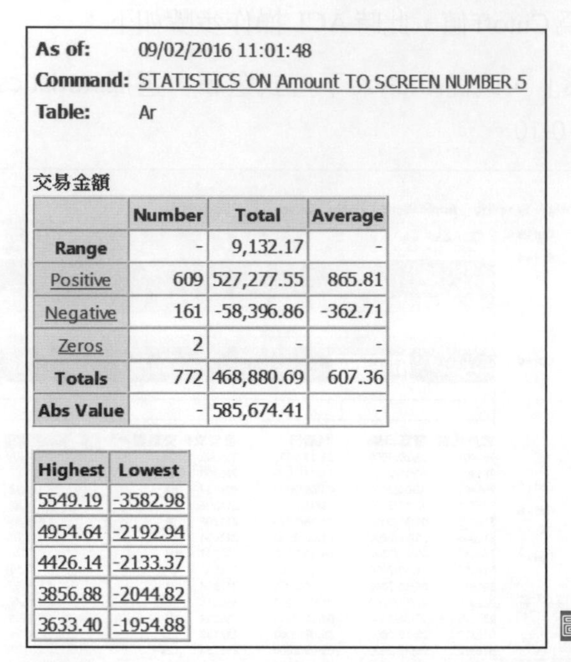

As of: 09/02/2016 11:01:48
Command: STATISTICS ON Amount TO SCREEN NUMBER 5
Table: Ar

交易金額

	Number	Total	Average
Range	-	9,132.17	-
Positive	609	527,277.55	865.81
Negative	161	-58,396.86	-362.71
Zeros	2	-	-
Totals	772	468,880.69	607.36
Abs Value	-	585,674.41	-

Highest	Lowest
5549.19	-3582.98
4954.64	-2192.94
4426.14	-2133.37
3856.88	-2044.82
3633.40	-1954.88

圖10-12 Statistics 統計分析結果

STEP04 從Analyze下拉式選單，選擇Stratify（分層），ACL顯示Stratify對話框。

STEP05 從Subtotal Fields的列視窗中，點選Amount，並分為10層的資料區間。

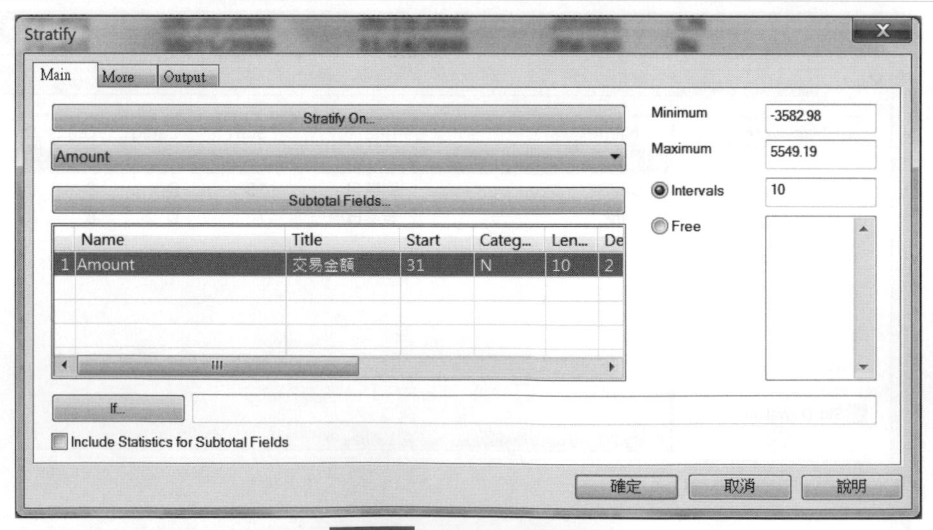

圖10-13 Stratify分層分析

STEP**06** 選「確定」，結果顯示於結果顯示頁籤中。

AR　Stratify

As of: 11/06/2019 13:54:54
Command: STRATIFY ON Amount SUBTOTAL Amount INTERVALS 10 TO SCREEN
Table: AR

Minimum encountered was -3,582.98
Maximum encountered was 5,549.19

交易金額	Count	Percent of Count	Percent of Field	交易金額
-3,582.98 - -2,669.77	1	0.13%	-0.76%	-3,582.98
-2,669.76 - -1,756.55	5	0.65%	-2.15%	-10,085.74
-1,756.54 - -843.33	18	2.33%	-4.67%	-21,877.18
-843.32 - 69.88	190	24.61%	-4.5%	-21,092.73
69.89 - 983.10	362	46.89%	42.9%	201,164.22
983.11 - 1,896.32	149	19.3%	41.92%	196,557.17
1,896.33 - 2,809.53	29	3.76%	13.59%	63,742.37
2,809.54 - 3,722.75	14	1.81%	9.65%	45,268.71
3,722.76 - 4,635.97	2	0.26%	1.77%	8,283.02
4,635.98 - 5,549.19	2	0.26%	2.24%	10,503.83
Totals	772	100%	100%	468,880.69

圖10-14　Stratify分層分析結果

STEP**07** 此時ACL就會幫我們計算出各層的區間、筆數與合計數。此案例選取以Amount＞4,635.98的筆數為高風險資料，共2筆。

STEP**08** 則區間值就需要重新計算，其公式為區間值＝(總金額－超過上限資料總值)／(總樣本筆數－超過上限資料筆數)所以區間值＝(468,880.69-10,503.83)／(772-2)＝595.29。

STEP**09** 從Sampling下拉式選單，選擇Sample，ACL顯示Sample對話框，輸入595.29至Interval文字盒內，輸入4,500至Start文字盒內，輸入4,635.98至Cutoff文字盒內。

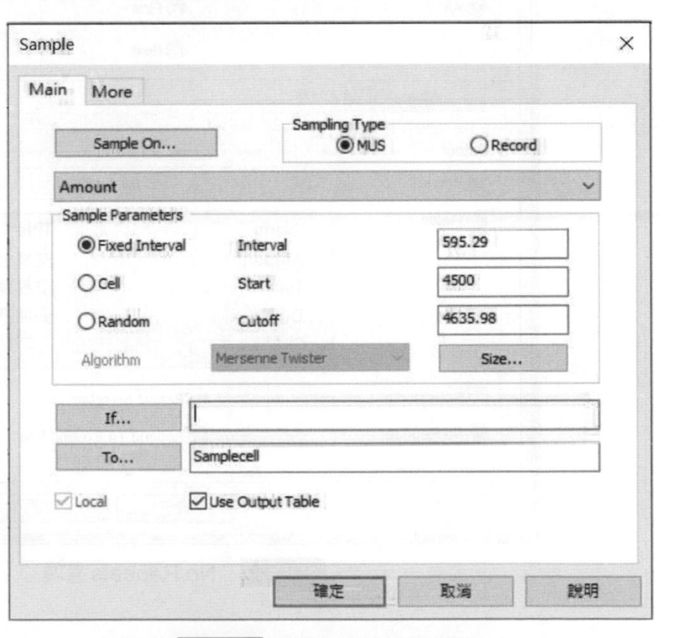

圖10-15　隨機區間統計抽樣

STEP10 按「確定」執行。結果如下，並產生樣本資料表Samplecell。

```
Command: SAMPLE ON Amount INTERVAL 595.29 FIXED 4500 CUTOFF 4635.98 RECORD TO "Samplecell" OPEN

14:06:34 - 11/06/2019
Invalid fixed starting value: used as random seed
Sample size = 968 (2 top stratum), out of 772 records sampled
Population: 585674.41, Top stratum: 10503.83, Other: 575170.58
The initial selection point was: 188.31
The selection remainder is -67.87 for sample reconciliation
Extraction to table D:\助教\ACL\ACL上課用\01_教學工具箱\課本資料\Samplecell.FIL is complete
Opening file "Samplecell"
```

圖10-16 隨機區間統計抽樣結果顯示於Command Log

- 「No Repeats」選項的功用

在Sample對話框上，點按「More」頁籤，即可看到左下角No Repeats的核取方塊（如圖10-17）。本功能主要針對樣本取出後，不再放回，目的是避免樣本重複選取，但有可能導致無法選取足夠的樣本，所以如果是爲了追蹤報表高估時，最好勾選No Repeats核取方塊。

圖10-17 No Repeats選項

- 「SubSample」選項的功用

在Sample對話框上，點按「More」頁籤，點選Fields，則會出現Subsample的核取方塊（如圖10-18）。點選Subsample，然後在Extract Fields的欄位列視窗中，選取需要輸出的欄位。若抽樣的樣本資料是由其他明細的交易所彙總而成時，ACL會爲每一個選項自動產生隨機亂數，然後可以利用這個亂數，從明細資料檔中抽選樣本。

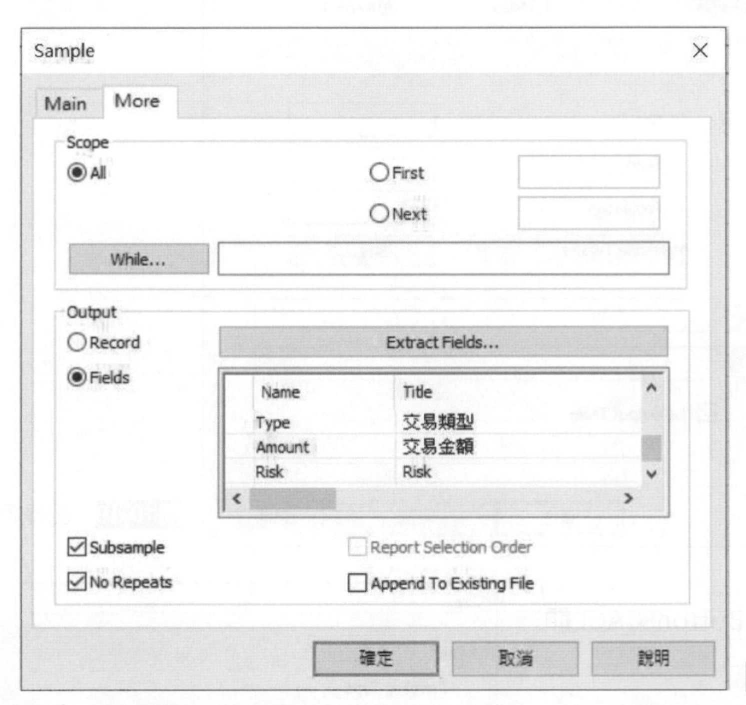

圖10-18 Subsample選項

二 交易記錄抽樣法（Transaction Records Sampling）

交易記錄抽樣法，也稱爲記錄抽樣，也就是說母體是由記錄數所組成，使用一個名目數值1，這會使樣本不會受到記錄值的變化所影響，所以每個記錄被選中的機率是相同的。交易抽樣法的步驟如下：

1 決定樣本大小

利用信賴水準（Confidence）、母體（Population）、偏差上限（Upper error limit，UEL）、預期誤差率（Expected Error Rate）來計算樣本量。

2 選取樣本

依據隨機表，設定亂數種子（Seed）來選取樣本。

爲使讀者可以了解此方法的操作步驟，本章節以ACL Data.acl內AR資料表爲母體，並利用隨機抽樣的方式來進行交易抽樣法的說明。其操作步驟如下：

STEP01 從Sampling下拉式選單，選擇Sample，ACL顯示Sample對話框。

STEP02 在Sample Type選項下，點選Record。

STEP**03** 在Sample Parameter選項下，點選Random。ACL會在Population文字盒中，自動顯示所測試資料表的記錄總數（772筆），如圖10-19。

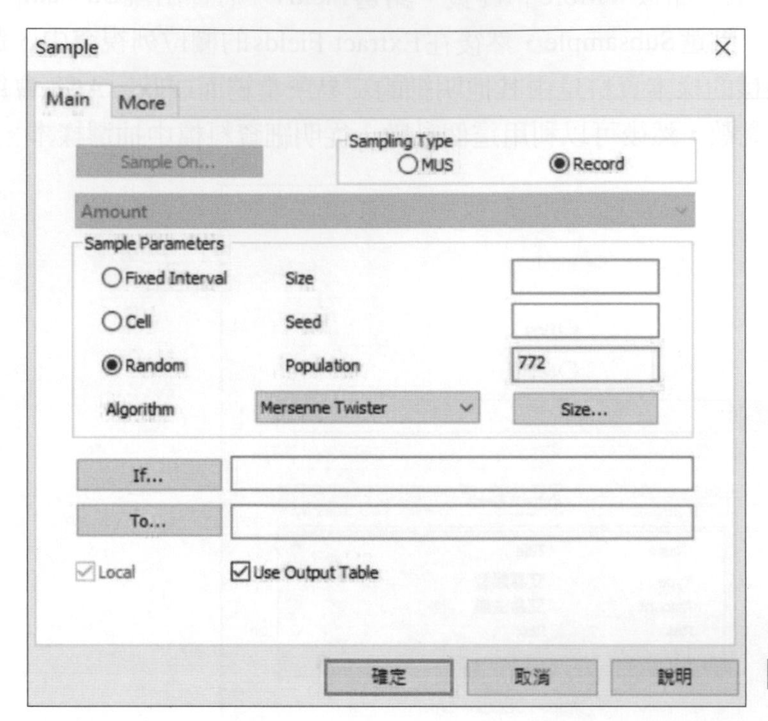

圖10-19 記錄筆數

STEP**04** 點選「Size」Button，ACL顯示Size對話框。

STEP**05** 在Confidence文字盒輸入95。

STEP**06** 在Upper Error Limit文字盒輸入5。

STEP**07** Expected Error Rate文字盒空白或輸入0。

STEP**08** 點選「Calculate」計算樣本數，預覽結果，樣本數為60，Interval為12.86。

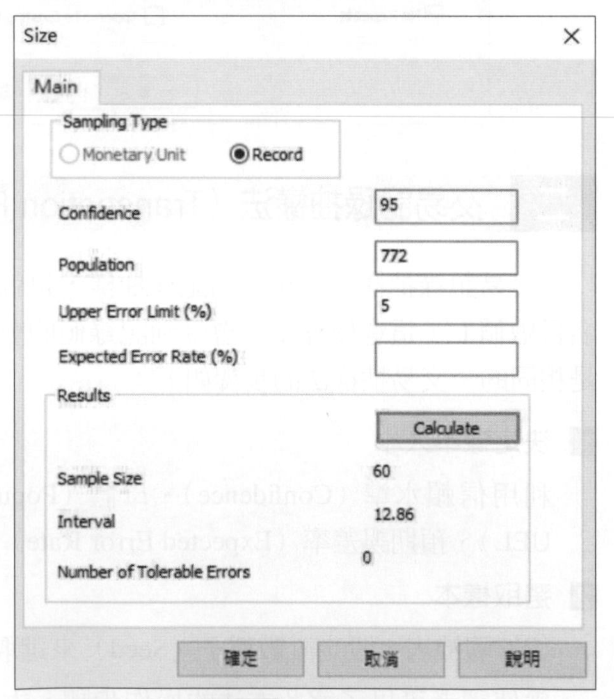

圖10-20 樣本數計算

STEP**09** 點選「確定」，ACL關閉Size對話框，回到Sample對話框。

STEP**10** 在Start文字盒中輸入234。（Start係指定隨機抽樣起點，使用者可以隨意設定一個數字）。

STEP**11** 在To的文字盒中輸入Arrand2。

Sample
Main　More
Sample On...
Sampling Type
MUS　Record
Amount
Sample Parameters
Fixed Interval　Size　60
Cell　Seed　234
Random　Population　772
Algorithm　Mersenne Twister　Size...
If...
To...　Arrand2
Local　Use Output Table
確定　取消　說明

圖10-21　Record Sample對話框

STEP**12** 點選「More」頁籤，點選Fields選項。

STEP**13** 在Extract Field對話框中，點選Date和Amount兩個欄位，然後點按「OK／確定」（如圖10-22）。

STEP**14** 勾選Report Selection Order，列出抽樣順序，以便識別（如圖10-23）。

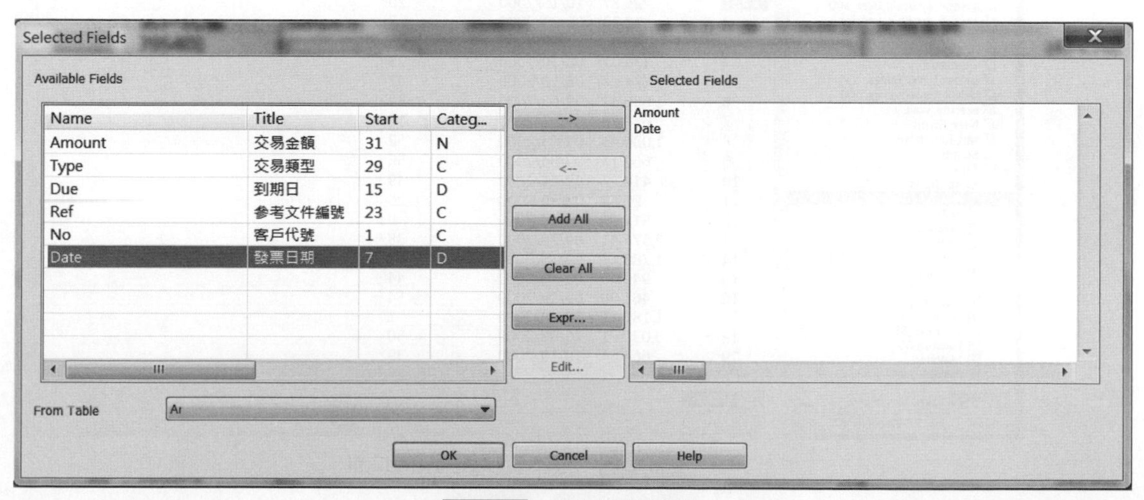

圖10-22　輸出欄位選擇

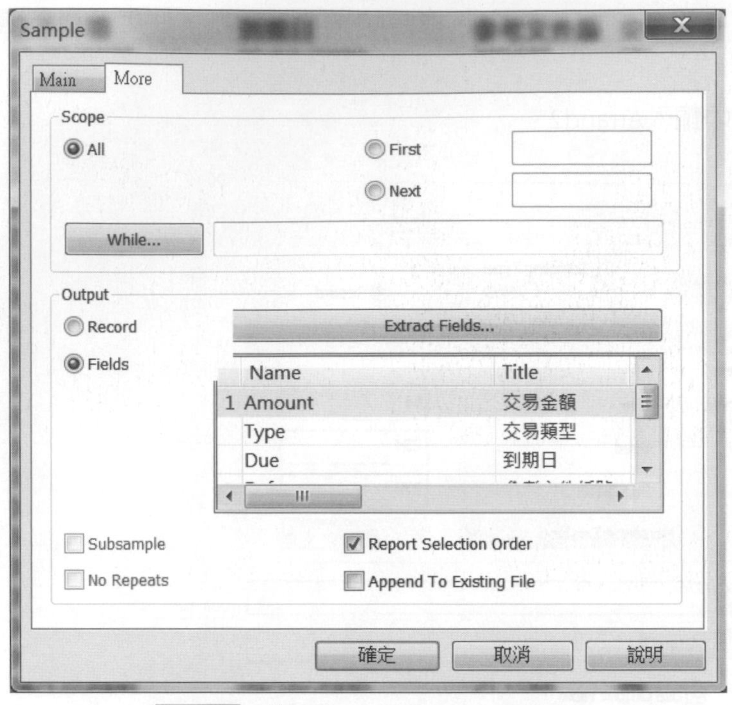

圖10-23 點選Report Selection Order項

STEP**15** 點選「確定」，產出樣本資料表Arrand2.fil，計60筆（如圖10-24）。

	交易金額	發票日期	ORDER
1	225.87	10/15/2000	20
2	(12.23)	05/21/2000	2
3	8.85	07/28/2000	26
4	(76.01)	08/10/2000	23
5	(74.97)	08/10/2000	42
6	1,666.32	09/02/2000	32
7	614.78	09/03/2000	12
8	1,030.43	09/03/2000	52
9	662.11	09/04/2000	56
10	418.27	09/04/2000	49
11	25.62	09/10/2000	25
12	518.01	09/14/2000	9
13	2,576.41	09/15/2000	38
14	1,783.67	09/15/2000	29
15	945.40	09/18/2000	44
16	461.08	09/29/2000	54
17	1,189.11	10/08/2000	1
18	3,030.71	10/08/2000	30
19	664.66	10/19/2000	39

圖10-24 樣本資料表Arrand2.fil

❖ 可容忍誤差（Materiality）與偏差上限（UEL）的計算步驟

在上面的範例中，對於可容忍誤差（Materiality）= 12,000或偏差上限（UEL）= 5並沒有詳細說明，在審計抽樣的方法裡，此數字是需要經過計算的。ACL提供Evaluate Error指令，利用抽樣的參數和已知的偏差來計算可容忍誤差（Materiality）或誤差上限（UEL）。其操作方法如下：

STEP**01** 從Sampling下拉式選單，選擇Evaluate Error，ACL顯示Evaluate對話框。

STEP**02** 在Confident的文字盒輸入95。

STEP**03** 在Interval的文字盒輸入4,000。以固定區間抽樣為例。

STEP**04** 在Error的清單文字盒輸入，2150,50和2295,300（如圖10-25）。

（2150,50意指實際數字為2200，但資料是2150，因此有50的偏差；相同的2295,300意指實際數字為2595，但資料是2295，因此有300的偏差。）

圖10-25 Evaluate對話框

STEP**05** 按「確定」鍵，結果顯示如圖10-26所示。

As of: 06/08/13 18:48:13

Command: EVALUATE MONETARY CONFIDENCE 95 ERRORLIMIT 2150,50,2295,300 INTERVAL 4000 TO SCREEN

Confidence: 95, **Interval:** 4000

	Item	Error	Most Likely Error	Upper Error Limit
Basic Precision				12,000.00
	2,295.00	300.00	522.88	915.04
	2,150.00	50.00	93.02	144.18
Totals			615.90	13,059.22

圖10-26 評估抽樣結果

此時計算後的結果，Upper Error Limit（UEL）= 12,000；因此我們於Materiality文字框輸入12,000。

三 傳統變量抽樣法（Classic Variable Sampling，CVS）

傳統變量抽樣法（Classic Variable Sampling，CVS）是將母體中的每個單獨項目視爲抽樣單位，透過統計學上的常態分布的理論，根據樣本數據來評估整個母體。一般常見的估算法有下列三種：

1 單位平均估計法（Mean-Per-Unit Estimation，或稱均值法）

當會計師或稽核師預測樣本項目的核定金額與帳面金額之間的差異很小或者沒有差異，則適用均值法進行估計計算，但要記得使用此方法時應先將母體進行分層。

2 差額估計法（Difference Estimation，或稱差額法）

當會計師或稽核師預測樣本項目中存在有明顯錯誤報導狀況，且此錯誤報導的金額與項目的數量或規模有相關性時，適用於差額法進行估計計算。

3 比率估計法（Ratio Estimation，或稱比率法）

當會計師或稽核師預測樣本項目中存在有明顯錯誤報導狀況，且此錯誤報導的金額與項目金額相關時，適用於比率法進行估計計算。

由於CVS方法包含一些較爲複雜的數學計算方式，因此實務上當前的會計師或稽核師在決定運用此方法時，大多是藉由可以信賴的電腦輔助稽核軟體來確定抽樣規模，而非自己去計算。因此本章節特別強調此方法理論的運作與軟體的使用，而不特別強調細部的數學公式，有興趣深入研究的讀者可以參考其他審計書籍。

爲使讀者可以了解此方法的操作步驟，本章節以 ACL Data\Sample Data Files\ACL_Rockwood中的ACL_Rockwood專案內Invoices資料表爲母體，並利用CVS抽樣的方式來進行交易抽樣法的說明。其操作步驟如下：

❖ 對總體進行分層，並且計算一個有效的樣本量

STEP **01** 從Sampling下拉式選單，選擇Classic Variable Sampling（CVS） > Prepare，ACL顯示CVS Prepare對話框。於Book Value選取 invoice_amount，確定其他資訊皆如圖10-27中所示輸入。

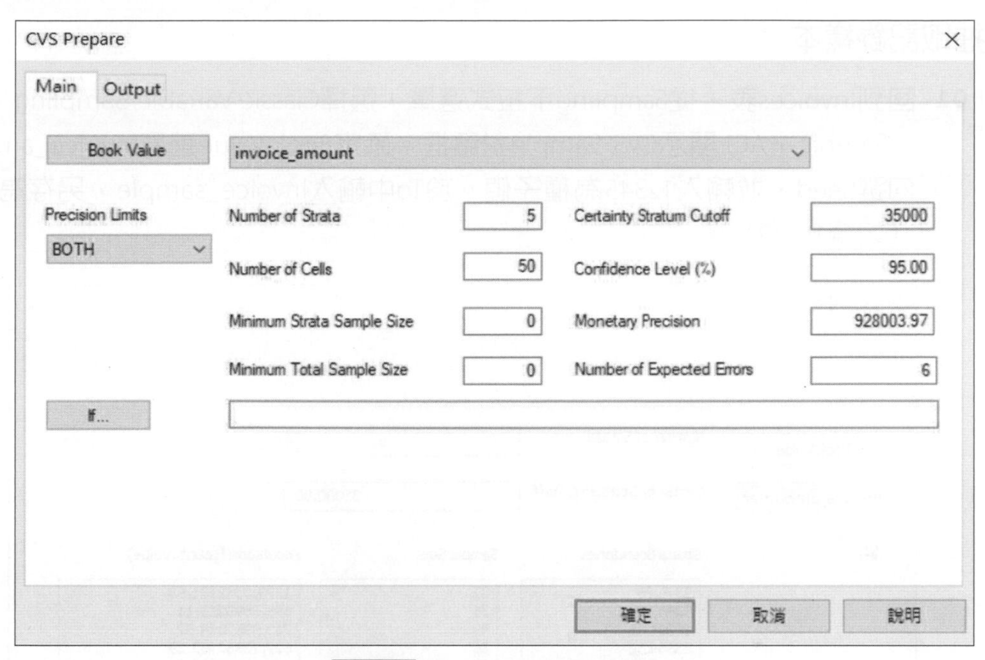

圖10-27 CVS Prepare對話框

STEP02 點選確定，對總體進行分層，並且計算每個層及整個總體樣本量（Sample Items），結果顯示如圖10-28。您總共應該抽取233個樣本。對於每個層，您應該抽取指定數量的樣本，例如對於層3，您應該抽取49個樣本。

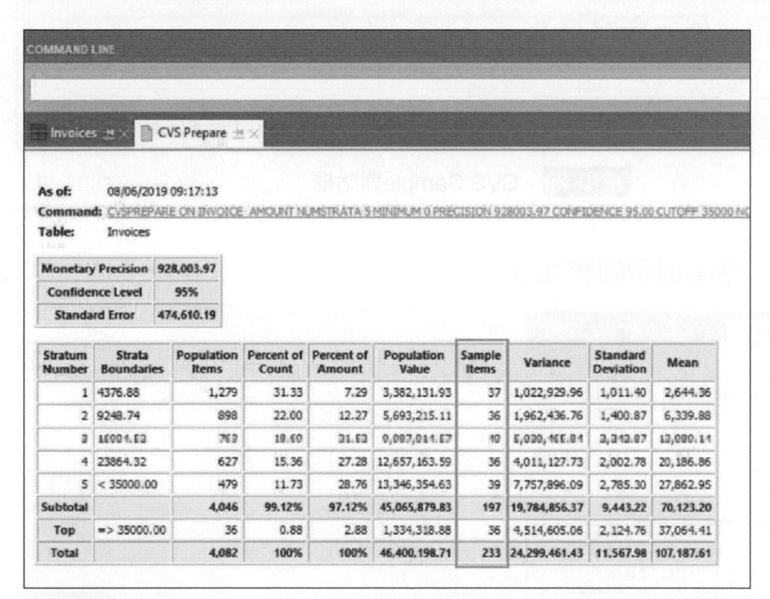

COMMAND LINE

Invoices | CVS Prepare

As of: 08/06/2019 09:17:13
Command: CVSPREPARE ON INVOICE_AMOUNT NUMSTRATA 5 MINIMUM 0 PRECISION 928003.97 CONFIDENCE 95.00 CUTOFF 35000 NC
Table: Invoices

Monetary Precision	928,003.97
Confidence Level	95%
Standard Error	474,610.19

Stratum Number	Strata Boundaries	Population Items	Percent of Count	Percent of Amount	Population Value	Sample Items	Variance	Standard Deviation	Mean
1	4376.88	1,279	31.33	7.29	3,382,131.93	37	1,022,929.96	1,011.40	2,644.36
2	9248.74	898	22.00	12.27	5,693,215.11	36	1,962,436.76	1,400.87	6,339.88
3	[illegible]	[illegible]	18.60	[illegible]	[illegible]	[illegible]	[illegible]	[illegible]	[illegible]
4	23864.32	627	15.36	27.28	12,657,163.59	36	4,011,127.73	2,002.78	20,186.86
5	< 35000.00	479	11.73	28.76	13,346,354.63	39	7,757,896.09	2,785.30	27,862.95
Subtotal		4,046	99.12%	97.12%	45,065,879.83	197	19,784,856.37	9,443.22	70,123.20
Top	=> 35000.00	36	0.88	2.88	1,334,318.88	36	4,514,605.06	2,124.76	37,064.41
Total		4,082	100%	100%	46,400,198.71	233	24,299,461.43	11,567.98	107,187.61

圖10-28 對總體進行分層，並計算每個層以及整個總體樣本量（Sample Items）的結果

❖ 抽取記錄樣本

STEP**01** 回到Invoices表，從Sampling下拉式選單，選擇Classic Variable Sampling（CVS）> Sample，ACL顯示CVS Sample對話框。確定Book Value選取invoice_amount，勾選Seed，並輸入12345為種子值。於To中輸入Invoice_sample，另存為新的表（如圖10-29）。

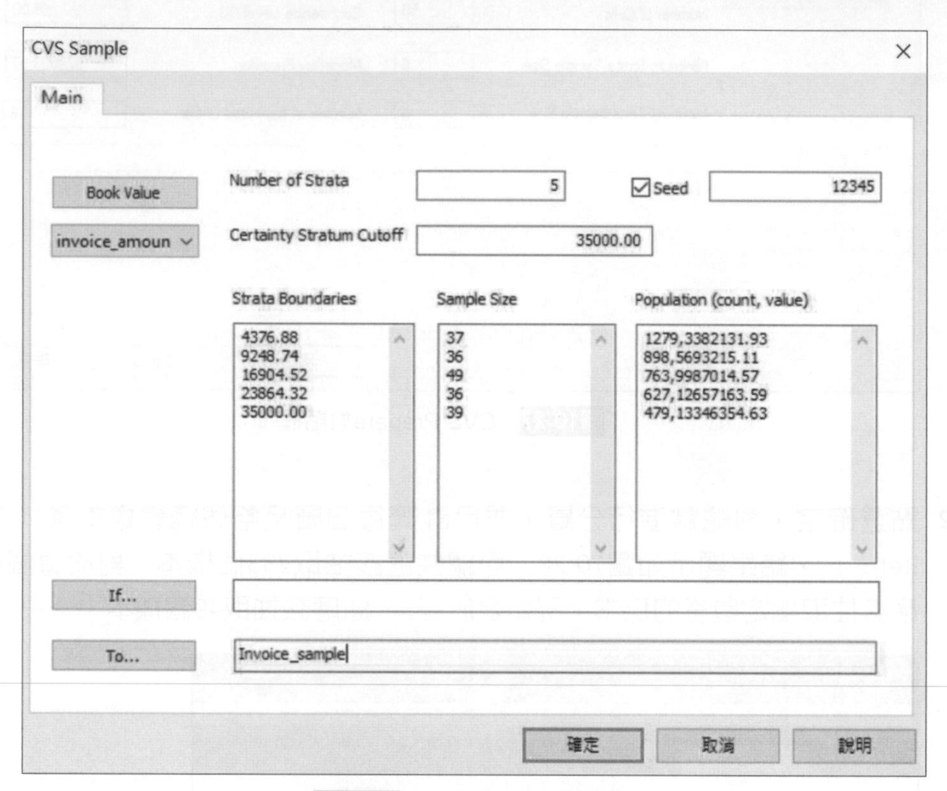

圖10-29 CVS Sample對話框

STEP**02** 點選確定後，結果顯示如圖10-30。

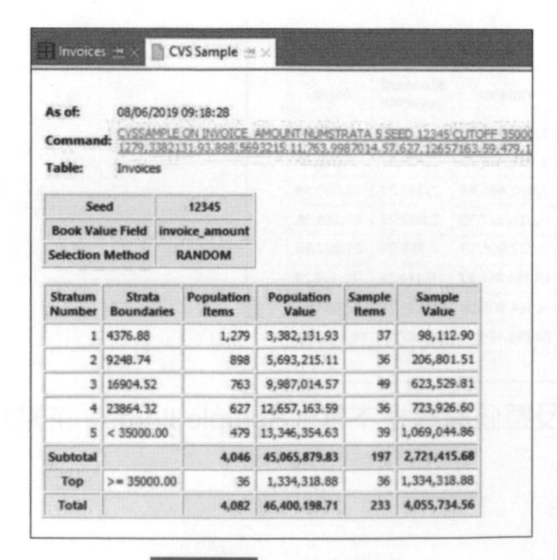

Invoices CVS Sample

As of: 08/06/2019 09:18:28

Command: CVSSAMPLE ON INVOICE_AMOUNT NUMSTRATA 5 SEED 12345 CUTOFF 3500
1279,3382131.93,898,5693215.11,763,9987014.57,627,12657163.59,479,1

Table: Invoices

Seed	12345
Book Value Field	invoice_amount
Selection Method	RANDOM

Stratum Number	Strata Boundaries	Population Items	Population Value	Sample Items	Sample Value
1	4376.88	1,279	3,382,131.93	37	98,112.90
2	9248.74	898	5,693,215.11	36	206,801.51
3	16904.52	763	9,987,014.57	49	623,529.81
4	23864.32	627	12,657,163.59	36	723,926.60
5	< 35000.00	479	13,346,354.63	39	1,069,044.86
Subtotal		4,046	45,065,879.83	197	2,721,415.68
Top	>= 35000.00	36	1,334,318.88	36	1,334,318.88
Total		4,082	46,400,198.71	233	4,055,734.56

圖10-30 抽樣結果

❖ 將分析結果推斷至整個總體

STEP01 開啓Invoices_sample_audited Table，從Sampling下拉式選單，選擇Classic Variable Sampling（CVS）> Evaluate，ACL顯示CVS Evaluate對話框。

STEP02 Estimation Type選取 DIFFERENCE，確定其他資訊皆如圖10-31所示輸入。

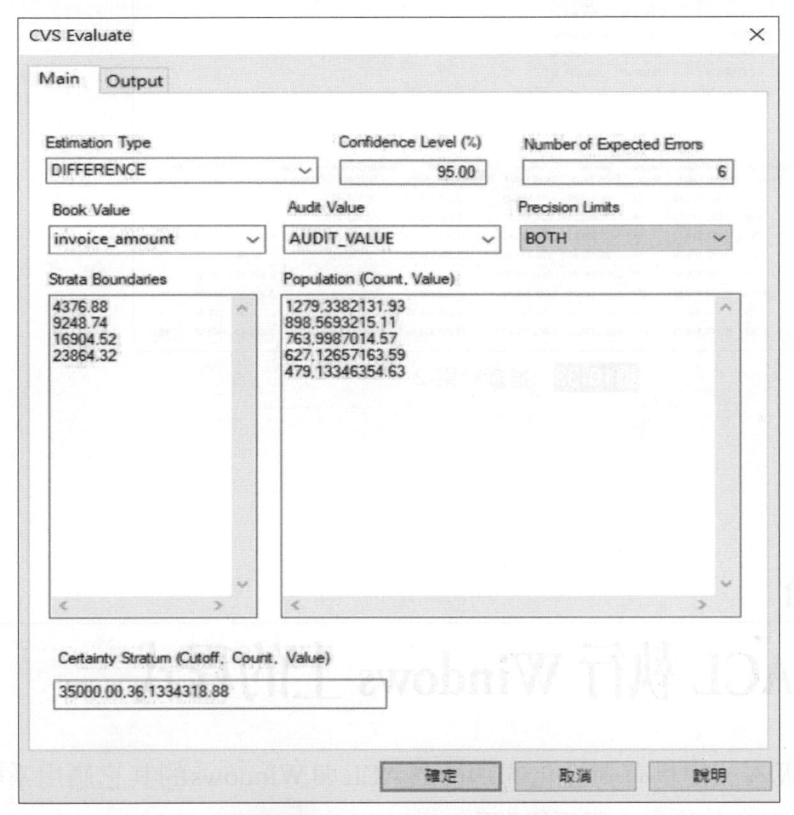

圖10-31 CVS Evaluate對話框

STEP03 點選確定後，結果如圖10-32及圖10-33所示。

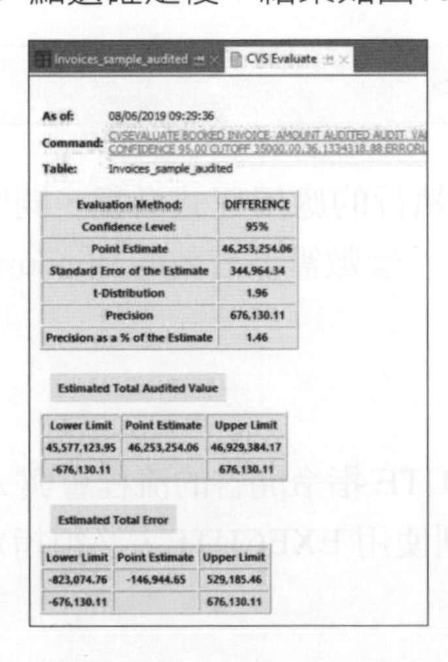
Invoices_sample_audited CVS Evaluate

As of: 08/06/2019 09:29:36
Command: CVSEVALUATE BOOKED INVOICE_AMOUNT AUDITED AUDIT_VA CONFIDENCE 95.00 CUTOFF 35000.00,36,1334318.88 ERRORL
Table: Invoices_sample_audited

Evaluation Method:	DIFFERENCE
Confidence Level:	95%
Point Estimate	46,253,254.06
Standard Error of the Estimate	344,964.34
t-Distribution	1.96
Precision	676,130.11
Precision as a % of the Estimate	1.46

Estimated Total Audited Value

Lower Limit	Point Estimate	Upper Limit
45,577,123.95	46,253,254.06	46,929,384.17
-676,130.11		676,130.11

Estimated Total Error

Lower Limit	Point Estimate	Upper Limit
-823,074.76	-146,944.65	529,185.46
-676,130.11		676,130.11

圖10-32 推斷結果-1

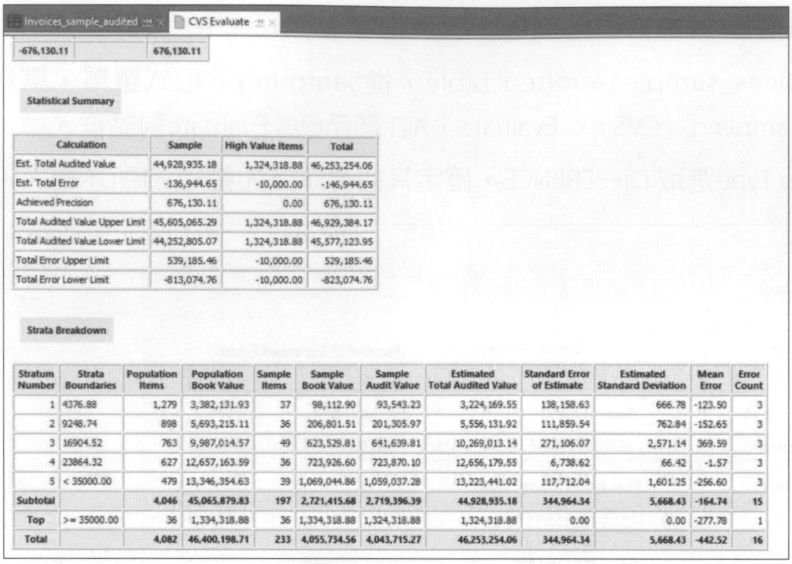

Invoices_sample_audited | CVS Evaluate

-676,130.11		676,130.11

Statistical Summary

Calculation	Sample	High Value Items	Total
Est. Total Audited Value	44,928,935.18	1,324,318.88	46,253,254.06
Est. Total Error	-136,944.65	-10,000.00	-146,944.65
Achieved Precision	676,130.11	0.00	676,130.11
Total Audited Value Upper Limit	45,605,065.29	1,324,318.88	46,929,384.17
Total Audited Value Lower Limit	44,252,805.07	1,324,318.88	45,577,123.95
Total Error Upper Limit	539,185.46	-10,000.00	529,185.46
Total Error Lower Limit	-813,074.76	-10,000.00	-823,074.76

Strata Breakdown

Stratum Number	Strata Boundaries	Population Items	Population Book Value	Sample Items	Sample Book Value	Sample Audit Value	Estimated Total Audited Value	Standard Error of Estimate	Estimated Standard Deviation	Mean Error	Error Count
1	4376.88	1,279	3,382,131.93	37	98,112.90	93,543.23	3,224,169.55	138,158.63	666.78	-123.50	3
2	9248.74	898	5,693,215.11	36	206,801.51	201,305.97	5,556,131.92	111,859.54	762.84	-152.65	3
3	16904.52	763	9,987,014.57	49	623,529.81	641,639.81	10,269,013.14	271,106.07	2,571.14	369.59	3
4	23864.32	627	12,657,163.59	36	723,926.60	723,870.10	12,656,179.55	6,738.62	66.42	-1.57	3
5	< 35000.00	479	13,346,354.63	39	1,069,044.86	1,059,037.28	13,223,441.02	117,712.04	1,601.25	-256.60	3
Subtotal		4,046	45,065,879.83	197	2,721,415.68	2,719,396.39	44,928,935.18	344,964.34	5,668.43	-164.74	15
Top	>= 35000.00	36	1,334,318.88	36	1,334,318.88	1,324,318.88	1,324,318.88	0.00	0.00	-277.78	1
Total		4,082	46,400,198.71	233	4,055,734.56	4,043,715.27	46,253,254.06	344,964.34	5,668.43	-442.52	16

圖10-33 推斷結果-2

第2節 如何在ACL執行Windows上的程式

ACL 10以上版本，提供有彈性化的功能讓ACL與Windows的其它應用系統互相串聯，這一功能的指令就稱為：EXECUTE。

ACL提供EXECUTE指令，讓使用者可以執行Windows上的程式，此指令的語法如下：

```
EXECUTE Windows_Run_command_syntax<ASYNC>
```

其中Windows_Run_command_syntax為參數，指執行的應用程式名稱、開啓資料夾或資料檔、操作指令或任何必要的參數及命令按鈕。參數需要有效的Windows操作命令語法，並且將其用括號括起來。

❖ 同步及非同步模式

- 非同步模式（ASYNC）：在非同步模式下，EXECUTE指令開啓的流程會與ACL、ACL指令記錄檔結果同時運行。若在ACL指令列使用EXECUTE，必須指定非同步模式。

- 同步模式（Synchronous Mode）：在預設條件下，EXECUTE 指令以同步模式執行，任何 EXECUTE 指令開啓的流程必須在下一個 ACL 指令記錄檔前完成，否則當下一個流程開始，外部流程便無法在 ACL 運作。

ACL 的EXECUTE 指令使用方式很簡單，您可以直接於命令列（Command Line）直接執行，或是指令放於SCRIPT中執行，例如：若使用者想要查看目前的專案路徑下有哪些檔案，則可以使用下列的指令

```
EXECUTE 'CMD / k DIR' ASYNC
```

此指令爲要求ACL執行Windows下CMD指令，CMD指令爲顯示DOS畫面的指令，而DIR則爲列出路徑下所有檔案的指令，因此結果如圖10-34。

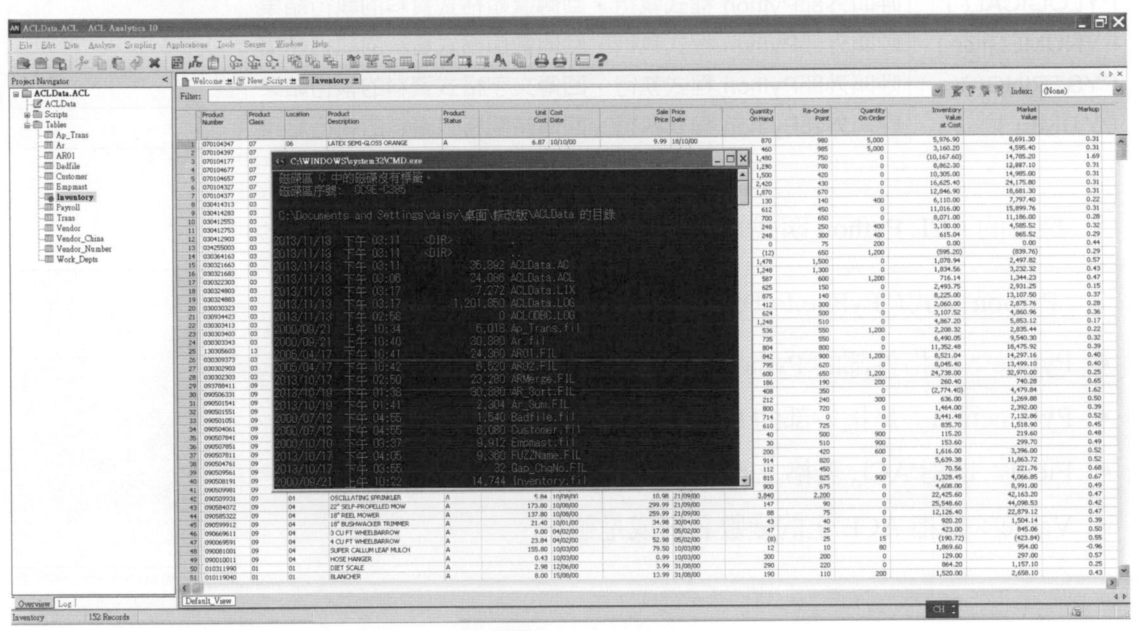

圖10-34　CMD指令

例如若要開啓Excel中的某個檔案來交互比對資料，則可以在SCRIPT中輸入如下的指令：

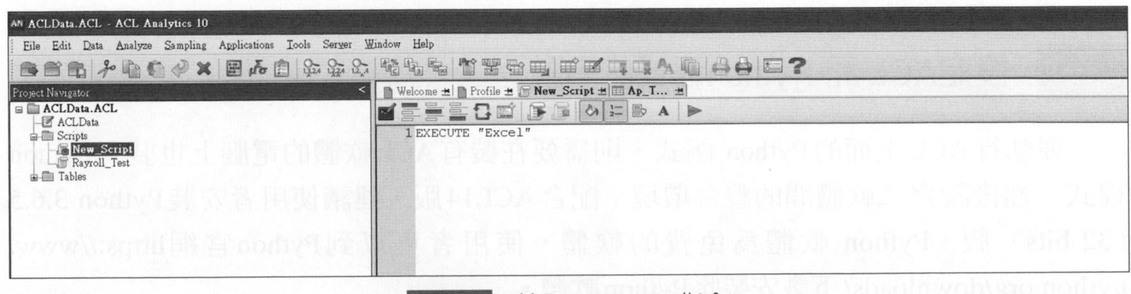

圖10-35　輸入EXECUTE指令

第3節 如何和Python程式協同運作

ACL提供有6個函式，讓稽核人員可以透過這些函式和外部的Python程式進行溝通，產生新的欄位資料。ACL上的Python 函式如下表：

Python函式	說明
PYDATE( )	呼叫外部Python 程式執行，回傳日期格式資料的執行結果
PYDATETIME( )	呼叫外部Python 程式執行，回傳日期時間格式資料的執行結果
PYLOGICAL( )	呼叫外部Python 程式執行，回傳邏輯格式資料的執行結果
PYNUMERIC( )	呼叫外部Python 程式執行，回傳數值格式資料的執行結果
PYSTRING( )	呼叫外部Python 程式執行，回傳文字格式資料的執行結果
PYTIME( )	呼叫外部Python 程式執行，回傳時間格式資料的執行結果

標準的ACL Python 函式的指令語法如下：

```
Python函式("PyFile,PyFunction" <, field|value <,...n>>)
```

- PyFile：是指外部的 Python 程式檔案名稱。
- PyFunction：是指外部的 Python 程式內所設計的功能名稱。
- Field：是指 ACL 表格上的欄位名稱。
- Value：是指 ACL 上的變數名稱或是值。

另外PYNUMERIC函式因爲是要回傳數值，所以會增加一個變數Decimal，設定要回傳的數字的小數點位數，以免回傳的數字精確度不足。PYSTRING函式則因爲要回傳文字，所以會增加一個變數Length，設定要回傳的文字長度，以免回傳的文字結果太長或太短。

一 設定ACL 和 Python程式的串聯

要執行ACL上面的Python 函式，則需要在裝有ACL軟體的電腦上也裝有Python程式，然後設定二軟體間的整合環境。配合ACL14版，建議使用者安裝Python 3.6.5（32 bits）版。Python 軟體爲免費的軟體，使用者可以到Python官網https://www.python.org/downloads/下載安裝此Python軟體。

安裝完成Python軟體後，需要設定二軟體間的整合環境，其方法如下：

STEP01 在C:\建立「python_install」和「python_script」兩個資料夾（如圖10-36）。

圖10-36 建立「python_install」及「python_script」資料夾

STEP02 搜尋「python36.dll」檔案，複製並貼到「python_install」資料夾。

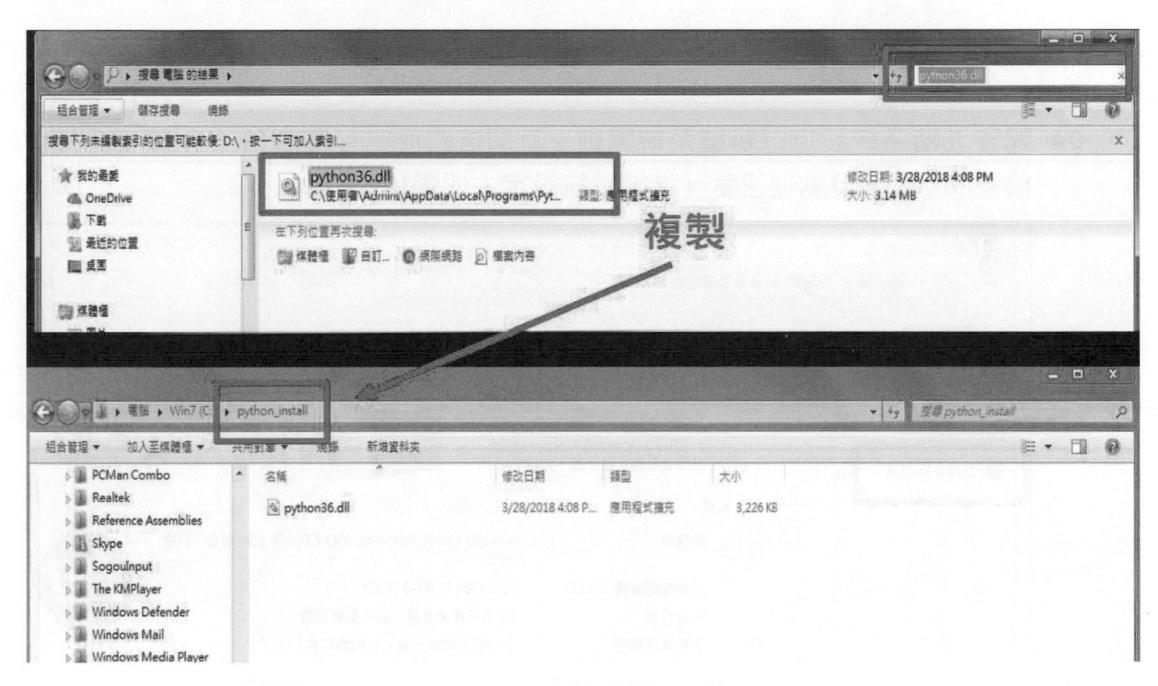

圖10-37 複製「python36.dll」，貼到「python_install」資料夾內

STEP**03** 搜尋python安裝程式資料夾，並拖拉至「python_install」資料夾。

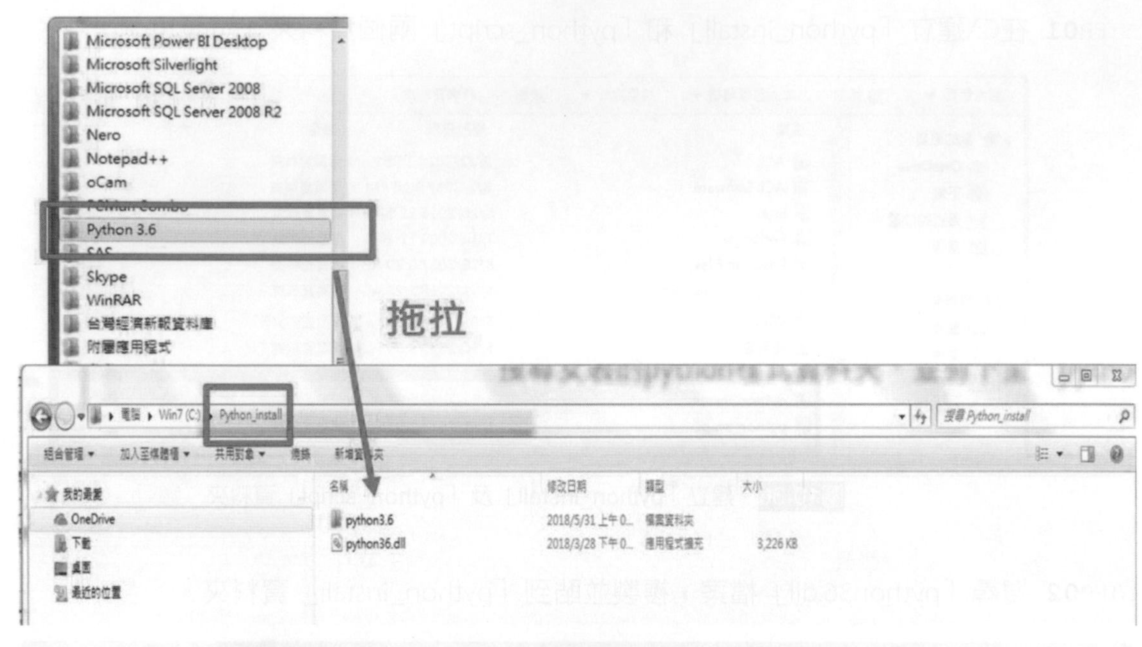

圖10-38 搜尋「Python 3.6」並拖拉至「python_install」資料夾內

STEP**04** 開啓進階系統設定以新增系統變數，其開啓路徑為：控制台 > 系統安全性 > 檢視RAM大小及處理速度 > 進階系統設定，如圖10-39。

圖10-39 控制台－系統畫面

STEP05　選擇環境變數，如圖10-40。

圖10-40　系統內容視窗

STEP06　新增系統變數「ACLPYTHONDLL」，並設定變數值連結到「python36.dll」檔案的位置，如圖10-41。

圖10-41　環境變數視窗

注意　C:\python_install下存放python36.dll才能和ACL整合。

STEP07 新增系統變數「PYTHONPATH」，並設定變數值連結到「python_script」資料夾的位置。

圖10-42 新增系統變數「PYTHONPATH」

二 ACL上執行Pyhton 的範例

爲使讀者可以了解此方法的操作步驟，本章節以ACLData.acl專案內CUSTOMER（客戶）資料表爲例，建立一個新的欄位來執行PYSTRING( )指令，呼叫外部Python程式執行，回傳一個文字格式資料的執行結果，讓讀者可以了解這些ACL Python 函式的使用方式。

STEP01 要執行ACL Python 函式首先需要有一支已開發好可以執行的Python程式。例如以下為一支可以執行的Python 程式，程式名稱為hello.py。此程式有一功能為main，此功能會讀入一個文字串，然後運算加入 ' _Python您好 '。

```
#! python
# hello.py content
def main(str):
   str2 = str + ' _Python您好'
   return(str2)
```

STEP02 開啓CUSTOMER表格，並點選滑鼠右鍵，選擇新增一欄位（Add Columns）（如圖10-43）。

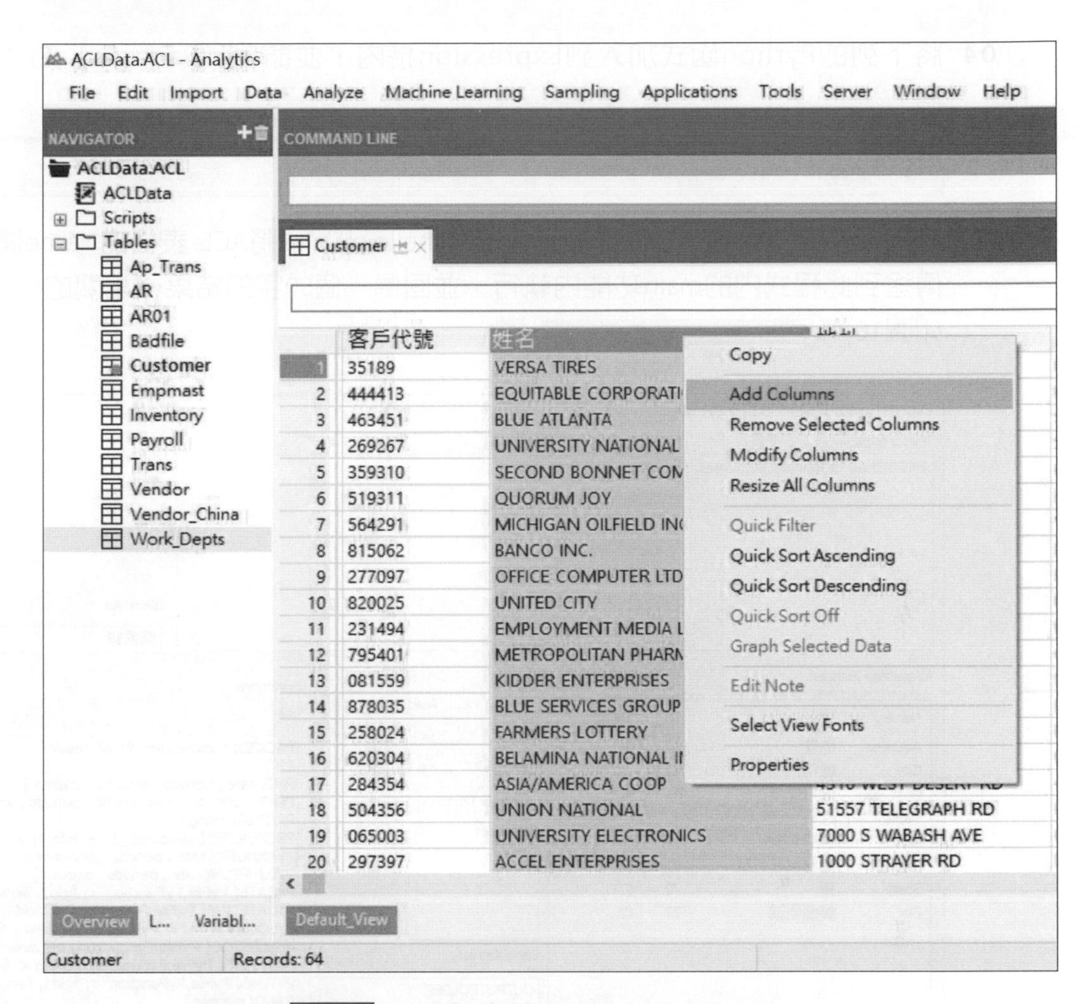

圖10-43　右鍵選擇新增一欄位（Add Columns）

STEP**03**　新增的欄位設定為計算的欄位，點選Expression新增函式。

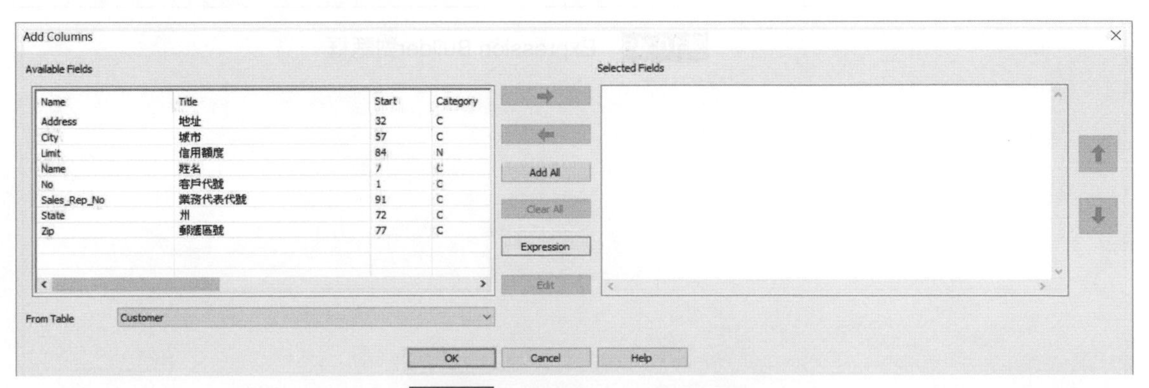

圖10-44　Add Columns對話框

STEP**04** 將下列的Python函式加入到Expression格內，並命名（Save As）為「問候語」。

```
PYSTRING('hello,main', 50, Name)
```

此函式主要是呼叫外部的Python程式（hello.py），將ACL 表格的Name欄位值傳送到此程式內的main功能內執行，並回傳一個50字的結果。相關的ACL畫面如圖10-45：

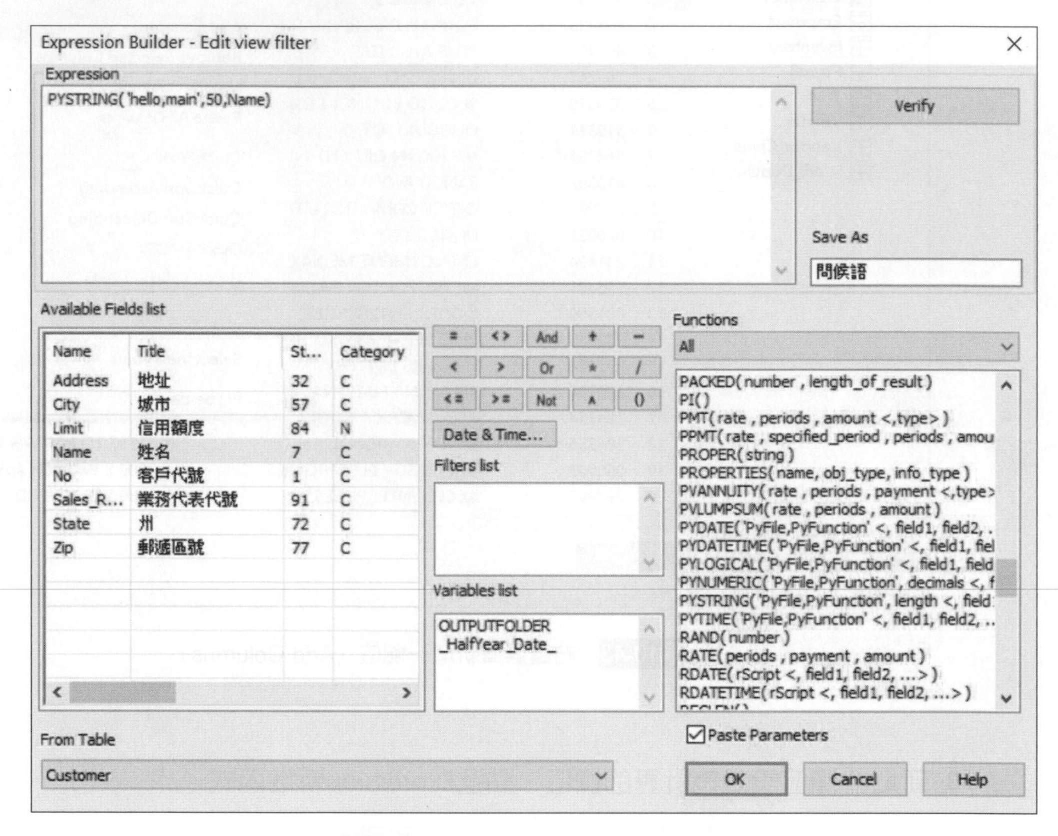

圖10-45 Expression Builder對話框

Step05　CUSTOMER表格將會增加一欄位「問候語（Hello）」，結果顯示如圖10-46。

Work_Depts

	部門代號	部門名稱	Hello
1	A00	Head Office	Head Office - Python您好!
2	B01	Purchasing	Purchasing - Python您好!
3	C01	Marketing	Marketing - Python您好!
4	D11	Design	Design - Python您好!
5	D21	Finance & Accounting	Finance & Accounting - Python您好!
6	E01	Information Services	Information Services - Python您好!
7	E11	Warehouse	Warehouse - Python您好!
8	E21	Sales	Sales - Python您好!

<< End of File >>

圖10-46　Python執行結果

第4節 總　結

在本章節您已學習ACL進階應用的技巧，不僅可以操作ACL進行審計抽樣，更可以輕鬆的開始和外部的通用人工智慧Pyhton軟體連結，進行更進階的分析。目前已有很多ACL查核案例透過Python軟體執行文字探勘分析，其中在臺灣與中國由於文字語言的關係，經常使用Python上的結巴（jieba）斷詞模組（如jieba-zh_TW爲結巴斷詞的臺灣繁體版本）進行文字探勘分析。只要將您的Python程式加上「import jieba」的指令，即可以進行中文斷詞，讓ACL可以透過Python函式進行相關的電子公文查核。ACL提供強大的整合功能，接下來就是您實務練習查核的時候，唯有平時多練習查核技巧，您的電腦稽核的查核能力才會不斷的提升。

本章習題

一、選擇題

(　　) 1. 依據中華民國審計準則公報第 26 號「審計抽樣」之規定，查核人員於設計查核樣本時，需要考慮：

I、查核目的　II、可容忍誤差　III、錯誤的類型　IV、預期誤差。

(A) I、II、III　(B) I、II、IV

(C) II、III、IV　(D) I、II、III、IV

(E) 以上皆非

(　　) 2. 根據中華民國審計準則公報規定第 26 號「審計抽樣」之規定，以下何者非為審計抽樣中樣本量大小之影響因素？

(A) 查核目的　(B) 可容忍誤差

(C) 錯誤的類型　(D) 預期誤差

(E) 信賴水準

(　　) 3. 在使用ACL執行統計抽樣的功能時，以下何者非為稽核人員應考慮而輸入到ACL介面的資訊？

(A) 抽樣風險（Sampling risk）　(B) 可容忍誤差（Materiality）

(C) 錯誤的類型（Error Type）　(D) 期望誤差（Expected Total Errors）

(E) 信賴水準（Confidence）

(　　) 4. 下列何者非稽核人員評估母體之預期誤差時可以使用的方法？

(A) 依過往年度的樣本經驗值

(B) 本年度對控制之初步評估值

(C) 從試查的樣本求出預估值

(D) 依隨機的方式來設定

(E) 預期誤差應小於可容忍誤差

(　　) 5. 電腦稽核人員使用中介軟體ODBC來匯入查核資料時，其所面對的是

(A) 驅動程式　(B) 領域名稱(DNS)

(C) 資料來源名稱(DSN)　(D)網址名稱(URL)

(E) 以上皆非

(　　) 6. 以下關於ODBC的說明何者正確？

(A) 使用者資料來源指的是使用者自己所設定的資料來源，其他使用者也可以使用

(B) 系統資料來源僅可以供作業系統使用的，使用者無法使用

(C) 新增使用者資料來源的步驟與新增系統資料來源的步驟完全相同

(D) 如果我們在伺服器上使用非微軟的資料庫系統，通常必須要額外的安裝適當的驅動程式

(E) 以上皆是

(　　) 7. 若要利用手動方式定義資料表格的一個新的計算欄位，請問是要點選Table Layout內的哪一個按鈕來進行？

(A) [icon]　　(B) [icon]

(C) fx [icon]　　(D)  [icon]

(E) 以上皆非

(　　) 8. 哪一個指令是ACL上可以執行 WINDOWS 環境下的程式的指令？

(A) COMMAND　　(B) SET

(C) RUN　　(D) EXECUTE

(E) ACL無此功能

(　　) 9. 以下關於在ACL上執行WINDOWS 指令的說明何者正確？

(A) 可以使用同步與非同步模式來執行；

(B) 預設是以同步模式執行；

(C) 非同步執行須設定參數為NSYNC；

(D) 非同步執行時，任何執行的WINDOW指令必須在下一個ACL 指令記錄檔前完成；

(E) 以上皆是

(　　) 10. 疑似洗錢防制(AML)為金融業熱門的查核議題，下列何者不是常見熱門查核議題？

(A) 短時間內大量的將資金轉入及轉出

(B) 拆單購買查核

(C) 客戶交易模式有重大改變之情形

(D) 查核免於AML監控的客戶或帳戶

(E) 以上皆是

(　　) 11. 下列何者不得擔任案件品質管制複核人員？

(A) 未參與該案件之同一事務所成員

(B) 未參與該案件之會計師

(C) 副簽會計師

(D) 適當合格之外部人員

(E) 以上皆是

(　　) 12. 依審計實務指引第2號「風險評估與內部控制－電腦資訊系統特點與考量」，下列何者屬於一般控制之「資料輸入及程式控制」？

(A) 管理控制相關職能之政策及程序

(B) 系統文件之存取

(C) 僅經授權之人員可操作電腦

(D) 僅經授權之人員可存取資料及程式

(E) 以上皆是

(　　) 13. 倘若發生個人資料外洩時，以下何者處理方式明顯錯誤？

(A) 加強教育訓練

(B) 在規定時間內通報資料保護主管機關

(C) 舉證說明發生原因為組織內部故意或過失

(D) 銷毀外洩資料與相關軌跡

(E) 建立持續性監控與改善機制

(　　) 14. 為協助發展洗錢及資恐風險相當之防制措施，以利金融業進行適當內部控制資源配置，應採取下列何者方法為之？

(A) 準則方法　(B) 結果導向方法

(C) 規範基礎方法　(D) 風險基礎方法

(E) 事件導向方法

(　　) 15. 金融機構為確保應用程式之正確，下列敘述何者有缺失？

(A) 程式之登錄及刪除均經申請核可及驗收程序

(B) 同一程式在程式館內之「原始碼」與「目的碼」內容不相符

(C) 具有修改資料、程式等功能之公用程式均嚴密管制使用

(D) 正式作業程式館（如系統程式）應定期或適時加以清理

(E) 以上皆是

二、問答題

1. 請說明在ACL中文字欄位、數值欄位、及日期的資料欄位型態有何不同？
2. Table Layout與Options兩個對話框中日期欄位格式的設定有什麼區別？試說明之。
3. 請說明EBCDIC與ASCII字元碼之運作原理是什麼？試說明之。
4. 請問要如何在不同的資訊環境裡使用ACL進行電腦稽核測試工作，請簡述說明稽核人員應該採取的作業步驟為何？
5. 試說明ACL主要支援哪幾種抽樣的方法，以及其之間的差異為何？
6. 假設您是雪莉事務所查帳員，正針對傑克公司應收帳款進行年度查帳。現在您欲用ACL進行MUS抽樣，以利後續寄發函證信。假設在99%的信賴區間下，採用固定區間模式進行抽樣，若抽樣起始值設定150，且重大損失上限為10,000元，請問樣本數應為多少？請將樣本另存新檔，檔名為「Examp5_2.fil」。

7. 宜靜打算利用ACL進行應收帳款例行性查核，請使用下列兩個資料表進行以下查核：

(a)客戶主檔：Customer.fil　　(b)應收帳款檔：AR.fil

請問要如何對客戶進行應收帳款餘額之函證作業？試說明之。

8. 運用在證實測試的統計抽樣可分為機率與金額大小成比率法（sampling with probability proportional to size, PPS）及傳統的變量抽樣（classic variable sampling），而傳統的變量抽樣常用的方法又可分為：單位平均估計法（mean per unit estimate）、差額估計法（difference estimate）及比率估計法（ratio estimate）。請回答下列有關上述兩類抽樣方法之問題：

(1)查核人員決定選擇 PPS，而不選擇傳統的變量抽樣的考量因素為何？

(2)如果查核人員判斷 PPS 並不適合，決定使用傳統變量抽樣法進行抽樣，在使用單位平均估計法、差額估計法及比率估計法時，所需的資料查核人員皆可取得的情況下，哪一種方法通常比較沒有效率？為什麼？（九十二年公務人員高等考試三級考試試題）

三、實作題

1. 欣欣公司內部稽核員王大強日前向資訊部門申請下載薪資發放檔（Payroll.fil）及員工基本資料檔（Empmast.fil），打算進行年度薪資查核。試問：

(1) 有哪些員工是屬於本月份未領到薪水者，請列出員工代號及姓名？假設以員工基本資料檔當作主要檔，薪資發放檔當作次要檔，則本月份有多少員工有領薪水？

(2) 請檢視本月份本公司員工支領薪資的情形，請問是否有非本公司員工支領薪資呢？請列出所有異常記錄。其次，若以薪資發放檔當作主要檔，員工基本資料檔當作次要檔，請問本月份有領薪水的正式員工之人數有多少？

(3) 請比較(1)及(2)查核的結果是否相同。如果本月份有領薪水的員工人數在此二小題中有不同的情況，請說明原因可能是什麼？若得出結果相同，請繼續下一題。

(4) 欣欣公司的系統全部皆為連線作業，並且使用全自動化過帳作業，王大強認為薪資費用科目入帳金額與薪資實際發放金額不符，請您進行檢查，試說明兩個金額不符的原因為何？提示：已知公司已推行利潤中心制度多年，費用入帳時，會計科目後面會自動對應部門別入帳。（部門相關資料，請參照Work_Depts資料表）

2. 政府為落實照顧老人生活，增進老人福祉，制定國民年金法，凡（一）年滿65歲，（二）在國內設有戶籍，（三）且於最近三年內每年居住超過183日之國民，得請領老年基本保證年金，每人每月新臺幣3,000元，日後則隨各年物價指數再做適度調整。近年來，卻傳聞有被非法領取或溢領等情事。

   您是某審計機關之審計人員，負責審核某一年度老年基本保證年金是否依規定發放。您發現每年支領該津貼之人數衆多，如使用傳統人工之查核方式，僅能抽查有限之筆數，審核效果勢必不佳，而每一個審計機關均已配置通用審計軟體（Audit Command Language, ACL），於是您想運用ACL查核是否有不實領取該項津貼之情事。經查應領清冊計有：發放編號、姓名、國民身分證統一編號、出生日期、立帳局號、存款簿帳號、發放金額等7個欄位。請問您為驗證領取該津貼清冊之人員是否確實符合資格者，所應蒐集之審計證據與應進行之查核程式為何？請針對本題所提及之狀況作答。

【改編105年高等會計師考題，資料檔請至www.acl.com.tw 稽核自動化知識網>>網路社群>>JCCP電腦稽核軟體應用師社群>>相關書籍>>ACL資料分析與電腦稽核>>習題資料檔

3. 大大公司內部稽核員李志維要使用ACL針對公司的IFRS財報的XBRL資料檔之附註揭露欄位進行文字分析，希望可以判斷出相關的關鍵字以進行更進階的分析。其查核工作為：

   (1) 將XBRL資料表上的Item=' tifrs-notes:'匯出為一個資料表。（IRFS XBRL相關資料，請參照CH3 XRBL或XML資料表）

   (2) 請至網路上找尋相關的Python的中文（jieba）斷詞模組程式，並調整為ACL呼叫適用的格式。

   (3) 透過ACL Python函式來呼叫此程式，並將分析後的關鍵字回傳到ACL表格上的新欄位「關鍵字」。

11 機器學習在稽核的應用

學習目標

由於人工智慧技術的快速發展，相關的技術也開始被應用於稽核領域。機器學習是人工智慧技術重要的發展，透過機器學習不同演算法的應用，稽核人員可以開始對所取得的資料進行智慧化分析，而非傳統的規則式分析。此新發展讓稽核人員有機會由傳統的事後稽核，逐漸往事前稽核前進。

ACL是全球第一套具有機器學習功能的通用稽核軟體，其創新的發展與適用於稽核人員的使用介面，讓稽核人員可以快速地進入人工智慧工作的新環境，和新時代的工作環境快速接軌。

本章摘要

- 機器學習概念
- 機器學習在稽核的應用
- 監督式學習的使用方式
- 電信業客戶流失預測機器學習案例
- 集群分析（CLUSTER）
- 應收帳款金額機器學習集群分析
- 機器學習中的演算法

第1節 機器學習概念

在了解機器學習之前，不妨想想人類是如何進行學習的?有人會說學習就是一個不斷記憶的過程，但這樣的說法顯然不夠全面，因爲塡鴨式地把某一學科所有考題和答案都背起來的學生，或許考試可以拿高分，但卻無法證明他已經學會這一學科的知識了！所以考題的背誦只是表象，我們眞正要的學習後成果，是這些考題內容背後的觀念與原理，進而產生出概念化的知識可以拿來推敲未知的狀況。

同樣的，機器學習的機制也有點類似人類的學習模式，機器從資料（Data）中開始學習，這些資料就像是一道道考題，而機器學習做的事正是去學習其背後的觀念，而不是把資料儲存起來進行搜尋而已，有了資料背後的觀念才能舉一反三，才算是眞正地學會了某項事務。

所以，機器學習點像是人造的一顆大腦，這顆人造的大腦內有可以自動學習的一組模型，使用者只要將資料餵入此人造腦中，選擇一種模型來對這些資料進行訓練，它就能學會這些資料背後的知識，並且提供這些知識供人們繼續活用。

因此要使用機器學習進行電腦稽核，首先要先了解有哪些機器學習的模型；接下來是如何適當地餵入資料進行訓練；最後才是如何活用這些學習到的知識。機器學習的模型，可以區分爲二種類型：

- 「Supervised Learning」（監督式學習）：要學習的資料內容已經包含有答案欄位，讓機器從中學習，找出來造成這些答案背後的可能知識。ACL 在監督式學習模型提供有分類（Classification）和迴歸（Regression）等方法。
- 「Unsupervised Learning」（非監督式學習）：要學習的資料內容並無已知的答案，機器要自己去歸納整理，然後從中學習到這些資料間的相關規律。在非監督式學習模型方面，ACL 提供集群（Cluster）方法。

ACL同時支持監督式和非監督式的機器學習方法，監督式機器學習使用具備有「文字類別或數値類型値爲答案標記」的現有資料集作爲基礎，來預測類似的未標記資料中的結果。而非監督式機器學習則用來自動發現未分類的或未標記的資料中的分類結果，讓使用者可以找出異常的資料。ACL所提供的機器學習指令如下表11-1。

表11-1　ACL機器學習指令

指令	學習類型	資料型態	功能說明	結果產出
Train	監督式	文字 數值 邏輯	使用自動機器學習機制產出一預測模型。	預測模型檔 （Window 上 *.model 檔） 模型評估表 （ACL資料表）
Predict	監督式	文字 數值 邏輯	導入預測模型到一個資料表來進行預測產出目標欄位答案。	結果資料表 （ACL資料表）
Cluster	非監督式	數值	對數值欄位進行分組，分組的標準是值之間的相似或接近度。	結果資料表 （ACL資料表）

第2節 機器學習在稽核的應用

機器學習在稽核作業的應用上非常廣泛，只要是需要預測的項目都包含在內，例如：製造業分析下年度預算的可靠性、預測未來機器故障與維修的風險、預測未來工安事故的風險等等。以下舉銀行業的作業為例，您可以如何使用機器學習的功能來預測貸款違約或未來的房屋價格（如表11-2）：

表11-2　金融業使用機器學習的範例

預測問題	預測類型	描述
貸款違約	分類	基於年齡、工作類別、信用評分等申請人資訊，預測哪些申請人在獲得貸款後會違約。換句話說，機器學習的結果可以分析出申請人將落入「違約＝是」這一種類，還是落入「違約＝否」這一種類？
未來的房屋價格	迴歸	基於屋齡、面積、郵政編碼、臥室和浴室的數量等特徵，預測房屋的將來售價。

技術百科

JACKSOFT JAML機器人介紹

一般稽核作業會使用到不同的模型，以自動推論的方式稽核，可以分析目前的資料的樣態並預測下一批資料會產生的狀況。目前國內已有廠商利用ACL上的機器學習機制開發出適用於金融業的洗錢防制查核的機器人，例如國內的JACKSOFT公司所開發的洗錢防制機器人JAML。其包含有超過100組的專業查核知識，這些知識包含有使用傳統大數據分析方法、利用機器學習機制讓過去歷史的經驗成爲查核的新規則、利用非監督式學習機制找出異常等等，使用者甚至可以透過語言的方式和機器人進行溝通等，您可以參考YouTube上此機器人的展示影片以更深入了解此機器人運作方式。

JACKSOFT JAML洗錢防制機器人

影片連結：
https://www.youtube.com/watch?v=x7ilxc-4leM&t=91s

第3節 監督式學習的使用方式

一 自動化機器學習

ACL中的機器學習是一個自動化的過程，它包含兩個相關的指令：培訓（Train）和預測（Predict）。執行培訓指令是爲了產出一個預測模型，而執行預測指令就是將該預測模型應用於未標記結果的資料集中產出預測的結果。ACL提供的機器學習自動化功能，使您可以簡易快速地讓機器學習對組織數據進行處理，而無需要具備專業數據科學家的能力。

二 培訓和預測工作流

培訓和預測工作流由兩個相關的流程及兩個相關的資料集組成（如圖11-1）。

- 培訓流程使用一個培訓資料集（目標欄位已標記有答案）
- 預測流程使用一個新資料集（要預測目標欄位答案）

深入剖析

培訓（Train）流程與預測（Predict）流程介紹

- 培訓（Train）流程

  使用一個包括標記域（又稱目標域）的培訓資料集執行培訓流程。標記域包含與培訓資料集中的每個記錄相關的已知種類或已知數值類型值。經過培訓流程可以生成一些不同的模型組合方式，以便發現最適合於您所執行的預測任務的模型。

- 預測（Predict）流程

  預測流程於培訓流程後執行，它將培訓流程的生成預測模型應用於一個新的未標記資料集，該資料集包含與培訓資料集中的數據類似的數據，但不存在標記值，因為這些是未來的事件。使用預測模型可以預測與新資料集中的每個未標記記錄相關聯的種類或數值類型值。

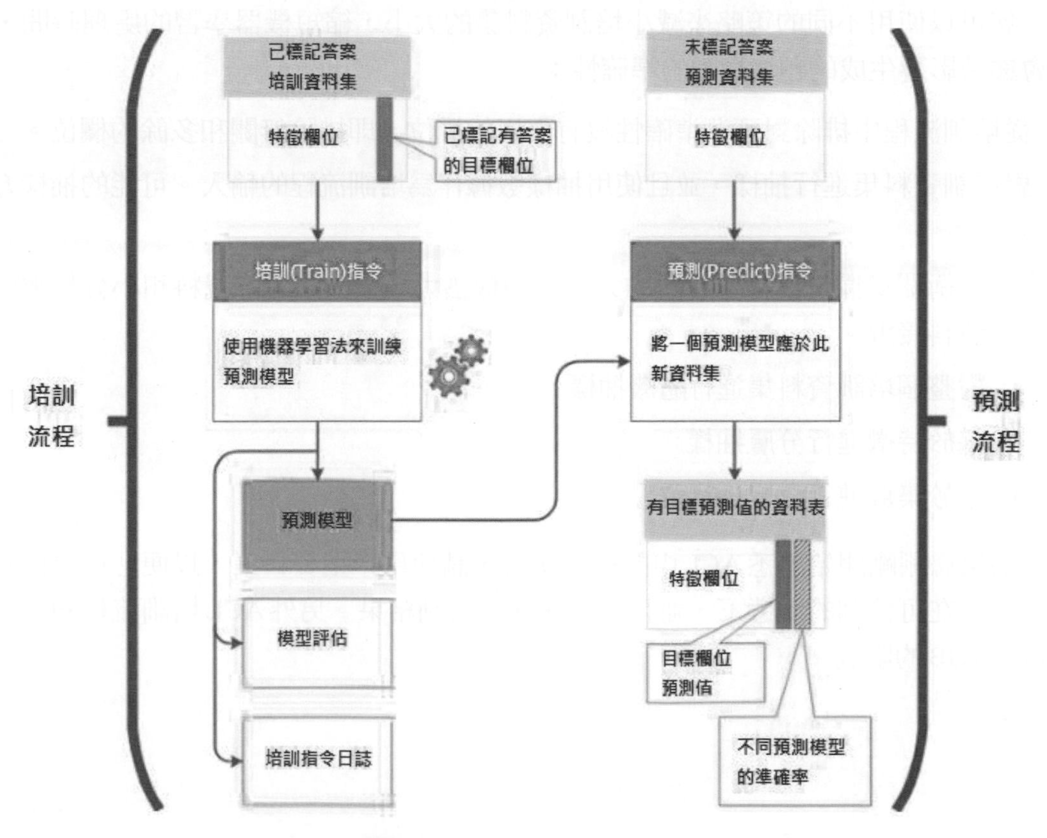

圖11-1　監督式學習的作業流程

首先要使用包含有一個目標欄位和一群的特徵欄位的培訓資料集來執行培訓流程。例如，目標欄位可能是借款人是否就貸款發生違約（Y/N），而特徵欄位則可以為借款人的年齡、職業、性別、收入等。使用機器學習算法，培訓流程生成一個預測模型。培訓流程評估一些不同的模型組合方式，以便發現最適合於您執行的預測任務的模型。

預測流程隨後被執行。它將培訓流程生成的預測模型應用於一個新的未標記答案的資料集，該資料集包含與培訓數據集中特徵欄位類似的數據。使用預測模型，預測流程預測新資料集中每個特徵欄位與目標欄位的記錄相關聯性，進而產出目標欄位的預測值。

三　處理時間

機器學習需要花費很長的計算時間，並且需要電腦上的處理器（CPU）密集地執行，因此在使用機器學習指令時，不建議再執行其他工作。一般ACL機器學習指令會花費數小時到數天的時間來執行，影響執行時間的因素除了主機的硬體規格外，主要包含有：資料集的大小、目標欄位答案的類型、所選取的特徵欄位數、特徵欄位值的分類數、分析模型等。

您可以使用不同的策略來減小培訓資料集的大小，縮短機器學習的處理時間，而不會顯著影響生成的預測模型的準確性：

- 從培訓流程中排除對預測準確性沒有作用的欄位，即排除無關和多餘的欄位。
- 對培訓資料集進行抽樣，並且使用抽樣數據作為培訓流程的輸入。可能的抽樣方法包括：
  - 平衡關鍵欄位數據分類數的大小，抽樣讓大分類數的欄位資料和小分類數欄位資料接近。
  - 對整個培訓資料集進行隨機抽樣
  - 基於特徵進行分層抽樣
  - 基於集群進行分層抽樣

如果您剛剛開始熟悉ACL中的機器學習，請使用小型資料集，以便您可以使處理時間保持在可控制的狀態下，並且相對快速地看到結果。另外ACL培訓流程的資料集有最大1GB的限制。

技術百科

技術百科：IBM Watson介紹

Watson是IBM製造的一款能夠理解數據集、使用自然語言來回答問題，並做出預測和使工作自動化的電腦問答系統，其資訊來源包括百科全書、字典、辭典、新聞、文學作品、資料庫、分類學及本體論，即使沒有連結網路，其磁碟上的資訊仍足夠使用。除了應用於金融業協助處理交易，更應用於製造業及醫療行業，由此可見其應用領域之廣泛。另外，IBM更提供了一開放式雲端平台，讓開發者可在不同情境下使用相同工具進行開發、測試及部署。

Watson的應用程式是爲解決特定業務問題而製成的預打包軟體。其中Watson Assistant宣稱可爲企業及時提供預測和視覺化分析工具，用於協助所有人員，從基層員工到CEO都能看到其業務狀況、發展新思維並改善其決策。Watson Assistant可透過自動化步驟、視覺式故事敘述及預測式分析等功能，讓使用者理解所有資料輸入及分析過程，適合用於行銷、金融和營運等資料密集型的領域。

第4節 電信業客戶流失預測機器學習案例

隨著市場日趨飽和、快速變化與競爭激烈，電信業的客戶流失問題已成爲重要的風險項目。客戶流失率的資料集通常包含許多的欄位，本案例僅列出較重要的幾個欄位成爲本案例的訓練資料集－電信流失率資料集，相關格式說明如表11-3。

表11-3 欄位說明

欄位名稱	說明	資料類型	備註
customerID	客戶代號	Unicode	
gender	性別	Unicode	
SeniorCitizen	高齡人士	Unicode	1代表高齡人士 0為一般人士
PhoneService	電話服務	Unicode	
InternetService	網路服務	Unicode	DSL為一般網路 Fiber optic 為光纖網路 No為無申請此服務

欄位名稱	說明	資料類型	備註
PaperlessBilling	電子帳單	Unicode	
PaymentMethod	付款方式	Unicode	Bank transfer（automatic）銀行自動轉帳 Credit card（automatic）信封卡自動扣款 Electronic check電子支票 Mailed check郵寄支票
Churn	用戶流失	Unicode	

本範例的專案檔存放於課本範例資料 > CH11路徑下。

一 培訓預測模型（Train）

STEP01 開啓課本範例資料CH11內的客戶流失率預測分析.acl專案檔（如圖11-2）。

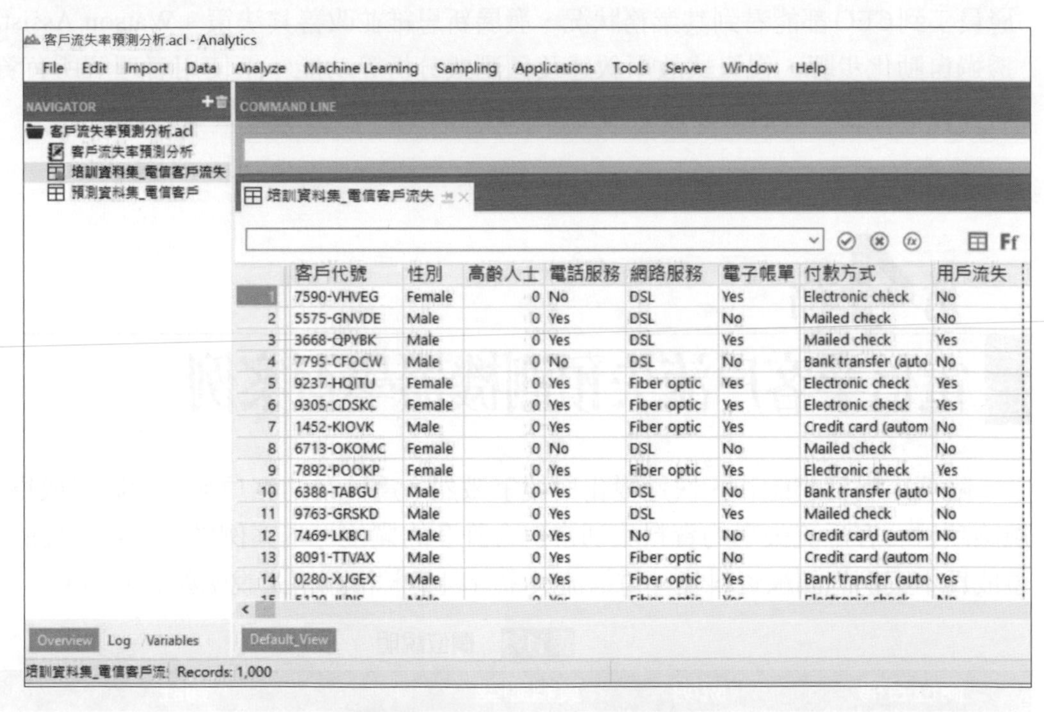

圖11-2 客戶流失率預測分析專案

STEP02 開啓「培訓資料集_電信客戶流失」資料表，從Meun Bar選取Machine Learning，再選取Train指令（如圖11-3）。

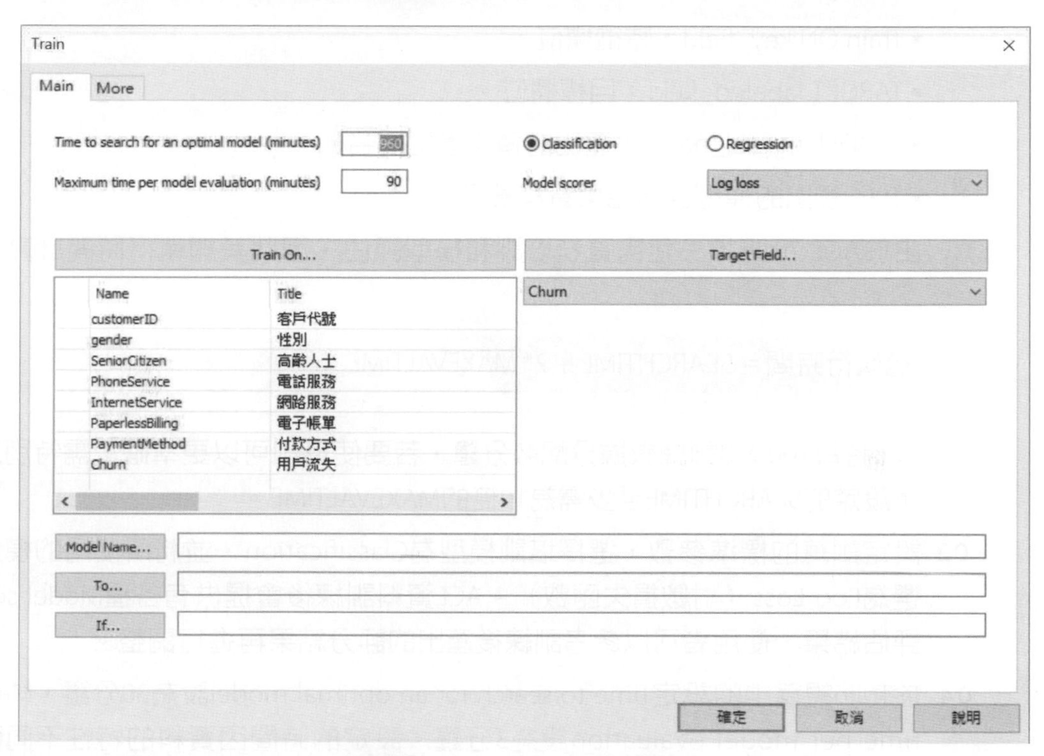

圖11-3　培訓（Train）指令畫面

- CLASSIFICATION| REGRESSION：培訓模型的類別是分類（CLASSIFICATION）或迴歸（REGRESSION）。
- Model scorer：在對培訓後生成的模型進行評分（調整和排名）時使用的度量標準。不同的模型類型的評分標準方式不同，其分類說明如下表 11-4。要了解更詳細的 Model scorer 方式，請參考相關機器學習的書籍。

表11-4　培訓模型評分度量標準表

培訓模型	評分度量標準
分類（CLASSIFICATION）	ACCURACY | AUC | F1 | LOGLOSS | PRECISION | RECALL
迴歸（REGRESSION）	MAE | MSE | R2

注意　分類（CLASSIFICATION）的AUC評量方式僅可以使用於目標欄位是二元分類的狀況，例如Yes/No或True/False.

- SEARCHTIME（minutes）：用於培訓和優化預測模型的總時間（分鐘）。
- MAXEVALTIME（minutes）：每個模型評估的最大運行時間（分鐘）。
- Train ON key_field：特徵欄位。
- TARGET labeled_field：目標欄位。
- MODEL model_name：產出的預測模型檔名。
- T0：產出的模型評估結果資料表名稱。

由於ACL Train指令包含資料培訓和模型評估，因此其總執行時間計算公式如下：

總執行時間＝SEARCHTIME + 2* MAXEVALTIME

ACL將每100 MB訓練數據分配45分鐘，若要使培訓可以更準確，需特別注意：所設定的SEARCHTIME至少需為10倍的MAXEVALTIME。

Step 03 設定訓練的標準參數，選擇培訓模型為Classification，並將所使用的模型評估選為Log Loss（對數損失函數）。ACL資料訓練後會提供有各種Model scorer的評估結果，使用者可以參考訓練後產出的評分結果再進行調整。

STEP04 於Train視窗中的設定Time to search for an optimal model設為30分鐘，Maximum time per model evaluation設為3分鐘。設定的時間因資料的特性不同而有差異，此處是為了能加速訓練的進行，讓使用者可以看到結果，因此設定短的訓練時間。

STEP05 點選TARGET Field，選取Churn（用戶流失）成為目標欄位。

STEP06 點選Train On，選取gender（性別）、SeniorCitizen（高齡人士）成為要訓練的特徵欄位。此為特徵欄位選擇的範例，在練習題中以更多特徵欄位選擇的題目供使用者練習建立新的模型。

STEP07 於Model Name中輸入模型名稱：個人資料特徵，並於To中輸入：個人資料評估（如圖11-4）。

深入剖析

Logloss、AUC ROC評量指標介紹

- Logloss（對數損失）

  是一種常見的損失函數，其應用十分廣泛，常於邏輯迴歸、分類等問題中應用，用來量化在分類問題中預測不準確所付出的代價，其標準形式為：

  $L(Y, P(Y|X)) - \log P(Y|X)$

  意思是樣本 X 在分類 Y 的情況下，使概率 P(Y|X) 達到最大值，也就是利用已知的樣本分佈，找到最有可能導致這種分佈的參數值，或怎樣的參數才能使觀測到目前這組數據的概率最大。

- ROC 曲線

  接收者操作特徵曲線（Receiver Operating Characteristic Curve），是反映敏感性和特異性連續變數的綜合指標，曲線上每一點反映著對同一訊號刺激的感受性。ROC 曲線有個很好的特性：當測試集中的正負樣本的分佈變化的時候，ROC 曲線能夠保持不變。在實際的資料集中經常會出現類不平衡（class imbalance）現象，即負樣本比正樣本多很多（或者相反），而且測試資料中的正負樣本的分佈也可能隨著時間變化。

- AUC（Area Under Curve）

  被定義為 ROC 曲線下的面積，顯然這個面積的數值不會大於 1。又由於 ROC 曲線一般都處於 y=x 這條直線的上方，所以 AUC 的範圍一般在 0.5 和 1 之間。使用 AUC 值作為評價標準是因為很多時候 ROC 曲線並不能清晰的說明哪個分類器的效果更好，而作為一個數值，對應 AUC 更大的分類器效果更好。

  從 AUC 判斷分類器（預測模型）優劣的標準：

  AUC = 1，是完美分類器，採用這個預測模型時，存在至少一個閾值能得出完美預測。絕大多數預測的場合，不存在完美分類器。

  0.5 < AUC < 1，優於隨機猜測。這個分類器（模型）妥善設定閾值的話，能有預測價值。

  AUC = 0.5，跟隨機猜測一樣（例：丟銅板），模型沒有預測價值。

  AUC < 0.5，比隨機猜測還差；但只要總是反預測而行，就優於隨機猜測。

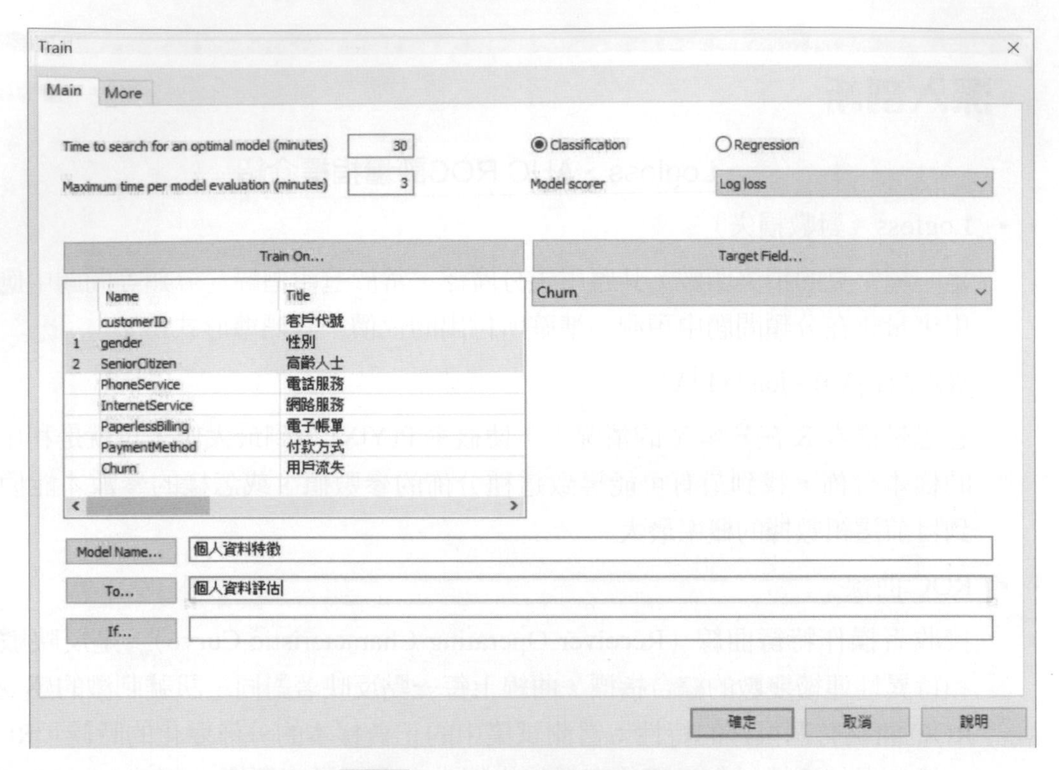

圖11-4 Train指令相關參數設定介面

STEP**08** 按下「確定」按鈕，則ACL軟體開始執行培訓動作，培訓過程的系統畫面如圖11-5。由於總執行時間＝SEARCHTIME + 2* MAXEVALTIME，因此預估此次執行時間為30+2*3＝36分鐘。

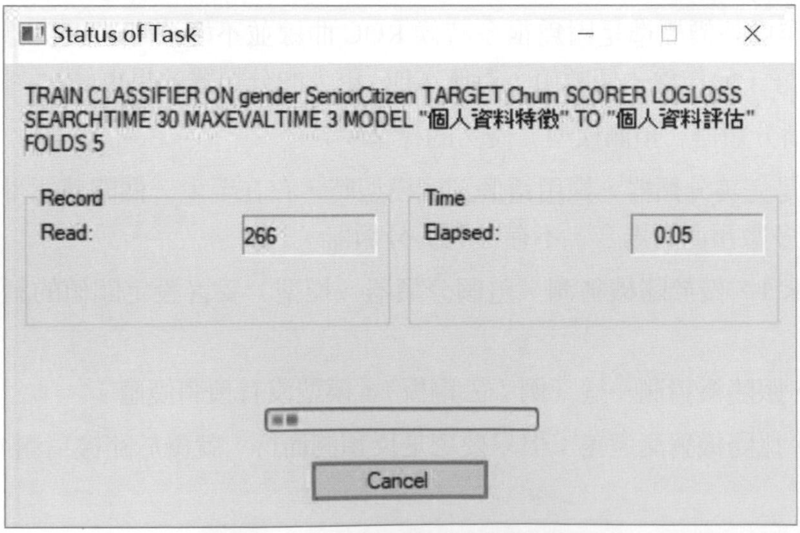

Status of Task

TRAIN CLASSIFIER ON gender SeniorCitizen TARGET Churn SCORER LOGLOSS SEARCHTIME 30 MAXEVALTIME 3 MODEL "個人資料特徵" TO "個人資料評估" FOLDS 5

Record
Read: 266

Time
Elapsed: 0:05

Cancel

圖11-5 ACL機器學習培訓過程的畫面

STEP09 Train指令執行完成後會產出如圖11-6的Log結果畫面與個人資料評估資料表。

圖11-6 Train指令執行後的Log結果畫面

STEP10 點選表格「個人資料評估」，則會顯示不同的Score Model下的評估結果（如圖11-7）。

	Indicator	Name	Value
1	Scorer	LOGLOSS	0.56101489653943359404
2	Metric	ACCURACY	0.50000000000000000000
3	Metric	AUC	0.55860214811063613194
4	Metric	F1	0.63479303161020994573
5	Metric	PRECISION	0.55354168932163694272
6	Metric	RECALL	0.74400242506062652659
7	Importance	SeniorCitizen	1.00000000000000000000

<< End of File >>

圖11-7 各項Model Scorer 評估結果

深入剖析

Accuracy、Precision、Recall、F1評量指標介紹

要評估分類機器學習模型的性能要先能了解決策才用到的渾沌矩陣（Confusion matrix），如下表：

	實際YES	實際NO
預測　YES	TP（True Positive）	FP（False Positive）Type I Error
預測　NO	FN（False Negative）Type II Error	TN（True Negative）
預測 NO	FN（False Negative）Type II Error	TN（True Negative）

預測是否正確：True / False
預測方向：Positive / Negative

此表主要在描述預測和實際之間的各種可能狀況，傳統的評估模式是透過此表在各象限（即TP、FP、FN、TN）的資訊來評估，常見的指標描述如下：

Accuracy（準確度）爲預測正確的結果占總樣本的百分比，其計算式如下：

$$\text{Accuracy}=\frac{\text{True Positive+True Negative}}{\text{True Positive+True Negative+False Positive+False Negative}}$$

雖然精確度能夠判斷總體的正確率，但是在樣本不均衡的情況下，並不能作爲很好的指標來衡量結果，例如樣本集中，正樣本有90個，負樣本有10個，樣本是嚴重的不均衡。對於這種情況，我們只要將全部樣本預測爲正樣本，就能得到90%的準確率，但這是完全沒有意義的，對於新數據，完全體現不出準確率。因此，在樣本不平衡的情況下，得到的高準確率沒有任何意義，此時準確率就會失效。所以，我們需要尋找新的指標來評價模型的優劣，以下介紹：Precision、Recall、F1。

Precision（精確率）主要針對預測結果，其含義是在被所有預測爲正的樣本中實際爲正樣本的概率，計算式如下：

$$\text{Precision}=\frac{\text{True Positive}}{\text{True Positive+False Positive}}$$

精確率和準確率看似相同，但是它們是兩個完全不同的概念。精確率代表對正樣本結果中的預測準確程度，準確率則代表整體的預測準確程度，包括正樣本和負樣本。

Recall（召回率）主要針對原樣本，其含義是在實際爲正的樣本中被預測爲正樣本的概率，計算式如下：

$$\text{Recall}=\frac{\text{True Positive}}{\text{True Positive+False Negative}}$$

而以精確率還是以召回率作爲評價指標，需要根據實際問題需求決定，但此2個指標是相反的，例如我們想要很高的精確率，就要犧牲一些召回率；想要得到很高的召回率，就要犧牲一些精確率。但我們通常可以根據它們之間的平衡點，定義一個新的指標：**F1-Score（F1分數）**，是精確率和召回率的調和均值，同時考慮精確率和召回率，讓兩者同時達到最高，取得平衡，其計算式如下：

$$\text{F1}=2\times\frac{\text{Precision}\times\text{Recall}}{\text{Precision+Recall}}$$

二 預測模型（Predict）

STEP01 開啓「預測資料集_電信客戶」資料表，從Meun Bar選取Machine Learning，再選取Predict指令（如圖11-8）。

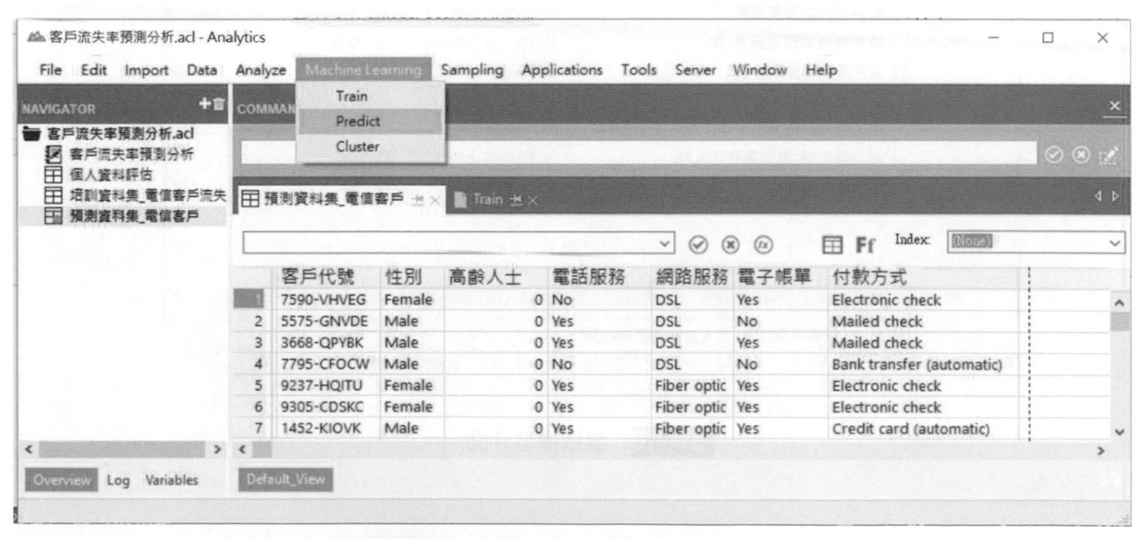

圖11-8 選取執行Predict（預測）指令

STEP**02** 於Predict視窗中點選Model，選取副檔名具有*.model的檔案（如圖11-9）。

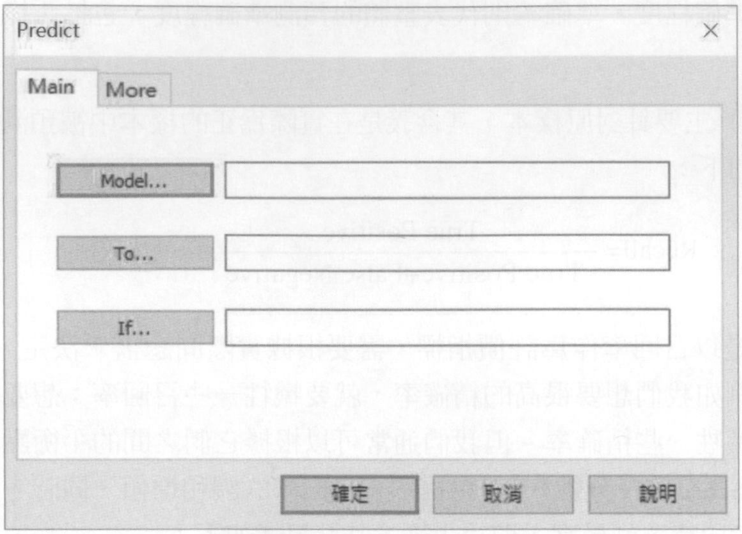

Predict

Main　More

Model...

To...

If...

確定　取消　說明

圖11-9 Predict指令系統介面

STEP**03** 於Select File視窗中點選個人資料特徵.model（如圖11-10）。

圖11-10 選取模型介面

STEP**04**　於To中輸入要產生的預測結果資料表：客戶預測流失分析。

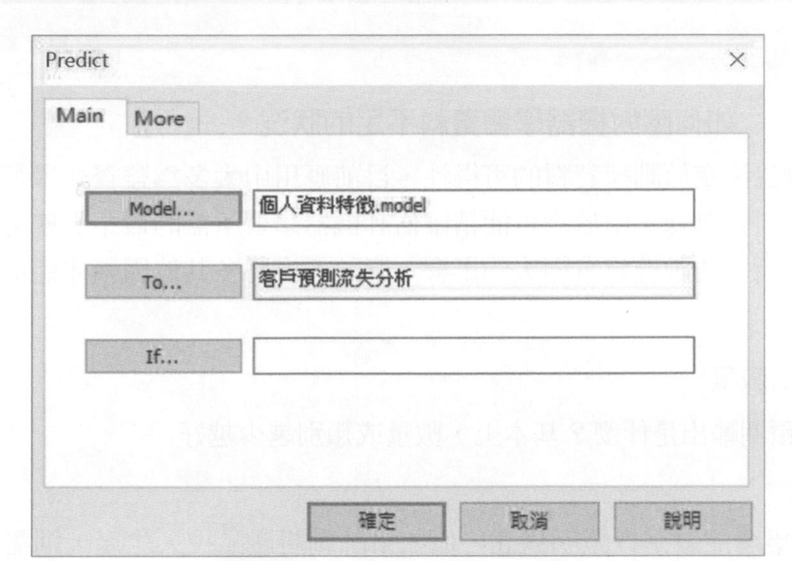

圖11-11　Predict指令視窗參數輸入

STEP**05**　點選確定，ACL會自動執行預測。開啓「客戶預測流失分析」資料表（如圖11-12），此時在表格上新增有Predicted（預測值）和Probability（可能性）二欄位。

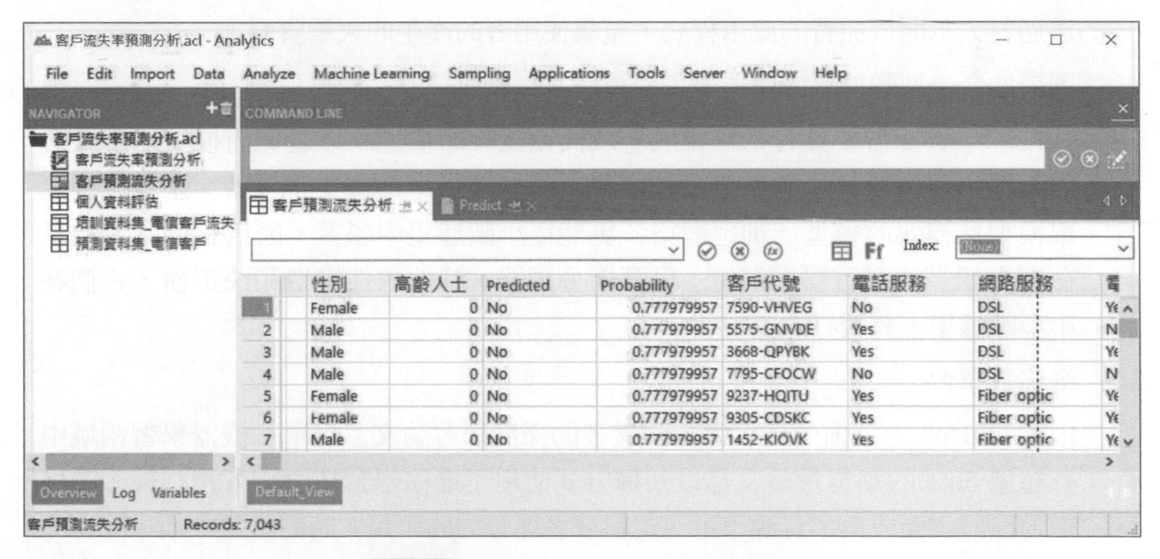

	性別	高齡人士	Predicted	Probability	客戶代號	電話服務	網路服務
1	Female	0	No	0.777979957	7590-VHVEG	No	DSL
2	Male	0	No	0.777979957	5575-GNVDE	Yes	DSL
3	Male	0	No	0.777979957	3668-QPYBK	Yes	DSL
4	Male	0	No	0.777979957	7795-CFOCW	No	DSL
5	Female	0	No	0.777979957	9237-HQITU	Yes	Fiber optic
6	Female	0	No	0.777979957	9305-CDSKC	Yes	Fiber optic
7	Male	0	No	0.777979957	1452-KIOVK	Yes	Fiber optic

圖11-12　預測（Predict）指令執行結果

反思觀點

如何應對機器學習資料不足的狀況？

機器學習的效益決定於訓練資料的可得性，目前應用中大多爲監督式學習，必須提供有標記的資料來訓練。由於不可能精確估計機器學習所需的最小數據量，且學習項目的本質對所需的數據量有極大的影響，應該考慮許多其他因素才能進行準確的估算，例如：

- 可以預測的類別數量

  建立的模型的預期輸出是什麼？基本上，數量或類別越少越好。

- 模型性能

  一個小的資料集可能就足以證明概念，但如果計劃將產品投入生產，則需要更多的數據。

面對少量有標記的資料，傳統機器學習是利用「半監督」的訓練方式，在訓練的過程中僅使用少部分有標記資料，混以大量未標記的資料。而當學習資料不足時，或許可以嘗試以下方法以獲得更多資料：

- 創造一個有用的 App

  透過對大眾開放免費的應用程式，蒐集使用者的產生的大量資料。

- 選擇適合小型數據集的機器學習演算法

  通常，小數據需要具有低複雜度（或高偏差）的模型，以避免將模型過度擬合到數據，而機器學習的演算法越簡單，就越能從小數據集中學習。基本上，簡單模型比複雜的模型（神經網絡）更能從小數據集中學習，因爲它們本質上是在努力學習更少資料。例如：貝葉斯分類器、其他線性模型和決策樹，它們在小型數據集上有較好的表現。

- 遷移式學習

  根據 GitHub 上公佈的「引用次數最多的深度學習論文」榜單，機器學習領域中有超過 50% 的高質量論文都以某種方式使用了遷移學習技術或者預訓練。遷移學習已經逐漸成爲了資源不足（資料或者運算力的不足）時的首選技術。

  遷移式學習是利用預訓練模型，即已經通過現成的資料集訓練好的模型（這裡預訓練的資料集可對應完全不同的待解問題，例如具有相同的輸入但不同的輸出）。開發者需要在預訓練模型中找到能夠輸出可複用特徵的層次，並利用該層次的輸出作爲輸入的特徵來訓練。由於預訓練模型先前已經習得資料的組織模式（patterns），因此這個較小規模的網路只需要學習資料中針對特定問題的特定標記就可以了。

第5節 集群分析(CLUSTER)

集群分析可基於一個或多個數值鍵域中的類似值對表中的記錄進行分組，類似值是整個資料集的上下文中相互接近的值。這些類似值代表集群，一旦將其識別出來，便可以揭示數據中的模式。

一 集群與ACL分群指令差異

ACL分群指令是利用已知的規則來分群，而集群指令則不需要對相關的分群有精確的規則或具有確定數值邊界的預定義層進行分群。相反的，集群基於類似的數值類型值－即彼此接近的值對數據進行分組，它會以非監督式學習的方式來對資料進行機器學習並產出目前資料的是分群狀態，因此並無一定的規則。

二 選擇集群個數（K值）

使用集群分析時，有一先天的問題：目前的資料應顯示爲多少個集群（K值）才適當，圖11-13顯示一般機器學習書籍上會看到的。

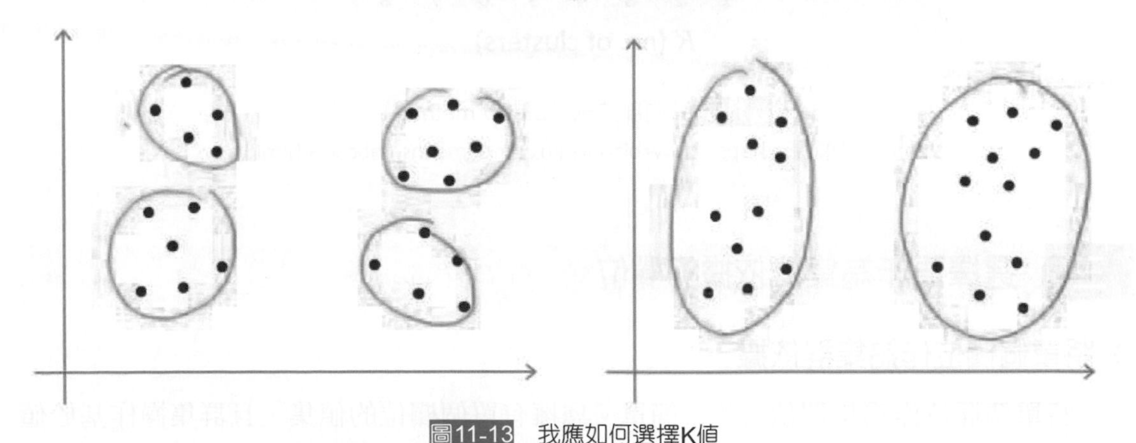
What is the right value of K?

圖11-13 我應如何選擇K值

資料來源：https://www.biaodianfu.com/k-means-choose-k.html

要確定在對數據進行集群分析時使用的最佳集群個數（K值），可能需要進行一些測試和試驗。對於任何給定的資料集，沒有一個準確的答案。以下提供確定最佳集群個數的準則：

- 熟悉數據：預先熟悉數據集，以大致了解數據的分佈情況和值的集中程度。
- 首先選擇一個較大值：首先選擇一個相對較高的集群個數 -8 到 10。
- 嘗試不同的集群個數：多次執行集群，每次都指定一個不同的 K 值。對輸出結果進行審核可以幫助您判斷是需要更多還是更少的集群。
- 肘部法則（Elbow method）：使用肘部法則，即對於不同的 K 值，比較生成的集群中的值的內部距離。您可以繪製肘部法則的結果（如圖 11-14），以識別「肘部」即其拐點，以圖 11-14 爲例 K 值＝3 即爲肘部。在這裡，增加集群個數不會顯著減小集群中的值的內部距離。您可以在 ACL 中透過 Script 來撰寫肘部法則程式。

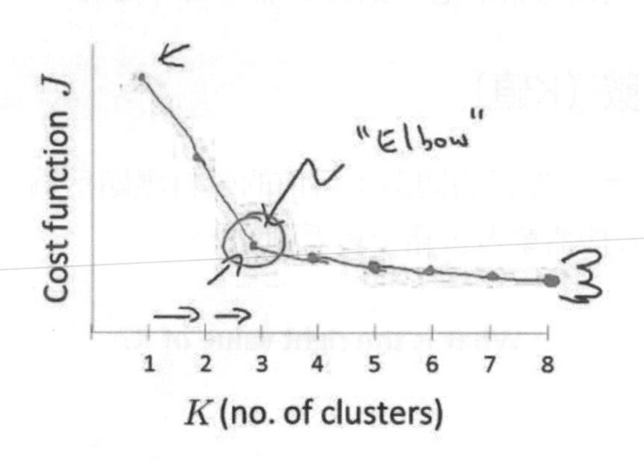

圖11-14　肘部法則（Elbow method）

資料來源：https://www.biaodianfu.com/k-means-choose-k.html

三　選擇要作為集群依據的欄位

❖ 將單個欄位作為集群依據

將單個欄位作爲集群依據相當簡單。您擁有單個欄位的值集，且群集操作基於值之間的接近度或近似度對這些值進行分群。例如，您可以對金額欄位進行集群分析，以便弄清楚這些金額在整個值範圍中的何處集中。與分層等傳統方法相比，集群的優點是：您無須事先就哪裡可能存在集中進行任何假設，也無須創建主觀性的數值邊界。對於任何給定的集群個數，集群操作都可以發現邊界位於何處。

❖ 將多個欄位作為集群依據

當您將兩個或更多欄位作爲集群依據時，您需要知道這些欄位之間可能存在什麼樣的關係。您可以使用集群來測試假設。例如：一家公司可能關注員工變動率，而管理層認爲員工變動主要發生在比較年輕的低薪員工中間。

您可以使用集群來發現下列因素之間是否存在密切的關係：

- 員工留任時間長度和員工年齡（二維集群）
- 員工留任時間長度、員工年齡和薪資（三維集群）

對於此類分析，您需要避免包括任何與該假設不存在明顯關聯的欄位，例如請病假的天數等。

第6節 應收帳款金額機器學習集群分析

本節案例使用ACLData.Acl此書的練習專案內應收帳款（AR）資料表作爲機器學習的標的。主要目標是可以自動化地對應收帳款金額進集群分析，找出異常發票金額。

STEP01 打開ACLData.ACL檔，開啓AR Table，從Meun Bar選取Machine Learning，點選Cluster。

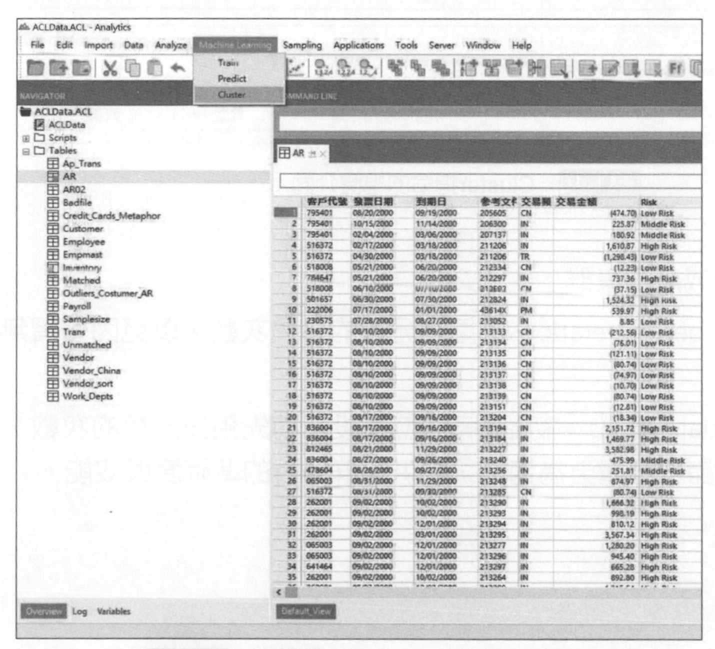

圖11-15 選擇執行 Cluster（集群）指令

STEP **02** 於K Value中輸入8，Maximum number of iterations設定為30，Number of initializations設定為10。

STEP **03** 點選Cluster On，選取Amount（交易金額），於To中輸入Clustered_invoices（如圖11-16）。

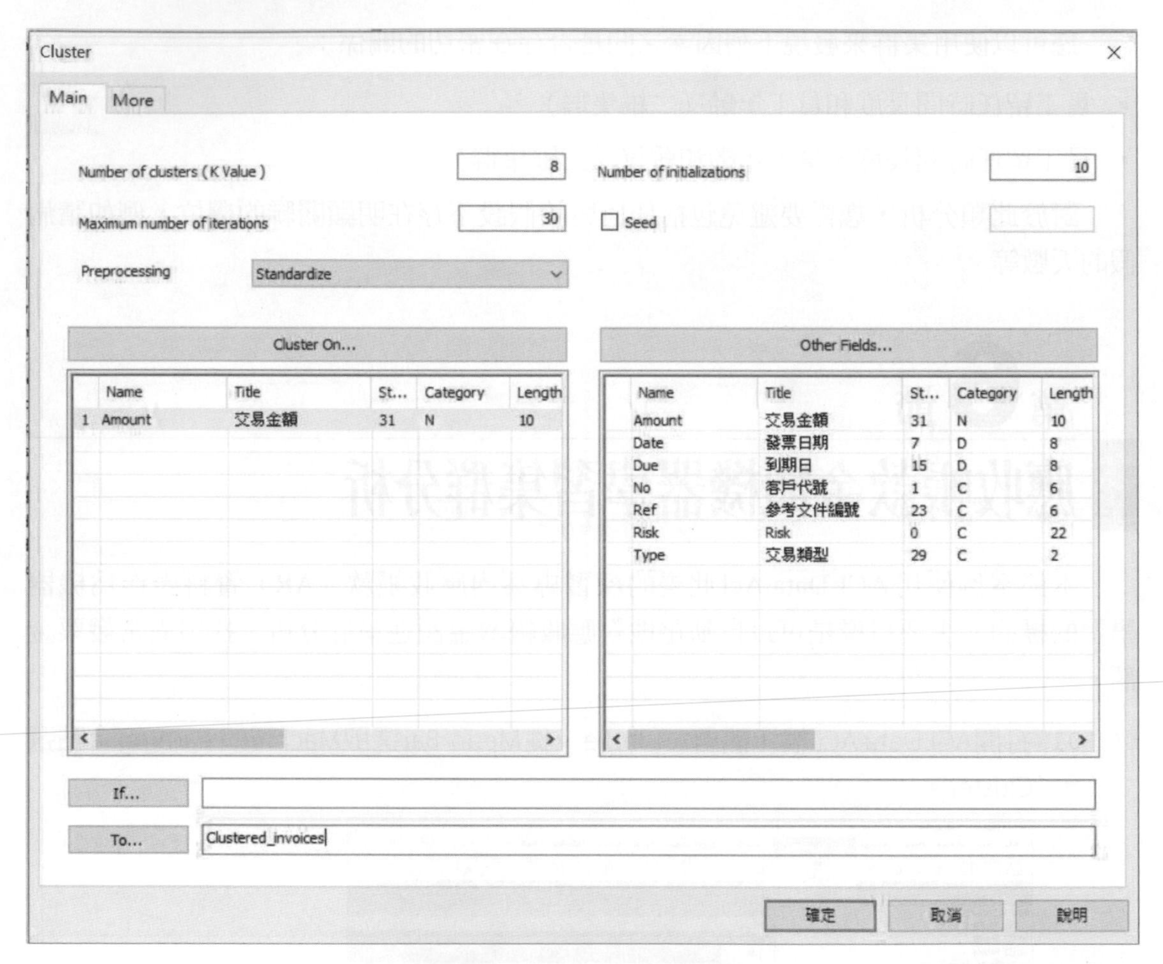

圖11-16 Cluster指令的視窗介面

- K value：要分成幾個集群。
- Maximum number of iterations：重複分析的最大次數，以免因學習無終點造成系統當機。
- Number of initializations：初始K節點位置設定前先預先分析的次數，此功能可以讓初始的節點位置更為適當，提供集群分析的準確度與效能。

STEP**04** 點選確定後，ACL軟體會進行集群分析，結果顯示如圖11-17。

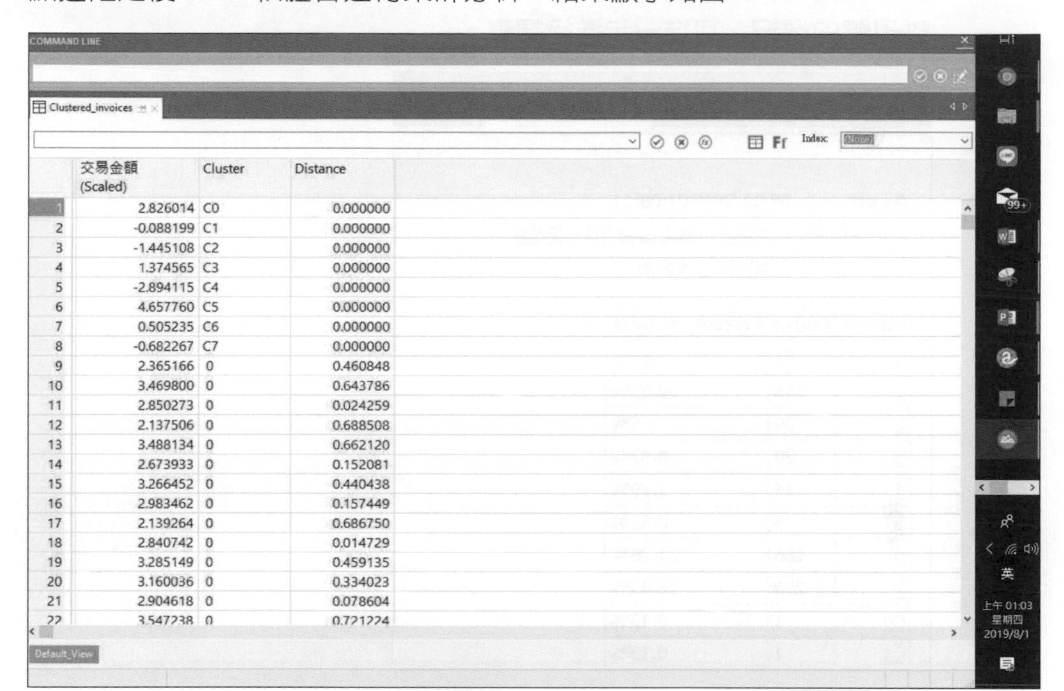

	交易金額 (Scaled)	Cluster	Distance
1	2.826014	C0	0.000000
2	-0.088199	C1	0.000000
3	-1.445108	C2	0.000000
4	1.374565	C3	0.000000
5	-2.894115	C4	0.000000
6	4.657760	C5	0.000000
7	0.505235	C6	0.000000
8	-0.682267	C7	0.000000
9	2.365166	0	0.460848
10	3.469800	0	0.643786
11	2.850273	0	0.024259
12	2.137506	0	0.688508
13	3.488134	0	0.662120
14	2.673933	0	0.152081
15	3.266452	0	0.440438
16	2.983462	0	0.157449
17	2.139264	0	0.686750
18	2.840742	0	0.014729
19	3.285149	0	0.459135
20	3.160036	0	0.334023
21	2.904618	0	0.078604
22	3.547238	0	0.721224

圖11-17　Cluster分群結果

STEP**05** 使用Cluster 欄位對分群結果進行分類統計，如圖11-18。

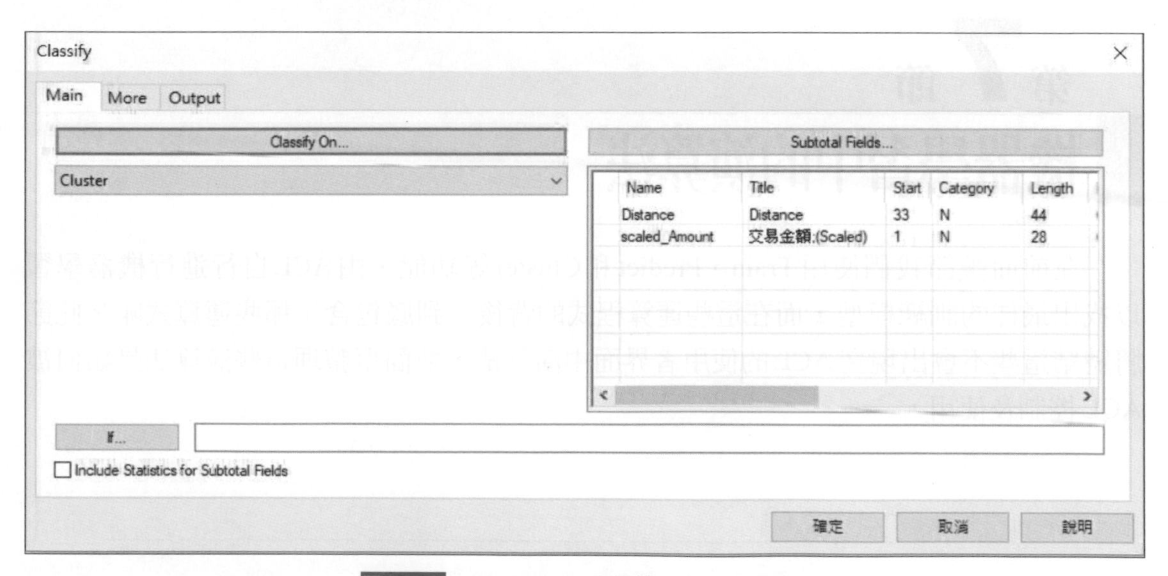

圖11-18　CLASSIFY分類統計各群集次數

STEP 06 找出偏離群組的異常資料，如圖11-19群集5只有四筆，顯示此群組的資料有偏離母體的情況，可進一步進行調查。

Clustered_invoices | Classify

As of: 08/01/2019 01:08:11
Command: CLASSIFY ON Cluster TO SCREEN
Table: Clustered_invoices

Cluster	Count	Percent of Count
0	21	2.69%
1	255	32.69%
2	39	5%
3	70	8.97%
4	14	1.79%
5	4	0.51%
6	166	21.28%
7	203	26.03%
C0	1	0.13%
C1	1	0.13%

圖11-19 Cluster欄位使用Classify結果

第7節 機器學習中的演算法

在前面幾節我們使用Train、Predict和Cluster等功能，由ACL自行進行機器學習以找出最佳的訓練模型，而在這些運算程式的背後，到底包含了那些運算式呢？此節將總結這些不會出現在ACL的使用者界面中演算法，並簡單整理這些演算法是如何被ACL控制及使用。

❖ 分類演算法

✓演算法有使用　　×演算法無使用

演算法類型	演算法	包含	僅評估線性模型		禁用特徵選擇和預處理	
			未選定的選項（預設）	選定的選項	未選定的選項（預設）	選定的選項
分類器	邏輯斯回歸（Logistic Regression）	✓				
	線性支援向量機（Linear Support Vector Machine）	✓				
	隨機森林（Random Forest）		✓	×		
	極限樹（Extremely Randomized Trees）		✓	×		
	梯度提升機（Gradient Boosting Machine）		✓	×		
特徵預處理器	獨熱編碼（One Hot Encoding，類別特徵）	✓				
	快速獨立成分分析（Fast Independant Component Analysis）				✓	×
	特徵聚集（Feature Agglomeration）				✓	×
	主成分分析（Principal Component Analysis，單數值分解）				✓	×
	二次多項式特徵				✓	×
	二値化器（Binarizer）				✓	×
	魯棒縮放器（Robust Scaler）				✓	×
	標準縮放器（Standard Scaler）				✓	×
	最大絶對縮放器（Maximum Absolute Scaler）				✓	×
	最小最大縮放器（Min Max Scaler）				✓	×
	規範器（Normalizer）				✓	×
	Nystroem核近似				✓	×
	RBF核近似				✓	×
	零計數器				✓	×

演算法類型	演算法	包含	僅評估線性模型		禁用特徵選擇和預處理	
			未選定的選項（預設）	選定的選項	未選定的選項（預設）	選定的選項
特徵選擇器	族錯誤率（Family-wise Error Rate）				✓	×
	最高分百分位數				✓	×
	方差閾值（Variance Threshold）				✓	×
	遞歸特徵消除（Recursive Feature Elimination）				✓	×
	重要性權重				✓	×

❖ 迴歸演算法

✓演算法有使用　　×演算法無使用

演算法類型	演算法	包含	僅評估線性模型		禁用特徵選擇和預處理	
			未選定的選項（預設）	選定的選項	未選定的選項（預設）	選定的選項
回歸器	彈性網路（Elastic Net）	✓				
	套索法（Lasso）	✓				
	嶺迴歸（Ridge）	✓				
	線性支援向量機（Linear Support Vector Machine）	✓				
	隨機森林（Random Forest）		✓	×		
	極限樹（Extremely Randomized Trees）		✓	×		
	梯度提升機（Gradient Boosting Machine）		✓	×		
特徵預處理器	獨熱編碼（One Hot Encoding，類別特徵）	✓				
	快速獨立成分分析（Fast Independant Component Analysis）				✓	×
	特徵聚集（Feature Agglomeration）				✓	×

演算法類型	演算法	包含	僅評估線性模型		禁用特徵選擇和預處理	
			未選定的選項（預設）	選定的選項	未選定的選項（預設）	選定的選項
特徵預處理器	主成分分析（Principal Component Analysis，單數值分解）				✓	×
	二次多項式特徵				✓	×
	二值化器（Binarizer）				✓	×
	魯棒縮放器（Robust Scaler）				✓	×
	標準縮放器（Standard Scaler）				✓	×
	最大絕對縮放器（Maximum Absolute Scaler）				✓	×
	最小最大縮放器（Min Max Scaler）				✓	×
	規範器（Normalizer）				✓	×
	Nystroem核近似				✓	×
	RBF 核近似				✓	×
	零計數器				✓	×
特徵選擇器	族錯誤率（Family-wise Error Rate）				✓	×
	最高分百分位數				✓	×
	方差閾值（Variance Threshold）				✓	×
	重要性權重				✓	×

第8節

總　結

本章簡單介紹了何謂機器學習，並進一步說明其運作方式。也介紹了如何透過ACL中的Train（訓練）指令來對資料集進行建模培訓，並將訓練好的模型運用到Predict（預測）中。此外，還介紹了另一種透過機器學習演算法自動分群的方法－Cluster（集群分析）。希望透過這些新的機器學習的指令應用，讓會計師和稽核師們可以了解如何使用機器學習進行查核，快速地進入人工智慧稽核的新境界。

本章習題

一、選擇題

(　　) 1. 下列何者非分類（CLASSIFICATION）培訓模型的評量指標？

(A) ACCURACY　　(B) AUC

(C) F1　　(D) R2

(E) 以上皆非

(　　) 2. 下列何者非迴歸（REGRESSION）培訓模型的評量指標？

(A) LOGLOSS　　(B) MAE

(C) MSE　　(D) R2

(E) 以上皆非

(　　) 3. ACL進行機器學習最大的資料量限制為何？

(A) 10,000筆資料　　(B) 1,000,000筆資料

(C) 100 M Bytes資料檔　　(D) 1 G Bytes資料檔

(E) 無限制

(　　) 4. ACL為強化機器學習的機制，如何分配訓練資料的時間？

(A) 每分鐘10,000筆資料　　(B) 每分鐘1,000,000筆資料

(C) 每100 KB資料檔分配45分鐘　　(D) 每100 MB資料檔分配45分鐘

(E) 無任何機制

(　　) 5. 若想要預測未來的房屋價格，應使用ACL的哪一個機器學習指令？

(A) Train指令的CLASSIFICATION模式

(B) Train指令的REGRESSION模式

(C) Train指令的OUTLIER模式

(D) Train指令的Neural Network模式

(E) 目前ACL僅可以預測文字分類，無任何機制可以預測數值

(　　) 6. 關於K平均法（K-means）的分群，下列敘述何者正確？

(A)一開始不須告知該演算法欲分群的群數

(B)每次分群結果必須讓組內平方和最大

(C)每次分群的結果都一模一樣

(D)容易受雜訊與離群值影響其群集中心

(E)可以處理類別型資料

(　　) 7. 下列哪種方法可以避免機器學習模型過度擬合（Overfitting）？

(A)選擇特徵（Feature Selection）

(B)交叉驗證（Cross Validation）

(C)對目標函數施加懲罰（Penalty）

(D)增加使用的正規化（Normalization）數量

(E)以上皆是

(　　) 8. 關於集群分析（Clustering Analysis），下列敘述何者正確？

(A)依照相似度將資料分群

(B)K-means 每次分群結果一定會相同

(C)各群之間的相似度大

(D)同一群內的相似度小

(E)同樣的起始群集中心，可能會造成不同的分群結果

(　　) 9. 假設廣告推薦系統透過每次廣告的推薦，得到用戶是否點擊的資訊，後不斷改進修正其策略以得到最佳的廣告推薦效果，則此廣告系統較適合採用下列何種學習方法？

(A)監督式學習（Supervised Learning）

(B)非監督式學習（Unsupervised Learning）

(C)半監督式學習（Semi-supervised Learning）

(D)增強式學習（Reinforcement Learning）

(E)以上皆可

(　　) 10. 資料科學家經常使用多個演算法進行預測，並將多個機器學習演算法的輸出結合起來，以獲得比所有個體模型都更好的更健壯的輸出。則下列說法何者不正確？

(A)又稱為「整合學習」

(B)基本模型之間相關性低

(C)整合方法中，使用加權平均代替投票方法

(D)基本模型來自於不同演算法

(E)基本模型之間相關性低

二、問答題

1. 請說明監督式機器學習和非監督式機器學習的差異。
2. 請畫出監督式機器學習的作業流程圖並說明之。
3. 請列出要執行集群分析（CLUSTER）選擇最佳集群個數（K值）的準則。

4. 請說明在人工智慧時代電腦主機CPU和GPU的差異。
5. 請說明如何在監督式學習中使用聚類演算法。
6. 請說明如何確保您的模型沒有過度擬合。
7. 請說明該如何評估機器學習模型的有效性。
8. 請簡要說明一個完整機器學習專案的流程。

三、實驗題

1. 請使用課本範例資料CH11內的客戶流失率預測分析.ACL專案檔進行監督式分類機器學習方法，設定特徵欄位為PhoneService（電話服務）、InternetService（網路服務）、PaperlessBilling（電子帳單）、PaymentMethod（付款方式）等電信服務模式的欄位，目標欄位為（Churn）流失狀態，並回答下列問題：
   (1) 若Train指令的總執行時間希望在1小時內完成，則SEARCHTIME和MAXEVALTIME應設定的值為何？
   (2) Train指令執行後產出的評估報表，評估指標最高者為何？值為何？
   (3) 將所產出的預測模型導入到「預測資料集_電信客戶」資料表，則預測有幾位客戶會流失？
2. 隨著Fintech的興起、銀行業的借貸業務快速變化與競爭激烈，銀行業需要快速的回應申貸戶是否同意其貸款，但相對的也易造成貸款戶違約的風險。LOAN.XLSX表為A銀行貸放款信用分析評估表的過去資料，LOAN_NEW.XLSX為新申請的貸款戶，二表的基本資料格式說明如下：

欄位	說明	資料類型	備註
LOAN_UID	系統案件主鍵	UNICODE	
BRANCH_ID	分行代碼	UNICODE	
CREATE_ACCOUNT	建立流程者	UNICODE	
CREATE_DATE	進件日期	DATETIME	
LOAN_TYPE	授信方式	UNICODE	1：新貸，2：增貸，3：展期
BOOM_FORCAST	景氣狀況預測	UNICODE	1：不樂觀、衰退者，2：成長、樂觀者
FINANACIAL_PROMISE	是否獲得良好保證人或財務健全公司保證	UNICODE	0：否，1：是

欄位	說明	資料類型	備註
GUAR_STATUS	擔保情形	UNICODE	0：無擔保品，1：有擔保品，提供擔保率，2：十足擔保
GUAR_STYLE	擔保品樣式	UNICODE	1：套房，2：公寓（5樓以下），3：大樓（15樓以下），4：大樓（16樓以上），5：連棟透天厝，6：別墅
GUAR_OWNERSHIP	擔保品所有權	UNICODE	1：本人所有，2：配偶所有，3：與他人共有，4：其他
IS_VIOLATE	申請人有違約紀錄	UNICODE	0：否，1：是
INCOME	近三年收入情形	UNICODE	1：成長，2：衰退，3：無資料
PAY_STATUS	與本行往來一年以上且繳息還本正常	UNICODE	0：否，1：是
JOB_STATUS	申請人工作狀態	UNICODE	1：全職，2：兼職，3：無資料
REFUSE_INFO	有無拒絕往來資訊	UNICODE	Y：是，N：否
LOAN_DECISION	是否同意貸款	UNICODE	Y：是，N：否
PS_IS_VIOLATE	是否有違約	UNICODE	Y：是，N：否

您是A銀行的稽核人員，希望使用人工智慧機器學習的技術來分析過去歷史的貸款信用評估分析資料，來建立知識模型進而對新申請的貸款戶進行違約預警的分析。請回答下列的問題：

(1) 請利用ACL對LOAN的資料進行監督式分類機器學習方法，學習的目標欄位（LOAN_DECISION）是否同意貸款，建立以LOGLOSS為主的知識模型Loan_Model_1，並列出LOGLOSS和ACCURACY的值。

(2) 請利用ACL萃取出在LOAN資料表內LOAN_DECISION="Y"的資料成為一新資料檔進行監督式分類機器學習方法，學習的目標欄位（PS_IS_VIOLATE）是否有違約，建立以AUC為主的知識模型Loan_Model_2，並列出AUC值和最重要的欄位名稱與值。

(3) 請使用Loan_Model_1預測在新申請貸款戶LOAN_NEW資料檔內，哪些資料會通過同意貸款，其筆數為何？

(4)使用Loan_Model_2預測在新申請貸款戶LOAN_NEW資料檔內，哪些資料可能會違約，其筆數為何？

(5)請列出在LOAN_NEW資料檔內預計會取得貸款且預測會違約的案件數。

NOTE

12 ACL個案分析

學習目標

經由前面十一個章節針對電腦輔助稽核技術的介紹，您的稽核工作是否已打算利用電腦稽核技術來進行，還是仍遲疑停留在舊時期憑證抽核的階段呢？您是否正想了解電腦稽核技術如何運用實際的查核案例並進而擴大資料分析技術的價值？本章節，主要是將前面章節所提到的資料分析技術做一個綜合整理，透過個案分析，提供各位讀者對電腦輔助稽核技術能有具體的了解與認識。

執行完整資料分析的策略可以有效的改善稽核工作的品質、效率及效果，稽核人員經常需要承受巨大的壓力來確保公司或組織做好風險管理、內部控制及公司治理等工作，因此不管預算是多麼的緊縮、人力是多麼的精簡，稽核人員必須要能夠面對比以往更大的挑戰，提供有價值的資訊給公司或組織之主管當局，而資料分析技術就是用來協助我們去面對這種挑戰。

在本章節即以銷貨交易為例，讓您來了解使用ACL的查核實例。

本章摘要

- 流通業產業概述和個案背景描述
- 銷貨與收款交易循環流程分析
- ACL銷貨交易循環查核
- 查核目的一：是否有虛擬退貨受款人之情況
- 查核目的二：退貨是否於規定時間（銷貨後一個月）內辦理
- 查核目的三：退貨金額是否大於銷貨金額

第1節 流通業產業概述和個案背景描述

臺灣近年來經濟的發展流通業扮演非常重要的角色，從近幾年流通業的營業額一直占全國國內生產總值GDP近五分之一就可見一斑。流通業扮演著將實體物品傳遞到最終消費者的手上的角色，以流通業的業態來區分，流通業又可細分爲物流業、批發業和零售業。尤其零售業對一般民眾而言，更是生活上不可或缺的物品來源通路，得以滿足民眾在生活上的各種需求。零售業的特色是商品種類繁多，爲方便或是吸引消費者購買，除了提供多元的付款方式（如現金、信用卡、禮券等）和促銷活動（如會員消費積點可以折讓消費等），還必須快速掌握最終消費者的需求，及時提供所需要的物品到消費者的手上，以便有效降低商品庫存和資金成本。而銷貨與收款是處理企業接觸消費者最直接的交易循環，也是企業獲取利潤的來源所在，故「如何針對銷貨交易循環有效查核」對於流通業（尤其是零售業）來說更是重要。

一 個案背景

本個案A公司爲國內大型3C連鎖量販公司（本個案爲虛擬公司），總公司設立於嘉義市，在全臺灣各地均有門市據點，該公司主要經營項目包括電腦（Computer）、通訊（Communication）、消費性電子（Consumer）、電腦週邊及耗材，以及軟體和圖書等各類商品的銷售。另外，A公司也提供商品的保固及維修服務。目前國內3C連鎖通路競爭激烈，除了需要面對燦坤、全國電子、順發、大同等大型專業3C通路上的競爭外，還必須面對家樂福等大型量販店的削價競爭。對A公司而言，最重要的是經營成本的管理，包含店面的營運成本、存貨成本、新門市設立成本及行銷成本。對於未來的方向就是多元化的銷售，除了實體通路外，因應現今許多消費者習慣網路購物的趨勢，也成立虛擬通路，朝向虛實合一的方向發展。目前全臺已有三十多家連鎖門市，因應市場已經逐漸飽和新門市與拓展不易，也計畫成立佔地九到十坪的小型據點。

爲滿足消費者付款的方便性以及多樣性，該公司的銷貨收款方式有現金、信用卡和禮券，信用卡消費和特約銀行合作可以提供分期零利率。銷售對象分成一般客戶和會員，會員消費時會有積點，可以轉換成回饋金，回饋金可以折讓消費。

爲方便公司內部交易資料快速整合，A公司已經導入ERP，採用的是鼎新ERP和POS系統，每天會由各門市據點將POS交易資料結算後匯回總公司的ERP。

第2節 銷貨與收款交易循環流程分析

一 銷貨與收款交易循環概述

銷貨交易循環是處理企業與客戶接觸的流程，也是企業最接近客戶的窗口，客戶的需求與建議更可直接反映給此作業，同時藉由市場資訊的蒐集及系統化分析，可使企業有效掌握市場需求的變化，並可對未來進行預測，提升企業本身對市場動態的反應能力及顧客滿意度。依據「公開發行公司建立內部控制處理準則」第七條定義銷貨及收款循環應涵蓋的作業範圍，包括：訂單處理、授信管理、運送貨品、開立銷貨發票、開出帳單、記錄收入及應收帳款、執行與記錄現金收入等政策及程序。目前零售業普遍採用ERP來處理企業內部營運的作業流程，在完整的ERP系統中，銷貨與配送流程更扮演了極爲重要、不可或缺的角色。因爲它所涵蓋的範圍，不僅包含了所有創造企業利潤之相關作業，更是驅動整個企業流程運作根源所在。尤其現在B2B（企業對企業）及B2C（企業對客戶），甚至是C2C（客戶對客戶）的電子商務經營模式盛行，使得商流、物流、資訊流及金流的整合顯得迫切需要，而此流程正是整合的關鍵。

A公司本身爲零售業，其銷售及收款交易循環主要的活動包括：商品訂價、訂單處理與變更、銷貨、銷貨退回與折讓及收款等。

二 ERP銷售模組資料表結構

要了解ERP的資料處理流程必須知道資料表實體關聯及資料表結構定義，本案例之個案公司使用鼎新ERP，其銷售模組之實體關聯圖（E-R Model）和銷售模組主要資料檔案表，如圖12-1所示、表12-1所列。

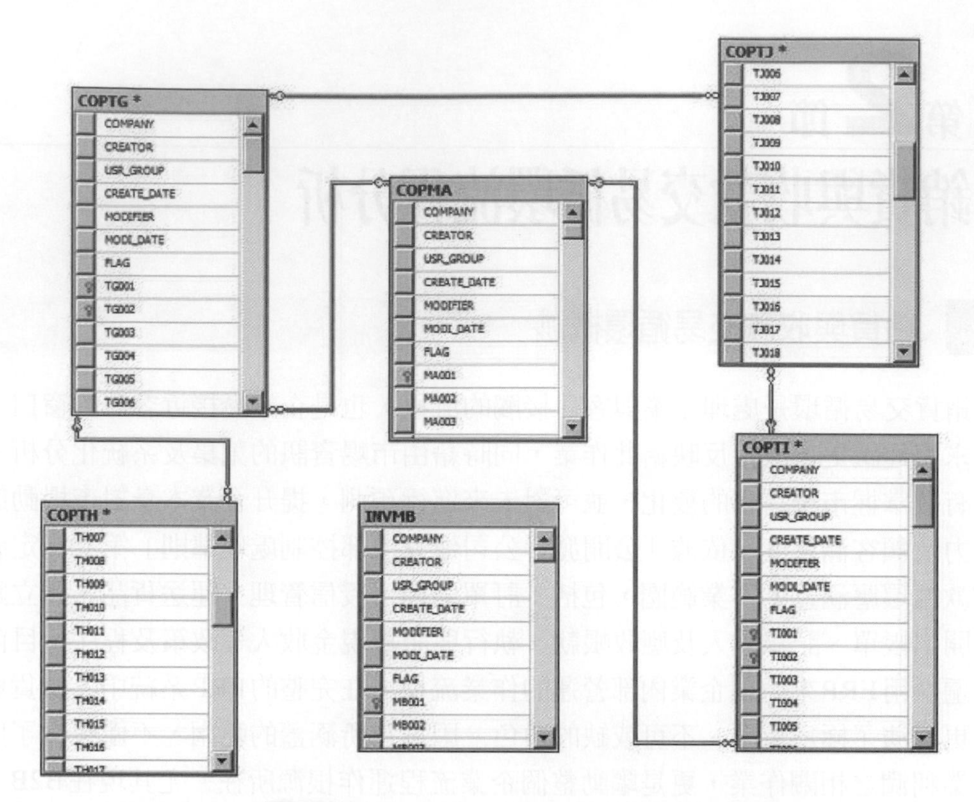

圖12-1 銷售模組E-R Model（以鼎新ERP為例）

表12-1 銷售模組主要資料檔案表（以鼎新ERP為例）

資料檔	主要資料欄位
收款單主檔（ACRTC）	單別、單號、收款日期、客戶代號、本幣借方金額、本幣貸方金額
收款單明細檔（ACRTD）	單別、單號、收款序號、會計科目、本幣金額
分類帳主檔（ACTML）	科目編號、傳票單別、傳票單號、傳票日期、序號、明細科目編號、借貸別、本幣金額
客戶基本資料主檔（COPMA）	客戶代號、客戶全名、信用評等、信用額度、銀行帳號
銷貨單主檔（COPTG）	單別、單號、銷貨日期、訂單單別、訂單單號
銷貨單明細檔（COPTH）	單別、單號、序號、品號、品名、規格、數量
銷退單主檔（COPTI）	單別、單號、客戶、業務員、本幣銷退金額
銷退單明細檔（COPTJ）	單別、單號、序號、品號、品名、銷貨單單別、銷貨單單號
發票號碼主檔（COPTL）	發票號碼、單別、單號
品號基本資料檔（INVMB）	品號、品名、規格、庫存單位

三 銷售交易循環相關風險與威脅

對企業而言，銷售是屬於經常性的業務流程之一，也是企業主要收入部分，一旦發生重大缺失或是舞弊，對企業收入影響甚大，甚至影響公司商譽。因此，必須針對此交易循環設計完善的控制和偵測機制，對於此交易循環的各項業務活動可能發生的風險和威脅需要詳加了解，並且進一步加以控制，如此才可以避免企業收入和商譽的損失，以下是針對零售業銷售交易循環主要活動可能面臨的風險與威脅的彙整：

表12-2 零售業銷售交易可能面臨的風險與威脅

業務活動	風險	可能威脅
訂貨	客戶訂貨之後取消	商品庫存增加
銷貨	門市所收現金未立即存入銀行	遭員工竊取
	贈品之對象無銷售紀錄	人為疏失、員工舞弊
銷貨退回	退貨對象不存在	人為疏失、員工舞弊
	退貨對象無銷售紀錄	人為疏失、員工舞弊
	退貨商品超過規定的期限	無法退回給原廠，造成商品損耗
	退貨金額超過銷貨金額	造成公司財務損失
銷貨折讓	銷貨折讓對象和使用回饋金的會員不是同一人	人為疏失、員工舞弊
	折價券數量及金額和銷貨折讓金額不同	造成公司財務損失
會員管理	會員績點增加但無對應的銷售紀錄	人為疏失、員工舞弊

A公司內部稽核單位於是針對可能面臨的風險和威脅，整理出欲進行查核的項目，然後進一步擬定查核計畫進行查核。

表12-3 查核項目

業務活動	查核項目
會員管理	▪ 會員之消費累積積點是否有異常情況發生
訂貨	▪ 是否經常發生訂貨之後取消的異常情況
銷售	▪ 收款日期和存款日期是否有不一致情況發生 ▪ 銷售紀錄之禮卷金額和實際所收禮卷之金額是否一致 ▪ 贈品數量和對象是否有異常情況發生
銷貨退回	▪ 查核是否有虛擬退貨受款人之情況 ▪ 查核退貨是否於規定時間（銷貨後一個月）內辦理 ▪ 查核退貨金額是否大於銷貨金額
銷貨折讓	▪ 會員積點於消費時所折讓之回饋金是否有異常情況發生 ▪ 折價卷之使用是否有異常情況發生
應收帳款	▪ 檢查是否有遺漏並加總明細帳金額與總分類帳核對 ▪ 測試應收帳款交易是否完整過入總分類帳，進行帳戶異動分析

第3節 ACL銷貨交易循環查核

陳小姐是A公司的內部稽核人員，每年必須執行主管機關證期局所要求的作業循環例行性查核，今年所負責的是銷售與收款作業循環，在開始查核之前，先了解公司銷售與收款作業循環的作業流程和相關的系統資料流程，辨識出風險較高的控制點，然後擬定查核目標和查核程序，開始進行查核。

底下將以銷貨與收款循環查核爲例，並依照ACL資料分析的流程來進行，希望讓讀者能有初步的了解整個電腦稽核專案使用通用稽核軟體進行的方式。

一 獲得資料

在開始進行查核分析之前，陳小姐爲順利獲得資料，向查核單位寄發出通知函，告知受查單位準備查核所需的資料與所需的格式，或是提供帳號密碼供其可以連上資料庫直接進行查核。其獲得資料的通知函內容如下：

受文者：XX 公司　資訊室

主旨：爲進行公司 102 年度內部控制銷售與收款作業循環查核工作，請　貴單位提供相關資訊以利查核工作之進行。所需資訊如下說明。

說明：

一、本單位擬於民國 102 年 7 月 1 日起開始進行爲期 5 天之查核，爲使查核工作順利進行，謹請於查核前　惠予準備截至民國 102 年 6 月 30 日資料，如附件。

二、依金管會證期局之要求，公司內部稽核單位應每年度依據風險評估結果進行內部控制查核，敬請貴單位依後附格式，惠予準備相關資訊，內部稽核人員將於查核開始日前確認各項資料。

三、擬請提供下列資料明細，並記錄資料的總筆數與金額欄位合計數：

(一) 試算表、資產負債表、損益表。

(二) 截至查核日止之重要合約，如銷貨、進貨、資產買賣或承諾合約及各項技術合作合約。

(三) 銷退／銷貨／客戶資料

1. 銷退單等退貨相關憑證。(附表 A，資料為 Excel 檔格式)

2. 銷貨單等銷貨相關憑證。(附表 B，資料為 Excel 檔格式)

3. 客戶基本資料。(附表 C，資料為 Excel 檔格式)

四、為提升 E 化作業效率，減少不必要的時間浪費，若貴單位可以提供資料庫的位置與取得這些表格所需要的帳號與密碼，供本單位進行遠端 ODBC 資料讀取作業，則可以不用準備第三項所列的上述資料明細。

五、後附所需提供之資料格式，若編製上有任何不甚明瞭之處，敬祈隨時與內部稽核人員聯絡。

附表 A：銷退單等退貨相關憑證

檔案名稱：銷退單主檔（COPTI）

欄位代號	欄位名稱	TYPE	長度	備註
TI001	單別	C	8	單別
TI002	單號	C	22	單號
TI003	銷退日	D	16	銷退日（FORMATE:YMD）
TI004	客戶	C	20	客戶
TI006	業務員	C	20	業務員
TI010	原幣銷退金額	N	8	原幣銷退金額

檔案名稱：銷退單明細檔（COPTJ）

欄位代號	欄位名稱	TYPE	長度	備註
TJ001	單別	C	8	單別
TJ002	單號	C	22	單號
TJ007	數量	N	8	數量
TJ012	退貨金額	N	8	退貨金額
TJ015	銷貨單別	C	8	銷貨單別
TJ016	銷貨單號	C	22	銷貨單號

附表 B：銷貨單等銷貨相關憑證

檔案名稱：銷貨單主檔（COPTG）

欄位代號	欄位名稱	TYPE	長度	備註
TG001	單別	C	8	單別
TG002	單號	C	22	單號
TG003	銷貨日期	D	16	銷貨日期（FORMATE:YMD）
TG004	客戶代號	C	20	客戶代號
TG006	業務員	C	20	業務員
TG013	原幣銷貨金額	N	8	原幣銷貨金額
TG014	發票號碼	C	20	發票號碼

附表 C：客戶基本資料

檔案名稱：客戶基本資料檔（COPMA）

欄位代號	欄位名稱	TYPE	長度	備註
MA001	客戶代號	C	20	客戶代號
MA003	客戶全名	C	100	客戶全名
MA029	信用評等	C	2	信用評等
MA033	信用額度	N	8	信用額度
MA071	銀行帳號（一）	C	60	銀行帳號（一）

二　讀取資料

在獲得資訊室所提供的資料庫主機位置與帳號密碼後，接著陳小姐就開始建立ACL查核專案，將所需要查核的資料匯入ACL中。首先是在Windows系統下建立一個新的路徑：鼎新ERP，以便可以存放此專案查核的所有檔案。然後建立（NEW）一個新ACL專案：銷貨收款查核，相關的畫面如圖12-2。

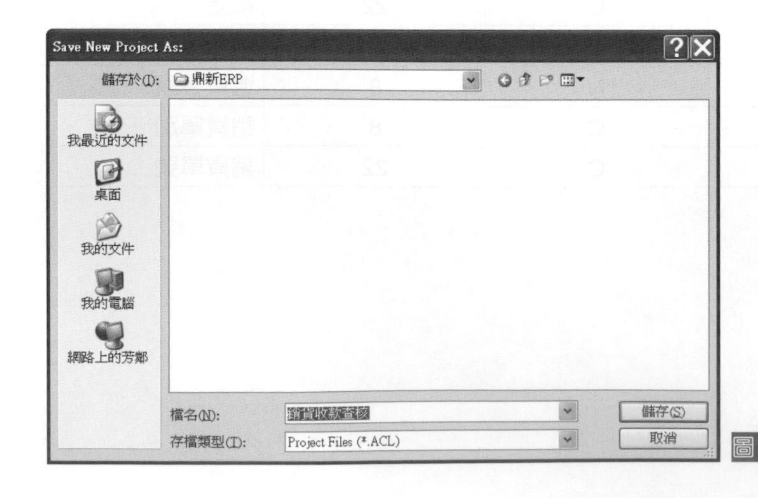

圖12-2　建立新專案

由於資料存放於遠端的Access資料庫中，因此陳小姐首先透過ACL上的ODBC連結到Access主機取得所需資料。基於本專案查核目標及查核程式，我們僅匯入所需表格及必要欄位。

ACL上匯入資料的操作步驟如下：

STEP01 開啓資料定義精靈，在資料來源選擇ODBC選項（如圖12-3）。

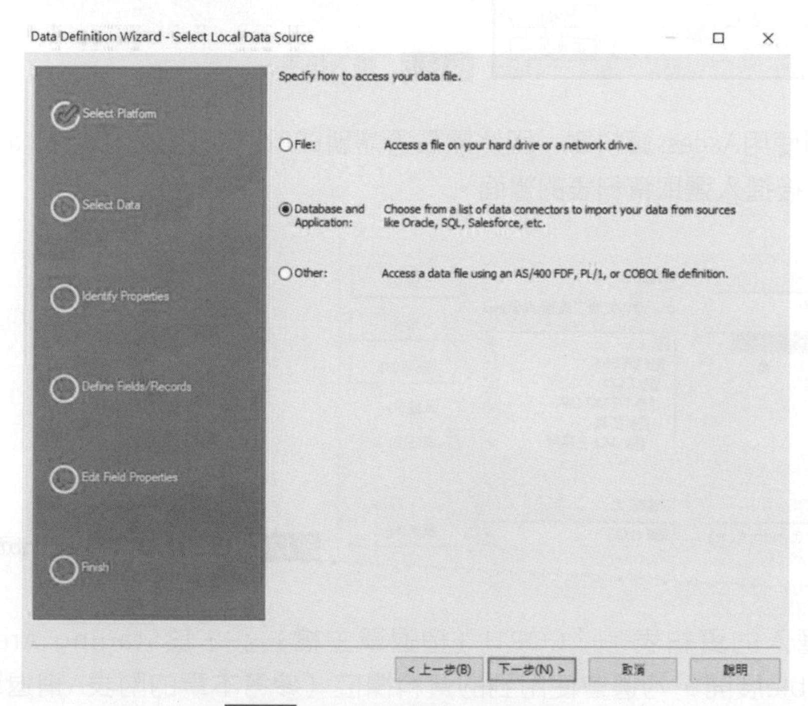

圖12-3 資料來源選擇ODBC選項

STEP02 點選「機器資料來源名稱」的頁籤，選擇已在ODBC設定完成的ERP資料來源名稱（在本個案中以鼎新ERP為例），設定連結至Access主機（如圖12-4），相關ODBC的設定方式可以參考本書的第3章第10節。

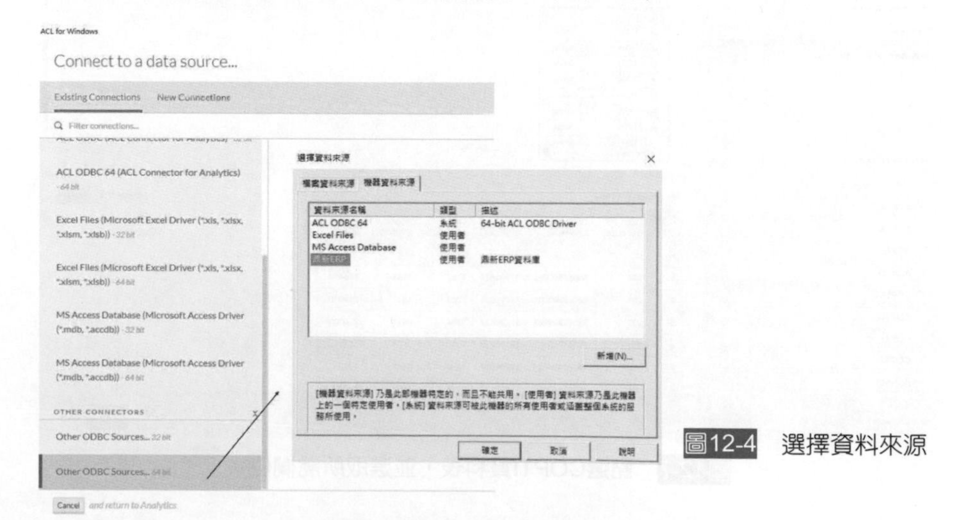

圖12-4 選擇資料來源

STEP**03** 輸入連線登入之帳號和密碼（本案例因使用Access資料庫，因此此步驟可省略，若為其它大型的資料庫如SQL Server或Oracle，則會要求輸入帳號與密碼。圖12-5為使用SQL Server資料庫時，會要求稽核員輸入帳號與密碼的畫面。）

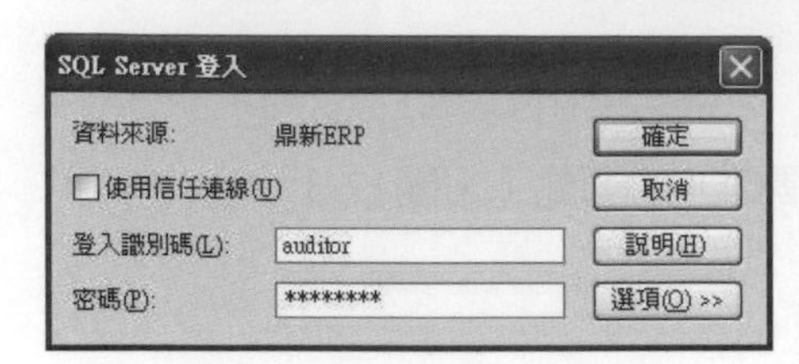

圖12-5　輸入帳密

STEP**04** 本案例因使用Access資料庫，因此需點選鼎新ERP資料夾中的LEADER.accdb，點選確定後進入選取資料表的畫面。

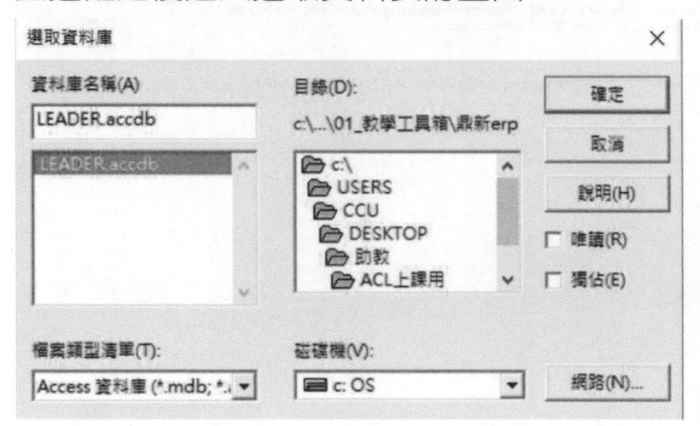

圖12-6　點選LEADER.accdb資料庫

STEP**05** 點選要匯入的資料表：「COPTI（銷退單主檔）」，於Staging Area中將COPTI Table展開，勾選會使用到的資料欄位（參考本章的附表A銷退單主檔（COPTI）所需欄位），然後點按「Refresh」，可於下方Import Preview中預覽，最後點選「Save」儲存。

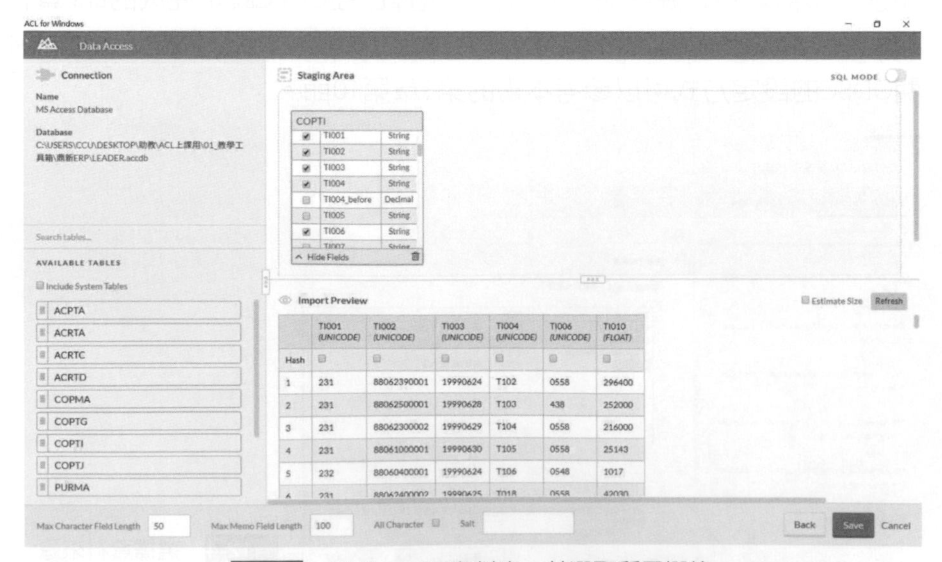

圖12-7　點選COPTI資料表，並選取所需欄位

STEP06 設定ACL資料表名稱後，便可見到ERP資料匯入的結果，共100筆資料。

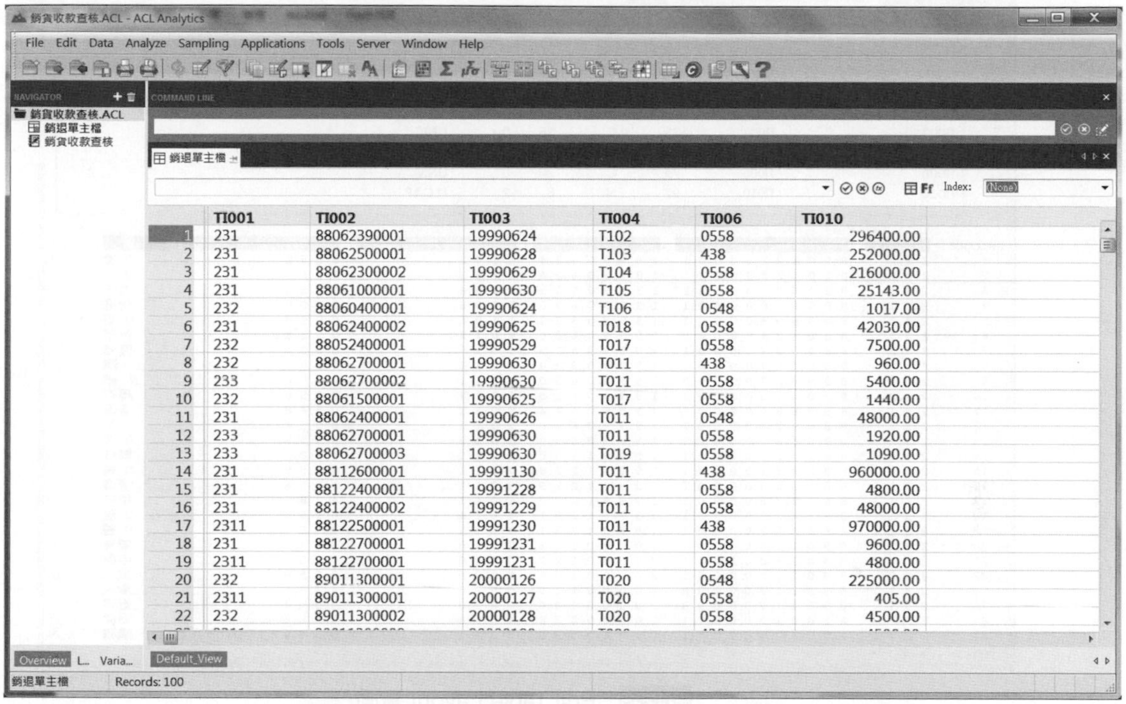

銷貨收款查核.ACL - ACL Analytics

File Edit Data Analyze Sampling Applications Tools Server Window Help

NAVIGATOR

銷貨收款查核.ACL
銷退單主檔
銷貨收款查核

COMMAND LINE

銷退單主檔

Index: (None)

	TI001	TI002	TI003	TI004	TI006	TI010
1	231	88062390001	19990624	T102	0558	296400.00
2	231	88062500001	19990628	T103	438	252000.00
3	231	88062300002	19990629	T104	0558	216000.00
4	231	88061000001	19990630	T105	0558	25143.00
5	232	88060400001	19990624	T106	0548	1017.00
6	231	88062400002	19990625	T018	0558	42030.00
7	232	88052400001	19990529	T017	0558	7500.00
8	232	88062700001	19990630	T011	438	960.00
9	233	88062700002	19990630	T011	0558	5400.00
10	232	88061500001	19990625	T017	0558	1440.00
11	231	88062400001	19990626	T011	0548	48000.00
12	233	88062700001	19990630	T011	0558	1920.00
13	233	88062700003	19990630	T019	0558	1090.00
14	231	88112600001	19991130	T011	438	960000.00
15	231	88122400001	19991228	T011	0558	4800.00
16	231	88122400002	19991229	T011	0558	48000.00
17	2311	88122500001	19991230	T011	438	970000.00
18	231	88122700001	19991231	T011	0558	9600.00
19	2311	88122700001	19991231	T011	0558	4800.00
20	232	89011300001	20000126	T020	0548	225000.00
21	2311	89011300001	20000127	T020	0558	405.00
22	232	89011300002	20000128	T020	0558	4500.00

Overview L... Varia... Default_View

銷退單主檔 Records: 100

圖12-8 銷退單主檔（COPTI）匯入後的資料畫面

STEP07 重複以上步驟，依序完成匯入ERP系統中的COPTJ（銷退單明細檔）、COPTG（銷貨單主檔）和COPMA（客戶基本資料檔），其中COPTJ共500筆、COPTG共100筆資料、COPMA共100筆。

由於此時資料表格的欄位爲原始的欄位名稱，因此不易後續查核時的可讀性。另外，由於是透過ODBC間接取得資料，未能確保各表格間資料格式的一致性，因此會在ACL上進行整理與定義資料格式的動作。我們以整理銷退單主檔（COPTI）的Table Layout各的欄位類型及顯示名稱的定義爲例，其操作步驟如下：

STEP01 開啓銷退單主檔。

STEP02 開啓「Edit Table Layout」，其畫面如圖12-9：

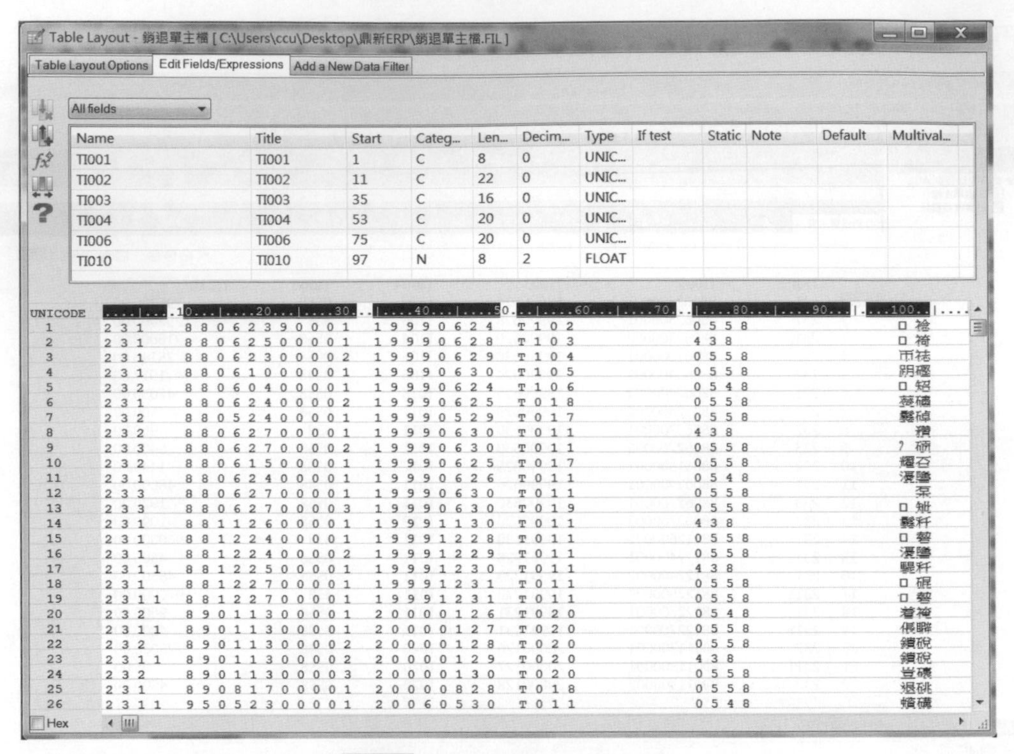

圖12-9 Edit Table Layout 畫面

STEP03 將欄位TI001標題命名為「單別」以方便閱讀。

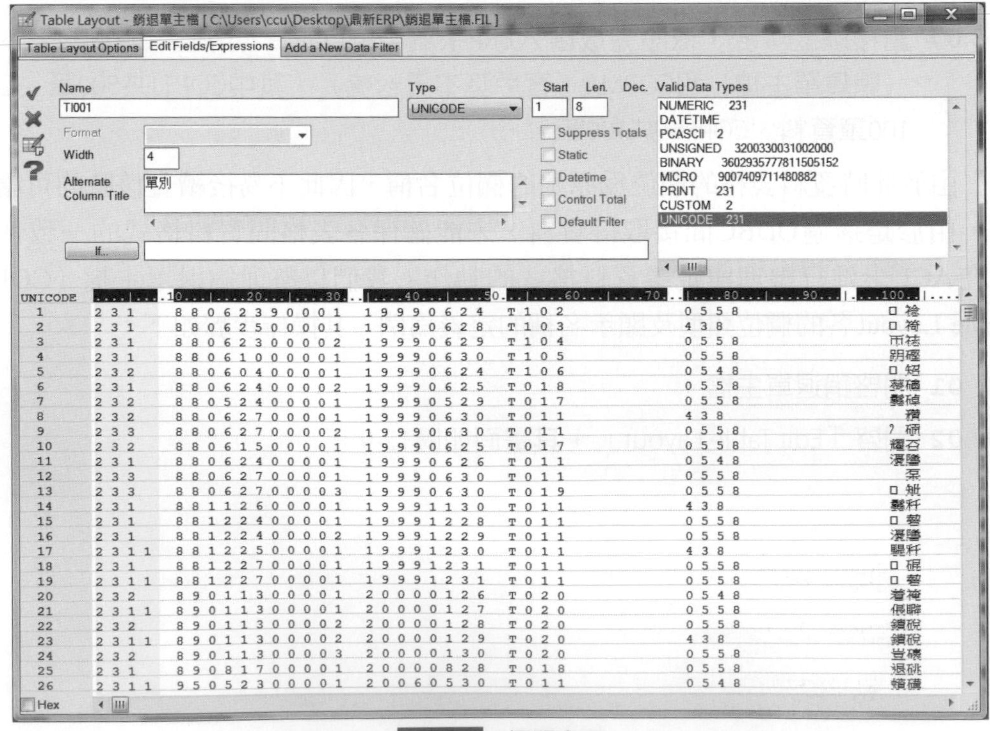

圖12-10 標題命名

STEP04　重複以上步驟，依序完成TI002、TI003、TI004、TI006、TI0010等欄位的設定。其結果會如圖12-11：

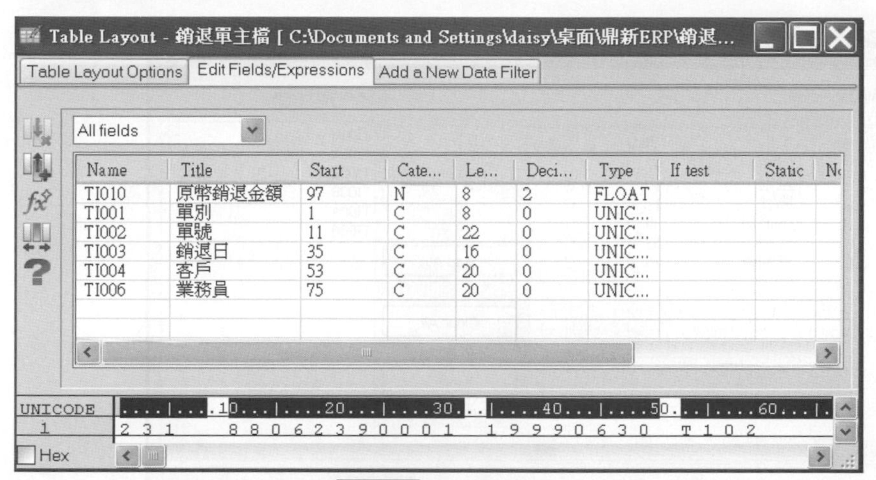

圖12-11　欄位設定

STEP05　重複以上步驟，對COPTJ（銷退單明細檔）、COPTG（銷貨單主檔）和COPMA（客戶基本資料檔）進行設定。

三　驗證資料

為驗證資料的正確性，內部稽核人員陳小姐利用ACL所提供的Verify功能，來驗證資料的屬性正確性。

STEP01　開啓銷退單主檔，從Menu Bar中選取「Data」下拉式選單，選取「Verify」指令（如圖12-12）。

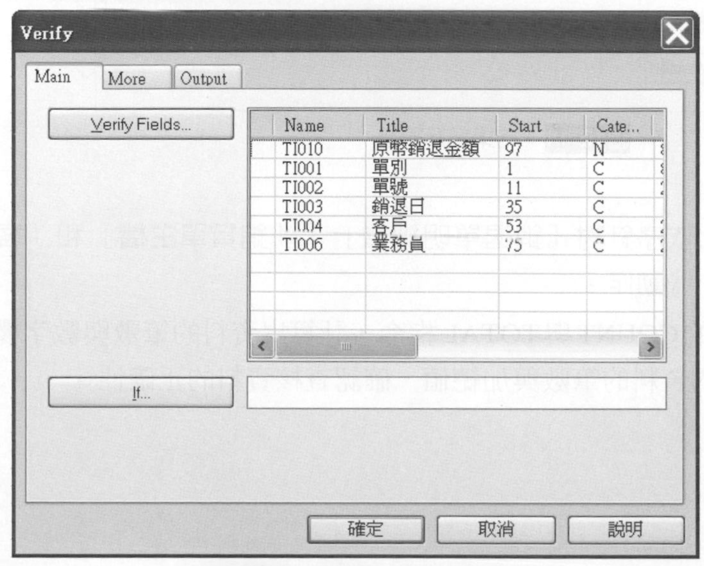

圖12-12　選取「Verify」指令

STEP02 點選「Verify Fields」，選取所有欄位，然後按「OK」回到Verify主視窗（如圖12-13）。

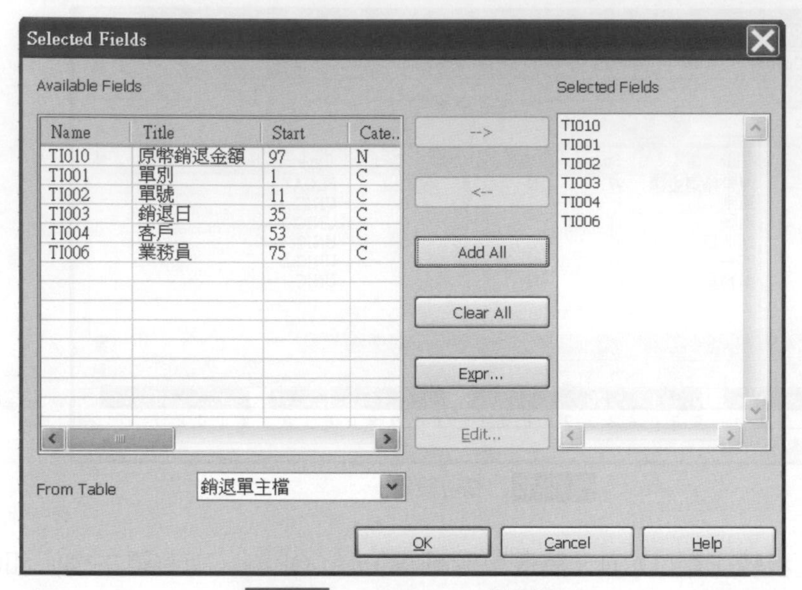

圖12-13 Verify Fields對話框

STEP03 按「確定」後執行。

STEP04 執行Verify後未檢查出資料格式異常情形。

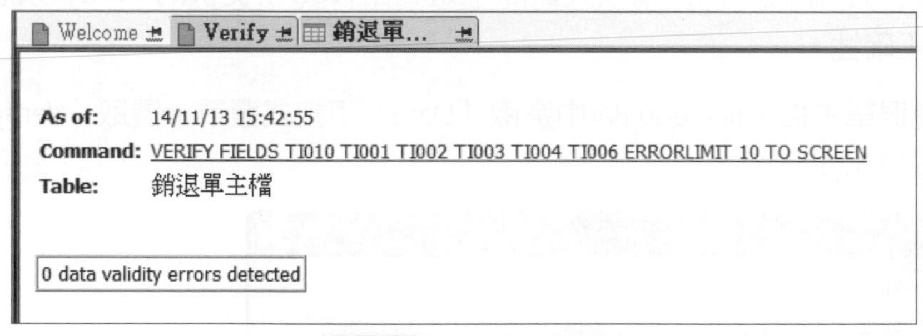

圖12-14 結果顯示頁籤

STEP05 重複以上步驟，依序針對「銷退單明細檔」、「銷貨單主檔」和「客戶基本資料檔」進行Verify動作。

另外，亦利用ACL的COUNT與TOTAL指令，計算出資料的筆數與數字欄位的加總值，進而比對所取得的資料的筆數與加總值，確認查核資料的正確性。

第4節 查核目的一：是否有虛擬退貨受款人之情況

1 查核程序

由銷退單查詢該筆訂單之原始銷貨單的單別及單號，比對銷退單及銷貨單上列出的客戶代碼是否相同，並確認該客戶的資料已輸入在客戶基本資料庫中。

2 測試內容

以銷退單主檔（COPTI）之客戶欄位，和銷貨單主檔（COPTG），以及客戶基本資料檔（COPMA）爲測試標的。

3 測試技術

使用技術包括：比對（Join）、勾稽（Relate）、篩選器（Filter）、萃取（Extract）等。

4 測試步驟

確認資料正確後，即可開始利用ACL的分析指令來執行查核分析程序，其方法如下：

(1) 在本專案中，銷退單主檔、銷退單明細檔與銷貨單主檔，必須由單別及單號建立彼此的關連。因此，在這三表中，分別新增一欄由「單別」與「單號」共同組成的新欄位，操作步驟如下：

STEP01 開啓銷退單主檔，從Menu Bar中選取「Edit」下拉式選單，選取「Table Layout」指令（如圖12-15）。

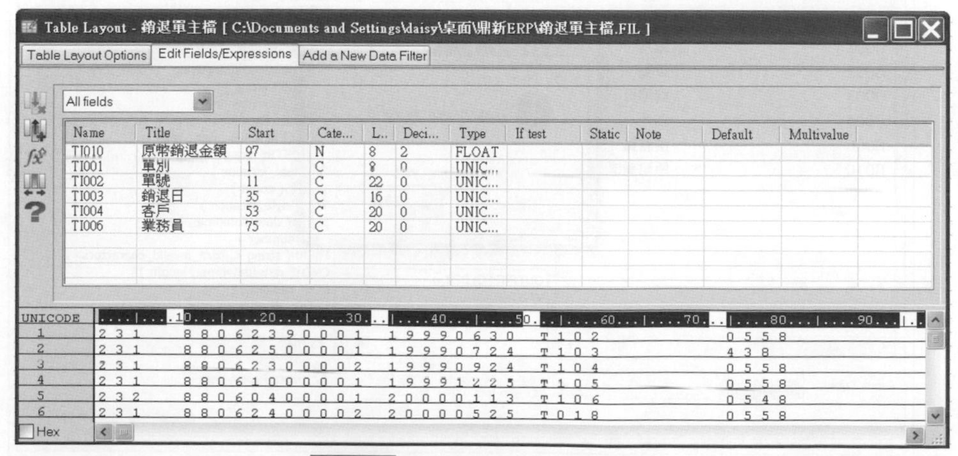

圖12-15　「Table Layout」指令

STEP**02** 從左側按鈕點選「Add a New Expression」，於Name文字盒中輸入銷退代碼，然後點選按鈕「f(x)」（如圖12-16）。

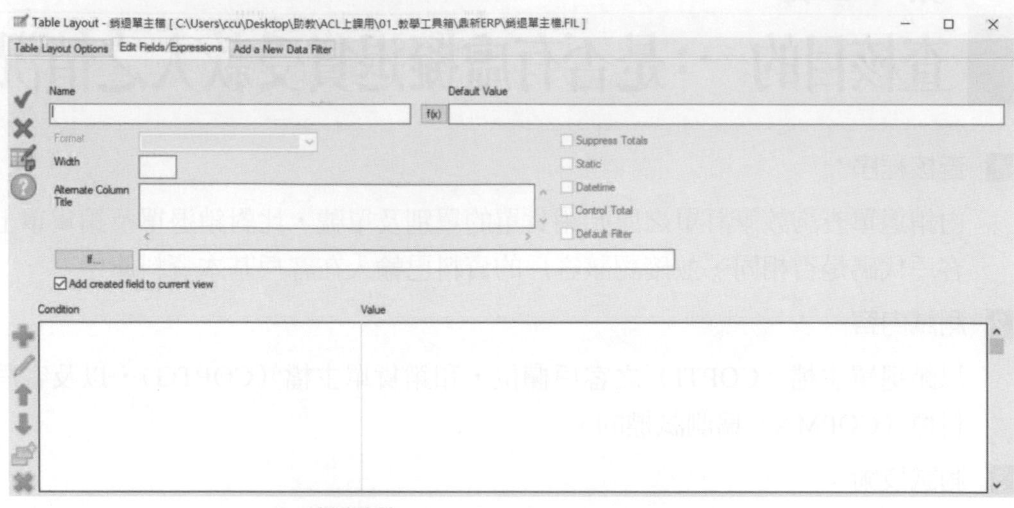

圖12-16 Add a New Expression 指令

STEP**03** 選取Data Field：「TI001：單別」，然後點選按鈕「+」，再選取Data Field：「TI002：單號」，點選按鈕「Verify」檢查是否有錯誤，沒有錯誤即可點選按鈕「OK」（如圖12-17）。

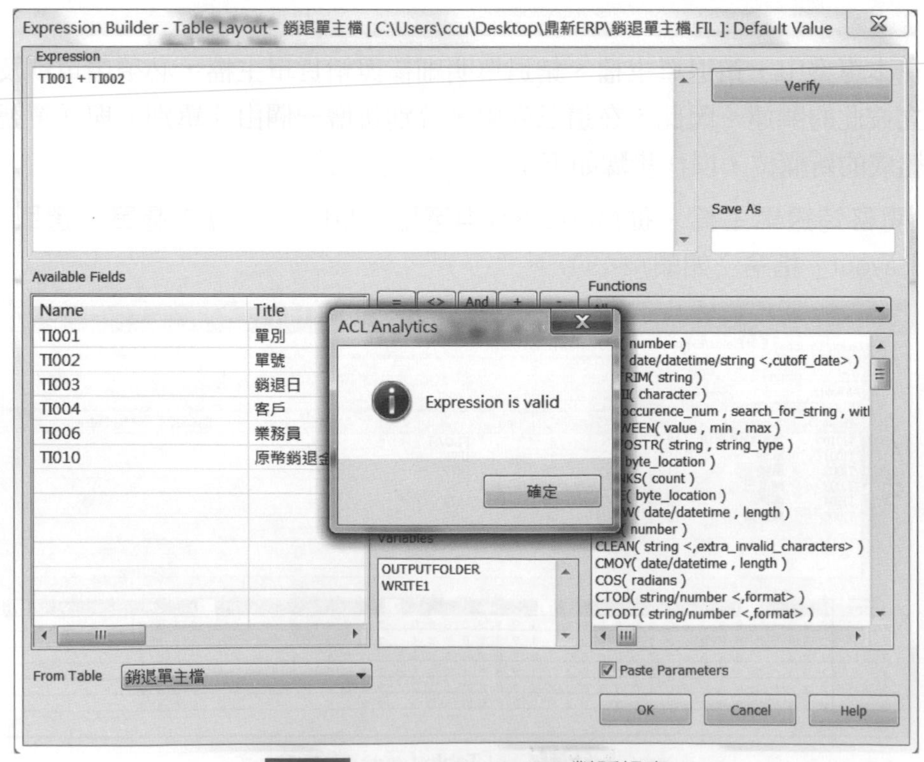

圖12-17 Expression Builder對話視窗

STEP**04**　點選左側按鈕「Accept Entry」，然後把該Table Layout關閉即完成新增欄位。

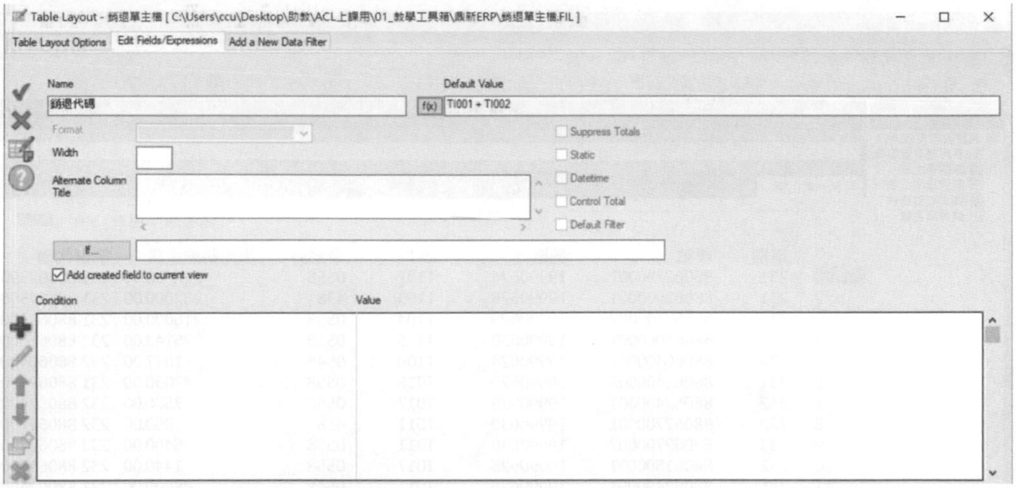

圖12-18　Add a New Expression指令

STEP**05**　在原本開啟的View上點滑鼠右鍵，選取「Add a Column」指令，然後將Available Fields：銷貨代碼新增到Selected Fields後，按「OK」，即可以看到新增的資料欄位（如圖12-19）。

圖12-19　Add Columns對話視窗

STEP06 顯示新增欄位的內容。

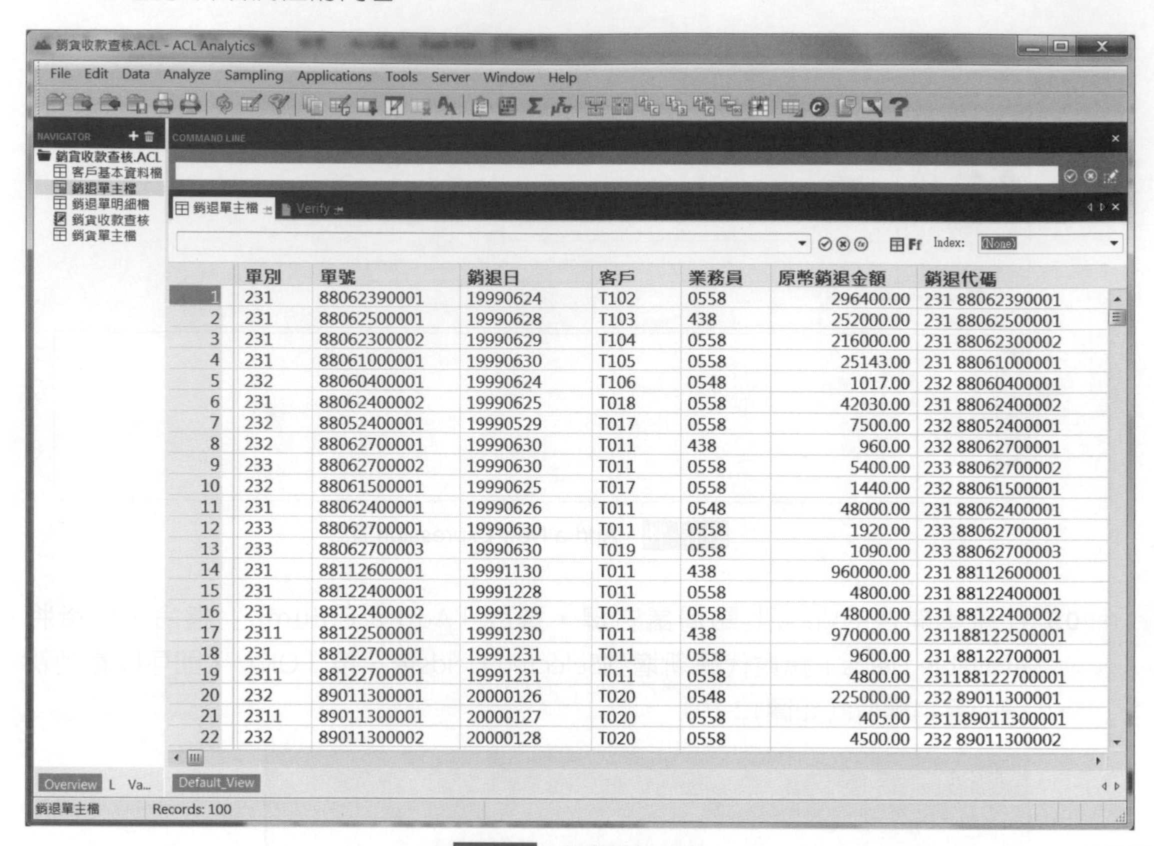

	單別	單號	銷退日	客戶	業務員	原幣銷退金額	銷退代碼
1	231	88062390001	19990624	T102	0558	296400.00	231 88062390001
2	231	88062500001	19990628	T103	438	252000.00	231 88062500001
3	231	88062300002	19990629	T104	0558	216000.00	231 88062300002
4	231	88061000001	19990630	T105	0558	25143.00	231 88061000001
5	232	88060400001	19990624	T106	0548	1017.00	232 88060400001
6	231	88062400002	19990625	T018	0558	42030.00	231 88062400002
7	232	88052400001	19990529	T017	0558	7500.00	232 88052400001
8	232	88062700001	19990630	T011	438	960.00	232 88062700001
9	233	88062700002	19990630	T011	0558	5400.00	233 88062700002
10	232	88061500001	19990625	T017	0558	1440.00	232 88061500001
11	231	88062400001	19990626	T011	0548	48000.00	231 88062400001
12	233	88062700001	19990630	T011	0558	1920.00	233 88062700001
13	233	88062700003	19990630	T019	0558	1090.00	233 88062700003
14	231	88112600001	19991130	T011	438	960000.00	231 88112600001
15	231	88122400001	19991228	T011	0558	4800.00	231 88122400001
16	231	88122400002	19991229	T011	0558	48000.00	231 88122400002
17	2311	88122500001	19991230	T011	438	970000.00	231188122500001
18	231	88122700001	19991231	T011	0558	9600.00	231 88122700001
19	2311	88122700001	19991231	T011	0558	4800.00	231188122700001
20	232	89011300001	20000126	T020	0548	225000.00	232 89011300001
21	2311	89011300001	20000127	T020	0558	405.00	231189011300001
22	232	89011300002	20000128	T020	0558	4500.00	232 89011300002

圖12-20 新增欄位內容

STEP07 「銷退單明細檔」與「銷貨單主檔」亦依此相同步驟新增欄位，「銷退單明細檔」新增欄位「銷退代碼」和「銷售代碼」，「銷貨單主檔」新增欄位「銷售代碼」。

1-1. 查核是否有虛擬退貨受款人之情況－退貨客戶未列於客戶名單，並將查核結果匯出，操作如下：

STEP01 開啓銷退單主檔，從Menu Bar中選取「Data」下拉式選單，選取「Join」指令（如圖12-21）。

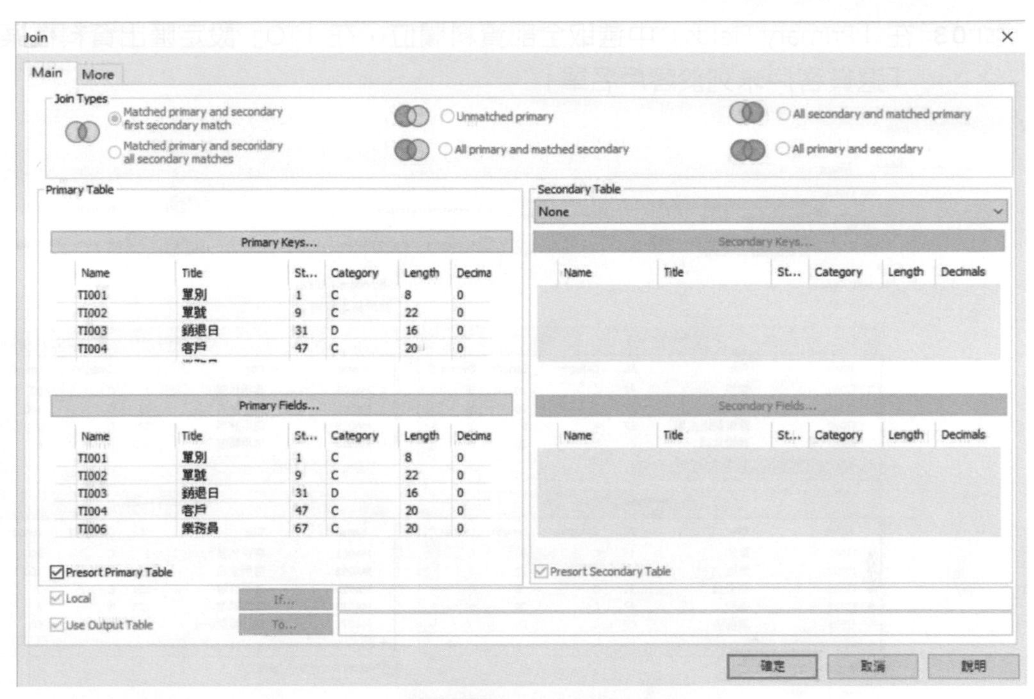

圖12-21　Join指令

STEP02　從「Secondary Table」選取「客戶基本資料檔」，在Primary Table設定「Primary Keys」為「TI004：客戶」，在Secondary Table設定「Secondary Keys」為「MA001：客戶代號」（如圖12-22）。

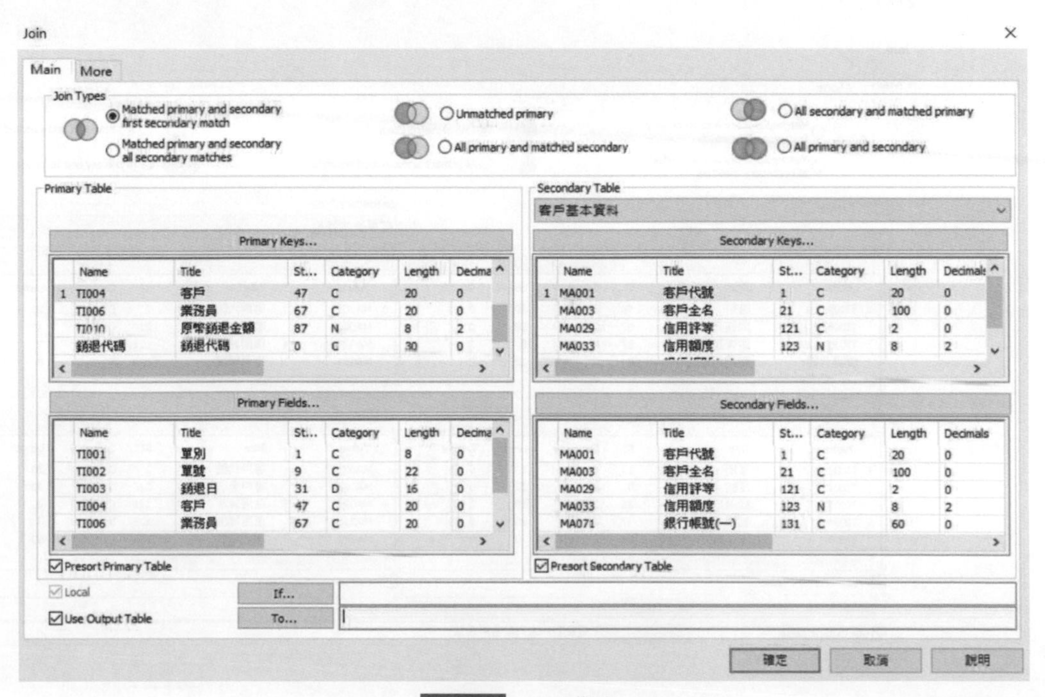

圖12-22　Join指令

STEP**03** 在「Primary Fields」中選取全部資料欄位，在「TO」設定匯出資料檔案名稱為「退貨客戶未列於客戶名單」。

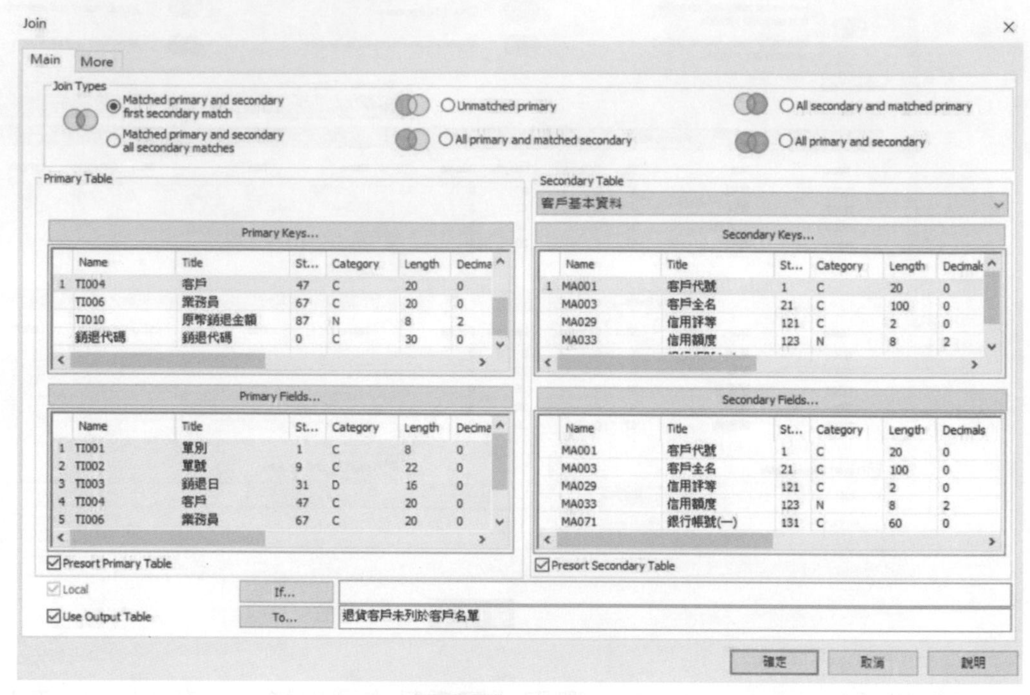

圖12-23 Join 指令

STEP**04** 在Join Types點選「Unmatched Primary」，然後點選「確定」按鈕（如圖12-24）。

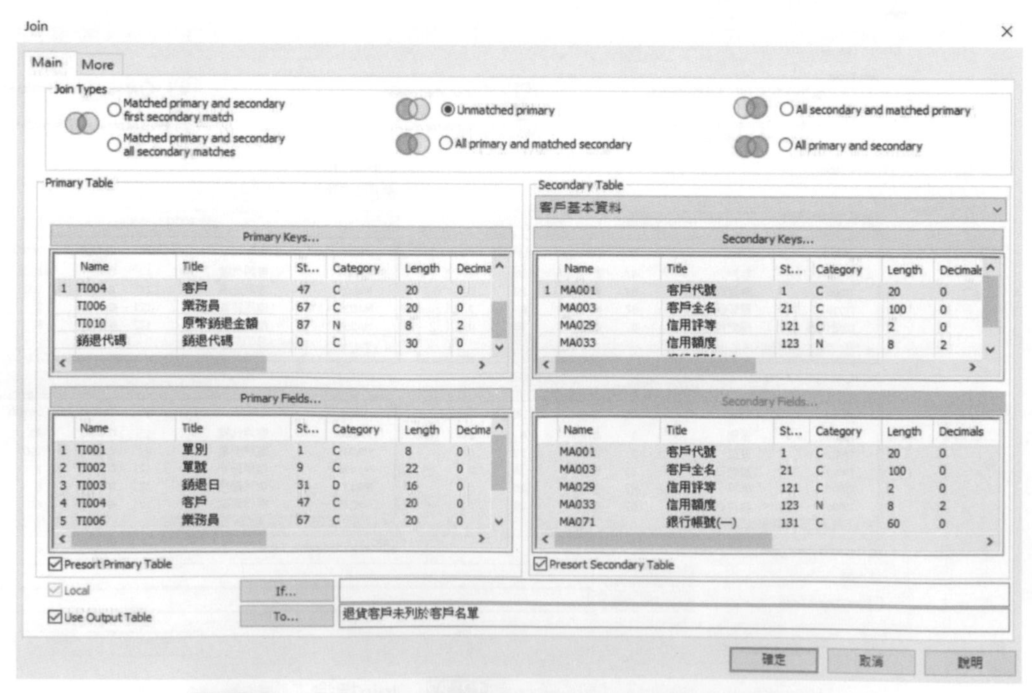

圖12-24 選出退貨的退貨客戶與客戶基本資料檔未相符之資料

STEP**05**　結果發現有5筆異常，退貨客戶未出現在客戶基本資料檔中，必須進一步查證（如圖12-25）。

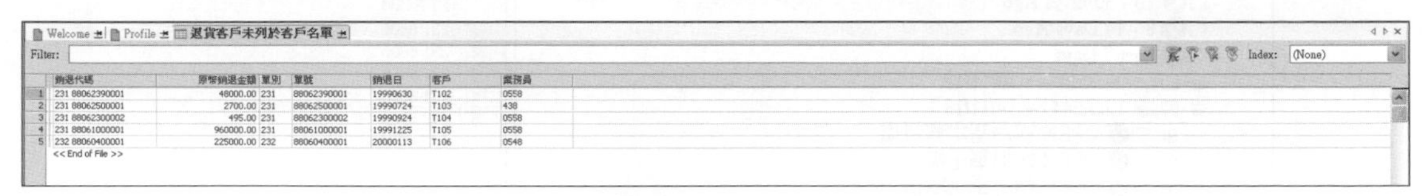

	銷退代碼	原幣銷退金額	單別	單號	銷退日	客戶	業務員
1	231 88062390001	48000.00	231	88062390001	19990630	T102	0558
2	231 88062500001	2700.00	231	88062500001	19990724	T103	438
3	231 88062300002	495.00	231	88062300002	19990924	T104	0558
4	231 88061000001	960000.00	231	88061000001	19991225	T105	0558
5	232 88060400001	225000.00	232	88060400001	20000113	T106	0548

<< End of File >>

圖12-25　異常筆數

5 稽核程式

(1) 複製log上的執行指令轉成一個新的Script

STEP**01**　點選專案瀏覽器的「log」頁籤，勾選剛剛所執行的指令前面的方塊（如圖12-26）。

STEP**02**　點擊滑鼠右鍵，點選「Save Selected Items」裡面的「Script」（如圖12-27）。

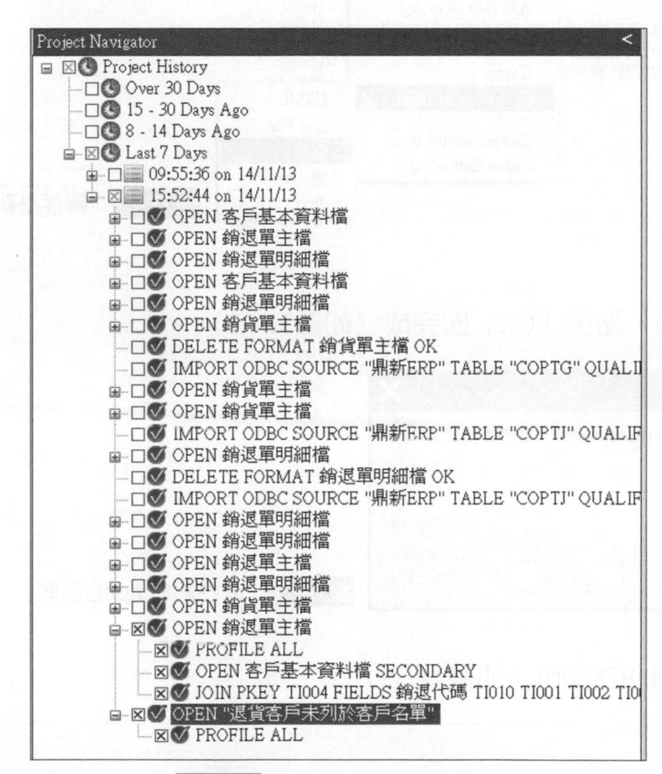

圖12-26　選取已執行過的指令

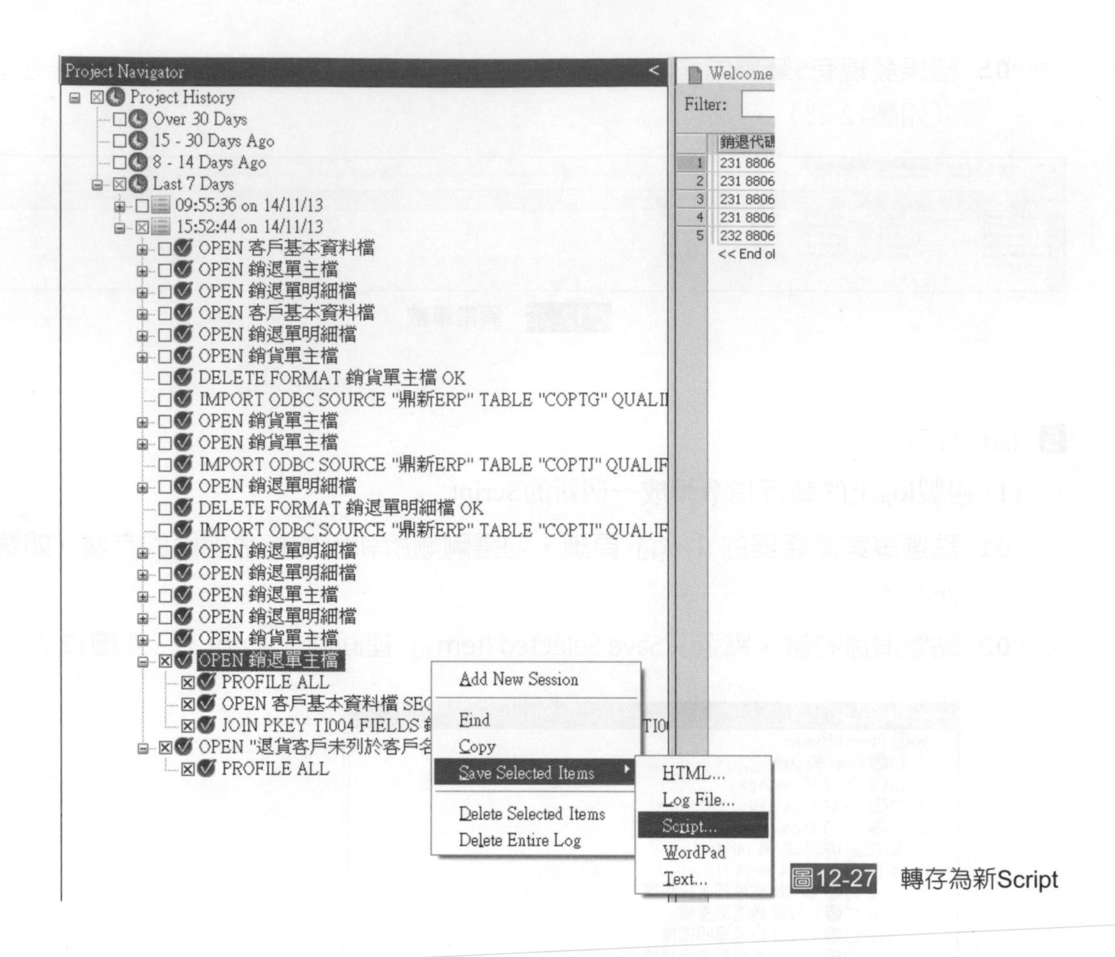

圖12-27　轉存為新Script

STEP**03**　命名新Script的名稱後，點按「OK」即完成（如圖12-28）。

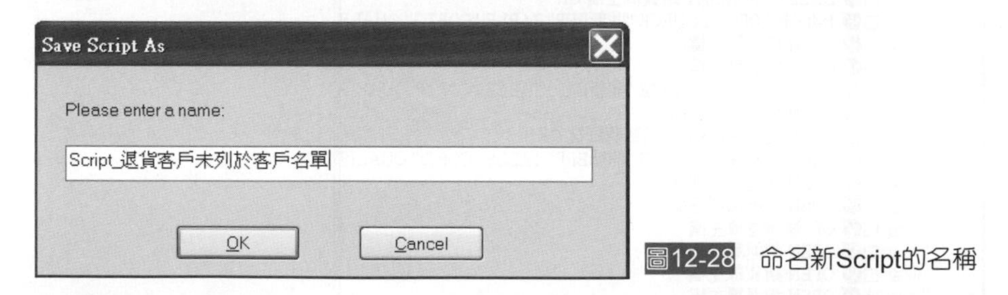

圖12-28　命名新Script的名稱

STEP**04**　在專案底下產生一個新的Script（如圖12-29）。

```
1 OPEN 銷退單主檔
2 OPEN 客戶基本資料檔 SECONDARY
3 JOIN PKEY TI004 FIELDS 銷退代碼 TI010 TI001 TI002 TI003 TI004 TI006 SKEY MA001 UNMATCHED TO "退貨客戶未列於客戶名單" OPEN PRESORT SECSORT ISOLOCALE root
4 OPEN "退貨客戶未列於客戶名單"
5
```

圖12-29　新Script內容

(2) 設定Script內容

STEP01 開啓「Script_退貨客戶未列於客戶名單」。

STEP02 在第一列插入一空白列。

STEP03 新增指令：SET SAFETY OFF（如圖12-30）。

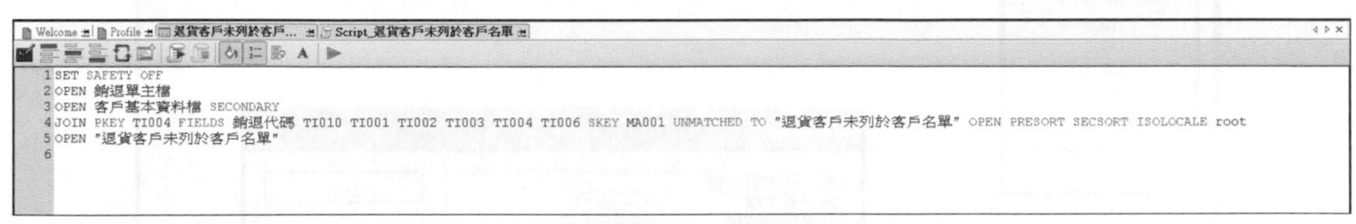

```
1 SET SAFETY OFF
2 OPEN 銷退單主檔
3 OPEN 客戶基本資料檔 SECONDARY
4 JOIN PKEY TI004 FIELDS 銷退代碼 TI010 TI001 TI002 TI003 TI004 TI006 SKEY MA001 UNMATCHED TO "退貨客戶未列於客戶名單" OPEN PRESORT SECSORT ISOLOCALE root
5 OPEN "退貨客戶未列於客戶名單"
6
```

圖12-30 新增指令

STEP04 存檔。

(3) 重複執行Script

STEP01 開啓「Script_退貨客戶未列於客戶名單」。

STEP02 點按Script編輯區上方的「Run」執行Script，即可見到執行結果。

6 報告結果

經過查核，發現有 5 筆虛擬退貨受款人之情況，必須進一步查證。

1-2. 查核是否有虛擬退貨受款人之情況－銷貨與退貨客戶不同，並將查核結果匯出。

首先，必須先建立銷退單主檔、銷退單明細檔和銷貨單之間的關聯。開啓銷退單主檔，執行「Relate」功能，建立各表格間之關聯，操作步驟如下：

STEP01 開啓銷退單主檔，從Menu Bar中選取「Data」下拉式選單，選取「Relate」指令，然後點選按鈕「Add Table」（如圖12-31）。

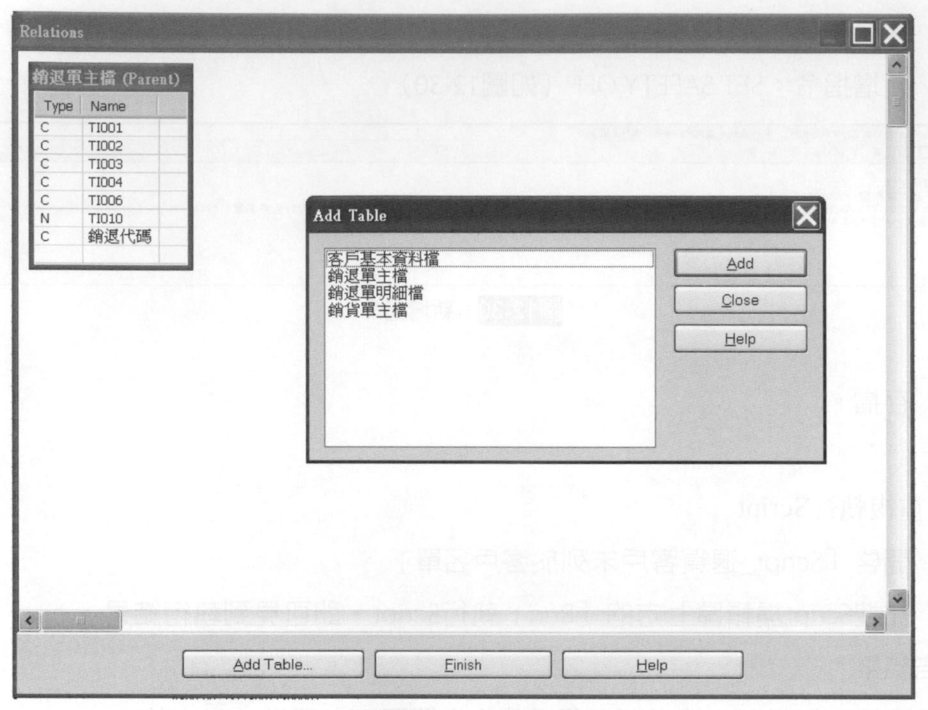

圖12-31 Relate指令

STEP02 分別新增Table「銷退單明細檔」和「銷貨單主檔」（如圖12-32）。

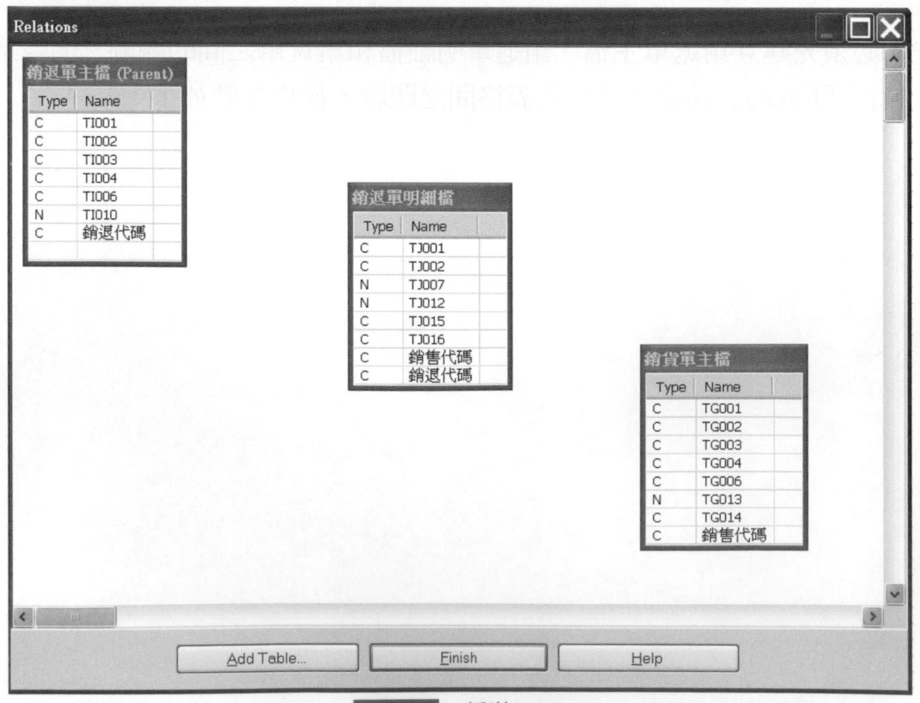

圖12-32 新增Table

STEP03 針對主要檔和次要檔之間建立關聯，首先點按住主要檔「銷退單主檔」的鍵值欄位「銷退代碼」，拖拉至銷退單明細檔的欄位「銷退代碼」放掉滑鼠鍵，此時會出現一個箭頭從主要檔指向次要檔（如圖12-33）。

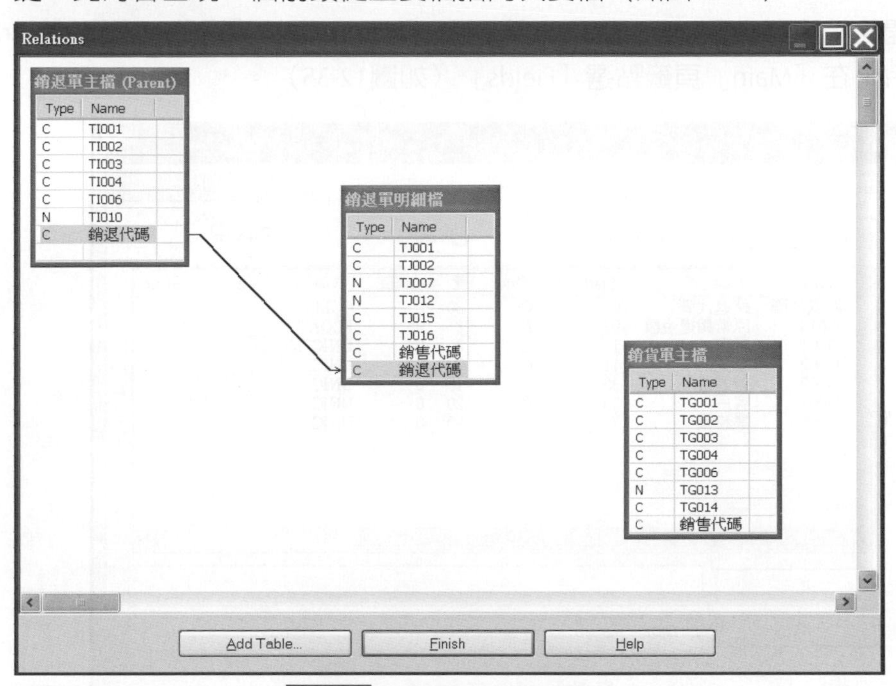

圖12-33 勾稽主要檔及次要檔

STEP04 重複同樣的步驟，依序建立銷退單明細檔欄位「銷售代碼」和銷貨單主檔欄位「銷售代碼」之間的關聯（如圖12-34）。

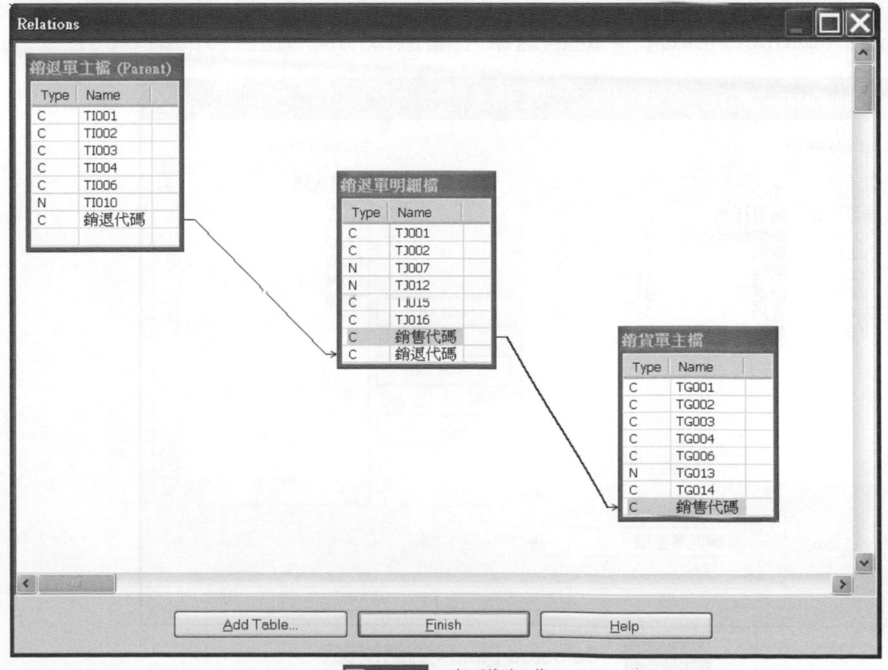

圖12-34 勾稽完成

STEP05 點選按鈕「Finish」即完成Table Relation的建立。

建立關連之後，可以開始針對查核目標進行查核動作。

STEP01 開啟銷退單主檔，從Menu Bar中選取「Data」下拉式選單，選取「Extract」指令，在「Main」頁籤點選「Fields」（如圖12-35）。

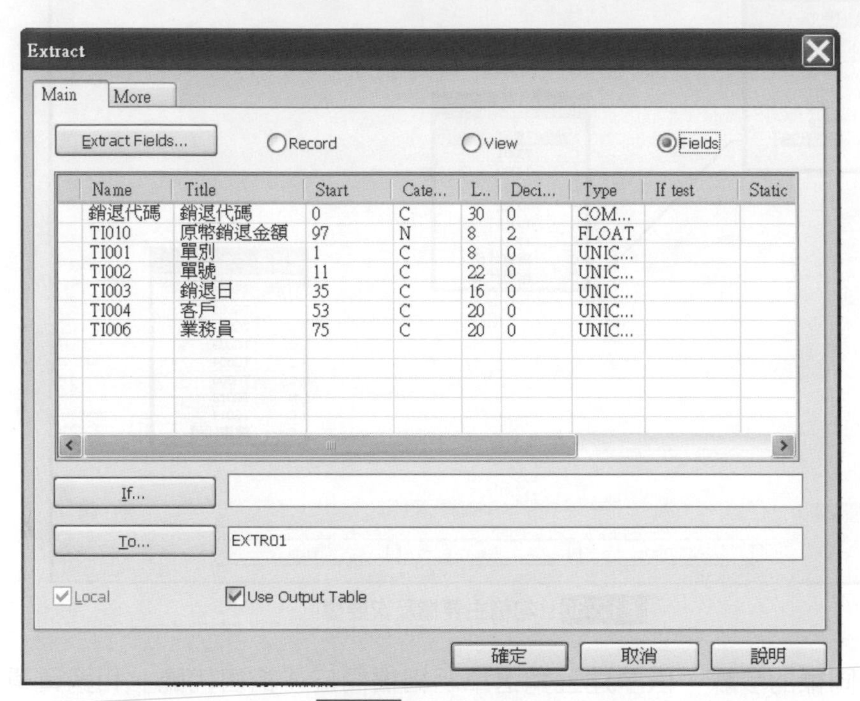

圖12-35 Extract指令

STEP02 點選「Extract Fields」，從銷退單主檔選取所有欄位（如圖12-36）。

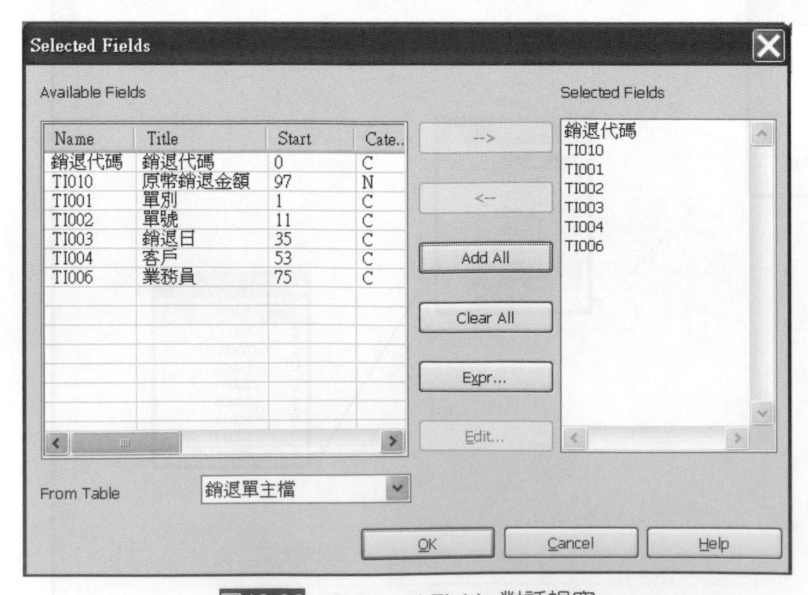

圖12-36 Selected Fields 對話視窗

STEP**03** 從銷貨單主檔選取「Field：TG004：客戶代號」，然後點「OK」（如圖12-37）。

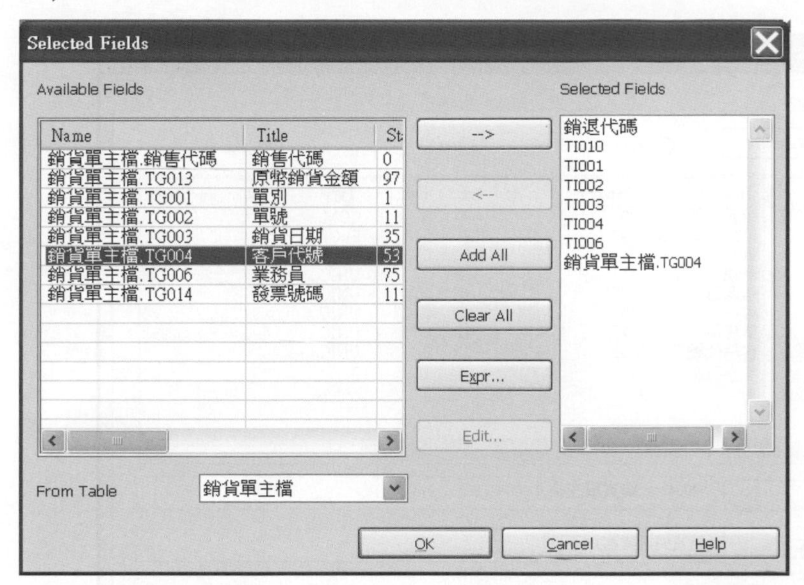

圖12-37 選取TG004

STEP**04** 回到Extract主視窗後，點選「If」（如圖12-38）。在「Expression」裡面，從Table：「銷退單主檔」點選Field：TI004，然後點不等於按鈕「<>」，接著再從Table：「銷貨單主檔」點選Field TG004：客戶代號，最後按「Verify」檢查一下語法，沒有錯誤後按「OK」。

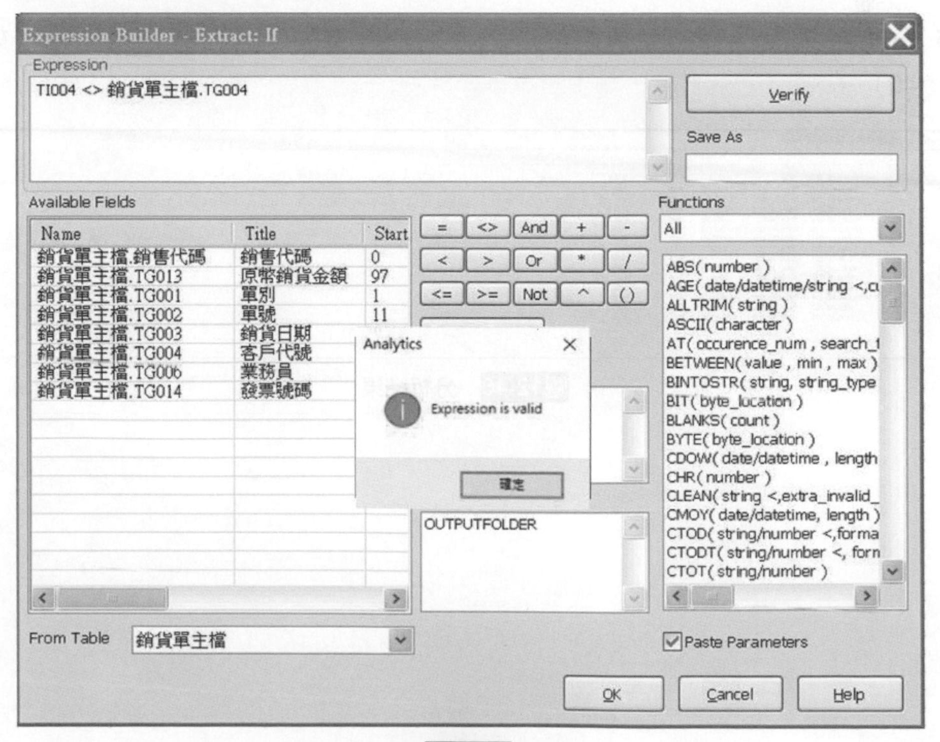

圖12-38

STEP**05** 在「To」輸入「銷貨與退貨客戶不同」，然後點「確定」將結果匯出（如圖12-39）。

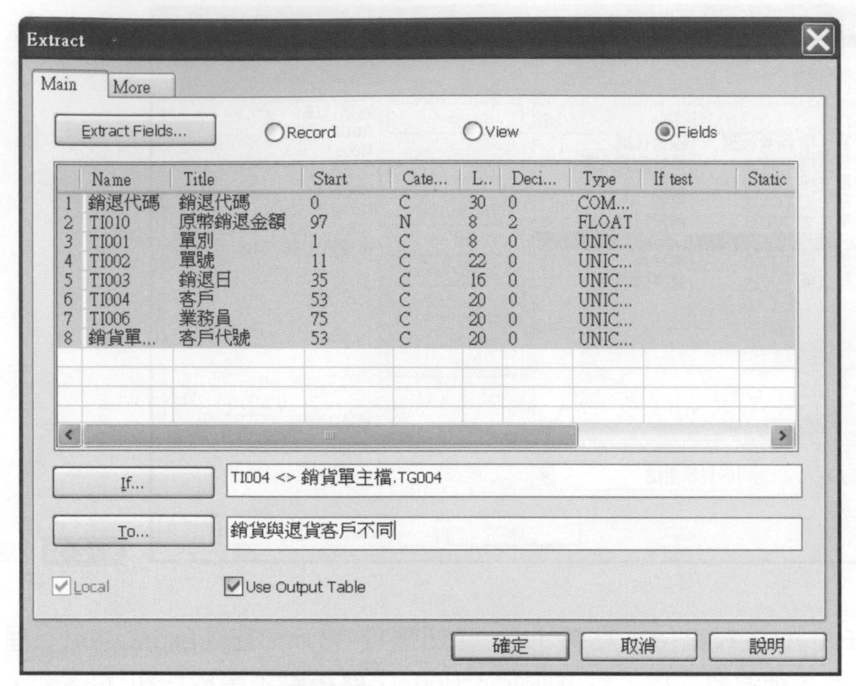

圖12-39 Extract對話視窗

STEP**06** 分析結果發現有14筆銷退單沒有原始銷貨單客戶資料的交易紀錄（如圖12-40）。

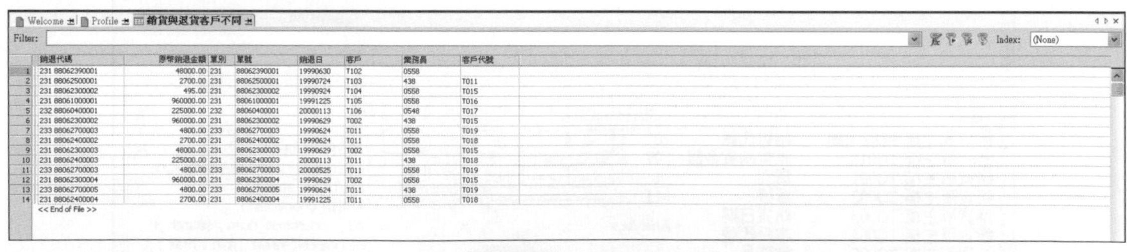

Welcome | Profile | 銷貨與退貨客戶不同

Filter:

	銷退代碼	原幣銷退金額	單別	單號	銷退日	客戶	業務員	客戶代號
1	231 88062390001	48000.00	231	88062390001	19990630	T102	0558	
2	231 88062500001	2700.00	231	88062500001	19990724	T103	438	T011
3	231 88062300002	495.00	231	88062300002	19990924	T104	0558	T015
4	231 88061000001	960000.00	231	88061000001	19991225	T105	0558	T016
5	232 88060400001	225000.00	232	88060400001	20000113	T106	0548	T017
6	231 88062300002	960000.00	231	88062300002	19990629	T002	438	T015
7	233 88062700003	4800.00	233	88062700003	19990624	T011	0558	T019
8	231 88062400002	2700.00	231	88062400002	19990624	T011	0558	T018
9	231 88062300003	48000.00	231	88062300003	19990629	T002	0558	T015
10	231 88062400003	225000.00	231	88062400003	20000113	T011	438	T018
11	233 88062700003	4800.00	233	88062700003	20000525	T011	0558	T019
12	231 88062300004	960000.00	231	88062300004	19990629	T002	0558	T015
13	233 88062700005	4800.00	233	88062700005	19990624	T011	438	T019
14	231 88062400004	2700.00	231	88062400004	19991225	T011	0558	T018

<< End of File >>

圖12-40 分析結果

7 稽核程式

(1) 複製log上的執行指令轉成一個新的Script

STEP01 點選專案瀏覽器的「log」頁籤，勾選剛剛所執行的指令前面的方塊（如圖12-41）。

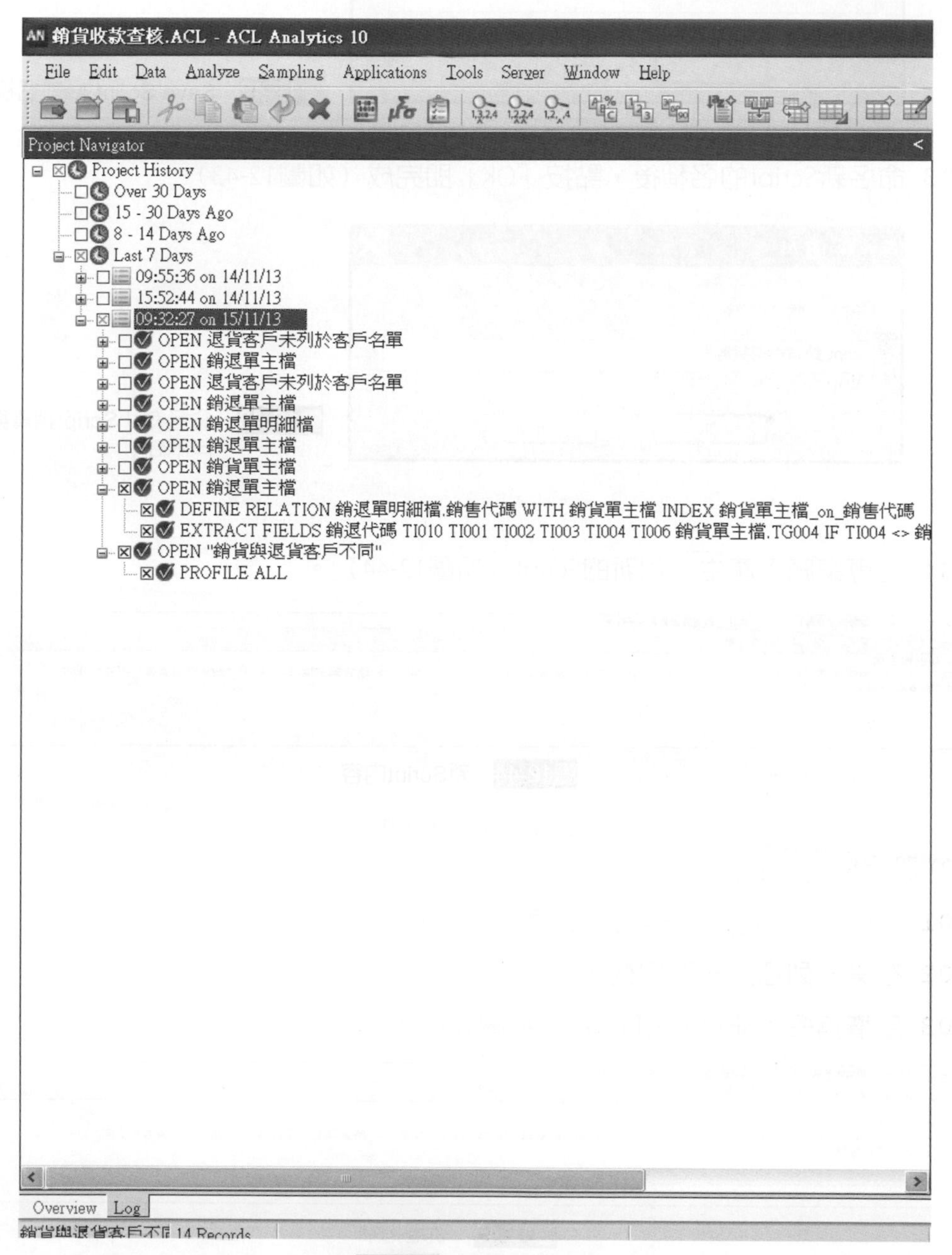

圖12-41 點選log頁籤

STEP**02** 點擊滑鼠右鍵，點選「Save Selected Items」裡面的「Script」（如圖12-42）。

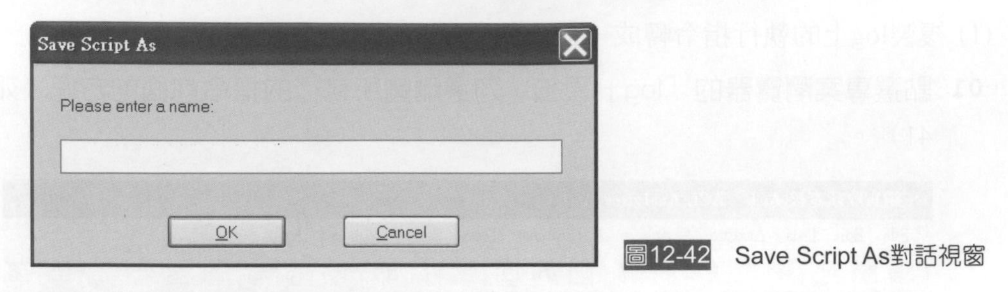

圖12-42 Save Script As對話視窗

STEP**03** 命名新Script的名稱後，點按「OK」即完成（如圖12-43）。

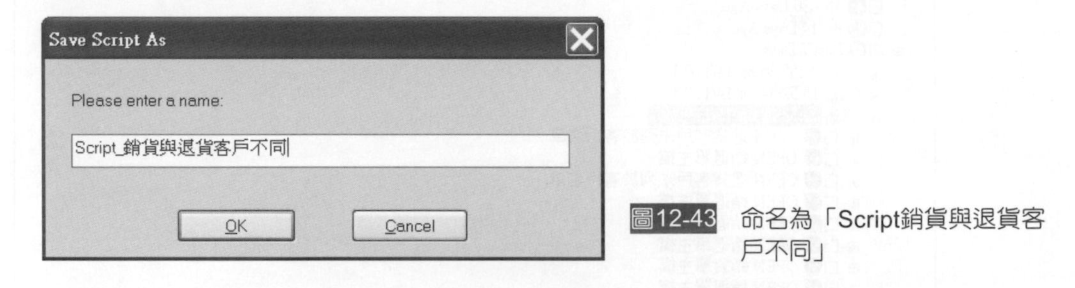

圖12-43 命名為「Script銷貨與退貨客戶不同」

STEP**04** 在專案底下產生一個新的Script（如圖12-44）。

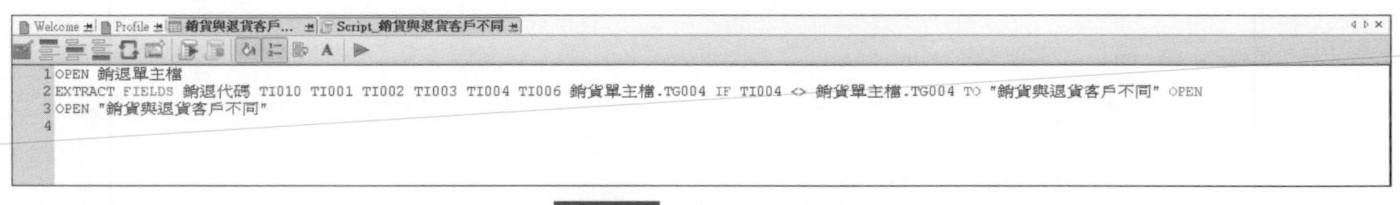

圖12-44 新Script內容

(2) 設定Script內容

STEP**01** 開啓「Script_銷貨與退貨客戶不同」。

STEP**02** 在第一列插入一空白列。

STEP**03** 新增指令：SET SAFETY OFF（如圖12-45）。

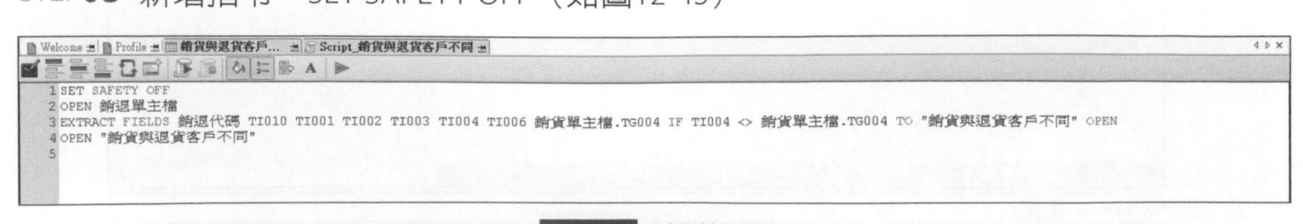

圖12-45 新增指令

STEP**04** 存檔。

(3) 重複執行Script

STEP01 開啓「Script_銷貨與退貨客戶不同」。

STEP02 點按Script編輯區上方的「Run」▶執行Script，即可見到執行結果。

8 報告結果

經過查核，發現有 14 筆銷退單沒有原始銷貨單客戶資料交易之情況，必須進一步查證。

第5節

查核目的二：退貨是否於規定時間（銷貨後一個月）內辦理

1 查核程序

由銷退單查詢該筆訂單之原始銷貨單的單別及單號，比對銷退單上的銷退日期及銷貨單上的銷貨日期，計算退貨天數是否有超出 30 天的異常情況發生。

2 測試內容

以銷退單主檔（COPTI）之銷退日期（TI003）欄位，和銷貨單主檔（COPTG）之銷貨日期（TG003）欄位爲測試標的。

3 測試技術

使用技術包括：比對（Join）、勾稽（Relate）、篩選器（Filter）、萃取（Extract）等。

4 測試步驟

查核退貨是否於規定時間（銷貨後一個月）內辦理，並將查核結果匯出，操作如下：

STEP01 開啓銷退單主檔，從Menu Bar中選取「Data」下拉式選單，選取「Extract Data」指令，在「Main」頁簽點選「Fields」（如圖12-46）。

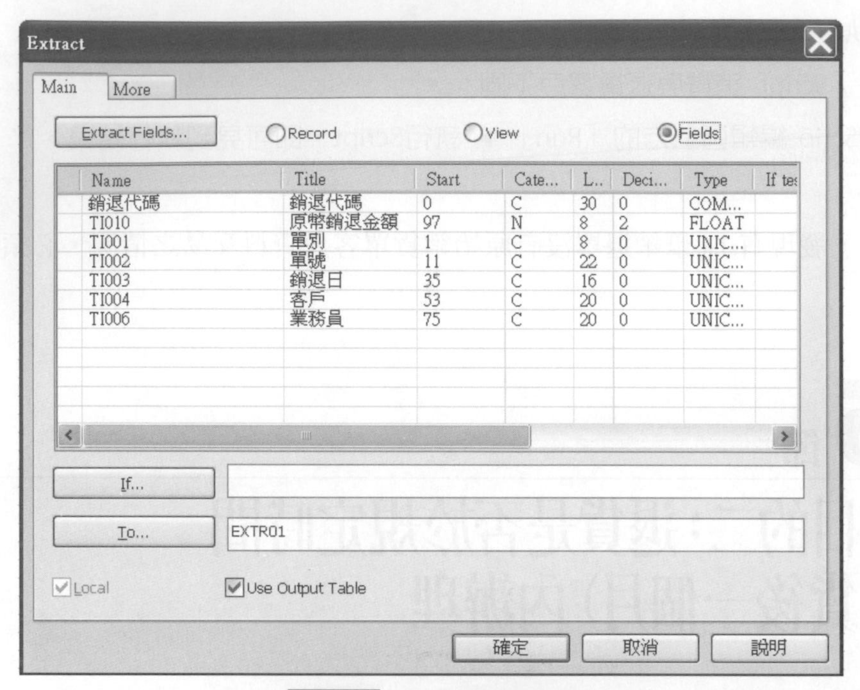

圖12-46 Extract對話視窗

STEP**02** 點選「Extract Fields」，從Table：銷退單主檔選取所有欄位，再從Table：銷貨單主檔選取Field：TG003：銷貨日期，然後點「OK」，回到Extract主視窗（如圖12-47）。

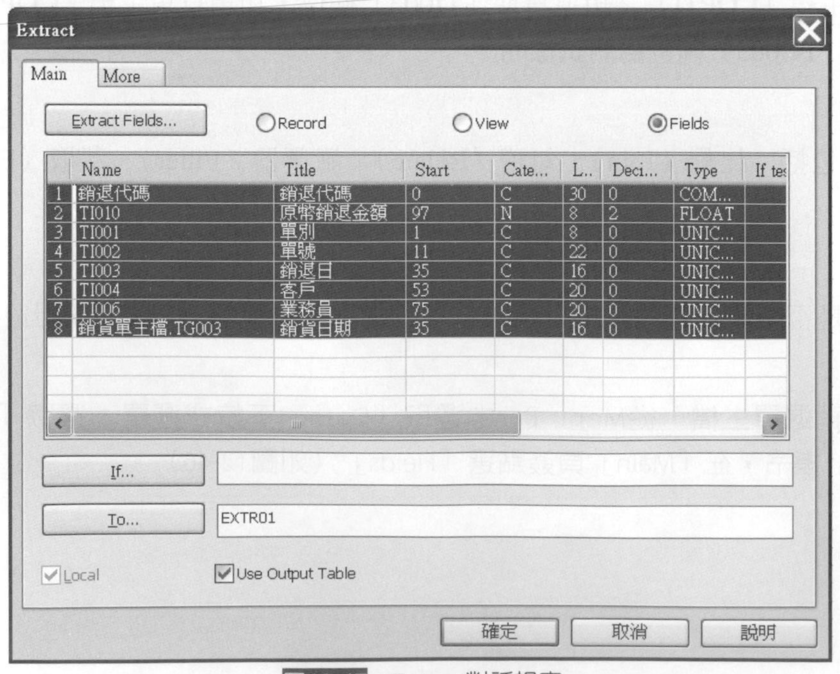

圖12-47 Extract對話視窗

STEP03 將結果匯出。在「To」輸入「退貨未於30日內」，然後點「確定」（如圖12-48）。

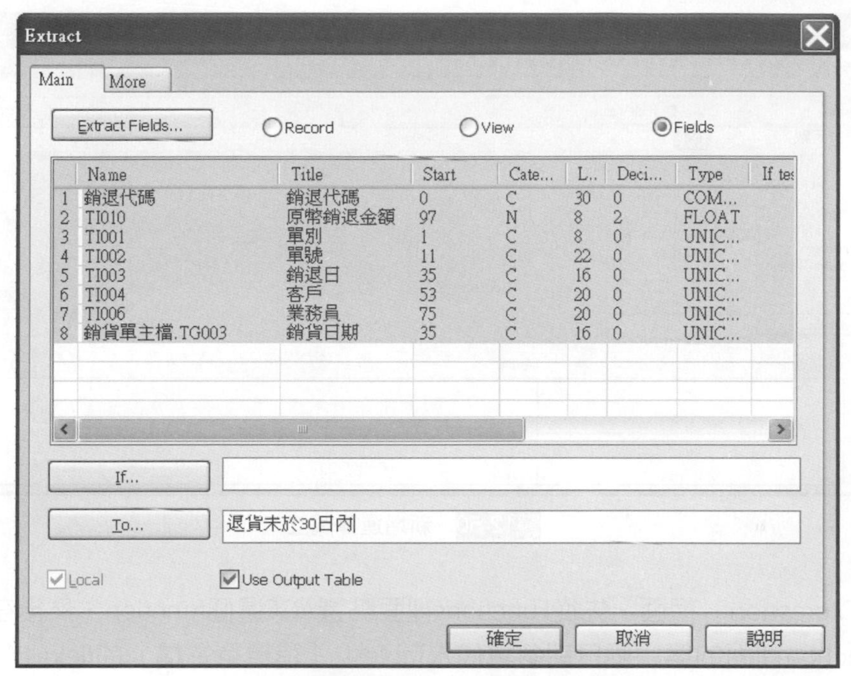

圖12-48 Extract對話視窗

STEP04 產生一個新的Table：「退貨未於30日內」，從Menu Bar中選取「Edit」下拉式選單，選取「Table Layout」指令（如圖12-49）。

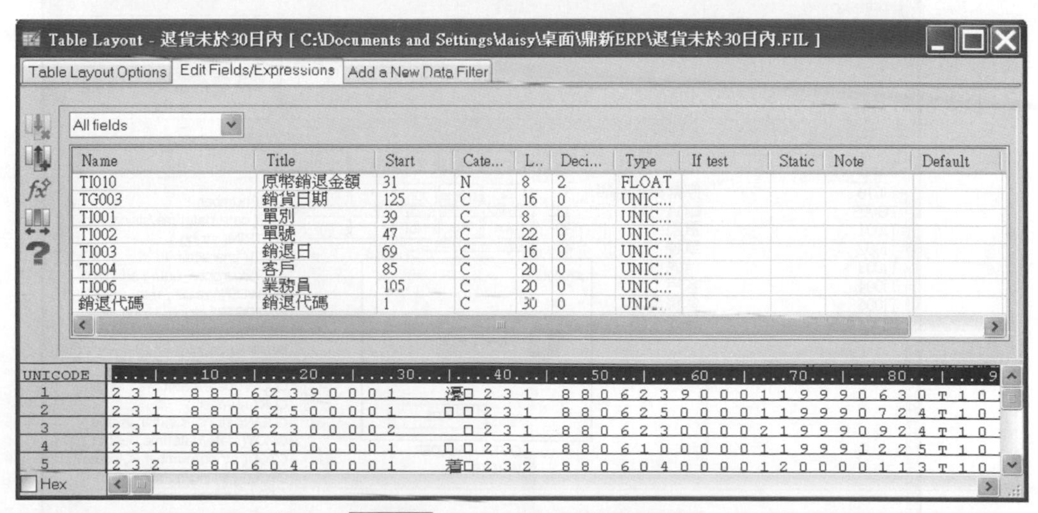

圖12-49 Table Layout對話視窗

STEP**05** 點選左側按鈕「f(x)」，新增一個運算欄位，輸入欄位名稱：「退貨天數」，然後點選按鈕「f(x)」（如圖12-50）。

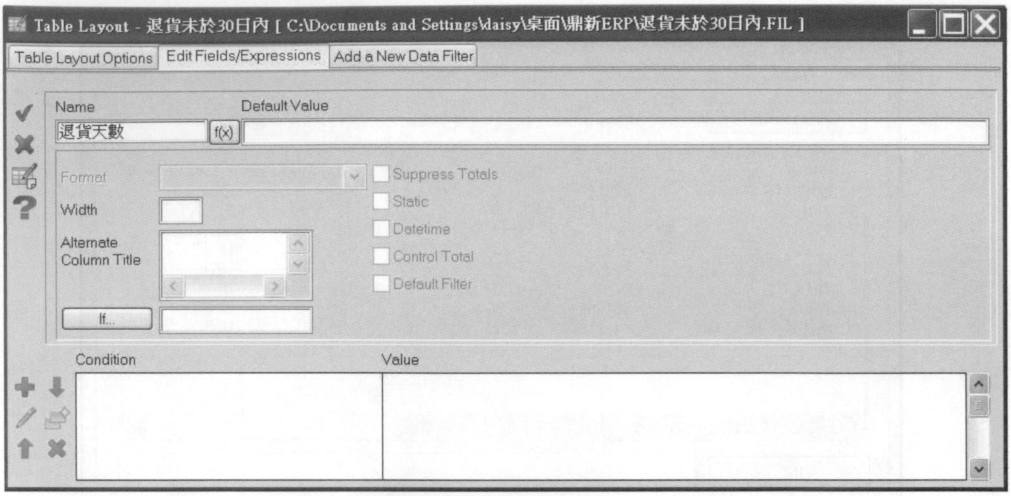

圖12-50 新增運算欄位

STEP**06** 在「Expression」裡面，先從Functions裡面點選AGE這個function，然後在AGE這個function裡面的第一個日期參數代入Table：「銷貨單主檔」的field：「TG003銷售日期」，在第二個日期參數代入Table：「銷退單主檔」的field：「TI003銷退日期」，最後按「Verify」檢查一下語法，沒有錯誤後按「OK」，再點選左側按鈕「Accept Entry」，然後關閉Table Layout主視窗（如圖12-51）。

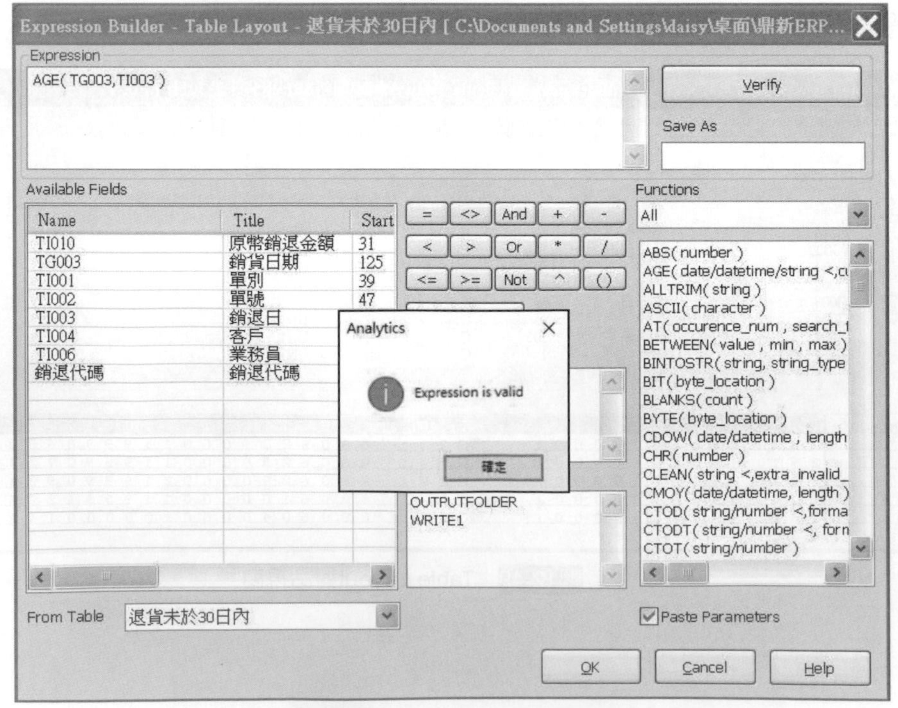

圖12-51 Expression對話視窗

STEP07 在View點擊滑鼠右鍵選取「Add Columns」，新增顯示欄位：「退貨天數」，然後按「OK」（如圖12-52）。

圖12-52 新增顯示欄位

STEP08 即可顯示計算結果，發現有16筆紀錄異常，退貨天數超過30天，必須進一步查證（如圖12-53）。

Welcome | Profile | Script_銷貨與退貨客戶不同 | 退貨未於30日內

Filter: 退貨天數 > 30

	銷退代碼	原幣銷退金額	單別	單號	銷退日	客戶	業務員	銷貨日期	退貨天數
1	231 88062390001	48000.00	231	88062390001	19990624	T102	0550		36334
86	232 88060400004	2700.00	232	88060400004	19990904	T017	438	19990604	92
87	231 88062400005	495.00	231	88062400005	19990924	T018	0558	19990624	92
88	232 88052400004	960000.00	232	88052400004	19990924	T017	0558	19990524	123
89	232 88062700004	225000.00	232	88062700004	19990927	T011	0558	19990627	92
90	233 88062700005	4800.00	233	88062700005	19990827	T011	438	19990627	61
91	232 88061500004	48000.00	232	88061500004	19990815	T017	0558	19990615	61
92	231 88062400004	2700.00	231	88062400004	19990824	T011	0558	19990624	61
93	233 88062700004	495.00	233	88062700004	19990927	T011	0548	19990627	92
94	233 88062700006	960000.00	233	88062700006	19990927	T019	0550	19990627	92
95	231 88112600004	225000.00	231	88112600004	20001126	T011	0558	19991126	366
96	231 88122400004	4800.00	231	88122400004	20001224	T011	438	19991224	366
97	231 88122400005	48000.00	231	88122400005	20001224	T011	0558	19991224	366
98	231188122500004	2700.00	2311	88122500004	20011225	T011	0558	19991225	731
99	231 88122700004	495.00	231	88122700004	20021227	T011	0548	19991227	1096
100	231188122700004	960000.00	2311	88122700004	20011227	T011	0558	19991227	731

<< End of File >>

圖12-53 分析結果

5 稽核程式

(1) 複製log上的執行指令轉成一個新的Script

STEP01 點選專案瀏覽器的「log」頁籤，勾選剛剛所執行的指令前面的方塊（如圖12-54）。

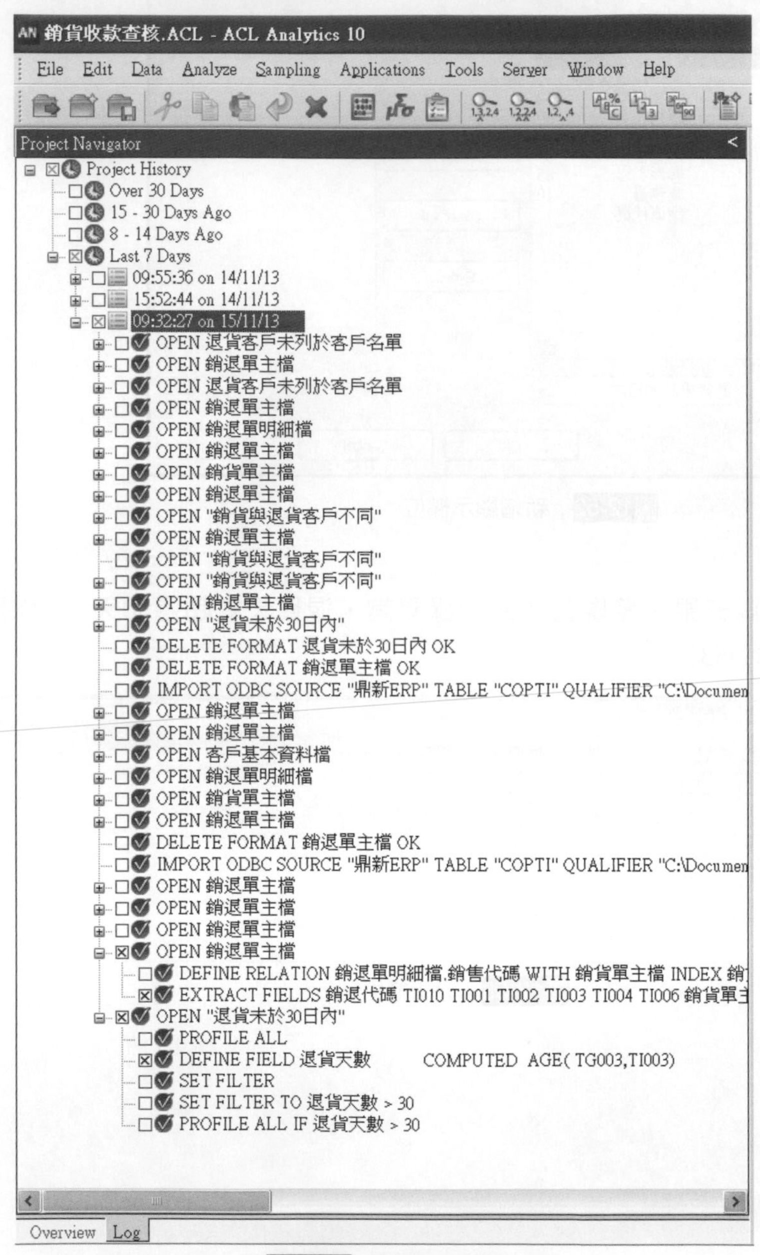

圖12-54 點選log頁籤

STEP02 點擊滑鼠右鍵，點選「Save Selected Items」裡面的「Script」（如圖12-55）。

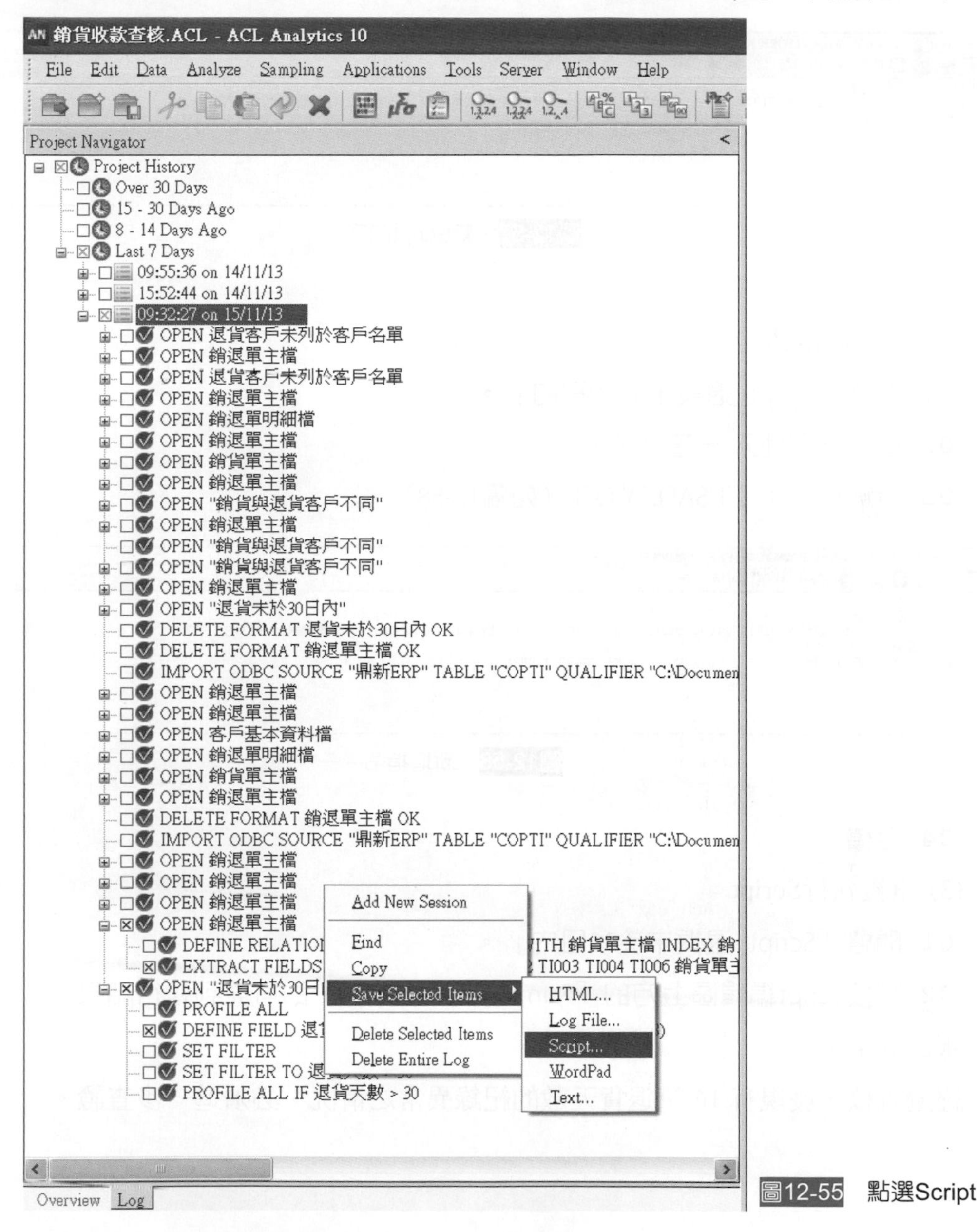

圖12-55 點選Script

STEP03 命名新Script的名稱後，點按「OK」即完成（如圖12-56）。

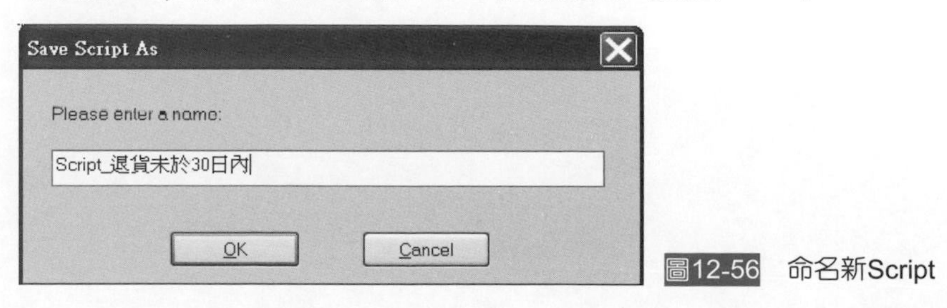

圖12-56 命名新Script

STEP04 在專案底下產生一個新的Script（如圖12-57）。

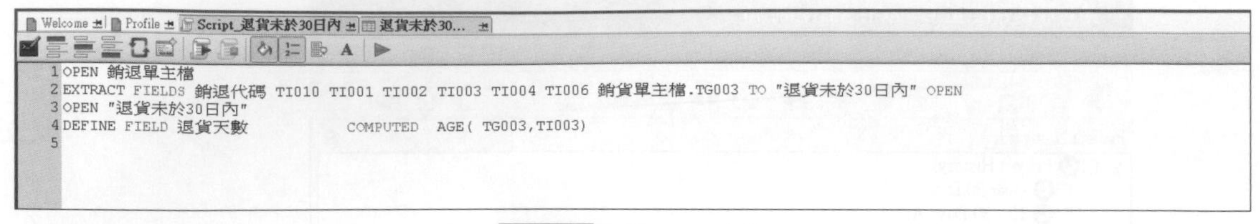

```
1 OPEN 銷退單主檔
2 EXTRACT FIELDS 銷退代碼 TI010 TI001 TI002 TI003 TI004 TI006 銷貨單主檔.TG003 TO "退貨未於30日內" OPEN
3 OPEN "退貨未於30日內"
4 DEFINE FIELD 退貨天數          COMPUTED  AGE( TG003,TI003)
5
```

圖12-57 新Script內容

(2) 設定Script內容

STEP01 開啓「Script_退貨未於30日內」。

STEP02 在第一列插入一空白列。

STEP03 新增指令：SET SAFETY OFF（如圖12-58）。

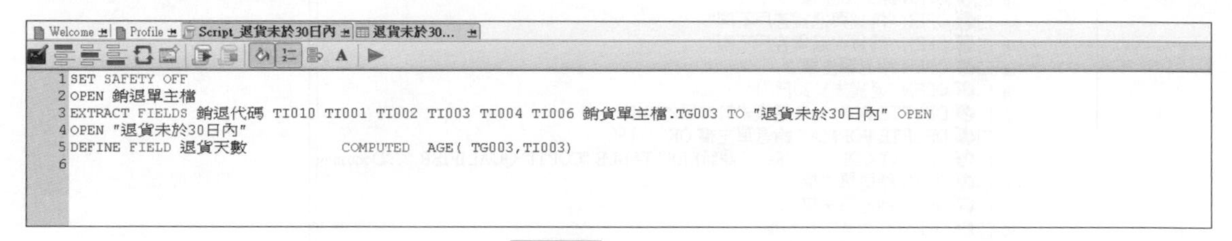

```
1 SET SAFETY OFF
2 OPEN 銷退單主檔
3 EXTRACT FIELDS 銷退代碼 TI010 TI001 TI002 TI003 TI004 TI006 銷貨單主檔.TG003 TO "退貨未於30日內" OPEN
4 OPEN "退貨未於30日內"
5 DEFINE FIELD 退貨天數          COMPUTED  AGE( TG003,TI003)
6
```

圖12-58 新增指令

STEP04 存檔。

(3) 重複執行Script

STEP01 開啓「Script_退貨未於30日內」。

STEP02 點按Script編輯區上方的「Run」▶ 執行Script，即可見到執行結果。

6 報告結果：

經過查核，發現有 16 筆退貨天數的紀錄異常之情況，必須進一步查證。

第6節 查核目的三：退貨金額是否大於銷貨金額

1 查核程序

由銷退單查詢該筆訂單之原始銷貨單的單別及單號，比對銷退單上的原幣銷退金額及銷貨單上的原幣銷貨金額，是否有退貨金額大於銷貨金額的異常情況發生。

2 測試內容

以銷退單主檔（COPTI）之原幣銷退金額（TI010）欄位，和銷貨單主檔（COPTG）之原幣銷貨金額（TG013）欄位爲測試標的。

3 測試技術

使用技術包括：比對（Join）、勾稽（Relate）、篩選器（Filter）、萃取（Extract）等。

4 測試步驟

查核退貨金額是否大於銷貨金額，並將查核結果匯出，操作如下：

STEP01 開啓銷退單主檔，從Menu Bar中選取「Data」下拉式選單，選取「Extract」指令，在「Main」頁簽點選「Fields」（如圖12-59）。

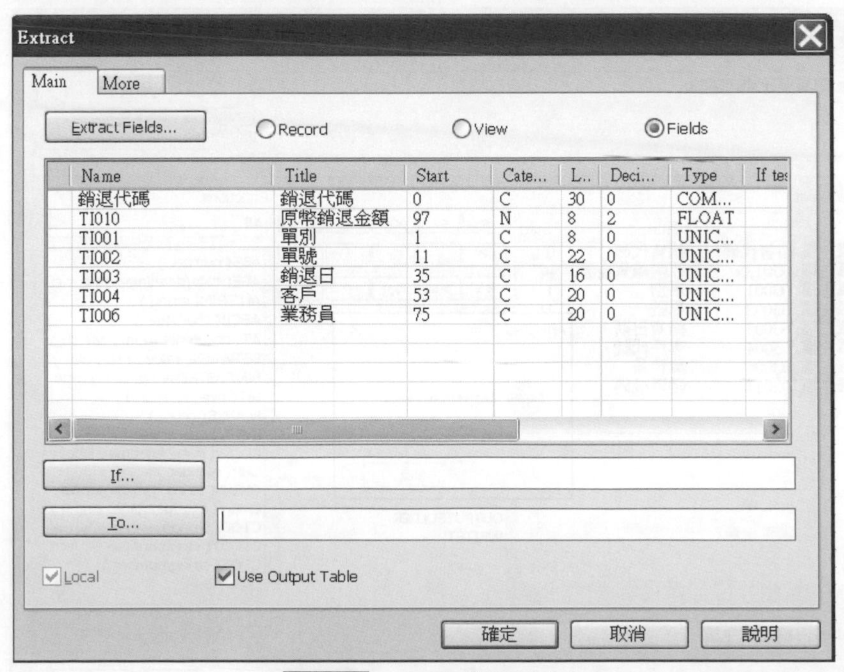

圖12-59 Extract對話視窗

STEP**02** 點選「Extract Fields」，從Table：銷退單主檔選取所有欄位，再從Table：銷貨單主檔選取Field：TG013：原幣銷貨金額，然後點「OK」，回到Extract主視窗後，點選「If」（如圖12-60）。

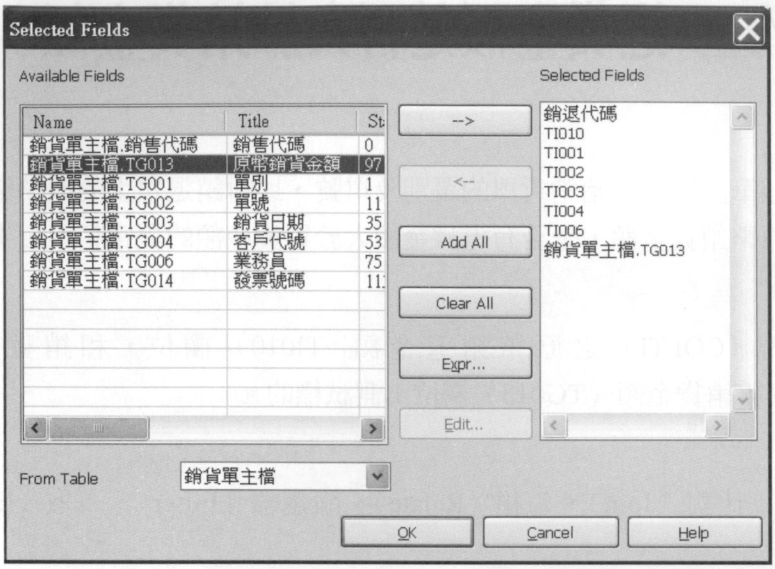

圖12-60　選取TG013

STEP**03** 在「Expression」裡面，從Table：「銷退單主檔」點選Field：TI010原幣銷退金額，然後點大於按鈕「>」，接著再從Table：「銷貨單主檔」點選Field TG013：原幣銷貨金額，最後按「Verify」檢查一下語法，沒有錯誤後按「OK」（如圖12-61）。

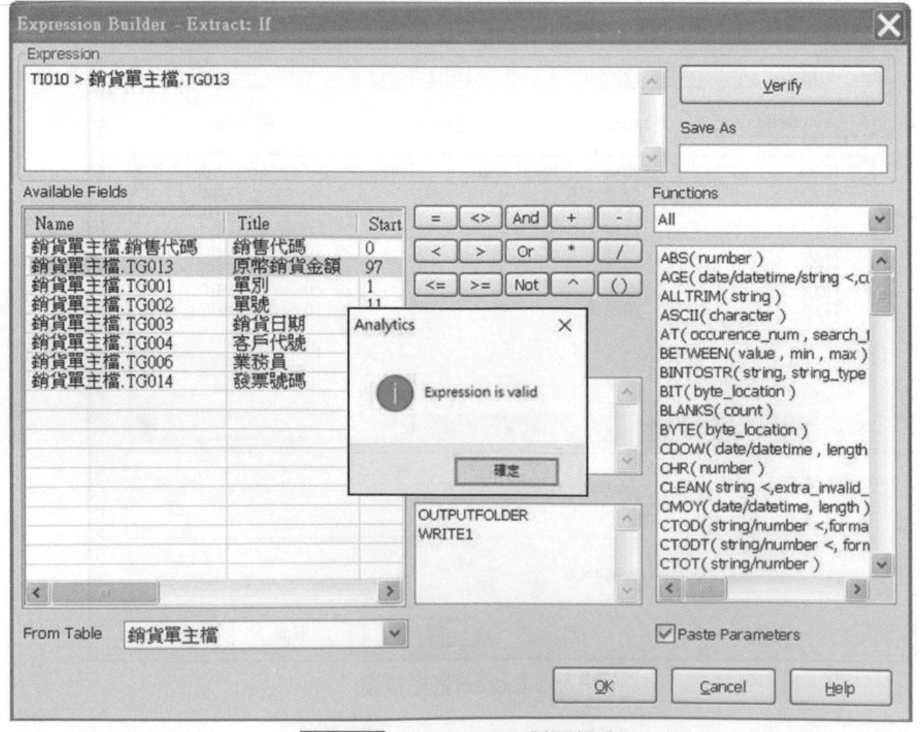

圖12-61　Expression對話視窗

STEP**04** 將在「To」輸入「退貨金額大於銷貨金額」，然後點「確定」結果匯出（如圖12-62）。

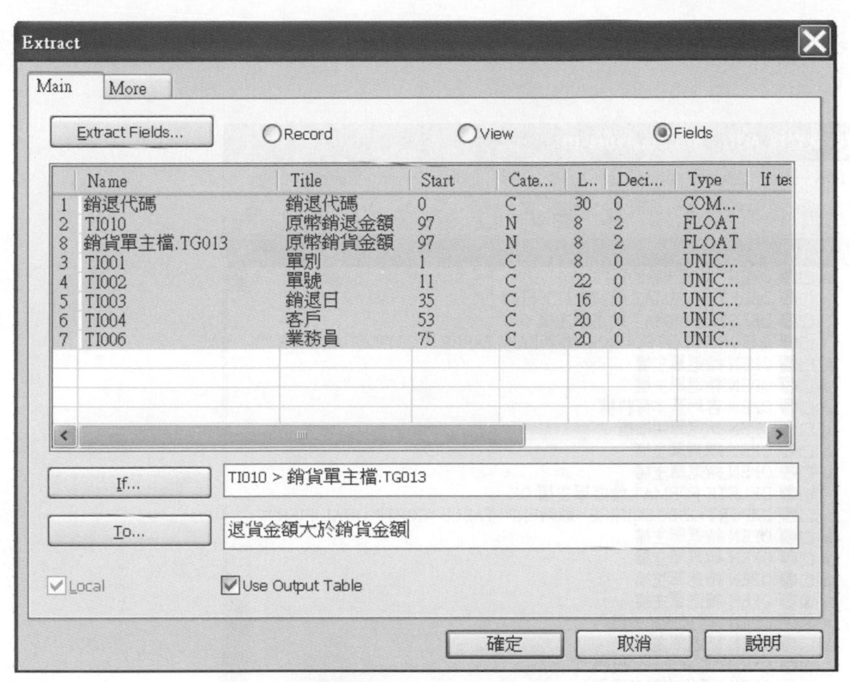

	Name	Title	Start	Cate...	L..	Deci...	Type	If tes
1	銷退代碼	銷退代碼	0	C	30	0	COM...	
2	TI010	原幣銷退金額	97	N	8	2	FLOAT	
8	銷貨單主檔.TG013	原幣銷貨金額	97	N	8	2	FLOAT	
3	TI001	單別	1	C	8	0	UNIC...	
4	TI002	單號	11	C	22	0	UNIC...	
5	TI003	銷退日	35	C	16	0	UNIC...	
6	TI004	客戶	53	C	20	0	UNIC...	
7	TI006	業務員	75	C	20	0	UNIC...	

圖12-62 Extract對話視窗

STEP**05** 篩選結果發現有19筆退貨金額大於銷貨金額之異常情形（如圖12-63）。

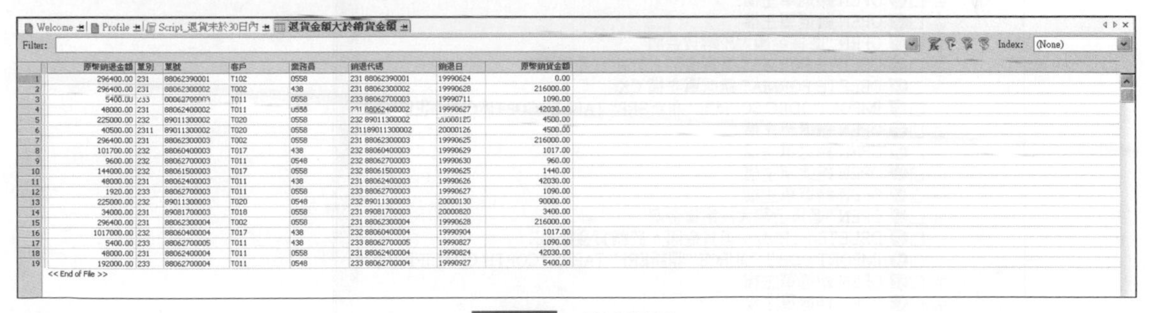

	原幣銷退金額	單別	單號	客戶	業務員	銷退代碼	銷退日	原幣銷貨金額
1	296400.00	231	88062390001	T102	0558	231 88062390001	19990624	0.00
2	296400.00	231	88062300002	T002	438	231 88062300002	19990628	216000.00
3	5400.00	233	88062700003	T011	0558	233 88062700003	19990711	1090.00
4	48000.00	231	88062400002	T011	0558	231 88062400002	19990627	42030.00
5	225000.00	232	89011300002	T020	0558	232 89011300002	20000125	4500.00
6	40500.00	2311	89011300002	T020	0558	231189011300002	20000126	4500.00
7	296400.00	231	88062300003	T002	0558	231 88062300003	19990625	216000.00
8	101700.00	232	88060400003	T017	438	232 88060400003	19990629	1017.00
9	9600.00	232	88062700003	T011	0548	232 88062700003	19990630	960.00
10	144000.00	232	88061500003	T017	0558	232 88061500003	19990625	1440.00
11	48000.00	231	88062400003	T011	438	231 88062400003	19990626	42030.00
12	1920.00	233	88062700003	T011	0558	233 88062700003	19990627	1090.00
13	225000.00	232	89011300003	T020	0548	232 89011300003	20000130	90000.00
14	34000.00	231	89081700003	T018	0558	231 89081700003	20000820	3400.00
15	296400.00	231	88062300004	T002	0558	231 88062300004	19990628	216000.00
16	1017000.00	232	88060400004	T017	438	232 88060400004	19990904	1017.00
17	5400.00	233	88062700005	T011	438	233 88062700005	19990827	1090.00
18	48000.00	231	88062400004	T011	0558	231 88062400004	19990824	42030.00
19	192000.00	233	88062700004	T011	0548	233 88062700004	19990927	5400.00

<< End of File >>

圖12-63 篩選結果

5 稽核程式

(1) 複製log上的執行指令轉成一個新的Script

STEP01 選專案瀏覽器的「log」頁籤，勾選剛剛所執行的指令前面的方塊（如圖12-64）。

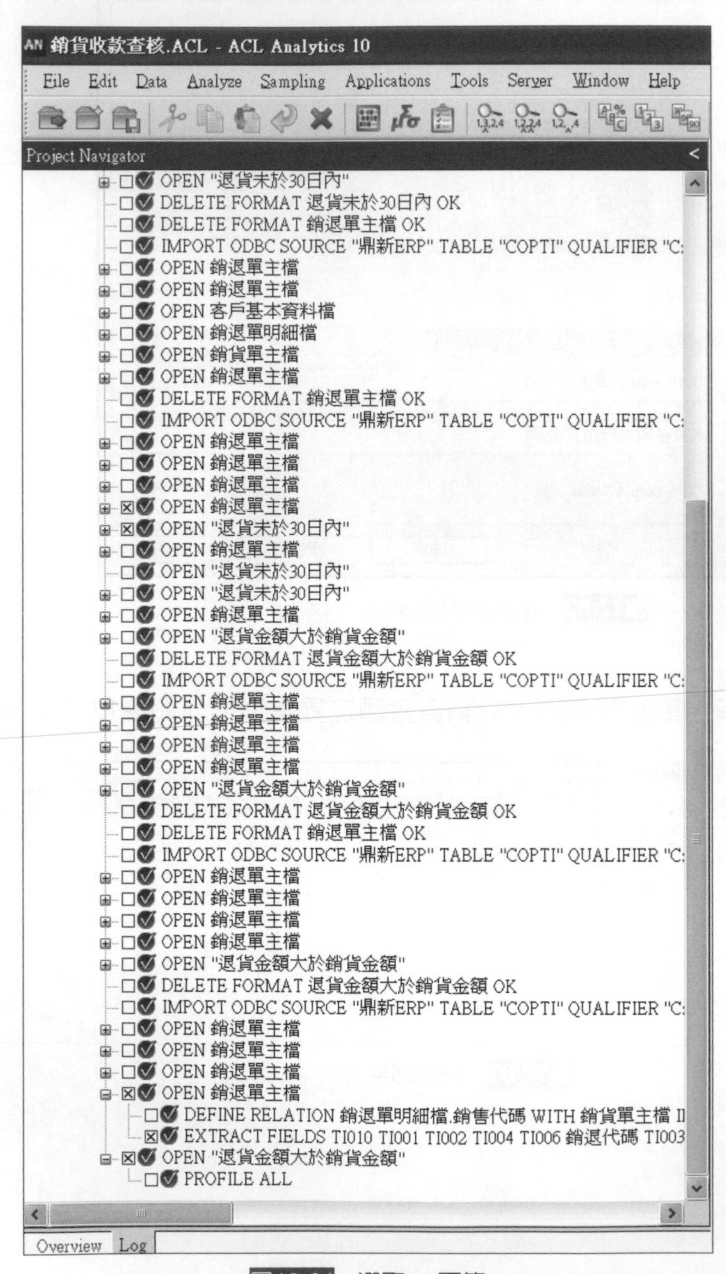

圖12-64 選取log頁籤

STEP**02** 點擊滑鼠右鍵，點選「Save Selected Items」裡面的「Script」（如圖12-65）。

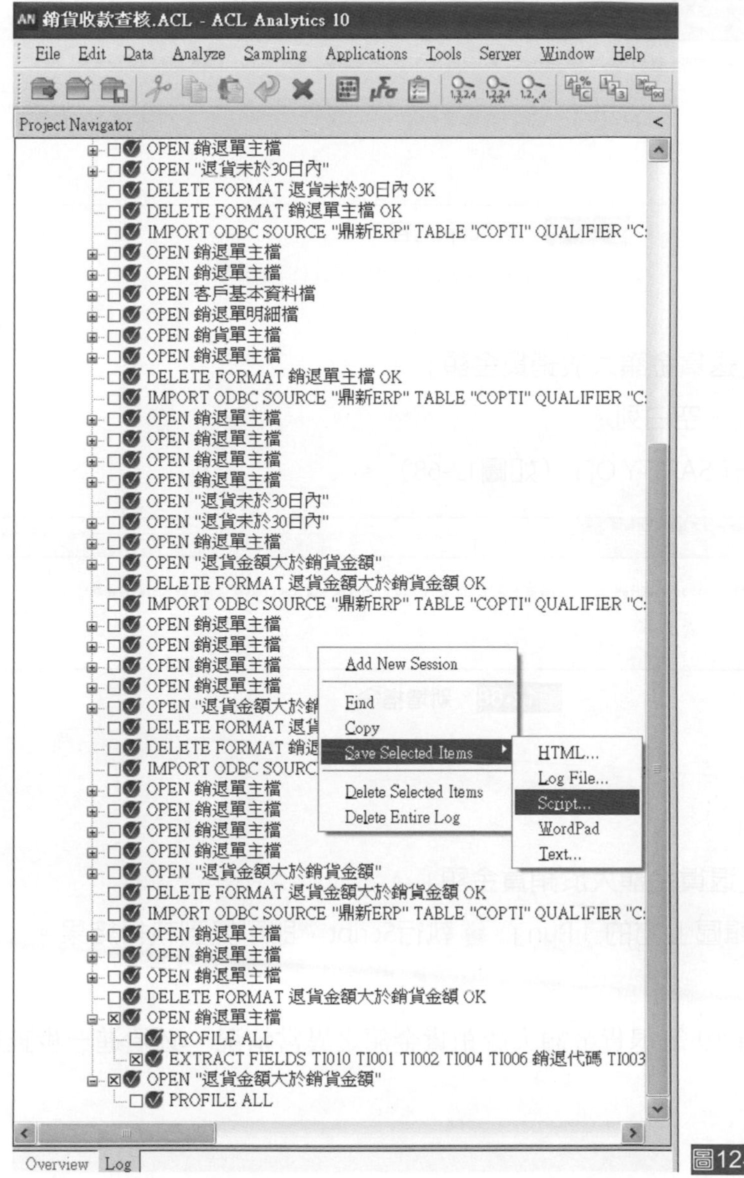

圖12-65 點選Script

STEP**03** 命名新Script的名稱後，點按「OK」即完成（如圖12-66）。

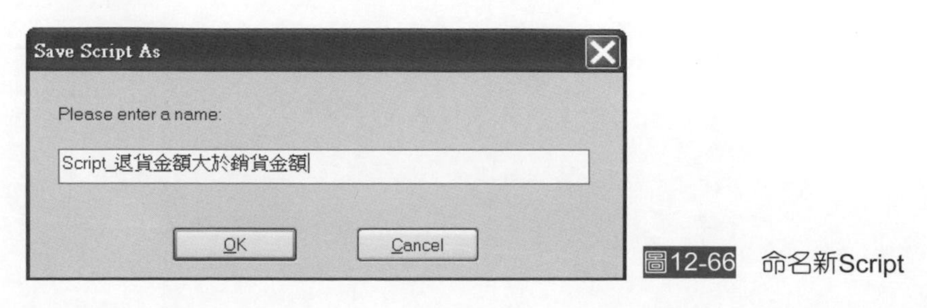

圖12-66 命名新Script

STEP04 在專案底下產生一個新的Script（如圖12-67）。

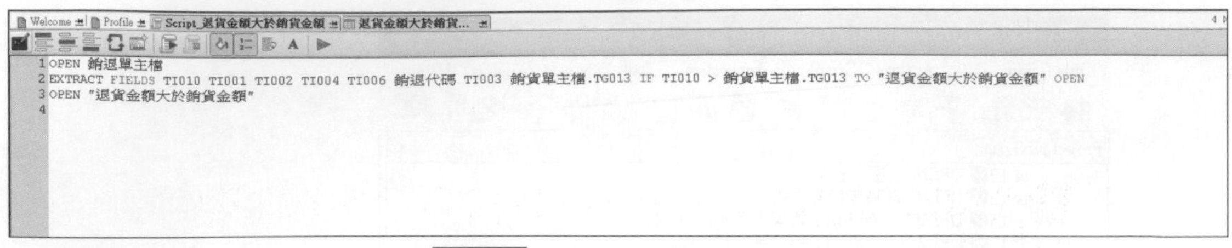

圖12-67 新Script內容

(2) 設定Script內容

STEP01 開啓「Script_退貨金額大於銷貨金額」。

STEP02 在第一列插入一空白列。

STEP03 新增指令：SET SAFETY OFF（如圖12-68）。

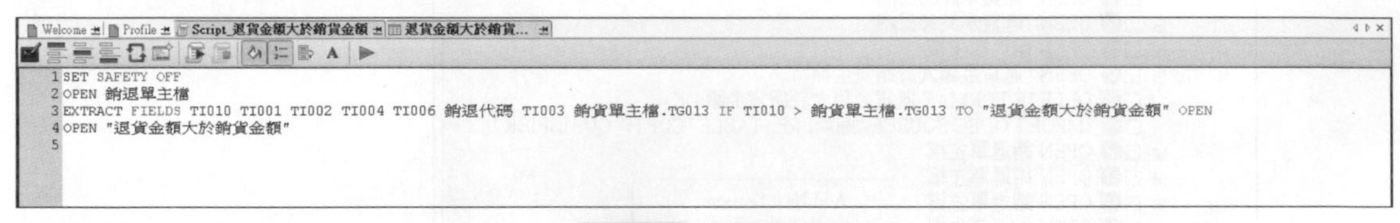

1 SET SAFETY OFF
2 OPEN 銷退單主檔
3 EXTRACT FIELDS TI010 TI001 TI002 TI004 TI006 銷退代碼 TI003 銷貨單主檔.TG013 IF TI010 > 銷貨單主檔.TG013 TO "退貨金額大於銷貨金額" OPEN
4 OPEN "退貨金額大於銷貨金額"

圖12-68 新增指令

STEP04 存檔。

(3) 重複執行Script

STEP01 開啓「Script_退貨金額大於銷貨金額」。

STEP02 點按Script編輯區上方的「Run」 ▶ 執行Script，即可見到執行結果。

6 報告結果

經過查核，發現有 19 筆退貨金額大於銷貨金額之異常情況，必須進一步查證。

第7節 專案總結

經由上面的操作過程後，您已完成一項電腦稽核查核專案，並且建立了三支電腦稽核查核程式，您的專案檔的畫面會如圖12-69所示。

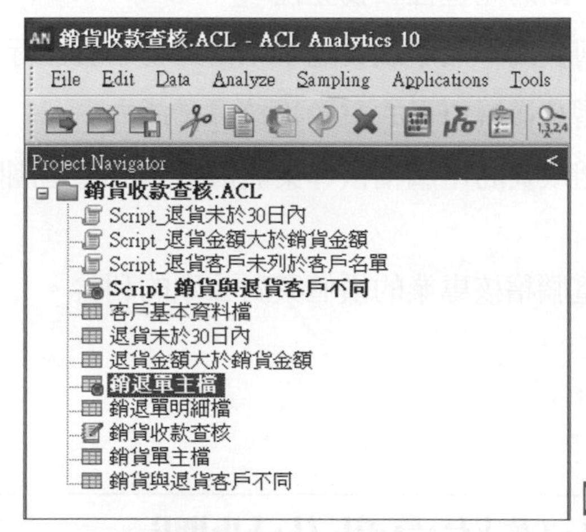

圖12-69　專案檔畫面

下一次您若需要再進行此稽核目標的專案查核時，只要打開此專案，選擇所要執行的Script，然後執行Run，您就會得到新的查核報告，這樣不是很省時省事嗎？當時間多出來了，就可以再思考新的查核目標，控制就會更加的完整，這就是稽核自動化的好處。

第8節 電腦稽核人員的專業道德

電腦稽核人員由於工作的性質，對於專業道德的要求特別重要。國際電腦稽核協會（ICAEA）所訂的電腦稽核專業人員的倫理規範與實務守則，以實務應用與簡易了解為準則，一般又稱為「電腦稽核專業人員十誡」，是所有電腦稽核人員所應遵循的項目。 其十項實務原則說明如下：

1 願意承擔自己的電腦稽核工作的全部責任。

2 對專業工作上所獲得的任何機密資訊應要確保其隱私與保密。

3 對進行中或未來即將進行的電腦稽核工作應要確保自己具備有足夠的專業資格。

4 對進行中或未來即將進行的電腦稽核工作應要確保自己使用專業適當的方法在進行。

5 對所開發完成或修改的電腦稽核程式應要盡可能的符合最高的專業開發標準。

6 應要確保自己專業判斷的完整性和獨立性。

7 禁止進行或協助任何貪腐、賄賂或其他不正當財務欺騙性行爲。

8 應積極參與終身學習來發展自己的電腦稽核專業能力。

9 應協助相關稽核小組成員的電腦稽核專業發展，以使整個團隊可以產生更佳的稽核效果與效率。

10 應對社會大眾宣揚電腦稽核專業的價值與對公眾的利益。

第9節 面對未來的稽核自動化挑戰

電腦輔助稽核技術（CAATs）的運用，是推動電腦稽核的基礎工作，也是確保企業經營績效的一項利器，ACL是目前業界所公認電腦輔助稽核軟體中的最佳選擇，開始使用它來規劃您的電腦稽核查核程序，會爲您的稽核工作帶來無窮的希望、樂趣與成就感。

面對高度E化的經營環境，CAATs的應用已由傳統專案的方式，進化爲持續性稽核的模式。因此建構持續性的稽核管理平台已成爲現代化企業稽核部門必備的管理工具，透過持續性稽核平台的導入，使企業可以用較低成本的方式導入持續性稽核作業，建立自動化獨立稽核驗證機制，降低成本、提升效率，增進驗證有效性與正確率，並且可以依照實際需求設定查核週期，自動產生異常報告通知權責單位，達到事前稽核之目的，與各位讀者共勉之。

本章習題

一、問答題

1. 請說明資料一個完整的電腦稽核流程應包含哪些階段以及各階段其主要目的和內容為何？
2. 請說明如何在資料表中建立一個運算欄位的步驟。
3. 請說明如何建立一個可重複執行程序的步驟。
4. 要計算兩個日期之間的天數是用哪個函數？需要哪些參數？
5. 如果要找出無對應的紀錄應該用哪個合併指令？要勾選哪些設定？
6. 如果有多個（三個以上）資料表要建立對應關係，應該用哪個合併指令？有哪些步驟？
7. 請說明合併指令Join和Relate在使用上的差別。
8. 根據第12章匯入的四個資料檔（COPTI、COPTJ、COPTG、COPMA）：

   (1) 請依客戶別統計銷貨金額，找出最高的前三名客戶和每位的銷貨金額跟筆數。

   (2) 請依客戶別統計銷退金額，找出最高的客戶的銷退金額和筆數。

   (3) 請計算每位客戶銷退金額佔銷貨金額的比例。

   (4) 請依銷退金額大小分成十個區間，分別找出筆數最多和金額最大的區間。

   (5) 請依銷貨年月彙總銷貨金額，然後依實際發生銷貨的年月計算平均月銷貨金額，找出低於平均月銷貨金額的年月。

9. 為響應交通部推動使用電子票證政策搭乘公共運輸並考量其公平性及維持民衆免費搭乘權益，中正市政府（CCU）自103年1月1日起試辦刷電子票證卡免費搭乘公車路線的市民服務項目。凡市民朋友持市民卡【含普通卡（全票）、敬老卡（半票）、愛心卡（半票）、學生卡（半票）】，均享刷卡免費搭車，相關的費用由市政府於依電子票證公司清帳後的金額付給公車業者。未攜帶以上票證卡片者，比照市區公車全票12元、半票6元投幣。

   營運模式：

   每天05:30~23:00期間營運，免費公車路線為55、57、70、72、73、75、76、77、80、81、90。下車時一次刷卡扣款，每站間距行車時間至少5分鐘。

   查核項目：

   (1) 在非營運期間扣款查核

   (2) 扣款路線正確性查核

   (3) 黑名單（如已掛失卡）扣款查核

(4) 重複扣款查核

(5) 帳單金額正確性：依公車業者計算出申請與覆核後的應付金額

格式說明：

票證交易資料檔 CCU_EASYCARD. CSV

欄位名稱	資料類型	大小	說明
卡號	CHAR	10	市民悠遊卡
時間	DATETIME		格式：YYYYMMDD HH:MM:DD
身分別	CHAR	10	普通卡（全票）、敬老卡（半票）、愛心卡（半票）、學生卡（半票）
通路	CHAR	14	公車路線
金額	NUMERIC	4	扣款金額

票證黑名單資料檔 BLACKLIST. CSV

欄位名稱	資料類型	大小	說明
卡號	CHAR	10	市民悠遊卡號
鎖卡日期	DATETIME		停止使用開始日期

免費公車路線檔 FREE_BUS. XLS

欄位名稱	資料類型	大小	說明
公車路線	CHAR	14	公車路線：格式：城市-公車路線號，例如：CCU-57 則表示為中正市57號線
公司名稱	CHAR	20	公車業者名稱

【改編2015年全國大專院校電腦稽核個案競賽題目，資料檔請至www.acl.com.tw稽核自動化知識網>>網路社群>>JCCP電腦稽核軟體應用師社群>>相關書籍>>ACL資料分析與電腦稽核>>習題資料檔】

二、實驗題：實驗六

實驗名稱	實驗時數
期末專題：進行鼎新ERP的採購付款循環查核	6小時

實驗目的
參考本書第十二章進行此實驗，規畫屬於您自己的的採購付款循環查核專案。

實驗內容
對企業而言，採購是經常性的業務活動，而大量採購可以享有數量折扣、節省採購成本，並且避免缺貨進而影響生產和銷貨。但是大量購買的結果，容易造成庫存過多，增加倉儲成本外，因存貨的堆積，受損、失竊與存貨跌價的風險也相對提高。同時，採購過多也會造成資金的積壓，影響資金的調度。另外，由於採購循環中應付帳款的管理也是一個重要的課題，如何有效的控管以減少流弊的發生，也是企業經營所需要考慮的。因此，適當的採購制度，對企業而言是非常重要的。依據「公開發行公司建立內部控制處理準則」第七條定義採購及付款循環應涵蓋的作業範圍，包括：請購、進貨或採購原料、物料、資產和勞務、處理採購單、經收貨品、檢驗品質、填寫驗收報告書或處理退貨、記錄供應商負債、核准付款、進貨折讓、執行與記錄現金付款等之政策及程序。 請參考上述的不同作業，規劃出三支查核程式

實驗設備
▪ ACL軟體10.0以上UNICODE版軟體及PC個人電腦（安裝Window XP以上，硬碟空間至少100MB）。 ▪ 測試資料檔案：使用同第十二章的資料庫。

實驗步驟
STEP01 專案規劃 STEP02 獲得資料 STEP03 讀取資料 STEP04 驗證資料 STEP05 分析資料 STEP06 報告結果

NOTE

參考文獻

1. Will, H. 2019. Big Data: Ideology vs. Enlightenment, International Journal of Computer Auditing , Vol.1, No.1, pp.4- 25, ISSN 2562-9999.
2. James Hall , Kallie Ziltz , 2019 , General Supply Warehouse: A Case Study in Internal Control Assessment and IT Auditing Software , International Journal of Computer Auditing,Vol. 1, No. 1 , pp.26-63, ISSN 2562-9999.
3. Toshifumi Takada, Dongmei Han, Shi-Ming Huang, Masatoshi Sakaki , Hiroko Inokuma ,2018 , AI AND AUDIT SUPPORT SYSTEM -- SUPERVISED MACHINE LEARNING FOR AUDITOR'S DECISION , 30th Asian-Pacific Conference on International Accounting Issues, San Francisco, U.S.A.
4. AuditNet, 2020, The Global Resource for Auditor, https://www.auditnet.org/
5. BCS, 2020, iT NOW，英國電腦協會，http://www.bcs.org/category/17705
6. CPA Australia, 2020, Professional Resource，澳洲會計師協會，https://www.cpaaustralia.com.au/
7. Deloitte, 2018 Global Chief Audit Executive Survey， 德勤全球，https://www2.deloitte.com/global/en/pages/audit/solutions/global-chief-audit-executive-survey.html
8. Galvanize, 2020, ACL Scripting Guide 14.2, https://help.highbond.com/helpdocs/analytics/142/scripting-guide/en-us/
9. Galvanize, 2020, Analytics 14.2 Help, https://help.highbond.com/helpdocs/analytics/142/user-guide/en-us/
10. ICAEA，2020，ResourceCenter，國際電腦稽核教育協會，http://www.iacae.org.
11. ISACA，2020，KnowledgeCenter，國際資訊系統稽核與控制協會，https://www.isaca.org/
12. JACKSOFT，2020，稽核自動化知識網，http://www.acl.com.tw/
13. 黃士銘，嚴紀中，阮金聲，2013，電腦稽核－理論與實務應用，第二版，全華圖書股份有限公司出版。
14. 黃士銘，黃秀鳳，顏佑澄，周玲儀，2014，IFRS 財務報表之持續性稽核，會計研究月刊，第 349 期，104-110 頁。
15. 周玲儀，黃士銘，黃秀鳳，2014，電腦稽核新技術：ERP 流程探勘於持續性稽核上的應用會計研究月刊第 343 期，116-121 頁。
16. 黃士銘，黃秀鳳，周玲儀，2013，海量資料時代，稽核資料倉儲建立與應用新挑戰，會計研究月刊，第 337 期，124-129 頁。

17. 考選部，2020，100~108 年高等會計師考試－審計學試題，https://wwwq.moex.gov.tw/exam/wFrmExamQandASearch.aspx?y=2019&e=108090

18. 中正大學，2015 年全國大專院校電腦稽核個案競賽，http://www.acl.com.tw/news/news_display.php?id=864

19. 盧沛樺，2016，這個科系超搶手 一畢業就有 8 個工作機會，天下雜誌，http://www. cw.com.tw/article/article.action?id=5078507

索引表

A

B

C

D

E

F

T

U

V

W

NOTE

NOTE

國家圖書館出版品預行編目資料

ACL 資料分析與電腦稽核 / 黃士銘 編著. --八版. -- 新北市：全華圖書，2022.05
面 ； 公分
ISBN 978-626-328-169-1(平裝附光碟片)
1.CST: 審計 2.CST: 稽核 3.CST: 電腦軟體
495.9029 111005963

ACL 資料分析與電腦稽核（第八版）

作者 / 黃士銘
發行人 / 陳本源
執行編輯 / 楊軒竺、呂昱潔
封面設計 / 楊昭琅
出版者 / 全華圖書股份有限公司
郵政帳號 / 0100836-1 號
印刷者 / 宏懋打字印刷股份有限公司
圖書編號 / 08054077
八版二刷 / 2023 年 1 月
定價 / 新台幣 650 元
ISBN / 978-626-328-169-1
全華圖書 / www.chwa.com.tw
全華網路書店 Open Tech / www.opentech.com.tw
若您對本書有任何問題，歡迎來信指導 book@chwa.com.tw

臺北總公司(北區營業處)
地址：23671 新北市土城區忠義路 21 號
電話：(02) 2262-5666
傳真：(02) 6637-3695、6637-3696

中區營業處
地址：40256 臺中市南區樹義一巷 26 號
電話：(04) 2261-8485
傳真：(04) 3600-9806(高中職)
(04) 3601-8600(大專)

南區營業處
地址：80769 高雄市三民區應安街 12 號
電話：(07) 381-1377
傳真：(07) 862-5562

讀者回函卡

掃 QRcode 線上填寫 ▶▶▶

姓名：＿＿＿＿＿＿ 生日：西元＿＿＿＿年＿＿＿月＿＿＿日 性別：□男 □女

電話：(　)＿＿＿＿＿ 手機：＿＿＿＿＿＿

e-mail：(必填)＿＿＿＿＿＿＿＿＿＿＿＿

註：數字零，請用 Φ 表示，數字 1 與英文 L 請另註明並書寫端正，謝謝。

通訊處：□□□□□＿＿＿＿＿＿＿＿＿＿

學歷：□高中・職 □專科 □大學 □碩士 □博士

職業：□工程師 □教師 □學生 □軍・公 □其他

學校／公司：＿＿＿＿＿＿ 科系／部門：＿＿＿＿＿＿

・需求書類：

□A. 電子 □B. 電機 □C. 資訊 □D. 機械 □E. 汽車 □F. 工管 □G. 土木 □H. 化工 □I. 設計

□J. 商管 □K. 日文 □L. 美容 □M. 休閒 □N. 餐飲 □O. 其他

・本次購買圖書為：＿＿＿＿＿＿ 書號：＿＿＿＿＿＿

・您對本書的評價：

封面設計：□非常滿意 □滿意 □尚可 □需改善，請說明＿＿＿＿＿＿

內容表達：□非常滿意 □滿意 □尚可 □需改善，請說明＿＿＿＿＿＿

版面編排：□非常滿意 □滿意 □尚可 □需改善，請說明＿＿＿＿＿＿

印刷品質：□非常滿意 □滿意 □尚可 □需改善，請說明＿＿＿＿＿＿

書籍定價：□非常滿意 □滿意 □尚可 □需改善，請說明＿＿＿＿＿＿

整體評價：請說明＿＿＿＿＿＿

・您在何處購買本書？

□書局 □網路書店 □書展 □團購 □其他＿＿＿＿＿＿

・您購買本書的原因？（可複選）

□個人需要 □公司採購 □親友推薦 □老師指定用書 □其他＿＿＿＿＿＿

・您希望全華以何種方式提供出版訊息及特惠活動？

□電子報 □DM □廣告（媒體名稱＿＿＿＿＿＿）

・您是否上過全華網路書店？（www.opentech.com.tw）

□是 □否 您的建議＿＿＿＿＿＿

・您希望全華出版哪方面書籍？＿＿＿＿＿＿

・您希望全華加強哪些服務？＿＿＿＿＿＿

感謝您提供寶貴意見，全華將秉持服務的熱忱，出版更多好書，以饗讀者。

填寫日期：　/　/

2020.09 修訂

親愛的讀者：

感謝您對全華圖書的支持與愛護，雖然我們很慎重的處理每一本書，但恐仍有疏漏之處，若您發現本書有任何錯誤，請填寫於勘誤表內寄回，我們將於再版時修正，您的批評與指教是我們進步的原動力，謝謝！

全華圖書　敬上

勘誤表

書號		書名		作者	
頁數	行數	錯誤或不當之詞句		建議修改之詞句	

我有話要說：（其它之批評與建議，如封面、編排、內容、印刷品質等・・・）